线性系统动态补偿理论

冯红银萍　著

科学出版社

北京

内 容 简 介

本书研究有限维系统和无穷维系统的动态补偿问题, 主要包括: 执行动态补偿、观测动态补偿和干扰动态补偿. 对于有限维系统, 动态补偿理论将实现自抗扰控制和内模原理的优化组合, 提出新的干扰估计方法, 不但能利用系统的在线信息, 而且还能够充分利用系统和干扰的先验动态信息. 对于无穷维系统, 动态补偿理论可以有效解决三大类问题: (i) PDE-ODE 和 ODE-PDE 串联系统的控制和观测问题; (ii)系统输入时滞和输出时滞的补偿问题; (iii)系统的输入干扰和输出干扰的估计问题. 本书讨论的动态补偿理论改进了偏微分方程的 backstepping 方法, 并将自抗扰控制推广到了无穷维系统.

本书可作为高等院校和科研院所运筹学与控制论、控制科学与工程等相关专业的研究生教材和参考书, 也可作为相关领域科研工作者和工程师的参考资料.

图书在版编目(CIP)数据

线性系统动态补偿理论/冯红银萍著. —北京: 科学出版社, 2022.5
ISBN 978-7-03-071555-5

I.①线⋯ II.①冯⋯ III.①线性系统理论 IV.①O231

中国版本图书馆 CIP 数据核字(2022)第 029346 号

责任编辑: 胡庆家 孙翠勤 / 责任校对: 樊雅琼
责任印制: 吴兆东 / 封面设计: 无极书装

科 学 出 版 社 出版
北京东黄城根北街 16 号
邮政编码: 100717
http://www.sciencep.com
北京中科印刷有限公司 印刷
科学出版社发行 各地新华书店经销
*
2022 年 5 月第 一 版 开本: 720 × 1000 B5
2022 年 5 月第一次印刷 印张: 23 1/4
字数: 468 000
定价: 168.00 元
(如有印装质量问题, 我社负责调换)

前　　言

本书以线性系统为研究对象, 研究线性系统的动态补偿方法, 主要包括执行动态补偿方法、观测动态补偿方法以及干扰的补偿和抑制方法等. 本书内容分为有限维系统和无穷维系统两部分, 除了必要的基础理论介绍之外, 所讨论的内容全部是作者及其团队的科研成果. 因此, 本书的内容能够体现作者团队多年来的研究轨迹和今后的研究方向. 作者从 2012 年开始正式接触控制理论, 非控制理论科班出身的研究背景使得作者能够从一个不同于大众的角度来研究控制理论, 从而得到一系列颇具特色的研究成果. 本书主要研究一般性的控制方法, 旨在揭示基本的控制原理, 追求数学的严密性, 但不强调具体控制问题的特殊性. 本书旨在为实际应用提供理论指导.

处理 "不确定干扰" 是控制理论研究的核心内容之一, 外部干扰、未建模动态以及难以处理的复杂动态都可以看作干扰, 干扰处理能力在一定程度上体现了控制对系统模型的依赖程度. 本书主要研究两种干扰处理手段: 内模原理和高增益. 动态信息已知的干扰用内模原理来补偿, 动态信息未知的干扰借助于高增益来抑制. 特别要指出的是, 这种动态信息的 "已知" 或 "未知" 的判定可以通过控制系统本身的机理和干扰的先验信息自动分类. 因此, 本书的方法可以综合内模原理和高增益两种手段来处理动态信息 "粗略已知" 的干扰. 线性系统动态补偿理论将实现内模原理和高增益的优化组合.

线性系统动态补偿理论的核心思想体现在第 2 章, 其创新点在于从动态信息优化利用的角度来处理干扰. 我们将系统观测和系统控制的过程看作信息提取和信息优化利用的过程. 这一新的观点能够帮助我们看清楚现有控制技术的优劣. 近年来, 自抗扰控制越来越得到人们的关注, 它几乎是一种不依赖于模型的控制. 然而自抗扰控制 "无模型" 的优点背后却隐藏着它的一个重要缺点: 系统和干扰的动态信息利用不充分. 事实上, 内模原理中利用的干扰动态信息在自抗扰控制中几乎没有得到任何有效的利用. 从信息利用的角度来看, 自抗扰控制的这一缺点是显而易见的. 信息利用不充分意味着自抗扰控制仍然存在改进的空间. 内模原理可以利用干扰的动态信息, 总假设干扰动态信息已知. 虽然内模原理在数学上堪称完美, 但其控制设计严重依赖于数学模型, 很难处理一般的干扰, 对系统的鲁棒性也远不如自抗扰控制. 内模原理的这一缺点恰好对应着自抗扰控制的优点, 它们之间的优势互补促成了本书提出的线性系统动态补偿理论.

　　控制是一门设计的艺术, 充分利用系统和干扰的动态信息需要设计新的观测和反馈规则, 这不是一件容易的事情. 然而我们非常幸运地在执行动态 (actuator dynamics) 和观测动态 (sensor dynamics) 补偿的问题中找到了动态信息提取和利用方法, 不但可以利用系统的在线信息, 而且人们对系统及其干扰的一些 "粗略" 认知也能得到有效的利用. 当控制器和传感器不能直接安装在控制对象上时, 就产生了执行动态和观测动态的补偿问题. 虽然在表面上这两个问题和干扰处理无关, 但是它们之间却存在着千丝万缕的联系. 特别地, 我们将在 2.2 节指出: 观测动态补偿和输出调节理论中的干扰补偿之间存在着等价关系.

　　第 1 章和第 2 章讨论有限维系统的动态补偿问题, 分别通过串联系统的观测和控制来描述执行动态补偿问题和观测动态补偿问题. 在此基础之上, 我们还讨论了干扰动态补偿问题和耦合系统的控制、观测问题. 在第 2 章的最后, 我们提出扩张动态观测器来估计干扰和系统状态, 并给出选择扩张动态的方法来利用干扰的先验动态信息. 作为扩张动态观测器的应用, 第 2 章还讨论扩张动态微分器和基于信息优化利用的控制策略选择方案. 第 3 章和第 4 章将有限维系统的大部分结果推广到无穷维. 虽然基本的控制思想和第 2 章类似, 但是这些基本思想的严格实现需要大量的数学工具: 偏微分方程理论、无穷维系统适定正则理论、算子半群理论、Sobolev 空间理论等. 第 5 章讨论时滞动态补偿, 包括输出时滞补偿和输入时滞补偿两个部分. 由于时滞本质上是一种无穷维动态, 无穷维系统的时滞动态补偿通常会产生 PDE-PDE 串联系统的控制和观测问题. 第 6 章讨论无穷维系统的自抗扰控制理论, 分别介绍了输入干扰和输出干扰的干扰估计问题. 此外, 我们还特别介绍了估计/消除策略在无穷维系统和有限维系统中的不同之处. 为了便于阅读, 附录摘录了本书要用到的基本的数学知识.

　　本书的部分内容曾在作者的研究生讨论班讲授多次. 由于作者水平有限, 难免有很多不足之处, 特别是由于时间和篇幅所限, 仍然有四大块内容没能按计划整理出来: ① 扩张动态的在线估计; ② 带有无穷维内模的控制器和观测器的设计; ③ 无穷维抽象耦合系统的控制与观测; ④ 基于降阶法的有限差分格式对无穷维控制系统的离散问题. 为此作者深感遗憾. 本书完稿之际, 正值山西大学筹备建校 120 周年庆典. 时间如白驹过隙, 作者已在山西大学学习、工作二十余年. 借此机会, 作者诚祝母校宏图更展, 再谱华章.

　　本书得到了国家自然科学基金 (61873153) 的资助, 被纳入山西大学 120 周年校庆学术专著系列. 最后, 特别感谢郭宝珠教授多年来对作者的传道、授业、解惑, 将作者带入控制研究领域. 感谢同事温瑞丽、武洁琼、刘建康、郭雅平、曹晓敏对本书提出的宝贵建议, 感谢研究生武晓辉、王丽、郎培华、孟玉翠、冯春辉、张培鑫、张佳萌、丁姿匀和魏文青对本书的校对.

欢迎读者对本书提出批评指正.

冯红银萍

2021 年 8 月于山西大学

目　　录

符 号 说 明

符号	含义
$\|f\|_\infty$	$\sup_{t\in D}|f(t)|$, 其中 D 是 f 的定义域
$\mathrm{Ran}f$	f 的值域: $\mathrm{Ran}f=\{f(x)\mid x\in D\}$, D 是 f 的定义域
$\mathrm{Ker}f$	f 的核: $\mathrm{Ker}f=\{x\in D\mid f(x)=0\}$, D 是 f 的定义域
$L^p(\Omega)$	区域 Ω 上的 L^p 可积函数, $p=1,2,\cdots$
$\mathbb{R}$	全体实数的集合
$\mathbb{C}$	全体复数的集合
$\mathbb{C}_-$	$\{s\in\mathbb{C}|\mathrm{Re}s<0\}$
$\mathbb{C}_+$	$\{s\in\mathbb{C}|\mathrm{Re}s\geqslant 0\}$
$\mathbb{C}_\alpha$	$\{s\in\mathbb{C}|\mathrm{Re}s>\alpha\}$, $\alpha\in\mathbb{R}$
$\mathbb{Z}$	全体整数的集合
$\mathbb{N}$	全体自然数的集合, 即: $\{0,1,2,\cdots\}$
$\mathbb{R}^+$	$(0,+\infty)$
$\dim X$	空间 X 的维数
$\mathrm{Det}(A)$ 或 $|A|$	矩阵 A 的行列式
A^*	算子 (矩阵) A 的共轭算子 (共轭转置)
$\mathcal{L}(X)$	空间 X 上有界线性算子的全体
$\mathcal{L}(X,Y)$	空间 X 到 Y 的有界线性算子的全体
$\sigma(A)$	算子 A 的谱集
$\rho(A)$	算子 A 的预解集

第 1 章 有限维系统预备知识

1.1 有限维系统基本概念

设 X, U 和 Y 是 Hilbert 空间. 考虑线性系统

$$\begin{cases} \dot{x}(t) = Ax(t) + Bu(t), & t > 0, \\ y(t) = Cx(t), & t \geqslant 0, \end{cases} \tag{1.1.1}$$

其中 $x(t) \in X$ 是系统状态, $u(t) \in U$ 是控制输入, $y(t) \in Y$ 是观测输出; X, U 和 Y 分别称为状态空间, 控制空间和输出空间; 线性算子 A, B 和 C 分别称为系统算子, 控制算子和观测算子, 满足

$$A \in \mathcal{L}(X), \quad B \in \mathcal{L}(U, X), \quad C \in \mathcal{L}(X, Y). \tag{1.1.2}$$

系统 (1.1.1) 由算子 A, B 和 C 完全决定, 因此通常简记为 (A, B, C). 当 X, U 和 Y 都是有限维线性空间时, 系统 (A, B, C) 称为有限维系统. 本章研究的系统都是有限维系统.

对任意的 $x(0) \in X$ 和 $u \in L^2_{\text{loc}}([0, \infty); U)$, 解系统 (1.1.1) 中的常微分方程可得

$$x(t) = e^{At}x(0) + \int_0^t e^{A(t-s)}Bu(s)ds, \quad \forall\, t \geqslant 0, \tag{1.1.3}$$

其中

$$e^{At} = \sum_{k=0}^{\infty} \frac{A^k}{k!} t^k, \quad \forall\, t \geqslant 0. \tag{1.1.4}$$

由

$$\left\| \frac{t^k}{k!} A^k \right\| \leqslant \frac{|t|^k}{k!} \|A\|^k, \quad \forall\, t \in \mathbb{R}, \ k = 0, 1, \cdots \tag{1.1.5}$$

可得 $\|e^{At}\| \leqslant e^{\|A\||t|}$, $\forall\, t \in \mathbb{R}$. 因此, 级数 (1.1.4) 总是收敛的, 从而 (1.1.3) 有意义. 此时, 系统的输出可以表示为

$$y(t) = Ce^{At}x(0) + \int_0^t Ce^{A(t-s)}Bu(s)ds, \quad \forall\, t \geqslant 0. \tag{1.1.6}$$

1.1.1　可观性

在实际问题中, 测量输出的选择要考虑多种因素. 在理论上, 测量信号应该包含系统的状态信息, 这是设计状态观测器的必要条件. 1960 年, Kalman 从理论上提出了这一问题, 并引入了系统可观性的概念 ([71]). 可观性不但可以反映输出信号中包含的系统状态信息的情况, 而且隐含着输出对系统状态的某种连续依赖性.

令 $u(t) = 0$, 控制观测系统 (1.1.1) 退化为观测系统

$$\dot{x}(t) = Ax(t), \quad y(t) = Cx(t). \tag{1.1.7}$$

该系统由矩阵 A 和 C 完全决定, 通常简记为 (A, C).

定义 1.1.1　设 X 是状态空间, Y 是输出空间. 对任意的 $\tau > 0$, 观测系统 (A, C) 在 $[0, \tau]$ 上的观测映射 $\mathcal{C}_\tau \in \mathcal{L}(X, L^2([0, \tau]; Y))$ 定义如下:

$$\begin{aligned} \mathcal{C}_\tau: \quad & X \to L^2([0, \tau]; Y), \\ & x_0 \to Ce^{At}x_0, \quad t \in [0, \tau], \quad \forall \, x_0 \in X. \end{aligned} \tag{1.1.8}$$

如果存在时刻 $\tau > 0$ 使得 $\mathrm{Ker}\mathcal{C}_\tau = \{0\}$, 则称系统 (A, C) 在 $[0, \tau]$ 上可观.

容易证明, $\mathrm{Ker}\mathcal{C}_\tau$ 与 τ 无关 ([135, p.13, Proposition 1.4.7]), 即

$$\mathrm{Ker}\mathcal{C}_{\tau_1} = \mathrm{Ker}\mathcal{C}_{\tau_2}, \quad \forall \, \tau_1, \tau_2 > 0. \tag{1.1.9}$$

因此, 下面表述是等价的:
- 系统 (A, C) 可观;
- 存在 $\tau > 0$, 使得 $\mathrm{Ker}\mathcal{C}_\tau = \{0\}$;
- 对任意的 $\tau > 0$, 有 $\mathrm{Ker}\mathcal{C}_\tau = \{0\}$.

对任意的 $\tau > 0$, 下面矩阵称为观测系统 (A, C) 的 Gram 矩阵

$$W_o(\tau) = \int_0^\tau e^{A^*s} C^* C e^{As} ds. \tag{1.1.10}$$

直接计算可得: $W_o(\tau) = \mathcal{C}_\tau^* \mathcal{C}_\tau$, 其中 $\mathcal{C}_\tau^* \in \mathcal{L}(L^2([0, \tau]; Y), X)$ 是 $\mathcal{C}_\tau$ 的共轭算子

$$\begin{aligned} \mathcal{C}_\tau^*: \quad & L^2([0, \tau]; Y) \to X, \\ & g \to \int_0^\tau e^{A^*s} C^* g(s) ds, \quad \forall \, g \in L^2([0, \tau]; Y). \end{aligned} \tag{1.1.11}$$

所以, $W_o(\tau)$ 是半正定的.

定理 1.1.1　系统 (A, C) 可观的充要条件是: 存在 $\tau > 0$ 使得 Gram 矩阵 $W_o(\tau)$ 正定, 或者等价地, 存在 $c_\tau > 0$ 使得

$$\int_0^\tau \|Ce^{As}x_0\|_Y^2 ds \geqslant c_\tau \|x_0\|_X^2, \quad \forall \, x_0 \in X. \tag{1.1.12}$$

证明 由于

$$\langle W_o(\tau)x_0, x_0\rangle_X = \int_0^\tau \|Ce^{As}x_0\|_Y^2 ds, \quad \forall \ x_0 \in X, \tag{1.1.13}$$

因此, $W_o(\tau)$ 正定当且仅当存在 $c_\tau > 0$ 使得 (1.1.12) 成立.

充分性: 由于 $W_o(\tau)$ 正定, 可以定义映射 $\mathcal{F}_\tau: L^2([0,\tau];Y) \to X$ 如下:

$$\begin{aligned} \mathcal{F}_\tau: \quad &L^2([0,\tau];Y) \to X, \\ &f \to W_o^{-1}(\tau)\int_0^\tau e^{A^*s}C^*f(s)ds, \quad \forall \ f \in L^2([0,\tau];Y). \end{aligned} \tag{1.1.14}$$

直接计算可得, $\mathcal{F}_\tau = (\mathcal{C}_\tau^*\mathcal{C}_\tau)^{-1}\mathcal{C}_\tau^*$, 从而 $\mathcal{F}_\tau\mathcal{C}_\tau = 1_X$, 于是有 $\mathrm{Ker}\mathcal{C}_\tau = \{0\}$. 系统 (1.1.7) 可观.

必要性: 系统 (1.1.7) 可观意味着存在 $t_1 > 0$ 使得 $\mathrm{Ker}\mathcal{C}_{t_1} = \{0\}$. 假设对任意的 $\tau > 0$, Gram 矩阵 $W_o(\tau)$ 都不正定. 特别地, $|W_o(t_1)| = 0$, 从而矩阵 $W_o(t_1)$ 是奇异的. 于是存在向量 $\alpha \neq 0$ 使得 $W_o(t_1)\alpha = 0$, 进而

$$0 = \langle W_o(t_1)\alpha, \alpha\rangle_X = \langle \mathcal{C}_{t_1}^*\mathcal{C}_{t_1}\alpha, \alpha\rangle_X = \|\mathcal{C}_{t_1}\alpha\|_{L^2([0,t_1];Y)}^2. \tag{1.1.15}$$

所以, $\alpha \in \mathrm{Ker}\mathcal{C}_{t_1} = \{0\}$, 这与 $\alpha \neq 0$ 矛盾. $\qquad\square$

当系统 (A,C) 可观时, $\mathrm{Ker}\mathcal{C}_\tau = \{0\}$, 这说明 $\mathcal{C}_\tau$ 是单射, 所以 X 和 $\mathrm{Ran}\,\mathcal{C}_\tau$ 之间存在 1-1 对应. 也就是说, 对任意的 $y|_{[0,\tau]} \in \mathrm{Ran}\mathcal{C}_\tau$, 存在唯一的 $x_0 \in X$, 使得 $\mathcal{C}_\tau(x_0) = y|_{[0,\tau]}$. 因此, 系统 (A,C) 可观意味着输出 $y(t)$ 在 $[0,\tau]$ 上的值可以唯一地确定初值 x_0, 从而唯一地确定了系统状态 $x(t)$. 观测不等式 (1.1.12) 的重要之处在于, 它还保证了初值对输出的连续依赖性. 当输出变化不大时, 它所确定的初值变化也不大. 由于输出信号不可避免地要带有干扰, 这种连续依赖性是观测系统必须具备的性质. 对于有限维系统而言, 这种连续依赖性是隐藏在系统可观的定义中的. 综上, 系统 (A,C) 可观意味着输出 $y(t)$ 在 $[0,\tau]$ 上的值可以唯一、连续地确定初值 x_0 (或状态 $x(t)$).

对任意的 $f \in L^2([0,\tau];Y)$, $\mathcal{C}_\tau\mathcal{F}_\tau(f) \in L^2([0,\tau];Y)$, 其中 $\mathcal{F}_\tau$ 由 (1.1.14) 定义. 函数 f 和 $\mathcal{C}_\tau\mathcal{F}_\tau(f)$ 之间是什么关系呢? 当 $f \in \mathrm{Ran}\mathcal{C}_\tau \subset L^2([0,\tau];Y)$ 时, 存在 $x_f \in X$ 使得 $\mathcal{C}_\tau(x_f) = f$. 注意到 $\mathcal{F}_\tau\mathcal{C}_\tau = 1_X$, 我们有

$$\mathcal{C}_\tau\mathcal{F}_\tau(f) = \mathcal{C}_\tau\mathcal{F}_\tau\mathcal{C}_\tau(x_f) = \mathcal{C}_\tau(x_f) = f. \tag{1.1.16}$$

当 $f \notin \mathrm{Ran}\mathcal{C}_\tau$ 时, 下面定理指出: $\mathcal{C}_\tau\mathcal{F}_\tau(f)$ 是 f 在 $\mathrm{Ran}\mathcal{C}_\tau$ 上唯一的最佳逼近. 这一结论揭示了观测系统 (A,C) 与给定信号 $f \in L^2([0,\tau];Y)$ 之间的内在关系, 为信号的动态表示提供了理论基础.

定理 1.1.2 设系统 (1.1.7) 可观, $\tau > 0$, 映射 $\mathcal{C}_\tau$ 和 $\mathcal{F}_\tau$ 分别由 (1.1.8) 和 (1.1.14) 定义, 则对任意的 $f \in L^2([0,\tau];Y)$, $\mathcal{C}_\tau\mathcal{F}_\tau(f)$ 是 f 在 $\mathrm{Ran}\mathcal{C}_\tau$ 上唯一的最佳逼近, 即

$$\|\mathcal{C}_\tau\mathcal{F}_\tau(f) - f\|_{L^2([0,\tau];Y)} = \inf_{g \in \mathrm{Ran}\mathcal{C}_\tau} \|g - f\|_{L^2([0,\tau];Y)}. \tag{1.1.17}$$

证明 由 (1.1.14) 可知: $\mathcal{F}_\tau = (\mathcal{C}_\tau^*\mathcal{C}_\tau)^{-1}\mathcal{C}_\tau^*$, 于是

$$\mathcal{F}_\tau^* = \mathcal{C}_\tau(\mathcal{C}_\tau^*\mathcal{C}_\tau)^{-1*} = \mathcal{C}_\tau(\mathcal{C}_\tau^*\mathcal{C}_\tau)^{-1}. \tag{1.1.18}$$

注意到

$$\mathcal{F}_\tau^*\mathcal{C}_\tau^* = \mathcal{C}_\tau(\mathcal{C}_\tau^*\mathcal{C}_\tau)^{-1}\mathcal{C}_\tau^* = \mathcal{C}_\tau\mathcal{F}_\tau, \tag{1.1.19}$$

对任意的 $g \in \mathrm{Ran}\mathcal{C}_\tau$ 和任意的 $f \in L^2([0,\tau];Y)$, 由 (1.1.16) 和 (1.1.19) 可得

$$\begin{aligned}
\langle \mathcal{C}_\tau\mathcal{F}_\tau(f) - f, g \rangle_{L^2([0,\tau];Y)} &= \langle \mathcal{C}_\tau\mathcal{F}_\tau(f), g \rangle_{L^2([0,\tau];Y)} - \langle f, g \rangle_{L^2([0,\tau];Y)} \\
&= \langle f, \mathcal{F}_\tau^*\mathcal{C}_\tau^*(g) \rangle_{L^2([0,\tau];Y)} - \langle f, g \rangle_{L^2([0,\tau];Y)} \\
&= \langle f, g \rangle_{L^2([0,\tau];Y)} - \langle f, g \rangle_{L^2([0,\tau];Y)} = 0. \tag{1.1.20}
\end{aligned}$$

所以 $\mathcal{C}_\tau\mathcal{F}_\tau(f) - f$ 与 $\mathrm{Ran}\mathcal{C}_\tau$ 正交. 由泛函分析理论, $\mathcal{C}_\tau\mathcal{F}_\tau(f)$ 是 f 在 $\mathrm{Ran}\mathcal{C}_\tau$ 上的最佳逼近.

由于 $\mathrm{Ran}\mathcal{C}_\tau$ 是 Hilbert 空间 $L^2([0,\tau];Y)$ 的有限维线性子空间, 所以, 最佳逼近元是唯一的. □

n 阶系统的可观性还有如下常用结论 (状态空间的维数称为系统的阶数):

定理 1.1.3 (Kalman 判据) 系统 (A, C) 可观当且仅当 $\mathrm{rank}(P_o) = n$, 其中,

$$P_o := \begin{bmatrix} C \\ CA \\ \vdots \\ CA^{n-1} \end{bmatrix}. \tag{1.1.21}$$

定理 1.1.4 (PBH 秩判据 (Popov, Belevitch, Hautus)) 系统 (A, C) 可观当且仅当

$$\mathrm{rank}\begin{bmatrix} \lambda - A \\ C \end{bmatrix} = n, \quad \forall \lambda \in \sigma(A), \tag{1.1.22}$$

或者

$$\mathrm{Ker}C \cap \mathrm{Ker}(\lambda - A) = \{0\}, \quad \forall \lambda \in \sigma(A). \tag{1.1.23}$$

定理 1.1.5 ([21, p.223, Lemma 6.2.5])　输出反馈不改变系统 (A, C) 的可观性, 即: 对任意的 $K \in \mathcal{L}(\mathbb{R}, X)$, 系统 (A, C) 可观当且仅当系统 $(A + KC, C)$ 可观.

状态反馈可能会改变系统的可观性, 例如: 如果令

$$A = \begin{bmatrix} 0 & 1 \\ 1 & 0 \end{bmatrix}, \quad K = \begin{bmatrix} 0 \\ -1 \end{bmatrix}, \quad C = \begin{bmatrix} 0 & 1 \end{bmatrix}, \quad F = \begin{bmatrix} 1 & 0 \end{bmatrix},$$

则有系统 (A, C) 可观, 而系统 $(A + KF, C)$ 不可观.

1.1.2　可控性

可控性用来描述控制策略对系统状态的操纵能力. 当只关注系统的可控性时, 控制观测系统 (1.1.1) 退化为控制系统

$$\dot{x}(t) = Ax(t) + Bu(t). \tag{1.1.24}$$

该系统由矩阵 A 和 B 完全决定, 通常简记为 (A, B).

定义 1.1.2　对任意的 $\tau > 0$, 系统 (1.1.24) 在 $[0, \tau]$ 上的控制映射 $\mathcal{B}_\tau \in \mathcal{L}(L^2([0, \tau]; U), X)$ 定义如下:

$$\begin{aligned} \mathcal{B}_\tau: \quad & L^2([0, \tau]; U) \to X, \\ & u \to \int_0^\tau e^{A(\tau-s)} Bu(s) ds, \quad \forall\, u \in L^2([0, \tau]; U). \end{aligned} \tag{1.1.25}$$

定义 1.1.3　对任意初始状态 $x_0 \in X$ 和终止状态 $x_1 \in X$, 如果存在时刻 $\tau > 0$ 以及控制 $u \in L^2([0, \tau]; U)$, 使得系统 (1.1.24) 的解满足 $x(0) = x_0$ 和 $x(\tau) = x_1$, 则称系统 (1.1.24) 可控.

控制映射可以用来刻画系统的可控性. 事实上, 如果存在 $\tau > 0$, 使得 $\mathrm{Ran}\mathcal{B}_\tau = X$, 则对任意的 $x_0, x_1 \in X$, 由于 $x_1 - e^{A\tau} x_0 \in X$, 存在 $u_0 \in L^2([0, \tau]; U)$ 使得

$$\mathcal{B}_\tau(u_0) = x_1 - e^{A\tau} x_0. \tag{1.1.26}$$

上式等价于

$$x_1 = x(\tau) = e^{A\tau} x_0 + \int_0^\tau e^{A(\tau-s)} Bu_0(s) ds. \tag{1.1.27}$$

所以系统 (1.1.24) 可控. 容易证明, $\mathrm{Ran}\mathcal{B}_\tau$ 与 τ 无关 ([135, p.14, Lemma 1.4.9]), 即

$$\mathrm{Ran}\mathcal{B}_{t_1} = \mathrm{Ran}\mathcal{B}_{t_2} = \bigcup_{\tau > 0} \mathrm{Ran}\mathcal{B}_\tau, \quad \forall\, t_1, t_2 > 0. \tag{1.1.28}$$

因此, 下面表述是等价的:

- 控制系统 (A, B) 可控;
- 存在 $\tau > 0$, 使得 $\mathrm{Ran}\mathcal{B}_\tau = X$;
- 对任意的 $\tau > 0$, 有 $\mathrm{Ran}\mathcal{B}_\tau = X$.

对任意的 $\tau > 0$, 如下矩阵称为控制系统 (A, B) 的 Gram 矩阵

$$W_c(\tau) = \int_0^\tau e^{As} BB^* e^{A^*s} ds. \tag{1.1.29}$$

直接计算可得 $W_c(\tau) = \mathcal{B}_\tau \mathcal{B}_\tau^*$, 其中 $\mathcal{B}_\tau^* \in \mathcal{L}(X, L^2([0,\tau];U))$ 是 $\mathcal{B}_\tau$ 的共轭算子

$$\mathcal{B}_\tau^* : X \to L^2([0,\tau];U),$$
$$x_0 \to B^* e^{A^*(\tau-s)} x_0, \quad s \in [0,\tau], \quad \forall\, x_0 \in X. \tag{1.1.30}$$

所以, $W_c(\tau)$ 是半正定的.

定理 1.1.6　*系统 (1.1.24) 可控的充要条件是: 存在 $\tau > 0$, 使得 Gram 矩阵 $W_c(\tau)$ 正定, 或者等价地, 存在 $c_\tau > 0$ 使得*

$$\int_0^\tau \|B^* e^{A^*s} x_0\|_U^2 ds \geqslant c_\tau \|x_0\|_X^2, \quad \forall\, x_0 \in X. \tag{1.1.31}$$

证明　由于

$$\langle W_c(\tau)x_0, x_0 \rangle_X = \int_0^\tau \|B^* e^{A^*s} x_0\|_U^2 ds, \quad \forall\, x_0 \in X, \tag{1.1.32}$$

因此, $W_c(\tau)$ 正定当且仅当存在 $c_\tau > 0$ 使得 (1.1.31) 成立.

充分性: 由于 Gram 矩阵 $W_c(\tau)$ 正定, 可令

$$u(t) = B^* e^{A^*(\tau-t)} W_c^{-1}(\tau) \left(x_1 - e^{A\tau} x_0 \right). \tag{1.1.33}$$

直接计算可得

$$\begin{aligned} x(\tau) &= e^{A\tau} x_0 + \int_0^\tau e^{A(\tau-s)} Bu(s) ds \\ &= e^{A\tau} x_0 + \int_0^\tau e^{A(\tau-s)} BB^* e^{A^*(\tau-s)} W_c^{-1}(\tau) \left(x_1 - e^{A\tau} x_0 \right) ds \\ &= e^{A\tau} x_0 + W_c(\tau) W_c^{-1}(\tau) \left(x_1 - e^{A\tau} x_0 \right) = x_1. \end{aligned} \tag{1.1.34}$$

所以, 系统 (1.1.24) 可控.

必要性: 由于系统 (1.1.24) 是可控的, 因此存在 $t_1 > 0$ 使得 $\mathrm{Ran}\mathcal{B}_{t_1} = X$. 假设对任意的 $\tau > 0$, Gram 矩阵 $W_c(\tau)$ 都不正定, 则 $|W_c(\tau)| \equiv 0$, $\forall\, \tau > 0$. 特别地, $|W_c(t_1)| = 0$, 从而存在向量 $\alpha \neq 0$ 使得 $\alpha^* W_c(t_1)\alpha = 0$, 即

$$\int_0^{t_1} \alpha^* e^{As} BB^* e^{A^*s} \alpha\, ds = 0. \tag{1.1.35}$$

上式说明

$$\alpha^* e^{As} B = 0, \qquad s \in [0, t_1]. \tag{1.1.36}$$

另一方面, 由于系统 (1.1.24) 是可控的, 对初始状态 $x(0) = e^{-At_1}\alpha$ 和零终止状态, 存在控制 u_0 使得

$$0 = x(t_1) = e^{At_1}x(0) + \int_0^{t_1} e^{A(t_1-s)}Bu_0(s)ds = \alpha + \int_0^{t_1} e^{As}Bu_0(t_1-s)ds. \tag{1.1.37}$$

上式两边左乘 α^*, 并利用 (1.1.36) 可得

$$0 = \|\alpha\|_X^2 + \int_0^{t_1} \alpha^* e^{As}Bu_0(t_1-s)ds = \|\alpha\|_X^2. \tag{1.1.38}$$

这与 $\alpha \neq 0$ 矛盾. $\qquad\square$

不等式 (1.1.31) 就是著名的 "观测性不等式". 定理 1.1.6 说明系统 (1.1.24) 可控的充要条件是: 存在 $\tau > 0$ 和 $c_\tau > 0$ 使得观测性不等式 (1.1.31) 成立. 这样控制问题就转化成一个纯数学问题 (不等式问题), 从而数学工具在系统的可控性研究中有了用武之地.

由 (1.1.30) 和 (1.1.33) 直接计算可得

$$u = \mathcal{B}_\tau^* (\mathcal{B}_\tau \mathcal{B}_\tau^*)^{-1} (x_1 - e^{A\tau}x_0) \in \text{Ran}\mathcal{B}_\tau^*. \tag{1.1.39}$$

控制 u 不但可以实现从 x_0 到 x_1 的状态转移, 而且还是能量最小的控制, 具体地说, 对任意满足 $x(0) = x_0$ 且 $x(\tau) = x_1$ 的控制 $v \in L^2([0,\tau]; U)$, 有

$$\int_0^\tau \|u(s)\|_U^2 ds \leqslant \int_0^\tau \|v(s)\|_U^2 ds. \tag{1.1.40}$$

事实上, 控制 u 和 v 实现了从 x_0 到 x_1 的状态转移意味着

$$\mathcal{B}_\tau(u) = \mathcal{B}_\tau(v) = x_1 - e^{A\tau}x_0, \tag{1.1.41}$$

于是 $(v - u) \in \text{Ker}\mathcal{B}_\tau \subset (\text{Ran}\mathcal{B}_\tau^*)^\perp$, 其中

$$(\text{Ran}\mathcal{B}_\tau^*)^\perp = \left\{ f \in L^2([0,\tau]; U) \mid \langle f, g \rangle_{L^2([0,\tau];U)} = 0, \forall\, g \in \text{Ran}\mathcal{B}_\tau^* \right\}. \tag{1.1.42}$$

注意到 (1.1.39), $\langle v - u, u \rangle_{L^2([0,\tau];U)} = 0$. 所以

$$\|v\|_{L^2([0,\tau];U)}^2 = \|v - u\|_{L^2([0,\tau];U)}^2 + \|u\|_{L^2([0,\tau];U)}^2 \geqslant \|u\|_{L^2([0,\tau];U)}^2. \tag{1.1.43}$$

系统的可控性还有如下常用的结论:

定理 1.1.7 (Kalman 判据) n 阶系统 (A, B) 可控当且仅当 $\text{rank}(P_c) = n$, 其中

$$P_c := [B \quad AB \quad A^2 B \quad \cdots \quad A^{n-1} B]. \tag{1.1.44}$$

定理 1.1.8 (PBH 秩判据 (Popov, Belevitch, Hautus)) n 阶系统 (A, B) 可控当且仅当

$$\text{rank}[\lambda - A \quad B] = n, \quad \forall \, \lambda \in \sigma(A). \tag{1.1.45}$$

定理 1.1.9 [21, p.223, Lemma 6.2.5] 状态反馈不改变系统 (A, B) 的可控性, 即: 对任意的 $F \in \mathcal{L}(X, \mathbb{R})$, 系统 (A, B) 可控当且仅当系统 $(A + BF, B)$ 可控.

1.1.3 对偶原理

系统的可观性与其对偶系统的可控性之间有着密切的联系, 最著名的莫过于下面的对偶原理:

定理 1.1.10 控制系统 (A, B) 可控当且仅当观测系统 (A^*, B^*) 可观.

证明 设 X, U 是有限维线性空间. 对任意的 $\tau > 0$, 令 $\mathcal{B}_\tau \in \mathcal{L}(L^2([0, \tau]; U), X)$ 是控制系统 (A, B) 在 $[0, \tau]$ 上的控制映射, $\mathcal{C}_{*\tau} \in \mathcal{L}(X, L^2([0, \tau]; U))$ 是观测系统 (A^*, B^*) 在 $[0, \tau]$ 上的观测映射, 只需证明:

$$\text{Ran} \mathcal{B}_\tau = X \text{ 当且仅当 } \text{Ker} \mathcal{C}_{*\tau} = \{0\}. \tag{1.1.46}$$

事实上, 由 (1.1.28) 和 (1.1.9) 可知, $\text{Ran} \mathcal{B}_\tau$ 和 $\text{Ker} \mathcal{C}_{*\tau}$ 与 τ 无关. 所以 $\text{Ker} \mathcal{B}_\tau^* = \text{Ker} \mathcal{C}_{*\tau}$.

任取 $x \in \text{Ker} \mathcal{B}_\tau^*$, 有

$$0 = \langle \mathcal{B}_\tau^* x, y \rangle_{L^2([0,\tau]; U)} = \langle x, \mathcal{B}_\tau y \rangle_X, \quad \forall \, y \in L^2([0, \tau]; U). \tag{1.1.47}$$

由 y 的任意性, $x \in (\text{Ran} \mathcal{B}_\tau)^\perp$, 所以 $\text{Ker} \mathcal{C}_{*\tau} = \text{Ker} \mathcal{B}_\tau^* \subset (\text{Ran} \mathcal{B}_\tau)^\perp$. 另一方面, 任取 $x \in (\text{Ran} \mathcal{B}_\tau)^\perp$, 有

$$0 = \langle x, \mathcal{B}_\tau y \rangle_X = \langle \mathcal{B}_\tau^* x, y \rangle_{L^2([0,\tau]; U)}, \quad \forall \, y \in L^2([0, \tau]; U). \tag{1.1.48}$$

由 y 的任意性, $x \in \text{Ker} \mathcal{B}_\tau^*$, 从而有 $(\text{Ran} \mathcal{B}_\tau)^\perp \subset \text{Ker} \mathcal{B}_\tau^* = \text{Ker} \mathcal{C}_{*\tau}$. 综上,

$$(\text{Ran} \mathcal{B}_\tau)^\perp = \text{Ker} \mathcal{C}_{*\tau}. \tag{1.1.49}$$

注意到 X 是有限维空间, 所以 (1.1.46) 成立. □

下面定理更细致地揭示了对偶系统之间的密切关系, 并且给出了控制系统 (A, B) 的一种控制器设计方法.

定理 1.1.11 如果系统 (A, B) 可控, 则对任意 $T > 0$ 和 $x_0, x_1 \in X$, 存在 $z_0 \in X$ 使得

$$\begin{cases} \dot{x}(t) = Ax(t) + By(t), \\ x(0) = x_0, \ x(T) = x_1, \end{cases} \tag{1.1.50}$$

其中

$$\begin{cases} \dot{z}(t) = -A^* z(t), \\ z(0) = z_0, \ y(t) = B^* z(t). \end{cases} \tag{1.1.51}$$

证明 对任意 $T > 0$, 如果存在控制 u 使得控制系统 (A, B) 满足 $x(0) = x_0 - e^{-AT}x_1$ 且 $x(T) = 0$, 则有

$$0 = x(T) = e^{AT}\left(x_0 - e^{-AT}x_1\right) + \int_0^T e^{A(T-s)} Bu(s)ds. \tag{1.1.52}$$

上式等价于

$$x_1 = e^{AT}x_0 + \int_0^T e^{A(T-s)} Bu(s)ds. \tag{1.1.53}$$

因此, 控制 u 实现了从 x_0 到 x_1 的状态转移. 于是, 只需证明 $x_1 = 0$ 的情况即可.

由定理 1.1.6, 系统 (A, B) 可控意味着, 对任意的 $T > 0$, 存在常数 $c_T > 0$, 使得

$$\int_0^T \|B^* z\|_U^2 dt \geqslant c_T \|z_0\|_X^2, \quad \forall z_0 \in X. \tag{1.1.54}$$

利用 (1.1.51), 我们定义如下映射:

$$\mathbb{P}_T z_0 = -x(0), \tag{1.1.55}$$

其中 $x(0)$ 是如下系统的初值:

$$\begin{cases} \dot{x}(t) = Ax(t) + By(t), \\ x(T) = 0. \end{cases} \tag{1.1.56}$$

只需证明 $\mathbb{P}_T$ 是满射. 事实上, 由于

$$0 = x(T) = e^{AT}x(0) + \int_0^T e^{A(T-s)} By(s)ds, \tag{1.1.57}$$

因此

$$\begin{aligned} x(0) &= -\int_0^T e^{-As} By(s)ds = -\int_0^T e^{-As} BB^* z(s)ds \\ &= -\int_0^T e^{-As} BB^* e^{-A^*s} z_0 ds, \end{aligned} \tag{1.1.58}$$

从而有

$$\|x(0)\|_X \leqslant \int_0^T \left\| e^{-As}BB^*e^{-A^*s} \right\| \|z_0\|_X ds = C_T \|z_0\|_X, \tag{1.1.59}$$

其中 $\|\cdot\|$ 是相容的矩阵范数,

$$C_T = \int_0^T \left\| e^{-As}BB^*e^{-A^*s} \right\| ds. \tag{1.1.60}$$

所以 $\mathbb{P}_T$ 有界. 另一方面, 由 (1.1.56) 和 (1.1.51) 可得

$$\begin{cases} \dot{x}(t) = Ax(t) + BB^*z(t), \\ x(T) = 0. \end{cases} \tag{1.1.61}$$

上式两端关于 z 取内积并在 $[0, T]$ 上积分可得

$$\begin{aligned} \int_0^T \langle \dot{x}(t), z(t) \rangle_X dt &= \int_0^T \langle Ax(t) + BB^*z(t), z(t) \rangle_X dt \\ &= \int_0^T \langle x(t), -\dot{z}(t) \rangle_X dt + \int_0^T \|B^*z(t)\|_U^2 dt. \end{aligned} \tag{1.1.62}$$

由观测不等式 (1.1.54) 可得

$$\begin{aligned} \langle \mathbb{P}_T z_0, z_0 \rangle_X = -\langle x(0), z_0 \rangle_X &= \int_0^T \langle \dot{x}(t), z(t) \rangle_X dt + \int_0^T \langle x(t), \dot{z}(t) \rangle_X dt \\ &= \int_0^T \|B^*z(t)\|_U^2 dt \geqslant c_T \|z_0\|_X^2. \end{aligned} \tag{1.1.63}$$

由 Lax-Milgram 定理, $\mathbb{P}_T$ 是可逆的满射.　　　　　　　　　　　　　□

注 1.1.1　定理 1.1.11及其证明可以直接推广到无穷维的情况, 这将在第 3 章详细讨论. 当系统是有限维时, 该定理证明还有更简单的方法. 事实上, 当 $x_1 = 0$ 时, 由 (1.1.50) 和 (1.1.51) 可得

$$\begin{aligned} 0 = x(T) &= e^{AT}x_0 + \int_0^T e^{A(T-s)}By(s)ds \\ &= e^{AT}x_0 + \int_0^T e^{A(T-s)}BB^*e^{-A^*s}z_0 ds \\ &= e^{AT}x_0 + e^{AT}\int_0^T e^{-As}BB^*e^{-A^*s}ds z_0, \end{aligned} \tag{1.1.64}$$

于是

$$-x_0 = \int_0^T e^{-As}BB^*e^{-A^*s}ds z_0. \tag{1.1.65}$$

由 (1.1.55) 以及系统 $(-A, B)$ 的可控性,

$$\mathbb{P}_T = \int_0^T e^{-As}BB^*e^{-A^*s}ds \tag{1.1.66}$$

恰好是系统 $(-A, B)$ 的 Gram 矩阵, 从而是可逆的.

1.1.4 稳定性和耗散性

定义 1.1.4 设 X 是有限维线性空间, $A \in \mathcal{L}(X)$, 系统 $\dot{x}(t) = Ax(t)$ 称为稳定的, 如果该系统的任意解满足:

$$\lim_{t \to +\infty} \|x(t)\|_X = 0. \tag{1.1.67}$$

容易证明, 系统 $\dot{x}(t) = Ax(t)$ 稳定当且仅当 A 是 Hurwitz 矩阵, 即: A 的特征值全在左半平面. 因此, 有限维系统 $\dot{x}(t) = Ax(t)$ 稳定也称为矩阵 A 稳定.

定理 1.1.12 设 X 是有限维线性空间, 矩阵 $A \in \mathcal{L}(X)$ 稳定的充要条件为: 存在正定矩阵 P, 使得下面 Lyapunov 方程成立:

$$PA + A^*P = -I_X, \tag{1.1.68}$$

其中 I_X 是 X 中的单位矩阵.

证明 充分性: 设 P 是正定矩阵且满足 (1.1.68). 定义系统 $\dot{x}(t) = Ax(t)$ 的 Lyapunov 函数:

$$F(t) = \langle x(t), Px(t) \rangle_X. \tag{1.1.69}$$

由 P 正定, 存在常数 $c_1, c_2 > 0$,

$$c_1\|x(t)\|_X^2 \leqslant F(t) = \langle x(t), Px(t) \rangle_X \leqslant c_2\|x(t)\|_X^2. \tag{1.1.70}$$

沿着系统 $\dot{x}(t) = Ax(t)$ 的解对 F 求导可得

$$\dot{F}(t) = -\|x(t)\|_X^2 \leqslant -\frac{1}{c_2}F(t). \tag{1.1.71}$$

所以当 $t \to +\infty$ 时, 有 $F(t) \to 0$, 从而 A 稳定.

必要性: 由 A 稳定知如下矩阵有意义:

$$P = \int_0^\infty e^{A^*t}e^{At}dt \in \mathcal{L}(X). \tag{1.1.72}$$

直接计算可知 P 是正定矩阵, 且满足 (1.1.68). □

定义 1.1.5 设 X 是有限维线性空间, A 称为 X 中的耗散矩阵, 如果

$$\mathrm{Re}\langle Ax, x \rangle_X \leqslant 0, \quad \forall\, x \in X. \tag{1.1.73}$$

对任意方阵 A, 其实部和虚部分别为

$$\mathrm{Re}A = \frac{1}{2}\left(A + A^*\right), \quad \mathrm{Im}A = \frac{1}{2i}\left(A - A^*\right). \tag{1.1.74}$$

由于 A^* 是 A 的共轭转置, 矩阵 A 的实部 (虚部) 并不一定等于 A 每一个元素的实部 (虚部) 构成的矩阵. 注意到 $A = \mathrm{Re}A + i\mathrm{Im}A$, 直接计算可得

$$\mathrm{Re}\langle Ax, x\rangle_X = \langle (\mathrm{Re}A)x, x\rangle_X, \quad \forall\, x \in X. \tag{1.1.75}$$

因此 A 耗散当且仅当 $\mathrm{Re}A$ 是半负定矩阵.

命题 1.1.1　设 A 是 n 维线性空间 X 中的矩阵, 则下面结果成立:

(i) 若 A 耗散, 则对任意的 $t \geqslant 0$, 有 $\left\| e^{At} \right\| \leqslant 1$;

(ii) 若 A 耗散, 则 $\sigma(A) \subset \{\lambda \in \mathbb{C} \mid \mathrm{Re}\lambda \leqslant 0\}$;

(iii) 若 A 是 Hurwitz 阵, 则存在正定矩阵 P 使得

$$\mathrm{Re}\langle PAx, x\rangle_X = -\frac{1}{2}\|x\|_X^2 \leqslant 0, \quad \forall\, x \in X, \tag{1.1.76}$$

从而 PA 是耗散阵.

证明　(i) 对任意的 $x \in X$ 和 $t \geqslant 0$, 有

$$
\begin{aligned}
\frac{d}{dt}\left(\left\| e^{At}x \right\|_X^2\right) &= \langle Ae^{At}x, e^{At}x\rangle_X + \langle e^{At}x, Ae^{At}x\rangle_X \\
&= \langle (A + A^*)e^{At}x, e^{At}x\rangle_X = 2\langle (\mathrm{Re}A)\, e^{At}x, e^{At}x\rangle_X \leqslant 0. \tag{1.1.77}
\end{aligned}
$$

所以, $\left\| e^{At}x \right\|_X^2$ 是不增的, 于是 $\left\| e^{At}x \right\|_X \leqslant \|x\|_X, \forall\, t \geqslant 0$.

(ii) 如果存在 $\lambda_0 \in \sigma(A)$ 且 $\mathrm{Re}\lambda_0 > 0$, 令 x_0 是属于 λ_0 的特征向量, 即: $Ax_0 = \lambda_0 x_0$ 且 $x_0 \neq 0$, 则

$$\mathrm{Re}\langle Ax_0, x_0\rangle_X = \mathrm{Re}\lambda_0 \|x_0\|_X^2 > 0.$$

矛盾!

(iii) 由于 A 是 Hurwitz 阵, 存在正定矩阵 P, 使得 (1.1.68) 成立. 所以

$$-\|x\|_X^2 = \langle (PA + A^*P)x, x\rangle_X = 2\mathrm{Re}\langle PAx, x\rangle_X, \quad \forall\, x \in X. \tag{1.1.78}$$

于是 PA 耗散. □

由耗散的定义 1.1.5, 矩阵 A 的耗散性与 X 上的内积有关. 命题 1.1.1-(iii) 说明矩阵 A 是 Hurwitz 阵的充要条件是: 存在正定矩阵 P 使得矩阵 A 在内积 $\langle\cdot,\cdot\rangle_P$ 下耗散, 其中

$$\langle x, y\rangle_P = \langle Px, y\rangle_X, \quad \forall\, x, y \in X. \tag{1.1.79}$$

Hurwitz 矩阵和耗散矩阵是两个不同的概念, 它们之间没有必然的包含关系. 例如, 反对称矩阵是耗散矩阵但不是 Hurwitz 阵. 反之, Hurwitz 阵也不一定是耗散矩阵, 例如:

$$\begin{bmatrix} -1 & 6 \\ 0 & -1 \end{bmatrix}. \tag{1.1.80}$$

此外, Hurwitz 矩阵在相似变换下仍然是 Hurwitz 矩阵, 而耗散矩阵在相似变换下可能变的不耗散. 事实上, 若令

$$G = \begin{bmatrix} -1 & 2 \\ 0 & -1 \end{bmatrix}, \quad P = \begin{bmatrix} 1 & 1 \\ 0 & 3 \end{bmatrix}, \tag{1.1.81}$$

则 $P^{-1}GP$ 等于矩阵 (1.1.80). 注意到 G 耗散, 而 $P^{-1}GP$ 不耗散, 于是相似变换改变了矩阵 G 的耗散性.

系统的可控性、可观性以及稳定性之间有密切的关系.

定理 1.1.13 设 X, U 是有限维线性空间, $A \in \mathcal{L}(X)$, $B \in \mathcal{L}(U, X)$, 且 $A = -A^*$, 则下列条件等价:

(i) 系统 (A, B) 可控;

(ii) $\mathrm{Ker}B^* \cap \mathrm{Ker}(i\omega - A) = \{0\}, \forall\, \omega \in \mathbb{R}$;

(iii) 系统 (A^*, B^*) 可观;

(iv) $A - BB^*$ 是 Hurwitz 矩阵.

证明 由定理 1.1.4 和定理 1.1.10, 条件 (i), (ii), (iii) 之间的等价性是显然的. 下面证明 (ii) 和 (iv) 之间的等价性.

(ii)⇒(iv) 对任意的 $x \in X$,

$$\mathrm{Re}\,\langle (A - BB^*)x, x\rangle_X = \mathrm{Re}\,[\langle Ax, x\rangle_X - \langle BB^*x, x\rangle_X]$$
$$= -\|B^*x\|_X^2 \leqslant 0. \tag{1.1.82}$$

所以

$$\sigma(A - BB^*) \subset \{\lambda \in \mathbb{C} \mid \mathrm{Re}\lambda \leqslant 0\}. \tag{1.1.83}$$

若令

$$(A - BB^*)x_0 = i\omega x_0, \quad \omega \in \mathbb{R},\ x_0 \in X, \tag{1.1.84}$$

则有

$$i\omega\|x_0\|_X^2 = \langle (A - BB^*)x_0, x_0\rangle_X = \langle Ax_0, x_0\rangle_X - \|B^*x_0\|_X^2. \tag{1.1.85}$$

注意到 $A = -A^*$, 比较上式两端的实部可得 $B^*x_0 = 0$. 因此 (1.1.84) 简化为 $Ax_0 = i\omega x_0$, 从而 $x_0 \in \mathrm{Ker}B^* \cap \mathrm{Ker}(i\omega - A)$. 所以 $x_0 = 0$. 这就说明矩阵 $A - BB^*$ 的特征值不在虚轴上, 又因为 (1.1.83), $A - BB^*$ 是 Hurwitz 矩阵.

(ii)⇐(iv)　任取 $\omega \in \mathbb{R}$, 若 $x_0 \in \mathrm{Ker}B^* \cap \mathrm{Ker}(i\omega - A)$, 则 $B^*x_0 = 0$ 且 $Ax_0 = i\omega x_0$. 所以

$$(A - BB^*)x_0 = Ax_0 - BB^*x_0 = i\omega x_0. \tag{1.1.86}$$

由于矩阵 $A - BB^*$ 是 Hurwitz 阵, (1.1.86) 意味着 $x_0 = 0$.　　　　　□

定理 1.1.14　设 X 是状态空间, Y 是输出空间, U 是控制空间, 其中 X 是 n 维线性空间.

(i) 系统 (A, B) 可控当且仅当对任意的 $\{\lambda_1, \lambda_2, \cdots, \lambda_n\} \subset \mathbb{C}$ 存在矩阵 $K \in \mathcal{L}(X, U)$ 使得 $\sigma(A + BK) = \{\lambda_1, \lambda_2, \cdots, \lambda_n\}$;

(ii) 系统 (A, C) 可观当且仅当对任意的 $\{\lambda_1, \lambda_2, \cdots, \lambda_n\} \subset \mathbb{C}$ 存在矩阵 $L \in \mathcal{L}(Y, X)$ 使得 $\sigma(A + LC) = \{\lambda_1, \lambda_2, \cdots, \lambda_n\}$.

注 1.1.2　线性系统可控意味着控制对系统状态有任意的操纵能力; 线性系统可观意味着系统全部的状态信息都包含在输出信号中. 从可控性和可观性的观点来看, 一个线性系统总可以分解成四个部分: ① 可控部分和可观部分; ② 不可控部分和可观部分; ③ 可控部分和不可观部分; ④ 不可控部分和不可观部分. 如果一个系统的不可控部分已经稳定, 则称该系统是能稳的. 如果一个系统的不可观部分的状态已经趋于零, 则称该系统是可检的. 系统的能稳性和可检性之间也存在着对偶关系: (A, B) 能稳当且仅当系统 (A^*, B^*) 可检.

1.1.5　传递函数和系统相似

线性代数告诉我们, 相似的两个矩阵几乎具有完全一样的代数性质. 例如: 相似矩阵有相同的特征值、行列式、初等因子、行列式因子、最小多项式、特征多项式等等. 也就是说, 大多数的代数性质在可逆线性变换下是保持不变的. 本节介绍控制系统在可逆线性变换下的不变性. 与线性代数不同, 并不是所有的控制性质都在可逆线性变换下保持不变, 例如前面提到的系统的耗散性. 事实上, 下面两个矩阵相似但耗散性不同:

$$\begin{bmatrix} -1 & 6 \\ 0 & -1 \end{bmatrix}, \quad \begin{bmatrix} -1 & 2 \\ 0 & -1 \end{bmatrix}.$$

定义 1.1.6　设系统 (A_i, B_i, C_i) 的状态空间为 X, $i = 1, 2$, 若存在可逆变换 $T \in \mathcal{L}(X)$ 使得 $A_2 = TA_1T^{-1}$, $B_2 = TB_1$, 则称控制系统 (A_1, B_1) 和 (A_2, B_2) 相似, 记作: $(A_1, B_1) \sim (A_2, B_2)$; 若存在可逆变换 $T \in \mathcal{L}(X)$ 使得 $A_2 = TA_1T^{-1}$, $C_2 = C_1T^{-1}$, 则称观测系统 (A_1, C_1) 和 (A_2, C_2) 相似, 记作: $(A_1, C_1) \sim (A_2, C_2)$; 如果 $(A_1, B_1) \sim (A_2, B_2)$ 且 $(A_1, C_1) \sim (A_2, C_2)$, 则称系统 (A_1, B_1, C_1) 和 (A_2, B_2, C_2) 相似, 记作: $(A_1, B_1, C_1) \sim (A_2, B_2, C_2)$.

命题 1.1.2 设 n 阶单输入系统 (A, B) 可控, 则存在只依赖于 A 的常数 $\alpha_1, \alpha_2, \cdots, \alpha_n$ 使得

$$(A, B) \sim \left(\begin{bmatrix} 0 & 1 & 0 & \cdots & 0 \\ 0 & 0 & 1 & \cdots & 0 \\ \vdots & \vdots & \vdots & \ddots & \vdots \\ 0 & 0 & 0 & \cdots & 1 \\ \alpha_1 & \alpha_2 & \alpha_3 & \cdots & \alpha_n \end{bmatrix}, \begin{bmatrix} 0 \\ 0 \\ 0 \\ \vdots \\ 1 \end{bmatrix} \right). \tag{1.1.87}$$

设 n 阶单输出系统 (A, C) 可观, 则存在只依赖于 A 的常数 $\beta_1, \beta_2, \cdots, \beta_n$ 使得

$$(A, C) \sim \left(\begin{bmatrix} 0 & 0 & \cdots & 0 & \beta_1 \\ 1 & 0 & \cdots & 0 & \beta_2 \\ 0 & 1 & \cdots & 0 & \beta_3 \\ \vdots & \vdots & \ddots & \vdots & \vdots \\ 0 & 0 & \cdots & 1 & \beta_n \end{bmatrix}, \begin{bmatrix} 0 & 0 & \cdots & 1 \end{bmatrix} \right). \tag{1.1.88}$$

可逆变换在控制设计中几乎无处不在, 恰当的变换能让人们更加容易看清控制问题的本质, 从而使得问题简化.

例 1.1.1 考虑控制系统

$$\begin{cases} \dot{x}_1(t) = A_1 x_1(t) + Q x_2(t), \\ \dot{x}_2(t) = A_2 x_2(t) + B_2 u(t), \end{cases} \tag{1.1.89}$$

其中 $A_1 \in \mathbb{R}^{n \times n}$, $A_2 \in \mathbb{R}^{m \times m}$, $Q \in \mathbb{R}^{n \times m}$, $B_2 \in \mathbb{R}^m$, u 是标量控制. 系统 (1.1.89) 可以表示为 $(\mathcal{A}, \mathcal{B})$, 其中

$$\mathcal{A} = \begin{bmatrix} A_1 & Q \\ 0 & A_2 \end{bmatrix}, \quad \mathcal{B} = \begin{bmatrix} 0 \\ B_2 \end{bmatrix}. \tag{1.1.90}$$

系统 (1.1.89) 的串联结构往往会给控制器的设计带来一定的困难, 因此, 我们希望找一个可逆变换使得系统解耦. 令

$$\mathcal{P} = \begin{bmatrix} I_n & P \\ 0 & I_m \end{bmatrix}, \quad \mathcal{A}_P = \begin{bmatrix} A_1 & 0 \\ 0 & A_2 \end{bmatrix}, \tag{1.1.91}$$

其中矩阵 P 是 Sylvester 方程

$$A_1 P - P A_2 = Q \tag{1.1.92}$$

的解, 则简单计算可知

$$\mathcal{P} \mathcal{A} \mathcal{P}^{-1} = \mathcal{A}_P. \tag{1.1.93}$$

于是, $(\mathcal{A}, \mathcal{B}) \sim (\mathcal{A}_P, \mathcal{P}\mathcal{B})$. 与系统 $(\mathcal{A}, \mathcal{B})$ 相比, 系统 $(\mathcal{A}_P, \mathcal{P}\mathcal{B})$ 具有对角结构, 因此, 很多情况下 $(\mathcal{A}_P, \mathcal{P}\mathcal{B})$ 的控制设计会更加简单. 这一事实将在第 2 章详细说明. 当 A_1 和 A_2 满足

$$\sigma(A_1) \cap \sigma(A_2) = \varnothing \tag{1.1.94}$$

时, Sylvester 方程 (1.1.92) 有唯一解 [114]. 因此, (1.1.94) 是系统 $(\mathcal{A}, \mathcal{B})$ 可以解耦的一个充分条件.

定义 1.1.7　设系统 (A, B, C) 的状态空间、输入空间和输出空间分别为 X, U 和 Y. 系统 (A, B, C) 在零初始状态下输出和输入的 Laplace 变换之比称为该系统的传递函数. 记系统 (A, B, C) 的传递函数为 $G(s)$, 则 G 是从输入空间 U 到输出空间 Y 的映射, 且满足:

$$G(s) = C(s - A)^{-1}B, \quad s \in \rho(A). \tag{1.1.95}$$

对任意的 $s \in \rho(A)$, 若 $G(s) : U \to Y$ 不是满射, 则称 s 是系统 (A, B, C) 的传输零点.

命题 1.1.3　s 是系统 (A, B, C) 的传输零点的充要条件为: $s \in \rho(A)$ 且下面矩阵不是行满秩的:

$$\begin{bmatrix} A - s & B \\ C & 0 \end{bmatrix}. \tag{1.1.96}$$

证明　不妨设 $A \in \mathbb{R}^{n \times n}$, $B \in \mathbb{R}^{n \times m}$, $C \in \mathbb{R}^{p \times n}$, 其中 n, m, p 是正整数.

必要性: 设 s 是系统 (A, B, C) 的传输零点, 则 $s \in \rho(A)$ 且 $G(s)$ 不是满射. 于是 $\mathrm{rank}(A - s) = n$ 且 $\mathrm{rank}(G(s)) < p$. 所以有

$$\mathrm{rank}\left(\begin{bmatrix} A - s & B \\ C & 0 \end{bmatrix}\right) = \mathrm{rank}(A - s) + \mathrm{rank}(C(s - A)^{-1}B) < n + p. \tag{1.1.97}$$

矩阵 (1.1.96) 不是行满秩阵.

充分性: 设 $s \in \rho(A)$ 使得矩阵 (1.1.96) 不行满秩, 则 (1.1.97) 成立. 注意到 $\mathrm{rank}(A - s) = n$, (1.1.97) 意味着 $\mathrm{rank}(C(s - A)^{-1}B) = \mathrm{rank}(G(s)) < p$. $G(s)$ 不是行满秩矩阵, 从而作为线性映射不是满射. s 是系统 (A, B, C) 的传输零点. □

传递函数可以描述线性系统的动态特性, 是经典控制理论的主要工具之一. 传递函数只能反映系统完全可控和完全可观的部分, 因此, 频域分析方法不是一种完全的描述方法. 对于单输入单输出系统, 系统 (A, B, C) 的传递函数 $G(s)$ 是其单位脉冲响应的 Laplace 变换, 它通常是一个有理式, 不妨设为 $G(s) = N(s)/D(s)$. 分子 $N(s)$ 的零点称为传递函数的零点, 分母 $D(s)$ 的零点称为传递函数的极点. 显然, s 是单输入单输出系统的传输零点的充要条件为 $G(s) = 0$. 此外, 单输入单输出系统还有如下结果:

命题 1.1.4 设单输入单输出系统 (A, B, C) 的状态空间为 X, 它的传递函数为: $G(s) = N(s)/D(s)$, 则下面结论成立:

- 系统 (A, B, C) 可控可观的充要条件是: 传递函数不存在零点极点相消 ($N(s)$ 和 $D(s)$ 没有非常数的公因子);
- 当系统 (A, B, C) 可控可观时, 对任意的 $K \in \mathcal{L}(\mathbb{R}, X)$ 和 $F \in \mathcal{L}(X, \mathbb{R})$, 系统 (A, B, C), $(A + KC, B, C)$ 和 $(A + BF, B, C)$ 有相同的传输零点.

命题 1.1.5 若系统 $(A_1, B_1, C_1) \sim (A_2, B_2, C_2)$, 则它们有相同的可控性、可观性、能稳性、可检性、传递函数以及传输零点.

由于本章只考虑有限维系统, 命题 1.1.5 的结论是显然的. 然而无穷维的情形却大不相同, 算子的无界性会给系统相似性证明带来很大的困难, 详细内容将在第 3 章讨论.

1.2 动态反馈与静态反馈

评价一个控制系统的好坏, 其指标是多种多样的, 有经济指标、动态指标、稳态指标、强度指标和抗干扰能力等. 除此之外, 每一个具体系统也会有它自己特有的指标, 如果这些指标不能得到满足, 系统就有可能工作不正常. 然而, 并不是每个指标都能用解析的方法去描述. 控制理论研究的控制指标通常是由系统的稳态性能和动态性能所决定的可以用解析方法去描述的那些指标. 本书涉及的控制指标主要有: 系统的稳定性、系统的稳态精度、过渡过程及其超调量、控制器的能量泛函指标、抗扰性指标等等.

根据系统的控制目的, 控制问题可分为: 镇定问题和跟踪问题. 系统镇定是指设计控制器使得系统稳定, 而系统跟踪是指设计控制器使得系统的性能输出收敛到给定的参考信号. 当给定的参考信号为零时, 系统跟踪也称为系统调节. 根据测量信号的不同, 控制问题可分为: 状态反馈和输出反馈. 状态反馈是指全部系统状态信息都可以用作控制器设计, 而输出反馈只有部分状态信息 (测量信息) 可用作控制器设计. 当测量信号只有性能输出和参考信号的误差时, 输出反馈就成为误差反馈.

实际应用中的动态反馈一般都是输出反馈, 其控制器的设计主要包括两个方面: 第一, 如何选择输出并且充分挖掘隐含在输出中的有用信息; 第二, 合理、有效地利用这些信息设计反馈法则实现控制目标. 前者主要和控制系统的可观性以及观测器设计有关, 而后者主要与系统的可控性以及控制指标有关.

1.2.1 动态反馈的优越性

动态反馈本质上是一种积分反馈, 能够更充分地利用观测信号的历史信息, 因此能够得到更好的控制效果. 动态反馈的优势主要表现在两个方面: 第一, 可能完成静态反馈不可能完成的控制任务; 第二, 可以抑制干扰. 本节我们仅通过具体例子来说明动态反馈的这两个优势, 更详细的内容将在第 2 章中讨论.

考虑二阶牛顿系统

$$\begin{cases} \dot{x}_1(t) = x_2(t), \quad \dot{x}_2(t) = u(t), \\ y(t) = x_1(t), \end{cases} \tag{1.2.1}$$

其中 $u(t) \in \mathbb{R}$ 是控制, $y(t) \in \mathbb{R}$ 是观测. 容易证明这个系统是可观的, 这意味着一段时间内的输出信号 y 包含了系统的状态信息. 但是, 任意静态反馈 $u(t) = F(y(t))$ 都不能使得系统 (1.2.1) 稳定, 其中 $F : \mathbb{R} \to \mathbb{R}$ 是任意连续函数. 事实上, 我们考虑在反馈 $u(t) = F(y(t))$ 下的如下闭环系统

$$\begin{cases} \dot{x}_1(t) = x_2(t), \quad \dot{x}_2(t) = F(x_1(t)), \\ x_1(0) = 0, x_2(0) = 1. \end{cases} \tag{1.2.2}$$

令

$$E(t) = x_2^2(t) - 2 \int_0^{x_1(t)} F(s)ds. \tag{1.2.3}$$

则 $E(0) = 1$. 直接计算可得 $\dot{E}(t) \equiv 0$, 从而 $E(t) \equiv 1$. 如果当 $t \to +\infty$ 时, 有 $\|(x_1(t), x_2(t))\|_{\mathbb{R}^2} \to 0$, 则有 $E(t) \to 0$. 这与 $E(t) \equiv 1$ 矛盾.

上述事实说明静态反馈没有充分利用观测信号包含的系统信息. 我们还需要找到另外的反馈方式, 使得观测信号得到更充分的利用. 和静态反馈相比, 动态反馈能够利用观测信号中的历史信息, 因此, 能得到更好的控制效果. 下面, 我们设计动态反馈来稳定系统 (1.2.1). 动态反馈控制器设计如下:

$$u(t) = -2\hat{x}_2(t) - x_1(t), \tag{1.2.4}$$

其中 $\hat{x}_2$ 由如下系统产生:

$$\begin{cases} \dot{\hat{x}}_1(t) = \hat{x}_2(t) + 4[x_1(t) - \hat{x}_1(t)], \\ \dot{\hat{x}}_2(t) = 4[x_1(t) - \hat{x}_1(t)] - 2\hat{x}_2(t) - x_1(t). \end{cases} \tag{1.2.5}$$

在控制 (1.2.4) 下, 我们得到如下闭环系统:

$$\begin{cases} \dot{x}_1(t) = x_2(t), \\ \dot{x}_2(t) = -2\hat{x}_2(t) - x_1(t), \\ \dot{\hat{x}}_1(t) = \hat{x}_2(t) + 4[x_1(t) - \hat{x}_1(t)], \\ \dot{\hat{x}}_2(t) = 4[x_1(t) - \hat{x}_1(t)] - 2\hat{x}_2(t) - x_1(t). \end{cases} \tag{1.2.6}$$

容易证明, 该系统是稳定的, 即: 对任意初值 $(x_1(0), x_2(0), \hat{x}_1(0), \hat{x}_2(0)) \in \mathbb{R}^4$ 闭环系统 (1.2.6) 的解满足:

$$\lim_{t \to +\infty} \|(x_1(t), x_2(t), \hat{x}_1(t), \hat{x}_2(t))\|_{\mathbb{R}^4} = 0. \tag{1.2.7}$$

从上面例子可以看出, 动态反馈比静态反馈更具有优越性, 可以完成静态反馈不能完成的控制任务. 动态反馈的另一个优点是其对干扰的抑制作用, 下面我们举例说明这一优点. 考虑如下一阶系统

$$\dot{x}(t) = x(t) + A \sin \omega t + u(t), \tag{1.2.8}$$

其中 u 是控制, 振幅 A 未知, 频率 ω 已知. 简单计算可知, 不论 A 取任何值, 如下动态反馈都可以镇定系统 (1.2.8),

$$u(t) = -4x(t) + v_1(t), \tag{1.2.9}$$

其中 v_1 由如下动态产生

$$\begin{cases} \dot{v}_1(t) = v_2(t) + \left(\omega^2 - 3\right) x(t), \\ \dot{v}_2(t) = -\omega^2 v_1(t) + \left(3\omega^2 - 1\right) x(t). \end{cases} \tag{1.2.10}$$

事实上, 系统 (1.2.8) 在反馈 (1.2.9) 下的闭环系统为

$$\begin{cases} \dot{x}(t) = -3x(t) + A \sin \omega t + v_1(t), \\ \dot{v}_1(t) = v_2(t) + \left(\omega^2 - 3\right) x(t), \\ \dot{v}_2(t) = -\omega^2 v_1(t) + \left(3\omega^2 - 1\right) x(t). \end{cases} \tag{1.2.11}$$

如果令 $\tilde{v}_1(t) = A \sin \omega t + v_1(t)$, $\tilde{v}_2(t) = A\omega \cos \omega t + v_2(t)$, 则系统 (1.2.11) 变为

$$\begin{cases} \dot{x}(t) = -3x(t) + \tilde{v}_1(t), \\ \dot{\tilde{v}}_1(t) = \tilde{v}_2(t) + \left(\omega^2 - 3\right) x(t), \\ \dot{\tilde{v}}_2(t) = -\omega^2 \tilde{v}_1(t) + \left(3\omega^2 - 1\right) x(t). \end{cases} \tag{1.2.12}$$

容易验证系统 (1.2.12) 是稳定的, 从而有 $x(t) \to 0$ 当 $t \to +\infty$.

综上, 动态反馈有着静态反馈不可比拟的优势, 可以达到更好的控制目的. 当然达到这些效果也是有代价的, 例如: 动态反馈通常会影响系统的瞬态响应, 引起超调或峰值现象.

1.2.2　基于观测器的输出反馈

反馈是人们达到控制目标最有力的途径, 几乎所有的实际控制系统都离不开反馈. 反馈的过程是信息提取和信息利用的综合过程. 由于实际物理条件的限制, 并不是所有的系统状态都可以测量, 因此, 我们需要恰当地选择系统的部分状态作为输出, 并通过设计状态观测器来估计系统状态. 理论上, 输出反馈控制器的设计应该包括两个方面: 第一, 如何挖掘隐含在输出信号中的系统状态信息; 第二, 如何利用系统状态信息设计反馈法则. 前者主要和控制系统的可观性以及观测器设计有关, 而后者主要与系统的可控性以及能稳性有关.

首先考虑状态反馈问题

$$\dot{x}(t) = Ax(t) + Bu(t), \tag{1.2.13}$$

其中 $u \in U$ 是控制, $A \in \mathcal{L}(X)$, $B \in \mathcal{L}(U, X)$ 且 X, U 均为有限维线性空间. 当系统 (1.2.13) 可控时, 由定理 1.1.14, 如下状态反馈可以使得系统 (1.2.13) 稳定:

$$u(t) = Kx(t), \tag{1.2.14}$$

其中 K 是反馈增益矩阵, 使得 $A + BK$ 为 Hurwitz 阵. 当系统 (1.2.13) 状态不可测量时, 我们就不得不面临输出反馈的问题. 设系统的输出为

$$y(t) = Cx(t), \quad C \in \mathcal{L}(X, Y), \tag{1.2.15}$$

其中 Y 是输出空间, C 是观测矩阵. 系统 (1.2.13) 变为

$$\begin{cases} \dot{x}(t) = Ax(t) + Bu(t), \\ y(t) = Cx(t). \end{cases} \tag{1.2.16}$$

系统 (1.2.16) 的状态观测器 (Luenberger 观测器[96]) 设计如下:

$$\dot{\hat{x}}(t) = A\hat{x}(t) + L[C\hat{x}(t) - y(t)] + Bu(t), \tag{1.2.17}$$

其中 L 是增益矩阵, 使得 $A + LC$ 是 Hurwitz 阵.

定理 1.2.15　设系统 (A, C) 可观, 则存在矩阵 L, 使得系统 (1.2.16) 的状态观测器 (1.2.17) 满足:

$$\|x(t) - \hat{x}(t)\|_X \to 0 \quad 当 \quad t \to +\infty. \tag{1.2.18}$$

证明　由于系统 (A, C) 可观, 存在矩阵 L, 使得 $A + LC$ 是 Hurwitz 阵. 令 $\varepsilon(t) = x(t) - \hat{x}(t)$, 则误差 ε 满足: $\dot{\varepsilon}(t) = (A + LC)\varepsilon(t)$. 结论成立.　　　□

在 (1.2.14) 中, 用观测状态 $\hat{x}$ 代替实际状态 x, 可得输出反馈控制器

$$u(t) = K\hat{x}(t). \tag{1.2.19}$$

因此有闭环系统:

$$\begin{cases} \dot{x}(t) = Ax(t) + BK\hat{x}(t), \\ \dot{\hat{x}}(t) = A\hat{x}(t) + LC[\hat{x}(t) - x(t)] + BK\hat{x}(t). \end{cases} \tag{1.2.20}$$

定理 1.2.16 设系统 (A, C) 可观, 系统 (A, B) 可控, 则存在增益矩阵 K 和 L 使得闭环系统 (1.2.20) 稳定.

证明 系统 (A, C) 和 (A, B) 的可观性和可控性意味着存在增益矩阵 K 和 L 使得 $A + BK$ 和 $A + LC$ 都是 Hurwitz 阵. 令 $\varepsilon(t) = x(t) - \hat{x}(t)$, 则误差 (ε, x) 满足:

$$\begin{cases} \dot{\varepsilon}(t) = (A + LC)\varepsilon(t), \\ \dot{x}(t) = (A + BK)x(t) - BK\varepsilon(t). \end{cases} \tag{1.2.21}$$

该系统是稳定的, 所以结论成立.   □

注 1.2.3 基于观测器的动态反馈设计可以分为两步: (i) 利用系统输出设计状态观测器估计系统状态; (ii) 用系统状态的估计值代替真实值, 设计基于观测器的状态反馈, 即: 基于原始系统的输出反馈. 这两个过程可以独立进行, 且闭环系统 (1.2.20) 的特征值由 $A + LC$ 和 $A + BK$ 的特征值组成. 这一现象称为 "分离性原理".

1.2.3 静态反馈与动态反馈的等价性

设 X, U 和 Y 分别是有限维的状态空间、控制空间和输出空间. 为了考虑基于耗散传递的动态反馈, 我们考虑如下输出反馈控制系统:

$$\begin{cases} \dot{x}(t) = Ax(t) + Bu(t), \\ y(t) = B^*x(t), \end{cases} \tag{1.2.22}$$

其中 $A \in \mathcal{L}(X)$, $B \in \mathcal{L}(U, X)$, $B^* \in \mathcal{L}(X, U)$ 是 B 的共轭转置. 此时, 显然有 $U = Y$.

在直接的比例反馈 $u(t) = -y(t)$ 下, 我们得到如下闭环系统:

$$\dot{x}(t) = (A - BB^*)x(t). \tag{1.2.23}$$

利用矩阵算子 $G \in \mathcal{L}(Y)$, 设计动态反馈

$$u(t) = z(t), \tag{1.2.24}$$

其中 z 满足

$$\dot{z}(t) = Gz(t) - y(t). \tag{1.2.25}$$

于是得到如下闭环系统:

$$\begin{cases} \dot{x}(t) = Ax(t) + Bz(t), \\ \dot{z}(t) = Gz(t) - B^*x(t). \end{cases} \tag{1.2.26}$$

下面定理表明, 闭环系统 (1.2.26) 和 (1.2.23) 的稳定性与开环系统 (1.2.22) 的可观性之间有密切的联系.

定理 1.2.17 设 $A \in \mathcal{L}(X)$ 满足 $A^* = -A$, $B \in \mathcal{L}(U, X)$, 且 $G \in \mathcal{L}(Y)$ 是负定矩阵, 则下列条件等价:

$$\begin{cases} \text{(i)} & \text{系统}(A, B^*)\text{可观}; \\ \text{(ii)} & \text{静态反馈闭环系统}(1.2.23)\text{稳定}; \\ \text{(iii)} & \mathrm{Ker}B^* \cap \mathrm{Ker}(i\omega - A) = \{0\}, \ \forall\, \omega \in \mathbb{R}; \\ \text{(iv)} & \text{动态反馈闭环系统}(1.2.26)\text{稳定}. \end{cases} \tag{1.2.27}$$

证明 由定理 1.1.13, (i), (ii) 和 (iii) 等价. 只需证明 (iii) 和 (iv) 等价.

(iii) $\Rightarrow$ (iv) 系统 (1.2.26) 可以写成如下形式:

$$\frac{d}{dt}[x(t) \ \ z(t)]^\top = \mathcal{A}[x(t) \ \ z(t)]^\top, \tag{1.2.28}$$

其中

$$\mathcal{A} = \begin{bmatrix} A & B \\ -B^* & G \end{bmatrix}. \tag{1.2.29}$$

设 λ 是 $\mathcal{A}$ 的特征值, $[f \ \ g] \in X \times U$ 是属于 λ 的特征向量, 则

$$\begin{cases} Af + Bg = \lambda f, \\ -B^*f + Gg = \lambda g. \end{cases} \tag{1.2.30}$$

上式分别关于 f 和 g 做内积,

$$\begin{cases} \langle Af, f \rangle_X + \langle Bg, f \rangle_X = \lambda \|f\|_X^2, \\ -\langle B^*f, g \rangle_U + \langle Gg, g \rangle_U = \lambda \|g\|_U^2. \end{cases} \tag{1.2.31}$$

取实部后两式相加可得

$$\mathrm{Re}\lambda \left(\|f\|_X^2 + \|g\|_U^2 \right) = \langle Gg, g \rangle_U \leqslant 0. \tag{1.2.32}$$

如果 $g = 0$, (1.2.30) 可简化为

$$Af = \lambda f \quad \text{且} \quad B^* f = 0. \tag{1.2.33}$$

注意到 $A^* = -A$, 由条件 (iii) 可知 $f = 0$. 这与 $[f \ \ g]$ 是属于 λ 的特征向量矛盾. 因此, 我们有 $g \neq 0$, 由 G 负定, (1.2.32) 意味着 $\text{Re}\lambda < 0$, 从而 (1.2.26) 稳定.

(iv) $\Rightarrow$ (iii) 任取 $f \in \text{Ker}(B^*) \cap \text{Ker}(i\omega - A)$, $\forall \, \omega \in \mathbb{R}$, 则有 $Af = i\omega f$, 且 $B^* f = 0$. 于是,

$$\mathcal{A}[f \ \ 0]^\top = i\omega[f \ \ 0]^\top, \quad \forall \, \omega \in \mathbb{R}. \tag{1.2.34}$$

由于 $\mathcal{A}$ 是 Hurwitz 矩阵, 因此, $[f \ \ 0] = 0$, 于是 (iii) 成立. $\qquad\square$

如果令系统 (1.2.26) 的 Lyapunov 函数为 $V(t) = \|x(t)\|_X^2 + \|z(t)\|_U^2$. 对 V 沿着系统 (1.2.26) 的解求导得

$$\dot{V}(t) = 2\langle Gz(t), z(t)\rangle \leqslant 0. \tag{1.2.35}$$

由于 $\dot{V}(t)$ 中没有 A 系统的信息, 因此很难用 Lyapunov 函数的方法来证明闭环系统 (1.2.26) 的稳定性. 从控制的角度来看, 闭环系统 (1.2.26) 可以看作被控系统及其动态反馈组成的耦合系统. 被控系统 A 和动态系统 G 通过控制算子 B 及其共轭 B^* 联系起来. 这种耦合将 G 的耗散性传递到被控系统, 从而使得整个耦合系统稳定. 不同的 G 意味着不同的动态反馈. 这一结果给我们设计控制器提供了新的思路.

例 1.2.2 考虑如下守恒系统 (单摆系统):

$$\begin{cases} \dot{x}_1(t) = x_2(t), \\ \dot{x}_2(t) = -x_1(t) + u(t), \\ y(t) = x_2(t), \end{cases} \tag{1.2.36}$$

其中 $u \in \mathbb{R}$ 是控制, $y \in \mathbb{R}$ 是观测. 系统的控制空间和输出空间都为 $\mathbb{R}$. 我们将 (1.2.36) 写成抽象形式 (1.2.22), 其中

$$A = \begin{bmatrix} 0 & 1 \\ -1 & 0 \end{bmatrix}, \quad B = \begin{bmatrix} 0 \\ 1 \end{bmatrix}. \tag{1.2.37}$$

任取常数 $G < 0$, 我们得到抽象动态反馈闭环系统 (1.2.26). 从而有

$$\begin{cases} \dot{x}_1(t) = x_2(t), \\ \dot{x}_2(t) = -x_1(t) + z(t), \\ \dot{z}(t) = Gz(t) - x_2(t). \end{cases} \tag{1.2.38}$$

显然, 系统 (1.2.38) 是稳定的.

定理 1.2.17 中, 系统的输出空间恰巧是动态反馈系统的状态空间. 下面我们考虑更一般的情况. 设 $G \in \mathcal{L}(Z)$, Z 是动态反馈系统的状态空间. 为了将 G 的耗散性通过输出反馈传递到被控系统中, 需要增加矩阵算子 $F \in \mathcal{L}(Z, U)$ 来联系 G 的状态空间 Z 和控制空间 U. 新的动态反馈可以设计为

$$\begin{cases} u(t) = Fz(t), \\ \dot{z}(t) = Gz(t) - F^* y(t). \end{cases} \tag{1.2.39}$$

于是得到闭环系统:

$$\begin{cases} \dot{x}(t) = Ax(t) + BFz(t), \\ \dot{z}(t) = Gz(t) - F^* B^* x(t). \end{cases} \tag{1.2.40}$$

定理 1.2.18　设 $A \in \mathcal{L}(X)$ 满足 $A^* = -A$, $B \in \mathcal{L}(U, X)$, $G \in \mathcal{L}(Z)$ 是负定矩阵, $F \in \mathcal{L}(Z, U)$ 满足 $\mathrm{Ker} F^* = \{0\}$, 则下列条件等价:

$$\begin{cases} \text{(i)　系统}(A, B^*)\text{可观;} \\ \text{(ii)　动态反馈闭环系统}(1.2.40)\text{稳定;} \\ \text{(iii)　静态反馈闭环系统}(1.2.23)\text{稳定;} \\ \text{(iv)　} \mathrm{Ker} B^* \cap \mathrm{Ker}(i\omega - A) = \{0\}, \ \forall\, \omega \in \mathbb{R}. \end{cases} \tag{1.2.41}$$

证明　只需证明 (ii) 和 (iv) 等价.

(iv)$\Rightarrow$ (ii) 系统 (1.2.40) 可以写成如下形式:

$$\frac{d}{dt}[x(t) \ \ z(t)]^\top = \mathcal{A}_F[x(t) \ \ z(t)]^\top, \tag{1.2.42}$$

其中

$$\mathcal{A}_F = \begin{bmatrix} A & BF \\ -F^* B^* & G \end{bmatrix}. \tag{1.2.43}$$

对任意的 $[f \ \ g] \in X \times Z$, 直接计算可得

$$\mathrm{Re}\langle \mathcal{A}_F[f \ \ g]^\top, [f \ \ g]^\top \rangle_{X \times Z} = \langle Gg, g \rangle_Z \leqslant 0. \tag{1.2.44}$$

所以, $\mathcal{A}_F$ 的特征值是非正的.

下面说明 $\mathcal{A}_F$ 的特征值不可能在虚轴上. 设 $\mathcal{A}_F[f \ \ g]^\top = i\omega[f \ \ g]^\top$, $[f \ \ g] \in X \times Z$ 且 $\omega \in \mathbb{R}$, 代入 (1.2.44) 可得

$$0 = \mathrm{Re}\left(i\omega \|[f \ \ g]\|_{X \times Z}^2\right) = \langle Gg, g \rangle_Z \leqslant 0. \tag{1.2.45}$$

由 G 负定, $g = 0$, 且

$$Af = i\omega f, \quad F^*B^*f = 0. \tag{1.2.46}$$

注意到 $\mathrm{Ker} F^* = \{0\}$, 所以 (1.2.46) 意味着 $f \in \mathrm{Ker}(B^*) \cap \mathrm{Ker}(i\omega - A) = \{0\}$. 于是 $f = 0$. 这就说明 $\mathcal{A}_F$ 的特征值不能在虚轴上, 所以 $\mathcal{A}_F$ 稳定.

(ii)$\Rightarrow$ (iv) 任取 $f \in \mathrm{Ker}(B^*) \cap \mathrm{Ker}(i\omega - A)$, $\forall \omega \in \mathbb{R}$, 则 $Af = i\omega f$, 且 $B^*f = 0$. 于是,

$$\mathcal{A}_F[f \quad 0]^\top = i\omega[f \quad 0]^\top, \quad \forall \omega \in \mathbb{R}. \tag{1.2.47}$$

由于 $\mathcal{A}_F$ 是 Hurwitz 矩阵, 因此 $[f \quad 0] = 0$, 从而 (iv) 成立. $\qquad\square$

例 1.2.3 再次考虑例 1.2.2 中的单摆系统 (1.2.36). 令 G 是 $r \times r$ 任意负定矩阵, F 是任意非零 r 维行向量, A, B 为 (1.2.37). 容易验证, 定理 1.2.18 所有条件都满足. 此时, 抽象闭环系统 (1.2.40) 变为

$$\begin{cases} \dot{x}_1(t) = x_2(t), \\ \dot{x}_2(t) = -x_1(t) + Fz(t), \\ \dot{z}(t) = Gz(t) - F^*x_2(t). \end{cases} \tag{1.2.48}$$

由定理 1.2.18, 系统 (1.2.48) 稳定.

定理 1.2.18 假设 G 是负定矩阵, 即: $G = G^*$ 既是 Hurwitz 阵又是耗散阵. 下面例子说明假设 $G = G^*$ 是必需的.

例 1.2.4 令 $A = 0$, $B = 1$, $F = [1 \quad -1]$, 则它们满足定理 1.2.18 的条件. 如果矩阵 G 由 (1.1.81) 给定, 则 G 既是 Hurwitz 阵又是耗散阵, 容易验证下面矩阵是不稳定的.

$$\begin{bmatrix} A & BF \\ -F^*B^* & G \end{bmatrix} = \begin{bmatrix} 0 & 1 & -1 \\ -1 & -1 & 2 \\ 1 & 0 & -1 \end{bmatrix}. \tag{1.2.49}$$

1.3 干扰的补偿与抑制

当干扰的动态结构已知时, 我们可以充分利用干扰的动态信息来补偿干扰. 内模原理是典型的利用干扰动态信息的控制方法之一. 早在 20 世纪 70 年代, 内模原理被用作有限维系统的调节器设计 ([43], [44]). 如果干扰可以表示为某个已知线性系统的输出信号, 这个线性系统通常称为外系统. 干扰的动态结构可由外系统的系统矩阵完全决定. 作为干扰的先验信息, 干扰的动态结构和控制器设计关系密切, 动态反馈设计的过程就是干扰动态信息利用的过程.

1.3.1　内模原理与干扰补偿

在系统控制中, 并不是所有的状态变量都需要控制, 只需要控制人们感兴趣的部分状态即可. 这就是控制系统的性能输出跟踪. 如果系统具有不确定的外部干扰, 那么输出跟踪的任务主要有两点:

第一, 系统的性能输出要跟踪到指定的参考信号;

第二, 在输出跟踪的同时, 系统的所有变量需要保证有界.

当参考信号为零时, 输出跟踪问题就变成输出调节问题. 下面我们通过输出调节问题来说明内模原理的主要思想. 设 X, U 和 Y 是有限维线性空间. 在状态空间 X 中考虑如下输出调节问题:

$$\begin{cases} \dot{x}(t) = Ax(t) + Bu(t) + d(t), \\ y(t) = Cx(t), \end{cases} \tag{1.3.1}$$

其中 $u(t) \in U$ 是控制, $d(t) \in X$ 是外部干扰, $y(t) \in Y$ 是系统的输出, 线性系统 (A, B, C) 满足: $A \in \mathcal{L}(X)$, $B \in \mathcal{L}(U, X)$ 和 $C \in \mathcal{L}(X, Y)$. 输出调节的控制目标是: 设计输出反馈 u, 使得 $y(t) \to 0$ $(t \to +\infty)$.

内模原理总假设干扰 d 来自于某个 "外系统", 即 d 可以表示为某个有限维线性空间 V 中的输出 $d(t) = Qv(t)$, $\dot{v}(t) = Gv(t)$, 其中 $Q \in \mathcal{L}(V, X)$, $G \in \mathcal{L}(V)$ 满足

$$\sigma(G) \subset \{s \in \mathbb{C} \mid \mathrm{Re}s \geqslant 0\}. \tag{1.3.2}$$

这样, 带干扰的输出调节问题就转化成如下串联系统的输出调节问题:

$$\begin{cases} \dot{x}(t) = Ax(t) + Qv(t) + Bu(t), \\ \dot{v}(t) = Gv(t), \\ y(t) = Cx(t). \end{cases} \tag{1.3.3}$$

首先考虑状态反馈, 假设

$$u(t) = Kx(t) + Lv(t), \quad K \in \mathcal{L}(X, U), \ L \in \mathcal{L}(V, U), \tag{1.3.4}$$

其中 $Kx(t)$ 用来镇定系统, $Lv(t)$ 用来补偿干扰. 我们的目的是: 恰当地选取 K 和 L 使得

$$y(t) = Cx(t) \to 0 \ \text{当} \ t \to +\infty. \tag{1.3.5}$$

由于不需要镇定系统的全部状态, 我们将系统状态分为两个部分: 趋于零的部分和不需要趋于零的部分,

$$x(t) = \tilde{x}(t) + \Pi v(t), \tag{1.3.6}$$

其中 $\Pi \in \mathcal{L}(V, X)$ 是待定矩阵. 这样我们有

$$y(t) = Cx(t) = C\tilde{x}(t) + C\Pi v(t), \tag{1.3.7}$$

且

$$\begin{aligned}
\dot{\tilde{x}}(t) = \dot{x}(t) - \Pi\dot{v}(t) &= Ax(t) + Qv(t) - \Pi Gv(t) + Bu(t) \\
&= (A + BK)x(t) + (BL + Q - \Pi G)v(t) \\
&= (A + BK)\tilde{x}(t) + [(A + BK)\Pi + BL + Q - \Pi G]v(t).
\end{aligned} \tag{1.3.8}$$

如果令

$$\begin{cases} C\Pi = 0, \\ (A + BK)\Pi + BL + Q - \Pi G = 0, \end{cases} \tag{1.3.9}$$

则 (1.3.7) 和 (1.3.8) 简化为

$$\begin{cases} \dot{\tilde{x}}(t) = (A + BK)\tilde{x}(t), \\ y(t) = C\tilde{x}(t). \end{cases} \tag{1.3.10}$$

当该系统稳定时, 有 $y(t) \to 0$ 当 $t \to +\infty$.

综上, 我们只需要解方程组 (1.3.9) 即可完成输出调节. 如果我们取 K 使得矩阵 $A + BK$ 是 Hurwitz 阵, 方程组 (1.3.9) 就只剩下两个未知矩阵 L 和 Π. 那么, 方程组 (1.3.9) 有解吗? 如何解? 这已经是纯数学问题了.

现在考虑输出反馈. 如果系统 (1.3.3) 可观, 由定理 1.2.15, 可以设计系统

$$\begin{cases} \dfrac{d}{dt}\begin{bmatrix} x(t) \\ v(t) \end{bmatrix} = \begin{bmatrix} A & Q \\ 0 & G \end{bmatrix}\begin{bmatrix} x(t) \\ v(t) \end{bmatrix} + \begin{bmatrix} B \\ 0 \end{bmatrix}u(t), \\ y(t) = [C \;\; 0]\begin{bmatrix} x(t) \\ v(t) \end{bmatrix} \end{cases} \tag{1.3.11}$$

的 Luenberger 观测器使得

$$\|(x(t) - \hat{x}(t), v(t) - \hat{v}(t))\|_{X \times V} \to 0 \quad \text{当} \;\; t \to +\infty. \tag{1.3.12}$$

利用 (1.3.4), 状态反馈就变成了输出反馈:

$$u(t) = K\hat{x}(t) + L\hat{v}(t), \tag{1.3.13}$$

其中 K 使得 $A + BK$ 为 Hurwitz 阵, (Π, L) 为方程组 (1.3.9) 的解.

方程组 (1.3.9) 称为调节方程组, 该方程组有解的充要条件是如下传输零点条件成立: ([67, p.9, Theorem 1.9])

$$\text{rank} \begin{bmatrix} (A+BK)-s & B \\ C & 0 \end{bmatrix} = \dim X + \dim Y, \quad s \in \sigma(G). \tag{1.3.14}$$

如果系统 (A, B, C) 的传输零点都在左半复平面 (不包含虚轴), 则称系统 (A, B, C) 为极小相位系统 ([67, p.11, Remark 1.11]). 由于 $A+BK$ 是 Hurwitz 阵, 系统 $(A+BK, B, C)$ 的传输零点也是系统 (A, B, C) 传输零点. 因此, 基于内模原理的输出调节对所有的极小相位系统都是有效的.

求解调节方程组主要有两个方法: ① 利用 Kronecker 乘积将调节方程组变换成通常的代数方程; ② 在矩阵 G 的特征子空间上分别求解, 然后再综合得到 (Π, L). 由于调节方程组在动态反馈理论中非常重要, 同时为了便于读者阅读, 我们分别介绍这两种方法. 首先考虑第一种方法. 定义映射 $\text{Vec} : \mathbb{C}^{m \times n} \to \mathbb{C}^{mn}$ 如下

$$\text{Vec}(P) = \begin{bmatrix} P_1 \\ P_2 \\ \vdots \\ P_n \end{bmatrix}, \quad \forall P = [P_1 \ P_2 \ \cdots \ P_n] \in \mathbb{C}^{m \times n}, \tag{1.3.15}$$

其中 $P_j \in \mathbb{C}^m, j = 1, 2, \cdots, n$. 这样, 求解矩阵 L 和 Π 就归结为求解向量 $\text{Vec}(L)$ 和 $\text{Vec}(\Pi)$. 对任意的 $A \in \mathbb{C}^{m \times n}, B \in \mathbb{C}^{p \times q}$, 定义矩阵的 Kronecker 乘积如下

$$A \otimes B = \begin{bmatrix} a_{11}B & \cdots & a_{1n}B \\ \vdots & & \vdots \\ a_{m1}B & \cdots & a_{mn}B \end{bmatrix} \in \mathbb{C}^{mp \times nq}, \tag{1.3.16}$$

其中 $A = (a_{ij})_{m \times n}$. 直接计算可知, Kronecker 乘积有如下性质: 对任意的 $A_1 \in \mathbb{C}^{m \times n}, A_2 \in \mathbb{C}^{n \times p}, A_3 \in \mathbb{C}^{p \times q}$, 有

$$\text{Vec}(A_1 A_2) = (I_p \otimes A_1)\text{Vec}(A_2) = (A_2^\top \otimes I_m)\text{Vec}(A_1), \tag{1.3.17}$$

从而

$$\text{Vec}(A_1 A_2 A_3) = (A_3^\top \otimes A_1)\text{Vec}(A_2). \tag{1.3.18}$$

设系统 (1.3.1) 中的线性空间 X, U, V, Y 的维数分别为 n, m, q, p. 调节方程组 (1.3.9) 可以写成

$$\begin{bmatrix} I_{n \times n} & \bar{0}_{n \times m} \\ \bar{0}_{p \times n} & \bar{0}_{p \times m} \end{bmatrix} \begin{bmatrix} \Pi \\ L \end{bmatrix} G - \begin{bmatrix} \tilde{A} & B \\ C & \bar{0}_{p \times m} \end{bmatrix} \begin{bmatrix} \Pi \\ L \end{bmatrix} = \begin{bmatrix} Q \\ \bar{0}_{p \times q} \end{bmatrix}, \tag{1.3.19}$$

其中 $\tilde{A} = A + BK$. 利用性质 (1.3.17) 和 (1.3.18), 方程 (1.3.19) 可以进一步写成

$$\mathscr{A}\mathscr{X} = b, \tag{1.3.20}$$

其中

$$\begin{cases} \mathscr{A} = G^\top \otimes \begin{bmatrix} I_n & \bar{0}_{n \times m} \\ \bar{0}_{p \times n} & \bar{0}_{p \times m} \end{bmatrix} - I_q \otimes \begin{bmatrix} \tilde{A} & B \\ C & \bar{0}_{p \times m} \end{bmatrix}, \\ b = \text{Vec} \begin{bmatrix} Q \\ \bar{0}_{p \times q} \end{bmatrix}, \quad \mathscr{X} = \text{Vec} \begin{bmatrix} \Pi \\ L \end{bmatrix}. \end{cases} \tag{1.3.21}$$

此时, (1.3.20) 已经是通常的线性方程, (1.3.20) 对任意的 b 有解的充分必要条件是 $\mathscr{A}$ 行满秩.

现在考虑调节方程组的第二种解法. 为简单起见, 我们假设矩阵 G 可对角化, 且 G 关于特征值 λ_j 的特征向量 $\varepsilon_j, j = 1, 2, \cdots, m$ 构成 V 的一组基, 则 (1.3.9) 中的 Sylvester 方程变为

$$[\lambda_j - (A + BK)]\Pi \varepsilon_j = (BL + Q)\varepsilon_j. \tag{1.3.22}$$

由于 (1.3.2) 且 $A + BK$ 是 Hurwitz 阵, (1.3.22) 和 (1.3.9) 意味着

$$\begin{cases} \Pi \varepsilon_j = [\lambda_j - (A + BK)]^{-1}(BL + Q)\varepsilon_j, \\ 0 = C\Pi \varepsilon_j = C[\lambda_j - (A + BK)]^{-1}(BL + Q)\varepsilon_j, \end{cases} \quad j = 1, 2, \cdots, m. \tag{1.3.23}$$

注意到 $C[\lambda_j - (A + BK)]^{-1}B \in \mathbb{R}^{p \times m}$ 是行满秩矩阵,

$$L\varepsilon_j = -H(\lambda_j)^\top \left[H(\lambda_j)H(\lambda_j)^\top\right]^{-1} C[\lambda_j - (A + BK)]^{-1}Q\varepsilon_j, \tag{1.3.24}$$

其中 $H(\lambda_j) = C[\lambda_j - (A + BK)]^{-1}B, j = 1, 2, \cdots, m$. 由于 $\varepsilon_1, \varepsilon_2, \cdots, \varepsilon_m$ 构成 V 的一组基, 因此, (1.3.23) 和 (1.3.24) 中的 $L\varepsilon_j$ 和 $\Pi \varepsilon_j$ 完全确定了调节方程组 (1.3.9) 的解 (Π, L).

注 1.3.4 干扰的动态结构由系统矩阵为 G 的常微分方程的模态来决定, 同时 G 的模态也影响了闭环系统 (1.3.3)-(1.3.4) 的动态反馈性能. 带有 G 的动态反馈 (1.3.4) 包含了外部干扰决定的动态 (内模). 这正是动态反馈控制器对干扰具有鲁棒性的本质原因——内模原理. 通过在反馈中加入动态 G, 内模原理充分利用了干扰的先验动态信息. 然而当干扰动态结构未知时, 内模原理就无能为力了. 动态结构未知的干扰可以用"高增益"工具处理, 下一小节将讨论这一问题.

1.3.2 高增益与干扰抑制

在很多情况下, 我们不得不为干扰的抑制付出代价, 这种代价在一定程度上可以用高增益来衡量. 控制器增益越大, 其处理干扰的能力就越强. 由于不需要太多的干扰先验信息, 高增益在控制器和观测器的设计中得到了广泛的应用. 尽管高增益这个名词在控制领域并不陌生, 但是究竟什么是高增益却缺乏严格的数学定义. 因此, 不同知识背景的研究人员可能对高增益有不同的理解. 现在我们从数学的角度探讨高增益及其工作机理.

简单起见, 考虑如下带有干扰的标量控制系统:

$$\dot{x}(t) = -\omega x(t) + d(t), \tag{1.3.25}$$

其中 $d \in L^\infty[0, \infty)$ 是干扰, $\omega > 0$ 是调节参数. 直接解系统 (1.3.25) 得

$$|x(t)| \leqslant e^{-\omega t}|x(0)| + \int_0^t e^{-\omega(t-s)}|d(s)|ds \leqslant e^{-\omega t}|x(0)| + \frac{\|d\|_\infty}{\omega}. \tag{1.3.26}$$

于是

$$\lim_{t \to +\infty} |x(t)| \leqslant \frac{\|d\|_\infty}{\omega}. \tag{1.3.27}$$

这意味着 $x(\cdot)$ 可以通过增加反馈增益 ω 来任意镇定. 也就是说, 可以通过增加反馈增益 ω 来减轻干扰 $d(\cdot)$ 对系统 (1.3.25) 的负面影响. 对于一般的系统

$$\dot{x}(t) = A_\omega x(t) + Bd(t), \tag{1.3.28}$$

其中 $A_\omega \in \mathbb{R}^{n \times n}$ 是 Hurwitz 矩阵, $\omega > 0$ 是矩阵 A_ω 特征值实部最大值的相反数, $B \in \mathbb{R}^n$. 如果存在不依赖于 ω 和 t 的常数 $L_B > 0$ 使得

$$\|e^{A_\omega t}B\|_{\mathbb{R}^n} \leqslant L_B e^{-\omega t}, \quad t \geqslant 0, \tag{1.3.29}$$

则系统 (1.3.28) 的解满足

$$\lim_{t \to +\infty} \|x(t)\|_{\mathbb{R}^n} \leqslant \lim_{t \to +\infty} \|e^{A_\omega t}x(0)\|_{\mathbb{R}^n} + \lim_{t \to +\infty} \left\|\int_0^t e^{A_\omega(t-s)}Bd(s)ds\right\|_{\mathbb{R}^n}$$

$$\leqslant \lim_{t \to +\infty} L_B \|d\|_\infty \int_0^t e^{-\omega(t-s)}ds \leqslant \frac{L_B \|d\|_\infty}{\omega}. \tag{1.3.30}$$

因此, 如果条件 (1.3.29) 成立, 系统 (1.3.28) 就可以通过调节增益 ω 来镇定. 然而 (1.3.29) 并不是对所有的可控系统 (A_ω, B) 都成立. 例如: 若

$$A_\omega = \begin{bmatrix} 0 & 1 \\ -\omega^2 & -2\omega \end{bmatrix}, \quad B = \begin{bmatrix} 1 \\ 1 \end{bmatrix}, \quad \omega > 0. \tag{1.3.31}$$

容易验证系统 (A_ω, B) 是可控的, 但 (1.3.29) 不成立. 事实上, 直接计算可知

$$e^{A_\omega t}B = e^{-\omega t}\begin{bmatrix} 1+(\omega+1)t \\ 1-(\omega^2+\omega)t \end{bmatrix}, \quad t \geqslant 0. \tag{1.3.32}$$

特别地

$$\left\|e^{A_\omega \frac{1}{\omega}}B\right\|_{\mathbb{R}^2} = e^{-1}\left\|\begin{bmatrix} 2+1/\omega \\ -\omega \end{bmatrix}\right\|_{\mathbb{R}^2} \to \infty \ \text{当} \ \omega \to +\infty. \tag{1.3.33}$$

上述例子说明, 并不是所有的控制系统都可以用高增益来抑制干扰. 下面给出一个高增益起作用的充分条件.

引理 1.3.1 设 $A_\omega \in \mathbb{R}^{n\times n}$ 是 Hurwitz 矩阵, $\omega > 0$ 是矩阵 A_ω 特征值实部最大值的相反数. 若向量 $B \in \mathbb{R}^n$ 满足

$$\lim_{\omega\to+\infty}\|(s-A_\omega)^{-1}B\|_{\mathbb{R}^n} = 0 \quad \text{一致收敛} \ s \in \mathbb{C}_+ := \{s \in \mathbb{C} \mid \mathrm{Re}s \geqslant 0\}, \tag{1.3.34}$$

则存在不依赖于 ω 和 t 的常数 $L_B > 0$ 使得 (1.3.29) 成立. 从而对任意的 $d \in L^\infty[0,\infty)$, 系统 (1.3.28) 的解满足

$$\lim_{t\to+\infty}\|x(t)\|_{\mathbb{R}^n} \leqslant \frac{L_B\|d\|_\infty}{\omega}. \tag{1.3.35}$$

证明 令 $\varepsilon_j = [0 \cdots 0\ 1_{j\text{th}}\ 0 \cdots 0]^\top$, 其中 $1_{j\text{th}}$ 表示第 j 个坐标分量为 1, $j = 1,2,\cdots,n$. 由假设 (1.3.34) 知: 对 $j = 1,2,\cdots,n$, 有

$$\lim_{\omega\to+\infty}|\varepsilon_j^\top(s-A_\omega)^{-1}B| = 0 \quad \text{一致收敛} \ s \in \mathbb{C}_+. \tag{1.3.36}$$

利用 Laplace 反变换可得

$$\begin{aligned}
\lim_{\omega\to+\infty}|\varepsilon_j^\top e^{A_\omega t}B| &= \frac{1}{2\pi i}\lim_{\omega\to+\infty}\lim_{T\to+\infty}\int_{\gamma-iT}^{\gamma+iT}e^{st}\varepsilon_j^\top(s-A_\omega)^{-1}Bds \\
&= \frac{1}{2\pi i}\lim_{T\to+\infty}\int_{\gamma-iT}^{\gamma+iT}e^{st}\lim_{\omega\to+\infty}\varepsilon_j^\top(s-A_\omega)^{-1}Bds \\
&= \frac{1}{2\pi i}\lim_{T\to+\infty}\int_{\gamma-iT}^{\gamma+iT}e^{st}0ds = 0, \quad t > 0,
\end{aligned} \tag{1.3.37}$$

其中 γ 是实数使得积分收敛, $j = 1,2,\cdots,n$. 由于矩阵 A_ω 是 Hurwitz 阵, (1.3.37) 意味着 (1.3.29) 成立. 注意到

$$x(t) = e^{A_\omega t}x(0) + \int_0^t e^{A_\omega s}Bd(t-s)ds,$$

所以 (1.3.35) 成立. □

1.3.3 滑模控制及其抗扰原理

滑模控制 (sliding mode control) 是一种变结构控制 ([137]), 本质上是一类特殊的非线性控制, 其非线性通常通过切换函数来实现. 滑模控制对干扰和未建模动态具有很强的鲁棒性, 因而被广泛应用到各种工业控制对象之中. 我们通过一个简单例子来说明滑模控制的基本思想. 考虑如下二阶系统的镇定问题:

$$\dot{x}_1(t) = x_2(t), \quad \dot{x}_2(t) = d(t) + u(t), \tag{1.3.38}$$

其中 $(x_1(t), x_2(t))$ 是系统状态, d 是干扰, u 是控制. 简单起见, 我们只考虑状态反馈. 令

$$s(t) = x_1(t) + x_2(t). \tag{1.3.39}$$

如果 $s(t) \equiv 0$, 由系统 (1.3.38) 可得

$$\dot{x}_1(t) = -x_1(t), \ \dot{x}_2(t) = -\dot{x}_1(t) = x_1(t) = -x_2(t). \tag{1.3.40}$$

此时显然有 $\|(x_1(t), x_2(t))\|_{\mathbb{R}^2} \to 0$ 当 $t \to +\infty$. 因此, 我们只要设计控制 u 使得 $s(t) = 0$ 即可. 超平面 $s(t) = 0$ 在滑模控制设计中非常重要, 通常称为滑模面 (sliding surface). 对 s 求导可得

$$\dot{s}(t) = x_2(t) + d(t) + u(t). \tag{1.3.41}$$

和原来二阶系统 (1.3.38) 相比, (1.3.41) 是一个一阶系统, 因此控制设计相对更加简单. 为了把系统状态控制到滑模面上, 控制器可以设计如下

$$u(t) = -x_2(t) - k\mathrm{sgn}(s(t)) = -x_2(t) - k\mathrm{sgn}(x_1(t) + x_2(t)), \ k > 0, \tag{1.3.42}$$

其中 sgn 是集合值符号函数 [1]

$$\mathrm{sgn}(x) = \begin{cases} 1, & x > 0, \\ [-1, 1], & x = 0, \\ -1, & x < 0. \end{cases} \tag{1.3.43}$$

于是我们得到

$$\dot{s}(t) \in d(t) - k\mathrm{sgn}(s(t)), \tag{1.3.44}$$

从而

$$s(t)\dot{s}(t) \in s(t)\left[d(t) - k\mathrm{sgn}(s(t))\right] \leqslant (\|d\|_\infty - k)\,|s(t)| \leqslant 0. \tag{1.3.45}$$

---

[1] 这里 sgn 的定义和通常的符号函数不同, 主要是为了保证变结构反馈下闭环系统解的存在性.

(1.3.44) 称为微分包含 (differential inclusions), 它是常微分方程的推广, (1.3.44) 的解是 Filippov 意义下的解 ([28]), 一般不是唯一的. 若令 $V(t) = s^2(t)$, 则由 (1.3.45) 可得

$$\dot{V}(t) \leqslant -\alpha\sqrt{V(t)}, \quad \alpha = 2(k - \|d\|_\infty). \tag{1.3.46}$$

直接计算可得

$$2\left(\sqrt{V(t)} - \sqrt{V(0)}\right) = 2\int_0^t \frac{d\sqrt{V(\tau)}}{d\tau}d\tau = \int_0^t \frac{\dot{V}(\tau)}{\sqrt{V(\tau)}}d\tau \leqslant -\alpha t. \tag{1.3.47}$$

于是

$$\sqrt{V(t)} \leqslant \sqrt{V(0)} - \frac{1}{2}\alpha t. \tag{1.3.48}$$

当 $k > \|d\|_\infty$ 时, (1.3.48) 意味着 $V(t)$ 是有限时间稳定的,

$$V(t) \equiv 0, \quad t \geqslant \frac{2\sqrt{V(0)}}{\alpha} = \frac{\sqrt{V(0)}}{k - \|d\|_\infty}. \tag{1.3.49}$$

最后, 我们得到 (1.3.38) 的闭环系统

$$\begin{cases} \dot{x}_1(t) = x_2(t), \quad t \geqslant 0, \\ \dot{x}_2(t) \in d(t) - x_2(t) - k\,\mathrm{sgn}(x_1(t) + x_2(t)), \ t \geqslant 0, \end{cases} \tag{1.3.50}$$

其中 $k > \|d\|_\infty$. 由于当 $t \geqslant \dfrac{\sqrt{V(0)}}{k - \|d\|_\infty}$ 时 $s(t) \equiv 0$, 系统 (1.3.50) 每一个解的动态行为几乎与系统 (1.3.40) 一样, 从而指数收敛于零.

虽然滑模控制在数学上非常巧妙而优美, 但它并不是完美无缺的. 在实际问题中, 状态轨迹很难严格维持在滑模面上, 多数情况是来回摆动地趋近滑模面, 从而产生了抖振. 这是滑模控制在实际应用中的主要障碍. 尽管如此, 滑模控制可以处理的干扰仍然非常广泛, 理论上仅仅假设干扰有界即可. 这说明滑模控制对干扰有非常强的鲁棒性. 然而任何事物都有两面性, 滑模控制处理干扰的广泛性在说明它对干扰的强鲁棒性的同时, 也说明它只能利用干扰的有界性信息, 可能存在其他干扰信息的浪费. 实际应用中, 人们常常还会掌握干扰的其他信息, 例如: 周期性、光滑性、频率以及动态信息等. 特别地, 当 (1.3.38) 中的干扰为 $d(t) = A\sin\omega t$, 其中 ω 已知, A 未知时, 虽然滑模控制仍然能够处理此类干扰, 但是它却浪费了这个先验信息, 即: "ω 已知". 至少从直观来说, 信息的浪费意味着仍然存在进一步性能提升的空间. 在第 2 章, 我们将提出线性系统动态补偿方法, 可以弥补信息浪费这一缺陷.

1.4　线性自抗扰控制

　　内模原理可以近乎完美地处理动态结构已知的干扰, 但对于动态信息未知的一般干扰却无能为力. 自抗扰控制技术可以一定程度上弥补内模原理的这一缺点, 它可以处理更一般的干扰. 自抗扰控制在观测器设计中使用了高增益工具. 由于观测器通常只是数值运算, 因此观测器中高增益的使用并不会带来额外的能量消耗, 从而有节能效果. 本节将从 PID 控制器出发, 引出自抗扰控制的基本设计思想. 本节涉及的自抗扰控制技术主要源于 [46, 58, 64].

1.4.1　PID 控制

　　PID 控制是比例控制、积分控制和微分控制三种控制作用简称. P、I、D 这三种控制作用各具特点. 在实际控制问题中, 通常组合起来使用. 考虑如下二阶系统的镇定问题:

$$\begin{cases} \dot{x}_1(t) = x_2(t), \\ \dot{x}_2(t) = d(t) + u(t), \end{cases} \tag{1.4.1}$$

其中 u 是控制, d 是外部干扰. 采用如下经典的 PID 控制器:

$$u(t) = -k_p x_1(t) - k_i \int_0^t x_1(s)ds - k_d \dot{x}_1(t), \tag{1.4.2}$$

其中 k_p, k_i, k_d 是调节参数. 令

$$x_0(t) = \int_0^t x_1(s)ds, \tag{1.4.3}$$

可得闭环系统:

$$\begin{cases} \dot{x}_0(t) = x_1(t), \\ \dot{x}_1(t) = x_2(t), \\ \dot{x}_2(t) = d(t) - k_i x_0(t) - k_p x_1(t) - k_d x_2(t). \end{cases} \tag{1.4.4}$$

这说明 PID 控制中的积分控制是一种特殊的动态反馈控制. 该系统的系统矩阵为

$$A = \begin{bmatrix} 0 & 1 & 0 \\ 0 & 0 & 1 \\ -k_i & -k_p & -k_d \end{bmatrix}. \tag{1.4.5}$$

当外部干扰为零时, 只需选取 k_p, k_i, k_d 使得矩阵 (1.4.5) 是 Hurwitz 阵即可镇定系统. 系统矩阵 (1.4.5) 的特征值 λ_1, λ_2 和 λ_3 满足:

$$
\begin{cases}
\lambda_1 \lambda_2 \lambda_3 = -k_i, \\
\lambda_1 \lambda_2 + \lambda_1 \lambda_3 + \lambda_2 \lambda_3 = k_p, \\
\lambda_1 + \lambda_2 + \lambda_3 = -k_d.
\end{cases}
\tag{1.4.6}
$$

系统 (1.4.4) 的动态性能完全由系统特征值和系统初值决定, 方程组 (1.4.6) 表明: 系统的动态性能和调节参数 k_p, k_i, k_d 之间是非线性关系. 特别地, 矩阵 (1.4.5) 是 Hurwitz 阵的必要条件是 k_i, k_p 和 k_d 全是正数. 文献 [163] 严格地分析了参数 k_p, k_i 和 k_d 与非线性系统稳定性之间的关系, 部分地揭示了 PID 控制对系统非线性动态的处理能力. 当矩阵 (1.4.5) 是 Hurwitz 阵时, 存在正常数 L_A 和 ω_A 使得

$$
\|e^{At}\| \leqslant L_A e^{-\omega_A t}, \quad t \geqslant 0.
\tag{1.4.7}
$$

定理 1.4.19 设干扰 $d \in L_{\mathrm{loc}}^2[0, \infty)$ 几乎处处 Lipschitz 连续, 即: 存在常数 $L_d > 0$ 使得

$$
|d(t_1) - d(t_2)| \leqslant L_d |t_1 - t_2| \quad \text{a.e.} \quad t_1, t_2 \geqslant 0.
\tag{1.4.8}
$$

对任意的初值 $[x_0(0) \ x_1(0) \ x_2(0)]^\top \in \mathbb{R}^3$, 闭环系统 (1.4.4) 的解满足:

$$
\lim_{t \to +\infty} \left\| \left[x_1(t) \ x_2(t) \ x_0(t) - \frac{1}{k_i} d(t) \right]^\top \right\|_{\mathbb{R}^3} \leqslant \frac{\sqrt{2} L_d L_A}{k_i \omega_A},
\tag{1.4.9}
$$

其中 ω_A 和 L_A 由 (1.4.7) 给出.

证明 我们用局部逼近的办法来处理干扰. 对任意的 $\tau > 0$, 令

$$
\tilde{d}_\tau(t) = x_0(t) - \frac{d_\tau(t)}{k_i}, \quad d_\tau(t) = \frac{1}{\tau} \int_0^\tau d(t - s) ds,
\tag{1.4.10}
$$

则有 $d_\tau \in H_{\mathrm{loc}}^1[0, \infty)$,

$$
\lim_{\tau \to 0} d_\tau(t) = d(t) \quad \text{a.e.} \quad t \geqslant 0,
\tag{1.4.11}
$$

且

$$
\begin{cases}
\dot{\tilde{d}}_\tau(t) = x_1(t) + \dfrac{d(t - \tau) - d(t)}{k_i \tau}, \\
\dot{x}_1(t) = x_2(t), \\
\dot{x}_2(t) = [d(t) - d_\tau(t)] - k_i \tilde{d}_\tau(t) - k_p x_1(t) - k_d x_2(t).
\end{cases}
\tag{1.4.12}
$$

系统 (1.4.12) 可以写成抽象形式

$$\dot{X}_\tau(t) = AX_\tau(t) + B \left[\frac{d(t-\tau)-d(t)}{k_i\tau} \quad 0 \quad d(t)-d_\tau(t) \right]^\top, \tag{1.4.13}$$

其中

$$X_\tau(t) = \begin{bmatrix} \tilde{d}_\tau(t) \\ x_1(t) \\ x_2(t) \end{bmatrix}, \quad B = \begin{bmatrix} 1 & 0 & 0 \\ 0 & 0 & 0 \\ 0 & 0 & 1 \end{bmatrix}. \tag{1.4.14}$$

由假设条件 (1.4.8),

$$\left| \frac{d(t-\tau)-d(t)}{k_i\tau} \right| \leqslant \frac{L_d}{k_i}, \quad \text{a.e.} \ \ t \geqslant 0. \tag{1.4.15}$$

解 (1.4.13), 并利用不等式 (1.4.15) 可得

$$\|X_\tau(t)\| \leqslant L_A e^{-\omega_A t} \|X_\tau(0)\|$$
$$+ L_A \|B\|_{\mathbb{R}^{3\times3}} \int_0^t e^{-\omega_A(t-\alpha)} \left[\frac{L_d}{k_i} + |d(\alpha) - d_\tau(\alpha)| \right] d\alpha. \tag{1.4.16}$$

注意到 $\|B\|_{\mathbb{R}^{3\times3}} = \sqrt{2}$, 在 (1.4.16) 中令 $\tau \to 0$ 可得

$$\|X_0(t)\| \leqslant L_A e^{-\omega_A t} \|X_0(0)\| + \frac{\sqrt{2}L_d L_A}{k_i} \int_0^t e^{-\omega_A(t-\alpha)} d\alpha$$
$$\leqslant L_A e^{-\omega_A t} \|X_0(0)\| + \frac{\sqrt{2}L_d L_A}{k_i \omega_A}. \tag{1.4.17}$$

最后, 综合 (1.4.10), (1.4.11), (1.4.14) 和 (1.4.17) 可得结论. □

定理 1.4.19 说明积分作用对干扰有抑制作用. 当 d 是常数干扰时, (1.4.8) 中 $L_d = 0$, 于是 (1.4.9) 的第二项为零, 因此有 $[|k_i x_0(t) - d| + \|[x_1(t) \ x_2(t)]^\top\|_{\mathbb{R}^2}] \to 0$ 当 $t \to +\infty$. 所以积分作用对常数干扰有鲁棒性. 这是因为积分作用包含了常数干扰决定的 "干扰动态". 这一性质可以推广到更一般的情况: 只要控制器包含干扰的动态, 那么它必然对相应的干扰类具有鲁棒性. 这些内容将在 2.2 节详细讨论.

当干扰 d 和其导数 $\dot{d}$ 都很大时, 至少在理论上, 仍然可以通过调整参数 k_p, k_i 和 k_d 来抑制干扰, 从而使得系统状态任意地接近零. 然而随着增益常数的增大, 系统在初始时刻可能会产生严重的超调, 因此, PID 控制器很难处理 $\|d\|_\infty$ 和 $\|\dot{d}\|_\infty$ 都很大的干扰. 实际应用中, 人们需要恰当地调整参数 k_i, k_p 和 k_d 使得闭环系统的动态性能满足需求. 目前, PID 控制调节参数的选择大多是基于工程实践的经验总结. 虽然这些总结对实际应用有一定的指导意义, 并形成了一套参数镇定方

法. 但是, 这些总结大多是定性的描述, 缺乏严格的数学说明. 这使得没有经验的工作人员很难调好 PID 控制参数. 而线性自抗扰控制恰好可以在一定程度上弥补 PID 控制的这些不足, 不但可以处理 "大的干扰", 而且参数相对容易调整.

1.4.2 线性扩张状态观测器

线性扩张状态观测器是一种未知输入观测器 (unknown input observer), 是自抗扰控制的核心. 与 PID 控制类似, 自抗扰控制也不考虑干扰的动态结构, 因而将内部干扰和外部干扰都当作外部干扰来处理. 在自抗扰控制中, 内部未建模动态和外部干扰统称为 "总干扰", 并将其视为一个新的状态. 因此, 相应的观测器称为扩张状态观测器.

方便起见, 我们仍然考虑二阶系统 (1.4.1). 系统输出选为 $x_1(t)$. 按照 [46], 系统 (1.4.1) 的线性扩张状态观测器设计如下:

$$\begin{cases} \dot{\hat{x}}_1(t) = \hat{x}_2(t) + \alpha_1 R\big[x_1(t) - \hat{x}_1(t)\big], \\ \dot{\hat{x}}_2(t) = \hat{d}(t) + \alpha_2 R^2\big[x_1(t) - \hat{x}_1(t)\big] + u(t), \\ \dot{\hat{d}}(t) = \alpha_3 R^3\big[x_1(t) - \hat{x}_1(t)\big], \end{cases} \tag{1.4.18}$$

其中 $R > 0$ 是调节增益, $\alpha_i \in \mathbb{R}, i = 1, 2, 3$ 是调节参数, 使得如下矩阵是 Hurwitz 阵

$$A_1 = \begin{bmatrix} -\alpha_1 & 1 & 0 \\ -\alpha_2 & 0 & 1 \\ -\alpha_3 & 0 & 0 \end{bmatrix}. \tag{1.4.19}$$

若记观测器 (1.4.18) 的系统矩阵为

$$A_R = \begin{bmatrix} -R\alpha_1 & 1 & 0 \\ -R^2\alpha_2 & 0 & 1 \\ -R^3\alpha_3 & 0 & 0 \end{bmatrix}, \tag{1.4.20}$$

则直接计算可得

$$\lambda R \in \sigma(A_R) \quad \text{当且仅当} \quad \lambda \in \sigma(A_1). \tag{1.4.21}$$

于是我们可以通过调节 R 来移动系统 (1.4.18) 的谱点.

定理 1.4.20 设 $R > 0$, $\alpha_i \in \mathbb{R}, i = 1, 2, 3$ 使得 (1.4.19) 定义的矩阵 A_1 是 Hurwitz 阵. 假设干扰 $d \in L_{\text{loc}}^2[0, \infty)$ 几乎处处 Lipschitz 连续, 即: 存在常数 $L_d > 0$ 使得 (1.4.8) 成立, 则存在不依赖 R 的正常数 M 使得

$$\lim_{t \to +\infty} \Big[|x_i(t) - \hat{x}_i(t)| + |d(t) - \hat{d}(t)|\Big] \leqslant \frac{ML_d}{R}, \quad i = 1, 2. \tag{1.4.22}$$

证明 令

$$\tilde{x}_i(t) = x_i(t) - \hat{x}_i(t), \quad i = 1, 2. \tag{1.4.23}$$

则误差 $\tilde{x}_i$ 满足系统:

$$\begin{cases} \dot{\tilde{x}}_1(t) = \tilde{x}_2(t) - \alpha_1 R\tilde{x}_1(t), \\ \dot{\tilde{x}}_2(t) = d(t) - \hat{d}(t) - \alpha_2 R^2 \tilde{x}_1(t), \\ \dot{\hat{d}}(t) = \alpha_3 R^3 \tilde{x}_1(t). \end{cases} \tag{1.4.24}$$

我们用定理 1.4.19 中的局部逼近法来处理干扰. 对任意的 $\tau > 0$, 令

$$\tilde{d}_\tau(t) = d_\tau(t) - \hat{d}(t), \quad d_\tau(t) = \frac{1}{\tau}\int_0^\tau d(t-s)ds, \tag{1.4.25}$$

则 $d_\tau \in H^1_{\mathrm{loc}}[0,\infty)$ 满足

$$\lim_{\tau \to 0} d_\tau(t) = d(t) \quad \text{a.e.} \quad t \geqslant 0, \tag{1.4.26}$$

且

$$\begin{cases} \dot{\tilde{x}}_1(t) = \tilde{x}_2(t) - \alpha_1 R\tilde{x}_1(t), \\ \dot{\tilde{x}}_2(t) = [d(t) - d_\tau(t)] + \tilde{d}_\tau(t) - \alpha_2 R^2 \tilde{x}_1(t), \\ \dot{\tilde{d}}_\tau(t) = -\alpha_3 R^3 \tilde{x}_1(t) + \dfrac{d(t) - d(t-\tau)}{\tau}. \end{cases} \tag{1.4.27}$$

令

$$\begin{cases} X_\tau(t) = [\tilde{x}_1(t) \ \ \tilde{x}_2(t) \ \ \tilde{d}_\tau(t)]^\top, \\ D_\tau(t) = \left[0 \ \ d(t) - d_\tau(t) \ \ \dfrac{d(t) - d(t-\tau)}{\tau}\right]^\top. \end{cases} \tag{1.4.28}$$

系统 (1.4.27) 可以写成抽象的形式:

$$\dot{X}_\tau(t) = A_R X_\tau(t) + D_\tau(t), \tag{1.4.29}$$

其中矩阵 A_R 由 (1.4.20) 定义. 直接计算可得

$$\Upsilon_R^{-1}(RA_1)\Upsilon_R = A_R, \quad \Upsilon_R = \mathrm{diag}(1, R^{-1}, R^{-2}), \quad R > 0. \tag{1.4.30}$$

于是有

$$e^{A_R t} = \Upsilon_R^{-1} e^{RA_1 t}\Upsilon_R. \tag{1.4.31}$$

利用 (1.4.31) 并解 (1.4.29) 可得

$$X_\tau(t) = \Upsilon_R^{-1} e^{RA_1 t}\Upsilon_R X_\tau(0) + \int_0^t \Upsilon_R^{-1} e^{RA_1(t-s)}\Upsilon_R D_\tau(s)ds, \ \ t \geqslant 0. \tag{1.4.32}$$

由于 A_1 是 Hurwitz 阵, 存在正常数 ω_1 和 L_1 使得 $\|e^{A_1 t}\| \leqslant L_1 e^{-\omega_1 t}$, $t \geqslant 0$. 于是

$$\|e^{RA_1 t}\| \leqslant L_1 e^{-R\omega_1 t}, \quad t \geqslant 0. \tag{1.4.33}$$

注意到

$$\|\Upsilon_R^{-1}\| \leqslant \sqrt{3} R^2, \quad \|\Upsilon_R\| \leqslant \sqrt{3}, \quad \forall\, R > 1, \tag{1.4.34}$$

且对任意的 $s \in [0, t]$, 有

$$\lim_{\tau \to 0} \|\Upsilon_R D_\tau(s)\|_{\mathbb{R}^3} \leqslant \sqrt{2} \lim_{\tau \to 0} \left[\frac{|d(s) - d_\tau(s)|}{R} + \frac{L_d}{R^2} \right] \leqslant \frac{\sqrt{2} L_d}{R^2}. \tag{1.4.35}$$

利用 (1.4.34), (1.4.35) 和 (1.4.32), 并令 $\tau \to 0$, 可得

$$\begin{aligned}
\|X_0(t)\|_{\mathbb{R}^3} &\leqslant L_1 e^{-R\omega_1 t} \|\Upsilon_R^{-1}\| \|\Upsilon_R X_0(0)\|_{\mathbb{R}^3} + \frac{\sqrt{2} L_d L_1 \|\Upsilon_R^{-1}\|}{R^3 \omega_1} \\
&\leqslant 3 L_1 R^2 e^{-R\omega_1 t} \|X_0(0)\|_{\mathbb{R}^3} + \frac{\sqrt{6} L_d L_1}{R \omega_1}.
\end{aligned} \tag{1.4.36}$$

由于

$$X_0(t) = [\tilde{x}_1(t) \quad \tilde{x}_2(t) \quad d(t) - \hat{d}(t)]^\top, \tag{1.4.37}$$

综合 (1.4.23) 和 (1.4.36) 可得结论 (1.4.22). □

定理 1.4.20 的收敛性证明是非常粗糙的, 事实上, 观测器的每一个分量 $\hat{x}_i$ 收敛到 x_i 的收敛速率是不相同的, 详细证明可参考 [58]. 虽然 (1.4.22) 表明增大增益常数 R 可以减小稳态误差, 然而在应用中, R 并不能无限增大, 一方面实际应用中不可能实现无限增益, 另一方面, 增大 R 会使系统产生 "峰值现象", 严重影响观测器的瞬态性能. 观测器是提取输出信号中系统状态信息和干扰信息的人为设计装置, 在实际应用中仅仅是一些数据运算, 因此, 扩张状态观测器中的 "峰值现象" 不会直接引起能量的消耗. 与此不同, 控制器中的 "峰值现象" 和高频震颤直接影响着执行器的能量消耗. 扩张状态观测器的引入将 PID 控制中的 "峰值现象" 转化到了扩张状态观测器中, 从而可以降低控制器的能量消耗.

注 1.4.5 大多数 PID 控制和自抗扰控制都没有考虑干扰的动态结构, 它们把外部干扰和未建模动态统称为干扰, 只利用了干扰的某种有界性. 当干扰的动态信息已知或粗略已知时, 这些先验信息在 PID 控制和自抗扰控制中都没有得到充分的利用. 与此不同, 内模原理可以充分利用干扰的先验动态信息. 所以, 内模原理和自抗扰控制、PID 控制之间有互补性.

1.4.3　改进的扩张状态观测器

本节将改进 1.4.2 节中的扩张状态观测器, 使其可以更充分地利用系统的模型信息. 考虑如下更一般的二阶系统的观测器设计问题:

$$\begin{cases} \dot{x}_1(t) = x_2(t), \\ \dot{x}_2(t) = a_1 x_1(t) + a_2 x_2(t) + d(t) + u(t), \\ y(t) = x_1(t), \end{cases} \tag{1.4.38}$$

其中 $a_1, a_2 \in \mathbb{R}$, u 是控制, y 是输出, d 是干扰. 当 $a_1 = a_2 = 0$ 时, 上一节考虑了系统 (1.4.38) 的观测器设计问题. 当 a_1, a_2 不全为零时, 若令

$$\tilde{d}(t) = a_1 x_1(t) + a_2 x_2(t) + d(t), \tag{1.4.39}$$

则系统 (1.4.38) 变为

$$\begin{cases} \dot{x}_1(t) = x_2(t), \\ \dot{x}_2(t) = \tilde{d}(t) + u(t). \end{cases} \tag{1.4.40}$$

系统 (1.4.40) 和系统 (1.4.1) 形式完全一样, 于是可以设计扩张状态观测器 (1.4.18). 这种观测器设计思路虽然简单, 但是却浪费了系统 (1.4.38) 中的模型信息, 即: a_1, a_2 的信息没有得到充分的利用. 此外, 扩张状态观测器需要假设干扰的导数 $\|\dot{\tilde{d}}\|_\infty$ 有界, 由于 $\tilde{d}$ 与控制 u 和系统初值 $[x_1(0)\ x_2(0)]$ 都有关, $\|\dot{\tilde{d}}\|_\infty$ 的有界性无法先验得到. 因此, 我们很难事先严格证明观测器的适定性, 除非对系统状态做出必要的有界性假设.

为了克服上述缺点, 下面将为系统 (1.4.38) 设计新的扩张状态观测器. 方便起见, 令

$$A = \begin{bmatrix} 0 & 1 \\ a_1 & a_2 \end{bmatrix}, \quad B = \begin{bmatrix} 0 \\ 1 \end{bmatrix}, \quad C = [1\ \ 0]. \tag{1.4.41}$$

将干扰看作新的状态, 令 $x_3 = d(t)$, 则系统 (1.4.38) 可写成

$$\begin{cases} \dot{x}(t) = Ax(t) + B[x_3(t) + u(t)], \\ \dot{x}_3(t) = \dot{d}(t), \\ y(t) = Cx(t), \end{cases} \tag{1.4.42}$$

其中 $x(t) = [x_1(t)\ x_2(t)]^\top$. 假设系统 (1.4.42) 的观测器为

$$\begin{cases} \dot{\hat{x}}(t) = A\hat{x}(t) + B[\hat{x}_3(t) + u(t)] - K[y(t) - C\hat{x}(t)], \\ \dot{\hat{x}}_3(t) = -k[y(t) - C\hat{x}(t)], \end{cases} \tag{1.4.43}$$

其中 $K \in \mathbb{R}^2$ 和 $k \in \mathbb{R}$ 是待定的调节参数. 如果令

$$\tilde{x}(t) = x(t) - \hat{x}(t), \ \tilde{x}_3(t) = x_3(t) - \hat{x}_3(t), \qquad (1.4.44)$$

则

$$\begin{cases} \dot{\tilde{x}}(t) = (A + KC)\tilde{x}(t) + B\tilde{x}_3(t), \\ \dot{\tilde{x}}_3(t) = kC\tilde{x}(t) + \dot{d}(t). \end{cases} \qquad (1.4.45)$$

由于 A 是二阶矩阵, 利用极点配置定理很容易找到 $K \in \mathbb{R}^2$ 和 $k \in \mathbb{R}$ 使得系统 (1.4.45) 稳定. 下面我们给出另一种设计 K 和 k 的方法, 该方法可以帮助我们利用高增益技巧. 引入三角变换

$$\begin{bmatrix} \check{x}(t) \\ \check{x}_3(t) \end{bmatrix} = \begin{bmatrix} I_2 & S \\ 0 & 1 \end{bmatrix} \begin{bmatrix} \tilde{x}(t) \\ \tilde{x}_3(t) \end{bmatrix}, \qquad (1.4.46)$$

其中 $S \in \mathbb{R}^2$ 待定, 则

$$\begin{cases} \dot{\check{x}}(t) = [(A + KC) + kSC]\check{x}(t) + \{B - [A + (K + kS)C]S\}\check{x}_3(t) + S\dot{d}(t), \\ \dot{\check{x}}_3(t) = kC\check{x}(t) - kCS\check{x}_3(t) + \dot{d}(t). \end{cases}$$
$$(1.4.47)$$

于是我们可以按照如下步骤选择 K 和 k:

- 选择 $L_{\omega_o} \in \mathbb{R}^2$ 使得 $\sigma(A + L_{\omega_o}C) = \{-\omega_o\}$, 其中 $\omega_o > 0$ 是调节增益;
- 选择 $S \in \mathbb{R}^2$ 使得 $B = (A + L_{\omega_o}C)S$;
- 选择 k 使得 $kCS = \omega_o$, 且令 $K = L_{\omega_o} - kS$.

这样系统 (1.4.47) 变为

$$\begin{cases} \dot{\check{x}}(t) = (A + L_{\omega_o}C)\check{x}(t) + S\dot{d}(t), \\ \dot{\check{x}}_3(t) = kC\check{x}(t) - kCS\check{x}_3(t) + \dot{d}(t). \end{cases} \qquad (1.4.48)$$

这样 (1.4.48) 的系统矩阵满足

$$\sigma\left(\begin{bmatrix} A + L_{\omega_o}C & 0 \\ kC & -kCS \end{bmatrix} \right) = \{-\omega_o\}. \qquad (1.4.49)$$

令

$$L_{\omega_o} = [-2\omega_o - a_2, \ -a_1 - a_2^2 - 2a_2\omega_o - \omega_o^2]^\top, \qquad (1.4.50)$$

则简单计算可知

$$A + L_{\omega_o}C = \begin{bmatrix} -2\omega_o - a_2 & 1 \\ -a_2^2 - 2a_2\omega_o - \omega_o^2 & a_2 \end{bmatrix} \ \text{且} \ \sigma(A + L_{\omega_o}C) = \{-\omega_o\}, \quad (1.4.51)$$

从而有

$$S = (A + L_{\omega_o} C)^{-1} B = -\frac{1}{\omega_o^2} \begin{bmatrix} 1 \\ 2\omega_o + a_2 \end{bmatrix}, \quad CS = -\frac{1}{\omega_o^2}. \tag{1.4.52}$$

所以, 由 K 和 k 的选择步骤可得

$$k = -\omega_o^3, \quad K = [-3\omega_o - a_2, -a_1 - a_2^2 - 3a_2\omega_o - 3\omega_o^2]^\top. \tag{1.4.53}$$

令 $\hat{x}(t) = [\hat{x}_1(t) \ \hat{x}_2(t)]^\top$, 于是系统 (1.4.38) 的观测器 (1.4.43) 变为

$$\begin{cases} \dot{\hat{x}}_1(t) = \hat{x}_2(t) + (3\omega_o + a_2)[y(t) - \hat{x}_1(t)], \\ \dot{\hat{x}}_2(t) = a_1\hat{x}_1(t) + a_2\hat{x}_2(t) + \hat{x}_3(t) + u(t) \\ \qquad\quad + (a_1 + a_2^2 + 3a_2\omega_o + 3\omega_o^2)[y(t) - \hat{x}_1(t)], \\ \dot{\hat{x}}_3(t) = \omega_o^3[y(t) - \hat{x}_1(t)], \end{cases} \tag{1.4.54}$$

其中 $\omega_o > 0$ 是调节增益.

定理 1.4.21 设 A, B, C 由 (1.4.41) 给出, 则对任意的 $d \in W^{1,\infty}(\mathbb{R}^+)$, 系统 (1.4.38) 的观测器 (1.4.54) 满足:

$$\lim_{t \to +\infty} [|x_i(t) - \hat{x}_i(t)| + |d(t) - \hat{x}_3(t)|] \leqslant \frac{M\|\dot{d}\|_\infty}{\omega_o}, \quad i = 1, 2, \tag{1.4.55}$$

其中 $M > 0$ 是不依赖 ω_o 和 t 的常数.

证明 令 $x_3 = d(t)$, 则直接计算可知观测器和系统状态之间的误差 (1.4.44) 满足:

$$\begin{cases} \dot{\tilde{x}}_1(t) = \tilde{x}_2(t) - (3\omega_o + a_2)\tilde{x}_1(t), \\ \dot{\tilde{x}}_2(t) = a_2\tilde{x}_2(t) + \tilde{x}_3(t) - (a_2^2 + 3a_2\omega_o + 3\omega_o^2)\tilde{x}_1(t), \\ \dot{\tilde{x}}_3 = -\omega_o^3\tilde{x}_1(t) + \dot{d}(t). \end{cases} \tag{1.4.56}$$

方便起见, 记

$$\mathcal{A}_{\omega_o} = \begin{bmatrix} -(3\omega_o + a_2) & 1 & 0 \\ -(a_2^2 + 3a_2\omega_o + 3\omega_o^2) & a_2 & 1 \\ -\omega_o^3 & 0 & 0 \end{bmatrix}, \quad \mathcal{B} = \begin{bmatrix} 0 \\ 0 \\ 1 \end{bmatrix}, \tag{1.4.57}$$

则误差系统 (1.4.56) 可以写成

$$\dot{\tilde{X}}(t) = \mathcal{A}_{\omega_o} \tilde{X}(t) + \mathcal{B}\dot{d}(t), \tag{1.4.58}$$

其中 $\tilde{X}(t) = [\tilde{x}_1(t) \quad \tilde{x}_2(t) \quad \tilde{x}_3(t)]^{\top}$. 直接计算可得

$$(s - \mathcal{A}_{\omega_o})^{-1}\mathcal{B} = \frac{1}{s^3 + 3s^2\omega_o + 3s\omega_o^2 + \omega_o^3} \begin{bmatrix} 1 \\ a_2 + s + 3\omega_o \\ s^2 + 3s\omega_o + 3\omega_o^2 \end{bmatrix}. \tag{1.4.59}$$

于是

$$\lim_{\omega_o \to +\infty} \|(s - \mathcal{A}_{\omega_o})^{-1}\mathcal{B}\|_{\mathbb{R}^3} = 0 \quad \text{一致收敛} \quad s \in \mathbb{C}_+. \tag{1.4.60}$$

由引理 1.3.1, 存在不依赖于 ω_o 和 t 的常数 $L_{\mathcal{B}} > 0$ 使得

$$\|e^{\mathcal{A}_{\omega_o}t}\mathcal{B}\|_{\mathbb{R}^3} \leqslant L_{\mathcal{B}}e^{-\omega_o t}, \quad t \geqslant 0. \tag{1.4.61}$$

利用 (1.4.61), 直接解方程 (1.4.58) 可得

$$\lim_{t \to +\infty} \|\tilde{X}(t)\|_{\mathbb{R}^3} \leqslant \lim_{t \to +\infty} \left\| \int_0^t e^{\mathcal{A}_{\omega_o}(t-s)}\mathcal{B}\dot{d}(s)ds \right\|_{\mathbb{R}^3}$$

$$\leqslant \lim_{t \to +\infty} L_{\mathcal{B}}\|\dot{d}\|_{\infty} \int_0^t e^{-\omega_o(t-s)}ds \leqslant \frac{L_{\mathcal{B}}\|\dot{d}\|_{\infty}}{\omega_o}. \tag{1.4.62}$$

所以, 由 (1.4.44) 可得 (1.4.55). $\qquad\qquad\qquad\qquad\qquad\qquad\square$

参照定理 1.4.20, 定理 1.4.21 中的干扰的假设还可以放松. 事实上, 我们有如下推论:

推论 1.4.1 令 A, B, C 由 (1.4.41) 给出. 假设干扰 $d \in L^2_{\text{loc}}[0, \infty)$ 几乎处处 Lipschitz 连续, 即: 存在常数 $L_d > 0$ 使得 (1.4.8) 成立, 则系统 (1.4.38) 的观测器 (1.4.54) 满足:

$$\lim_{t \to +\infty} [|x_1(t) - \hat{x}_1(t)| + |x_2(t) - \hat{x}_2(t)| + |d(t) - \hat{x}_3(t)|] \leqslant \frac{ML_d}{\omega_o}, \tag{1.4.63}$$

其中 $M > 0$ 是不依赖 ω_o 和 t 的常数.

证明 综合定理 1.4.20 和定理 1.4.21 的证明可以毫无困难地获得本推论. 详细证明留给读者. $\qquad\qquad\qquad\qquad\qquad\qquad\square$

改进的扩张状态观测器 (1.4.54) 虽然可以利用系统 (1.4.38) 的系统信息, 但是干扰 d 的动态信息仍然没有得到充分的利用. 特别是当干扰 d 包含高频信息时, $\|\dot{d}\|_{\infty}$ 可能会非常大. 由 (1.4.55), 需要更大的增益 ω_o 才能保证观测器误差满足要求, 而实际应用中 ω_o 不可能任意大, 因此改进的扩张状态观测器 (1.4.54) 对高频干扰的处理能力仍然是有限的. 为了弥补这一缺点, 我们将在第 2 章给出扩张动态观测器. 由于系统信息和干扰动态信息都可以得到充分利用, 扩张动态观测器的性能得到了大幅的提升.

1.4.4　线性微分器

微分器是提取给定信号微分的装置, 有广泛的实际应用. 与直接微分给定信号不同, 微分器通常通过积分来提取给定信号的微分. 由于积分作用对高频噪声不敏感, 因此, 微分器可以一定程度上克服直接微分 "放大噪声" 的缺点. 此外, 在自抗扰控制中, 微分器还常常被用来安排时间过渡 ([65]), 提高系统的瞬态响应性能.

按照专著 [58], 自抗扰控制可分为三个部分: 微分器、扩张状态观测器和反馈线性化. 然而, 这一分类方式容易让读者误以为微分器和扩张状态观测器是并列关系. 事实上, 微分器可以看作扩张观测器的特殊情况. 下面, 我们将根据扩张状态观测器来设计微分器.

给定信号 $v \in H_{\text{loc}}^2[0,\infty)$. 设 $\ddot{v}$ 几乎处处 Lipschitz 连续, 即: 存在常数 $L_v > 0$ 使得

$$|\ddot{v}(t_1) - \ddot{v}(t_2)| \leqslant L_v |t_1 - t_2| \quad \text{a.e.} \quad t_1, t_2 \geqslant 0. \tag{1.4.64}$$

令

$$v_1(t) = v(t), \quad v_2(t) = \dot{v}(t), \tag{1.4.65}$$

则

$$\dot{v}_1(t) = v_2(t), \quad \dot{v}_2(t) = \ddot{v}(t). \tag{1.4.66}$$

将 $v(t) = v_1(t)$ 看作输出, $\ddot{v}(t)$ 看作干扰, 对系统 (1.4.66) 设计扩张状态观测器

$$\begin{cases} \dot{z}_1(t) = z_2(t) + \alpha_1 R \big[v(t) - z_1(t) \big], \\ \dot{z}_2(t) = z_3(t) + \alpha_2 R^2 \big[v(t) - z_1(t) \big], \\ \dot{z}_3(t) = \alpha_3 R^3 \big[v(t) - z_1(t) \big], \end{cases} \tag{1.4.67}$$

其中 $R > 0$ 是调节增益, $\alpha_i \in \mathbb{R}, i = 1, 2, 3$ 是调节参数. 系统 (1.4.67) 可以当作信号 v 的一个微分器, 其系统矩阵 A_R 恰好是 (1.4.20). 由定理 1.4.20, 我们有如下推论:

推论 1.4.2　设 (1.4.19) 定义的矩阵 A_1 是 Hurwitz 阵, 且存在常数 $L_v > 0$ 使得信号 $v \in H_{\text{loc}}^2[0,\infty)$ 满足 (1.4.64), 则存在不依赖 R 的正常数 M 使得

$$\lim_{t \to +\infty} \big[|z_1(t) - v(t)| + |z_2(t) - \dot{v}(t)| + |z_3(t) - \ddot{v}(t)| \big] \leqslant \frac{M L_v}{R}. \tag{1.4.68}$$

微分器 (1.4.67) 的设计过程可以看出, 它是扩张状态观测器 (1.4.18) 的特殊情况. 然而即使是线性微分器, 其设计也不是唯一的. 从数学上看, 线性微分器本

质是给定信号的加权平均, 它通过卷积来逼近信号的微分. 我们通过分析下面微分器来说明这一问题:

$$
\begin{cases}
\dot{z}_1(t) = z_2(t), \\
\dot{z}_2(t) = -2R^2[z_1(t) - v(t)] - 2Rz_2(t), \\
z_1(0) = z_2(0) = 0,
\end{cases}
\tag{1.4.69}
$$

其中 R 是调节参数, v 是输入信号.

定理 1.4.22 ([48])　设函数 $v \in H^2_{\mathrm{loc}}[0, \infty)$, 则微分器 (1.4.69) 满足:

(i) 当 $\|\dot{v}\|_\infty < +\infty$ 时, 存在不依赖 R 的正常数 M_1 使得

$$
\lim_{t \to +\infty} |z_1(t) - v(t)| \leqslant \frac{M_1 \|\dot{v}\|_\infty}{R}.
\tag{1.4.70}
$$

(ii) 当 $\|\ddot{v}\|_\infty < +\infty$ 时, 存在不依赖 R 的正常数 M_2 使得

$$
\lim_{t \to +\infty} |z_2(t) - \dot{v}(t)| \leqslant \frac{M_2 \|\ddot{v}\|_\infty}{R}.
\tag{1.4.71}
$$

证明　方程组 (1.4.69) 可写成如下非齐次常系数二阶常微分方程:

$$
\ddot{z}_1(t) + 2R\dot{z}_1(t) + 2R^2 z_1(t) = 2R^2 v(t).
\tag{1.4.72}
$$

直接计算可得

$$
\begin{aligned}
z_1(t) =& 2R \int_0^t e^{-R(t-s)} \sin R(t-s) v(s) ds \\
=& v(t) - v(0)e^{-Rt}(\cos Rt + \sin Rt) \\
& - \int_0^t e^{-R(t-s)}[\sin R(t-s) + \cos R(t-s)]\dot{v}(s) ds.
\end{aligned}
\tag{1.4.73}
$$

所以

$$
\begin{aligned}
|z_1(t) - v(t)| \leqslant & 2|v(0)|e^{-Rt} + 2\|\dot{v}\|_\infty \int_0^t e^{-R(t-s)} ds \\
\leqslant & 2|v(0)|e^{-Rt} + \frac{2\|\dot{v}\|_\infty}{R}.
\end{aligned}
\tag{1.4.74}
$$

从而 (1.4.70) 成立. 由 (1.4.73) 进一步可得

$$
z_2(t) = 2R^2 \int_0^t e^{-R(t-s)}[\cos R(t-s) - \sin R(t-s)]v(s) ds
$$

$$=2Rv(0)e^{-Rt}\sin Rt + 2R\int_0^t e^{-R(t-s)}\sin R(t-s)\dot{v}(s)ds$$

$$=2Rv(0)e^{-Rt}\sin Rt + \dot{v}(t) - \dot{v}(0)e^{-Rt}(\cos Rt + \sin Rt)$$

$$-\int_0^t e^{-R(t-s)}[\sin R(t-s) + \cos R(t-s)]\ddot{v}(s)ds.$$

所以,

$$|z_2(t) - \dot{v}(t)| \leqslant 2[R|v(0)| + |\dot{v}(0)|]e^{-Rt} + 2\|\ddot{v}\|_\infty \int_0^t e^{-R(t-s)}ds$$

$$\leqslant 2[R|v(0)| + |\dot{v}(0)|]e^{-Rt} + \frac{2\|\ddot{v}\|_\infty}{R}. \tag{1.4.75}$$

从而 (1.4.71) 得证.   □

定理 1.4.22 的证明非常简单, 但是却可以引出核函数的概念. 事实上, 如果令

$$K(t) = 2e^{-t}\sin t, \quad K_R(t) = RK(Rt), \quad R > 0,\ t \geqslant 0, \tag{1.4.76}$$

则 $z_1(t)$ 和 $z_2(t)$ 分别变为

$$z_1(t) = \int_0^t K_R(t-s)v(s)ds \tag{1.4.77}$$

和

$$z_2(t) = \int_0^t \dot{K}_R(t-s)v(s)ds = v(0)K_R(t) + \int_0^t K_R(t-s)\dot{v}(s)ds. \tag{1.4.78}$$

另一方面, 对任意的 $t > 0$, $R > 0$, 有

$$\int_0^t K_R(s)ds = 2R\int_0^t e^{-Rs}\sin Rsds = 1 - (\sin Rt + \cos Rt)e^{-Rt}. \tag{1.4.79}$$

所以

$$\lim_{R\to\infty}\int_0^t K_R(s)ds = 1 \quad \forall\ t > 0. \tag{1.4.80}$$

(1.4.77) 和 (1.4.80) 说明: 对任意的 $t > 0$, $z_1(t)$ 是 v 在 $[0, t]$ 上的近似加权平均, 权函数为 $K_R(s)$. 同理, (1.4.78) 说明 $z_2(t)$ 是 $\dot{v}$ 在 $[0, t]$ 上关于权函数 $K_R(s)$ 的近似加权平均. 所以, 微分器的精度和对高频噪声的鲁棒性都取决于核函数 K_R 的选取. 这就启发我们: 可以恰当地选择核函数 K 和增益 R 来提高微分器的综合性能. 对微分器的这一认识大大拓展了微分器的设计思路, 从而可能得到一些高性能、高精度的微分器. 为了便于利用核函数的方法设计微分器, 下面我们给出选取核函数的一些最基本的准则.

定理 1.4.23 令 $v \in H_{\text{loc}}^2[0,\infty)$ 满足

$$\|v\|_\infty + \|\dot{v}\|_\infty + \|\ddot{v}\|_\infty < +\infty. \tag{1.4.81}$$

设核函数 $K \in C^1[0,\infty)$ 满足

- $\displaystyle\int_0^{+\infty} K(s)ds = 1, \quad \int_0^{+\infty} s|K(s)|ds < +\infty;$
- $\forall\, t_0 > 0, \quad \displaystyle\lim_{R\to+\infty} K_R(t) = 0$ 在 $t \in [t_0,\infty)$ 上一致收敛,

则有

$$\begin{cases} \displaystyle\lim_{R\to\infty} K_R(t) * v(t) = v(t) \quad \text{一致收敛}, \ t \in [t_0,\infty), \\ \displaystyle\lim_{R\to\infty} \left[\dot{K}_R(t) * v(t) + K_R(0)v(t) \right] = \dot{v}(t) \quad \text{一致收敛}, \ t \in [t_0,\infty), \end{cases} \tag{1.4.82}$$

其中 $K_R(t) = RK(Rt), t \geqslant 0.$

证明 方便起见, 我们记

$$x_1(t) = K_R(t) * v(t), \quad x_2(t) = \dot{K}_R(t) * v(t) + K_R(0)v(t). \tag{1.4.83}$$

由于

$$\int_0^{+\infty} K_R(s)ds = \int_0^{+\infty} RK(Rs)ds = \int_0^{+\infty} K(\alpha)d\alpha, \tag{1.4.84}$$

因此

$$\begin{aligned} |x_1(t) - v(t)| &= \left| \int_0^t K_R(s)v(t-s)ds - \int_0^\infty K_R(s)v(t)ds \right| \\ &= \left| \int_0^t K_R(s)[v(t-s) - v(t)]ds - v(t)\int_t^\infty K_R(s)ds \right| \\ &\leqslant \|\dot{v}\|_\infty \int_0^t s|K_R(s)|ds + \left| v(t)\int_t^\infty K_R(s)ds \right| \\ &\leqslant \frac{\|\dot{v}\|_\infty}{R} \int_0^{Rt} s|K(s)|ds + \|v\|_\infty \int_{Rt}^\infty |K(s)|ds. \end{aligned} \tag{1.4.85}$$

于是 (1.4.82) 中第一个收敛成立. 另一方面, 由分部积分可得

$$\int_0^t \frac{d}{ds} K_R(s)v(t-s)ds = K_R(t)v(0) - K_R(0)v(t) + \int_0^t K_R(s)\dot{v}(t-s)ds. \tag{1.4.86}$$

所以

$$|x_2(t) - \dot{v}(t)|$$

$$= \left| \int_0^t \frac{d}{ds} K_R(s) v(t-s) ds + K_R(0) v(t) - \int_0^\infty K_R(s) \dot{v}(t) ds \right|$$

$$= \left| K_R(t) v(0) + \int_0^t K_R(s) [\dot{v}(t-s) - \dot{v}(t)] ds - \int_t^\infty \dot{v}(t) K_R(s) ds \right|$$

$$\leqslant |R K(Rt) v(0)| + \frac{\|\ddot{v}\|_\infty}{R} \int_0^{Rt} s |K(s)| ds + \|\dot{v}\|_\infty \int_{Rt}^\infty |K(s)|\, ds.$$

这意味着 (1.4.82) 中第二个收敛成立. □

例 1.4.5　令 $K(s) = e^{-s}$, 且 $v \in H^2_{\mathrm{loc}}[0, \infty)$ 满足 (1.4.81). 定理 1.4.23告诉我们: 对任意的 $t_0 > 0$, 有

$$\lim_{R \to \infty} \left[-R^2 e^{-Rt} * v(t) + R v(t) \right] = \dot{v}(t) \quad \text{一致收敛} \quad t \in [t_0, \infty). \tag{1.4.87}$$

我们还可以把卷积写成动态的形式. 事实上, 如果令

$$\dot{x}(t) = -R x(t) - R^2 v(t), \tag{1.4.88}$$

则有

$$-R^2 e^{-Rt} * v(t) = x(t). \tag{1.4.89}$$

所以

$$\lim_{R \to \infty} \left[x(t) + R v(t) \right] = \dot{v}(t) \quad \text{一致收敛} \quad t \in [t_0, \infty). \tag{1.4.90}$$

综上, (1.4.88) 给出了新的线性微分器.

由定理 1.4.23, 线性微分器 (1.4.69) 本质上是输入信号的加权平均, 以输入信号与核函数的卷积形式给出. 不同的核函数能够不同程度地利用输入信号的历史信息, 因而相应的微分器有不同的性能. 积分的另一个作用是能够压制高频噪声, 不同的核函数对高频噪声的敏感性也不同. 为了考虑微分器 (1.4.69) 对高频噪声的敏感性. 我们考虑正弦信号 $v(t) = A \sin \omega t$ 的响应, 其中 A 是振幅, ω 是频率. 此时, 微分器 (1.4.69) 变为

$$\begin{cases} \dot{z}_1(t) = z_2(t), \\ \dot{z}_2(t) = -2 R^2 [z_1(t) - A \sin \omega t] - 2 R z_2(t), \\ z_1(0) = z_2(0) = 0, \end{cases} \tag{1.4.91}$$

其中 R 是调节参数. 由 (1.4.78) 可得

$$z_2(t) = A \int_0^t \dot{K}_R(t-s) \sin \omega s \, ds$$

$$=\frac{A}{\omega}\left[\dot{K}_R(t)-\dot{K}_R(0)\cos\omega t\right]-\frac{A}{\omega}\int_0^t \ddot{K}_R(t-s)\cos\omega s\,ds. \qquad (1.4.92)$$

另一方面, 我们有

$$\begin{cases} \dot{K}_R(t)=2R^2e^{-Rt}(\cos Rt-\sin Rt), \\ \ddot{K}_R(t)=-4R^3e^{-Rt}\cos Rt. \end{cases} \qquad (1.4.93)$$

所以

$$\begin{aligned} |z_2(t)| &\leqslant \frac{2R^2A}{\omega}\Big[\,\big|e^{-Rt}(\cos Rt-\sin Rt)-\cos\omega t\big| \\ &\quad +\Big|2R\int_0^t e^{-R(t-s)}\cos R(t-s)\cos\omega s\,ds\Big|\Big] \\ &\leqslant \frac{2R^2A}{\omega}\Big[2e^{-Rt}+1+2R\int_0^t e^{-R(t-s)}ds\Big] \\ &\leqslant \frac{10R^2A}{\omega}\to 0 \ \ \text{当} \ \omega\to+\infty. \end{aligned} \qquad (1.4.94)$$

上式说明: 当输入信号的频率 ω 充分大时, 微分器的响应 $z_2(t)$ 将非常小. 因此, 微分器对高频噪声不敏感.

注 1.4.6   由于定理 1.4.23 只给出了微分器的设计方法, 并没有考虑微分器的性能. 因此, 收敛 (1.4.82) 是非常粗糙的. 要想得到性能好的微分器, 还需要在定理 1.4.23 的基础上选取更精致的核函数. 线性微分器对高频噪声的敏感性还可以通过频域方法来分析. 事实上, 简单计算微分器 (1.4.69) 的相频特征即可获得微分器对高频噪声的敏感性结论.

定理 1.4.23 从时域的角度刻画了微分器的核函数, 现在我们从频域的角度来研究该问题. 设核函数 $K\in C^1[0,\infty)$ 满足

$$\lim_{R\to\infty}\hat{K}_R(s)=1, \qquad (1.4.95)$$

其中 $\hat{K}_R(s)$ 是 $K_R(t)$ 的 Laplace 变换, $K_R(t)=RK(Rt)$, $t\geqslant 0$. 参照 (1.4.82), 令

$$y(t)=\dot{K}_R(t)*v(t)+K_R(0)v(t), \qquad (1.4.96)$$

则 (1.4.96) 取 Laplace 变换可得

$$\hat{y}(s)=s\hat{K}_R(s)\hat{v}(s). \qquad (1.4.97)$$

由 (1.4.95) 和 (1.4.97) 可知

$$\lim_{R\to\infty}\frac{\hat{y}(s)}{\hat{v}(s)}=\lim_{R\to\infty}s\hat{K}_R(s)=s. \qquad (1.4.98)$$

这就说明: 当 R 充分大时, y 可以看作 $\dot{v}$ 的近似. 所以, 只要 (1.4.95) 成立, (1.4.96) 就可以看作一个微分器.

例 1.4.6 (Taylor 微分器 ([32]))   设 $v \in H^2_{\text{loc}}[0, \infty)$ 是给定信号, 考虑如下非齐次线性常微分方程:

$$r_\varepsilon(t) + \dot{r}_\varepsilon(t)\varepsilon + \frac{1}{2}\ddot{r}_\varepsilon(t)\varepsilon^2 + \frac{1}{3!}r_\varepsilon^{(3)}(t)\varepsilon^3 = v(t), \qquad (1.4.99)$$

其中 $\varepsilon > 0$ 是调节参数. 将系统 (1.4.99) 的解 $r_\varepsilon(t+\varepsilon)$ 在 t 时刻 Taylor 展开有

$$r_\varepsilon(t+\varepsilon) = r_\varepsilon(t) + \dot{r}_\varepsilon(t)\varepsilon + \frac{1}{2}\ddot{r}_\varepsilon(t)\varepsilon^2 + \frac{1}{3!}r_\varepsilon^{(3)}(\xi_t)\varepsilon^3, \quad \xi_t \in (t, t+\varepsilon). \quad (1.4.100)$$

比较 (1.4.99) 和 (1.4.100) 可得

$$|r_\varepsilon(t+\varepsilon) - v(t)| \leqslant \left| \frac{1}{3!}r_\varepsilon^{(3)}(\xi_t)\varepsilon^3 \right| + \left| \frac{1}{3!}r_\varepsilon^{(3)}(t)\varepsilon^3 \right|. \qquad (1.4.101)$$

如果 $r_\varepsilon^{(3)}$ 有界,

$$|r_\varepsilon(t+\varepsilon) - v(t)| = \mathcal{O}(\varepsilon^3) \quad \text{当} \quad \varepsilon \to 0. \qquad (1.4.102)$$

当 ε 很小时, 我们希望 $r_\varepsilon(t) \sim v(t)$, 从而得到 $r_\varepsilon^{(i)}(t) \sim v^{(i)}(t), i = 1, 2, 3$. 为了进一步提高逼近精度, 我们利用 Taylor 展式对 $\dot{r}(t)$ 做修正, 用 $\dot{r}_\varepsilon(t) + \ddot{r}_\varepsilon(t)\varepsilon + \frac{1}{2}r_\varepsilon^{(3)}(t)\varepsilon^2$ 来近似 $\dot{v}$. 由 (1.4.99) 可得

$$\frac{3}{\varepsilon}v(t) - \frac{3}{\varepsilon}r_\varepsilon(t) - 2\dot{r}_\varepsilon(t) - \frac{1}{2}\ddot{r}_\varepsilon(t)\varepsilon = \dot{r}_\varepsilon(t) + \ddot{r}_\varepsilon(t)\varepsilon + \frac{1}{2}r_\varepsilon^{(3)}(t)\varepsilon^2. \qquad (1.4.103)$$

如果令

$$y(t) = \frac{3}{\varepsilon}v(t) - \frac{3}{\varepsilon}r_\varepsilon(t) - 2\dot{r}_\varepsilon(t) - \frac{1}{2}\ddot{r}_\varepsilon(t)\varepsilon \qquad (1.4.104)$$

是微分器 (1.4.99) 的输出, 则只需验证下面式子即可

$$\lim_{\varepsilon \to 0} \frac{\hat{y}(s)}{\hat{v}(s)} = s, \qquad (1.4.105)$$

其中 $\hat{y}$ 和 $\hat{v}$ 分别是 y 和 v 的 Laplace 变换. 由于系统 (1.4.99) 是稳定的, 不妨设该系统的初始条件为零, 于是 (1.4.99) 两边取 Laplace 变换可得

$$\hat{r}_\varepsilon(s)\left(1 + s\varepsilon + \frac{1}{2}s^2\varepsilon^2 + \frac{1}{3!}s^3\varepsilon^3 \right) = \hat{v}(s). \qquad (1.4.106)$$

注意到 (1.4.104),

$$\hat{y}(s) = \frac{3}{\varepsilon}\hat{v}(s) - \frac{3}{\varepsilon}\hat{r}_\varepsilon(s) - 2s\hat{r}_\varepsilon(s) - \frac{1}{2}\hat{r}_\varepsilon(s)s^2\varepsilon. \qquad (1.4.107)$$

综合 (1.4.107) 和 (1.4.106) 容易得到 (1.4.105).

经过 Taylor 展式的修正, 微分器 (1.4.99)-(1.4.104) 的精度有了很大的提高. 事实上, 如果记微分器 (1.4.99)-(1.4.104) 的传递函数为

$$G_\varepsilon(s) = \frac{\hat{y}(s)}{\hat{v}(s)},$$

直接计算可得

$$G_\varepsilon(s) - s = \mathcal{O}(\varepsilon^3), \quad \angle G_\varepsilon(j\omega) = \mathcal{O}(\varepsilon^3) \quad \text{当} \quad \varepsilon \to 0, \tag{1.4.108}$$

其中 $\angle G_\varepsilon(j\omega)$ 是微分器的相频特征. 记传统线性微分器 (1.4.67) 从 v 到 z_2 的传递函数为 $H_R(s)$, 则有

$$H_R(s) - s = \mathcal{O}\left(\frac{1}{R}\right), \quad \angle H_R(j\omega) = \mathcal{O}\left(\frac{1}{R}\right) \quad \text{当} \quad R \to \infty. \tag{1.4.109}$$

显然, 微分器 (1.4.99)-(1.4.104) 比传统线性微分器 (1.4.67) 更有优势.

最后我们指出: 系统 (1.4.99) 可以推广到四阶系统, 但是无法推广到五阶和五阶以上系统. 这是因为此时 (1.4.99) 对应的系统可能不是稳定的, 即: 当 $n \geqslant 5$ 时, 下面多项式可能不是 Hurwitz 的

$$\frac{1}{n!}\varepsilon^n s^n + \frac{1}{(n-1)!}\varepsilon^{(n-1)} s^{(n-1)} + \cdots + \frac{1}{2}\varepsilon^2 s^2 + \varepsilon s + 1. \tag{1.4.110}$$

经过计算, 至少对 $n = 5, 6, \cdots, 20$, 多项式 (1.4.110) 都不是 Hurwitz 的.

练 习 题

1. 对任意的 $\tau > 0$, 设 $\mathcal{C}_\tau$ 是观测系统 (A, C) 的观测映射, 证明:

$$\mathrm{Ker}\mathcal{C}_\tau = \mathrm{Ker} \begin{bmatrix} C \\ CA \\ \vdots \\ CA^{n-1} \end{bmatrix}, \quad \forall\, \tau > 0, \tag{1.4.111}$$

其中 n 是状态空间的维数.

2. 对任意的 $\tau > 0$, 设 $\mathcal{B}_\tau$ 是控制系统 (A, B) 的控制映射, 证明:

$$\mathrm{Ran}\mathcal{B}_\tau = \mathrm{Ran}(B, AB, \cdots, A^{n-1}B), \quad \forall\, \tau > 0, \tag{1.4.112}$$

其中 n 是状态空间的维数.

3. 设 $A = 0$, C 是任意非零常数, 则系统 (A, C) 可观, 并且对任意的 $\tau > 0$ 和 $f \in L^2[0, \tau]$, 有

$$\mathcal{C}_\tau \mathcal{F}_\tau(f) = \frac{1}{\tau} \int_0^\tau f(s)ds, \tag{1.4.113}$$

其中 $\mathcal{C}_\tau$ 和 $\mathcal{F}_\tau$ 分别由 (1.1.8) 和 (1.1.14) 定义.

4. 令 $X = \mathbb{R}^m$, $m \in \mathbb{N}$, 且

$$A = \begin{bmatrix} 0 & 1 & 0 & 0 & \cdots & 0 \\ 0 & 0 & 1 & 0 & \cdots & 0 \\ 0 & 0 & 0 & 1 & \cdots & 0 \\ \vdots & \vdots & \vdots & \vdots & \ddots & \vdots \\ 0 & 0 & 0 & 0 & \cdots & 1 \\ 0 & 0 & 0 & 0 & \cdots & 0 \end{bmatrix}_{m \times m} \quad C^\top = \begin{bmatrix} 1 \\ 0 \\ 0 \\ \vdots \\ 0 \\ 0 \end{bmatrix}_{m \times 1}, \tag{1.4.114}$$

证明: (A, C) 可观, 且对任意的 $\tau > 0$,

$$\mathcal{C}_\tau(X) = \left\{ \sum_{j=0}^{m-1} a_j s^j \;\middle|\; a_j \in \mathbb{R}, j = 0, 1, 2, \cdots, m-1, s \in [0, \tau] \right\}, \tag{1.4.115}$$

其中 $\mathcal{C}_\tau$ 由 (1.1.8) 定义的观测映射.

5. 令 $X = \mathbb{R}^{(2m+1) \times (2m+1)}$, $m \in \mathbb{N}$, 且

$$G = \mathrm{diag}\left(0, G_1, G_2, \cdots, G_m\right), \tag{1.4.116}$$

其中

$$G_j = \begin{bmatrix} 0 & \omega_j \\ -\omega_j & 0 \end{bmatrix}, \quad \omega_j > 0, \; j = 1, 2, \cdots, m, \tag{1.4.117}$$

设 $F \in \mathbb{C}^{2m+1}$ 是列向量使得系统 (G, F) 可观, 证明: 对任意的 $\tau > 0$,

$$\mathcal{C}_\tau(X) = \Big\{ \sum_{j=0}^m [a_j \sin \omega_j s + b_j \cos \omega_j s] \;\Big|$$
$$a_j, b_j \in \mathbb{R}, j = 0, 1, 2, \cdots, m, s \in [0, \tau] \Big\}, \tag{1.4.118}$$

其中 $\mathcal{C}_\tau$ 由 (1.1.8) 定义的观测映射.

6. 设 A 是 n 维线性空间 X 中的反对称矩阵, $i\sigma(A) \subset [a, b]$, B 是列向量使得系统 (A, B) 可控, 证明:

$$B^*(i\omega - A)^{-1}B \neq 0, \quad \forall \, \omega \in \mathbb{R}, \, \omega \notin [a, b]. \tag{1.4.119}$$

7. 设 A 既是线性空间 X 中的耗散矩阵, 又是 Hurwitz 矩阵, 举例说明下面式子不一定成立

$$\mathrm{Re}\langle Ax, x\rangle_X < 0, \quad \forall\, x \neq 0.$$

8. 考虑如下 Sylvester 方程

$$AX - XB = C, \tag{1.4.120}$$

其中 $A \in \mathbb{R}^{n\times n} B \in \mathbb{R}^{m\times m}, X, C \in \mathbb{R}^{n\times m}$. 证明: Sylvester 方程 (1.4.120) 对所有的 C 有解充分必要是 A 和 B 没有共同的特征值, 即: $\sigma(A) \cap \sigma(B) = \varnothing$.

9. 设矩阵 A, G 和 C 都是 n 阶方阵, 且 $\mathrm{rank}\,C = 1$. 如果 (A, C) 可控且 (G, C) 可观, 则有

$$\sigma(A) \cap \sigma(G) = \varnothing. \tag{1.4.121}$$

10. 设矩阵 A, G 是 n 阶方阵, $B, Q^\top$ 是 n 维列向量, 且 (A, C) 可控, (G, C) 可观. 若 $\sigma(A) \cap \sigma(G) = \varnothing$, 则如下 Sylvester 方程的解 X 是可逆矩阵

$$AX - XG = BQ. \tag{1.4.122}$$

11. 设矩阵 A 由 (1.4.5) 给定, 其中 $k_p, k_i, k_d \in \mathbb{R}$. 证明: A 是 Hurwitz 阵的必要条件是 k_i, k_p 和 k_d 全是正数.

12. 设 A 和 P 是 n 阶方阵, 且 $P = P^*$. 如果 $PA + A^*P$ 是 Hurwitz 阵, 则 P 可逆.

13. 设 X 是有限维线性空间, $A \in \mathcal{L}(X)$, $B \in \mathcal{L}(\mathbb{R}, X)$. 设 d 是谐波干扰, 即:

$$d(t) = \sum_{j=0}^{N} \left(a_j \cos\omega_j t + b_j \sin\omega_j t\right),$$

其中 N 是正整数, $a_j, b_j \in \mathbb{R}$, 是未知振幅, ω_j 是已知频率, $j = 0, 1, 2, \cdots, N$. 请设计控制器 u 镇定系统

$$\dot{x}(t) = Ax(t) + B[d(t) + u(t)].$$

14. 考虑标量系统 $\dot{x}(t) = ax(t) + u(t)$, $a \neq 0$. 设 $v \in C^1[0, +\infty)$, $T > 0$, 请设计控制器 u 使得 $x(t) = v(t)$, $t \in [0, T]$.

15. 设矩阵 A 可逆, 证明下面秩的降阶公式

$$\mathrm{rank}\left(\begin{bmatrix} A & B \\ C & D \end{bmatrix}\right) = \mathrm{rank}(A) + \mathrm{rank}(D - CA^{-1}B), \tag{1.4.123}$$

其中 A, B, C, D 是满足分块条件的矩阵.

16. 设矩阵 $A \in \mathbb{R}^{n \times m}$, 则 A 作为线性映射是满射当且仅当 $\text{rank}(A) = n$.

17. 设系统 (A, B, C) 是可控可观的单输入单输出系统, 则对任意的反馈 K, 系统 $(A + BK, B, C)$ 的传输零点也是系统 (A, B, C) 的传输零点.

18. 设系统 (A, B, C) 可控可观, 且输出空间为 $\mathbb{R}$, 则 s 是系统 (A, B, C) 的传输零点的充要条件为: 下面矩阵不是行满秩的

$$\begin{bmatrix} A - s & B \\ C & 0 \end{bmatrix}. \tag{1.4.124}$$

(提示: 设 $s \in \mathbb{C}$ 使得矩阵 (1.4.124) 不行满秩. 用反证法 $s \in \rho(A)$, 若 $s \in \sigma(A)$, 由于矩阵 (1.4.124) 作为线性映射不是满射, 因此

$$\text{Ker}\left(\begin{bmatrix} A^* - \bar{s} & C^* \\ B^* & 0 \end{bmatrix}\right) \neq \{0\}, \tag{1.4.125}$$

即: 存在非零向量 $[x \ y]^\top \in \mathbb{R}^{n \times p}$ 使得

$$(A^* - \bar{s})x + C^*y = 0, \quad B^*x = 0. \tag{1.4.126}$$

利用定理 1.1.45, 容易得出 $[x \ y] = 0$. 矛盾!)

第 2 章　有限维线性系统动态补偿

由 1.4 节, 只要干扰满足某种有界性假设, 自抗扰控制即可发挥作用. 这说明自抗扰控制具有很强的干扰处理能力, 可以处理一般性的干扰. 由于可以把未建模动态看作干扰, 自抗扰控制几乎是不依赖于控制模型的. 然而任何事物都有两面性, 自抗扰控制对干扰的 "弱" 要求在说明其强干扰处理能力的同时, 也暴露了它对干扰信息利用不充分的问题. 文献 [68] 指出: "在信息丰富时代, 控制系统常常与信息采集, 信息传输, 信息融合与信息加工密不可分, 控制理论的发展应充分考虑这一特点, 并充分考虑与利用信息科学在这方面的进展." 实际应用中, 我们对干扰并不是一无所知, 除了有界性之外, 干扰的光滑性、周期性以及其动态信息对控制设计都是非常有价值的. 这些信息的浪费意味着自抗扰控制还有很大的改进空间. 内模原理总假设干扰由一个已知的外部系统生成, 可以充分利用干扰的动态信息. 与自抗扰控制相比, 内模原理对系统模型有很强的依赖性. 自抗扰控制和内模原理的这些特性说明它们有很强的互补性, 这正是本章要讨论的问题: 实现自抗扰控制和内模原理的优化组合.

2.1　执行动态和观测动态补偿

实际应用中, 受客观条件的制约, 控制器可能无法直接作用于控制对象, 需要某些媒介间接施加控制, 这样就产生了执行动态 (actuator dynamics) 的补偿问题. 与此类似, 某些情况下, 控制系统的信息可能无法直接测得, 传感器只能间接地安装在观测对象上, 于是产生了观测动态 (sensor dynamics) 的补偿问题. 执行动态和观测动态的补偿问题通常可以用串联系统的控制和观测来描述, 它们是耦合系统控制和观测的特殊情况, 是线性系统动态反馈理论的基础.

2.1.1　执行动态补偿 (actuator dynamic compensation)

设 X_1, X_2 和 U 是欧氏空间. 在状态空间 $X_1 \times X_2$ 中考虑线性时不变系统:

$$\begin{cases} \dot{x}_1(t) = A_1 x_1(t) + Q x_2(t), \\ \dot{x}_2(t) = A_2 x_2(t) + B_2 u(t), \end{cases} \tag{2.1.1}$$

其中 $A_1 \in \mathcal{L}(X_1)$ 和 $A_2 \in \mathcal{L}(X_2)$ 是系统矩阵, $B_2 \in \mathcal{L}(U, X_2)$ 是控制矩阵, u 是控制输入, $Q \in \mathcal{L}(X_2, X_1)$ 表示系统之间的连接方式. 串联系统 (2.1.1) 的镇定问题

可以看成执行动态的补偿问题, 其中 x_1-系统是被控对象, x_2-系统是执行动态. 当系统 (2.1.1) 可控时, 我们可以用极点配置的方法来镇定系统. 然而, 这一方法很难推广到无穷维, 也不利于我们分析两个系统之间的连接机理. 因此, 我们还需要其他方法来镇定系统 (2.1.1).

在设计控制器之前, 首先需要讨论系统 (2.1.1) 的可控性. 方便起见, 我们记系统 (2.1.1) 为 $(\mathcal{A}, \mathcal{B}_2)$, 其中

$$\mathcal{A} = \begin{bmatrix} A_1 & Q \\ 0 & A_2 \end{bmatrix}, \quad \mathcal{B}_2 = \begin{bmatrix} 0 \\ B_2 \end{bmatrix}. \tag{2.1.2}$$

定理 2.1.1　设 A_1 和 A_2 满足

$$\sigma(A_1) \cap \sigma(A_2) = \varnothing, \tag{2.1.3}$$

则系统 $(\mathcal{A}, \mathcal{B}_2)$ 可控的充要条件是: (A_2, B_2) 可控, 且

$$\mathrm{Ran} Q(\lambda - A_2)^{-1} B_2 \cup \mathrm{Ran}(\lambda - A_1) = X_1, \quad \forall \, \lambda \in \sigma(A_1). \tag{2.1.4}$$

证明　必要性: 设系统 $(\mathcal{A}, \mathcal{B}_2)$ 可控, 则系统 $(\mathcal{A}^*, \mathcal{B}_2^*)$ 可观. 若有 $\tau > 0$ 使得在 $[0, \tau]$ 上满足 $B_2^* e^{A_2^* t} x_2 \equiv 0$. 由于 $B_2^* e^{A_2^* t} x_2 = \mathcal{B}_2^* e^{\mathcal{A}^* t}[0 \ \ x_2]^\top$, 系统 $(\mathcal{A}^*, \mathcal{B}_2^*)$ 可观意味着 $[0 \ \ x_2] = 0$, 于是 $x_2 = 0$. 所以 (A_2^*, B_2^*) 可观, 从而 (A_2, B_2) 可控.

易知 (2.1.4) 成立当且仅当

$$\mathrm{Ker} B_2^* (\bar{\lambda} - A_2^*)^{-1} Q^* \cap \mathrm{Ker}(\bar{\lambda} - A_1^*) = \{0\}, \quad \forall \, \lambda \in \sigma(A_1). \tag{2.1.5}$$

对任意的 $\bar{\lambda} \in \sigma(A_1^*) \subset \sigma(\mathcal{A}^*)$, 由于 (2.1.3), 所以 $\bar{\lambda} \notin \sigma(A_2^*)$. 对任意的

$$x_1 \in \mathrm{Ker} B_2^* (\bar{\lambda} - A_2^*)^{-1} Q^* \cap \mathrm{Ker}(\bar{\lambda} - A_1^*), \quad \forall \, \lambda \in \sigma(A_1), \tag{2.1.6}$$

若令 $x_2 = (\bar{\lambda} - A_2^*)^{-1} Q^* x_1$, 则直接计算可得

$$\mathcal{B}_2^* [x_1 \ \ x_2]^\top = B_2^* x_2 = B_2^* (\bar{\lambda} - A_2^*)^{-1} Q^* x_1 = 0 \tag{2.1.7}$$

且

$$\mathcal{A}^* [x_1 \ \ x_2]^\top = \bar{\lambda} [x_1 \ \ x_2]^\top. \tag{2.1.8}$$

由系统 $(\mathcal{A}^*, \mathcal{B}_2^*)$ 的可观性和定理 1.1.4, $[x_1 \ \ x_2]^\top = 0$. 所以 (2.1.5) 成立, 从而 (2.1.4) 也成立.

充分性: 假设 (A_2, B_2) 可控, 且 (2.1.4) 成立, 只需证明系统 $(\mathcal{A}^*, \mathcal{B}_2^*)$ 可观. 设

$$\mathcal{A}^* [x_1 \ \ x_2]^\top = \bar{\lambda} [x_1 \ \ x_2]^\top, \quad \mathcal{B}_2^* [x_1 \ \ x_2]^\top = 0, \ \ \bar{\lambda} \in \sigma(\mathcal{A}^*). \tag{2.1.9}$$

若 $\bar{\lambda} \in \sigma(A_1^*)$, 则 $\bar{\lambda} \notin \sigma(A_2^*)$, 直接计算可得: $x_2 = (\bar{\lambda} - A_2^*)^{-1} Q^* x_1$, $A_1^* x_1 = \bar{\lambda} x_1$ 且

$$0 = \mathcal{B}_2^*[x_1 \ \ x_2]^\top = B_2^* x_2 = B_2^*(\bar{\lambda} - A_2^*)^{-1} Q^* x_1. \tag{2.1.10}$$

于是 $x_1 \in \mathrm{Ker} B_2^*(\bar{\lambda} - A_2^*)^{-1} Q^* \cap \mathrm{Ker}(\bar{\lambda} - A_1^*)$. 由 (2.1.4) 可得 $x_1 = 0$, 从而 $x_2 = (\bar{\lambda} - A_2^*)^{-1} Q^* x_1 = 0$. 若 $\bar{\lambda} \notin \sigma(A_1^*)$, 由 (2.1.9) 可得 $A_1^* x_1 = \bar{\lambda} x_1$, 从而有 $x_1 = 0$. 于是 $A_2^* x_2 = \bar{\lambda} x_2$ 且 $B_2^* x_2 = 0$. 由 (A_2^*, B_2^*) 的可观性, $x_2 = 0$.

综上, 由 (2.1.9) 总可以推出 $[x_1 \ \ x_2] = 0$. 利用定理 1.1.4, 系统 $(\mathcal{A}^*, \mathcal{B}_2^*)$ 可观, 从而系统 $(\mathcal{A}, \mathcal{B}_2)$ 可控. $\qquad\qquad\qquad\qquad\qquad\qquad\qquad\qquad\qquad\quad\square$

现在我们设计控制器镇定系统 (2.1.1). 不失一般性, 不妨假设矩阵 A_2 是 Hurwitz 阵 (否则, 先将系统 (A_2, B_2) 镇定, 再考虑执行动态补偿). 由于系统 (2.1.1) 具有串联结构, 我们先将其解耦后再设计控制器. 受例 1.1.1 的启发, 我们引入如下变换

$$\mathbb{S} = \begin{bmatrix} I_1 & S \\ 0 & I_2 \end{bmatrix}, \tag{2.1.11}$$

其中 I_j 是 X_j 上的单位矩阵, $j = 1, 2$, $S \in \mathcal{L}(X_2, X_1)$ 是如下 Sylvester 方程的解

$$A_1 S - S A_2 = Q. \tag{2.1.12}$$

简单计算可知

$$\mathbb{S}\mathcal{A}\mathbb{S}^{-1} = \begin{bmatrix} A_1 & 0 \\ 0 & A_2 \end{bmatrix}, \quad \mathbb{S}\mathcal{B}_2 = \begin{bmatrix} S B_2 \\ B_2 \end{bmatrix}, \tag{2.1.13}$$

其中 $\mathcal{A}$ 和 $\mathcal{B}_2$ 由 (2.1.2) 给出. 由命题 1.1.5, 系统 $(\mathcal{A}, \mathcal{B}_2)$ 可控当且仅当如下系统可控

$$\left(\begin{bmatrix} A_1 & 0 \\ 0 & A_2 \end{bmatrix}, \begin{bmatrix} S B_2 \\ B_2 \end{bmatrix} \right). \tag{2.1.14}$$

该系统的对角结构大大简化了系统镇定的难度. 事实上, 由于 A_2 已经稳定, 我们只需设计 u 镇定系统 (A_1, SB_2) 即可:

$$u(t) = (K_1, 0)\mathbb{S}[x_1(t) \ \ x_2(t)]^\top = K_1 S x_2(t) + K_1 x_1(t), \tag{2.1.15}$$

其中 $K_1 \in \mathcal{L}(X_1, U)$ 使得 $A_1 + SB_2 K_1$ 是 Hurwitz 阵. 于是有如下闭环系统

$$\begin{cases} \dot{x}_1(t) = A_1 x_1(t) + Q x_2(t), \\ \dot{x}_2(t) = (A_2 + B_2 K_1 S) x_2(t) + B_2 K_1 x_1(t). \end{cases} \tag{2.1.16}$$

定理 2.1.2　设 X_1, X_2 和 U 是欧氏空间, 系统 (2.1.1) 可控, A_2 是 Hurwitz 阵, 且 (2.1.3) 成立, 则存在 $K_1 \in \mathcal{L}(X_1, U)$ 和 $S \in \mathcal{L}(X_2, X_1)$ 使得闭环系统 (2.1.16) 在状态空间 $X_1 \times X_2$ 中是稳定的. 此外, K_1, S 可以按照如下规则选取:

- 解 Sylvester 方程 (2.1.12) 求得 $S \in \mathcal{L}(X_2, X_1)$;
- 设计 $K_1 \in \mathcal{L}(X_1, U)$ 使得 $A_1 + SB_2 K_1$ 是 Hurwitz 阵.

证明　由于 (2.1.3) 成立, 因此 Sylvester 方程 (2.1.12) 有唯一解 ([114]), 且系统 (2.1.1) 可控意味着系统 (2.1.14) 可控. 由于该系统的对角结构和 (2.1.3), 系统 (A_1, SB_2) 可控 ([29, Lemma 10.2]). 所以存在 $K_1 \in \mathcal{L}(X_1, U)$ 使得 $A_1 + SB_2 K_1$ 是 Hurwitz 阵. 令

$$\mathcal{A}_1 = \begin{bmatrix} A_1 & Q \\ B_2 K_1 & A_2 + B_2 K_1 S \end{bmatrix} \tag{2.1.17}$$

和

$$\mathcal{A}_2 = \begin{bmatrix} A_1 + SB_2 K_1 & 0 \\ B_2 K_1 & A_2 \end{bmatrix}, \tag{2.1.18}$$

则 $\mathbb{S}\mathcal{A}_1\mathbb{S}^{-1} = \mathcal{A}_2$. 由于 A_2 和 $A_1 + SB_2 K_1$ 都是 Hurwitz 阵, 因此 $\mathcal{A}_2$ 和 $\mathcal{A}_1$ 也是 Hurwitz 阵. 　　　□

2.1.2　观测动态补偿 (sensor dynamic compensation)

设 X_1, X_2 和 Y 是欧氏空间. 在状态空间 $X_1 \times X_2$ 中考虑如下线性时不变系统的观测问题:

$$\begin{cases} \dot{x}_1(t) = A_1 x_1(t) + Q x_2(t), \\ \dot{x}_2(t) = A_2 x_2(t), \\ y(t) = C_1 x_1(t), \end{cases} \tag{2.1.19}$$

其中 $A_1 \in \mathcal{L}(X_1)$ 和 $A_2 \in \mathcal{L}(X_2)$ 是系统矩阵, $C_1 \in \mathcal{L}(X_1, Y)$ 是观测矩阵, y 是测量输出, $Q \in \mathcal{L}(X_2, X_1)$ 表示系统之间的连接方式. 串联系统 (2.1.19) 的观测问题可以看成观测动态的补偿问题, 其中 x_1-系统是观测动态, x_2-系统是观测对象. 在实际应用中, 受客观条件的制约, 传感器可能无法直接作用于观测对象, 因此需要通过观测动态系统来间接测量观测对象. 我们的目标是: 设计观测器估计串联系统 (2.1.19) 的状态.

在设计观测器之前, 我们首先需要讨论系统 (2.1.19) 的可观性. 方便起见, 我们记系统 (2.1.19) 为 $(\mathcal{A}, \mathcal{C}_1)$, 其中 $\mathcal{A}$ 由 (2.1.2) 定义, $\mathcal{C}_1 = [C_1 \ \ 0]$.

定理 2.1.3　设 A_1 和 A_2 满足 (2.1.3), 则系统 $(\mathcal{A}, \mathcal{C}_1)$ 可观的充要条件是: (A_1, C_1) 可观, 且

$$\text{Ker} \left[C_1(\lambda - A_1)^{-1} Q \right] \cap \text{Ker}(\lambda - A_2) = \{0\}, \quad \forall \, \lambda \in \sigma(A_2). \tag{2.1.20}$$

证明 必要性: 设系统 $(\mathcal{A}, \mathcal{C}_1)$ 可观且有 $\tau > 0$ 使得在 $[0, \tau]$ 上满足 $C_1 e^{A_1 t} x_1 \equiv 0$. 由于 $C_1 e^{A_1 t} x_1 = \mathcal{C}_1 e^{\mathcal{A}t} [x_1 \ \ 0]^\top$, 系统 $(\mathcal{A}, \mathcal{C}_1)$ 可观意味着 $[x_1 \ \ 0] = 0$, 于是 $x_1 = 0$. 所以 (A_1, C_1) 可观. 现在证明 (2.1.20). 对任意的 $\lambda \in \sigma(A_2) \subset \sigma(\mathcal{A})$, 由于 (2.1.3), 所以 $\lambda \notin \sigma(A_1)$. 任取

$$x_2 \in \mathrm{Ker}\left[C_1(\lambda - A_1)^{-1}Q\right] \cap \mathrm{Ker}(\lambda - A_2), \quad \forall\, \lambda \in \sigma(A_2). \tag{2.1.21}$$

若令 $x_1 = (\lambda - A_1)^{-1}Qx_2$, 则直接计算可得

$$\mathcal{C}_1[x_1 \ \ x_2]^\top = C_1 x_1 = C_1(\lambda - A_1)^{-1}Qx_2 = 0 \tag{2.1.22}$$

且

$$\mathcal{A}[x_1 \ \ x_2]^\top = \lambda[x_1 \ \ x_2]^\top. \tag{2.1.23}$$

由系统 $(\mathcal{A}, \mathcal{C}_1)$ 的可观性和定理 1.1.4, $[x_1 \ \ x_2]^\top = 0$. 所以 (2.1.20) 成立.

充分性: 设

$$\mathcal{A}[x_1 \ \ x_2]^\top = \lambda[x_1 \ \ x_2]^\top, \quad \mathcal{C}_1[x_1 \ \ x_2]^\top = 0, \quad \lambda \in \sigma(\mathcal{A}). \tag{2.1.24}$$

若 $\lambda \in \sigma(A_2)$, 则 $\lambda \notin \sigma(A_1)$, 直接计算可得: $x_1 = (\lambda - A_1)^{-1}Qx_2$, $A_2 x_2 = \lambda x_2$ 且

$$0 = \mathcal{C}_1[x_1 \ \ x_2]^\top = C_1 x_1 = C_1(\lambda - A_1)^{-1}Qx_2. \tag{2.1.25}$$

于是 $x_2 \in \mathrm{Ker}\left[C_1(\lambda - A_1)^{-1}Q\right] \cap \mathrm{Ker}(\lambda - A_2)$. 由 (2.1.20) 可得 $x_2 = 0$, 从而 $x_1 = (\lambda - A_1)^{-1}Qx_2 = 0$. 若 $\lambda \notin \sigma(A_2)$, 由 (2.1.24) 可得 $A_2 x_2 = \lambda x_2$, 从而有 $x_2 = 0$. 于是 $A_1 x_1 = \lambda x_1$ 且 $C_1 x_1 = 0$. 由 (A_1, C_1) 的可观性, $x_1 = 0$.

综上, 由 (2.1.24) 总可以推出 $[x_1 \ \ x_2] = 0$. 利用定理 1.1.4, 系统 $(\mathcal{A}, \mathcal{C}_1)$ 可观. $\square$

推论 2.1.1 在定理 2.1.3 的假设下, 进一步假设 $Q = B_Q C_Q$, 其中 $B_Q \in \mathcal{L}(\mathbb{R}, X_1)$, $C_Q \in \mathcal{L}(X_2, \mathbb{R})$ 使得 (A_1, B_Q) 可控, (A_2, C_Q) 可观, 则系统 $(\mathcal{A}, \mathcal{C}_1)$ 可观的充要条件是: (A_1, C_1) 可观, 且如下传输零点条件成立

$$C_1(\lambda - A_1)^{-1}B_Q \neq 0, \quad \forall\, \lambda \in \sigma(A_2). \tag{2.1.26}$$

证明 必要性: 假设系统 $(\mathcal{A}, \mathcal{C}_1)$ 可观但 (2.1.26) 不成立, 则存在 $\lambda_0 \in \sigma(A_2)$ 使得 $C_1(\lambda_0 - A_1)^{-1}B_Q = 0$. 令 α 是 A_2 的关于 λ_0 的特征向量, 则有

$$\alpha \in \mathrm{Ker}\left[C_1(\lambda_0 - A_1)^{-1}B_Q C_Q\right] \cap \mathrm{Ker}(\lambda_0 - A_2), \quad \alpha \neq 0.$$

这与定理 2.1.3 矛盾.

充分性: 任取 $x_2 \in \operatorname{Ker}\left[C_1(\lambda - A_1)^{-1}B_Q C_Q\right] \cap \operatorname{Ker}(\lambda - A_2),\ \forall\ \lambda \in \sigma(A_2)$, (2.1.26) 意味着 $C_Q x_2 = 0$. 因为 (A_2, C_Q) 可观, 由定理 1.1.4 可知 $x_2 = 0$. 所以 (2.1.20) 成立, 从而系统 $(\mathcal{A}, \mathcal{C}_1)$ 可观. $\qquad\square$

下面我们为系统 (2.1.19) 设计观测器:

$$\begin{cases} \dot{\hat{x}}_1(t) = A_1\hat{x}_1(t) + Q\hat{x}_2(t) - F_1[y(t) - C_1\hat{x}_1(t)], \\ \dot{\hat{x}}_2(t) = A_2\hat{x}_2(t) + F_2[y(t) - C_1\hat{x}_1(t)], \end{cases} \tag{2.1.27}$$

其中 $F_j \in \mathcal{L}(Y, X_j), j = 1, 2$ 是待定的观测器向量参数. 当系统 (2.1.19) 可观时, F_1 和 F_2 可由极点配置的方法选取, 然而该方法很难推广到 A_1 或 A_2 是一般算子的情形, 也不便于我们研究系统之间的耦合机理, 因此, 我们将给出新的方法来选择 F_1 和 F_2. 令观测误差为

$$\tilde{x}_j(t) = x_j(t) - \hat{x}_j(t), \quad j = 1, 2, \tag{2.1.28}$$

则有

$$\begin{cases} \dot{\tilde{x}}_1(t) = (A_1 + F_1C_1)\tilde{x}_1(t) + Q\tilde{x}_2(t), \\ \dot{\tilde{x}}_2(t) = A_2\tilde{x}_2(t) - F_2C_1\tilde{x}_1(t). \end{cases} \tag{2.1.29}$$

只需恰当选择 F_1 和 F_2 使得系统 (2.1.29) 稳定. 与 2.1.1 节中执行动态补偿类似, 我们引入如下变换:

$$\begin{aligned} &\begin{bmatrix} I_1 & S \\ 0 & I_2 \end{bmatrix}\begin{bmatrix} A_1 + F_1C_1 & Q \\ -F_2C_1 & A_2 \end{bmatrix}\begin{bmatrix} I_1 & S \\ 0 & I_2 \end{bmatrix}^{-1} \\ &= \begin{bmatrix} A_1 + (F_1 - SF_2)C_1 & SA_2 - [A_1 + (F_1 - SF_2)C_1]S + Q \\ -F_2C_1 & A_2 + F_2C_1S \end{bmatrix}, \end{aligned} \tag{2.1.30}$$

其中 $S \in \mathcal{L}(X_2, X_1)$ 是待定矩阵. 如果选择 S 使得

$$SA_2 - [A_1 + (F_1 - SF_2)C_1]S + Q = 0, \tag{2.1.31}$$

则 (2.1.30) 中右面的矩阵是 Hurwitz 阵当且仅当矩阵 $A_1 + (F_1 - SF_2)C_1$ 和 $A_2 + F_2C_1S$ 都是 Hurwitz 阵.

定理 2.1.4　设 X_1, X_2 和 Y 是有限维线性空间且系统 (2.1.19) 可观, 则存在 $F_1 \in \mathcal{L}(Y, X_1)$, $F_2 \in \mathcal{L}(Y, X_2)$ 和 $\omega > 0$ 使得观测器 (2.1.27) 的解满足:

$$e^{\omega t}\|(x_1(t) - \hat{x}_1(t), x_2(t) - \hat{x}_2(t))\|_{X_1 \times X_2} \to 0 \quad \text{当}\ t \to +\infty. \tag{2.1.32}$$

此外, F_1 和 F_2 可以按如下规则选取:

- 选择 $F_0 \in \mathcal{L}(Y, X_1)$ 使得矩阵 $A_1 + F_0 C_1$ 是 Hurwitz 阵;
- 解如下 Sylvester 方程求得 $S \in \mathcal{L}(X_2, X_1)$

$$(A_1 + F_0 C_1)S - SA_2 = Q; \tag{2.1.33}$$

- 选择 $F_2 \in \mathcal{L}(Y, X_2)$ 使得矩阵 $A_2 + F_2 C_1 S$ 是 Hurwitz 阵;
- 令 $F_1 = F_0 + SF_2$.

证明 因为系统 (2.1.19) 可观, 其串联结构意味着系统 (A_1, C_1) 也可观. 所以, 存在 $F_0 \in \mathcal{L}(Y, X_1)$ 使得 $A_1 + F_0 C_1$ 是 Hurwitz 阵, 并且满足

$$\sigma(A_1 + F_0 C_1) \cap \sigma(A_2) = \varnothing. \tag{2.1.34}$$

由 [114], Sylvester 方程 (2.1.33) 有唯一解 $S \in \mathcal{L}(X_2, X_1)$. 于是有

$$\begin{bmatrix} I_1 & S \\ 0 & I_2 \end{bmatrix} \begin{bmatrix} A_1 + F_0 C_1 & Q \\ 0 & A_2 \end{bmatrix} \begin{bmatrix} I_1 & S \\ 0 & I_2 \end{bmatrix}^{-1} = \begin{bmatrix} A_1 + F_0 C_1 & 0 \\ 0 & A_2 \end{bmatrix} \tag{2.1.35}$$

和

$$[C_1 \quad 0] \begin{bmatrix} I_1 & S \\ 0 & I_2 \end{bmatrix}^{-1} = [C_1 \quad -C_1 S]. \tag{2.1.36}$$

因为输出反馈不改变系统的可观性 (定理 1.1.5), 所以系统 (2.1.19) 可观当且仅当下面系统可观

$$\left(\begin{bmatrix} A_1 + F_0 C_1 & 0 \\ 0 & A_2 \end{bmatrix}, [C_1 \quad -C_1 S] \right). \tag{2.1.37}$$

由 (2.1.34) 和 [29, Lemma 10.2], 系统 (2.1.37) 可观意味着系统 $(A_2, C_1 S)$ 可观. 因此, 存在 $F_2 \in \mathcal{L}(Y, X_2)$ 使得矩阵 $A_2 + F_2 C_1 S$ 是 Hurwitz 阵. 由于 F_1 的恰当选取, (2.1.30) 变为

$$\begin{bmatrix} I_1 & S \\ 0 & I_2 \end{bmatrix} \begin{bmatrix} A_1 + F_1 C_1 & Q \\ -F_2 C_1 & A_2 \end{bmatrix} \begin{bmatrix} I_1 & S \\ 0 & I_2 \end{bmatrix}^{-1} = \begin{bmatrix} A_1 + F_0 C_1 & 0 \\ -F_2 C_1 & A_2 + F_2 C_1 S \end{bmatrix}.$$

注意到 $A_1 + F_0 C_1$ 和 $A_2 + F_2 C_1 S$ 都是 Hurwitz 阵, 误差系统 (2.1.29) 是稳定的. 所以, 由 (2.1.28) 可得 (2.1.32). $\square$

2.1.3 耦合系统镇定

2.1.1 节和 2.1.2 节说明基于 Sylvester 方程的分块三角变换可以将系统的串联结构解耦, 从而更容易设计控制器和观测器. 事实上, 这种 "三角变换方法" 还可以对一般的耦合系统解耦, 现在我们用这一办法解决耦合系统的镇定问题. 设

X_1, X_2, Y_1, Y_2 和 U 是欧氏空间. 在状态空间 $X_1 \times X_2$ 中考虑下面耦合系统的镇定问题:

$$\begin{cases} \dot{x}_1(t) = A_1 x_1(t) + B_1 C_2 x_2(t), \\ \dot{x}_2(t) = A_2 x_2(t) + B_2 C_1 x_1(t) + F u(t), \end{cases} \tag{2.1.38}$$

其中 $A_1 \in \mathcal{L}(X_1)$ 和 $A_2 \in \mathcal{L}(X_2)$ 是系统矩阵, $B_1 \in \mathcal{L}(Y_2, X_1)$, $B_2 \in \mathcal{L}(Y_1, X_2)$, $C_i \in \mathcal{L}(X_i, Y_i)$, $i = 1, 2$, $F \in \mathcal{L}(U, X_2)$, u 是控制输入. B_1, B_2, C_1, C_2 用来表示系统之间的耦合方式. 当系统 (2.1.38) 可控时, 我们可以用极点配置的方法来镇定系统. 然而, 这一方法很难推广到无穷维, 也不利于我们分析两个系统之间的耦合机理. 因此, 我们还需要其他方法来镇定系统 (2.1.38).

我们将控制 u 分为两部分:

$$u(t) = K_1 x_1(t) + u_0(t), \tag{2.1.39}$$

其中 $K_1 \in \mathcal{L}(X_1, U)$ 是待定的反馈矩阵, u_0 是新的控制. 与 2.1.1 节类似, 我们首先引入如下三角变换:

$$\begin{cases} z_1(t) = x_1(t), \\ z_2(t) = x_2(t) + S x_1(t), \end{cases} \tag{2.1.40}$$

其中 $S \in \mathcal{L}(X_1, X_2)$ 待定. 简单计算可知, (z_1, z_2) 满足如下系统

$$\begin{cases} \dot{z}_1(t) = (A_1 - B_1 C_2 S) z_1(t) + B_1 C_2 z_2(t), \\ \dot{z}_2(t) = (A_2 + S B_1 C_2) z_2(t) + F u_0(t) \\ \qquad\quad + [S A_1 - S B_1 C_2 S - A_2 S + B_2 C_1 + F K_1] z_1(t). \end{cases} \tag{2.1.41}$$

令 $K_0 \in \mathcal{L}(X_1, Y_2)$ 使得 $A_1 + B_1 K_0$ 是 Hurwitz 阵, 且 S, K_1 满足

$$\begin{cases} S(A_1 + B_1 K_0) - A_2 S + B_2 C_1 + F K_1 = 0, \\ C_2 S + K_0 = 0, \end{cases} \tag{2.1.42}$$

则系统 (2.1.41) 变为

$$\begin{cases} \dot{z}_1(t) = (A_1 + B_1 K_0) z_1(t) + B_1 C_2 z_2(t), \\ \dot{z}_2(t) = (A_2 + S B_1 C_2) z_2(t) + F u_0(t). \end{cases} \tag{2.1.43}$$

由于 "z_1-子系统" 已经稳定, 只需镇定 "z_2-子系统" 即可. 如果令 $K_2 \in \mathcal{L}(X_2, U)$ 使得 $A_2 + S B_1 C_2 + F K_2$ 是 Hurwitz 阵, u_0 可设计如下

$$u_0(t) = K_2 z_2(t) = K_2 x_2(t) + K_2 S x_1(t). \tag{2.1.44}$$

于是有闭环系统

$$\begin{cases} \dot{z}_1(t) = (A_1 + B_1K_0)z_1(t) + B_1C_2z_2(t), \\ \dot{z}_2(t) = (A_2 + SB_1C_2 + FK_2)z_2(t). \end{cases} \tag{2.1.45}$$

由 (2.1.39), (2.1.40) 和 (2.1.44), 可得控制器

$$u(t) = K_1x_1(t) + K_2x_2(t) + K_2Sx_1(t). \tag{2.1.46}$$

从而有闭环系统

$$\begin{cases} \dot{x}_1(t) = A_1x_1(t) + B_1C_2x_2(t), \\ \dot{x}_2(t) = (A_2 + FK_2)x_2(t) + (B_2C_1 + FK_1 + FK_2S)x_1(t). \end{cases} \tag{2.1.47}$$

注意到方程组 (2.1.42) 恰好是输出调节理论中著名的调节方程组, 当系统满足如下条件时 [67, p.9, Theorem 1.9]

$$\text{rank} \begin{bmatrix} A_2 - \lambda & F \\ C_2 & 0 \end{bmatrix} = \dim X_2 + \dim Y_2, \quad \forall \, \lambda \in \sigma(A_1 + B_1K_0), \tag{2.1.48}$$

其中 $\dim X_2$ 和 $\dim Y_2$ 分别是空间 X_2 和 Y_2 的维数, 控制器 (2.1.46) 中的 S 和 K_1 可以通过解调节方程组 (2.1.42) 得到. 由命题 1.1.3, 当 $\sigma(A_2) \cap \sigma(A_1 + B_1K_0) = \varnothing$ 时, (2.1.48) 成立的充要条件是: 对任意的 $\lambda \in \sigma(A_1 + B_1K_0)$, λ 不是系统 (A_2, F, C_2) 的传输零点.

定理 2.1.5 令 X_1, X_2, Y_1, Y_2 和 U 是欧氏空间. 设耦合系统 (2.1.38) 可控, 则存在 $K_1 \in \mathcal{L}(X_1, U)$, $K_2 \in \mathcal{L}(X_2, U)$ 和 $S \in \mathcal{L}(X_1, X_2)$ 使得闭环系统 (2.1.47) 在状态空间 $X_1 \times X_2$ 中是稳定的. 此外, K_1, K_2, S 可以按照如下规则选取:

- 设计 $K_0 \in \mathcal{L}(X_1, Y_2)$ 使得 $A_1 + B_1K_0$ 是 Hurwitz 阵, $\sigma(A_2) \cap \sigma(A_1 + B_1K_0) = \varnothing$ 且 (2.1.48) 成立;
- 解调节方程组 (2.1.42) 得到 S 和 K_1;
- 设计 $K_2 \in \mathcal{L}(X_2, U)$ 使得 $A_2 + SB_1C_2 + FK_2$ 是 Hurwitz 阵.

证明 由于系统 (2.1.38) 可控, 因此系统 (A_1, B_1) 可控, 于是存在 $K_0 \in \mathcal{L}(X_1, Y_2)$ 使得 $A_1 + B_1K_0$ 是 Hurwitz 阵, $\sigma(A_2) \cap \sigma(A_1 + B_1K_0) = \varnothing$ 且 (2.1.48) 成立. 于是调节方程组 (2.1.42) 可解, 从而变换 (2.1.40) 有意义.

由于状态反馈不改变系统的可控性 (定理 1.1.9), 系统 (2.1.38) 可控意味着系统 (2.1.43) 也可控, 从而系统 $(A_2 + SB_1C_2, F)$ 可控. 所以存在 $K_2 \in \mathcal{L}(X_2, U)$ 使得 $A_2 + SB_1C_2 + FK_2$ 是 Hurwitz 阵. 注意到 $A_1 + B_1K_0$ 和 $A_2 + SB_1C_2 + FK_2$

都是 Hurwitz 阵, 并且

$$
\begin{bmatrix} A_1 & B_1 C_2 \\ B_2 C_1 + F K_1 + F K_2 S & A_2 + F K_2 \end{bmatrix} \sim \begin{bmatrix} A_1 + B_1 K_0 & B_1 C_2 \\ 0 & A_2 + S B_1 C_2 + F K_2 \end{bmatrix}.
$$

所以闭环系统 (2.1.47) 是稳定的.   □

2.1.4　耦合系统观测

本节考虑耦合系统的观测问题. 设系统 (2.1.38) 的输出为

$$
y(t) = E x_2(t), \quad E \in \mathcal{L}(X_2, Y), \tag{2.1.49}
$$

其中 Y 是输出空间. 考虑系统 (2.1.38)-(2.1.49) 的 Luenberger 观测器

$$
\begin{cases} \dot{\hat{x}}_1(t) = A_1 \hat{x}_1(t) + B_1 C_2 \hat{x}_2(t) - L_1 [y(t) - E \hat{x}_2(t)], \\ \dot{\hat{x}}_2(t) = A_2 \hat{x}_2(t) + B_2 C_1 \hat{x}_1(t) - L_2 [y(t) - E \hat{x}_2(t)] + F u(t), \end{cases} \tag{2.1.50}
$$

其中 $L_j \in \mathcal{L}(Y, X_j), j = 1, 2$ 是待定增益向量. 令

$$
\tilde{x}_j(t) = x_j(t) - \hat{x}_j(t), \quad j = 1, 2, \tag{2.1.51}
$$

则观测误差满足

$$
\begin{cases} \dot{\tilde{x}}_1(t) = A_1 \tilde{x}_1(t) + B_1 C_2 \tilde{x}_2(t) + L_1 E \tilde{x}_2(t), \\ \dot{\tilde{x}}_2(t) = A_2 \tilde{x}_2(t) + B_2 C_1 \tilde{x}_1(t) + L_2 E \tilde{x}_2(t). \end{cases} \tag{2.1.52}
$$

我们只需恰当选择 L_1 和 L_2 使得系统 (2.1.52) 稳定即可. 如果引入如下三角变换

$$
\begin{cases} \tilde{z}_1(t) = \tilde{x}_1(t) + S \tilde{x}_2(t), \\ \tilde{z}_2(t) = \tilde{x}_2(t), \end{cases} \tag{2.1.53}
$$

其中 $S \in \mathcal{L}(X_2, X_1)$ 是待定映射, 则系统 (2.1.52) 变为

$$
\begin{cases} \dot{\tilde{z}}_1(t) = [A_1 + S B_2 C_1] \tilde{z}_1(t) \\ \qquad\quad + [-A_1 S + S(A_2 - B_2 C_1 S + L_2 E) + B_1 C_2 + L_1 E] \tilde{z}_2(t), \\ \dot{\tilde{z}}_2(t) = [A_2 - B_2 C_1 S + L_2 E] \tilde{z}_2(t) + B_2 C_1 \tilde{z}_1(t). \end{cases} \tag{2.1.54}
$$

进一步, 如果选 L_0 使得 $A_1 + L_0 C_1$ 是 Hurwitz 阵并且解调节方程组

$$
\begin{cases} S B_2 = L_0, \\ (A_1 + L_0 C_1) S = S A_2 + B_1 C_2 + L_3 E, \end{cases} \tag{2.1.55}
$$

求得 (S, L_3), 则系统 (2.1.54) 简化为

$$
\begin{cases}
\dot{\tilde{z}}_1(t) = (A_1 + L_0 C_1)\tilde{z}_1(t) - [L_3 - (SL_2 + L_1)]E\tilde{z}_2(t), \\
\dot{\tilde{z}}_2(t) = (A_2 - B_2 C_1 S + L_2 E)\tilde{z}_2(t) + B_2 C_1 \tilde{z}_1(t).
\end{cases}
\tag{2.1.56}
$$

选择 L_2 使得 $A_2 - B_2 C_1 S + L_2 E$ 是 Hurwitz 阵并且令 $L_1 = L_3 - SL_2$, 则系统 (2.1.56) 进一步简化为

$$
\begin{cases}
\dot{\tilde{z}}_1(t) = (A_1 + L_0 C_1)\tilde{z}_1(t), \\
\dot{\tilde{z}}_2(t) = (A_2 - B_2 C_1 S + L_2 E)\tilde{z}_2(t) + B_2 C_1 \tilde{z}_1(t).
\end{cases}
\tag{2.1.57}
$$

定理 2.1.6 设系统 (2.1.38)-(2.1.49) 可观, 则存在 L_1, L_2 和 S 使得观测器 (2.1.50) 满足

$$
e^{\omega t}\|(x_1(t) - \hat{x}_1(t), x_2(t) - \hat{x}_2(t))\|_{X_1 \times X_2} \to 0 \quad \text{当} \quad t \to +\infty.
\tag{2.1.58}
$$

其中 $\omega > 0$ 是不依赖于时间 t 的常数. 此外, L_1, L_2 和 S 可以按照如下规则选取:

- 选择 L_0 使得 $A_1 + L_0 C_1$ 是 Hurwitz 阵, $\sigma(A_1 + L_0 C_1) \cap \sigma(A_2) = \varnothing$, 且

$$
\text{rank}\begin{bmatrix} A_2 - \lambda & B_2 \\ E & 0 \end{bmatrix} = \dim X_2 + \dim Y, \quad \lambda \in \sigma(A_1 + L_0 C_1),
\tag{2.1.59}
$$

其中 $\dim X_2$ 和 $\dim Y$ 分别是空间 X_2 和 Y 的维数;
- 解调节方程组 (2.1.55) 求得 L_3 和 S;
- 选择 L_2 使得 $A_2 - B_2 C_1 S + L_2 E$ 是 Hurwitz 阵且令 $L_1 = L_3 - SL_2$.

证明 首先我们断言系统 (2.1.38)-(2.1.49) 可观意味着系统 (A_1, C_1) 可观. 事实上, 如果系统 (A_1, C_1) 不可观, 由定理 1.1.4, 存在 $\lambda \in \sigma(A_1)$ 和非零向量 v 使得 $(A_1 - \lambda)v = 0$ 且 $C_1 v = 0$. 于是有

$$
\begin{bmatrix} A_1 - \lambda & B_1 C_2 \\ B_2 C_1 & A_2 - \lambda \end{bmatrix}\begin{bmatrix} v \\ 0 \end{bmatrix} = 0, \quad [0 \ E]\begin{bmatrix} v \\ 0 \end{bmatrix} = 0.
\tag{2.1.60}
$$

所以系统

$$
\left(\begin{bmatrix} A_1 & B_1 C_2 \\ B_2 C_1 & A_2 \end{bmatrix}, [0 \ E]\right)
\tag{2.1.61}
$$

不是可观的. 这与系统 (2.1.38)-(2.1.49) 的可观性矛盾.

因为系统 (A_1, C_1) 可观, 所以存在 L_0 使得 $A_1 + L_0 C_1$ 是 Hurwitz 阵, 且 (2.1.59) 成立, 从而解调节方程组 (2.1.55) 可求得 S 和 L_3. 直接计算可得, 变换

(2.1.53) 可逆, 并且下面观测系统相似:

$$\left(\begin{bmatrix} A_1 & B_1C_2 \\ B_2C_1 & A_2 \end{bmatrix}, [0 \ E] \right) \sim \left(\begin{bmatrix} A_1 + L_0C_1 & -L_3E \\ B_2C_1 & A_2 - B_2C_1S \end{bmatrix}, [0 \ E] \right). \quad (2.1.62)$$

由于系统 (2.1.38)-(2.1.49) 可观, (2.1.62) 中两个系统都可观. 下面证明: 系统 $(A_2 - B_2C_1S, E)$ 也可观. 事实上, 任取

$$v \in \text{Ker}(\lambda - (A_2 - B_2C_1S)) \cap \text{Ker} E, \quad \lambda \in \sigma(A_2 - B_2C_1S), \quad (2.1.63)$$

直接计算可得

$$[0 \ v]^\top \in \text{Ker} \left(\lambda - \begin{bmatrix} A_1 + L_0C_1 & -L_3E \\ B_2C_1 & A_2 - B_2C_1S \end{bmatrix} \right) \cap \text{Ker} ([0 \ E]). \quad (2.1.64)$$

由 (2.1.62) 中右边系统的可观性和定理 1.1.4, $[0 \ v] = 0$, 从而 $v = 0$. 再次利用定理 1.1.4, 系统 $(A_2 - B_2C_1S, E)$ 可观. 所以存在 L_2 使得矩阵 $A_2 - B_2C_1S + L_2E$ 是 Hurwitz 的. 注意到 $L_1 = L_3 - SL_2$, 直接计算可得

$$\begin{bmatrix} A_1 & B_1C_2 + L_1E \\ B_2C_1 & A_2 + L_2E \end{bmatrix} \sim \begin{bmatrix} A_1 + L_0C_1 & 0 \\ B_2C_1 & A_2 - B_2C_1S + L_2E \end{bmatrix}. \quad (2.1.65)$$

由于矩阵 $A_1 + L_0C_1$ 和 $A_2 - B_2C_1S + L_2E$ 都是 Hurwitz 阵, 因此 (2.1.65) 中矩阵也都是 Hurwitz 阵, 于是观测误差系统 (2.1.52) 是指数稳定的. □

2.2　干扰动态的补偿

内模原理可以充分利用干扰的动态信息. 当干扰的动态信息已知, 其负面作用几乎可以完全消除. 本节讨论基于内模原理的干扰处理方法, 从时域的角度给出内模原理的具体使用策略. 主要研究三个问题: (i) 干扰系统的镇定; (ii) 干扰系统的观测; (iii) 干扰系统的输出调节.

2.2.1　信号的动态

动态补偿主要处理由常微分方程产生的信号. 考虑如下 $m+1$ 阶常微分方程

$$y^{(m+1)}(t) = g_m y^{(m)}(t) + g_{m-1} y^{(m-1)}(t) + \cdots + g_1 \dot{y}(t) + g_0 y(t), \quad t \geqslant 0, \quad (2.2.1)$$

其中 $g_j \in \mathbb{R}$, $j = 0, 1, \cdots, m$. 若令

$$v_0(t) = y(t), \ v_j(t) = y^{(j)}(t), \quad j = 1, 2, \cdots, m,$$

则常微分方程 (2.2.1) 可以写成

$$\begin{cases} \dot{v}(t) = Gv(t), \quad v(t) = [v_0(t) \ \ v_1(t) \ \cdots \ v_m(t)]^\top, \\ y(t) = E_1 v(t), \end{cases} \tag{2.2.2}$$

其中

$$G = \begin{bmatrix} 0 & 1 & 0 & \cdots & 0 \\ 0 & 0 & 1 & \cdots & 0 \\ \vdots & \vdots & \vdots & \ddots & \vdots \\ 0 & 0 & 0 & \cdots & 1 \\ g_0 & g_1 & g_2 & \cdots & g_m \end{bmatrix}, \quad E_1 = [1 \ 0 \ 0 \ \cdots \ 0] \in \mathbb{R}^{1 \times (m+1)}. \tag{2.2.3}$$

于是方程 (2.2.1) 的解空间可以表示为

$$S = \left\{ E_1 v(t) \middle| \dot{v}(t) = Gv(t), v(0) \in \mathbb{R}^{m+1}, t \geqslant 0 \right\}. \tag{2.2.4}$$

命题 2.2.1 设系统 (G, E_1) 由 (2.2.3) 给出, 方程 (2.2.1) 的解空间 S 由 (2.2.4) 给出, 则对任意可观的系统 (G, Q), 其中 $Q \in \mathbb{R}^{1 \times (m+1)}$, 有

$$S = \left\{ Qv(t) \middle| \dot{v}(t) = Gv(t), v(0) \in \mathbb{R}^{m+1}, t \geqslant 0 \right\}. \tag{2.2.5}$$

证明 由于系统 (G, E_1) 和 (G, Q) 都可观, 存在非奇异矩阵 P_1 和 P_2 使得

$$\left(P_1 G P_1^{-1}, E_1 P_1^{-1}\right) = (G_0, Q_0) = \left(P_2 G P_2^{-1}, Q P_2^{-1}\right), \tag{2.2.6}$$

其中 (G_0, Q_0) 是观测标准型. 于是有

$$E_1 = Q P_2^{-1} P_1, \quad G = P_1^{-1} P_2 G P_2^{-1} P_1. \tag{2.2.7}$$

进而

$$E_1 e^{Gt} = Q P_2^{-1} P_1 e^{(P_1^{-1} P_2 G P_2^{-1} P_1)t} = Q P_2^{-1} P_1 P_1^{-1} P_2 e^{Gt} P_2^{-1} P_1 = Q e^{Gt} P_2^{-1} P_1. \tag{2.2.8}$$

另一方面, 由 (2.2.4) 可得

$$S = \left\{ E_1 e^{Gt} v \mid v \in \mathbb{R}^{m+1}, t \geqslant 0 \right\}. \tag{2.2.9}$$

综合 (2.2.9), (2.2.8) 以及矩阵 $P_2^{-1} P_1$ 的可逆性可得

$$S = \left\{ Q e^{Gt} P_2^{-1} P_1 v \mid v \in \mathbb{R}^{m+1}, t \geqslant 0 \right\} = \left\{ Q e^{Gt} z \mid z \in \mathbb{R}^{m+1}, t \geqslant 0 \right\}. \tag{2.2.10}$$

所以 (2.2.5) 成立.　　　　　　　　　　　　　　　　　　　　　　　□

另一方面, 由常微分方程理论 [25, 定理 6*, 第 189 页], 方程 (2.2.1) 的解空间 S 为

$$S = \text{span}\Big\{ t^{m_\lambda - k} e^{\lambda t} \ \Big| \ \lambda \in \sigma(G), k = 1, 2, \cdots, m_\lambda, m_\lambda \text{是} \lambda \text{的代数重数}, \ t \geqslant 0 \Big\}. \tag{2.2.11}$$

其中 G 由 (2.2.3) 给出. (2.2.11) 中的 $t^{m_\lambda - k} e^{\lambda t}$ 称为常微分方程的 "模态", 它们决定着方程解的形态. 与内模原理中的干扰类似, 动态补偿主要处理常微分方程 (2.2.1) 或系统 (2.2.2) 产生的信号. 我们称常微分方程的 "模态" 为信号的动态. 受 (2.2.11) 的启发, 我们有如下定义:

定义 2.2.1　对任意的矩阵 G, 定义信号集合

$$\Omega(G) = \text{span}\Big\{ t^{m_\lambda - k} e^{\lambda t} \ \Big| \ \lambda \in \sigma(G), k = 1, 2, \cdots, m_\lambda,$$
$$m_\lambda \text{是} \lambda \text{的代数重数}, \ t \geqslant 0 \Big\}. \tag{2.2.12}$$

若 $d \in \Omega(G)$, 则称 d 是动态信号, G 包含了信号 d 的动态. $G = 0$ 包含的动态称为常数动态.

当 (2.2.3) 中 $g_0 = g_1 = \cdots = g_m = 0$ 时,

$$\Omega(G) = \left\{ \sum_{j=0}^{m} a_j t^j \ \middle| \ a_j \in \mathbb{R}, \ j = 0, 1, \cdots, m, \ t \geqslant 0 \right\}. \tag{2.2.13}$$

特别地, 当 $G = 0$ 时有

$$\Omega(G) = \Big\{ v(t) \equiv v(0) \ \Big| \ v(0) \in \mathbb{R}, \ t \geqslant 0 \Big\}. \tag{2.2.14}$$

令 d 是频率为 $\omega_1, \omega_2, \cdots, \omega_N$ 的谐波信号, N 是正整数, 即

$$d(t) = \sum_{j=1}^{N} \left(a_j \cos \omega_j t + b_j \sin \omega_j t \right), \tag{2.2.15}$$

其中 $a_j, b_j \in \mathbb{R}$ 是振幅, $j = 1, 2, \cdots, N$. 常微分方程理论告诉我们: $d \in \Omega(G)$ 当且仅当 $\sigma(G) = \{ \pm \omega_k i \mid k = 1, 2, \cdots, N \}$. 进一步, 当 $\sigma(G) \subset i\mathbb{R}$ 且 G 的每个特征值都是代数单的 (代数重数为 1) 时, $\Omega(G) \subset L^\infty[0, +\infty)$ 由频率为 $\sigma(G)$ 谐波信号张成. 综上, 信号集合 $\Omega(G)$ 非常广泛, 谐波信号、多项式信号、指数信号及其线性组合都可以包含在 $\Omega(G)$ 中.

设矩阵 G_1 和 G_2 相似, 即: 若存在可逆矩阵 P 使得 $G_1 = P G_2 P^{-1}$, 由定义 2.2.1 易知: $\Omega(G_1) = \Omega(G_2)$. 此外, 我们还有如下引理:

引理 2.2.1 设系统 (G, Q) 可观, 其中 $Q \in \mathbb{R}^{1 \times n}$, 则

$$\Omega(G) = \left\{ Qe^{Gt}v \mid v \in \mathbb{R}^n, t \geqslant 0 \right\}. \tag{2.2.16}$$

于是对任意的 $d \in \Omega(G)$, 存在 $v_0 \in \mathbb{R}^n$, 使得 d 有如下动态表示

$$\dot{v}(t) = Gv(t), \ v(0) = v_0, \ d(t) = Qv(t). \tag{2.2.17}$$

证明 由于系统 (G, Q) 可观, 存在可逆矩阵 P 将系统 (G, Q) 化为可观标准型 (命题 1.1.2)

$$(PGP^{-1}, QP^{-1}) = (F, E_n) = \left(\begin{bmatrix} 0 & 0 & \cdots & 0 & -\alpha_n \\ 1 & 0 & \cdots & 0 & -\alpha_{n-1} \\ 0 & 1 & \cdots & 0 & -\alpha_{n-2} \\ \vdots & \vdots & \ddots & \vdots & \vdots \\ 0 & 0 & \cdots & 1 & -\alpha_1 \end{bmatrix}, [0 \ 0 \ \cdots \ 1] \right). \tag{2.2.18}$$

于是有

$$\begin{aligned} \left\{ Qe^{Gt}v \mid v \in \mathbb{R}^n, t \geqslant 0 \right\} &= \left\{ E_n PP^{-1} e^{Ft} Pv \mid v \in \mathbb{R}^n, t \geqslant 0 \right\} \\ &= \left\{ E_n e^{Ft} z \mid z \in \mathbb{R}^n, t \geqslant 0 \right\}. \end{aligned} \tag{2.2.19}$$

由于 F 和 $F^\top$ 相似, 存在可逆阵 T 使得 $F^\top = TFT^{-1}$, 且 $(F^\top, E_n T^{-1})$ 可观. 与 (2.2.19) 类似,

$$\left\{ E_n e^{Ft} z \mid z \in \mathbb{R}^n, t \geqslant 0 \right\} = \left\{ E_n T^{-1} e^{F^\top t} v \mid v \in \mathbb{R}^n, t \geqslant 0 \right\}. \tag{2.2.20}$$

注意到 $F^\top$ 与 (2.2.3) 中的矩阵 G 有相同的结构, 由命题 2.2.1, (2.2.20) 和 (2.2.11) 可得

$$\left\{ E_n e^{Ft} z \mid z \in \mathbb{R}^n, t \geqslant 0 \right\} = \Omega(F^\top). \tag{2.2.21}$$

由于矩阵 $F^\top$ 和 G 相似, $\Omega(F^\top) = \Omega(G)$. 所以 (2.2.16) 可由 (2.2.19) 和 (2.2.21) 得到. $\qquad \square$

引理 2.2.2 设系统 (G, Q) 可观, 其中 $Q \in \mathbb{R}^{1 \times n}$, 对任意的 $\tau > 0$, 记系统 (G, Q) 在 $[0, \tau]$ 上的观测映射为 $\mathcal{Q}_\tau \in \mathcal{L}(\mathbb{R}^n, L^2([0, \tau]; \mathbb{R}))$, 即

$$\begin{aligned} \mathcal{Q}_\tau: \ \mathbb{R}^n &\to L^2([0, \tau]; \mathbb{R}) \\ x_0 &\to Qe^{Gt} x_0, \ \ t \in [0, \tau], \ \ \forall \, x_0 \in \mathbb{R}^n, \end{aligned} \tag{2.2.22}$$

则对任意的 $d \in \Omega(G)$, 有 (2.2.17) 成立, 其中

$$v(0) = (\mathcal{Q}_\tau^* \mathcal{Q}_\tau)^{-1} \mathcal{Q}_\tau^* d. \tag{2.2.23}$$

证明   由引理 2.2.1 可得

$$\{s(t) \mid s \in \Omega(G), t \in [0,\tau]\} = \mathrm{Ran}\mathcal{Q}_\tau. \tag{2.2.24}$$

因此, 由定理 1.1.2, $\mathcal{Q}_\tau v(0)$ 是 d 在 $\{s(t) \mid s \in \Omega(G), t \in [0,\tau]\}$ 上的最佳逼近. 又因为

$$d|_{[0,\tau]} \in \{s(t) \mid s \in \Omega(G), t \in [0,\tau]\} = \mathrm{Ran}\mathcal{Q}_\tau, \tag{2.2.25}$$

所以 $d(t) = \mathcal{Q}_\tau v(0)$, $t \in [0,\tau]$, 从而有

$$d(t) = \mathcal{Q}_\tau v(0) = Qe^{Gt}v(0) = Qv(t). \qquad \square$$

由引理 2.2.2 和定义 2.2.1 立即可得如下结果:

命题 2.2.2   设 $d \in \Omega(G)$, 则 d 的 k 阶导数 $d^{(k)} \in \Omega(G)$, 即: *存在输出向量 Q 和初值 v_{k0} 使得*

$$\begin{cases} \dot{v}_k(t) = Gv_k(t), & v_k(0) = v_{k0}, \\ d^{(k)}(t) = Qv_k(t), \end{cases} \quad k = 0, 1, \cdots. \tag{2.2.26}$$

2.2.2   控制器中的干扰动态补偿

本节将利用动态反馈的方法设计鲁棒控制器, 控制器对干扰的鲁棒性来源于内模原理, 干扰的先验动态信息在控制器中得到了充分的利用. 在 $\mathbb{R}^n$ 中考虑带干扰的系统

$$\begin{cases} \dot{x}(t) = Ax(t) + B[d(t) + u(t)], \\ y(t) = Cx(t), \end{cases} \tag{2.2.27}$$

其中 $A \in \mathbb{R}^{n \times n}$, $B \in \mathbb{R}^n$, $C \in \mathbb{R}^{1 \times n}$, u 是控制, y 是输出, d 是干扰.

定义 2.2.2   设控制系统 (2.2.27) 的状态空间为 X, 输出空间和控制空间都为 $\mathbb{R}$. 如果控制器可以写成如下形式

$$\begin{cases} u(t) = Qz(t) + F(x(t)), \\ \dot{z}(t) = Gz(t) + PCx(t), \end{cases} \tag{2.2.28}$$

其中 $G \in \mathbb{R}^{m \times m}$, $P \in \mathbb{R}^m$, $Q \in \mathbb{R}^{1 \times m}$, F 是从 X 到 $\mathbb{R}$ 的映射, 则称动态反馈控制器 (2.2.28) 包含了动态 G.

下面定理表明: 如果控制器包含了动态 G, 那么该控制对 $\Omega(G)$ 中所有的干扰都具有鲁棒性.

定理 2.2.7 假设存在映射 $F : \mathbb{R}^n \to \mathbb{R}$, $P \in \mathbb{R}^m$, $Q \in \mathbb{R}^{1 \times m}$, $G \in \mathbb{R}^{m \times m}$ 使得动态反馈 (2.2.28) 可以镇定 (2.2.27) 中的系统 (A, B), 即: 对任意的 $(x(0), z(0)) \in \mathbb{R}^{n+m}$, 闭环系统

$$\begin{cases} \dot{x}(t) = Ax(t) + B[Qz(t) + F(x(t))], \\ \dot{z}(t) = Gz(t) + PCx(t) \end{cases} \tag{2.2.29}$$

的解满足

$$e^{\omega t} \|(x(t), z(t))\|_{\mathbb{R}^n \times \mathbb{R}^m} \to 0 \quad \text{当} \quad t \to +\infty, \tag{2.2.30}$$

其中 ω 是不依赖于 t 和初值的非负数. 若系统 (G, Q) 可观, 则对任意的干扰 $d \in \Omega(G)$, 系统

$$\begin{cases} \dot{x}(t) = Ax(t) + B[d(t) + Qz(t) + F(x(t))], \\ \dot{z}(t) = Gz(t) + PCx(t) \end{cases} \tag{2.2.31}$$

的解满足

$$e^{\omega t} \|(x(t), Qz(t) + d(t))\|_{\mathbb{R}^n \times \mathbb{R}} \to 0 \quad \text{当} \quad t \to +\infty. \tag{2.2.32}$$

证明 由于 $d \in \Omega(G)$ 且系统 (G, Q) 可观, 干扰 d 可以动态表示为

$$\dot{v}(t) = Gv(t), \quad d(t) = Qv(t). \tag{2.2.33}$$

令 $\tilde{z}(t) = v(t) + z(t)$, 则有

$$\begin{cases} \dot{x}(t) = Ax(t) + B[Q\tilde{z}(t) + F(x(t))], \\ \dot{\tilde{z}}(t) = G\tilde{z}(t) + PCx(t). \end{cases} \tag{2.2.34}$$

由假设

$$e^{\omega t} \|(x(t), \tilde{z}(t))\|_{\mathbb{R}^n \times \mathbb{R}^m} \to 0 \quad \text{当} \quad t \to +\infty. \tag{2.2.35}$$

于是

$$e^{\omega t} |Qz(t) + d(t)| = e^{\omega t} |Q\tilde{z}(t)| \to 0 \quad \text{当} \quad t \to +\infty. \tag{2.2.36}$$

$\square$

当系统 (2.2.27) 中干扰的动态已知时, 2.1.1 节中的动态补偿方法可以帮助我们设计控制器使其包含已知的干扰动态. 假设已知 $d \in \Omega(G)$ 且 $G \in \mathbb{R}^{m \times m}$, 考虑如下系统的镇定问题:

$$\begin{cases} \dot{z}(t) = Gz(t) + PCx(t), \\ \dot{x}(t) = Ax(t) + Bu(t), \end{cases} \tag{2.2.37}$$

其中 $P \in \mathbb{R}^m$ 待定, u 是控制. 由于系统 (2.2.37) 具有串联结构, 因此可用定理 2.1.2 的方法来设计控制器:

$$u(t) = Kx(t) + QSx(t) + Qz(t), \tag{2.2.38}$$

其中 $K \in \mathbb{R}^{1 \times n}$ 使得 $A + BK$ 是 Hurwitz 阵, $S \in \mathbb{R}^{m \times n}$ 是如下 Sylvester 方程的解

$$GS - S(A + BK) = PC, \tag{2.2.39}$$

$Q \in \mathbb{R}^{1 \times m}$ 使得 $G + SBQ$ 是 Hurwitz 阵.

定理 2.2.8　令 $d \in \Omega(G)$, $G \in \mathbb{R}^{m \times m}$ 和

$$\sigma(G) \subset \{s \in \mathbb{C} \mid \operatorname{Re} s \geqslant 0\}. \tag{2.2.40}$$

假设系统 (A, B, C) 可控可观且满足传输零点条件

$$C(\lambda - A)^{-1} B \neq 0, \quad \forall \ \lambda \in \sigma(G). \tag{2.2.41}$$

则如下设计的控制器包含动态 G 并且能镇定系统 (2.2.27):

$$\begin{cases} u(t) = Kx(t) + QSx(t) + Qz(t), \\ \dot{z}(t) = Gz(t) + PCx(t), \end{cases} \tag{2.2.42}$$

其中 $K \in \mathbb{R}^{1 \times n}$, $Q \in \mathbb{R}^{1 \times m}$, $S \in \mathbb{R}^{m \times n}$ 和 $P \in \mathbb{R}^m$ 按如下规则选取:

- 任取 $P \in \mathbb{R}^m$ 使得系统 (G, P) 可控, 选择 $K \in \mathbb{R}^{1 \times n}$ 使得 $A + BK$ 是 Hurwitz 阵, 并且

$$\sigma(G) \cap \sigma(A + BK) = \varnothing; \tag{2.2.43}$$

- 求解 Sylvester 方程 (2.2.39) 得 $S \in \mathbb{R}^{m \times n}$;
- 选择 $Q \in \mathbb{R}^{1 \times m}$ 使得 $G + SBQ$ 是 Hurwitz 阵.

也就是说, 对任意的 $d \in \Omega(G)$, 闭环系统

$$\begin{cases} \dot{x}(t) = Ax(t) + B[d(t) + Qz(t) + Kx(t) + QSx(t)], \\ \dot{z}(t) = Gz(t) + PCx(t) \end{cases} \tag{2.2.44}$$

的解满足

$$e^{\omega t} \|(x(t), Qz(t) + d(t))\|_{\mathbb{R}^n \times \mathbb{R}} \to 0 \quad \text{当} \ \ t \to +\infty. \tag{2.2.45}$$

证明　P, K 和 S 的存在性是显然的, 下面说明 Q 的选择是可行的. 由命题 1.1.4, 传输零点条件 (2.2.41) 以及 [135, Proposition 2.8.4, p.54], 我们有

$$B^*[\bar{\lambda} - (A + BK)^*]^{-1} C^* \neq 0, \quad \forall \lambda \in \sigma(G). \tag{2.2.46}$$

注意到 (G^*, P^*) 可观, 所以

$$\text{Ker}\left(B^*[\bar{\lambda} - (A + BK)^*]^{-1}C^*P^*\right) \cap \text{Ker}(\bar{\lambda} - G^*) = \{0\}, \quad \forall\ \lambda \in \sigma(G). \quad (2.2.47)$$

于是

$$\text{Ran}\left(PC[\lambda - (A + BK)]^{-1}B\right) \cup \text{Ran}(\lambda - G) = \mathbb{R}^m, \quad \forall\ \lambda \in \sigma(G). \quad (2.2.48)$$

由定理 2.1.1, 系统 (2.2.37) 可控. 由于状态反馈不改变系统的可控性 (定理 1.1.9), 下面系统也是可控的

$$\left(\begin{bmatrix} G & PC \\ 0 & A + BK \end{bmatrix}, \begin{bmatrix} 0 \\ B \end{bmatrix}\right). \quad (2.2.49)$$

直接计算可得

$$\begin{bmatrix} I_m & S \\ 0 & I_n \end{bmatrix}\begin{bmatrix} G & PC \\ 0 & A + BK \end{bmatrix}\begin{bmatrix} I_m & S \\ 0 & I_n \end{bmatrix}^{-1} = \begin{bmatrix} G & 0 \\ 0 & A + BK \end{bmatrix} \quad (2.2.50)$$

且

$$\begin{bmatrix} I_m & S \\ 0 & I_n \end{bmatrix}\begin{bmatrix} 0 \\ B \end{bmatrix} = \begin{bmatrix} SB \\ B \end{bmatrix}. \quad (2.2.51)$$

所以

$$\left(\begin{bmatrix} G & 0 \\ 0 & A + BK \end{bmatrix}, \begin{bmatrix} SB \\ B \end{bmatrix}\right) \quad (2.2.52)$$

也是可控的. 注意到 (2.2.43), (2.2.52) 可控意味着系统 (G, SB) 也可控, 于是存在 Q 使得 $G + SBQ$ 是 Hurwitz 阵. 综上, P, K, S 和 Q 的选择策略是可行的.

直接计算可得

$$\begin{bmatrix} I_m & S \\ 0 & I_n \end{bmatrix}\begin{bmatrix} G & PC \\ BQ & A + BK + BQS \end{bmatrix}\begin{bmatrix} I_m & S \\ 0 & I_n \end{bmatrix}^{-1} = \begin{bmatrix} G + SBQ & 0 \\ BQ & A + BK \end{bmatrix}. \quad (2.2.53)$$

由于 $G + SBQ$ 和 $A + BK$ 都是 Hurwitz 阵, 因此 (2.2.53) 说明系统

$$\begin{cases} \dot{x}(t) = Ax(t) + B[Qz(t) + Kx(t) + QSx(t)], \\ \dot{z}(t) = Gz(t) + PCx(t) \end{cases} \quad (2.2.54)$$

是稳定的. 由于 $G + SBQ$ 是 Hurwitz 阵且 (2.2.40) 成立, $\sigma(G + SBQ) \cap \sigma(G) = \varnothing$. 对任意的

$$h \in \text{Ker}Q \cap \text{Ker}(\lambda - G), \quad \forall\ \lambda \in \sigma(G), \quad (2.2.55)$$

有 $(G+SBQ)h = \lambda h$. 若 $h \neq 0$, 则 $\lambda \in \sigma(G+SBQ) \cap \sigma(G)$. 矛盾. 所以 $h = 0$, 从而由定理 1.1.4 可得系统 (G, Q) 可观. 最后利用定理 2.2.7 即可得到系统 (2.2.44) 的收敛性 (2.2.45). 　　　　　　　　　　　　　　　　　　　　　　　　　　　　　□

例 2.2.1 为了和 PID 控制比较, 我们再次考虑系统 (1.4.1) 的镇定问题. 此时有

$$A = \begin{bmatrix} 0 & 1 \\ 0 & 0 \end{bmatrix}, \quad B = \begin{bmatrix} 0 \\ 1 \end{bmatrix}. \tag{2.2.56}$$

考虑包含常数干扰动态的控制器. 设 $K = [-k_1 \ \ -k_2] \in \mathbb{R}^{1 \times 2}$ 使得矩阵 $A + BK$ 是 Hurwitz 阵. 按照定理 2.2.8, 可选择动态反馈 (2.2.42) 的参数

$$\begin{cases} P = 1, \ \ G = 0, \ \ C = [1 \ \ 0], \\ S = \begin{bmatrix} \dfrac{k_2}{k_1} & \dfrac{1}{k_1} \end{bmatrix}, \ \ SB = \dfrac{1}{k_1}, \ \ Q = -k_1 \ell, \end{cases} \quad \ell, k_1, k_2 > 0. \tag{2.2.57}$$

此时显然有 $SBQ = -\ell < 0$. 综合 (2.2.42) 和 (2.2.57), 系统 (1.4.1) 的包含常数动态的反馈控制器为

$$\begin{cases} u(t) = -(k_1 + \ell k_2)x_1(t) - (k_2 + \ell)x_2(t) - \ell k_1 z(t), \\ \dot{z}(t) = x_1(t). \end{cases} \tag{2.2.58}$$

注意到 $\dot{x}_1(t) = x_2(t)$, 如果选取 $z(0) = 0$, 则控制器 (2.2.58) 可以写成

$$u(t) = k_p x_1(t) + k_i \int_0^t x_1(s)ds + k_d x_2(t), \tag{2.2.59}$$

其中

$$k_p = -(k_1 + \ell k_2), \quad k_i = -\ell k_1, \quad k_d = -(k_2 + \ell). \tag{2.2.60}$$

显然, 包含常数动态的控制器 (2.2.58) 本质上就是 PID 控制. 这说明定理 2.2.8 中包含干扰动态 G 的控制器是 PID 控制的一般化. PID 控制在实际应用中对系统和干扰的强鲁棒性诠释了动态补偿方法的强鲁棒性.

定理 2.2.8 只考虑了系统 (2.2.27) 的状态动态反馈镇定. 实际应用中, 我们更希望得到输出动态反馈. 一般的输出动态反馈镇定器应具有如下形式

$$u(t) = Qz(t), \quad \dot{z}(t) = Gz(t) + PCx(t), \tag{2.2.61}$$

其中 $G \in \mathbb{R}^{m \times m}$ 是扩张的动态, $P \in \mathbb{R}^m$, $Q \in \mathbb{R}^{1 \times m}$. 下面给出一个输出动态反馈的例子.

例 2.2.2 自抗扰控制的方法也可以镇定系统 (1.4.1). 设系统输出矩阵选为 $C = [1 \quad 0]$. 设 $K = [-k_1 \quad -k_2] \in \mathbb{R}^{1 \times 2}$ 使得矩阵 $A + BK$ 是 Hurwitz 阵, 其中 A 和 B 由 (2.2.56) 给出. 借助于扩张状态观测器 (1.4.18), 控制器可以自然设计为

$$u(t) = -\hat{d}(t) - k_1 \hat{x}_1(t) - k_2 \hat{x}_2(t), \tag{2.2.62}$$

其中 $\hat{d}(t)$ 用于补偿干扰, 其余部分用于镇定系统. 由 (2.2.62) 和 (1.4.18) 可得闭环系统

$$\begin{cases} \dot{x}_1(t) = x_2(t), \\ \dot{x}_2(t) = d(t) - \hat{d}(t) - k_1 \hat{x}_1(t) - k_2 \hat{x}_2(t), \\ \dot{\hat{x}}_1(t) = \hat{x}_2(t) + \alpha_1 R[x_1(t) - \hat{x}_1(t)], \qquad R > 0. \\ \dot{\hat{x}}_2(t) = \alpha_2 R^2[x_1(t) - \hat{x}_1(t)] - k_1 \hat{x}_1(t) - k_2 \hat{x}_2(t), \\ \dot{\hat{d}}(t) = \alpha_3 R^3[x_1(t) - \hat{x}_1(t)], \end{cases} \tag{2.2.63}$$

若令

$$G = \begin{bmatrix} -R\alpha_1 & 1 & 0 \\ -R^2\alpha_2 - k_1 & -k_2 & 0 \\ -R^3\alpha_3 & 0 & 0 \end{bmatrix}, \quad P = \begin{bmatrix} R\alpha_1 \\ R^2\alpha_2 \\ R^3\alpha_3 \end{bmatrix}, \quad Q = [-k_1 \quad -k_2 \quad -1], \tag{2.2.64}$$

则闭环系统 (2.2.63) 可以写成

$$\begin{cases} \dot{x}(t) = Ax(t) + B[d(t) + Qz(t)], \quad x(t) = [x_1(t) \quad x_2(t)]^\top, \\ \dot{z}(t) = Gz(t) + PCx(t), \quad z(t) = [\hat{x}_1(t) \quad \hat{x}_2(t) \quad \hat{d}(t)]^\top. \end{cases} \tag{2.2.65}$$

简单计算可知

$$0 \in \sigma(G) \subset \{s \in \mathbb{C} \mid \operatorname{Re} s \leqslant 0\}. \tag{2.2.66}$$

所以, 基于扩张状态观测器的输出反馈

$$u(t) = Qz(t), \quad \dot{z}(t) = Gz(t) + PCx(t), \tag{2.2.67}$$

其实是包含了常数干扰动态的控制器. 另一方面, 例 2.2.1告诉我们 PID 控制也是包含了常数干扰动态的控制器. 所以, 从动态反馈的角度来看, 如果不考虑高增益对干扰的作用, 自抗扰控制 (2.2.62) 和 PID 控制 (2.2.58) 几乎是一样的.

定理 2.2.7 告诉我们, 只要控制器包含了干扰 d 的动态, 输入干扰 d 就可被控制器有效地补偿. 实际应用中, 当干扰的动态信息已知或部分已知时, 为了能够充

分利用这些先验的动态信息, 我们应该设计动态反馈使得它尽可能地包含这些已知动态, 从而使控制器对干扰具有鲁棒性. 控制器包含的动态越多, 其对干扰的鲁棒性就越强. 从这一角度来看, 我们应该选择定理 2.2.8 中的 G 使得 $\Omega(G)$ 尽可能地大.

2.2.3 观测器中的干扰动态补偿

本节考虑干扰系统的观测器设计问题, 问题的难点在于如何在观测器设计中充分利用干扰的先验动态信息. 考虑如下系统

$$\begin{cases} \dot{x}(t) = Ax(t) + Bd(t), \\ y(t) = Cx(t), \end{cases} \tag{2.2.68}$$

其中 $A \in \mathbb{R}^{n \times n}$, $C \in \mathbb{R}^{1 \times n}$, y 是输出, $B \in \mathbb{R}^n$, d 是干扰. 假设观测器具有如下形式:

$$\begin{cases} \dot{\hat{x}}(t) = A\hat{x}(t) + BQ\hat{v}(t) - F_1[y(t) - C\hat{x}(t)], \\ \dot{\hat{v}}(t) = G\hat{v}(t) + F_2[y(t) - C\hat{x}(t)], \end{cases} \tag{2.2.69}$$

其中 $F_1 \in \mathbb{R}^n$, $F_2 \in \mathbb{R}^m$, $G \in \mathbb{R}^{m \times m}$, $Q \in \mathbb{R}^{1 \times m}$ 是待定的观测器参数. 矩阵 G 的选择依赖于干扰 d 的先验动态信息. 如果 d 的动态已知, 可选择矩阵 G 使得 $d \in \Omega(G)$. 此时, 至少有三种方法来选择 F_1, F_2 和 Q 使得观测器 (2.2.69) 适定.

方法一 对任意的向量 $Q \in \mathbb{R}^{1 \times m}$, 只要系统 (G, Q) 可观, 观测系统 (2.2.68) 就可以写成

$$\begin{cases} \dot{x}(t) = Ax(t) + BQv(t), \\ \dot{v}(t) = Gv(t), \\ y(t) = Cx(t). \end{cases} \tag{2.2.70}$$

显然, 系统 (2.2.70) 已经是一个无干扰系统了. 我们可以利用极点配置定理选择 F_1 和 F_2 使得系统 (2.2.70) 的观测器 (2.2.69) 适定.

方法二 对任意的向量 $Q \in \mathbb{R}^{1 \times m}$, 只要系统 (G, Q) 可观, 观测系统 (2.2.68) 就可以写成 (2.2.70) 的形式. 如果把 (2.2.70) 中的 v-子系统看作观测对象, 那么 x-子系统就可以看作 v-子系统的观测动态. 系统 (2.2.70) 的观测问题就变成了观测动态的补偿问题. 于是可以按照 2.1.2 节的办法选择观测器 (2.2.69) 中的 F_1 和 F_2;

除了方法一和方法二之外, 下面定理将给出第三种观测器参数的选取方法. 该方法对 2.3 节中扩张动态观测器的设计有启发作用.

定理 2.2.9 设 $d \in \Omega(G)$, $G \in \mathbb{R}^{m \times m}$, 且系统 (2.2.68) 可观, 即: 对任意 $T > 0$, 有

$$y(t) = 0, \ \ t \in [0, T] \ \Rightarrow \ x(0) = 0, d(t) = 0, \ \ t \in [0, T], \tag{2.2.71}$$

则存在 $F_1 \in \mathbb{R}^n$, $F_2 \in \mathbb{R}^m$, $Q \in \mathbb{R}^{1 \times m}$ 和 $\omega > 0$ 使得系统 (2.2.68) 的观测器 (2.2.69) 满足

$$e^{\omega t} \|(x(t) - \hat{x}(t), d(t) - Q\hat{v}(t))\|_{\mathbb{R}^n \times \mathbb{R}} \to 0 \ \ \text{当} \ \ t \to +\infty. \tag{2.2.72}$$

特别地, F_1, F_2 和 Q 可以按照如下规则来选取:

- 选择 $F_0 \in \mathbb{R}^n$ 使得矩阵 $A + F_0 C$ 是 Hurwitz 阵, 选择 $P \in \mathbb{R}^{1 \times m}$ 使得系统 (G, P) 可观, 选择 F_2 使得 $G + F_2 P$ 是 Hurwitz 阵;
- 解如下调节方程组

$$(A + F_0 C)S - SG = BQ, \quad CS = P, \tag{2.2.73}$$

  求得 $S \in \mathbb{R}^{n \times m}$ 和 $Q \in \mathbb{R}^{1 \times m}$;
- 令 $F_1 = F_0 + SF_2$.

证明 系统 (2.2.68) 可观意味着, 对任意的 $Q_0 \in \mathbb{R}^{1 \times m}$ 且 (G, Q_0) 可观, 如下系统可观:

$$\left(\begin{bmatrix} A & BQ_0 \\ 0 & G \end{bmatrix}, \begin{bmatrix} C & 0 \end{bmatrix} \right). \tag{2.2.74}$$

于是由推论 2.1.1可知, 系统 (A, C) 可观且如下传输零点条件成立

$$C(\lambda - A)^{-1} B \neq 0, \ \ \forall \, \lambda \in \sigma(G). \tag{2.2.75}$$

所以, 存在 $F_0 \in \mathbb{R}^n$ 使得 $A + F_0 C$ 是 Hurwitz 阵且

$$\sigma(A + F_0 C) \cap \sigma(G) = \varnothing. \tag{2.2.76}$$

由 [114], (2.2.76) 和 (2.2.75), 调节方程组 (2.2.73) 有解 $S \in \mathbb{R}^{n \times m}$ 和 $Q \in \mathbb{R}^{1 \times m}$. 由于 (G, P) 可观, 存在 F_2 使得 $G + F_2 P$ 是 Hurwitz 阵. 所以, $F_1 = F_0 + SF_2$ 的选取有意义.

现在我们证明系统 (G, Q) 可观. 事实上, 如果有 $Gh = \lambda h, Qh = 0, \lambda \in \sigma(G)$, 则 (2.2.73) 中的 Sylvester 方程变为 $(A + F_0 C - \lambda)Sh = BQh = 0$. 由 (2.2.76) 可得 $\lambda \notin \sigma(A + F_0 C)$, 从而 $A + F_0 C - \lambda$ 是可逆的. 所以, $Sh = 0$ 且 $CSh = Ph = 0$. 由 [135, p.15, Remark 1.5.2] 和系统 (G, P) 的可观性, 容易推出 $h = 0$. 所以系统 (G, Q) 可观. 于是, 观测系统 (2.2.68) 就可以写成 (2.2.70) 的形式.

令

$$\tilde{x}(t) = x(t) - \hat{x}(t) \quad \text{和} \quad \tilde{v}(t) = v(t) - \hat{v}(t). \tag{2.2.77}$$

则系统 (2.2.70) 和 (2.2.69) 之间的误差满足

$$\begin{cases} \dot{\tilde{x}}(t) = [A + (F_0 + SF_2)C]\tilde{x}(t) + BQ\tilde{v}(t), \\ \dot{\tilde{v}}(t) = G\tilde{v}(t) - F_2C\tilde{x}(t). \end{cases} \tag{2.2.78}$$

由于 F_1 和 F_2 特殊选取, 直接计算可知下面两个矩阵是相似的

$$\begin{bmatrix} A + (F_0 + SF_2)C & BQ \\ -F_2C & G \end{bmatrix} \quad \text{和} \quad \begin{bmatrix} A + F_0C & 0 \\ -F_2C & G + F_2P \end{bmatrix}, \tag{2.2.79}$$

其中相似变换矩阵为

$$\begin{bmatrix} I_n & S \\ 0 & I_m \end{bmatrix}.$$

由于 $A + F_0C$ 和 $G + F_2P$ 都是 Hurwitz 阵, (2.2.79) 中的两个矩阵也都是 Hurwitz 阵. 注意到 (2.2.77) 和 $d(t) = Qv(t)$, (2.2.72) 成立. $\qquad \square$

例 2.2.3 考虑如下一阶系统的观测问题:

$$\begin{cases} \dot{x}(t) = x(t) + d(t), \\ y(t) = x(t), \end{cases} \quad d \in \Omega(G), \quad G = \begin{bmatrix} 0 & 1 \\ -\omega^2 & 0 \end{bmatrix}, \tag{2.2.80}$$

其中 $\omega > 0$ 代表干扰的频率. 由定义 2.2.1, $\Omega(G)$ 表示所有频率为 ω 的三角函数信号的全体. 若令 $A = B = C = 1$, 系统 (2.2.80) 可以写成 (2.2.68) 的形式. 令

$$F_0 = -2, \quad S = P = [1 \ \ 0], \quad F_2 = [-2 \ \ \omega^2 - 1]^\top, \quad Q = -[1 \ \ 1], \tag{2.2.81}$$

则 $F_1 = F_0 + SF_2 = -4$, 并且 S 和 Q 满足解调节方程组:

$$(A + F_0C)S - SG = BQ, \quad CS = P. \tag{2.2.82}$$

按照定理 2.2.9 中的观测器设计步骤, 系统 (2.2.80) 的观测器可以设计如下:

$$\begin{cases} \dot{\hat{x}}(t) = \hat{x}(t) - \hat{v}_1(t) - \hat{v}_2(t) + 4[y(t) - \hat{x}(t)], \\ \dot{\hat{v}}_1(t) = \hat{v}_2(t) - 2[y(t) - \hat{x}(t)], \\ \dot{\hat{v}}_2(t) = -\omega^2\hat{v}_1(t) + (\omega^2 - 1)[y(t) - \hat{x}(t)]. \end{cases} \tag{2.2.83}$$

由定理 2.2.9, 对任意的 $d \in \Omega(G)$, 存在 $\beta > 0$, 使得观测器 (2.2.83) 满足

$$e^{\beta t}\|(x(t) - \hat{x}(t), d(t) + [\hat{v}_1(t) + \hat{v}_2(t)])\|_{\mathbb{R}^2} \to 0 \quad \text{当} \quad t \to +\infty. \tag{2.2.84}$$

和通常的观测器相比, 观测器 (2.2.69) 扩张了动态 G. 定理 2.2.9 告诉我们, 只要观测器扩张的动态 G 包含了干扰 d 的动态, 系统 (2.2.68) 的状态和干扰 d 就可以得到有效的估计和补偿. 实际应用中, 当干扰的动态信息已知或部分已知时, 为了能够充分利用这些先验的动态信息, 我们应该扩张观测器动态 G 使得它尽可能地包含这些已知动态, 从而使观测器对干扰具有鲁棒性.

2.2.4 输出调节与观测动态补偿

从 1.3.1 节和 2.1.2 节我们可以看出, 输出调节和观测动态补偿是完全不同的两个控制问题, 它们通常都被分别独立地来研究, 各自有各自的研究方法. 然而我们发现: 这两个完全不同的控制问题竟然在某种意义上是等价的. 于是, 输出调节的方法可以用作观测动态补偿, 同时观测动态补偿的方法也可以用作输出调节. 下面我们来揭示这种等价性.

在状态空间 X_1, 输入空间 U_1 和输出空间 Y_1 中考虑如下输出调节问题:

$$\begin{cases} \dot{z}_1(t) = A_1 z_1(t) + B_d d(t) + B_1 u(t), \\ y(t) = C_1 z_1(t) + r(t), \end{cases} \qquad (2.2.85)$$

其中 $A_1 : X_1 \to X_1$, $B_1 : U_1 \to X_1$, $C_1 : X_1 \to Y_1$ 分别是系统矩阵、控制矩阵和观测矩阵, $u(t)$ 是控制, $d(t)$ 是空间 U_d 中的干扰, $B_d : U_d \to X_1$, $y(t)$ 是调节误差, $r(t)$ 是参考信号. 我们的控制目标是: 设计控制器 u 使得 $y(t) \to 0$ 当 $t \to +\infty$. 与传统输出调节理论一样, 我们总假设干扰和参考信号由 X_2 中的外系统生成:

$$\dot{z}_2(t) = A_2 z_2(t), \ d(t) = C_d z_2(t), \ \ r(t) = C_2 z_2(t), \qquad (2.2.86)$$

其中 $A_2 \in \mathcal{L}(X_2)$, $C_d : X_2 \to U_d$ 且 $C_2 : X_2 \to Y_1$. 不失一般性, 假设 A_1 是 Hurwitz 阵, 并且

$$X_2 = \mathbb{C}^n, \ C_d \in \mathcal{L}(X_2, U_d), \ C_2 \in \mathcal{L}(X_2, Y_1), \ \sigma(A_2) \subset \{\lambda \mid \mathrm{Re}\lambda \geqslant 0\}. \quad (2.2.87)$$

综合系统 (2.2.85) 和系统 (2.2.86) 可得如下系统

$$\begin{cases} \dot{z}_1(t) = A_1 z_1(t) + B_d C_d z_2(t) + B_1 u(t), \\ \dot{z}_2(t) = A_2 z_2(t), \\ y(t) = C_1 z_1(t) + C_2 z_2(t). \end{cases} \qquad (2.2.88)$$

由 [102], 状态反馈 $u(t) = -Q z_2(t)$ 能够实现系统 (2.2.88) 的输出调节当且仅当 $\Pi \in \mathcal{L}(X_2, X_1)$ 和 $Q \in \mathcal{L}(X_2, U_1)$ 是如下调节方程组的解:

$$\begin{cases} A_1 \Pi - \Pi A_2 = -B_d C_d + B_1 Q, \\ C_1 \Pi + C_2 = 0. \end{cases} \qquad (2.2.89)$$

为了将状态反馈改进为误差反馈, 我们将利用调节误差 y 设计系统 (2.2.88) 的观测器. 注意到系统 (2.2.88) 具有串联结构, 该系统的观测器设计和观测动态补偿问题有密切的关系.

令 $[z_1(t)\ \ z_2(t)]^\top$ 是系统 (2.2.88) 的解. 利用调节方程组 (2.2.89) 的解, 定义变换

$$\begin{bmatrix} x_1(t) \\ x_2(t) \end{bmatrix} = \begin{bmatrix} I_1 & -\Pi \\ 0 & I_2 \end{bmatrix} \begin{bmatrix} z_1(t) \\ z_2(t) \end{bmatrix}, \tag{2.2.90}$$

则 (2.2.88) 变为

$$\begin{cases} \dot{x}_1(t) = A_1 x_1(t) + B_1 Q x_2(t) + B_1 u(t), \\ \dot{x}_2(t) = A_2 x_2(t), \\ y(t) = C_1 x_1(t). \end{cases} \tag{2.2.91}$$

该系统正好和系统 (2.1.19) 完全一样. 所以, 综合可逆变换 (2.2.90) 和定理 2.2.9 可得系统 (2.2.88) 的观测器

$$\begin{cases} \dot{\hat{z}}_1(t) = A_1 \hat{z}_1(t) + B_d C_d \hat{z}_2(t) - K_1[y(t) - C_1 \hat{z}_1(t) - C_2 \hat{z}_2(t)] + B_1 u(t), \\ \dot{\hat{z}}_2(t) = A_2 \hat{z}_2(t) + K_2[y(t) - C_1 \hat{z}_1(t) - C_2 \hat{z}_2(t)], \end{cases} \tag{2.2.92}$$

其中观测器参数 $K_1 \in \mathcal{L}(Y_1, X_1)$ 和 $K_2 \in \mathcal{L}(Y_1, X_2)$ 可以按如下规则选取:

- 求解如下 Sylvester 方程求得 $\Gamma \in \mathcal{L}(X_2, X_1)$:

$$A_1\Gamma - \Gamma A_2 = B_d C_d; \tag{2.2.93}$$

- 选择 $K_2 \in \mathcal{L}(Y_1, X_2)$ 使得矩阵 $A_2 + K_2(C_1\Gamma - C_2)$ 是 Hurwitz 矩阵;
- 令 $K_1 = \Gamma K_2 \in \mathcal{L}(Y_1, X_1)$.

定理 2.2.10　设外系统 (2.2.86) 满足 (2.2.87), 系统 (2.2.88) 可观, 矩阵 A_1 是 Hurwitz 阵. 如果调节方程组 (2.2.89) 有解 $\Pi \in \mathcal{L}(X_2, X_1)$ 和 $Q \in \mathcal{L}(X_2, U_1)$, 则存在 $K_1 \in \mathcal{L}(Y_1, X_1)$ 和 $K_2 \in \mathcal{L}(Y_1, X_2)$ 使得系统 (2.2.88) 的观测器 (2.2.92) 是适定的: 对任意的 $[\hat{z}_1(0)\ \ \hat{z}_2(0)]^\top \in X_1 \times X_2$ 和 $u \in L^2_{\text{loc}}([0,\infty); U_1)$, 观测器 (2.2.92) 存在唯一解 $[\hat{z}_1\ \ \hat{z}_2]^\top \in C([0,\infty); X_1 \times X_2)$ 使得

$$e^{\omega t}\|(z_1(t) - \hat{z}_1(t), z_2(t) - \hat{z}_2(t))\|_{X_1 \times X_2} \to 0 \ \ \text{当} \ \ t \to +\infty, \tag{2.2.94}$$

其中 ω 是不依赖 t 的正常数.

证明　由于矩阵 A_1 是 Hurwitz 阵且 $\sigma(A_2) \subset \{\lambda \mid \text{Re}\,\lambda \geqslant 0\}$, 因此 $\sigma(A_1) \cap \sigma(A_2) = \varnothing$. 由 [114], Sylvester 方程 (2.2.93) 有唯一解 $\Gamma \in \mathcal{L}(X_2, X_1)$. 利用调节

方程组 (2.2.89) 的解 $\Pi \in \mathcal{L}(X_2, X_1)$ 和 $Q \in \mathcal{L}(X_2, U_1)$, 定义变换 (2.2.90) 将系统 (2.2.88) 变为系统 (2.2.91). 此外, 直接计算可得

$$A_1 S x_2 - S A_2 x_2 = B_1 Q x_2, \quad S = \Gamma + \Pi \in \mathcal{L}(X_2, X_1), \quad \forall x_2 \in X_2. \quad (2.2.95)$$

注意到定理 2.1.4 中的观测器 (2.1.27), 系统 (2.2.91) 的观测器为

$$\begin{cases} \dot{\hat{x}}_1(t) = A_1 \hat{x}_1(t) + B_1 Q \hat{x}_2(t) - F_1[y(t) - C_1 \hat{x}_1(t)] + B_1 u(t), \\ \dot{\hat{x}}_2(t) = A_2 \hat{x}_2(t) + F_2[y(t) - C_1 \hat{x}_1(t)], \end{cases} \quad (2.2.96)$$

其中 F_1 和 F_2 满足 $F_2 \in \mathcal{L}(Y_1, X_2)$, $A_2 + F_2 C_1 S$ 是 Hurwitz 阵, $F_1 = S F_2 \in \mathcal{L}(Y_1, X_1)$. 由定理 2.1.4, 存在 $\omega > 0$, 使得系统 (2.2.96) 的解满足

$$e^{\omega t} \|(x_1(t) - \hat{x}_1(t), x_2(t) - \hat{x}_2(t))\|_{X_1 \times X_2} \to 0 \quad \text{当} \quad t \to +\infty. \quad (2.2.97)$$

令

$$\begin{bmatrix} \hat{z}_1(t) \\ \hat{z}_2(t) \end{bmatrix} = \begin{bmatrix} I_1 & \Pi \\ 0 & I_2 \end{bmatrix} \begin{bmatrix} \hat{x}_1(t) \\ \hat{x}_2(t) \end{bmatrix}, \quad K_2 = F_2, \quad K_1 = \Gamma K_2. \quad (2.2.98)$$

直接验证可知 $[\hat{z}_1(t) \ \hat{z}_2(t)]^\top$ 满足系统 (2.2.92) 并且 (2.2.94) 成立. $\square$

由定理 2.2.10 和 [102], 系统 (2.2.88) 基于误差反馈的控制器变得非常容易:

$$u(t) = -Q \hat{z}_2(t), \quad (2.2.99)$$

其中 $\hat{z}_2(t)$ 由观测器 (2.2.92) 给出, $Q \in \mathcal{L}(X_2, U_1)$ 来自调节方程组 (2.2.89). 由分离性原理, (2.2.99) 下的闭环系统是指数稳定的.

注 2.2.1 虽然在分析观测器的设计过程中用到了调节方程组 (2.2.89), 但观测器 (2.2.92) 本身却不依赖于该调节方程组, 也就是说, 我们不用解调节方程组 (2.2.89) 就能为系统 (2.2.88) 设计出观测器 (2.2.92). 一般地, 输出调节问题还应该考虑反馈对干扰的鲁棒性. 这一问题在内模原理中有深入的研究 ([67]). 此外, 定理 2.2.7 也是研究鲁棒性的有力工具. 事实上, 只需验证误差反馈 (2.2.99) 包含干扰的动态即可获得其鲁棒性. 特别地, 如果 (2.2.85) 中的干扰满足

$$d \in \Omega\left(\begin{bmatrix} A_1 + K_1 C_1 & K_1 C_2 - B_1 Q \\ -K_2 C_1 & A_2 + K_2 C_2 \end{bmatrix}\right), \quad (2.2.100)$$

则误差反馈 (2.2.99) 具有条件鲁棒性 (conditionally robust, [105, 107]).

2.3 扩张动态观测器

扩张动态观测器主要用于干扰系统的状态观测和干扰估计, 它可以充分利用系统和干扰的先验动态信息. 我们把控制对象中动态信息未知的部分都称为干扰, 这样系统观测问题的核心就变成干扰处理的问题. 2.2 节考虑了动态信息已知的干扰, 而本节将考虑动态信息不完全已知的情况. 我们用内模原理处理动态信息已知的干扰, 动态信息未知的干扰主要用高增益处理. 特别要指出的是, 这种 "已知动态" 和 "未知动态" 的划分在某种程度上可以由观测器自身的机理来自动完成.

2.3.1 可估计信号和动态信息的度量

在理论上, 并不是所有的干扰信号都可以被一个确定的动态系统在线估计. 例如: 如果干扰恰好是某个 Wiener 过程的样本道路, 它处处连续但处处不可微, 因此不含有任何确定的动态信息, 从而很难用动态系统来估计. 另一方面, 实际应用中的干扰信号几乎都是有界信号, 因此我们考虑的干扰限制在如下 Sobolev 空间中:

$$W^{1,\infty}(\mathbb{R}^+) = \left\{ f : (0, +\infty) \to \mathbb{R} \text{ 局部可积} \ \middle| \ f, \dot{f} \in L^\infty(0, +\infty) \right\}, \qquad (2.3.1)$$

其中 $\dot{f}$ 是 f 的弱导数, 定义为

$$\int_0^{+\infty} \dot{f}(x)\phi(x)dx = -\int_0^{+\infty} f(x)\dot{\phi}(x)dx, \quad \forall\ \phi \in C_0^\infty(0, +\infty). \qquad (2.3.2)$$

这里 $C_0^\infty(0, +\infty)$ 表示 $(0, +\infty)$ 中具有紧支集的光滑函数的全体. 由 [27, p.249, Theorem 2], Sobolev 空间 $W^{1,\infty}(\mathbb{R}^+)$ 是 Banach 空间, 其范数定义如下:

$$\|f\|_{W^{1,\infty}(\mathbb{R}^+)} = \|f\|_\infty + \|\dot{f}\|_\infty, \quad \forall\ f \in W^{1,\infty}(\mathbb{R}^+). \qquad (2.3.3)$$

由 [27, p.280,Theorem 5], $W^{1,\infty}(\mathbb{R}^+)$ 中的信号是几乎处处可微的, 其所包含的信号非常广泛, 常见的谐波信号, 有界连续可微的周期信号, 分段有界的多项式信号、指数信号、对数信号及其线性组合都在 $W^{1,\infty}(\mathbb{R}^+)$ 中. 此外, $W^{1,\infty}(\mathbb{R}^+)$ 还包含诸如

$$s_T(t) = \begin{cases} e^t, & t \in [0, T], \\ e^T, & t \geqslant T \end{cases} \qquad (2.3.4)$$

之类的按段连续的信号, 因此 $W^{1,\infty}(\mathbb{R}^+)$ 所包含的干扰信号极其广泛.

现在我们结合 2.2.1节中的信号动态来研究 $W^{1,\infty}(\mathbb{R}^+)$. 任意给定矩阵 G 和函数 $s \in W^{1,\infty}(\mathbb{R}^+)$, 记函数 s 在 $\Omega(G)$ 上的最佳逼近为 $\mathbb{P}_G s$, 即

$$\mathbb{P}_G s = \arg \inf_{g \in \Omega(G)} \|s - g\|_{W^{1,\infty}(\mathbb{R}^+)}. \tag{2.3.5}$$

由于 $W^{1,\infty}(\mathbb{R}^+)$ 是 Banach 空间, 最佳逼近 $\mathbb{P}_G s \in \Omega(G)$ 总是存在的 ([169, 定理 1.4.23, p.35]).

假设我们已知 $d \in \Omega(G)$, 则内模原理可以补偿干扰 d 的负面影响, 见定理 2.2.7 和定理 2.2.9. 当只知道 $d \in W^{1,\infty}(\mathbb{R}^+)$ 时 (动态信息未知), 我们可以借助于高增益来压制干扰. 然而实际应用中最常见的情况是: 仅仅粗略地知道 G 可能包含 d 的动态. 如何数学上度量这种粗略的先验信息呢? 这是我们优化使用内模原理和高增益的基础.

对任意的 $0 \neq s \in W^{1,\infty}(\mathbb{R}^+)$, 设它在 $\Omega(G)$ 上的最佳逼近为 $\mathbb{P}_G s$, 记该逼近的相对误差为:

$$\eta_G(s) = \frac{\|s - \mathbb{P}_G s\|_{W^{1,\infty}(\mathbb{R}^+)}}{\|s\|_{W^{1,\infty}(\mathbb{R}^+)}}, \tag{2.3.6}$$

则 $\eta_G(s)$ 可以一定程度上度量 G 所包含 s 的动态. 事实上, 如果 $\eta_G(s) = 0$, 则 G 完全包含 s 的动态; 如果 $\eta_G(s) = 1$, 则 G 不包含 s 的任何动态. 当 G 部分地包含 s 的动态时, 即: $0 < \eta_G(s) < 1$ 时, 如何使用这一先验信息呢? 受定理 2.2.7 和定理 2.2.9 的启发, 动态信息的利用需要将干扰 d 写成动态形式.

引理 2.3.3 设系统 (G, Q) 可观, 其中 $Q \in \mathbb{R}^{1 \times (m+1)}$. 若 $0 \in \sigma(G)$, 则对任意的 $d \in W^{1,\infty}(\mathbb{R}^+)$, 存在 $v_0 \in \mathbb{R}^{m+1}$ 使得

$$\begin{cases} \dot{v}(t) = Gv(t) + \dfrac{B_d}{QB_d} \dot{e}(t), & v(0) = v_0, \\ d(t) = Qv(t), \end{cases} \tag{2.3.7}$$

其中 $B_d \in \mathbb{R}^{m+1}$ 是矩阵 G 的属于特征值 0 的特征向量, $e = (I - \mathbb{P}_G)d$, $\mathbb{P}_G$ 由 (2.3.5) 给出.

证明 由于系统 (G, Q) 可观, 利用定理 1.1.4 可得出 $\mathrm{Ker}\,G \cap \mathrm{Ker}\,Q = \{0\}$. 注意到 $GB_d = 0$ 和 $B_d \neq 0$, 我们有 $QB_d \neq 0$. 所以系统 (2.3.7) 中第一个方程有意义.

由于 $\mathbb{P}_G d \in \Omega(G)$, 存在某些初值, 使得

$$\dot{v}_1(t) = Gv_1(t), \quad (\mathbb{P}_G d)(t) = Qv_1(t). \tag{2.3.8}$$

注意到 $GB_d = 0$, 如果令

$$v_2(t) = \frac{d(t) - (\mathbb{P}_G d)(t)}{QB_d} B_d = \frac{e(t)}{QB_d} B_d, \quad t \geq 0, \tag{2.3.9}$$

那么

$$\begin{cases} \dot{v}_2(t) = Gv_2(t) + \dfrac{B_d}{QB_d}\dot{e}(t), v_2(0) = \dfrac{e(0)}{QB_d}B_d, \\ e(t) = Qv_2(t). \end{cases} \tag{2.3.10}$$

若令 $v(t) = v_1(t) + v_2(t)$，综合系统 (2.3.8) 和 (2.3.10) 可得系统 (2.3.7). □

由于 $d \in W^{1,\infty}(\mathbb{R}^+)$，$d$ 几乎处处可微 ([27, p.280,Theorem 5])，于是误差 e 也是几乎处处可微的. 因此 (2.3.7) 中的 $\dot{e}$ 有意义.

2.3.2   干扰系统可观性

干扰系统的可观性用来描述输出信号中包含系统状态信息和干扰信息的情况. 由于干扰的存在，它与干扰的先验信息有关. 考虑如下干扰系统的可观性:

$$\begin{cases} \dot{x}(t) = Ax(t) + Bd(t) + Fu(t), \\ y(t) = Cx(t), \end{cases} \tag{2.3.11}$$

其中 $A \in \mathbb{R}^{n \times n}$ 是系统矩阵，$F \in \mathbb{R}^n$ 是控制向量，$C \in \mathbb{R}^{1 \times n}$ 是输出向量，$u(t)$ 是控制，$y(t)$ 是输出，$B \in \mathbb{R}^n$，$d \in L^2_{\mathrm{loc}}[0, +\infty)$ 是干扰.

定义 2.3.3   令 Θ 是信号集合，(A, B, C) 是 $\mathbb{R}^{n \times n}$ 中的单输入单输出系统. 假设干扰满足 $d \in \Theta$ 且 Θ 已知. 如果系统 (2.3.11) 的初值和干扰可以被输出辨识，即: 对任意 $T > 0$，有

$$u(t) = 0, y(t) = 0 \text{ a.e. } t \in [0, T] \Rightarrow x(0) = 0, d(t) = 0 \text{ a.e. } t \in [0, T], \tag{2.3.12}$$

则称系统 (2.3.11) 关于 Θ 可观.

若 $d \in \Omega(G)$ 且系统 (G, Q) 可观，则系统 (2.3.11) 关于 $\Omega(G)$ 可观当且仅当下面系统可观

$$\left(\begin{bmatrix} A & BQ \\ 0 & G \end{bmatrix}, [C \quad 0] \right). \tag{2.3.13}$$

由推论 2.1.1可得如下引理:

引理 2.3.4   设矩阵 G 和 A 满足

$$\sigma(A) \cap \sigma(G) = \varnothing, \tag{2.3.14}$$

则系统 (2.3.11) 关于 $\Omega(G)$ 可观当且仅当 (A, C) 可观且如下传输零点条件成立:

$$C(\lambda - A)^{-1}B \neq 0, \quad \forall \lambda \in \sigma(G). \tag{2.3.15}$$

由命题 1.1.2, 任意可观系统都可以化成观测标准型 (1.1.88). 于是可观系统的研究可以归结为对其观测标准型的研究. 与此类似, 可观的干扰系统 (2.3.11) 也可以化为标准型.

引理 2.3.5 设系统 (2.3.11) 对应的矩阵 (A, B, C) 正好是观测标准型, 即

$$A = \begin{bmatrix} 0 & 0 & \cdots & 0 & a_1 \\ 1 & 0 & \cdots & 0 & a_2 \\ 0 & 1 & \cdots & 0 & a_3 \\ \vdots & \vdots & \ddots & \vdots & \vdots \\ 0 & 0 & \cdots & 1 & a_n \end{bmatrix}, \quad B = \begin{bmatrix} b_1 \\ b_2 \\ \vdots \\ b_{n-1} \\ b_n \end{bmatrix} \neq 0, \quad C = [0\ 0\ \cdots\ 0\ 1] \in \mathbb{R}^{1 \times n},$$

$$(2.3.16)$$

其中 $a_j, b_j \in \mathbb{R}$, $j = 1, 2, \cdots, n$, 则系统 (2.3.11) 关于 $W^{1,\infty}(\mathbb{R}^+)$ 可观当且仅当

$$b_2 = b_3 = \cdots = b_n = 0 \ \text{且} \ b_1 \neq 0.$$

证明 设 $b_1 \neq 0$, $b_2 = b_3 = \cdots = b_n = 0$, 则对任意的 $T > 0$, $u(t) = 0$ 在 $[0, T]$ 几乎处处为零意味着

$$\begin{cases} \dot{x}_1(t) = a_1 x_n(t) + b_1 d(t), \\ \dot{x}_2(t) = x_1(t) + a_2 x_n(t), \\ \quad\cdots\cdots \\ \dot{x}_n(t) = x_{n-1}(t) + a_n x_n(t), \end{cases} \quad \text{a.e. } t \in [0, T], \quad (2.3.17)$$

其中 $x(t) = [x_1(t)\ x_2(t)\ \cdots\ x_n(t)]^\top$. 若 $y(t) = x_n(t) = 0$ a.e. $t \in [0, T]$, 由 (2.3.17) 可得

$$x_n(t) = x_{n-1}(t) = \cdots = x_1(t) = 0, \quad \text{a.e. } t \in [0, T],$$

注意到 $b_1 \neq 0$, 这意味着 $d(t) = 0$ a.e. $t \in [0, T]$. 所以, 系统 (2.3.11) 关于 $W^{1,\infty}(\mathbb{R}^+)$ 可观.

另一方面, 假设系统 (2.3.11) 关于 $W^{1,\infty}(\mathbb{R}^+)$ 可观. 我们首先断言 $b_n = 0$. 否则, 对任意 $T > 0$,

$$\begin{cases} \dot{x}_1(t) = a_1 x_n(t) + b_1 d(t), \\ \dot{x}_2(t) = x_1(t) + a_2 x_n(t) + b_2 d(t), \\ \quad\cdots\cdots \\ \dot{x}_n(t) = x_{n-1}(t) + a_n x_n(t) + b_n d(t), \\ y(t) = x_n(t) = 0, \end{cases} \quad \text{a.e. } t \in [0, T] \quad (2.3.18)$$

意味着 $x_{n-1}(t) + b_n d(t) = 0$ a.e. $t \in [0, T]$. 所以, 系统 (2.3.18) 变为

$$
\begin{cases}
\dot{x}_1(t) = -\dfrac{b_1}{b_n} x_{n-1}(t), \\[2mm]
\dot{x}_2(t) = x_1(t) - \dfrac{b_2}{b_n} x_{n-1}(t), \\[2mm]
\cdots\cdots \\[2mm]
\dot{x}_{n-1}(t) = x_{n-2}(t) - \dfrac{b_{n-1}}{b_n} x_{n-1}(t),
\end{cases}
\qquad \text{a.e. } t \in [0, T]. \qquad (2.3.19)
$$

因为关于输出 $x_{n-1}(\cdot)$ 的观测系统 (2.3.19) 恰好是观测标准型, 对任意的 $b_j \in \mathbb{R}$, $j = 1, 2, \cdots, n$, 该系统总是可观的, 于是系统 (2.3.19) 满足 $x_{n-1}(t) = -b_n d(t) \neq 0$ a.e. $t \in [0, T]$ 的任意非零解都是系统 (2.3.18) 的零动态. 这与系统 (2.3.11) 的可观性矛盾. 所以我们得到 $b_n = 0$. 与此类似, 我们可以证明 $b_{n-1} = 0$. 事实上, 对任意 $T > 0$, 由系统

$$
\begin{cases}
\dot{x}_1(t) = a_1 x_n(t) + b_1 d(t), \\[2mm]
\dot{x}_2(t) = x_1(t) + a_2 x_n(t) + b_2 d(t), \\[2mm]
\cdots\cdots \\[2mm]
\dot{x}_{n-1}(t) = x_{n-2}(t) + b_{n-1} d(t), \\[2mm]
y(t) = x_{n-1}(t) = 0,
\end{cases}
\qquad \text{a.e. } t \in [0, T] \qquad (2.3.20)
$$

可得 $x_{n-2}(t) + b_{n-1} d(t) = 0$ a.e. $t \in [0, T]$. 于是系统 (2.3.20) 变为

$$
\begin{cases}
\dot{x}_1(t) = -\dfrac{b_1}{b_{n-1}} x_{n-2}(t), \\[2mm]
\dot{x}_2(t) = x_1(t) - \dfrac{b_2}{b_{n-1}} x_{n-2}(t), \\[2mm]
\cdots\cdots \\[2mm]
\dot{x}_{n-2}(t) = x_{n-3}(t) - \dfrac{b_{n-2}}{b_{n-1}} x_{n-2}(t),
\end{cases}
\qquad \text{a.e. } t \in [0, T]. \qquad (2.3.21)
$$

因为关于输出 $x_{n-2}(\cdot)$ 的观测系统 (2.3.21) 恰好是观测标准型, 对任意的 $b_j \in \mathbb{R}$, $j = 1, 2, \cdots, n - 1$, 该系统总是可观的, 于是系统 (2.3.21) 满足 $x_{n-2}(t) = -b_{n-1} d(t) \neq 0$ a.e. $t \in [0, T]$ 的任意非零解都是系统 (2.3.18) 的零动态. 这与系统 (2.3.11) 的可观性矛盾. 所以我们得到 $b_n = b_{n-1} = 0$. 重复上述步骤, 我们最终得到 $b_n = b_{n-1} = b_2 = 0$. 注意到 $B \neq 0$, 定理得证. $\qquad\square$

由引理 2.3.5, 当系统 (2.3.11) 关于 $W^{1,\infty}(\mathbb{R}^+)$ 可观且 $B = F$ 时, 系统 (2.3.11) 的观测标准型 (2.3.16) 满足

$$\begin{cases} y^{(n)}(t) = a_1 y(t) + a_2 \dot{y}(t) + \cdots + a_n y^{(n-1)}(t) + b_1[d(t) + u(t)], \\ y(t) = x_n(t). \end{cases} \quad (2.3.22)$$

这正是自抗扰控制中的常见形式.

干扰系统 (2.3.11) 的可观性与干扰集合 Θ 密切相关. 这里 Θ 相当于干扰的先验信息. 相同的系统在不同先验信息下的可观性可能不同. 下面举例说明这一情况. 令

$$A = \begin{bmatrix} 0 & 1 \\ 0 & 0 \end{bmatrix}, \quad B = \begin{bmatrix} 0 \\ 1 \end{bmatrix} \quad 且 \quad C = [1 \quad -1]. \quad (2.3.23)$$

则当 $u = 0$ 时, 系统 (2.3.11) 可以写成

$$\dot{x}_1(t) = x_2(t), \quad \dot{x}_2(t) = d(t), \quad y(t) = x_1(t) - x_2(t). \quad (2.3.24)$$

假设我们仅知道 $d \in W^{1,\infty}(\mathbb{R}^+)$. 简单计算可知 $x_1(t) = x_2(t) = d(t) = s_T(t)$ 是系统 (2.3.24) 在 $[0,T]$ 上的一个非零解, 其中 s_T 由 (2.3.4) 给出. 然而显然有 $d \in W^{1,\infty}(\mathbb{R}^+)$ 并且 $y(t) = x_1(t) - x_2(t) \equiv 0, \, t \in [0,T]$. 由定义 2.3.3, 系统 (2.3.24) 关于 $W^{1,\infty}(\mathbb{R}^+)$ 是不可观的.

当我们已知干扰 d 的动态, 即: $d \in \Omega(G)$ 且 G 已知时, 情况可能变得完全不同. 事实上, 只要动态 G 满足传输零点条件 (2.3.15), 由引理 2.3.4, 系统 (2.3.11) 关于 $\Omega(G)$ 可观. 这与关于 $W^{1,\infty}(\mathbb{R}^+)$ 的可观性完全不同. 这一事实表明: 只要掌握的干扰先验信息足够充分, 至少在理论上, 我们就可以利用系统 (2.3.11) 的输出估计出干扰 d, 尽管系统 (2.3.11) 关于 $W^{1,\infty}(\mathbb{R}^+)$ 可能不可观.

注 2.3.2 对于无干扰系统, 它在某个区间 $[0,T]$ 上可观等价于在整个区间 $[0,\infty)$ 上可观. 这与干扰系统的可观性大不一样. 由于干扰的不确定性, 利用输出信号在 $[0,T]$ 上的信息来估计干扰在 $[T,\infty)$ 上的值几乎是不可能的. 因此, 干扰系统可观性定义 2.3.3 是直观和合理的.

由引理 2.3.4, 系统 (2.3.11) 关于 $\Omega(G)$ 可观当且仅当 (A,C) 可观且传输零点条件 (2.3.15) 成立, 而 1.3.1 节的内容告诉我们: 传输零点条件和系统的输出调节关系密切. 因此, 系统 (2.3.11) 的输出调节和该系统关于 $\Omega(G)$ 的可观性之间有联系.

定理 2.3.11 设 $A \in \mathbb{R}^{n \times n}$, $G \in \mathbb{R}^{m \times m}$, (A,F) 是能稳的, 且 (2.3.14) 成立, 则系统 (2.3.11) 关于 $\Omega(G)$ 可观当且仅当系统 (2.3.11) 可输出调节, 即: 对任意的 $d, r \in \Omega(G)$, 存在控制器

$$u(t) = K_1 x(t) + K_2 v(t), \quad \dot{v}(t) = Gv(t), \quad (2.3.25)$$

其中 $K_1 \in \mathbb{R}^{1 \times n}$, $K_2 \in \mathbb{R}^{1 \times m}$, 使得系统 (2.3.11) 的解满足

$$|y(t) - r(t)| \to 0 \quad \text{当} \quad t \to +\infty. \tag{2.3.26}$$

证明 由 [67, p.11, Corollary 1.10], 存在控制器 (2.3.25) 实现输出调节当且仅当传输零点条件 (2.3.15) 成立. 由引理 2.3.4 可得本定理结论. □

定理 2.3.11 是非常重要的, 它说明我们可以利用分离性原理来为单输入单输出系统设计输出反馈调节器: ① 设计状态反馈调节器; ② 设计状态观测器. 只要系统 (2.3.11) 关于 $\Omega(G)$ 可观, 基于观测器的输出反馈调节在理论上总是可实现的.

2.3.3 扩张动态观测器及其适定性

设 $d \in W^{1,\infty}(\mathbb{R}^+)$, 考虑系统 (2.3.11) 的观测器设计问题. 由引理 2.3.5, 不妨假设 A, B, C, F, G 和 B_d 满足:

假设 2.3.1 令 n 和 m 是正整数, $F \in \mathbb{R}^n$, 矩阵或向量 A, B, C 由 (2.3.16) 给出, 其中 $b_1 = 1$, $b_2 = b_3 = \cdots = b_n = 0$. 设 $G, E \in \mathbb{R}^{m+1}$ 和 $B_d \in \mathbb{R}^{m+1}$ 为

$$G = \begin{bmatrix} 0 & 1 & 0 & \cdots & 0 \\ 0 & 0 & 1 & \cdots & 0 \\ \vdots & \vdots & \vdots & \ddots & \vdots \\ 0 & 0 & 0 & \cdots & 1 \\ 0 & g_1 & g_2 & \cdots & g_m \end{bmatrix}, \quad E = \begin{bmatrix} 0 \\ 0 \\ 0 \\ \vdots \\ 1 \end{bmatrix}, \quad B_d = \begin{bmatrix} 1 \\ 0 \\ 0 \\ \vdots \\ 0 \end{bmatrix}, \tag{2.3.27}$$

其中 $g_j \in \mathbb{R}$, $j = 1, 2, \cdots, m$ 使得

$$\sigma(G) \subset \mathbb{C}_+ := \{s \mid \mathrm{Re}\, s \geqslant 0\}. \tag{2.3.28}$$

为了在观测器中使用高增益工具, 假设 (2.3.27) 意味着 $0 \in \sigma(G)$, 从而对任意的 $g_j \in \mathbb{R}$, $j = 1, 2, \cdots, m$, 总有 $GB_d = 0$. 此外, 满足 (2.3.28) 的矩阵 G 包含大多数常见信号的动态, 例如: 谐波信号、多项式信号、指数信号以及它们的有限线性组合.

注意到 2.2.3 节的观测器设计方法, 系统 (2.3.11) 的扩张动态观测器设计如下:

$$\begin{cases} \dot{\hat{x}}(t) = [A + (K_{\omega_o} + SE)C]\hat{x}(t) + BQ\hat{v}(t) - (K_{\omega_o} + SE)y(t) + Fu(t), \\ \dot{\hat{v}}(t) = G\hat{v}(t) - EC\hat{x}(t) + Ey(t), \end{cases} \tag{2.3.29}$$

其中观测器参数矩阵 G, E, K_{ω_o}, S 和 Q 按照如下步骤选择:

- 根据假设 2.3.1 和干扰的先验信息确定 G 和 E(详细内容将在 2.3.4 节讨论);
- 选择

$$\begin{cases} K = [k_1 - a_1 \quad k_2 - a_2 \cdots k_n - a_n]^\top, \\ P = [p_0 \quad p_1 - g_1 \cdots p_m - g_m] \end{cases} \tag{2.3.30}$$

使得矩阵 $A + KC$ 和 $G + EP$ 是 Hurwitz 阵. 令

$$K_{\omega_o} = [k_1\omega_o^n - a_1 \quad k_2\omega_o^{n-1} - a_2 \quad \cdots \quad k_n\omega_o - a_n]^\top \tag{2.3.31}$$

且

$$P_{\omega_o} = [p_0\omega_o^{m+1} \quad p_1\omega_o^m - g_1 \quad \cdots \quad p_m\omega_o - g_m], \tag{2.3.32}$$

其中 ω_o 是正的调节参数;
- 解方程组

$$(A + K_{\omega_o}C)S - SG = BQ, \quad CS = P_{\omega_o}, \tag{2.3.33}$$

得到 $S \in \mathbb{R}^{n \times (m+1)}$ 和 $Q \in \mathbb{R}^{1 \times (m+1)}$.

为了证明观测器 (2.3.29) 的适定性, 我们首先给出如下引理:

引理 2.3.6 在假设 2.3.1下, 观测器 (2.3.29) 的参数矩阵 G, E, K_{ω_o}, S 和 Q 满足:

(i) 方程组 (2.3.33) 总是可解的;

(ii) 系统 (G, Q) 可观;

(iii) 对任意的 $s \in \mathbb{C}_+$, 存在独立于 ω_o, s 的正常数 C_K 和 C_A, 使得

$$\|[s - (A + K_{\omega_o}C)]^{-1}B\|_{\mathbb{R}^n} \leqslant \frac{C_K}{\omega_o}, \tag{2.3.34}$$

$$\frac{1}{|QB_d|} = \frac{1}{|k_1p_0|\omega_o^{n+m+1}} \tag{2.3.35}$$

且

$$\|C[s - (A + K_{\omega_o}C)]^{-1}\|_{\mathbb{R}^n} \leqslant \frac{C_A}{\omega_o^n}; \tag{2.3.36}$$

(iv) 对任意的 $s \in \mathbb{C}_+$, 存在独立于 ω_o, s 的正常数 C_G, 使得

$$\|[s - (G + EP_{\omega_o})]^{-1}E\|_{\mathbb{R}^{m+1}} \leqslant \frac{C_G}{\omega_o^{m+1}}, \quad \forall s \in \mathbb{C}_+; \tag{2.3.37}$$

(v) 如果 G 可对角化, 存在独立于 ω_o, s 的正常数 C_S 和 C_Q, 使得

$$\|Sv\|_{\mathbb{R}^n} \leqslant C_S\|v\|_{\mathbb{R}^{m+1}}\omega_o^{m+n}, \quad \forall v \in \mathbb{R}^{m+1} \tag{2.3.38}$$

且

$$|Q[s - (G + EP_{\omega_o})]^{-1}B_d| \leqslant C_Q \omega_o^{m+n}, \quad \forall s \in \mathbb{C}_+. \qquad (2.3.39)$$

证明　(i) 由于我们对 A, B, C 以及 K_{ω_o} 的恰当选择, 简单计算可知

$$\lambda \omega_o \in \sigma(A + K_{\omega_o}C) \quad \text{当且仅当} \quad \lambda \in \sigma(A + KC). \qquad (2.3.40)$$

注意到 $A + KC$ 是 Hurwitz 阵,

$$A + K_{\omega_o}C = \begin{bmatrix} 0 & 0 & \cdots & 0 & k_1\omega_o^n \\ 1 & 0 & \cdots & 0 & k_2\omega_o^{n-1} \\ 0 & 1 & \cdots & 0 & k_3\omega_o^{n-2} \\ \vdots & \vdots & \ddots & \vdots & \vdots \\ 0 & 0 & \cdots & 1 & k_n\omega_o \end{bmatrix} \qquad (2.3.41)$$

也是 Hurwitz 阵, (2.3.28) 意味着

$$\sigma(A + K_{\omega_o}C) \cap \sigma(G) = \varnothing. \qquad (2.3.42)$$

此外

$$[\lambda - (A + K_{\omega_o}C)]^{-1}B = \frac{\mathcal{K}_\lambda}{\rho_A(\lambda, \omega_o)}, \quad \lambda \in \mathbb{C}_+, \qquad (2.3.43)$$

其中

$$\mathcal{K}_\lambda = \begin{bmatrix} k_n\lambda^{n-2}\omega_o + \cdots + k_3\lambda\omega_o^{n-2} + k_2\omega_o^{n-1} - \lambda^{n-1} \\ k_n\lambda^{n-3}\omega_o + \cdots + k_3\omega_o^{n-2} - \lambda^{n-2} \\ \vdots \\ k_n\omega_o - \lambda \\ -1 \end{bmatrix}, \qquad (2.3.44)$$

$$\rho_A(\lambda, \omega_o) = k_n\lambda^{n-1}\omega_o + \cdots + k_2\lambda\omega_o^{n-1} + k_1\omega_o^n - \lambda^n. \qquad (2.3.45)$$

于是有

$$C[\lambda - (A + K_{\omega_o}C)]^{-1}B = \frac{-1}{\rho_A(\lambda, \omega_o)} \neq 0, \quad \forall \lambda \in \mathbb{C}_+. \qquad (2.3.46)$$

由 [102], (2.3.42) 和 (2.3.46), 方程组 (2.3.33) 可解.

　　(ii) 设 $Gh = \lambda h$, $Qh = 0$ 其中 $\lambda \in \sigma(G)$. 则方程组 (2.3.33) 中的 Sylvester 方程变为 $(A + K_{\omega_o}C - \lambda)Sh = BQh = 0$. 由 (2.3.42), 我们得出 $\lambda \notin \sigma(A + K_{\omega_o}C)$, 从而 $A + K_{\omega_o}C - \lambda$ 是可逆的. 所以, $Sh = 0$ 且 $CSh = P_{\omega_o}h = 0$. 由 [135, p. Remark 1.5.2], 当系统 (G, P_{ω_o}) 可观时, 我们有 $h = 0$. 再次利用 [135, p.15, Remark 1.5.2],

如果我们能够证明系统 (G, P_{ω_o}) 可观时, 系统 (G, Q) 也是可观的. 事实上, 对任意的 $Gv = \lambda v$ 和 $P_{\omega_o} v = 0$, 其中 $\lambda \in \sigma(G)$, 我们有 $(G + EP_{\omega_o})v = Gv = \lambda v$. 由于 $G + EP$ 是 Hurwitz 阵, 综合 (2.3.27) 和 (2.3.32) 可得矩阵 $G + EP_{\omega_o}$ 也是 Hurwitz 阵, 从而有

$$\lambda \omega_o \in \sigma(G + EP_{\omega_o}) \text{ 当且仅当} \lambda \in \sigma(G + EP). \tag{2.3.47}$$

由 (2.3.28) 和 $\lambda \in \sigma(G)$, 我们有 $\lambda \notin \sigma(G + EP_{\omega_o})$. 因此, $(G + EP_{\omega_o})v = \lambda v$ 意味着 $v = 0$. 利用 [135, p.15, Remark 1.5.2], 系统 (G, P_{ω_o}) 可观.

(iii) 由于 $A + K_{\omega_o}C$ 是 Hurwitz 阵, (2.3.41) 意味着 $k_1 \neq 0$. 因此, (2.3.34) 可以综合 (2.3.43), (2.3.44) 和 (2.3.45) 得到. 注意到 $GB_d = 0$, 由 (2.3.33) 可得

$$(A + K_{\omega_o}C)SB_d = BQB_d, \tag{2.3.48}$$

从而

$$P_{\omega_o}B_d = CSB_d = C(A + K_{\omega_o}C)^{-1}BQB_d. \tag{2.3.49}$$

由 (2.3.27) 和 (2.3.32) 得

$$P_{\omega_o}B_d = p_0\omega_o^{m+1}. \tag{2.3.50}$$

注意到系统 (G, Q) 可观并且 $GB_d = 0$, 由 Hautus 引理 [135, p.15, Remark 1.5.2] 可得 $QB_d \neq 0$. 于是, 综合 (2.3.46), (2.3.50) 和 (2.3.49) 可得 $p_0\omega_o^{m+1} \neq 0$ 并且

$$\frac{1}{QB_d} = \frac{C(A + K_{\omega_o}C)^{-1}B}{P_{\omega_o}B_d} = \frac{1}{k_1p_0\omega_o^{n+m+1}}. \tag{2.3.51}$$

从而 (2.3.35) 成立. 注意到 (2.3.41), 对任意的 $s \in \mathbb{C}_+$, 直接计算可得

$$C[s - (A + K_{\omega_o}C)]^{-1} = \frac{-1}{\rho_A(s, \omega_o)}[1 \quad s \quad \cdots \quad s^{n-1}]. \tag{2.3.52}$$

综合 (2.3.52) 和 (2.3.45) 容易推出 (2.3.36).

(iv) 直接计算可得

$$G + EP_{\omega_o} = \begin{bmatrix} 0 & 1 & \cdots & 0 \\ \vdots & \vdots & \ddots & \vdots \\ 0 & 0 & \cdots & 1 \\ p_0\omega_o^{m+1} & p_1\omega_o^m & \cdots & p_m\omega_o \end{bmatrix} \tag{2.3.53}$$

于是

$$[s - (G + EP_{\omega_o})]^{-1}E = \frac{-1}{\rho_G(s, \omega_o)}\begin{bmatrix} 1 \\ s \\ \vdots \\ s^m \end{bmatrix}, \quad s \in \mathbb{C}_+, \tag{2.3.54}$$

其中

$$\rho_G(s,\omega_o) = p_0\omega_o^{m+1} + p_1\omega_o^m s + \cdots + p_m\omega_o s^m - s^{m+1}. \tag{2.3.55}$$

因为 $G + EP_{\omega_o}$ 是 Hurwitz 阵, 我们有 $p_0 \neq 0$, 从而综合 (2.3.54) 和 (2.3.55) 可推出 (2.3.37).

(v) 由于矩阵 G 可对角化, 对任意的 $v \in \mathbb{R}^{m+1}$, 存在序列 $v_0, v_1, v_2, \cdots, v_m$ 使得 $v = \sum_{j=0}^m v_j\varepsilon_j$, 其中 $G\varepsilon_j = \lambda_j\varepsilon_j$, $\lambda_j \in \sigma(G)$, $j = 0, 1, 2, \cdots, m$. 由 (2.3.33), (2.3.43) 和 (2.3.46) 可得

$$S\varepsilon_j = (A + K_{\omega_o}C - \lambda_j)^{-1}BQ\varepsilon_j = -\frac{Q\varepsilon_j\mathcal{K}_{\lambda_j}}{\rho_A(\lambda_j,\omega_o)} \tag{2.3.56}$$

且

$$P_{\omega_o}\varepsilon_j = CS\varepsilon_j = C(A + K_{\omega_o}C - \lambda_j)^{-1}BQ\varepsilon_j = \frac{Q\varepsilon_j}{\rho_A(\lambda_j,\omega_o)}. \tag{2.3.57}$$

所以

$$Q\varepsilon_j = P_{\omega_o}\varepsilon_j\rho_A(\lambda_j,\omega_o), \quad j = 0, 1, \cdots, m, \tag{2.3.58}$$

该式结合 (2.3.56) 可推出

$$Sv = \sum_{j=0}^m v_j S\varepsilon_j = -\sum_{j=0}^m v_j P_{\omega_o}\varepsilon_j\mathcal{K}_{\lambda_j}. \tag{2.3.59}$$

综合 (2.3.44), (2.3.32) 和 (2.3.59), 我们容易得到 (2.3.38).

注意到 (2.3.53) 和 (2.3.27), 对任意的 $s \in \mathbb{C}_+$, 直接计算可得

$$\rho_G(s,\omega_o)[s - (G + EP_{\omega_o})]^{-1}B_d$$
$$= \begin{bmatrix} p_m s^{m-1}\omega_o + p_{m-1}s^{m-2}\omega_o^2 + \cdots + p_1\omega_o^m - s^m \\ -p_0\omega_o^{m+1} \\ -p_0\omega_o^{m+1}s \\ \vdots \\ -p_0\omega_o^{m+1}s^{m-1} \end{bmatrix}. \tag{2.3.60}$$

由 (2.3.55) 和 $p_0 \neq 0$, 存在不依赖 ω_o 和 s 的正常数 M_1 使得

$$\|G[s - (G + EP_{\omega_o})]^{-1}B_d\|_{\mathbb{R}^{m+1}} \leqslant M_1\|G\|, \quad \forall\, s \in \mathbb{C}_+. \tag{2.3.61}$$

所以, 由 (2.3.38), (2.3.36) 和 (2.3.61) 可得

$$|C[s - (A + K_{\omega_o}C)]^{-1}SG[s - (G + EP_{\omega_o})]^{-1}B_d| \leqslant C_S M_1\|G\|C_A\omega_o^m. \tag{2.3.62}$$

综合 (2.3.32), (2.3.55) 和 (2.3.60), 存在不依赖 ω_o 和 s 的正常数 M_2, 使得

$$|P_{\omega_o}[s - (G + EP_{\omega_o})]^{-1}B_d| \leqslant M_2\omega_o^m, \quad \forall\, s \in \mathbb{C}_+. \tag{2.3.63}$$

对任意的 $v \in \mathbb{R}^{m+1}$, 由 (2.3.33), (2.3.46) 和 (2.3.45) 可得

$$\begin{aligned}
Qv &= \frac{P_{\omega_o}v - C(A + K_{\omega_o}C)^{-1}SGv}{C(A + K_{\omega_o}C)^{-1}B}\\
&= -\rho_A(0, \omega_o)[P_{\omega_o}v - C(A + K_{\omega_o}C)^{-1}SGv]\\
&= -k_1\omega_o^n[P_{\omega_o}v - C(A + K_{\omega_o}C)^{-1}SGv].
\end{aligned} \tag{2.3.64}$$

所以, 存在不依赖 ω_o 的正常数 M_3, 使得

$$|Qv| \leqslant M_3\omega_o^n\Big[|P_{\omega_o}v| + |C(A + K_{\omega_o}C)^{-1}SGv|\Big], \quad \forall\, v \in \mathbb{R}^{m+1}. \tag{2.3.65}$$

综合该式和 (2.3.62), (2.3.63), 推出 (2.3.39). $\qquad\square$

定理 2.3.12 若假设 2.3.1成立, G 可对角化, 则系统 (2.3.11) 的扩张动态观测器 (2.3.29) 是适定的, 即: 对任意的干扰 $d \in W^{1,\infty}(\mathbb{R}^+)$ 和初值 $(\hat{x}(0), \hat{v}(0)) \in \mathbb{R}^n \times \mathbb{R}^{m+1}$ 以及任意的控制 $u \in L^2_{\mathrm{loc}}[0, \infty)$, 存在不依赖 ω_o 的正常数 M_1 使得

$$\lim_{t \to +\infty} \|x(t) - \hat{x}(t)\|_{\mathbb{R}^n} \leqslant \frac{M_1\|e\|_{W^{1,\infty}(\mathbb{R}^+)}}{\omega_o}, \tag{2.3.66}$$

其中 $e = (I - \mathbb{P}_G)d$, $\mathbb{P}_G$ 由 (2.3.5) 给出. 特别地, 存在不依赖 ω_o 的正常数 M_2 使得

$$\lim_{t \to +\infty} |d(t) - Q\hat{v}(t)| \leqslant \frac{M_2\|e\|_{W^{1,\infty}(\mathbb{R}^+)}}{\omega_o}. \tag{2.3.67}$$

证明 由引理 2.3.3, 系统 (2.3.11) 可以写成动态形式

$$\begin{cases}
\dot{x}(t) = Ax(t) + BQv(t) + Fu(t),\\
y(t) = Cx(t),\\
\dot{v}(t) = Gv(t) + \dfrac{B_d}{QB_d}\dot{e}(t).
\end{cases}$$

令

$$\tilde{x}(t) = x(t) - \hat{x}(t) \quad \text{和} \quad \tilde{v}(t) = v(t) - \hat{v}(t), \tag{2.3.68}$$

则误差满足如下系统

$$\begin{cases}
\dot{\tilde{x}}(t) = [A + (K_{\omega_o} + SE)C]\tilde{x}(t) + BQ\tilde{v}(t),\\
\dot{\tilde{v}}(t) = G\tilde{v}(t) - EC\tilde{x}(t) + \dfrac{B_d}{QB_d}\dot{e}(t).
\end{cases} \tag{2.3.69}$$

系统 (2.3.69) 可以写成抽象形式

$$\frac{d}{dt}[\tilde{x}(t)\ \ \tilde{v}(t)]^\top = \mathcal{A}[\tilde{x}(t)\ \ \tilde{v}(t)]^\top + \mathcal{B}\dot{e}(t), \tag{2.3.70}$$

其中

$$\mathcal{A} = \begin{bmatrix} A+(K_{\omega_o}+SE)C & BQ \\ -EC & G \end{bmatrix}, \quad \mathcal{B} = \frac{1}{QB_d}\begin{bmatrix} 0 \\ B_d \end{bmatrix}. \tag{2.3.71}$$

利用 (2.3.33) 中 Sylvester 方程的解 S, 我们引入如下变换

$$\begin{bmatrix} \check{x}(t) \\ \check{v}(t) \end{bmatrix} = \mathbb{P}\begin{bmatrix} \tilde{x}(t) \\ \tilde{v}(t) \end{bmatrix}, \quad \mathbb{P} = \begin{bmatrix} I_n & S \\ 0 & I_{m+1} \end{bmatrix}, \tag{2.3.72}$$

其中 I_n 和 I_{m+1} 分别是 $\mathbb{R}^n$ 和 $\mathbb{R}^{m+1}$ 上的单位矩阵. 由于我们特殊选取的 K_{ω_o}, E 和 S, 系统 (2.3.69) 可以转化为

$$\begin{cases} \dot{\check{x}}(t) = (A+K_{\omega_o}C)\check{x}(t) + \dfrac{SB_d}{QB_d}\dot{e}(t), \\[3mm] \dot{\check{v}}(t) = (G+EP_{\omega_o})\check{v}(t) - EC\check{x}(t) + \dfrac{B_d}{QB_d}\dot{e}(t). \end{cases} \tag{2.3.73}$$

记 (2.3.73) 的系统矩阵和输入矩阵分别为

$$\mathcal{A}_S = \begin{bmatrix} A+K_{\omega_o}C & 0 \\ -EC & G+EP_{\omega_o} \end{bmatrix}, \quad \mathcal{B}_S = \begin{bmatrix} \dfrac{SB_d}{QB_d} \\[3mm] \dfrac{B_d}{QB_d} \end{bmatrix}. \tag{2.3.74}$$

注意到 S 是 (2.3.33) 中 Sylvester 方程的解, 简单计算可知

$$\mathbb{P}\mathcal{A}\mathbb{P}^{-1} = \mathcal{A}_S \ \ \text{和} \ \ \mathcal{B}_S = \mathbb{P}\mathcal{B}, \tag{2.3.75}$$

对任意的 $s \in \mathbb{C}_+$, 直接计算可知

$$\mathbb{P}^{-1}(s-\mathcal{A}_S)^{-1}\mathcal{B}_S = \frac{1}{QB_d}\begin{bmatrix} [s-(A+K_{\omega_o}C)]^{-1}SB_d + SJ(s) \\ -J(s) \end{bmatrix}, \tag{2.3.76}$$

其中

$$\begin{aligned} J(s) = & -[s-(G+EP_{\omega_o})]^{-1}B_d \\ & + [s-(G+EP_{\omega_o})]^{-1}EC[s-(A+K_{\omega_o}C)]^{-1}SB_d. \end{aligned} \tag{2.3.77}$$

由 $GB_d = 0$ 和 (2.3.33) 得

$$SB_d = (A + K_{\omega_o}C)^{-1}BQB_d, \tag{2.3.78}$$

从而

$$\frac{[s - (A + K_{\omega_o}C)]^{-1}SB_d}{QB_d} = (A + K_{\omega_o}C)^{-1}[s - (A + K_{\omega_o}C)]^{-1}B. \tag{2.3.79}$$

由引理 2.3.6, 存在正常数 C_K 和 C_S 使得

$$\left\| \frac{[s - (A + K_{\omega_o}C)]^{-1}SB_d}{QB_d} \right\|_{\mathbb{R}^n} \leqslant \frac{C_K}{\omega_o^2} \tag{2.3.80}$$

且

$$\frac{\|SJ(s)\|_{\mathbb{R}^n}}{|QB_d|} \leqslant \frac{C_S\|J(s)\|_{\mathbb{R}^{m+1}}\omega_o^{m+n}}{\omega_o^{n+m+1}} = \frac{C_S\|J(s)\|_{\mathbb{R}^{m+1}}}{\omega_o}, \quad \forall s \in \mathbb{C}_+. \tag{2.3.81}$$

由 (2.3.55), (2.3.60) 以及 $p_0 \neq 0$, 存在常数 $C_J > 0$ 使得

$$\|J(s)\|_{\mathbb{R}^{m+1}} < C_J, \quad \forall s \in \mathbb{C}_+. \tag{2.3.82}$$

综合 (2.3.81), (2.3.82), (2.3.77), (2.3.80), (2.3.76) 和 (2.3.35), 我们得到

$$\|\mathbb{P}^{-1}(s - \mathcal{A}_S)^{-1}\mathcal{B}_S\|_{\mathbb{R}^n} \leqslant \frac{C_{\mathcal{A}}}{\omega_o}, \quad \forall s \in \mathbb{C}_+, \tag{2.3.83}$$

其中 $C_{\mathcal{A}}$ 是不依赖 ω_o 和 s 的正常数. 进一步, 由 (2.3.75) 得

$$\|(s - \mathcal{A})^{-1}\mathcal{B}\|_{\mathbb{R}^n} = \|\mathbb{P}^{-1}(s - \mathcal{A}_S)^{-1}\mathcal{B}_S\|_{\mathbb{R}^n} \leqslant \frac{C_{\mathcal{A}}}{\omega_o}, \quad \forall s \in \mathbb{C}_+. \tag{2.3.84}$$

因为矩阵 $A + K_{\omega_o}C$ 和 $G + EP_{\omega_o}$ 都是 Hurwitz 阵且分别满足 (2.3.47) 和 (2.3.40), 由 (2.3.75) 和 (2.3.74), 矩阵 $\mathcal{A}$ 也是 Hurwitz 的. 简单起见, 不妨设 $\sigma(A+KC) = \sigma(G+EP) = \{-1\}$, 则 $\sigma(\mathcal{A}) = \{-\omega_o\}$. 借助于引理 1.3.1, 存在不依赖 ω_o 的正常数 $L_{\mathcal{B}}$ 使得

$$\|e^{\mathcal{A}t}\mathcal{B}\|_{\mathbb{R}^n \times \mathbb{R}^{m+1}} \leqslant L_{\mathcal{B}}e^{-\omega_o t}, \quad t \geqslant 0. \tag{2.3.85}$$

解 (2.3.70) 得

$$\|(\tilde{x}(t), \tilde{v}(t))\|_{\mathbb{R}^n \times \mathbb{R}^{m+1}} = \left\| e^{\mathcal{A}t}(\tilde{x}(0), \tilde{v}(0))^{\top} + \int_0^t e^{\mathcal{A}(t-s)}\mathcal{B}\dot{e}(s)ds \right\|_{\mathbb{R}^n \times \mathbb{R}^{m+1}}$$
$$\leqslant L_{\mathcal{A}}e^{-\omega_o t}X_0 + L_{\mathcal{B}}\int_0^t e^{-\omega_o(t-s)}\|\dot{e}\|_{\infty}ds$$

$$\leqslant L_{\mathcal{A}}e^{-\omega_o t}X_0 + \frac{\|e\|_{W^{1,\infty}(\mathbb{R}^+)}L_{\mathcal{B}}}{\omega_o}, \tag{2.3.86}$$

其中 $X_0 = \|(\tilde{x}(0), \tilde{v}(0))\|_{\mathbb{R}^n \times \mathbb{R}^{m+1}}$, $L_{\mathcal{A}}$ 是正常数. 由于 (2.3.68) 和 (2.3.86), (2.3.66) 成立.

现在我们来证明 (2.3.67). 对任意的 $s \in \mathbb{C}_+$, 由 (2.3.76) 得

$$\mathcal{Q}\mathbb{P}^{-1}(s - \mathcal{A}_S)^{-1}\mathcal{B}_S = -\frac{QJ(s)}{QB_d}, \quad \mathcal{Q} = [0 \;\; Q]. \tag{2.3.87}$$

由 (2.3.37), (2.3.36) 和 (2.3.38), 存在常数 $M_4 > 0$ 使得, 对任意的 $s \in \mathbb{C}_+$,

$$\|[s - (G + EP_{\omega_o})]^{-1}EC[s - (A + K_{\omega_o}C)]^{-1}SB_d\|_{\mathbb{R}^{m+1}} \leqslant \frac{M_4}{\omega_o}. \tag{2.3.88}$$

由 (2.3.65), (2.3.32), (2.3.36) 和 (2.3.38), 存在常数 $M_5 > 0$ 使得

$$|Qv| = M_5\omega_o^{n+m+1}\|v\|_{\mathbb{R}^{m+1}}, \quad \forall\, v \in \mathbb{R}^{m+1}. \tag{2.3.89}$$

综合 (2.3.88) 和 (2.3.89) 可得

$$\left|Q[s - (G + EP_{\omega_o})]^{-1}EC[s - (A + K_{\omega_o}C)]^{-1}SB_d\right| \leqslant M_4M_5\omega_o^{n+m}, \quad \forall\, s \in \mathbb{C}_+,$$

该式结合 (2.3.39), (2.3.77), (2.3.35) 和 (2.3.87) 可推出

$$\left|\mathcal{Q}\mathbb{P}^{-1}(s - \mathcal{A}_S)^{-1}\mathcal{B}_S\right| = \left|\frac{QJ(s)}{|QB_d|}\right| \leqslant \frac{M_6}{\omega_o}, \tag{2.3.90}$$

其中 M_6 是不依赖于 ω_o 和 s 的正常数. 由 (2.3.75) 可得

$$\left|\mathcal{Q}(s - \mathcal{A})^{-1}\mathcal{B}\right| \leqslant \frac{M_6}{\omega_o}, \quad \forall\, s \in \mathbb{C}_+. \tag{2.3.91}$$

利用 (2.3.91) 和 Laplace 逆变换, 我们有

$$\lim_{\omega_o \to +\infty}|\mathcal{Q}e^{\mathcal{A}t}\mathcal{B}| = \frac{1}{2\pi i}\lim_{\omega_o \to +\infty}\lim_{T \to \infty}\int_{\gamma-iT}^{\gamma+iT}e^{st}\mathcal{Q}(s - \mathcal{A})^{-1}\mathcal{B}ds$$

$$= \frac{1}{2\pi i}\lim_{T \to \infty}\int_{\gamma-iT}^{\gamma+iT}e^{st}\lim_{\omega_o \to +\infty}\mathcal{Q}(s - \mathcal{A})^{-1}\mathcal{B}ds$$

$$= \frac{1}{2\pi i}\lim_{T \to \infty}\int_{\gamma-iT}^{\gamma+iT}e^{st}0ds = 0, \quad t > 0, \tag{2.3.92}$$

其中 γ 是使得积分收敛的常数. 注意到 $\Lambda_{\max}(\mathcal{A}) = -\omega_o$, (2.3.92) 意味着

$$|\mathcal{Q}e^{\mathcal{A}t}\mathcal{B}| \leqslant L_Q e^{-\omega_o t}, \quad t \geqslant 0, \tag{2.3.93}$$

其中 L_Q 是不依赖于 ω_o 的正常数. 所以, 系统 (2.3.69) 的解满足

$$\lim_{t\to+\infty}|Q\tilde{v}(t)| \leqslant \lim_{t\to+\infty}\left[|\mathcal{Q}e^{\mathcal{A}t}(\tilde{x}(0),\tilde{v}(0))^\top| + \left|\mathcal{Q}\int_0^t e^{\mathcal{A}s}\mathcal{B}\dot{e}(t-s)ds\right|\right]$$

$$\leqslant \lim_{t\to+\infty}\left|\int_0^t L_Q e^{-\omega_o s}|\dot{e}(t-s)|ds\right| \leqslant \frac{L_Q\|\dot{e}\|_\infty}{\omega_o},$$

$$(2.3.94)$$

该式结合 (2.3.3), (2.3.68) 和 (2.3.7) 可推出 (2.3.67). □

定理 2.3.12 适用于任意关于 $W^{1,\infty}(\mathbb{R}^+)$ 可观的系统 (2.3.11). 事实上, 当假设 2.3.1不满足时, 由引理 2.3.5, 存在可逆变换可将系统 (2.3.11) 化为标准型 (2.3.16), 于是假设 2.3.1 成立. 所以, 只要系统关于 $W^{1,\infty}(\mathbb{R}^+)$ 可观, 我们就可以设计观测器估计系统状态和干扰.

注 2.3.3 利用 (2.3.6), (2.3.66) 可以改写为

$$\lim_{t\to+\infty}\|x(t)-\hat{x}(t)\|_{\mathbb{R}^n} \leqslant \frac{M_1\|d\|_{W^{1,\infty}(\mathbb{R}^+)}\eta_G(d)}{\omega_o}, \qquad (2.3.95)$$

其中 $\eta_G(d)$ 是 d 在 $\Omega(G)$ 上的最佳逼近的相对误差. 由于 $\eta_G(d)$ 可以一定程度上度量 G 所包含 d 的动态, 增益 ω_o 可以表示观测器收敛速度, 因此, 当干扰给定时, 观测器稳态误差上界正比于 $\eta_G(d)(G$ 所包含 d 的动态), 反比于 ω_o(观测器收敛速度). 我们可以通过选择 G 来调节 $\eta_G(d)$ 的大小, 从而提高观测器精度. G 包含的干扰动态 "越多", 观测器 (2.3.29) 稳态误差就会越小. 特别地, 当 G 包含干扰的全部动态, 即: $\eta_G(d)=0$ 时, 观测器的稳态误差将变为零. 此时, 观测器 (2.3.29) 变为完全基于内模原理的观测器. 提高观测器精度的另一个方法是增加增益常数 ω_o, 这正和自抗扰控制中扩张状态观测器 [46](或高增益观测器 [45]) 一样. 然而, 在实际应用中, ω_o 不可能任意增大. 因此单独通过增加 ω_o 来提高观测器精度是不可行的.

注 2.3.4 当 $\eta_G(d)=0$ 时, 干扰动态完全已知. 利用调节方程组简单计算可知, 误差系统 (2.3.69) 的系统矩阵相似于 (2.3.74) 中的矩阵 A_S. 由于矩阵 A_S 的对角结构, 我们可以通过调节 K_{ω_o} 和 P_{ω_o} 使得系统 (2.3.69) 的极点任意配置. 这就意味着控制系统和干扰的动态信息得到了充分的利用.

注 2.3.5 当系统 (2.3.11) 中的干扰 $d \in L^2_{\text{loc}}[0,\infty)$ 是更符合实际情况的不可微干扰时, 扩张动态观测器 (2.3.29) 仍然可以发挥作用. 事实上, $W^{1,\infty}(\mathbb{R}^+)$ 在 $L^2_{\text{loc}}[0,\infty)$ 中是稠密的, 因此对任意的 $T>0$, 存在函数列 $d_k \in W^{1,\infty}(\mathbb{R}^+)$ 使得 $\lim_{k\to\infty}\|d_k-d\|_{L^2[0,T]}=0$. 另一方面, 系统 (2.3.11) 可以写成

$$\begin{cases} \dot{x}(t)=Ax(t)+Bd_k(t)+B\varepsilon(t)+Fu(t), \\ y(t)=Cx(t), \end{cases} \qquad (2.3.96)$$

其中 $\varepsilon(t) = d(t) - d_k(t)$. 当 k 充分大时, $\varepsilon(t)$ 可以非常小. 由于系统 (2.3.11) 的观测器中高增益的存在, $\varepsilon(t)$ 对观测器的影响是极其有限的.

2.3.4   动态选择

扩张动态观测器对干扰先验动态信息的利用体现在扩张动态 G 的选择上. 本节我们考虑扩张动态 G 的选取. 由注记 2.3.3, 如果只考虑观测器的稳态误差, 应该选择 G 使得 $\eta_G(d)$ 尽可能地小. 扩大矩阵 G 的阶数可以减小 $\eta_G(d)$ 的值, 但是由于高增益的存在, 高阶矩阵 G 可能给观测器瞬态响应带来负面影响, 容易产生 "超调" 和 "峰值" 现象. 从这个角度来看, 扩张动态矩阵 G 的阶数应该越小越好.

G 的选取应该依赖于人们对干扰 d 动态信息的掌握情况, 并兼顾观测器的综合性能. 首先考虑最坏的情况: 我们只知道干扰 d 的某种有界性, 即: $d \in W^{1,\infty}(\mathbb{R}^+)$. 简单起见并不失一般性, 考虑如下二阶系统

$$A = \begin{bmatrix} 0 & a_1 \\ 1 & a_2 \end{bmatrix}, \quad B = \begin{bmatrix} 1 \\ 0 \end{bmatrix}, \quad C = [0 \ \ 1], \tag{2.3.97}$$

其中 $a_j \in \mathbb{R}$, $j = 1, 2$. 从观测器瞬态响应的角度来看, 我们需要扩张动态的阶数尽可能地小. 因此, 在没有其他先验动态信息的前提下, 我们选 $G = 0$ 来利用干扰 d 中的常数动态信息. 由观测器 (2.3.29) 参数选择策略, 此时有

$$B_d = E = 1, \quad K_{\omega_0} = [\alpha_1 \omega_o^2 - a_1 \ \ \alpha_2 \omega_o - a_2]^\top, \quad P_{\omega_o} = \alpha_3 \omega_o, \tag{2.3.98}$$

其中 $\alpha_3 < 0$, 并且如下矩阵是 Hurwitz 阵:

$$\begin{bmatrix} 0 & \alpha_1 \\ 1 & \alpha_2 \end{bmatrix}. \tag{2.3.99}$$

解调节方程组 (2.3.33) 得

$$S = (A + K_{\omega_o}C)^{-1}BQ = [-\alpha_2\alpha_3\omega_o^2 \ \ \alpha_3\omega_o]^\top, \quad Q = \alpha_1\alpha_3\omega_o^3. \tag{2.3.100}$$

注意到 (2.3.29) 和 (2.3.97), 系统 (2.3.11) 的扩张动态观测器设计如下

$$\begin{cases} \dot{\hat{x}}_1(t) = a_1\hat{x}_2(t) + \alpha_1\alpha_3\omega_o^3\hat{v}(t) \\ \qquad\quad - [(\alpha_1 - \alpha_2\alpha_3)\omega_o^2 - a_1][y(t) - \hat{x}_2(t)] + u(t), \\ \dot{\hat{x}}_2(t) = \hat{x}_1(t) + a_2\hat{x}_2(t) - [(\alpha_2 + \alpha_3)\omega_o - a_2][y(t) - \hat{x}_2(t)], \\ \dot{\hat{v}}(t) = [y(t) - \hat{x}_2(t)]. \end{cases} \tag{2.3.101}$$

显然, 这是一个改进的扩张状态观测器, 它与 1.4.3 节中的观测器 (1.4.54) 之间差一个可逆变换. 此外, 当 a_1 和 a_2 为零时, 观测器 (2.3.101) 和自抗扰控制中扩张状态观测器 [46](或高增益观测器 [45]) 之间差一个可逆变换.

在大多数的工业应用中, 干扰的动态信息一般不会完全未知. 在观测器设计之前, 人们总会或多或少地掌握一些干扰动态信息. 这些信息不一定完全准确, 所以我们据此选择的动态矩阵 G 常常只包含干扰 d 的部分动态. 也就是说, 最佳逼近 $\mathbb{P}_G$ 的相对误差 $\eta_G(d)$ 常常介于 0 和 1 之间. 由注记 2.3.3, 这些不一定完全准确的先验信息仍然能帮助我们提高观测器的精度.

假设 $d \in W^{1,\infty}(\mathbb{R}^+)$, 并且大致知道 d 包含频率 $\omega_j, j = 1, 2, \cdots, N$. 此时, 干扰可以分解为两个部分 $d(t) = d_1(t) + d_2(t)$, 这里 $d_1(\cdot) \in W^{1,\infty}(\mathbb{R}^+)$ 的动态未知, 而 $d_2(\cdot)$ 的动态已知, 即

$$d_2(t) = \sum_{j=0}^{N} (a_j \cos \omega_j t + b_j \sin \omega_j t), \qquad (2.3.102)$$

其中 $a_j, b_j \in \mathbb{R}, j = 1, 2, \cdots, N$ 是未知振幅. 借助于已知的先验频率信息, 我们可以选择 $g_1, g_2, \cdots, g_{2N+1}$, 使得 (2.3.27) 中的矩阵 G 满足 $\sigma(G) = \{0, \pm\omega_j i \mid j = 1, 2, \cdots, N\}$, $m = 2N + 1$. 由 Vieta 定理, 参数 $g_1, g_2, \cdots, g_{2N+1}$ 的选择是容易完成的. 注意到 $d_2 \in \Omega(G)$, 由定理 2.3.12, $d_2(\cdot)$ 的负面作用完全被内模原理补偿, 因此观测器 (2.3.29) 的稳态误差上界此时正比于

$$\|(I - \mathbb{P}_G)d\|_{W^{1,\infty}(\mathbb{R}^+)} < \|d_1\|_{W^{1,\infty}(\mathbb{R}^+)}. \qquad (2.3.103)$$

如果干扰的频率 ω_j 很大, 那么 $\|\dot{d}\|_{\infty}$ 也会很大. 于是自抗扰控制方法很难处理这样的干扰, 因为观测器增益不可能任意大. 然而, 扩张动态观测器 (2.3.29) 却可以很好地工作, 因为高频干扰被扩张动态完全补偿了.

假设 $d \in W^{1,\infty}(\mathbb{R}^+)$ 是周期信号, 且其周期 T 已知. 由 Fourier 展开,

$$d(t) = \sum_{j=0}^{N} a_j \cos \frac{j\pi t}{T} + \sum_{j=N+1}^{\infty} a_j \cos \frac{j\pi t}{T} := d_2(t) + d_1(t), \qquad (2.3.104)$$

其中 a_j 是 Fourier 系数, $j = 0, 1, \cdots$. 由于 $\dot{d} \in L^{\infty}[0, \infty)$,

$$\dot{d}(t) = \sum_{j=1}^{\infty} \tilde{a}_j \sin \frac{j\pi t}{T}, \quad \tilde{a}_j = -a_j \frac{j\pi}{T}, \quad j = 0, 1, \cdots, \qquad (2.3.105)$$

这说明 $\tilde{a}_j \to 0$ 当 $j \to \infty$. 因此, 可以选择 N 充分大使得余项 $\|d_1\|_{W^{1,\infty}(\mathbb{R}^+)}$ 充分小. 由 (2.3.103), 调整 N 可以使得观测器稳态误差任意小. 如果我们知道 d 的

Fourier 展开的 N-项最佳逼近 ([18]), (2.3.104) 中 $d_2(\cdot)$ 可以由 d 的 N-项最佳逼近来代替. 这样可以大幅降低扩张动态 G 的阶数, 同时还能保证观测器的高精度. 由于最佳 N-项逼近有鲜明的非线性特征 ([18, Section 3.8]), 基于最佳 N-项逼近的扩张动态观测器本质上对干扰是非线性的, 尽管观测器本身的结构是线性的.

注 2.3.6　上述分析中将干扰分为 d_1 和 d_2 仅仅用于观测器性能分析. 在实际应用中, 我们很难知道哪些信号已知哪些信号未知. 干扰是作为一个整体存在于系统中的, 它仅仅是一个未知的信号. 扩张动态观测器的主要优点在于它可以自动地将干扰分成 "已知" 和 "未知" 两类. 事实上, 任意给定干扰信号 d, 扩张动态矩阵 G 决定的最佳逼近 $\mathbb{P}_G$ 可将 d 分为: $d = \mathbb{P}_G d + (d - \mathbb{P}_G d)$. $\mathbb{P}_G d \in \Omega(G)$ 是已知部分, 可以用内模原理完全补偿. 逼近误差 $d - \mathbb{P}_G d$ 作为未知部分可用高增益处理. 因此, 对干扰 d 的这种 "已知" 和 "未知" 的分类是用观测器的内在机理自动完成的.

2.3.5　动态信息利用和反馈线性化

现代控制理论大多以数学模型为出发点来设计控制策略, 然而数学模型并不总能够恰当地描述控制系统. 只要控制精度要求足够高, 几乎所有的控制系统都是非线性的 ([134]). 因此, 并不能奢求数学模型能完全地描述控制系统. 控制策略对模型的鲁棒性研究在一定程度上可以弥补数学模型不准确带来的问题, 但是这还远远不够, 基于模型提出的控制策略在实际控制应用中仍然存在很大的挑战. 自抗扰控制是一种不完全依赖于控制模型的控制技术. 它把未建模动态和外部干扰统称为 "总干扰", 并将其当作一个未知的信号来看待, 这使得自抗扰控制对控制模型有很强的鲁棒性.

在理论上, 自抗扰控制只需要总干扰满足某种有界性假设即可. 这一方面说明自抗扰控制的 "几乎无模型" 特性, 另一方面, 也说明它存在着先验信息的利用不充分问题. 例如: 干扰的频率信息无法在自抗扰控制中得到有效的利用. 从信息利用的角度来看, 假设条件少并不总是控制策略的优点, 因为这里存在着信息浪费的问题. 系统模型本身就是控制系统的一种先验信息, 不依赖于模型的控制往往会产生系统先验信息使用不充分的问题.

好的控制方法应该能够充分而合理地利用系统的信息, 针对信息掌握的不同程度有不同的控制策略. 这一思想与基于模型的控制方法和无模型控制方法大不相同, 是控制方法范式上的转变. 线性系统动态反馈理论是一种基于信息的控制方法, 它主要包括两个方面: ① 尽可能地在线提取系统和干扰的动态信息 (系统动态和干扰动态); ② 充分合理地利用先验动态信息和在线提取的动态信息. 扩张动态观测器只考虑了系统和干扰的先验动态信息的利用, 动态信息的提取涉及最优控制, 超出本书的范围, 在这里暂不做讨论.

控制系统的建模过程也是系统先验信息的利用过程, 控制策略设计必须要考虑已知或粗略已知的系统动态信息. 如果把未知动态 (包括复杂的非线性动态) 和外部干扰的动态都看作干扰 $d(t)$, 控制模型 (2.3.11) 可以描述极其广泛的一类控制系统. 已知的动态信息可以通过构建系统矩阵 A 来得以利用, 而未知的动态信息可以通过观测器 (2.3.29) 中的扩张动态 G 加以利用.

例 2.3.4 设真实的控制系统可用如下系统描述: (满足 "工业逼近" 的要求 ([134]))

$$\begin{cases} \ddot{\phi}(t) = a_1\phi(t) + a_2\dot{\phi}(t) + f\left(\phi(t),\dot{\phi}(t),t\right) + u(t), \\ y(t) = \phi(t), \end{cases} \quad (2.3.106)$$

其中 $a_1, a_2 \in \mathbb{R}$, f 是连续函数, y 是输出, u 是控制. 假设我们已知的先验信息是

- a_1, a_2; d 的某种有界性; 矩阵 G 包含 d 的部分动态信息.

如果选

$$A = \begin{bmatrix} 0 & 1 \\ a_1 & a_2 \end{bmatrix}, \quad B = F = \begin{bmatrix} 0 \\ 1 \end{bmatrix}, \quad C = [1\ 0], \quad (2.3.107)$$

则系统 (2.3.106) 可以写成 (2.3.11) 的形式, 其中

$$x(t) = [\phi(t)\ \dot{\phi}(t)]^\top, \quad d(t) = f\left(\phi(t),\dot{\phi}(t),t\right), \quad (2.3.108)$$

先验信息 "a_1, a_2 已知" 在 A 的选择中得以利用, 而 d 的动态信息将通过观测器 (2.3.29) 的扩张动态 G 利用. 在自抗扰控制中, 通常把 $a_1\phi(t) + a_2\dot{\phi}(t) + f\left(\phi(t),\dot{\phi}(t),t\right)$ 当作总干扰, 但这意味着先验信息 "a_1, a_2 已知" 和 "G 包含 d 的部分动态" 没有得到充分的利用.

如果将未知动态看作一个信号 d, 我们就可以通过 "反馈线性化" 的方法避免复杂的非线性系统结构. 这一想法来源于文献 [45] 和 [64]. 事实上, 当观测器 (2.3.29) 观测出系统状态 $x(t)$ 和干扰 $d(t)$(即: (2.3.66) 和 (2.3.67) 成立) 之后, 如果 $B = F$, 系统 (2.3.11) 的控制器可以自然地设计为

$$u(t) = -Q\hat{v}(t) + L\hat{x}(t), \quad (2.3.109)$$

其中 $\hat{v}(t)$ 和 $\hat{x}(t)$ 来自观测器 (2.3.29), $Q\hat{v}(t)$ 用来补偿干扰 d, $L \in \mathbb{R}^{1\times n}$ 使得 $A + BL$ 是 Hurwitz 阵, $L\hat{x}(t)$ 用来镇定系统 (A, B). 系统 (2.3.11), 观测器 (2.3.29) 和控制器 (2.3.109) 组成的闭环系统为

$$\begin{cases} \dot{x}(t) = Ax(t) + B[d(t) - Q\hat{v}(t) + L\hat{x}(t)], \\ \dot{\hat{x}}(t) = [A + (K_{\omega_o} + SE)C]\hat{x}(t) - (K_{\omega_o} + SE)y(t) + BL\hat{x}(t), \\ \dot{\hat{v}}(t) = G\hat{v}(t) - EC\hat{x}(t) + Ey(t). \end{cases} \quad (2.3.110)$$

控制器 (2.3.109) 的设计依据正是干扰的估计/消除策略. 显然, 这一策略的核心问题是干扰和状态的估计. 干扰被补偿之后, 闭环系统几乎是一个线性系统. 根据分离性原理和观测器的适定性, 闭环系统 (2.3.110) 的稳定性几乎是显然的.

定理 2.3.13 在假设 2.3.1下, 设 G, E, K_{ω_o}, S, Q 和 ω_o 来自观测器 (2.3.29), 并且满足定理 2.3.12的假设条件, 则对任意的干扰 $d \in W^{1,\infty}(\mathbb{R}^+)$ 和任意的初值 $(x(0), \hat{x}(0), \hat{v}(0)) \in \mathbb{R}^n \times \mathbb{R}^n \times \mathbb{R}^{m+1}$, 存在不依赖 ω_o 的正常数 M 和 ω_c 使得闭环系统 (2.3.110) 的解满足:

$$\lim_{t \to +\infty} \|x(t)\|_{\mathbb{R}^n} \leqslant \frac{M\|e\|_{W^{1,\infty}(\mathbb{R}^+)}}{\omega_o \omega_c}, \tag{2.3.111}$$

其中 $e = (I - \mathbb{P}_G)d$, $\mathbb{P}_G$ 由 (2.3.5) 给出. 特别地, 当 $d \in \Omega(G)$ 时, 存在 $\omega > 0$, 使得闭环系统 (2.3.110) 的解满足:

$$\lim_{t \to +\infty} e^{\omega t}\|(x(t), \hat{x}(t), \hat{v}(t))\|_{\mathbb{R}^{n+n+m+1}} = 0. \tag{2.3.112}$$

证明 直接计算可得

$$\dot{x}(t) = (A + BL)x(t) + B[d(t) - Q\hat{v}(t)] - BL[x(t) - \hat{x}(t)]. \tag{2.3.113}$$

由于 $A + BL$ 是 Hurwitz 阵, 因此存在 $\omega_c > 0$ 和 $L_A > 0$ 使得

$$\|e^{(A+BL)t}\| \leqslant L_A e^{-\omega_c t}, \quad t \geqslant 0. \tag{2.3.114}$$

所以, 由 (2.3.113) 和 (2.3.114) 可得

$$\|x(t)\|_{\mathbb{R}^n} \leqslant \|e^{(A+BL)t}x(0)\|_{\mathbb{R}^n} + L_A\|B\|_{\mathbb{R}^n}\int_0^t e^{-\omega_c(t-s)}\mathcal{F}(s)ds, \tag{2.3.115}$$

其中

$$\mathcal{F}(s) = [d(s) - Q\hat{v}(s)] - L[x(s) - \hat{x}(s)], \quad \forall s \geqslant 0. \tag{2.3.116}$$

注意到 (2.3.66) 和 (2.3.67), 存在 $M_3 > 0$ 使得

$$\lim_{t \to +\infty} |\mathcal{F}(t)| \leqslant \frac{M_3\|e\|_{W^{1,\infty}(\mathbb{R}^+)}}{\omega_o}, \tag{2.3.117}$$

其中 $e = (I - \mathbb{P}_G)d$, $\mathbb{P}_G$ 由 (2.3.5) 给出. 于是由 (2.3.117) 可得

$$\left|\lim_{t \to +\infty}\int_0^t e^{-\omega_c(t-s)}\mathcal{F}(s)ds\right| \leqslant \lim_{t \to +\infty}\int_0^t e^{-\omega_c s}|\mathcal{F}(t-s)|\,ds$$
$$\leqslant \frac{M_3\|e\|_{W^{1,\infty}(\mathbb{R}^+)}}{\omega_c \omega_o}. \tag{2.3.118}$$

注意到 $A + BL$ 是 Hurwitz 阵, (2.3.111) 可由 (2.3.118) 和 (2.3.115) 得到.

若令

$$z(t) = \begin{bmatrix} \hat{x}(t) \\ \hat{v}(t) \end{bmatrix}, \quad \mathcal{Q} = \begin{bmatrix} L & -Q \end{bmatrix}, \quad \mathcal{P} = \begin{bmatrix} -(K_{\omega_o} + SE) \\ E \end{bmatrix}, \tag{2.3.119}$$

则闭环系统 (2.3.119) 可以写为抽象形式:

$$\begin{cases} \dot{x}(t) = Ax(t) + B[d(t) + \mathcal{Q}z(t)], \\ \dot{z}(t) = \mathcal{G}z(t) + \mathcal{P}y(t), \end{cases} \tag{2.3.120}$$

其中

$$\mathcal{G} = \begin{bmatrix} A + BL + (K_{\omega_o} + SE)C & 0 \\ -EC & G \end{bmatrix}. \tag{2.3.121}$$

这说明基于扩张动态观测器的输出反馈 (2.3.109) 包含了动态 $\mathcal{G}$ (见定义 2.2.2). 注意到 $\Omega(G) \subset \Omega(\mathcal{G})$, 由定理 2.2.7, 只需证明当 $d = 0$ 时, 系统 (2.3.120) 稳定即可, 换言之, 只需证明如下系统稳定:

$$\begin{cases} \dot{x}(t) = Ax(t) + B[-Q\hat{v}(t) + L\hat{x}(t)], \\ \dot{\hat{x}}(t) = (A + BL)\hat{x}(t) - (K_{\omega_o} + SE)C[x(t) - \hat{x}(t)] + BL\hat{x}(t), \tag{2.3.122} \\ \dot{\hat{v}}(t) = G\hat{v}(t) + EC[x(t) - \hat{x}(t)]. \end{cases}$$

令

$$\begin{bmatrix} \tilde{x}(t) \\ \tilde{v}(t) \end{bmatrix} = \begin{bmatrix} x(t) - \hat{x}(t) \\ -\hat{v}(t) \end{bmatrix}, \tag{2.3.123}$$

则系统 (2.3.122) 稳定当且仅当如下系统稳定

$$\begin{cases} \dot{x}(t) = (A + BL)x(t) + BQ\tilde{v}(t) - BL\tilde{x}(t), \\ \dot{\tilde{x}}(t) = [A + (K_{\omega_o} + SE)C]\tilde{x}(t) + BQ\tilde{v}(t), \tag{2.3.124} \\ \dot{\tilde{v}}(t) = G\tilde{v}(t) - EC\tilde{x}(t). \end{cases}$$

注意到 (2.3.124) 中 $(\tilde{x}, \tilde{v})$-系统和观测器的误差系统 (2.3.69) 有相同的系统矩阵:

$$\begin{bmatrix} A + (K_{\omega_o} + SE)C & BQ \\ -EC & G \end{bmatrix}. \tag{2.3.125}$$

由定理 2.3.12 的证明, 该矩阵是 Hurwitz 阵, 从而 $(\tilde{x}, \tilde{v})$-系统是稳定的. 又因为 $A + BL$ 是 Hurwitz 阵, 所以系统 (2.3.124), 或者等价地, 系统 (2.3.122) 是稳定的. 定理得证. □

注 2.3.7　由于随机因素的存在, 实际应用中的大多数干扰是有界、连续, 但几乎处处不可微的. 此时, 我们将 (2.3.11) 中的干扰分为两部分,

$$d(t) = d_0(t) + \xi(t), \tag{2.3.126}$$

其中 $d_0 \in W^{1,\infty}(\mathbb{R}^+)$, ξ 是白噪声. 白噪声不具有任何动态信息, 我们无法估计, 但是, 如果控制器中的高增益可以抑制白噪声, 基于扩张动态观测器的控制器仍然有效. 此时, 观测器实质上估计的是动态干扰 d_0. 此外, 输出 (测量) 信号中的随机干扰也是应该考虑的问题. 借助于随机微分方程的数学工具, 本节的内容可以做相应的平行推广, 可参照文献 [153]–[156] 等.

2.3.6　扩张动态微分器

本节考虑一种新的微分器设计, 它是扩张动态观测器的一个直接应用. 微分器是提取给定信号微分信息的装置, 由于测量信号不可避免地带有高频干扰, 因此直接将信号微分是不可行的. 我们需要设计微分器来逼近真实信号的微分. 微分器的设计过程本质上是一种信号动态信息的利用过程. 一般地, 除了测量信号本身的在线信息之外, 人们通常会对测量信号有一个粗略的先验认识, 例如: 信号的光滑性、有界性、周期性等等. 这些粗略的认识对我们提取信号的导数信息是有帮助的, 然而, 现有的微分器却很少利用这些粗略的信息. 理想的微分器应该满足如下特点: ① 充分、合理地利用测量信号的各种动态信息 (包括在线信息和先验信息); ② 微分器适用的信号应该足够广泛 (当先验信息不充分时, 微分器仍然能够工作, 信息利用越充分, 微分器的精度就越高).

微分器的研究已经有大量的文献, 例如: [87], [88], [32], [54], [56], [48], [24], [69] 等. 这些微分器没有充分利用信号的先验信息 (只利用了信号的某种有界性). 本节提出的扩张动态微分器正好可以弥补这一缺点, 信号的先验动态信息得以充分的利用. 扩张动态微分器本质上是通过 "积分" 来提取给定信号微分信息的. 由于积分作用对高频噪声不敏感, 因此微分器可以一定程度上克服微分控制 "放大噪声" 的缺点. 与 1.4.4 节中线性微分器与扩张状态观测器之间的关系类似, 本节的扩张动态微分器可以看作扩张动态观测器的特殊情况. 下面, 我们将根据扩张动态观测器 (2.3.29) 来设计微分器.

设 $(\mathcal{A}, \mathcal{B}, \mathcal{C})$ 是一个单输入、单输出系统. 假设微分器具有如下模式

$$\begin{cases} \dot{X}(t) = \mathcal{A}X(t) + \mathcal{B}r(t), \\ Y(t) = \mathcal{C}X(t), \end{cases} \tag{2.3.127}$$

其中 r 是输入信号, Y 是微分器的输出. 微分器的设计归结为: 设计系统 $(\mathcal{A}, \mathcal{B}, \mathcal{C})$ 使得输出 Y 在某种意义下收敛到 $\dot{r}$.

令 $x(t) = r(t)$, 考虑标量系统

$$\dot{x}(t) = d(t), \quad d(t) = \dot{r}(t). \tag{2.3.128}$$

如果将 d 看作系统干扰, 那么就可以按照观测器 (2.3.29) 的设计步骤为系统 (2.3.128) 设计扩张动态观测器. 对比一般的观测系统 (2.3.11), 系统 (2.3.128) 对应的系统矩阵、输出矩阵、控制输入矩阵和干扰输入矩阵分别为 $A = 0$, $C = 1$, $F = 0$ 和 $B = 1$. 于是系统 (2.3.128) 的扩张动态观测器为

$$\begin{cases} \dot{\hat{x}}(t) = (K_\gamma + SE)\hat{x}(t) + Q\hat{v}(t) - (K_\gamma + SE)x(t), \\ \dot{\hat{v}}(t) = G\hat{v}(t) - E\hat{x}(t) + Ex(t), \end{cases} \tag{2.3.129}$$

其中观测器参数矩阵 G, E, K_γ, S 和 Q 按照如下步骤选择:

- 根据假设 2.3.1和 r 的先验信息确定 G 和 E;
- 选择 $P = [p_0 \quad p_1 - g_1 \quad \cdots \quad p_m - g_m]$ 使得矩阵 $G + EP$ 是 Hurwitz 阵. 令 $K_\gamma = -\gamma$ 且

$$P_\gamma = [p_0\gamma^{m+1} \quad p_1\gamma^m - g_1 \quad \cdots \quad p_m\gamma - g_m], \tag{2.3.130}$$

  其中 γ 是正的调节参数;

- 令

$$Q = -S(\gamma + G), \quad S = P_\gamma, \tag{2.3.131}$$

化简观测器 (2.3.129) 可得

$$\begin{cases} \dot{\hat{x}}(t) = -P_\gamma(\gamma + G)\hat{v}(t) + (\gamma - P_\gamma E)[r(t) - \hat{x}(t)], \\ \dot{\hat{v}}(t) = G\hat{v}(t) + E[r(t) - \hat{x}(t)]. \end{cases} \tag{2.3.132}$$

令

$$\begin{cases} \mathcal{A} = \begin{bmatrix} P_\gamma E - \gamma & -P_\gamma(\gamma + G) \\ -E & G \end{bmatrix}, \quad \mathcal{B} = \begin{bmatrix} \gamma - P_\gamma E \\ E \end{bmatrix}, \\ \mathcal{C} = \begin{bmatrix} 0 & -P_\gamma(\gamma + G) \end{bmatrix}, \end{cases} \tag{2.3.133}$$

其中 G 和 E 由 (2.3.27) 给出, γ 是正的调节参数, $P = [p_0 \quad p_1 - g_1 \quad \cdots \quad p_m - g_m]$ 使得矩阵 $G + EP$ 是 Hurwitz 阵, P_γ 由 (2.3.130) 给出. 所以, 系统 $(\mathcal{A}, \mathcal{B}, \mathcal{C})$ 通过系统 (2.3.127) 确定了一个线性微分器.

定理 2.3.14 设系统 $(\mathcal{A}, \mathcal{B}, \mathcal{C})$ 由 (2.3.133) 给出, 则对任意的 $r \in W^{1,\infty}(\mathbb{R}^+)$ 和 $\gamma > 0$, 存在不依赖 γ 的正常数 M_1 使得微分器 (2.3.127) 满足

$$\lim_{t \to +\infty} |\dot{r}(t) - \mathcal{C}X(t)| \leqslant \frac{M_1\|e\|_{W^{1,\infty}(\mathbb{R}^+)}}{\gamma}, \tag{2.3.134}$$

其中 $e = (I - \mathbb{P}_G)\dot{r}$, $\mathbb{P}_G$ 由 (2.3.5) 给出.

证明　令 $S = P_\gamma$, $Q = -P_\gamma(\gamma + G)$, 则直接计算可知 (S, Q) 是调节方程组 (2.3.33) 的解, 其中 $A = 0$, $B = C = 1$. 将定理 2.3.12应用于系统 (2.3.128) 可得结论 (2.3.134).　　　　　　　　　　　　　　　　　　□

由第 2.3.4 节, 微分器的扩张动态 G 可以根据信号 r 的先验信息来选取. 例如: 如果已知信号 r 包含频率 ω, 则可选择

$$G = \begin{bmatrix} 0 & 1 & 0 \\ 0 & 0 & 1 \\ 0 & -\omega^2 & 0 \end{bmatrix}. \tag{2.3.135}$$

这样 r 中频率为 ω 的部分就不会对微分器误差产生影响. 当 ω 足够大时, $\ddot{r}$ 也会非常大, 由于微分器的增益不能无限增大, 因此一般的高增益微分器处理高频信号的能力非常有限, 而扩张动态微分器恰好可以弥补高增益微分器的这一弱点.

实际应用中, 测量信号不可避免地会带有误差, 下面定理表明扩张动态微分器对高频噪声不敏感.

定理 2.3.15　设系统 $(\mathcal{A}, \mathcal{B}, \mathcal{C})$ 由 (2.3.133) 给出, 则该系统的传递函数 $\mathcal{G}_\gamma(s) = \mathcal{C}(s - \mathcal{A})^{-1}\mathcal{B}$ 满足:

$$\mathcal{G}_\gamma(s) = \frac{s}{(s + \gamma)\rho_G(s, \gamma)} P_\gamma(\gamma + G) \begin{bmatrix} 1 \\ s \\ \vdots \\ s^n \end{bmatrix}, \quad s \in \rho(\mathcal{A}), \tag{2.3.136}$$

其中

$$\rho_G(s, \gamma) = p_0\gamma^{m+1} + p_1\gamma^m s + \cdots + p_m\gamma s^m - s^{m+1}. \tag{2.3.137}$$

进一步, 系统的幅频特性满足

$$\lim_{\omega \to +\infty} |\mathcal{G}_\gamma(i\omega)| = 0, \quad \forall\, \gamma > 0. \tag{2.3.138}$$

证明　令

$$\mathbb{P} = \begin{bmatrix} 1 & P_\gamma \\ 0 & I_{m+1} \end{bmatrix}, \tag{2.3.139}$$

其中 I_{m+1} 是 $\mathbb{R}^{m+1}$ 上的单位矩阵. 直接计算可得

$$\mathbb{P}\mathcal{A}\mathbb{P}^{-1} = \begin{bmatrix} -\gamma & 0 \\ -E & G + EP_\gamma \end{bmatrix}, \quad \mathbb{P}\mathcal{B} = \begin{bmatrix} \gamma \\ E \end{bmatrix}, \quad \mathcal{C}\mathbb{P}^{-1} = \mathcal{C}. \tag{2.3.140}$$

于是, 对任意的 $s \in \rho(\mathcal{A})$,

$$\mathcal{G}_\gamma(s) = -P_\gamma(\gamma + G)\left(1 - \frac{\gamma}{s+\gamma}\right)[s - (G + EP_\gamma)]^{-1}E. \qquad (2.3.141)$$

注意到 (2.3.54) 和 (2.3.55), 我们有

$$[s - (G + EP_\gamma)]^{-1}E = \frac{-1}{\rho_G(s,\gamma)}\begin{bmatrix} 1 \\ s \\ \vdots \\ s^m \end{bmatrix}, \quad s \in \rho(\mathcal{A}), \qquad (2.3.142)$$

其中 $\rho_G(s,\gamma)$ 由 (2.3.137) 给出. 由于 $\rho_G(s,\gamma)$ 是关于 s 的 $m+1$ 阶多项式, 所以综合 (2.3.142) 和 (2.3.141) 可得 (2.3.136) 和 (2.3.138). $\qquad \square$

注 2.3.8 由定理 2.3.12, 定理 2.3.14 中的微分器还满足:

$$\lim_{t \to +\infty} |[1 \quad 0 \quad \cdots \quad 0]X(t) - r(t)| \leqslant \frac{M\|e\|_{W^{1,\infty}(\mathbb{R}^+)}}{\gamma^2}, \qquad (2.3.143)$$

其中 M 是与 γ 无关的正常数. 这说明微分器同时实现了信号的跟踪. 然而, (2.3.143) 给出的跟踪误差上界并不精致. 事实上, 跟踪误差上界还和 G 的阶数有关, 其推导过程和线性高增益微分器类似, 有兴趣的读者可以类比文献 [58].

注 2.3.9 定理 2.3.14 中的微分器也可以从频域的角度来证明. 事实上, 由定理 2.3.15 可知, 微分器 (2.3.127) 的传递函数为 (2.3.136). 简单计算可得

$$\lim_{\gamma \to +\infty} \mathcal{G}_\gamma(s) = s, \quad \forall s \in \rho(\mathcal{A}). \qquad (2.3.144)$$

这就说明系统 (2.3.127) 的输出 $Y(t)$ 可以逼近输入信号 r 的导数. 虽然时域分析比频域分析复杂, 但是却可以给出更精细的稳态误差估计 (2.3.134).

现有的大多数微分器只利用了信号及其导数的有界性信息, 存在一定程度的先验信息浪费. 扩张动态微分器可以充分利用信号的先验动态信息, 这使得微分器精度可以大幅提升. 特别是对频带范围粗略已知的高频信号, 扩张动态微分器有很大的优势. 微分器的性能比较将在 2.4 节详细讨论.

2.4 策略选择与数值仿真

本节主要比较动态补偿理论和现有方法, 并给出数值仿真. 控制策略的优劣比较是一个非常复杂的问题, 简单枚举一个或多个控制算例并不足以说明控制策略的优劣. 给定某个实际控制问题, 我们究竟应该选择哪一种控制方法呢? 现代控制理论发展了 60 多年, 为什么 PID 控制仍然主导工业界控制领域 ([1])? 动态补偿理论的优势主要体现在哪里? 本节将带着这些问题分析、验证动态补偿理论.

2.4.1　扩张动态微分器的性能分析

微分器的性能是多种性能指标的综合, 例如: 瞬态响应、精度、收敛速度、对干扰的鲁棒性等等. 我们不能奢望找到一种微分器在所有的性能指标上都优于其他微分器. 实际中, 不同的微分器往往各具特点, 各有所长. 科学地量化综合性能指标进行微分器性能比较是一件非常复杂的事情. 微分器的比较大多还是针对某个性能指标的比较. 在主要性能指标比较的基础上, 基于经验选择微分器是一种相对可行的办法. 本节主要关注的微分器性能指标是: 微分器精度 (稳态误差).

如果参考信号 r 完全未知, 任何给定的微分器都不能确保对 r 有效. 因此, 不知道任何先验信息的参考信号是无法确切地设计微分器的. 也就是说, 微分器的设计要建立在参考信号的先验信息的基础之上. 现有的大多数微分器, 如 [24, 32, 48, 54, 69, 87, 88] 等, 都建立在参考信号的某种有界性先验假设基础之上, 只需要知道很少的先验信息即可完成信号的微分. 这说明微分器适用的信号非常广泛. 然而任何事物都有两面性, 微分器适用的广泛性优点背后隐藏着微分器的一个缺点: 参考信号先验信息利用不够充分. 例如: 考虑 [54] 中高增益微分器 (记作 HGTD) 对下面信号的微分:

$$r(t) = a\sin\omega t + b\cos\omega t + f(t), \quad a, b \in \mathbb{R}, \quad \omega > 0,$$

其中 $f \in H^2_{\mathrm{loc}}[0, +\infty)$. 假设我们知道 ω, $\|f\|_{W^{1,\infty}(\mathbb{R}^+)}$ 和 $\|\dot{f}\|_{W^{1,\infty}(\mathbb{R}^+)}$(其他信息未知), 则信号 r 满足 HGTD 假设要求, 但是, 频率信息 "ω 已知" 在 HGTD 没有得到充分地利用. 如果 ω 对 $\dot{r}$ 的影响很大, 该频率信息的浪费将可能严重影响微分器精度. 事实上, 当 ω 很大时, $\|\dot{r}\|_\infty$ 也很大, HGTD 需要很大的增益才能达到满意的精度, 而实际中微分器的增益不可能任意增大.

目前, 大多数微分器只强调了微分器适用信号的广泛性, 而忽略了先验信息的优化利用. 设计微分器之前, 人们总是或多或少地掌握一些参考信号的先验信息. 直观上来看, 如果某个微分器存在先验信息的浪费, 那么该微分器必然还有性能提升的空间. 据此, 我们从信息利用的角度分析微分器的性能. 微分器的设计应该紧密依赖于参考信号的先验信息, 好的微分器应该具备两个特征: ① 可以充分而合理地利用信号的先验信息; ② 当信号先验信息很少时, 微分器仍然可以工作, 即: 微分器适用的信号范围足够广泛. 2.3.6 节提出的扩张动态微分器正是在此观念下设计的, 它不但关注参考信号动态信息的充分利用, 而且当参考信号先验动态信息不足时 (和其他微分器一样, 只知道信号的某种有界性), 它仍然可以正常工作. 因此, 扩张动态微分器兼顾了动态信息的充分利用和适用信号的广泛性.

记扩张动态微分器 (2.3.127) 为 EDTD, 其中 $(\mathcal{A}, \mathcal{B}, \mathcal{C})$ 由 (2.3.133) 给出. 假设实际中需要微分的参考信号为: $r(t) = 1 + \cos\omega t$, 其中 ω 是频率. 取 $\omega = 20$, EDTD 的调节增益选为 $\gamma = 50$. 由于频率相对较高, 一般的高增益微分器需要很

大的增益常数才能达到满意的精度, 而 EDTD 调节增益却相对较小. 按照已知的 r 的先验信息, 我们分三种情况来比较微分器的性能:

情况一 $\|r\|_{W^{1,\infty}(\mathbb{R}^+)}, \|\dot{r}\|_{W^{1,\infty}(\mathbb{R}^+)}$ 已知;

情况二 $\|r\|_{W^{1,\infty}(\mathbb{R}^+)}, \|\dot{r}\|_{W^{1,\infty}(\mathbb{R}^+)}$ 已知, 且知道频率 ω 的一个估计 $\hat{\omega} = 95\%\omega$, 即: 已知 $\hat{\omega} \approx \omega$;

情况三 ω 已知.

我们用 Matlab 对这三种情况分别进行数值模拟, 离散采用显式欧拉格式, 步长选为 0.001, EDTD 的初值都为零, (2.3.133) 中其他参数和相应的仿真结果参见表 2.1.

表 2.1   (2.3.133) 中其他参数和相应的仿真结果

情况一	情况二	情况三
$G = 0$	$\sigma(G) = \{0, \pm\hat{\omega}i\}$	$\sigma(G) = \{0, \pm\omega i\}$
$E = 1$	$E = [0\ 0\ 1]^\top$	$E = [0\ 0\ 1]^\top$
$P = -1$	$P = [-1, 358, -3]$	$P = [-1\ 397\ -3]^\top$
$P_\gamma = -50$	$P_\gamma = -[125000, 7139, 150]$	$P_\gamma = -[125000, 7100, 150]$
图 2.1(a)	图 2.2(a)	图 2.1(b)

从数值仿真可以看出, 在调节增益一定的前提下, 微分器精度随着信号先验信息的增多而提高. 当信号动态信息完全已知时, 微分器稳态误差为零. 由于利用了先验频率估计 $\hat{\omega}$, 情况二明显优于情况一. 注意到情况一恰好是传统的高增益微分器, 因此, EDTD 可以看作 HGTD 的一种推广. 为了验证 EDTD 对测量噪声的敏感性, 我们在情况二中对参考信号 r 加入白噪声, 即: 输入微分器的信号为 $r(t) = 0.1\xi(t)$, 其中 $\xi(t)$ 是 Matlab 中 "randn" 函数生成的白噪声. 仿真结果见图 2.2(b). 可以看出, 微分器对测量噪声不敏感, 但需要指出的是, 微分器在初始时刻会出现峰值现象, 这与高增益 γ 和扩张动态矩阵 G 的阶数有关.

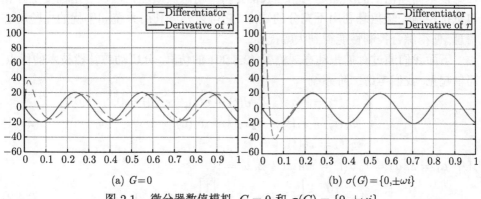

(a) $G=0$ (b) $\sigma(G)=\{0,\pm\omega i\}$

图 2.1   微分器数值模拟, $G = 0$ 和 $\sigma(G) = \{0, \pm\omega i\}$

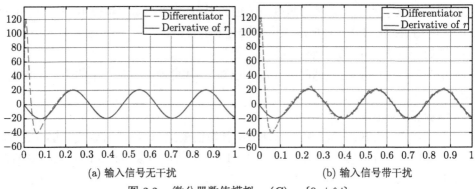

(a) 输入信号无干扰　　　　　　　　　　　　(b) 输入信号带干扰

图 2.2　微分器数值模拟, $\sigma(G) = \{0, \pm\hat{\omega}i\}$

2.4.2　扩张动态控制策略优劣分析

如果对被控对象一无所知, 我们几乎不可能设计出确切的控制器, 即使是数据驱动的无模型控制也不可能完全脱离被控对象的先验信息. 任何控制策略都建立在对系统一定程度的先验认知基础之上, 需要的系统先验信息越少, 说明控制策略对模型的鲁棒性越强, 适用范围越广. 然而任何事物都有两面性, 控制策略需要很少的系统先验信息, 一方面说明控制策略适用范围广泛, 另一方面, 它可能存在先验信息利用不充分的问题. 例如: 如果被控对象的数学模型完全已知, 那么采用不依赖于模型的控制策略就可能存在模型信息的浪费.

近年来, 自抗扰控制得到了人们的广泛关注, 这源于其丰富而成功的实际应用案例 ([118], [129], [157], [159], [160]). 自抗扰控制对控制系统有很强的鲁棒性, 几乎是不依赖于模型的. 然而, 如前文所述, 这一优点背后隐含着先验信息浪费的缺陷. 工程师更愿意发掘自抗扰控制的优点, 而忽略了对其缺点的研究. 数学化是控制技术成熟的重要标志, 先验信息浪费的缺陷表明自抗扰控制技术作为新兴的控制技术离理论上的成熟还有相当长的距离. 动态反馈理论可以一定程度上弥补自抗扰控制先验信息利用不充分的缺点, 它可以充分利用系统和干扰的先验动态信息, 使得综合控制性能得到大幅提高.

下面我们通过对扩张动态观测器 (2.3.29) 的仿真, 分析动态补偿技术的优点. 简单起见, 我们考虑二阶系统

$$\begin{cases} \dot{x}_1(t) = a_1 x_2(t) + d(t) + u(t), & x_1(0) = 0, \\ \dot{x}_2(t) = x_1(t) + a_2 x_2(t), & x_2(0) = 1, \\ y(t) = x_2(t), \end{cases} \tag{2.4.1}$$

其中 $a_1 = 2$, $a_2 = 1$, $d(t) = \sin\omega t + 2$, $\omega = 10$. 令

$$A = \begin{bmatrix} 0 & 2 \\ 1 & 1 \end{bmatrix}, \quad B = F = \begin{bmatrix} 1 \\ 0 \end{bmatrix}, \quad C = [0\ \ 1], \tag{2.4.2}$$

则系统 (2.4.1) 可以写成 (2.3.11) 的形式. 设 $L = [\ell_1\ \ell_2] = [-21\ \ -123]$, 则 $\sigma(A + BL) = \{-10\}$. 按照估计/消除策略, 如果选定了扩张动态 G, 系统 (2.4.1) 的控制器可以设计为

$$u(t) = \ell_1 \hat{x}_1(t) + \ell_2 \hat{x}_2(t) - Q\hat{v}(t), \tag{2.4.3}$$

其中 $\hat{x}_1(t)$, $\hat{x}_2(t)$, $\hat{v}(t)$ 以及 Q 来自于观测器 (2.3.29). 我们恰当地配置参数使得观测器 (2.3.29) 增益 $\omega_o = 10$. 对于干扰频率 ω, 观测器 (2.3.29) 的调节增益 ω_o 与传统扩张状态观测器[46] 相比是非常小的.

按照干扰 d 的先验动态信息, 我们分三种情况分析控制器 (2.4.3) 的性能:

情况一　　$\|d\|_{W^{1,\infty}(\mathbb{R}^+)}$ 已知;

情况二　　$\|d\|_{W^{1,\infty}(\mathbb{R}^+)}$ 已知, 且知道 ω 的一个估计 $\hat{\omega} = 95\%\omega$;

情况三　　$\|d\|_{W^{1,\infty}(\mathbb{R}^+)}$ 和 ω 都已知.

针对这三种情况, 我们用 Matlab 对闭环系统 (2.4.3)-(2.4.1)-(2.3.29) 进行数值模拟, 离散采用显式欧拉格式, 步长为 0.001, 扩张动态系统的初值都为零, 其他参数和相应的仿真结果参见表 2.2.

表 2.2

情况一	情况二	情况三
$G = 0$	$\sigma(G) = \{0, \pm 9.5i\}$	$\sigma(G) = \{0, \pm 10i\}$
$E = 1$	$E = [0\ \ 0\ \ 1]^\top$	$E = [0\ \ 0\ \ 1]^\top$
$K_{\omega_o} = -[102\ \ 21]^\top$	$K_{\omega_o} = -[102\ \ 21]^\top$	$K_{\omega_o} = -[102\ \ 21]^\top$
$P_{\omega_o} = -10$	$P_{\omega_o} = -[1000\ \ 209.7\ \ 30]$	$P_{\omega_o} = -[1000\ \ 200\ \ 30]$
$Q = 1000$	$Q = 10^5[1\ \ -0.321\ \ 0.0549]$	$Q = 10^5[1\ \ -0.4\ \ 0.05]$
$S = -[200\ \ 10]^\top$	$S = S_{\hat{\omega}}$	$S = S_\omega$
图 2.3	图 2.4	图 2.5

表中的 $S_{\hat{\omega}}$ 和 S_ω 分别为

$$S_{\hat{\omega}} = -10^4 \begin{bmatrix} 2 & 0.2487 & 0.0810 \\ 0.1 & 0.0210 & 0.0030 \end{bmatrix}, \quad S_\omega = -10^4 \begin{bmatrix} 2 & 0.2 & 0.08 \\ 0.1 & 0.02 & 0.003 \end{bmatrix}.$$

从数值仿真可以看出, 观测器精度随着信号先验信息的增多而提高. 当信号动态信息完全已知时, 观测器稳态误差为零. 当先验信息很少时 (情况一), 动态反馈理论本质上就是自抗扰控制, 此时的观测器恰好是扩张状态观测器. 情况二充分利用了干扰的先验动态信息, 明显提高了观测器精度. 当 ω 很大时, 动态反馈理论的优势将变得特别明显. 干扰估计的精度也和观测器精度一样, 随着信号先验信息利用的增多而提高. 如果在情况二的先验假设下采用自抗扰控制策略将造成频率信息 "$\hat{\omega} \approx \omega$" 的浪费.

为了观察控制对测量噪声的敏感性, 我们在系统输出中加入了白噪声 $y(t) = x_2(t) + 0.01\xi(t)$, 其中 $\xi(t)$ 是 Matlab 中 "randn" 函数生成的白噪声. 仿真结果见

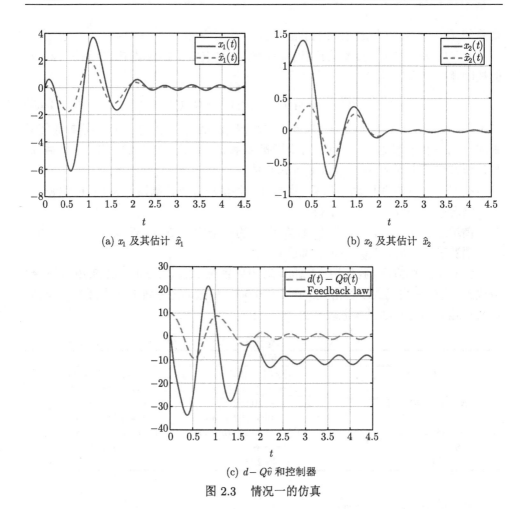

(a) x_1 及其估计 $\hat{x}_1$　　　　　　　　　　　(b) x_2 及其估计 $\hat{x}_2$

(c) $d - Q\hat{v}$ 和控制器

图 2.3　情况一的仿真

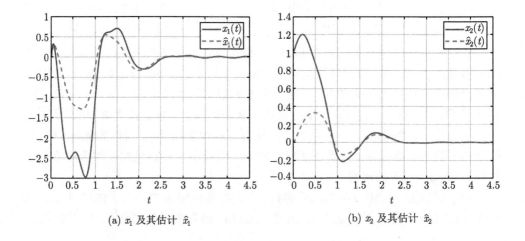

(a) x_1 及其估计 $\hat{x}_1$　　　　　　　　　　　(b) x_2 及其估计 $\hat{x}_2$

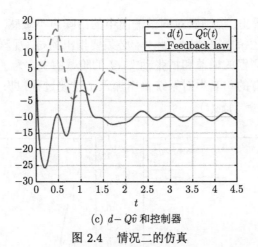

(c) $d - Q\hat{v}$ 和控制器

图 2.4 情况二的仿真

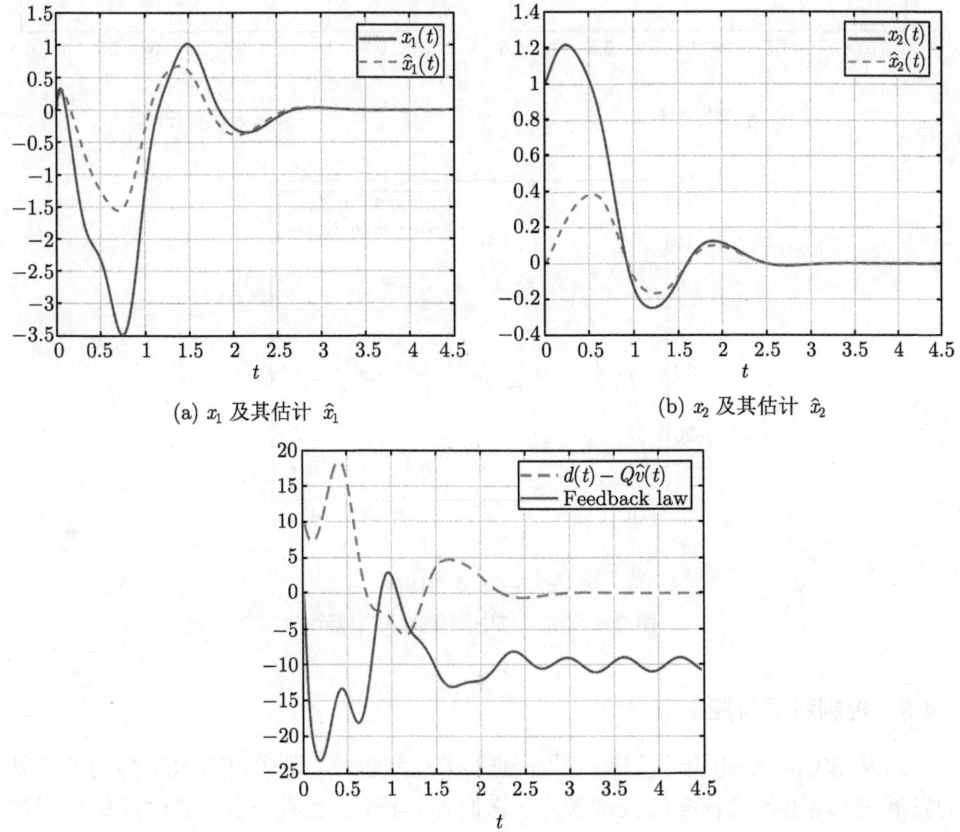

(a) x_1 及其估计 $\hat{x}_1$

(b) x_2 及其估计 $\hat{x}_2$

图 2.5 情况三的仿真

图 2.6. 仿真容易看出, 控制器对测量输出中的白噪声不敏感, 测量噪声对系统状态和观测器估计产生的影响很小. 此外, 必须要指出的是, 观测器初始时刻会产生峰值现象, 这和观测器的增益和扩张动态 G 的阶数有关. 为了消除观测器中的峰值现象, 我们在所有的仿真中对系统输出加入了过渡过程, 即: 输入观测器的输出信号为 $y(t) = (1 - e^{-t})x_2(t)$.

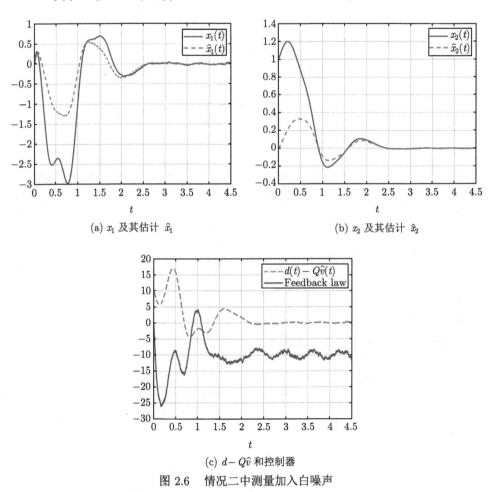

(a) x_1 及其估计 $\hat{x}_1$ (b) x_2 及其估计 $\hat{x}_2$

(c) $d - Q\hat{v}$ 和控制器

图 2.6　情况二中测量加入白噪声

2.4.3　控制科学与控制应用

自从 20 世纪 60 年代以来, 数学进入了控制领域, 现代控制理论得到了蓬勃的发展, 涌现出各式各样的控制技术. 它们各具特色, 各有所长. 通过简单枚举控制算例的方法来说明控制策略的优劣缺乏理论根据, 说服力不足. 控制策略的优劣和多种因素有关, 除了理论上关注的控制性能指标之外, 实际需求也是影响控制策略优劣判断的重要因素. 即使对于同一种实际控制系统, 以节省费用为主要目的的控制策略选择可能完全不同于以提高性能为主要目的的策略选择. 主观需求不一样导致了控制策略优劣评判也不一样, 这使得控制策略的优劣比较带有一定程度的主观性. 因此, 控制策略优劣评判的科学化是一件极其复杂的事情.

控制科学与控制应用追求的目标差异巨大, 控制科学以揭示控制基本规律为目的, 追求逻辑的严密性, 理论的完善与优美, 而控制应用以解决实际问题为主要目的, 它针对具体问题, 以结果为导向, 并不苛求逻辑的完全严密. 控制科学与控制应用是互相促进、相辅相成的, 控制应用以控制理论为指导, 控制理论的研究源于控制应用的实践, 并接受控制应用的检验. 然而, 从控制理论到控制的实际应用并不是一蹴而就的, 大多数情况需要大量的学习、调查、研究、实验. 知道原子弹爆炸原理并不意味着能够造出原子弹, 但是原子弹爆炸原理告诉人们裂变聚变会产生巨大的能量, 给原子弹的制造指明了方向. 揭示控制规律的价值并不像经济价值那么直观, 但它却孕育着新的科技革命, 可能改变工业控制格局. 动态补偿理论揭示动态信息的提取和利用最基本的原理, 将为实际应用提供指导. 它只考虑了控制器或观测器的收敛性, 这离实际应用还有相当的距离. 控制的瞬态响应, 实际可操作性, 经济可行性等等属于控制应用的问题在这里并没有充分考虑.

现代控制理论发展了 60 多年, 为什么 PID 控制仍然主导工业界控制领域? 很多工程师或科研人员将此问题作为怀疑现代控制控制理论价值的证据. 控制策略的优劣是相对于被控系统来说的, 脱离被控对象很难说清楚孰优孰劣. 飞机作为交通工具永远不会取代步行在人类运动中的主导地位. 控制的选择是由实际需求来决定的, 取代 PID 并不是控制理论研究的目标. 我们不能仅仅满足于某个具体控制问题的解决, 科学家考虑的问题是揭示控制规律和控制科学的架构问题. 美国著名物理学家 Henry Augustus Rowland (亨利 • 奥古斯特 • 罗兰)1883 年 8 月 15 日在 Science 上发表的一篇文章 "A plea for pure science"[113] 非常有助于我们理解控制科学和控制应用之间的关系. 这篇文章中作者阐述了当时他关于 "中国人对待科学的态度" 的认识, 让人感触颇深. 我们以这篇文章的译文来作为本节的结尾.

"在我这个位置上的人应该思考的问题是: 我们必须要做些什么才能创造出我国的物理学, 而不是把电报机、电灯和其他的便利设施称为科学. 我并不是想低估所有这些东西的价值, 世界的进步需要依靠它们, 成功发明这些东西的人应该受到世界的尊重. 但是, 虽然一位厨师发明了餐桌上的一道新鲜的美味佳肴, 使世人在某种程度上享受到了口福, 然而我们并不会尊称他为化学家. 人们将应用科学与纯科学混为一谈并不是罕见之事, 特别是在美国的报纸上.

为了应用科学, 科学本身必须存在. 假如我们停止科学的进步而只留意科学的应用, 我们很快就会退化成中国人那样, 多少代人以来他们都没有什么进步, 因为他们只满足于科学的应用，却从来没有追问过他们所做事情中的原理. 这些原理就构成了纯科学. 中国人知道火药的应用已经若干世纪，如果他们用正确的方法探索其特殊应用的原理，他们就会在获得众多应用的同时发展出化学，甚至物理学. 因为只满足于火药能爆炸的事实，而没有寻根问底，中国人已经远远落后于世界的进步. 我们现在只能将这个所有民族中最古老、人口最多的民族当成野蛮人. 然而，我们的国家也正处于同样的状况.

不过，我们可以做得更好，因为我们获得了欧洲世界的科学，并将它们应用到生活的方方面面. 我们就像接受从天空中落下的雨水那样理所应当地接过这些科学知识，既不问它们究竟从哪里来，也没有感激为我们提供这些知识的伟大、无私的人们的恩情. 就像天堂之雨一样，纯科学降临到我们的国家，让我们的国家更加伟大、更加富强.

对于今天已经文明化的一个国家来说，科学的应用是必需的. 迄今为止，我们的国家在这条路上走得很成功，因为纯科学在世界上的某些国家中存在并得到培养，对自然科学研究在这些国家中被尊敬为高贵的追求. 但这样的国家实在稀少，在我国，希望从事纯科学研究的人必须以更多的道德勇气来面对公众的舆论. 他们必须接受被每一位成功的发明家所轻视的可能，在他们肤浅的思想中，这些人以为人类唯一的追求就是财富，那些拥有最多财富的人就是世界上最成功的人. 每个人都理解 100 万美元的意义，但能够理解科学理论进展的人屈指可数，特别是对科学理论中最抽象的部分. 我相信这就是为什么只有极少数人献身于人类至高的科学事业的原因之一.

人是社会动物，他们的幸福感非常依赖于周围人的认同，只有极少数的人有勇气追求自己的梦想而不在乎所处的环境. 过去的人们比现在更为与世隔绝，一个人只和少数几个人交往. 因此，那时的人们有时间创造出伟大的雕塑、绘画和诗歌. 每个人的思想都可以相对自由地追随自己的想法，结果就成就了古代大师们伟大、非凡的作品. 今天的铁路、电报、书籍和报纸将世界各地的每个人联结起来，他的思想不再是个人的，不再是独立和独特的，它要受到外部世界的影响，并依赖于外部世界，因此在极大的程度上失去了原创性. 按照今天的标准，过去的天才在精神上和物质上可能都非常贫乏，周围弥漫着傲慢的建议告诉他如何使其外表与自己的身份相符. 他从来没有新想法，但他至少能吸收他人的思想来填充自己苍白的精神世界. 所以，这位过去时代的天才很快就意识到自己的思想比别人高得太多而不为世人所尊重：他的思想被裁剪成标准形式，所有新生的分支被压制，直到他不再高于他周围的人. 从此，世界通过这种过多的交流降低到同一个水平. 过去的陆地拥有我们今天无法欣赏到的高耸入云的大山和幽暗的深谷，它们安静、平和，构成了伟大壮丽的陆上风景. 如今，深谷被填充、高山被削平，随风起伏的麦浪和冒烟的工厂成为大地上的风景.

　　法拉弟 (Faraday Michael, 1791—1867, 英国物理学、化学家) 是所有电光机器、电气铁路、电力传输等基本原理的伟大发现者, 尽管整个世界因他的发现而富裕, 但他却死于贫困. 这也是今后一段时期中跟随他脚步的人必将面对的命运. 但是, 未来还是有因纯粹热爱而研究自然的人, 以前人们未曾获得过的更崇高的奖赏在等待着他们. 我们已经开始追求科学, 站在门槛上想知道里面究竟有什么. 我们通过重力定律解释了行星的运动, 但是谁将解释是什么样的力量让两个相隔数百万英里的天体彼此相向运动呢?

　　今天, 我们能够非常容易地测量电量和电流, 但是我们有方法来解释电的现象吗? 光是波动的, 但我们知道波动的是什么吗? 热是一种运动, 但我们知道运动着的是什么吗? 普通物质随处可见, 但是谁探究出了其内部组成的奥秘呢? 所有参与工作的人都有机会, 竞赛已经开始. 问题的解决不是一蹴而就的事, 它需要在不确定的时间里, 用最优秀的头脑做出最好的工作. 当其他国家在竞赛中领先时, 我们国家能满足于袖手旁观吗? 难道我们总是匍匐在尘土中去捡富人餐桌上掉下来的面包屑, 并因为我们有更多的面包屑而认为自己比他更富裕吗? 但我们忘记了这样的事实: 他拥有面包, 这是所有面包屑的来源. 难道我们卑贱如猪, 认为谷粒和谷壳的价值比珍珠高得多吗? 如果我对时代的认识是正确的, 那么我认为我们不应该满足于我们低下的地位. 目标低下使我们几乎变成了瞎子, 但这是可以恢复的.

　　在一个新国家中, 生存的需求是首先需要关注的事情. 亚当受到的诅咒降临到所有人身上, 我们必须自己养活自己. 但是, 让整个世界更轻松地生活是应用科学的使命. 我读到过这样一个故事, 它阐明了应用科学在世界上的真实地位. 在蒸汽机时代的早期, 一个热爱阅读甚于工作的男孩获得了一份工作, 他的职责是在每次引擎运动时开关阀门. 男孩的阅读被他的工作所打乱, 他很快发现通过将阀门与引擎的活动部分联结起来, 让活塞的运动带动阀门的运动, 他就能从工作中解脱出来. 这个故事说明需求是发明之母, 所以我认为人类真正的追求是智慧. 对自然所有分支的科学研究、对数学的研究、对人类过去和现在的研究、对艺术的追求, 以及对所有这些事业的培育是这个世界上最伟大、最高贵的事业, 它们是人类最高级的职业. 对有更高理想的人来说, 商业、科学的应用、财富的积累是一种诅咒, 但对世界上那些没有能力从事和鉴赏崇高追求的人来说, 却是一种祝福. ”

本 章 小 结

　　本章讨论了有限维系统的动态补偿理论, 主要包括执行动态补偿和观测动态补偿两类, 它们和干扰补偿有密切的关系. 执行动态补偿方法可以导出鲁棒控制器, 而观测动态补偿导出了扩张动态观测器. 扩张动态观测器充分利用了内模原理和高增益技术, 不但可以充分利用系统和干扰的先验动态信息, 而且观测器对系统模型具有很强的鲁棒性. 由于可以将系统的未建模动态都视为干扰, 基于扩张动态观测器的控制策略几乎是不依赖于模型的, 它实现了自抗扰控制和内模控制的优化组合. 然而这一新的方法仍然有改进空间, 一个重要而实用的改进方向是干扰的动态估计, 即: 利用系统 (2.3.11) 的输出在线估计扩张动态观测器 (2.3.29) 中的矩阵 G. 如果干扰动态矩阵 G 能够在线估计, 扩张动态观测器将具有自适应能力. 由于观测器本身几乎不依赖系统模型且动态信息可通过 G 来 "记忆", 自适应扩张动态观测器将具备一定的 "智能". 干扰动态矩阵 G 的在线估计主要有两个方法: 最优控制的方法和自适应控制方法. 由于时间紧迫, 本书暂且没有整理该部分内容, 尽管我们认为它是极其重要的. 另一个需要深入研究的问题是随机干扰对扩张动态观测器的影响, 主要包括观测器对测量干扰的敏感性研究和对随机干扰处理能力的研究. 动态补偿理论是自抗扰控制的推广, 它继承了自抗扰控制的优点. 因此基于扩张动态观测器的控制策略的节能特性也是非常有价值的研究课题. 这些问题都植根于工业应用, 兼具理论价值和实用价值, 是我们今后的研究工作.

练 习 题

1. 设有限维系统 (A, C) 的状态空间和输出空间分别为 X 和 Y. 令 $K \in \mathcal{L}(Y, X)$. 若系统 (A, C) 可观, 则系统 $(A + KC, C)$ 也可观. 即: 输出反馈不改变系统的可观性.

2. 设有限维系统 (A, B, C) 的状态空间、控制空间和输出空间分别为 X, $\mathbb{R}$ 和 $\mathbb{R}$. 令 $K \in \mathcal{L}(\mathbb{R}, X)$, 则系统 $(A + KC, B, C)$ 与系统 (A, B, C) 有相同的传输零点. 即: 输出反馈不改变系统的传输零点.

3. 令 X 和 U 是欧氏空间, $A_1, A_2 \in \mathcal{L}(X)$, $B_1, B_2 \in \mathcal{L}(U, X)$. 设矩阵 A_1 和 A_2 满足

$$\sigma(A_1) \cap \sigma(A_2) = \varnothing, \tag{2.4.4}$$

则系统

$$\left(\begin{bmatrix} A_1 & 0 \\ 0 & A_2 \end{bmatrix}, \begin{bmatrix} B_1 \\ B_2 \end{bmatrix} \right)$$

可控的充要条件是: (A_1, B_1) 和 (A_2, B_2) 都可控.

4. 令 X 和 Y 是欧氏空间, $A_1, A_2 \in \mathcal{L}(X)$, $C_1, C_2 \in \mathcal{L}(X, Y)$. 设矩阵 A_1 和

A_2 满足 (2.4.4), 则系统

$$\left(\begin{bmatrix} A_1 & 0 \\ 0 & A_2 \end{bmatrix}, \begin{bmatrix} C_1 & C_2 \end{bmatrix} \right)$$

可观的充要条件是: (A_1, C_1) 和 (A_2, C_2) 都可观.

5. 设 $A \in \mathcal{L}(X, Y)$, 其中 X 和 Y 是有限维线性空间, 则 A^* 不是单射当且仅当 A 不是满射.

6. 设 $A_1 \in \mathcal{L}(X, Y_1)$, $A_2 \in \mathcal{L}(X, Y_2)$, 其中 X, Y_1 和 Y_2 是有限维线性空间, 则 $\mathrm{Ker} A_1 \cap \mathrm{Ker} A_2 = \{0\}$ 当且仅当 $\mathrm{Ran} A_1^* \cup \mathrm{Ran} A_2^* = X$.

7. 定理 2.1.1中的条件 (2.1.4) 等价于下面便于计算机验证的条件

$$\mathrm{rank} \begin{bmatrix} \lambda - A_1 & Q(\lambda - A_2)^{-1} B_2 \end{bmatrix} = \dim X_1, \quad \forall \, \lambda \in \sigma(A_1). \tag{2.4.5}$$

8. 设 $x \in C^1[0, +\infty)$, $x(t) \geqslant 0$, $g(t) > 0$, $t \geqslant 0$ 且 $\displaystyle\int_0^{+\infty} g(s) ds = +\infty$. 如果

$$\dot{x}(t) \leqslant -g(t) x(t) + |f(t)|, \quad t \geqslant 0, \tag{2.4.6}$$

其中 $f \in L^q_{\mathrm{loc}}[0, \infty)$, $1 \leqslant q \leqslant +\infty$, 则

$$|x(t)| \leqslant x(0) e^{-\int_0^t g(s) ds} + \int_0^t |f(\alpha)| e^{-\int_\alpha^t g(s) ds} d\alpha, \quad t \geqslant 0. \tag{2.4.7}$$

进而

$$\lim_{t \to +\infty} |x(t)| \leqslant \lim_{t \to +\infty} \frac{|f(t)|}{g(t)}. \tag{2.4.8}$$

特别地, 当 $f \in L^\infty[0, \infty)$ 且 $g(t) \equiv w_0$ 时, 有

$$\lim_{t \to +\infty} |x(t)| \leqslant \frac{\|f\|_{L^\infty[0,\infty)}}{w_0} \to 0 \quad \text{当} \quad w_0 \to \infty. \tag{2.4.9}$$

(提示: 可参考文献 [110].)

9. 定理 2.1.5 中, 设系统 (2.1.38) 可控, 证明: 系统 (A_1, B_1) 可控.

10. 设 V 是 Banach 空间 X 的有限维子空间, 证明: 对任意的 $x \in X$, 存在 $x^* \in V$ 使得

$$\|x - x^*\|_X = \inf_{v \in V} \|x - v\|_X.$$

第 3 章 无穷维线性系统预备知识

无穷维系统的控制问题要比有限维系统复杂得多, 要想把问题阐述清楚需要做一些必要的数学准备. 为了使本书自成体系, 本章摘录了一些与我们研究有关的基本概念和基本结果, 便于读者阅读. 除了 3.6 节以外, 本章的大部分内容在无穷维系统控制理论领域是众所周知的, 这些内容主要来自 [59,102,135,145–148, 169] 等. 熟悉无穷维系统控制理论的读者可忽略本章除 3.6 节以外的内容.

3.1 抽象无穷维控制系统

将矩阵推广为一般的线性算子, 第 1 章中有限维系统 (1.1.1) 就变成一个无穷维系统. 为了将有限维系统中的结论平行地推广到无穷维, 我们需要泛函分析理论、算子半群理论、偏微分方程理论以及 Sobolev 空间理论等数学工具.

3.1.1 闭算子

闭算子是偏微分方程边界控制中非常重要的数学工具, 利用闭算子, 我们可以将波动方程和热传导方程等一大类偏微分方程控制系统写成抽象形式. 在讨论有界线性算子的性质时, 算子范数曾起了十分重要的作用. 然而 Banach 空间上的无界线性算子不存在算子范数, 于是我们从算子的图来引入闭算子的概念.

设 X, Y 是 Banach 空间, 则乘积空间 $X \times Y$ 也是 Banach 空间, 它的范数定义如下

$$\|(x,y)\|_{X \times Y} = \|x\|_X + \|y\|_Y, \quad \forall\, (x,y) \in X \times Y. \tag{3.1.1}$$

定义 3.1.1 设 X, Y 是 Banach 空间, A 是一个线性算子, 其定义域 $D(A)$ 是 X 的一个线性子空间, 其值域 $\mathrm{Ran}(A) \subset Y$. 称乘积空间 $X \times Y$ 上的线性子空间

$$\Gamma(A) = \{(x, Ax) \in X \times Y | x \in D(A)\} \tag{3.1.2}$$

为线性算子 A 的图. 如果图 $\Gamma(A)$ 在 $X \times Y$ 中是闭的, 则称算子 A 是闭的.

设 A_1 和 A_2 是两个从 X 到 Y 的线性算子, 如果 $\Gamma(A_1) \subset \Gamma(A_2)$, 就称 A_2 是 A_1 的一个扩张算子, 记作 $A_1 \subset A_2$. 对于线性算子 A, 若存在扩张算子 $S \supset A$, 使得 $\overline{\Gamma(A)} = \Gamma(S)$, 就称 A 是可闭化的, S 称为 A 的闭包, 记作 $S = \overline{A}$.

定理 3.1.1 设 X 和 Y 是 Banach 空间, A 是从 $D(A) \subset X$ 到 $\mathrm{Ran}(A) \subset Y$ 的线性算子, 则 A 是闭算子的充要条件是: 若 $x_n \in D(A)$, 在空间 X 内 $x_n \to x$, 且在空间 Y 内 $Ax_n \to y$, 则有 $x \in D(A)$, 而且 $y = Ax$.

如果线性算子 $A : D(A) \subset X \to X$ 的定义域在 X 中稠密, 即: $\overline{D(A)} = X$, 则称 A 是稠定算子. 稠定算子和闭算子之间有如下关系:

定理 3.1.2 设 A 是 Hilbert 空间 X 上的稠定算子. 若 $\rho(A) \neq \varnothing$, 则 A 是闭算子.

为了研究闭算子, 可以引入图范数

$$\|x\|_{D(A)} := \|x\|_X + \|Ax\|_Y, \quad \forall x \in D(A), \tag{3.1.3}$$

其中 $\|\cdot\|_X$, $\|\cdot\|_Y$ 分别是空间 X, Y 上的范数. 不难验证, 线性算子 A 是闭的当且仅当 $(D(A), \|\cdot\|_{D(A)})$ 是一个 Banach 空间, 换句话说, 线性算子 A 是闭算子的充要条件是它的定义域 $D(A)$ 在关于 A 的图范数 $\|\cdot\|_{D(A)}$ 下是完备的. 并不是每个线性算子 A 都可以闭化, 因为 $\overline{\Gamma(A)}$ 未必是另一个线性算子的图. 线性算子 A 可闭化的充分必要条件是下述命题成立: 若 $x_n \in D(A)$, 在 X 内 $x_n \to 0$, 且在 Y 内 $Ax_n \to y$, 那么必有 $y = 0$. 闭算子有下列简单性质:

- 若 A 是一一的闭算子, 则 A^{-1} 也是闭的;
- 若 A 是闭算子, 则 A 的核 $\mathrm{Ker}A$ 是 X 中的闭集;
- 若 A 是可闭化算子, S 是一个闭算子, $A \subset S$, 则 $\overline{A} \subset S$, 这就是说可闭化算子的闭包是它的最小闭扩张;
- 设 A 是一个闭算子, 又设 $D(A) = X$, 根据闭图像定理知 A 是有界的.

对于闭算子来说, 有兴趣的是 $D(A) \neq X$ 的情形. 为此先假设 $D(A)$ 是 X 中的稠集, 即 $\overline{D(A)} = X$. 对于闭算子 A, 我们往往假定它是稠定算子, 因为总可以把它的定义域所在的空间 X 缩小到它的定义域的闭包 $\overline{D(A)}$ 上来考虑. 下面引入稠定算子的共轭算子概念.

定义 3.1.2 设 A 是 X 到 Y 上的稠定算子, $D(A)$ 是它的定义域, 记

$$D(A^*) = \Big\{ y^* \in Y^* \big| 存在\ x^* \in X^*, 使得对任意的\ x \in D(A),$$
$$有 \langle y^*, Ax \rangle_{Y^*, Y} = \langle x^*, x \rangle_{X^*, X} \Big\}, \tag{3.1.4}$$

其中 X^*, Y^* 分别表示 X, Y 的对偶空间. 令

$$A^* : y^* \mapsto x^*, \quad \forall\, y^* \in D(A^*),$$

则称 A^* 为 A 的共轭算子, $D(A^*)$ 为 A^* 的定义域.

易知: A^* 也是线性算子. 由于 $D(A)$ 在 X 中稠密, A^* 唯一确定. 若 H 是一个 Hilbert 空间, $X = Y = H$, 则 (3.1.4) 式可以改写成

$$D(A^*) = \left\{ y \in H | \exists M_y > 0, \text{使得 } \forall x \in D(A), |\langle y, Ax \rangle_H| \leqslant M_y \|x\|_H \right\}. \quad (3.1.5)$$

定理 3.1.3　任何稠定算子 A 的共轭算子 A^* 总是闭的. 而且当 $A_1 \subset A_2$ 时 $A_2^* \subset A_1^*$.

定理 3.1.4　设 H 是一个 Hilbert 空间, A 是 H 到自身的稠定线性算子, 则

$$A \text{可闭化} \Longleftrightarrow A^* \text{稠定},$$

此时 $\overline{A} = A^{**}$.

定义 3.1.3　设 H 是 Hilbert 空间, A 是 H 到自身的线性稠定算子. 若 A^* 是 A 的扩张, 即: $A \subset A^*$, 则称 A 是对称的; 若 $A = A^*$, 则称 A 是自伴的; 若 A 是自伴的, 且

$$\langle Ax, x \rangle_H \geqslant 0, \quad \forall\, x \in D(A), \quad (3.1.6)$$

则称算子 A 是半正定 (非负) 的, 记作 $A \geqslant 0$; 若存在常数 $c > 0$ 使得自伴算子 A 满足

$$\langle Ax, x \rangle_H \geqslant c\|x\|_H^2, \quad \forall\, x \in D(A), \quad (3.1.7)$$

则称算子 A 是正定的, 记作 $A > 0$.

从定义可知, 稠定线性算子 A 是对称的当且仅当

$$\langle Ax, y \rangle_H = \langle x, Ay \rangle_H, \quad \forall\, x, y \in D(A). \quad (3.1.8)$$

因为 $D(A) \subset D(A^*)$, 对称算子的共轭算子总是稠定的, 因此对称算子总是可闭化的. 若 A 正定, 则有 $\sigma(A) \subset (0, +\infty)$.

定义 3.1.4　设 H 是 Hilbert 空间, A 是 H 到自身的线性稠定算子. 如果

$$\langle Ax, y \rangle_H = -\langle x, Ay \rangle_H, \quad \forall\, x, y \in D(A), \quad (3.1.9)$$

则称算子 A 是反对称的; 若 $A = -A^*$, 则称算子 A 是反自伴的.

若 A 是 H 上的反自伴算子, 即: $A^* = -A$, 则有 $\sigma(A) \subset i\mathbb{R}$. 此外, 算子 A 是反自伴的当且仅当 A 是 H 上酉群的生成元 [135, p.105, Theorem 3.8.6].

注 3.1.1　对于 Hilbert 空间上有界线性算子, 自伴与对称、反自伴与反对称都是同一个概念, 但是无界线性算子要注意它们的区别. A 是自伴的当且仅当 $D(A) = D(A^*)$ 且 (3.1.8) 式成立, 也就是说 A 自伴的充要条件是: A 对称而且 $D(A) = D(A^*)$. 同理, A 是反自伴的当且仅当 $D(A) = D(A^*)$ 且 (3.1.9) 式成立, 也就是说 A 反自伴的充要条件是: A 反对称而且 $D(A) = D(A^*)$.

3.1.2　Gelfand 三嵌入及算子延拓

设 V, X 是 Hilbert 空间. 如果 V 在 X 中稠密, 且存在常数 c 使得

$$\|v\|_X \leqslant c\|v\|_V, \quad \forall\, v \in V, \tag{3.1.10}$$

则称 $V \subset X$ 为连续嵌入, 记作 $V \hookrightarrow X$. 对任意的 $x \in X$, 可以定义一个 V 上的连续线性泛函

$$x(v) = \langle v, x \rangle_X, \quad \forall\, v \in V. \tag{3.1.11}$$

显然有 $X \subset V^*$. 注意这里的泛函 (3.1.11) 是用 X 中的内积来定义的, 因此与 Riesz 表示定理并无矛盾. 若在 X 中定义另一范数:

$$\|x\|_* = \sup_{v \in V, \|v\|_V \leqslant 1} |\langle v, x \rangle_X|, \quad x \in X, \tag{3.1.12}$$

则有如下定理:

定理 3.1.5　X 在范数 (3.1.12) 下的完备化空间与 V^* 同构.

证明　首先容易证明 (3.1.12) 是 X 中的范数. 设 X 在范数 (3.1.12) 下的完备化为 $\tilde{X}$. 定义算子 $J : \tilde{X} \to V^*$:

$$\langle Jx, v \rangle_{V^*, V} = \lim_{n \to \infty} \langle x_n, v \rangle_X, \quad \forall v \in V, x \in \tilde{X}, \tag{3.1.13}$$

其中 $\{x_n\} \subset X$, 且 x_n 在 X 中收敛到 x. 首先证明 J 是有界线性算子. 事实上, 对任何的 $x \in \tilde{X}, v \in V$,

$$|\langle Jx, v \rangle_{V^*, V}| = \lim_{n \to \infty} |\langle x_n, v \rangle_X| \leqslant \lim_{n \to \infty} \|x_n\|_* \|v\|_V = \|x\|_* \|v\|_V. \tag{3.1.14}$$

所以 $\|Jx\|_{V^*} \leqslant \|x\|_*$, 即 $J \in \mathcal{L}\left(\tilde{X}, V^*\right)$. 特别当 $x \in X$ 时

$$\langle Jx, v \rangle_{V^*, V} = \langle x, v \rangle_X, \quad \forall x \in X, v \in V. \tag{3.1.15}$$

于是 $\|Jx\|_{V^*} = \|x\|_*$ 对所有的 $x \in X$ 成立. 因为 X 在 $\tilde{X}$ 中稠, $\|Jx\|_{V^*} = \|x\|_*$ 对所有的 $x \in \tilde{X}$ 成立. 下面我们证明 J 是满射. 如果 J 的值域在 V^* 中不稠, 则存在非零元 $v \in V^{**} = V$ 使得 $\langle Jx, v \rangle_{V^*, V} = 0$ 对一切 $x \in \tilde{X}$ 成立. 取 $x = v$ 得 $\langle Jv, v \rangle_{V^*, V} = \|v\|_X^2 = 0$, 矛盾. 所以 J 的值域在 V^* 中稠密. 由于 J 是定义在全空间 $\tilde{X}$ 上的等距算子, 自然是闭算子. 所以 J 的值域就是 V^*. 或者说 J 是 $\tilde{X}$ 到 V^* 的等距同构. 　　□

由 (3.1.12) 及 Riesz 表示定理, 我们可以将 X^* 视为与自身等同: $X = X^*$. 将 $\tilde{X}$ 与 V^* 视为等同, 这样就得到 Gelfand 三嵌入:

$$V \hookrightarrow X = X^* \hookrightarrow V^*. \tag{3.1.16}$$

我们称 V^* 是以 X 为枢纽空间的 V 的对偶, $\langle \cdot, \cdot \rangle_{V^*, V}$ 称为 V^* 与 V 之间的对偶积.

　　设 A 是 Hilbert 空间 X 上的稠定算子, $D(A)$ 是其定义域, $\rho(A) \neq \varnothing$. 因此, A 是闭算子. 任取 $\beta \in \rho(A)$, 在 $D(A)$ 上定义范数

$$\|x\|_1 = \|(\beta - A)x\|_X, \quad \forall\, x \in D(A), \tag{3.1.17}$$

则 $(D(A), \|\cdot\|_1)$ 是 Hilbert 空间, 且范数 $\|\cdot\|_1$ 与如下图范数等价:

$$\|x\|_{D(A)}^2 = \|Ax\|_X^2 + \|x\|_X^2, \quad \forall\, x \in D(A). \tag{3.1.18}$$

在 X 上定义范数

$$\|x\|_{-1} = \|(\beta - A)^{-1}x\|_X, \quad \forall\, x \in X, \tag{3.1.19}$$

则 X 在范数 $\|\cdot\|_{-1}$ 下的完备化空间为 $[D(A^*)]'$, 其中 $[D(A^*)]'$ 是以 X 为枢纽空间的 $D(A)$ 的对偶.

　　由于范数的等价性, Hilbert 空间 $(D(A), \|\cdot\|_1)$ 和 $([D(A^*)]', \|\cdot\|_{-1})$ 与 β 选取无关, 并且有 Gelfand 三嵌入

$$D(A) \hookrightarrow X \hookrightarrow [D(A^*)]'. \tag{3.1.20}$$

定义算子 $\tilde{A} : X \to [D(A^*)]'$ 如下:

$$\left\langle \tilde{A}x, y \right\rangle_{[D(A^*)]', D(A^*)} = \langle x, A^*y \rangle_X, \quad \forall\, x \in X,\ \forall\, y \in D(A^*). \tag{3.1.21}$$

当 $x \in D(A)$, 有 $\tilde{A}x = Ax$, 所以 $\tilde{A}$ 是 A 的延拓. 由于 A 是稠定算子, 该延拓是唯一的. 对任意的 $\beta \in \rho(A)$, 有

$$A \in \mathcal{L}(D(A), X), \quad (\beta - A)^{-1} \in \mathcal{L}(X, D(A)) \tag{3.1.22}$$

和

$$\tilde{A} \in \mathcal{L}(X, [D(A^*)]'), \quad (\beta - \tilde{A})^{-1} \in \mathcal{L}([D(A^*)]', X). \tag{3.1.23}$$

因此, $\beta - A$ 是从 $D(A)$ 到 X 的同构, $\beta - \tilde{A}$ 是从 X 到 $[D(A^*)]'$ 的同构. 如果 A 在 X 中生成 C_0-半群 $T(t)$, 则 $T(t)$ 限制在 $D(A)$ 上和扩充到 $[D(A^*)]'$ 上也分别成为 A 和 $\tilde{A}$ 生成的 C_0-半群, 记作 $T_A(t)$ 和 $\tilde{T}(t)$. 此外, 我们还有

$$T_A(t) = (\beta - A)^{-1}T(t)(\beta - A), \quad \tilde{T}(t) = (\beta - \tilde{A})T(t)(\beta - \tilde{A})^{-1}. \tag{3.1.24}$$

3.1.3 偏微分方程的抽象表示

半群理论是分析分布参数控制系统的有力工具之一, 其使用前提是控制系统的抽象表示. 本节以波动方程为例来考虑偏微分方程的抽象表示问题, 其他方程可以类似处理. 首先考虑如下弦振动方程:

$$
\begin{cases}
w_{tt}(x,t) = w_{xx}(x,t), & x \in (0,1), t > 0, \\
w(0,t) = 0, \ w_x(1,t) = u(t), & t \geqslant 0, \\
y(t) = w_t(1,t), & t \geqslant 0,
\end{cases}
\tag{3.1.25}
$$

其中 u 是控制, y 是输出, $w(x,t)$ 表示在 t 时刻弦上点 x 处的位移, $w_t(x,t)$ 表示在 t 时刻弦上点 x 处的速度. 我们选系统 (3.1.25) 的状态空间为

$$
X = H_L^1(0,1) \times L^2(0,1),
\tag{3.1.26}
$$

其中 $H_L^1(0,1) = \{f \in H^1(0,1) \mid f(0) = 0\}$. X 上内积定义如下:

$$
\langle (f_1,g_1),(f_2,g_2) \rangle_X = \int_0^1 [f_1'(x)\overline{f_2'(x)} + g_1(x)\overline{g_2(x)}]dx,
\tag{3.1.27}
$$

其中 $(f_i,g_i) \in X, i = 1,2$. 定义算子 A 如下:

$$
\begin{cases}
A(f,g)^\top = (g,f'')^\top, & \forall\, (f,g) \in D(A), \\
D(A) = \{(f,g) \in H^2(0,1) \times H_L^1(0,1) \mid f(0) = f'(1) = 0\}.
\end{cases}
\tag{3.1.28}
$$

易知 A 稠定, 且 $A = -A^*$. 由 (3.1.21), $A \in \mathcal{L}(D(A),X)$ 可以延拓为 $\tilde{A} \in \mathcal{L}(X, [D(A^*)]')$.

设 $(w(\cdot,t), w_t(\cdot,t))$ 是方程 (3.1.25) 的古典解, 对任意的 $(\phi,\psi) \in D(A^*)$, 注意到

$$
\left\langle \frac{d}{dt}\begin{pmatrix} w(\cdot,t) \\ w_t(\cdot,t) \end{pmatrix}, \begin{pmatrix} \phi \\ \psi \end{pmatrix} \right\rangle_X = \langle w_{xx}(\cdot,t), \psi \rangle_{L^2(0,1)} + \langle w_{tx}(\cdot,t), \phi_x \rangle_{L^2(0,1)},
\tag{3.1.29}
$$

直接计算可得

$$
\left\langle \tilde{A}\begin{pmatrix} w(\cdot,t) \\ w_t(\cdot,t) \end{pmatrix}, \begin{pmatrix} \phi \\ \psi \end{pmatrix} \right\rangle_{[D(A^*)]',D(A^*)} = \left\langle \begin{pmatrix} w(\cdot,t) \\ w_t(\cdot,t) \end{pmatrix}, A^*\begin{pmatrix} \phi \\ \psi \end{pmatrix} \right\rangle_X
$$

$$
= -u(t)\overline{\psi(1)} + \langle w_{xx}(\cdot,t), \psi \rangle_{L^2(0,1)} + \langle w_{tx}(\cdot,t), \phi_x \rangle_{L^2(0,1)}
$$

$$
= -u(t)\left\langle \begin{pmatrix} 0 \\ \delta(x-1) \end{pmatrix}, \begin{pmatrix} \phi \\ \psi \end{pmatrix} \right\rangle_{[D(A^*)]',D(A^*)} + \left\langle \frac{d}{dt}\begin{pmatrix} w(\cdot,t) \\ w_t(\cdot,t) \end{pmatrix}, \begin{pmatrix} \phi \\ \psi \end{pmatrix} \right\rangle_X,
$$

其中 $\delta(\cdot)$ 是 Dirac 分布. 由 $(\phi, \psi) \in D(A) = D(A^*)$ 的任意性,

$$\frac{d}{dt}(w(\cdot, t), w_t(\cdot, t))^\top = \tilde{A}(w(\cdot, t), w_t(\cdot, t))^\top + Bu(t) \qquad (3.1.30)$$

在 $[D(A^*)]'$ 中成立, 其中

$$B = (0, \delta(\cdot - 1))^\top \in \mathcal{L}(\mathbb{R}, [D(A^*)]'). \qquad (3.1.31)$$

令

$$C(f, g)^\top = g(1), \quad \forall \ (f, g) \in D(A), \qquad (3.1.32)$$

则 $C \in \mathcal{L}(D(A), \mathbb{R})$. 综合 (3.1.30) 和 (3.1.32), 系统 (3.1.25) 可在 $[D(A^*)]'$ 写成如下抽象形式

$$\begin{cases} \dfrac{d}{dt}(w(\cdot, t), w_t(\cdot, t))^\top = \tilde{A}(w(\cdot, t), w_t(\cdot, t))^\top + Bu(t), \\ y(t) = C(w(\cdot, t), w_t(\cdot, t))^\top. \end{cases} \qquad (3.1.33)$$

这里算子 B 和 C 关于 X 都是无界的. 如果令 B^* 是 B 的共轭算子, 简单计算可得 $B^* = C$. 事实上, 对任意的 $(f, g) \in D(A)$ 和 $q \in \mathbb{R}$, 有

$$B^* \begin{pmatrix} f \\ g \end{pmatrix} \cdot q = \left\langle \begin{pmatrix} f \\ g \end{pmatrix}, Bq \right\rangle_{D(A^*),[D(A^*)]'} = qg(1). \qquad (3.1.34)$$

　　从上述抽象形式的计算过程可以看出, 一维系统 (3.1.25) 抽象形式的计算依赖于算子 A 的共轭 A^*, 而 A^* 与状态空间 X 的内积有关. 因此, 将具体系统写成抽象形式应首先明确状态空间的内积.

　　例 3.1.1　考虑如下不稳定热传导方程的镇定问题:

$$\begin{cases} w_t(x, t) = w_{xx}(x, t) + \mu w(x, t), \quad x \in (0, 1), \\ w(0, t) = 0, \ w_x(1, t) = u(t), \\ y(t) = w(1, t), \end{cases} \qquad (3.1.35)$$

其中 $w(\cdot, t)$ 是系统状态, $\mu > 0$, $u(t)$ 是控制, $y(t)$ 是输出. 系统 (3.1.35) 的状态空间为 $L^2(0, 1)$, 取通常的内积. 定义算子

$$\begin{cases} Af = f'' + \mu f, \ \forall f \in D(A), \ \mu > 0, \\ D(A) = \{f \in H^2[0, 1] \mid f(0) = f'(1) = 0\}. \end{cases} \qquad (3.1.36)$$

对任意的 $c \in \mathbb{R}$, 定义 $B \in \mathcal{L}(\mathbb{R}, [D(A^*)]')$ 为 $Bc := \delta(\cdot - 1)c$, 其中 $\delta(\cdot)$ 是 Dirac 分布. 令 $C = B^*$, 则 $C \in \mathcal{L}(D(A), \mathbb{R})$ 且满足

$$Cf = f(1), \quad \forall f \in D(A). \tag{3.1.37}$$

利用上面定义的算子 A, B 和 C, 系统 (3.1.35) 可以写成抽象形式

$$\begin{cases} \dot{w}(\cdot, t) = Aw(\cdot, t) + Bu(t), & t > 0, \\ y(t) = Cw(\cdot, t), & t \geqslant 0. \end{cases} \tag{3.1.38}$$

下面考虑高维波方程. 设 $\Omega \subset \mathbb{R}^n (n \geqslant 2)$ 是带有 C^2-边界 Γ 的有界区域, Γ_1 是 Γ 中的非空连通开集, 并且 $\Gamma_0 = \Gamma \setminus \overline{\Gamma_1}$, $\Gamma_0 \neq \varnothing$. 令 ν 是 Γ_1 上的单位外法向量. 考虑如下波动方程:

$$\begin{cases} w_{tt}(x, t) - \Delta w(x, t) = 0, & (x, t) \in \Omega \times (0, +\infty), \\ w(x, t) = 0, & (x, t) \in \Gamma_0 \times [0, +\infty), \\ \dfrac{\partial w(x, t)}{\partial \nu} = u(x, t), & (x, t) \in \Gamma_1 \times [0, +\infty), \\ y(x, t) = -w_t(x, t), & (x, t) \in \Gamma_1 \times [0, +\infty), \end{cases} \tag{3.1.39}$$

其中 u 是控制, y 是输出. 系统 (3.1.39) 的控制空间和输出空间都为 $L^2(\Gamma_1)$, 状态空间为 $X = H^1_{\Gamma_0}(\Omega) \times L^2(\Omega)$, 其中 $H^1_{\Gamma_0}(\Omega) = \{f \in H^1(\Omega) | f(x) = 0, x \in \Gamma_0\}$. 状态空间 X 的内积定义如下

$$\langle (f_1, g_1), (f_2, g_2) \rangle_X = \int_{\Omega} [\nabla f_1(x) \overline{\nabla f_2(x)} + g_1(x) \overline{g_2(x)}] dx, \tag{3.1.40}$$

其中 $(f_i, g_i)^\top \in X$, $i = 1, 2$.

令 $A = -\Delta$ 是负的 Laplace 算子, 即

$$\begin{cases} Af = -\Delta f = -\displaystyle\sum_{i=1}^{n} \dfrac{\partial^2 f}{\partial x_i^2}, & \forall f \in D(A), \\ D(A) = \left\{f \middle| f \in H^2(\Omega) \cap H^1_{\Gamma_0}(\Omega), \dfrac{\partial f}{\partial \nu}\Big|_{\Gamma_1} = 0\right\}. \end{cases} \tag{3.1.41}$$

由于 A 是 $L^2(\Omega)$ 上的正定无界算子, 则 $D(A^{1/2}) = H^1_{\Gamma_0}(\Omega)$ 并且 $A^{1/2}$ 是从 $H^1_{\Gamma_0}(\Omega)$ 到 $L^2(\Omega)$ 的同构 ([49], [39], [85, p.668]). 如果令 $L^2(\Omega)$ 是枢纽空间, 我们有 Gelfand 三嵌入

$$H^1_{\Gamma_0}(\Omega) = D(A^{1/2}) \hookrightarrow L^2(\Omega) = [L^2(\Omega)]' \hookrightarrow [D(A^{1/2})]' = H^{-1}_{\Gamma_0}(\Omega), \tag{3.1.42}$$

其中 $H_{\Gamma_0}^{-1}(\Omega)$ 是 $H_{\Gamma_0}^1(\Omega)$ 关于枢纽空间 $L^2(\Omega)$ 的对偶. 按照 (3.1.21), 可以定义算子 A 的延拓 $\tilde{A} \in \mathcal{L}(H_{\Gamma_0}^1(\Omega), H_{\Gamma_0}^{-1}(\Omega))$ 如下:

$$\langle \tilde{A}x, z \rangle_{H_{\Gamma_0}^{-1}(\Omega), H_{\Gamma_0}^1(\Omega)} = \langle A^{1/2}x, A^{1/2}z \rangle_X, \quad \forall\, x, z \in H_{\Gamma_0}^1(\Omega). \tag{3.1.43}$$

按照 [85, p.668], 定义 Neumann 映射 $\Upsilon \in \mathcal{L}(L^2(\Gamma_1), H^{3/2}(\Omega))$ 如下: 对任意的 $u \in L^2(\Gamma_1)$, $\Upsilon u = \phi$, 其中

$$\begin{cases} \Delta\phi = 0, \\ \phi|_{\Gamma_0} = 0, \ \dfrac{\partial\phi}{\partial\nu}\Big|_{\Gamma_1} = u. \end{cases} \tag{3.1.44}$$

由于

$$-\Delta w(\cdot, t) = -\Delta w(\cdot, t) + \Delta\phi = -\Delta(w(\cdot, t) - \phi) = \tilde{A}[w(\cdot, t) - \Upsilon u(\cdot, t)], \tag{3.1.45}$$

系统 (3.1.39) 可以写成 $H_{\Gamma_0}^{-1}(\Omega)$ 中的抽象形式

$$\ddot{w}(\cdot, t) + \tilde{A}[w(\cdot, t) - \Upsilon u(\cdot, t)] = 0. \tag{3.1.46}$$

进而有

$$\ddot{w}(\cdot, t) + \tilde{A}w(\cdot, t) + Bu(\cdot, t) = 0, \tag{3.1.47}$$

其中 $B \in \mathcal{L}(L^2(\Gamma_1), H_{\Gamma_0}^{-1}(\Omega))$ 定义为

$$Bu = -\tilde{A}\Upsilon u, \quad \forall\, u \in L^2(\Gamma_1). \tag{3.1.48}$$

定义 $B^* \in \mathcal{L}(D(A^{1/2}), L^2(\Gamma_1))$ 如下

$$\langle B^*z, u \rangle_{L^2(\Gamma_1)} = \langle z, Bu \rangle_{H_{\Gamma_0}^1(\Omega), H_{\Gamma_0}^{-1}(\Omega)}, \quad \forall\, z \in H_{\Gamma_0}^1(\Omega), u \in L^2(\Gamma_1). \tag{3.1.49}$$

对任意的 $f \in D(A) = D(A^*)$ 和 $u \in L^2(\Gamma_1)$, 由 (3.1.48), (3.1.49), (3.1.43) 和 (3.1.44) 可得

$$\langle B^*f, u \rangle_{L^2(\Gamma_1)} = \langle f, -\tilde{A}\Upsilon u \rangle_{H_{\Gamma_0}^1(\Omega), H_{\Gamma_0}^{-1}(\Omega)} = \langle A^*f, -\Upsilon u \rangle_{L^2(\Omega)}$$

$$= \langle \Delta f, \phi \rangle_{L^2(\Omega)} = -\langle \nabla f, \nabla\phi \rangle_{L^2(\Omega)} = -\int_{\Gamma_1} f(x)u(x)dx. \tag{3.1.50}$$

由于 $D(A)$ 在 $H_{\Gamma_0}^1(\Omega)$ 中稠密, (3.1.50) 意味着

$$B^*f = -f|_{\Gamma_1}, \quad \forall\, f \in H_{\Gamma_0}^1(\Omega). \tag{3.1.51}$$

令

$$\mathscr{A} = \begin{pmatrix} 0 & I \\ -A & 0 \end{pmatrix}, \quad \text{其中 } D(\mathscr{A}) = D(A) \times H^1_{\Gamma_0}(\Omega), \tag{3.1.52}$$

且 $\mathscr{B} \in \mathcal{L}(L^2(\Gamma_1), D(A) \times H^{-1}_{\Gamma_0}(\Omega))$:

$$\mathscr{B}u = (0, -Bu)^\top, \quad \forall u \in L^2(\Gamma_1). \tag{3.1.53}$$

由抽象二阶系统 (3.1.47), 系统 (3.1.39) 可以写成一阶抽象系统

$$\begin{cases} \dfrac{d}{dt}(w(\cdot,t), w_t(\cdot,t))^\top = \mathscr{A}(w(\cdot,t), w_t(\cdot,t))^\top + \mathscr{B}u(\cdot,t), \\ y(t) = \mathscr{B}^*(w(\cdot,t), w_t(\cdot,t))^\top, \end{cases} \tag{3.1.54}$$

其中 $\mathscr{B}^* \in \mathcal{L}(D(\mathscr{A}), L^2(\Gamma_1))$ 满足:

$$\mathscr{B}^*(f,g)^\top = -B^*g = g|_{\Gamma_1}, \quad \forall (f,g) \in D(\mathscr{A}).$$

3.2　允许观测与允许控制

有限维线性系统解的适定性是显然的, 这和无穷维系统大不相同. 由于算子的无界性, 我们不得不严格讨论控制系统和观测系统解的存在性、正则性. 允许观测性本质上是偏微分方程理论中的 "隐正则性", 而允许控制性本质上是非齐次偏微分方程解的适定性.

3.2.1　允许观测

我们通过如下一维波动方程说明观测的允许性:

$$\begin{cases} w_{tt}(x,t) = w_{xx}(x,t), \quad x \in (0,1), t > 0, \\ w(0,t) = w_x(1,t) = 0, \quad t \geqslant 0, \\ y(t) = w_t(1,t), \quad t \geqslant 0, \end{cases} \tag{3.2.1}$$

其中 y 是观测输出. 系统 (3.2.1) 的状态空间 X 由 (3.1.26) 定义. 对任意的初始状态 $(w(\cdot,0), w_t(\cdot,0)) \in X$, 系统 (3.2.1) 存在唯一解

$$(w(\cdot,t), w_t(\cdot,t)) \in C([0,\infty); X). \tag{3.2.2}$$

一般情况下, 观测输出 y 至少要满足如下正则性:

$$y \in L^2_{\text{loc}}[0,\infty). \tag{3.2.3}$$

然而由解 (3.2.2) 的正则性, $w_t(\cdot, t) \in L^2(0, 1)$, 从而 $y(t) = w_t(1, t)$ 在任意时刻
是无意义的, 也就是说, 正则性 (3.2.3) 不能直接用 Sobolev 嵌入得到. 另一方面,
波动方程的隐正则性告诉我们, 作为方程 (3.2.1) 的解, 正则性 (3.2.3) 的确是成立
的. 事实上, 如果令

$$\psi(t) = \int_0^1 x w_t(x, t) w_x(x, t) dx, \tag{3.2.4}$$

对任意的 $\tau > 0$, 有

$$\int_0^\tau y^2(t) dt = 2\tau E(0) + 2\psi(\tau) - 2\psi(0) \leqslant 2(\tau + 2) E(0), \tag{3.2.5}$$

其中

$$E(t) = \frac{1}{2} \int_0^1 [w_t^2(x, t) + w_x^2(x, t)] dx. \tag{3.2.6}$$

由 (3.2.5) 知, 正则性 (3.2.3) 是成立的. 这一隐正则性就是观测信号的允许性.

下面给出观测算子允许性的概念. 设算子 A 在 Hilbert 空间 X 中生成 C_0-半
群 e^{At}, Y 是 Hilbert 空间. 考虑如下观测系统:

$$\dot{x}(t) = Ax(t), \quad y(t) = Cx(t), \tag{3.2.7}$$

其中 y 是输出, $C \in \mathcal{L}(D(A), Y)$ 是输出算子. 观测系统 (3.2.7) 简记为 (A, C).

定义 3.2.5 考虑系统 (3.2.7). 称观测算子 $C \in \mathcal{L}(D(A), Y)$ 关于 C_0-半群
e^{At} 是允许的, 如果存在 $\tau > 0$ 使得

$$\int_0^\tau \|Ce^{At} x_0\|_Y^2 dt \leqslant M_\tau \|x_0\|_X^2, \quad \forall\, x_0 \in D(A), \tag{3.2.8}$$

其中 $M_\tau > 0$ 是与 x_0 无关的常数. 如果观测算子 C 关于 C_0-半群 e^{At} 允许, 则对
任意的 $\tau > 0$, 可定义观测系统 (3.2.7) 在 $[0, \tau]$ 上的观测映射如下:

$$\begin{aligned} \mathcal{C}_\tau : \quad & X \to L^2([0, \tau]; Y) \\ & x \to Ce^{At} x, \quad \forall\, x \in X. \end{aligned} \tag{3.2.9}$$

注 3.2.2 由于 $C \in \mathcal{L}(D(A), Y)$, 因此 $\mathcal{C}_\tau \in \mathcal{L}(D(A), L^2([0, \tau]; Y))$. 由于
$D(A)$ 在 X 中稠密, (3.2.8) 表明定义 (3.2.9) 有意义, 且有 $\mathcal{C}_\tau \in \mathcal{L}(X, L^2([0, \tau]; Y))$.
可以证明: 如果对某个 $\tau > 0$, 不等式 (3.2.8) 成立, 则对任意的 $t > 0$, 存在
$M_t > 0$, 使得

$$\int_0^t \|\mathcal{C}_t x\|_Y^2 dt \leqslant M_t \|x\|_X^2, \quad \forall\, x \in X. \tag{3.2.10}$$

如果算子 $C \in \mathcal{L}(D(A), Y)$ 关于 C_0-半群 e^{At} 允许, 则算子 C 的定义域是可以延拓的.

定义 3.2.6 设算子 A 在 Hilbert 空间 X 中生成 C_0-半群 e^{At}, Y 是 Hilbert 空间. 如果算子 $C \in \mathcal{L}(D(A), Y)$ 关于 C_0-半群 e^{At} 允许, 定义算子 C 关于 A 的 Λ-延拓为

$$
\begin{cases}
C_\Lambda x = \lim_{\lambda \to +\infty} C\lambda(\lambda - A)^{-1}x, & x \in D(C_\Lambda), \\
D(C_\Lambda) = \{x \in X \mid \text{以上极限存在}\}.
\end{cases}
\tag{3.2.11}
$$

由 [146, Proposition 5.3], 有连续的嵌入:

$$
D(A) \hookrightarrow D(C_\Lambda) \hookrightarrow X \hookrightarrow [D(A^*)]'.
\tag{3.2.12}
$$

定义范数

$$
\|x\|_{D(C_\Lambda)} = \|x\|_X + \sup_{\lambda \geqslant \lambda_0} \|C\lambda(\lambda - A)^{-1}x\|_Y, \quad \forall\, x \in D(C_\Lambda),
\tag{3.2.13}
$$

其中 $\lambda_0 \in \mathbb{R}$ 使得 $[\lambda_0, \infty) \subset \rho(A)$, 则 $(D(C_\Lambda), \|\cdot\|_{D(C_\Lambda)})$ 是一个 Banach 空间并且 $C_\Lambda \in \mathcal{L}(D(C_\Lambda), Y)$ ([146, Proposition 5.3]). 当算子 $C \in \mathcal{L}(D(A), Y)$ 关于 C_0-半群 e^{At} 允许时, 由 (3.2.8), 对任意的 $x \in X$, $C_\Lambda e^{At}x$ 对几乎处处的 $t \geqslant 0$ 都有意义.

命题 3.2.1 ([135, p.124, Proposition 4.3.7]) 设算子 A 生成 X 上的 C_0-半群 e^{At}, 算子 $C \in \mathcal{L}(D(A), Y)$ 关于 C_0-半群 e^{At} 允许, 且存在实数 $L > 0$ 和 ω 使得对任意的 $t \geqslant 0$, 有 $\|e^{At}\| \leqslant Le^{\omega t}$, 则对任意的 $\alpha > \omega$, 存在常数 $M_\alpha > 0$, 使得

$$
\|C(s - A)^{-1}\|_{\mathcal{L}(X, Y)} \leqslant \frac{M_\alpha}{\sqrt{\mathrm{Re}\, s - \alpha}}, \quad \forall\, s \in \rho(A), \ \mathrm{Re}\, s > \alpha.
\tag{3.2.14}
$$

特别地, 当 $\omega < 0$ 时, $\|C(s - A)^{-1}\|_{\mathcal{L}(X, Y)}$ 在开右半复平面一致有界.

3.2.2 允许控制

设算子 A 在 Hilbert 空间 X 中生成 C_0-半群 e^{At}, 设 U 是 Hilbert 空间, 考虑控制系统

$$
\dot{x}(t) = Ax(t) + Bu(t),
\tag{3.2.15}
$$

其中 $u \in L_{\mathrm{loc}}^2([0, \infty); U)$ 是控制输入, $B \in \mathcal{L}(U, [D(A^*)]')$ 是控制算子. 控制系统 (3.2.15) 简记为 (A, B). 由半群理论, 控制系统 (3.2.15) 的解在形式上可以表示为

$$
x(t) = e^{At}x(0) + \int_0^t e^{A(t-s)}Bu(s)ds.
\tag{3.2.16}
$$

注意到系统的状态空间为 X, 但 $B \in \mathcal{L}(U, [D(A^*)]')$. 因此至少从直观上来看, (3.2.16) 中第二项 $\int_0^t e^{A(t-s)}Bu(s)ds$ 在 X 中可能没有意义. 为了克服这一问题,

我们对算子 A 进行延拓, 在更大的状态空间 $[D(A^*)]'$ 中考虑系统 (3.2.15), 即: 将控制系统 (3.2.15) 看作 $[D(A^*)]'$ 中的系统

$$\dot{x}(t) = \tilde{A}x(t) + Bu(t), \qquad (3.2.17)$$

其中 $\tilde{A}$ 是 A 的延拓, 由 (3.1.21) 定义. 控制算子 $B \in \mathcal{L}(U, [D(A^*)]')$ 此时是有界算子, 如果 $\tilde{A}$ 在 $[D(A^*)]'$ 中生成 C_0-半群 $e^{\tilde{A}t}$, 则系统 (3.2.17) 在 $[D(A^*)]'$ 中的解存在唯一. 但是, 从实际问题来看, 状态空间 $[D(A^*)]'$ 实在太大了, 甚至可以使得系统不可控. 所以, $[D(A^*)]'$ 并不是合适的状态空间, 我们仍然需要在状态空间 X 中来考虑系统 (3.2.15).

定义 3.2.7　考虑控制系统 (3.2.15). 控制算子 $B \in \mathcal{L}(U, [D(A^*)]')$ 称为关于 C_0-半群 e^{At} 是允许的, 如果存在 $\tau > 0$, 使得

$$\mathcal{B}_\tau u := \int_0^\tau e^{A(\tau-s)} Bu(s)ds \in X, \quad \forall u \in L^2([0,\tau]; U). \qquad (3.2.18)$$

如果 $B \in \mathcal{L}(U, [D(A^*)]')$ 关于 C_0-半群 e^{At} 允许, 映射 $\mathcal{B}_\tau \in \mathcal{L}(L^2([0,\tau]; U), X)$ 称为控制映射.

注 3.2.3　存在 $\tau > 0$ 使得 (3.2.18) 成立等价于: 对任意的 $t > 0$ 下式成立

$$\mathcal{B}_t u = \int_0^t e^{A(t-s)} Bu(s)ds \in X, \quad \forall u \in L^2([0,t]; U). \qquad (3.2.19)$$

因此, B 关于 C_0-半群 e^{At} 允许意味着, 对任意的 $t > 0$, 有 $\mathcal{B}_t \in \mathcal{L}(L^2([0,t]; U), X)$.

命题 3.2.2　([135, p.128, Proposition 4.4.6])　设算子 A 生成 X 上的 C_0-半群 e^{At}, 算子 $B \in \mathcal{L}(U, [D(A^*)]')$ 关于 C_0-半群 e^{At} 允许, 且存在实数 $L > 0$ 和 ω 使得对任意的 $t \geqslant 0$, 有 $\|e^{At}\| \leqslant Le^{\omega t}$, 则对任意的 $\alpha > \omega$, 存在常数 $M_\alpha > 0$, 使得

$$\|(s - \tilde{A})^{-1}B\|_{\mathcal{L}(U,X)} \leqslant \frac{M_\alpha}{\sqrt{\mathrm{Res} - \alpha}}, \quad \forall\, s \in \rho(A),\ \mathrm{Res} > \alpha. \qquad (3.2.20)$$

特别地, 当 $\omega < 0$ 时, $\|(s - \tilde{A})^{-1}B\|_{\mathcal{L}(U,X)}$ 在开右半复平面一致有界.

对偶是控制论中的重要概念. 控制系统 (A, B) 的对偶系统是观测系统 (A^*, B^*), 其中 A^* 是 A 的共轭算子, 由定义 3.1.2 给出, $B^* \in \mathcal{L}(D(A^*), U)$ 是 B 的关于枢纽空间 X 的共轭算子, 其定义如下:

$$\langle B^*x, v \rangle_U = \langle x, Bv \rangle_{D(A^*),[D(A^*)]'}, \quad \forall\, x \in D(A^*),\ v \in U. \qquad (3.2.21)$$

设 $T \in \mathcal{L}(X)$ 可逆, 观测系统 (TA^*T^{-1}, B^*T^{-1}) 也称为控制系统 (A, B) 的对偶系统.

定理 3.2.6 设算子 A 在 X 中生成 C_0-半群 e^{At}, 则 $B \in \mathcal{L}(U, [D(A^*)]')$ 关于 C_0-半群 e^{At} 允许的充要条件为: $B^* \in \mathcal{L}(D(A^*), U)$ 关于 C_0-半群 e^{A^*t} 允许.

证明 若 $B^* \in \mathcal{L}(D(A^*), U)$ 关于 C_0-半群 e^{A^*t} 允许, 存在 $\tau > 0$ 和 $M_\tau > 0$ 使得

$$\int_0^\tau \|B^* e^{A^*(\tau-s)} x_0\|_U^2 ds = \int_0^\tau \|B^* e^{A^*s} x_0\|_U^2 ds \leqslant M_\tau \|x_0\|_X^2, \quad \forall x_0 \in X. \quad (3.2.22)$$

对任意的 $x \in D(A^*)$ 和 $u \in L^2_{\text{loc}}([0, \infty); U)$,

$$\left\langle \int_0^\tau e^{A(\tau-s)} Bu(s) ds, x \right\rangle_{[D(A^*)]', D(A^*)} = \int_0^\tau \left\langle u(s), B^* e^{A^*(\tau-s)} x \right\rangle_U ds. \quad (3.2.23)$$

由 (3.2.22) 和 (3.2.23) 以及 Hölder 不等式可得

$$\left| \left\langle \int_0^\tau e^{A(\tau-s)} Bu(s) ds, x \right\rangle_{[D(A^*)]', D(A^*)} \right|$$

$$\leqslant \int_0^\tau \|u(s)\|_U \|B^* e^{A^*(\tau-s)} x\|_U ds \leqslant M_\tau \|u\|_{L^2([0,\tau];U)} \|x\|_X. \quad (3.2.24)$$

由于 $D(A^*)$ 在 X 中稠密, (3.2.24) 表明 $\displaystyle\int_0^\tau e^{A(\tau-s)} Bu(s) ds$ 定义了 X 上的有界线性泛函. 利用 Riesz 表示定理, $\displaystyle\int_0^\tau e^{A(\tau-s)} Bu(s) ds \in X$, 从而 B 关于半群 e^{At} 允许.

反之, 如果 B 关于半群 e^{At} 允许, 则 $\displaystyle\int_0^\tau e^{A(\tau-s)} Bu(s) ds \in X$, 于是对任意的 $x \in D(A^*)$, $u \in L^2_{\text{loc}}([0, \infty); U)$, 存在常数 $C_\tau > 0$, 使得

$$\left| \int_0^\tau \left\langle u(s), B^* e^{A^*(\tau-s)} x \right\rangle_U ds \right| = \left| \left\langle \int_0^\tau e^{A(\tau-s)} Bu(s) ds, x \right\rangle_X \right|$$

$$\leqslant \left\| \int_0^\tau e^{A(\tau-s)} Bu(s) ds \right\|_X \|x\|_X \leqslant C_\tau \|u\|_{L^2([0,\tau];U)} \|x\|_X. \quad (3.2.25)$$

所以

$$\int_0^\tau \|B^* e^{A^*s} x\|_U^2 ds = \int_0^\tau \|B^* e^{A^*(\tau-s)} x\|_U^2 ds \leqslant C_\tau^2 \|x\|_X^2, \quad \forall x \in X. \quad (3.2.26)$$

B^* 关于 C_0-半群 e^{A^*t} 允许. $\quad\square$

例 3.2.2 在状态空间 (3.1.26) 中考虑如下一维波动方程的边界控制问题:

$$\begin{cases} w_{tt}(x, t) = w_{xx}(x, t), & x \in (0, 1), t > 0, \\ w(0, t) = 0, \ w_x(1, t) = u(t), & t \geqslant 0, \end{cases} \quad (3.2.27)$$

其中 u 是控制. 系统 (3.2.27) 可写成抽象形式 (3.1.30), 其中算子 A, B 分别由 (3.1.28) 和 (3.1.31) 定义. 系统 (3.2.27) 的对偶系统为 (3.2.1). 由 (3.2.5), B^* 关于 e^{A^*t} 是允许的. 由定理 3.2.6, B 关于 e^{At} 也是允许的. 也就是说, 对任意的 $u \in L^2_{\mathrm{loc}}[0,\infty)$ 和 $(w(\cdot,0), w_t(\cdot,0)) \in X$, 系统 (3.2.27) 存在唯一的解

$$(w(\cdot,t), w_t(\cdot,t))^\top = e^{At}(w(\cdot,0), w_t(\cdot,0))^\top + \int_0^t e^{A(t-s)}Bu(s)ds \in C([0,\infty); X).$$

3.3 可观性与可控性

有限维系统的可观性和可控性可以推广到无穷维, 但是由于算子的无界性, 无穷维系统的可观性和可控性描述更加复杂, 甚至连状态空间的选取都是一个需要讨论的问题. 可控性分为精确可控和近似可控, 可观性分为精确可观和近似可观. 此外, 可观性还必须强调输出对初值的连续依赖性.

3.3.1 可观性

设 X 和 Y 是 Hilbert 空间. 算子 A 在 X 上生成 C_0-半群 e^{At}, $C \in \mathcal{L}(D(A), Y)$ 关于半群 e^{At} 是允许的. 在状态空间 X 和输出空间 Y 中考虑观测系统

$$\begin{cases} \dot{x}(t) = Ax(t), \ \ x(0) = x_0, \\ y(t) = Cx(t), \end{cases} \tag{3.3.1}$$

其中 x_0 是系统初值, $y \in L^2_{\mathrm{loc}}([0,\infty); Y)$ 是观测输出.

定义 3.3.8　对任意初始状态 $x_0 \in X$, 如果存在时刻 $\tau > 0$, 使得系统 (3.3.1) 在 $[0,\tau]$ 上的输出 $y(t)$ 可以唯一、连续地确定初值 x_0, 则称观测系统 (3.3.1) 在 X 上是精确可观的. 如果存在时刻 $\tau > 0$, 使得系统 (3.3.1) 在 $[0,\tau]$ 上的输出 $y(t)$ 可以唯一确定初值 x_0, 即: (3.2.9) 定义的观测映射 $\mathcal{C}_\tau$ 满足 $\mathrm{Ker}\mathcal{C}_\tau = \{0\}$, 则称观测系统 (3.3.1) 在 X 上是近似可观的.

近似可观只需要用输出唯一确定初值即可, 而精确可观除了要唯一确定初值之外, 还需要保证输出对初值的连续依赖性. 这里的连续依赖性是用状态空间 X 上的拓扑刻画的, 不同的拓扑可以刻画不同的连续依赖性. 因此系统的精确可观性与 X 上拓扑有关. 按照可观性的定义, 系统 (3.3.1) 在 X 上是精确可观的等价于存在 $\tau > 0$ 以及算子 $\mathcal{F}_\tau \in \mathcal{L}(L^2([0,\tau]; Y), X)$ 使得 $\mathcal{F}_\tau \mathcal{C}_\tau x_0 = x_0, \forall x_0 \in X$.

输出算子 $C \in \mathcal{L}(D(A), Y)$ 的共轭算子 $C^* \in \mathcal{L}(Y, [D(A)]')$ 定义为

$$\langle C^*z, x\rangle_{[D(A)]', D(A)} = \langle z, Cx\rangle_Y, \quad \forall z \in Y, x \in D(A). \tag{3.3.2}$$

如果 C 关于半群 e^{At} 允许, 则 $\mathcal{C}_\tau \in \mathcal{L}(X, L^2([0,\tau];Y))$, 从而 $\mathcal{C}_\tau^* \in \mathcal{L}(L^2([0,\tau];Y), X)$. 对任意的 $\tau > 0$, 观测系统 (A,C) 的 Gram 算子定义如下:

$$W_o(\tau) = \mathcal{C}_\tau^* \mathcal{C}_\tau. \tag{3.3.3}$$

于是

$$\langle W_o(\tau)x, x\rangle_X = \|\mathcal{C}_\tau x\|^2_{L^2([0,\tau];Y)} \geqslant 0, \quad \forall\, x \in X, \tag{3.3.4}$$

因此 $W_o(\tau) \in \mathcal{L}(X)$ 是半正定算子.

定理 3.3.7 设算子 A 在 X 上生成 C_0-半群 e^{At}, $C \in \mathcal{L}(D(A), Y)$ 关于半群 e^{At} 允许, 则系统 (A,C) 精确可观当且仅当存在 $\tau > 0$ 使得 $W_o(\tau)$ 是正定算子, 或者等价地, 存在 $c_\tau > 0$, 使得

$$\int_0^\tau \|Ce^{At}x_0\|^2_Y dt \geqslant c_\tau \|x_0\|^2_X, \quad x_0 \in D(A). \tag{3.3.5}$$

证明 由定理 A.3.32, Gram 算子 $W_o(\tau)$ 是正定算子当且仅当不等式 (3.3.5) 成立.

充分性: 设 Gram 算子 $W_o(\tau)$ 是正算子, 则 $W_o^{-1}(\tau)\mathcal{C}_\tau^* \in \mathcal{L}(L^2([0,\tau];Y), X)$, 且

$$x_0 = W_o^{-1}(\tau)\mathcal{C}_\tau^* y, \quad y(t) = \mathcal{C}_\tau x_0. \tag{3.3.6}$$

所以系统 (A,C) 精确可观.

必要性: 若系统 (A,C) 精确可观, 则存在 $\tau > 0$ 以及 $\mathcal{F}_\tau \in \mathcal{L}(L^2([0,\tau];Y), X)$ 使得

$$\mathcal{F}_\tau \mathcal{C}_\tau x_0 = x_0, \quad \forall\, x_0 \in X. \tag{3.3.7}$$

另一方面, 假设对任意的 $t > 0$, Gram 算子 $W_o(t)$ 都不是正算子, 则存在 $\tau > 0$ 以及非零元 $\alpha \in X$ 使得 $W_o(\tau)\alpha = 0$, 于是

$$0 = \langle W_o(\tau)\alpha, \alpha\rangle_X = \langle \mathcal{C}_\tau^* \mathcal{C}_\tau \alpha, \alpha\rangle_X = \|\mathcal{C}_\tau \alpha\|^2_{L^2([0,\tau];Y)}. \tag{3.3.8}$$

所以 $\mathcal{C}_\tau \alpha = 0$. 又由 (3.3.7) 知 $0 = \mathcal{F}_\tau 0 = \mathcal{F}_\tau \mathcal{C}_\tau \alpha = \alpha$. 矛盾. $\qquad\square$

注 3.3.4 不等式 (3.3.5) 称为 "观测性不等式". 由定理 3.3.7 和定义 3.2.5, 系统 (A,C) 精确可观意味着存在 $\tau > 0$, 使得

$$c_\tau \|x\|^2_X \leqslant \int_0^\tau \|Ce^{At}x\|^2_Y dt \leqslant C_\tau \|x\|^2_X, \quad x \in D(A), \tag{3.3.9}$$

其中 c_τ 和 C_τ 是与 x 无关的正常数. 由于 $D(A)$ 在 X 中稠密,

$$\left(\int_0^\tau \|Ce^{At}x_0\|^2_Y dt\right)^{1/2} \tag{3.3.10}$$

可以定义 X 中的等价范数.

若系统 (3.3.1) 精确可观, 由定理 3.3.7, 存在 $\tau > 0$, 使得 Gram 算子 $W_o(\tau) = \mathcal{C}_\tau^* \mathcal{C}_\tau$ 正定. 因此可以定义算子 $\mathcal{F}_\tau \in \mathcal{L}(L^2([0,\tau]; Y), X)$ 如下

$$\mathcal{F}_\tau f = (\mathcal{C}_\tau^* \mathcal{C}_\tau)^{-1} \mathcal{C}_\tau^* f, \quad \forall\, f \in L^2([0,\tau]; Y). \tag{3.3.11}$$

对任意的 $f \in L^2([0,\tau]; Y)$, 函数 f 和 $\mathcal{C}_\tau \mathcal{F}_\tau(f)$ 之间是什么关系呢? 当 $f \in \mathrm{Ran}\mathcal{C}_\tau \subset L^2([0,\tau]; Y)$ 时, 存在 $x_f \in X$ 使得 $\mathcal{C}_\tau(x_f) = f$. 注意到 $\mathcal{F}_\tau \mathcal{C}_\tau = 1_X$, 因此

$$\mathcal{C}_\tau \mathcal{F}_\tau(f) = \mathcal{C}_\tau \mathcal{F}_\tau \mathcal{C}_\tau(x_f) = \mathcal{C}_\tau(x_f) = f. \tag{3.3.12}$$

当 $f \notin \mathrm{Ran}\mathcal{C}_\tau$ 时, 下面定理指出: $\mathcal{C}_\tau \mathcal{F}_\tau(f)$ 是 f 在 $\mathrm{Ran}\mathcal{C}_\tau$ 上唯一的最佳逼近. 这一结论揭示了观测系统 (A, C) 与给定信号 $f \in L^2([0,\tau]; Y)$ 之间的内在关系.

定理 3.3.8 设观测系统 (3.3.1) 关于时间 $[0, \tau]$ 精确可观, 映射 $\mathcal{C}_\tau$ 和 $\mathcal{F}_\tau$ 分别由 (3.2.9) 和 (3.3.11) 定义, 则对任意的 $f \in L^2([0,\tau]; Y)$, $\mathcal{C}_\tau \mathcal{F}_\tau(f)$ 是 f 在 $\mathrm{Ran}\mathcal{C}_\tau$ 上唯一的最佳逼近, 即

$$\|\mathcal{C}_\tau \mathcal{F}_\tau(f) - f\|_{L^2([0,\tau]; Y)} = \inf_{g \in \mathrm{Ran}\mathcal{C}_\tau} \|g - f\|_{L^2([0,\tau]; Y)}. \tag{3.3.13}$$

证明 由 (3.3.11) 可知: $\mathcal{F}_\tau = (\mathcal{C}_\tau^* \mathcal{C}_\tau)^{-1} \mathcal{C}_\tau^*$, 于是

$$\mathcal{F}_\tau^* = \mathcal{C}_\tau (\mathcal{C}_\tau^* \mathcal{C}_\tau)^{-1*} = \mathcal{C}_\tau (\mathcal{C}_\tau^* \mathcal{C}_\tau)^{-1}. \tag{3.3.14}$$

注意到

$$\mathcal{F}_\tau^* \mathcal{C}_\tau^* = \mathcal{C}_\tau (\mathcal{C}_\tau^* \mathcal{C}_\tau)^{-1} \mathcal{C}_\tau^* = \mathcal{C}_\tau \mathcal{F}_\tau, \tag{3.3.15}$$

对任意的 $g \in \mathrm{Ran}\mathcal{C}_\tau$ 和任意的 $f \in L^2([0,\tau]; Y)$, 有

$$\begin{aligned}
\langle \mathcal{C}_\tau \mathcal{F}_\tau(f) - f, g \rangle_{L^2([0,\tau]; Y)} &= \langle \mathcal{C}_\tau \mathcal{F}_\tau(f), g \rangle_{L^2([0,\tau]; Y)} - \langle f, g \rangle_{L^2([0,\tau]; Y)} \\
&= \langle f, \mathcal{F}_\tau^* \mathcal{C}_\tau^*(g) \rangle_{L^2([0,\tau]; Y)} - \langle f, g \rangle_{L^2([0,\tau]; Y)} \\
&= \langle f, g \rangle_{L^2([0,\tau]; Y)} - \langle f, g \rangle_{L^2([0,\tau]; Y)} = 0. \quad (3.3.16)
\end{aligned}$$

所以 $\mathcal{C}_\tau \mathcal{F}_\tau(f) - f$ 与 $\mathrm{Ran}\mathcal{C}_\tau$ 正交. 由泛函分析理论, $\mathcal{C}_\tau \mathcal{F}_\tau(f)$ 是 f 在 $\mathrm{Ran}\mathcal{C}_\tau$ 上的最佳逼近.

由于 $\mathrm{Ran}\mathcal{C}_\tau$ 是 Hilbert 空间 $L^2([0,\tau]; Y)$ 的闭线性子空间, 所以, 最佳逼近元是唯一的. $\square$

例 3.3.3 考虑系统

$$\begin{cases}
v_{tt}(x,t) = v_{xx}(x,t), & x \in (0,1),\ t > 0, \\
v_x(0,t) = v(1,t) = 0, & t \geqslant 0, \\
y(t) = v(0,t),
\end{cases} \tag{3.3.17}$$

其中 y 是输出. 系统 (3.3.17) 的状态空间为

$$X = \{(f,g) \in H^1(0,1) \times L^2(0,1) \mid f(1) = 0\}. \tag{3.3.18}$$

X 上内积定义如下: 对 $\forall \, (f_i, g_i) \in X, i = 1, 2,$

$$\langle (f_1, g_1), (f_2, g_2) \rangle_X = \int_0^1 [f_1'(x)\overline{f_2'(x)} + g_1(x)\overline{g_2(x)}]dx. \tag{3.3.19}$$

(3.3.17) 的系统算子 A 定义如下:

$$\begin{cases} A(f,g)^\top = (g, f'')^\top, \quad \forall \, (f,g) \in D(A), \\ D(A) = \{(f,g) \in H^2(0,1) \times H^1(0,1) \mid g(1) = f(1) = f'(0) = 0\}. \end{cases} \tag{3.3.20}$$

易知 A 稠定, 且 $A = -A^*$. 当输出 $y(t) \equiv 0$ 时, $v_x(0,t) = v(1,t) = v(0,t) = 0$, 直接解系统 (3.3.17) 可知 $(v(\cdot, 0), v_t(\cdot, 0)) = 0$. 系统 (3.3.17) 在 X 上近似可观. 但是, 系统 (3.3.17) 在 X 中不是精确可观的. 事实上, 若令

$$\alpha_m = \left(m - \frac{1}{2}\right)\pi, \quad m \geqslant 1, \tag{3.3.21}$$

则简单计算可知

$$(v^m(x,t), v_t^m(x,t)) = e^{i\alpha_m t}\left(\frac{\sin \alpha_m(1-x)}{\alpha_m}, i\sin \alpha_m(1-x)\right) \tag{3.3.22}$$

是系统 (3.3.17) 关于初值

$$(v^m(x,0), v_t^m(x,0)) = \left(\frac{\sin \alpha_m(1-x)}{\alpha_m}, i\sin \alpha_m(1-x)\right) \tag{3.3.23}$$

的一族解. 此时, 系统的输出满足

$$|y(t)| = \frac{1}{\left(m - \dfrac{1}{2}\right)\pi} \to 0 \quad 当 \quad m \to \infty. \tag{3.3.24}$$

注意到

$$\|(v^m(\cdot, 0), v_t^m(\cdot, 0))\|_X \equiv 1, \tag{3.3.25}$$

对任意的 $\tau > 0$ 和 $c_\tau > 0$, 观测不等式

$$\int_0^\tau y^2(t)dt \geqslant c_\tau \|(v_0, v_1)\|_X^2, \quad \forall \, (v_0, v_1) \in D(A) \tag{3.3.26}$$

都不成立. 由定理 3.3.7, 系统 (3.3.17) 在 X 中不精确可观. 然而由 [135, p.184, Corollary 6.2.7] 可知, 对任意的 $\tau > 2$, 存在 $c_\tau > 0$, 使得

$$\int_0^\tau y^2(t)dt \geqslant c_\tau \|(v_0, v_1)\|_{-1}^2, \quad \forall\, (v_0, v_1) \in X \subset [D(A^*)]', \tag{3.3.27}$$

其中 $\|\cdot\|_{-1}$ 由 (3.1.19) 定义. 这说明系统 (3.3.17) 的输出可以连续 (关于 $\|\cdot\|_{-1}$ 决定的拓扑)、唯一地确定系统初值, 也就是说系统 (3.3.17) 在 $[D(A^*)]'$ 子拓扑空间 $(X, \|\cdot\|_{-1})$ 上精确可观.

3.3.2 可控性

设 X 和 U 是 Hilbert 空间, 算子 A 在 X 上生成 C_0-半群 e^{At}, $B \in \mathcal{L}(U, [D(A^*)]')$ 关于半群 e^{At} 是允许的. 在状态空间 X 中考虑如下控制系统:

$$\dot{x}(t) = Ax(t) + Bu(t), \tag{3.3.28}$$

其中 $u \in L^2_{\text{loc}}([0, \infty); U)$ 是控制输入.

定义 3.3.9　如果对任意的初始状态 $x_0 \in X$, 终止状态 $x_1 \in X$, 存在时刻 $\tau > 0$ 以及控制 $u \in L^2_{\text{loc}}([0, \infty); U)$, 使得系统 (3.3.28) 的解满足 $x(0) = x_0$ 且 $x(\tau) = x_1$, 则称系统 (3.3.28) 是精确可控的; 如果对任意的初始状态 $x_0 \in X$, 终止状态 $x_1 \in X$, 以及任意的 $\varepsilon > 0$, 存在时刻 $\tau > 0$ 以及控制 $u \in L^2_{\text{loc}}([0, \infty); U)$, 使得系统 (3.3.28) 的解满足 $x(0) = x_0$ 且 $\|x(\tau) - x_1\|_X < \varepsilon$, 则称系统 (3.3.28) 是近似可控的.

如果 B 关于半群 e^{At} 允许, 由 (3.2.18) 定义的控制映射 $\mathcal{B}_\tau$ 也可以用来刻画系统的可控性. 系统 (3.3.28) 精确可控等价于

$$\text{Ran}\mathcal{B}_\tau = X, \tag{3.3.29}$$

而系统 (3.3.28) 近似可控等价于

$$\overline{\text{Ran}\mathcal{B}_\tau} = X. \tag{3.3.30}$$

事实上, 若存在 $\tau > 0$ 使得 $\text{Ran}\mathcal{B}_\tau = X$, 则对任意的 $x_0, x_1 \in X$, 存在 $u_0 \in L^2([0, \tau]; U)$ 使得

$$\mathcal{B}_\tau u_0 = x_1 - e^{A\tau}x_0 \in X. \tag{3.3.31}$$

上式等价于

$$x_1 = x(\tau) = e^{A\tau}x_0 + \int_0^\tau e^{A(\tau-s)}Bu_0(s)ds. \tag{3.3.32}$$

所以系统 (3.3.28) 精确可控.

如果存在 $\tau > 0$, 使得 $\overline{\mathrm{Ran} \mathcal{B}_\tau} = X$, 则对任意的 $x_0, x_1 \in X$, 存在 $u_0 \in L^2([0, \tau]; U)$ 使得

$$\left\| \mathcal{B}_\tau u_0 - (x_1 - e^{A\tau} x_0) \right\|_X < \varepsilon. \tag{3.3.33}$$

注意到

$$x(\tau) = e^{A\tau} x_0 + \int_0^\tau e^{A(\tau - s)} B u_0(s) ds, \quad x(0) = x_0. \tag{3.3.34}$$

(3.3.33) 等价于 $\|x(\tau) - x_1\|_X < \varepsilon$. 所以系统 (3.3.28) 近似可控.

定理 3.3.9 设算子 A 在 X 上生成 C_0-半群 e^{At}, $B \in \mathcal{L}(U, [D(A^*)]')$ 关于半群 e^{At} 是允许的, 则系统 (A, B) 精确可控当且仅当系统 (A^*, B^*) 精确可观, 或者等价地, 存在 $\tau > 0$, 使得如下不等式成立:

$$\int_0^\tau \|B^* e^{A^* s} x_0\|_U^2 ds \geqslant c_\tau^2 \|x_0\|_X^2, \quad x_0 \in D(A^*), \tag{3.3.35}$$

其中 $c_\tau > 0$ 是与 x_0 无关的常数.

证明 由定理 3.3.7, 系统 (A^*, B^*) 精确可观当且仅当不等式 (3.3.35) 成立.

充分性: 由算子 B 的允许性, 可定义控制 Gram 算子 $W_c(\tau): X \to X$ 如下:

$$W_c(\tau): x \to \mathcal{B}_\tau \mathcal{B}_\tau^* x, \quad \forall \, x \in X. \tag{3.3.36}$$

由定理 3.1.4, A 是稠定的闭算子意味着 $D(A^*)$ 在 X 中稠密. 因此不等式 (3.3.35) 对任意的 $x_0 \in X$ 都成立. 因为

$$\langle W_c(\tau) x, x \rangle_X = \int_0^\tau \|B^* e^{A^* s} x\|_U^2 ds, \quad \forall \, x \in X, \tag{3.3.37}$$

所以 Gram 算子 $W_c(\tau)$ 是正算子. 根据定理 A.3.32, $\mathrm{Ran} \mathcal{B}_\tau = X$, 从而系统 (3.3.28) 精确可控.

必要性: 由系统 (3.3.28) 精确可控可知: $\mathrm{Ran} \mathcal{B}_\tau = X$. 由定理 A.3.32, $W_c(\tau) = \mathcal{B}_\tau \mathcal{B}_\tau^*$ 是正算子, 进而 (3.3.35) 成立. □

不等式 (3.3.35) 就是著名的 "观测性不等式". 定理 3.3.9 说明系统 (3.3.28) 精确可控的充要条件是: 存在 $\tau > 0$ 和 $c_\tau > 0$ 使得观测性不等式 (3.3.35) 成立. 这样控制问题就转化成一个纯数学问题 (不等式问题), 从而数学工具在系统的可控性研究中有了用武之地.

如果系统 (3.3.28) 精确可控, 则对任意终止状态 $x_1 \in X$ 和初始状态 $x_0 \in X$, 和有限维类似, 控制器可以设计为

$$u(t) = \mathcal{B}_\tau^* (\mathcal{B}_\tau \mathcal{B}_\tau^*)^{-1} (x_1 - e^{A\tau} x_0). \tag{3.3.38}$$

直接计算可得

$$x(t) = e^{At}x_0 + \mathcal{B}_\tau u = e^{At}x_0 + x_1 - e^{A\tau}x_0, \quad \forall\, t \geqslant 0. \tag{3.3.39}$$

当 $t = \tau$ 时, 有

$$x(\tau) = e^{A\tau}x_0 + x_1 - e^{A\tau}x_0 = x_1. \tag{3.3.40}$$

控制 u 不但可以实现从 x_0 到 x_1 的状态转移, 而且还是能量最小的控制, 具体地说, 对任意满足 $x(0) = x_0$ 且 $x(\tau) = x_1$ 的控制 $v \in L^2([0,\tau]; U)$, 有

$$\int_0^\tau \|u(s)\|_U^2 ds \leqslant \int_0^\tau \|v(s)\|_U^2 ds. \tag{3.3.41}$$

事实上, 控制 u 和 v 实现了从 x_0 到 x_1 的状态转移意味着

$$\mathcal{B}_\tau(u) = \mathcal{B}_\tau(v) = \left(x_1 - e^{A\tau}x_0\right), \tag{3.3.42}$$

于是 $(v - u) \in \mathrm{Ker}\mathcal{B}_\tau \subset (\mathrm{Ran}\mathcal{B}_\tau^*)^\perp$, 其中

$$(\mathrm{Ran}\mathcal{B}_\tau^*)^\perp = \left\{ f \in L^2([0,\tau]; U) \mid \langle f, g \rangle_{L^2([0,\tau]; U)} = 0, \forall\, g \in \mathrm{Ran}\mathcal{B}_\tau^* \right\}. \tag{3.3.43}$$

另一方面, (3.3.38) 意味着 $u \in \mathrm{Ran}\mathcal{B}_\tau^*$. 所以 $\langle v - u, u \rangle_{L^2([0,\tau]; U)} = 0$, 从而有

$$\|v\|_{L^2([0,\tau]; U)}^2 = \|v - u\|_{L^2([0,\tau]; U)}^2 + \|u\|_{L^2([0,\tau]; U)}^2 \geqslant \|u\|_{L^2([0,\tau]; U)}^2. \tag{3.3.44}$$

3.3.3　对偶原理和 Hilbert 唯一性方法

系统的可观性与其对偶系统的可控性之间有着密切的联系, 定理 3.3.9 给出了系统 (A, B) 的精确可控性与其对偶系统 (A^*, B^*) 的精确可观性之间的等价关系. 下面给出近似可观性、近似可控性之间的对偶原理.

定理 3.3.10　设 X, U 是 Hilbert 空间, $B \in \mathcal{L}(U, [D(A^*)]')$, 算子 $A : D(A) \to X$ 在 X 中生成 C_0-半群 e^{At}, 则控制系统 (A, B) 近似可控当且仅当观测系统 (A^*, B^*) 近似可观.

证明　由定理 3.2.6, $B \in \mathcal{L}(U, [D(A^*)]')$ 关于 e^{At} 允许当且仅当 $B^* \in \mathcal{L}(D(A^*), U)$ 关于 C_0-半群 e^{A^*t} 允许.

对任意的 $\tau > 0$, 令 $\mathcal{B}_\tau \in \mathcal{L}(L^2([0,\tau]; U), X)$ 是控制系统 (A, B) 在 $[0,\tau]$ 上的控制映射, $\mathcal{C}_{*\tau} \in \mathcal{L}(X, L^2([0,\tau]; U))$ 是观测系统 (A^*, B^*) 在 $[0,\tau]$ 上的观测映射, 只需证明:

$$\overline{\mathrm{Ran}\mathcal{B}_\tau} = X \quad \text{当且仅当} \quad \mathrm{Ker}\mathcal{C}_{*\tau} = \{0\}. \tag{3.3.45}$$

事实上, 直接计算可知, $\mathcal{B}_\tau$ 的对偶算子 $\mathcal{B}_\tau^* \in \mathcal{L}(X, L^2([0,\tau];U))$ 满足

$$
\begin{aligned}
\mathcal{B}_\tau^*: \quad & X \to L^2([0,\tau];U) \\
& x_0 \mapsto B^* e^{A^*(\tau-s)} x_0, \quad s \in [0,\tau], \quad \forall\, x_0 \in X.
\end{aligned}
\tag{3.3.46}
$$

根据观测映射的定义,

$$
\begin{aligned}
\mathcal{C}_{*\tau}: \quad & X \to L^2([0,\tau];U) \\
& x_0 \mapsto B^* e^{A^* s} x_0, \quad s \in [0,\tau], \quad \forall\, x_0 \in X.
\end{aligned}
\tag{3.3.47}
$$

于是有 $\mathrm{Ker}\mathcal{B}_\tau^* = \mathrm{Ker}\mathcal{C}_{*\tau}$. 另一方面, 与 (1.1.49) 类似, 有

$$
(\mathrm{Ran}\mathcal{B}_\tau)^\perp = \mathrm{Ker}\mathcal{C}_{*\tau}.
\tag{3.3.48}
$$

注意到 X 是无穷维空间, 所以 (3.3.45) 成立. □

下面定理更细致地揭示了对偶系统之间的密切关系.

定理 3.3.11 设 A 生成 X 上的 C_0-群 e^{At}, $B \in \mathcal{L}(U, [D(A^*)]')$ 关于群 e^{At} 允许. 如果系统 (A, B) 精确可控, 则对于任意的 $x_0, x_1 \in X$, 存在 $T > 0$ 和 $z_0 \in X$, 使得

$$
\begin{cases}
\dot{x}(t) = Ax(t) + By(t), \\
x(0) = x_0, \quad x(T) = x_1,
\end{cases}
\tag{3.3.49}
$$

其中 $y(t)$ 是如下对偶系统的输出

$$
\begin{cases}
\dot{z}(t) = -A^* z(t), \quad z(0) = z_0, \\
y(t) = B^* z(t).
\end{cases}
\tag{3.3.50}
$$

证明 如果存在控制 $T > 0$ 和 u, 使得控制系统 (A, B) 满足 $x(0) = x_0 - e^{-AT} x_1$ 且 $x(T) = 0$, 则有

$$
0 = x(T) = e^{AT}\left(x_0 - e^{-AT} x_1\right) + \int_0^T e^{A(T-s)} Bu(s)ds.
\tag{3.3.51}
$$

上式等价于

$$
x_1 = e^{AT} x_0 + \int_0^T e^{A(T-s)} Bu(s)ds.
\tag{3.3.52}
$$

因此, 控制 u 实现了从 x_0 到 x_1 的状态转移. 于是, 只需证明 $x_1 = 0$ 的情况即可.

由于 (A, B) 精确可控, e^{At} 可逆, 因此 $(-A^*, B^*)$ 精确可观, 于是存在 $T > 0$ 和 $D_T > 0$, 使得 (3.3.50) 的解满足

$$
\int_0^T \|B^* z(t)\|_U^2 dt \geqslant D_T \|z_0\|_X^2, \quad \forall\, z_0 \in X.
\tag{3.3.53}
$$

定义映射

$$\mathbb{P}_T z_0 = -x_0, \quad \forall z_0 \in X, \tag{3.3.54}$$

其中 $x_0 = x(0)$ 由如下系统决定:

$$\begin{cases} \dot{x}(t) = Ax(t) + By(t), \\ x(T) = 0. \end{cases} \tag{3.3.55}$$

由于算子 B^* 的允许性, 存在 $c_T > 0$, 使得

$$\int_0^T \|y(s)\|_U^2 ds = \int_0^T \|B^* e^{-A^* t} z_0\|_U^2 dt \leqslant c_T \|z_0\|_X^2. \tag{3.3.56}$$

所以, $y \in L^2([0,T];U)$. 再由算子 B 的允许性, 系统 (3.3.55) 的解存在唯一. 因此, 算子 $\mathbb{P}_T$ 的定义是合理的.

由

$$0 = x(T) = e^{AT} x_0 + \int_0^T e^{A(T-s)} By(s) ds \tag{3.3.57}$$

得

$$x_0 = -\int_0^T e^{-As} By(s) ds. \tag{3.3.58}$$

由算子 B 的允许性, (3.3.56) 和 (3.3.58), 存在 $C_T > 0$, 使得

$$\|x_0\|_X^2 \leqslant C_T \int_0^T \|y(s)\|_U^2 ds \leqslant c_T C_T \|z_0\|_X^2. \tag{3.3.59}$$

所以, 算子 $\mathbb{P}_T$ 有界.

如果假设 $z_0 \in D(A^*)$, 则方程 (3.3.50) 的解 $z(t) \in D(A^*)$ 是古典解. 系统 (3.3.49) 两边关于 z 做内积可得

$$\begin{aligned}
\int_0^T \langle \dot{x}(t), z(t) \rangle_{[D(A^*)]', D(A^*)} dt &= \int_0^T \langle \tilde{A}x + BB^* z(t), z(t) \rangle_{[D(A^*)]', D(A^*)} dt \\
&= \int_0^T \langle x(t), -\dot{z}(t) \rangle_X dt + \int_0^T \|B^* z(t)\|_U^2 dt,
\end{aligned} \tag{3.3.60}$$

其中算子 $\tilde{A}$ 是 A 的扩张, 由 (3.1.21) 定义. 综合 (3.3.54), (3.3.60) 和 (3.3.53) 可

得

$$\langle \mathbb{P}_T z_0, z_0 \rangle_{[D(A^*)]',D(A^*)} = -\langle x_0, z_0 \rangle_{[D(A^*)]',D(A^*)}$$

$$= \int_0^T \langle \dot{x}(t), z(t) \rangle_{[D(A^*)]',D(A^*)} dt + \int_0^T \langle x(t), \dot{z}(t) \rangle_X dt$$

$$= \int_0^T \|B^* z(t)\|_U^2 dt \geqslant D_T \|z_0\|_X^2, \quad \forall \, z_0 \in D(A^*). \tag{3.3.61}$$

由于 $\mathbb{P}_T$ 有界且 $D(A^*)$ 在 X 中稠密,

$$\langle \mathbb{P}_T z_0, z_0 \rangle_{[D(A^*)]',D(A^*)} \geqslant D_T \|z_0\|_X^2, \quad \forall \, z_0 \in X. \tag{3.3.62}$$

由 Lax-Milgram 定理, 算子 $\mathbb{P}_T$ 有连续的逆. 所以, 对任意的 $x_0 \in X$, 令

$$z_0 = \mathbb{P}_T^{-1}(-x_0), \tag{3.3.63}$$

则有 (3.3.49) 成立. □

例 3.3.4 考虑如下一维波动方程的控制问题:

$$\begin{cases} w_{tt}(x,t) = w_{xx}(x,t), & x \in (0,1), t > 0, \\ w(0,t) = 0, \ w(1,t) = u(t), \ t \geqslant 0, \\ w(x,0) = w_0(x), \ w_t(x,0) = w_1(x), \ x \in [0,1], \end{cases} \tag{3.3.64}$$

其中 (w_0, w_1) 是初始状态, u 是控制. 系统 (3.3.64) 的状态空间为: $X = L^2(0,1) \times H^{-1}(0,1)$. 我们将证明: 对任意的初始状态 $(w_0, w_1) \in X$, 存在控制 u 和 $T > 0$, 使得系统 (3.3.64) 的解满足 $(w(\cdot,T), w_t(\cdot,T)) = 0$.

事实上, 系统 (3.3.64) 的对偶系统为

$$\begin{cases} v_{tt}(x,t) = v_{xx}(x,t), & x \in (0,1), t > 0, \\ v(0,t) = v(1,t) = 0, \ t \geqslant 0, \\ v(x,0) = v_0, \ v_t(x,0) = v_1, \ x \in [0,1], \\ y(t) = v_x(1,t), \ t \geqslant 0, \end{cases} \tag{3.3.65}$$

其中 (v_0, v_1) 是初始状态, y 是输出. 系统 (3.3.65) 的状态空间选为

$$V = H_0^1(0,1) \times L^2(0,1), \quad H_0^1(0,1) = \{f \in H^1(0,1) \mid f(0) = 0\}.$$

(3.3.65) 对应的系统算子为 $A_v(f,g)^\top = (g, f'')^\top, \forall (f,g) \in D(A_v)$, 其中 $D(A_v) = \{(f,g) \in H^2(0,1) \times H^1(0,1) \mid g(0) = g(1) = f(0) = f(1) = 0\}$. 利用系统 (3.3.65),

定义映射 $\mathbb{P}_T : V \to X$ 如下:

$$\mathbb{P}_T : (v_0, v_1) \to (-w(\cdot, 0), w_t(\cdot, 0)), \quad \forall\, (v_0, v_1) \in V, \tag{3.3.66}$$

其中 $(w(\cdot, 0), w_t(\cdot, 0))$ 由如下系统的解给出

$$\begin{cases} w_{tt}(x,t) = w_{xx}(x,t), & x \in (0,1), \ t > 0, \\ w(0,t) = 0, \ w(1,t) = v_x(1,t), & t \geqslant 0, \\ w(x,T) = w_t(x,T) = 0, & 0 \leqslant x \leqslant 1. \end{cases} \tag{3.3.67}$$

由波动方程解的适定性, $\mathbb{P}_T$ 定义是合理的. 对任意的 $(v_0, v_1) \in D(A_v)$, 由于系统 (3.3.65) 有古典解, 因此 (3.3.67) 两边作用 v 得

$$\begin{aligned} 0 &= \int_0^T \langle w_{tt}(\cdot,t) - w_{xx}(\cdot,t), v(\cdot,t) \rangle_{H^{-1}(0,1), H_0^1(0,1)} dt \\ &= \int_0^1 (w(x,0)v_t(x,0) - w_t(x,0)v(x,0)) dx + \int_0^T |v_x(1,t)|^2 dt \\ &= -\langle \mathbb{P}_T(v_0, v_1), (v_0, v_1) \rangle_{X,V} + \int_0^T |v_x(1,t)|^2 dt. \end{aligned} \tag{3.3.68}$$

所以

$$\langle \mathbb{P}_T(v_0, v_1), (v_0, v_1) \rangle_{X,V} = \int_0^T |v_x(1,t)|^2 dt. \tag{3.3.69}$$

由于系统 (3.3.65) 是精确可观的, 于是对任意的 $(v_0, v_1) \in D(A_v)$, 存在 $T > 0$ 和 $c_T > 0$ 使得

$$\langle \mathbb{P}_T(v_0, v_1), (v_0, v_1) \rangle_{X,V} = \int_0^T |v_x(1,t)|^2 dt \geqslant c_T \|(v_0, v_1)\|_V^2. \tag{3.3.70}$$

由于 $D(A_v)$ 在 V 中稠密, 不等式 (3.3.70) 对任意的 $(v_0, v_1) \in V$ 都成立. 由 Lax-Milgram 定理, 算子 $\mathbb{P}_T$ 有连续的逆. 所以对任意的 $(w_0, w_1) \in X$, 控制器

$$u(t) = v_x(1,t) \tag{3.3.71}$$

即可满足要求, 其中

$$\begin{cases} v_{tt}(x,t) = v_{xx}(x,t), & x \in (0,1), t > 0, \\ v(0,t) = v(1,t) = 0, & t \geqslant 0, \\ (v(\cdot, 0), v_t(\cdot, 0)) = \mathbb{P}_T^{-1}(-w_0, w_1). \end{cases} \tag{3.3.72}$$

注 3.3.5 和有限维的情形相比, 无穷维系统的极点配置是极其困难的. 即使系统精确可控, 也很难找到合适的控制器使得闭环系统有指定的收敛速率. 这里的主要困难之一在于谱确定增长阶条件对于无穷维系统不一定是成立的. 即使线性系统的所有谱点都在左半平面, 系统也有可能是指数增长的. 这也是无穷维系统远比有限维系统复杂的原因之一.

3.4 稳定性和耗散性

3.4.1 稳定性

与有限维的情形不同, 无穷维系统的稳定可以分为多种情况.

定义 3.4.10 设 X 是 Banach 空间, 算子 A 在 X 上生成 C_0-半群 e^{At}. 系统

$$\dot{x}(t) = Ax(t) \tag{3.4.1}$$

称为指数稳定的, 如果对任意的 $x(0) \in X$, 存在与 t 无关的正常数 ω 使得

$$\lim_{t \to +\infty} e^{\omega t} \|x(t)\|_X = 0; \tag{3.4.2}$$

系统 (3.4.1) 称为渐近稳定的, 如果对任意的 $x(0) \in X$, 它的解满足:

$$\lim_{t \to +\infty} \|x(t)\|_X = 0; \tag{3.4.3}$$

系统 (3.4.1) 称为弱稳定的, 如果对任意的 $x(0) \in X$, 它的解满足:

$$\lim_{t \to +\infty} \langle x(t), \phi \rangle_X = 0, \quad \forall \phi \in X. \tag{3.4.4}$$

系统 (3.4.1) 的稳定性有时也称为相应半群 e^{At} 或其生成元 A 的稳定性. 显然, 指数稳定性蕴含着渐近稳定性, 渐近稳定性蕴含着弱稳定性. 关于指数稳定性, 有如下常用的等价条件:

- e^{At} 指数稳定当且仅当 $\omega(A) < 0$, 其中 $\omega(A)$ 是半群 e^{At} 的增长界, 其定义如下

$$\omega(A) = \inf_{t \geqslant 0} \frac{1}{t} \log \|e^{At}\|; \tag{3.4.5}$$

- e^{At} 指数稳定当且仅当 ([26, p.302, Theorem 1.11])

$$\sup_{\text{Re}\lambda > 0} \|(\lambda - A)^{-1}\| < \infty; \tag{3.4.6}$$

- 当 X 是 Hilbert 空间时, e^{At} 指数稳定当且仅当存在 $p \in [1,\infty)$, 使得 ([26, p.300, Theorem 1.8])

$$\int_0^\infty \|e^{At}x\|_X^p dt < +\infty, \quad \forall\, x \in X. \tag{3.4.7}$$

定理 3.4.12　设 X 是 Hilbert 空间, 线性算子 $A: D(A) \subset X \to X$ 生成 C_0-半群 e^{At}, 则 A 指数稳定的充要条件为: 存在有界对称非负算子 P, 使得

$$\langle Ax, Px\rangle_X + \langle Px, Ax\rangle_X = -\|x\|_X^2, \quad \forall\, x \in D(A). \tag{3.4.8}$$

证明　充分性: 设 P 是有界对称非负算子且满足 (3.4.8). 定义系统 $\dot{x}(t) = Ax(t)$ 的 Lyapunov 函数

$$F(t) = \langle x(t), Px(t)\rangle_X. \tag{3.4.9}$$

由 P 非负, 存在常数 $C > 0$,

$$0 \leqslant F(t) = \langle x(t), Px(t)\rangle_X \leqslant C\|x(t)\|_X^2, \quad t \geqslant 0. \tag{3.4.10}$$

沿着系统 $\dot{x}(t) = Ax(t)$ 的解对 F 求导可得

$$\dot{F}(t) = -\|x(t)\|_X^2. \tag{3.4.11}$$

上式在 $[0,T]$ 上积分可得

$$C\|x(0)\|_X^2 \geqslant F(0) \geqslant F(0) - F(T) = \int_0^T \|x(t)\|_X^2 dt. \tag{3.4.12}$$

于是有

$$\int_0^\infty \|e^{At}x(0)\|_X^2 dt = \int_0^\infty \|x(t)\|_X^2 dt \leqslant C\|x(0)\|_X^2. \tag{3.4.13}$$

由 Datko 定理 ([135, p.178, Corollary 6.1.14]), e^{At} 指数稳定.

必要性: 由 A 指数稳定知如下算子是 X 上的有界非负对称算子, 即

$$P = \int_0^\infty e^{A^*t}e^{At} dt \in \mathcal{L}(X). \tag{3.4.14}$$

对任意的 $x \in D(A)$, 令 $F(t) = \langle x(t), Px(t)\rangle_X$, 其中 $x(t)$ 是系统 $\dot{x}(t) = Ax(t)$ 关

于初值 $x(0) = x$ 的解. 直接求导可得

$$\dot{F}(t) = \langle PAx(t), x(t) \rangle_X + \langle x(t), PAx(t) \rangle_X$$

$$= \int_0^\infty \left\langle e^{A^*\tau} e^{A\tau} Ax(t), x(t) \right\rangle_X d\tau + \int_0^\infty \left\langle x(t), e^{A^*\tau} e^{A\tau} Ax(t) \right\rangle_X d\tau$$

$$= \int_0^\infty \left\langle Ae^{A\tau} x(t), e^{A\tau} x(t) \right\rangle_X d\tau + \int_0^\infty \left\langle e^{A\tau} x(t), Ae^{A\tau} x(t) \right\rangle_X d\tau$$

$$= \int_0^\infty \left[\langle Ax(t+\tau), x(t+\tau) \rangle_X + \langle x(t+\tau), Ax(t+\tau) \rangle_X \right] d\tau$$

$$= \int_0^\infty \frac{d}{d\tau} \| x(t+\tau) \|_X^2 \, d\tau = - \| x(t) \|_X^2.$$

上式中令 $t \to 0$ 可得 (3.4.8). $\qquad\square$

定理 3.4.13 ([26, p.326, Theorem 2.21]) *设 X 是 Banach 空间, 线性算子 A 在 X 上生成一致有界的 C_0-半群 e^{At}, 即: 存在常数 $M > 0$, 使得*

$$\| e^{At} \| < M, \quad t \geqslant 0, \tag{3.4.15}$$

又设预解算子 $(\lambda - A)^{-1}$ 是紧的, 则 e^{At} 渐近稳定的充要条件是

$$\mathrm{Re}\lambda < 0, \quad \forall \lambda \in \sigma(A). \tag{3.4.16}$$

定理 3.4.14 *设 X 和 U 是 Hilbert 空间, 算子 A 在 X 上生成指数稳定的 C_0-半群 e^{At}, $B \in \mathcal{L}(U, [D(A^*)]')$ 关于 e^{At} 允许, 则对任意的初始状态 $x(0) \in X$ 和 $f \in L^p([0,\infty); U), 2 \leqslant p < \infty$, 系统*

$$\dot{x}(t) = Ax(t) + Bf(t), \quad t \geqslant 0 \tag{3.4.17}$$

存在唯一解 $x \in C([0,\infty); X) \cap H^1_{\mathrm{loc}}([0,\infty); [D(A^*)]')$ 满足

$$\lim_{t \to +\infty} \| x(t) \|_X = 0. \tag{3.4.18}$$

证明 对任意的 $\sigma > 0$, 由于 $f \in L^p([0,\infty); U)$, 存在 $t_0 > 0$ 使得

$$\| f \|_{L^p([t_0,\infty); U)} < \sigma. \tag{3.4.19}$$

由于 B 关于 e^{At} 允许, 系统 (3.4.17) 解存在唯一且满足 ([135, Proposition 4.2.5, p.118]):

$$x(t) = e^{At} x(0) + e^{A(t-t_0)} \int_0^{t_0} e^{A(t_0-s)} Bf(s) ds + \int_{t_0}^t e^{A(t-s)} Bf(s) ds. \tag{3.4.20}$$

又因为半群 e^{At} 指数稳定, 由 [147] 可得

$$\Phi_t \in \mathcal{L}(L^2([0,t];U), X), \quad \forall t > 0, \tag{3.4.21}$$

其中

$$\Phi_t v := \int_0^t e^{A(t-s)} Bv(s)ds, \quad \forall v \in L^2([0,t];U). \tag{3.4.22}$$

由 [147, Remark 4.7] 进一步得到

$$\Phi_t \in \mathcal{L}(L^p([0,t];U), X), \quad \forall 2 \leqslant p < +\infty. \tag{3.4.23}$$

于是对任意的 $t > t_0$, 存在不依赖 t 的常数 $M > 0$ 使得

$$\left\| \int_{t_0}^t e^{A(t-s)} Bf(s)ds \right\|_X = \left\| \int_0^t e^{A(t-s)} B(0 \underset{t_0}{\Diamond} f)(s)ds \right\|_X$$
$$\leqslant M\|f\|_{L^p([t_0,\infty);U)}, \tag{3.4.24}$$

其中

$$(u \underset{t_0}{\Diamond} v)(t) = \begin{cases} u(t), & 0 \leqslant t \leqslant t_0, \\ v(t), & t > t_0. \end{cases} \tag{3.4.25}$$

综合 (3.4.19) 和 (3.4.24) 可得

$$\left\| \int_{t_0}^t e^{A(t-s)} Bf(s)ds \right\|_X < M\sigma. \tag{3.4.26}$$

(3.4.20) 中令 $t \to \infty$, 由于 e^{At} 指数稳定, 我们有

$$\lim_{t \to +\infty} \|x(t)\|_X \leqslant M\sigma. \tag{3.4.27}$$

由于 σ 的任意性, (3.4.18) 成立.   □

3.4.2　耗散性

定义 3.4.11　设 X 是 Hilbert 空间, 算子 $A : D(A) \subset X \to X$ 称为 X 中的耗散算子, 如果

$$\text{Re}\langle Ax, x\rangle_X \leqslant 0, \quad \forall x \in D(A). \tag{3.4.28}$$

定义系统 $\dot{x}(t) = Ax(t)$ 的能量函数为 $E(t) = \|x(t)\|_X^2$. 当 X 是复数域上的 Hilbert 空间时, 对 $E(t)$ 直接求导可得

$$\dot{E}(t) = \langle \dot{x}(t), x(t)\rangle_X + \langle x(t), \dot{x}(t)\rangle_X = 2\text{Re}\langle Ax(t), x(t)\rangle_X. \tag{3.4.29}$$

所以, A 是耗散算子意味着系统能量满足 $\dot{E}(t) \leqslant 0$.

命题 3.4.3 设 X 是 Hilbert 空间, 算子 $A : D(A) \subset X \to X$ 在 X 中耗散, 且存在 $s \in \mathbb{C}_0$ 使得 $\mathrm{Ran}(s - A) = X$, 则 A 是稠定算子.

证明 任取 $f \in X$, 设对任意的 $v \in D(A)$, 有 $\langle f, v \rangle_X = 0$. 由于 $s - A$ 是满射, 存在 $v_0 \in D(A)$ 使得 $s v_0 - A v_0 = f$. 于是

$$0 = \mathrm{Re}\langle f, v_0 \rangle_X = (\mathrm{Re} s)\|v_0\|_X^2 - \mathrm{Re}\langle A v_0, v_0 \rangle_X \geqslant (\mathrm{Re} s)\|v_0\|_X^2. \tag{3.4.30}$$

所以 $v_0 = 0$, 从而 $f = 0$, 进而 $D(A)$ 在 X 中稠密. $\qquad\square$

定理 3.4.15 设 X 是 Hilbert 空间, 则算子 $A : D(A) \subset X \to X$ 在 X 上生成压缩半群的充要条件是: A 耗散且满足 $\mathrm{Ran}(I - A) = X$.

证明 充分性: 由于 A 耗散且满足 $\mathrm{Ran}(I - A) = X$, A 是闭算子且对任意的 $s \in \mathbb{C}_0$, 有 $\mathrm{Ran}(sI - A) = X$ ([135, p.72, Theorem 3.1.7]). 对任意的 $x \in D(A)$ 和 $\lambda \in (0, \infty)$, A 耗散意味着

$$\|(\lambda I - A)x\|_X^2 = \lambda^2 \|x\|_X^2 - 2\lambda \mathrm{Re}\langle Ax, x \rangle_X + \|Ax\|_X^2 \geqslant \lambda^2 \|x\|_X^2. \tag{3.4.31}$$

于是

$$\|(\lambda I - A)^{-1}\| \leqslant \frac{1}{\lambda}, \quad \forall \lambda \in (0, \infty). \tag{3.4.32}$$

由 [26, p. 73, Generation Theorem 3.5], A 在 X 上生成压缩半群.

必要性: 若算子 $A : D(A) \subset X \to X$ 在 X 上生成压缩半群, 则其增长阶 $\omega(A) \leqslant 0$. 由 [135, p.28, Proposition 2.3.1], $\mathbb{C}_0 \subset \rho(A)$, 并且

$$\|(\lambda I - A)^{-1}\| \leqslant \frac{1}{\lambda}, \quad \forall \lambda \in (0, \infty). \tag{3.4.33}$$

这说明

$$\|(\lambda I - A)x\|_X \geqslant \lambda \|x\|_X, \quad \forall x \in D(A), \ \lambda \in (0, \infty). \tag{3.4.34}$$

于是 $\mathrm{Ran}(I - A) = X$, 并且对任意的 $\lambda \in (0, \infty)$, 有

$$\mathrm{Re}\langle Ax, x \rangle_X - \frac{1}{2\lambda}\|Ax\|_X^2 = \frac{\lambda^2 \|x\|_X^2 - \|(\lambda I - A)x\|_X^2}{2\lambda} \leqslant 0, \quad \forall x \in D(A). \tag{3.4.35}$$

在 (3.4.35) 中, 令 $\lambda \to \infty$, 可得 $\mathrm{Re}\langle Ax, x \rangle_X \leqslant 0$, 从而 A 耗散. $\qquad\square$

如果算子 $A : D(A) \subset X \to X$ 是反自伴的, 即: $A = -A^*$, 则 A 耗散并且在 X 上生成 C_0-半群 e^{At}. 与有限维的情形类似, 系统的可控性、可观性以及稳定性之间有如下关系.

定理 3.4.16　设 X, U 是 Hilbert 空间, 算子 $A : D(A) \subset X \to X$ 是反自伴的, 即: $A = -A^*$. 设控制算子 $B \in \mathcal{L}(U, [D(A^*)]')$ 关于半群 e^{At} 允许, 且 $A - BB^*$ 有紧的预解算子, 其中 $B^* \in \mathcal{L}(D(A), U)$ 是 B 的关于枢纽空间 X 的共轭算子, 由 (3.2.21) 定义. 那么, 下列条件等价:

(i) 系统 (A, B) 近似可控;

(ii) 系统 (A^*, B^*) 近似可观;

(iii) $\mathrm{Ker}B^* \cap \mathrm{Ker}(i\omega - A) = \{0\}, \forall\, \omega \in \mathbb{R}$;

(iv) $A - BB^*$ 渐近稳定.

证明　(i) 和 (ii) 之间的等价性可由定理 3.3.10 得到, (ii) 和 (iii) 之间的等价性可由 [135, p.211, Proposition 6.9.1] 得到. 只需证明 (iii) $\Longleftrightarrow$ (iv).

(iii) $\Rightarrow$ (iv) 对任意的 $x \in D(A)$, 有

$$\mathrm{Re}\,\langle(A - BB^*)x, x\rangle_X = \mathrm{Re}\,[\langle Ax, x\rangle_X - \langle BB^*x, x\rangle_X]$$
$$= -\|B^*x\|_X^2 \leqslant 0. \tag{3.4.36}$$

所以, $A - BB^*$ 耗散, $\mathbb{C}_0 \subset \rho(A - BB^*)$. 注意到 $A - BB^*$ 有紧的预解算子, 由 Lumer-Phillips 定理 [103, Theorem 1.4.3], $A - BB^*$ 在 X 上生成 C_0-半群. 为了证明 $A - BB^*$ 渐近稳定, 由定理 3.4.13, 只需证明 $A - BB^*$ 在虚轴上没有点谱即可. 事实上, 若令

$$(A - BB^*)x_0 = i\omega x_0, \quad \omega \in \mathbb{R}, \ x_0 \in D(A), \tag{3.4.37}$$

则有

$$\langle(A - BB^*)x_0, x_0\rangle_X = \langle Ax_0, x_0\rangle_X - \|B^*x_0\|_X^2 = i\omega\|x_0\|_X^2. \tag{3.4.38}$$

注意到 $A = -A^*$, 比较上式两端的实部可得 $B^*x_0 = 0$. 因此 (3.4.37) 简化为 $Ax_0 = i\omega x_0$, 从而 $x_0 \in \mathrm{Ker}B^* \cap \mathrm{Ker}(i\omega - A)$. 所以 $x_0 = 0$. 这就说明 $A - BB^*$ 的点谱不在虚轴上.

(iv) $\Rightarrow$ (iii) 由 $A - BB^*$ 稳定, 且有紧的预解算子知: $A - BB^*$ 只有点谱且 $\sigma(A - BB^*) \subset \mathbb{C}_-$. 任取 $\omega \in \mathbb{R}$, 若 $f \in \mathrm{Ker}B^* \cap \mathrm{Ker}(i\omega - A)$, 则 $B^*f = 0$ 且 $Af = i\omega f$. 所以

$$(A - BB^*)f = Af - BB^*f = i\omega f. \tag{3.4.39}$$

注意到 $\sigma(A - BB^*) \subset \mathbb{C}_-$, (3.4.39) 意味着 $f = 0$.　　　　□

注 3.4.6　反自伴算子对应的系统是能量守恒系统, 因此定理 3.4.16 的结果只对守恒系统成立. 设 A 是 X 上的正算子, 则开环系统 $\ddot{x}(t) + Ax(t) + Bu(t) = 0$

是守恒的. 事实上, 如果定义能量函数为 $E(t) = \langle Ax(t), x(t) \rangle_X + \|\dot{x}(t)\|_X^2$, 当 $u = 0$ 时, 简单计算可得 $\dot{E}(t) = 0$. 定理 3.4.16 的结论对于上述二阶守恒系统仍然成立. 此外, 二阶守恒系统的动态反馈和静态反馈之间也存在着密切的关系, 这一内容将在 3.6.5 节讨论.

例 3.4.5 在状态空间 X 中考虑如下一维波动方程:

$$\begin{cases} w_{tt}(x,t) = w_{xx}(x,t), & x \in (0,1), \quad t > 0, \\ w(0,t) = 0, \quad w_x(1,t) = -k w_t(1,t), & t \geqslant 0, \quad k > 0, \end{cases} \tag{3.4.40}$$

其中 X 由 (3.1.26) 定义. 我们将证明: 对任意的 $(w(\cdot,0), w_t(\cdot,0)) \in X$, 系统 (3.4.40) 存在唯一解 $(w(\cdot,t), w_t(\cdot,t)) \in C([0,\infty); X)$ 使得

$$e^{\alpha t} \|(w(\cdot,t), w_t(\cdot,t))\|_X \to 0 \quad \text{当} \quad t \to +\infty, \tag{3.4.41}$$

其中 $\alpha > 0$ 是不依赖时间 t 的常数. 事实上, 如果定义

$$\begin{cases} A(f,g)^\top = (g, f'')^\top, \quad \forall (f,g) \in D(A), \\ D(A) = \{(f,g) \in H^2(0,1) \times H_L^1(0,1) \mid f(0) = 0, f'(1) = -kg(1)\}, \end{cases} \tag{3.4.42}$$

则系统 (3.4.40) 可以写成抽象形式

$$\frac{d}{dt}(w(\cdot,t), w_t(\cdot,t))^\top = A(w(\cdot,t), w_t(\cdot,t))^\top. \tag{3.4.43}$$

只需证明算子 A 生成 X 上的指数稳定的 C_0-半群即可.

简单计算可知: $\mathrm{Ran}(I - A) = X$, 且

$$\mathrm{Re}\langle A(f,g)^\top, (f,g)^\top \rangle_X = -k|g(1)|^2 \leqslant 0, \quad \forall (f,g) \in D(A). \tag{3.4.44}$$

由定理 3.4.15, 算子 A 生成 X 上的压缩半群 e^{At}. 下面证明 e^{At} 的指数稳定性. 为此我们设 $(w(\cdot,t), w_t(\cdot,t))$ 是系统 (3.4.40) 的古典解, 定义 Lyapunov 函数

$$F(t) = E(t) + \varepsilon \rho(t), \tag{3.4.45}$$

其中

$$E(t) = \frac{1}{2} \int_0^1 w_t^2(x,t) + w_x^2(x,t) dx, \quad \rho(t) = \int_0^1 x w_x(x,t) w_t(x,t) dx, \tag{3.4.46}$$

且

$$0 < \varepsilon < \min\left\{ \frac{2k}{1+k^2}, 1 \right\}. \tag{3.4.47}$$

易知

$$(1-\varepsilon)E(t) \leqslant F(t) \leqslant (1+\varepsilon)E(t), \quad \forall\, t \geqslant 0. \tag{3.4.48}$$

对 F 求导可得

$$
\begin{aligned}
\dot{F}(t) &= -kw_t^2(1,t) + \frac{\varepsilon}{2}w_x^2(1,t) + \frac{\varepsilon}{2}w_t^2(1,t) - \varepsilon E(t) \\
&= -\left(k - \frac{\varepsilon}{2}k^2 - \frac{\varepsilon}{2}\right)w_t^2(1,t) - \varepsilon E(t) \\
&\leqslant -\frac{\varepsilon}{1+\varepsilon}F(t).
\end{aligned} \tag{3.4.49}
$$

于是

$$F(t) \leqslant F(0)e^{-\frac{\varepsilon}{1+\varepsilon}t}, \quad t \geqslant 0. \tag{3.4.50}$$

由 (3.4.50), (3.4.46) 和 (3.4.48), 系统 (3.4.40) 的古典解 $(w(\cdot,t), w_t(\cdot,t))$ 在 X 中是指数稳定的. 这说明半群 e^{At} 是指数稳定性的.

3.5　能稳性和可检性

本节主要介绍系统的适定、正则性以及能稳性和可检性, 它们是用抽象方法研究无穷维系统的数学工具. 为了避免涉及过多的数学, 本节介绍的部分理论结果没有给出数学证明. 相关证明可见 [135, 146–149]. 对于工程人员, 不懂这些证明并不影响控制器和观测器的设计. 本节所考虑系统的状态空间、控制空间和输出空间分别为 Hilbert 空间 X, U 和 Y.

3.5.1　适定系统与传递函数

设算子 A 在 X 上生成 C_0-半群 e^{At}, $C \in \mathcal{L}(D(A), Y)$, $B \in \mathcal{L}(U, [D(A^*)]')$ 都关于半群 e^{At} 允许. 在状态空间 X 中考虑控制观测系统

$$
\begin{cases}
\dot{x}(t) = Ax(t) + Bu(t), \\
y(t) = Cx(t),
\end{cases} \tag{3.5.1}
$$

其中 $u \in L_{\text{loc}}^2([0,\infty); U)$ 是控制, y 是输出. 由于算子 C 的允许性, 当 $u = 0$ 时, 系统 (3.5.1) 的输出满足 $y \in L_{\text{loc}}^2([0,\infty); Y)$. 然而当 $u \neq 0$ 时, 输出 y 还能有类似的正则性吗? 事实上, 此时算子 B 和 C 的允许性并不能保证 $y \in L_{\text{loc}}^2([0,\infty); Y)$ 成立. 为此, 我们引入系统适定性的概念.

定义 3.5.12　*系统 (A, B, C) 称为适定的, 如果下面条件成立:*
(i) A 在 X 上生成 C_0-半群 e^{At};

(ii) $B \in \mathcal{L}(U, [D(A^*)]')$ 关于 e^{At} 允许, 即: 存在 $\tau > 0$ 使得

$$\int_0^\tau e^{A(\tau-s)} Bu(s)ds \in X, \quad \forall\, u \in L^2([0,\tau]; U); \tag{3.5.2}$$

(iii) $C \in \mathcal{L}(D(A), Y)$ 关于 e^{At} 允许, 即: 存在 $C_\tau > 0$ 使得

$$\int_0^\tau \|Ce^{As}x\|_Y^2 ds \leqslant C_\tau \|x\|_X^2, \quad \forall\, x \in D(A); \tag{3.5.3}$$

(iv) 存在 $\tau > 0$ 和 $M_\tau > 0$ 使得

$$\int_0^\tau \|y(t)\|_Y^2\, dt \leqslant M_\tau \int_0^\tau \|u(s)\|_U^2 ds, \quad \forall\, u \in L^2([0,\tau]; U), \tag{3.5.4}$$

其中 $y(t) = C_\Lambda \int_0^t e^{A(t-s)} Bu(s)ds$, C_Λ 是 C 关于 A 的 Λ-延拓, 由 (3.2.11) 定义.

为了从频域的角度描述系统适定性, 我们引入系统传递函数的概念.

定义 3.5.13 设算子 A 在 X 上生成 C_0-半群 e^{At}, $B \in \mathcal{L}(U, [D(A^*)]')$, $C \in \mathcal{L}(D(A), Y)$ 关于 e^{At} 允许. 如果当 $x(0) = 0$ 时, 系统 (3.5.1) 的输入输出满足

$$\hat{y}(s) = H(s)\hat{u}(s), \tag{3.5.5}$$

其中 $\hat{y}(s)$ 和 $\hat{u}(s)$ 分别为输出和输入的 Laplace 变换, $H(s) \in \mathcal{L}(U, Y)$ 为在 $\mathbb{C}_\alpha$(α 为某个实数) 中解析的算子值函数, 则称 $H(s)$ 为系统 (A, B, C) 的传递函数.

如果算子 $B \in \mathcal{L}(U, [D(A^*)]')$ 和 $C \in \mathcal{L}(D(A), Y)$ 关于 e^{At} 允许, 且对任意的 $s \in \rho(A)$, 有 $(s - \tilde{A})^{-1} BU \subset D(C_\Lambda)$, 直接计算可得系统 (A, B, C) 的传递函数为

$$H(s) = C_\Lambda (s - \tilde{A})^{-1} B.$$

定理 3.5.17 设算子 A 在 X 上生成 C_0-半群 e^{At}, $B \in \mathcal{L}(U, [D(A^*)]')$ 和 $C \in \mathcal{L}(D(A), Y)$ 关于 e^{At} 允许, 则系统 (A, B, C) 适定的充要条件是: 存在 $\alpha \in \mathbb{R}$ 使得传递函数 $H(s)$ 满足

$$\sup_{s \in \mathbb{C}_\alpha} \|H(s)\| < +\infty. \tag{3.5.6}$$

系统 (A, B, C) 适定也称为其传递函数 H 适定, 即: 存在 $\alpha \in \mathbb{R}$ 使得 (3.5.6) 成立. 直接计算可得一维波动方程系统 (3.1.25) 的传递函数为

$$H(s) = \frac{e^s - e^{-s}}{e^s + e^{-s}}. \tag{3.5.7}$$

显然对任意 $\alpha > 0$ 传递函数 $H(s)$ 满足 (3.5.6), 于是系统 (3.1.25) 是适定的, 然而, 有趣的是, 系统 (3.1.25) 对应的高维系统 (3.1.39) 却不是适定的 ([59, p.401, 13.4 节]).

3.5.2　正则系统和允许反馈

定义 3.5.14 ([146, Theorem 4.5])　设系统 (A, B, C) 是适定的, 其状态空间、控制空间和输出空间分别为 X, U 和 Y. 若其传递函数 H 满足

$$\lim_{\lambda \to +\infty} H(\lambda)u = 0, \quad \forall\, u \in U \quad (\text{注意}\lambda\text{是实数}), \tag{3.5.8}$$

则称系统 (A, B, C) 是正则的.

正则系统和有限维系统有很多类似的性质, 可以说它是无穷维系统中的有限维系统, 但允许输入输出算子无界. 具有实际背景的无穷维系统几乎都是正则系统. 目前为止, 除了数学构造的例子之外, 还没有发现有物理背景的无穷维适定系统不是正则的. 系统正则性可以从多个角度描述:

定理 3.5.18 ([149])　系统 (A, B, C) 是正则系统当且仅当如下条件成立:

(i) A 在 X 上生成了一个 C_0-半群 e^{At};

(ii) $B \in \mathcal{L}(U, [D(A^*)]')$ 和 $C \in \mathcal{L}(D(A), Y)$ 关于 e^{At} 允许;

(iii) 存在 $s \in \rho(A)$ 使得 $(s - \tilde{A})^{-1}BU \subset D(C_\Lambda)$;

(iv) 系统 (A, B, C) 的传递函数 $H(s) = C_\Lambda(s - \tilde{A})^{-1}B$ 在某个右半复平面有界.

考虑有限维线性系统

$$\begin{cases} \dot{x}(t) = Ax(t) + Bu(t), & t > 0, \\ y(t) = Cx(t), & t \geqslant 0, \end{cases} \tag{3.5.9}$$

其中 $x(t)$ 是系统状态, $u(t)$ 是控制输入, $y(t)$ 是观测输出, A, B, C 是一定维数的矩阵. 考虑输出反馈

$$u(t) = Ky(t) + v(t), \tag{3.5.10}$$

其中 K 是反馈矩阵, v 是新的输入. 于是有闭环系统

$$\begin{cases} \dot{x}(t) = (A + BKC)x(t) + Bv(t), & t > 0, \\ y(t) = Cx(t), & t \geqslant 0. \end{cases} \tag{3.5.11}$$

设系统 (3.5.9) 和 (3.5.11) 的传递函数分别为 H 和 H^K, 则有 $H(s) = C(s - A)^{-1}B$,

$$H^K(s) = H(s)[I - KH(s)]^{-1} = [I - H(s)K]^{-1}H(s). \tag{3.5.12}$$

受此启发, 我们引入如下定义:

定义 3.5.15 设系统 (A, B, C) 的传递函数为 H, 算子 $K \in \mathcal{L}(Y, U)$. 算子

$$H^K(s) = H(s)[I - KH(s)]^{-1} \tag{3.5.13}$$

称为关于 H 和 K 的闭环传递函数; 如果 $I - KH(s)$ 和 $I - H(s)K$ 在某个右半复平面上可逆, 则算子 $K \in \mathcal{L}(Y, U)$ 称为关于 H 的允许反馈算子.

设 K 和 J 是关于 H 的允许反馈算子, 记 H^K 和 H^J 分别是相应的闭环传递函数, 则 $K - J$ 是关于 H^J 的允许反馈算子, 并且 ([149, Proposition 2.2])

$$H^K - H^J = H^K(K - J)H^J = H^J(K - J)H^K. \tag{3.5.14}$$

特别地, 注意到当 $J = 0$ 时, 有 $H^J = H$, 所以 (3.5.14) 变为

$$H^K - H = H^K K H = H K H^K. \tag{3.5.15}$$

命题 3.5.4 设系统 (A, B, C) 是正则系统, 其传递函数为 H. 设算子 $K \in \mathcal{L}(Y, U)$ 是关于 H 的允许反馈算子, 则系统 $(A + BKC, B, C)$ 也是正则系统.

3.5.3 能稳性和可检性

对于有限维系统, 如果不可控的部分已经稳定, 则称该系统是能稳的; 如果系统不可观测的部分已经趋于零, 则称该系统可检. 无穷维的情况比有限维复杂得多, 由于算子的无界性, 系统的控制、观测以及闭环系统是否有意义都是要考虑的问题.

定义 3.5.16 ([149]) 设 A 在 X 上生成了一个 C_0-半群 e^{At}, $B \in \mathcal{L}(U, [D(A^*)]')$ 关于 e^{At} 允许, 称系统 (A, B) 是能稳的, 如果存在算子 $F \in \mathcal{L}(D(A), U)$ 使得

(i) 系统 (A, B, F) 是正则的;

(ii) I 是关于 $F_\Lambda(s - A)^{-1}B$ 的允许反馈算子;

(iii) $A + BF_\Lambda$ 生成指数稳定的 C_0-半群, 其中 F_Λ 是 F 关于 A 的 Λ-延拓, 由 (3.2.11) 定义.

此时, 我们称算子 $F \in \mathcal{L}(D(A), U)$ 能指数镇定系统 (A, B).

命题 3.5.5 设系统 (A, B) 能稳, 则 A 在 X 上生成指数稳定的 C_0-半群 e^{At} 当且仅当 $\|(s - \tilde{A})^{-1}B\|_{\mathcal{L}(U, X)}$ 在开右半复平面一致有界.

证明 必要性可由命题 3.2.2 直接得到. 由 (A, B) 能稳, 存在算子 $F \in \mathcal{L}(D(A), U)$ 使得 $A_F := A + BF_\Lambda$ 生成指数稳定的 C_0-半群. 注意到系统 (A_F, B, F_Λ) 是系统 (A, B, F) 在允许反馈 I 下的闭环系统, 当 s 的实部充分大时 A_F 和 A 的预解算子满足

$$(s - A_F)^{-1} - (s - A)^{-1} = (s - \tilde{A})^{-1}BF_\Lambda(s - A_F)^{-1}. \tag{3.5.16}$$

由命题 3.2.1, A_F 指数稳定意味着 $\|F_\Lambda(s-A_F)^{-1}\|_{\mathcal{L}(X,U)}$ 在右半开平面一致有界, 如果 $\|(s-\tilde{A})^{-1}B\|_{\mathcal{L}(U,X)}$ 在开右半复平面一致有界, 由 (3.5.16), $\|(s-A)^{-1}\|$ 在开右半复平面也一致有界. 由定理 [26, p.302, Theorem 1.11], A 在 X 上生成指数稳定的 C_0-半群 e^{At}. □

定义 3.5.17 ([149])　设 A 在 X 上生成了一个 C_0-半群 e^{At}, $C \in \mathcal{L}(D(A), Y)$ 关于 e^{At} 允许, 称系统 (A, C) 是可检的, 如果存在算子 $L \in \mathcal{L}(Y, [D(A^*)]')$ 使得

(i) 系统 (A, L, C) 是正则的;

(ii) I 是关于 $C_\Lambda(s-\tilde{A})^{-1}L$ 的允许反馈算子;

(iii) $A + LC_\Lambda$ 生成指数稳定的 C_0-半群, 其中 C_Λ 是 C 关于 A 的 Λ-延拓, 由 (3.2.11) 定义.

此时, 我们称算子 $L \in \mathcal{L}(Y, [D(A^*)]')$ 能指数检测系统 (A, C).

命题 3.5.6　设系统 (A, C) 可检, 则 A 在 X 上生成指数稳定的 C_0-半群 e^{At} 当且仅当 $\|C(s-A)^{-1}\|_{\mathcal{L}(X,Y)}$ 在开右半复平面一致有界.

证明　必要性可由命题 3.2.1 直接得到. 由 (A, C) 可检, 存在算子 $L \in \mathcal{L}(Y, [D(A^*)]')$ 使得 $A_L := A + LC_\Lambda$ 生成指数稳定的 C_0-半群. 注意到系统 (A_L, L, C_Λ) 是系统 (A, L, C) 在允许反馈 I 下的闭环系统, 当 s 的实部充分大时 A_L 和 A 的预解算子满足

$$(s-A_L)^{-1} - (s-A)^{-1} = (s-A_L)^{-1}LC_\Lambda(s-A)^{-1}. \tag{3.5.17}$$

由命题 3.2.2, A_L 指数稳定意味着 $\|(s-A_L)^{-1}L\|_{\mathcal{L}(Y,X)}$ 在右半开平面一致有界, 如果 $\|C(s-A)^{-1}\|_{\mathcal{L}(X,Y)}$ 在开右半复平面一致有界, 由 (3.5.17), $\|(s-A)^{-1}\|$ 在开右半复平面也一致有界. 由定理 [26, p.302, Theorem 1.11], A 在 X 上生成指数稳定的 C_0-半群 e^{At}. □

命题 3.5.7 ([149])　设 (A, B, C) 是正则系统, 且输出空间 Y 是有限维的, 则 (A, C) 可检当且仅当 (A^*, C^*) 能稳.

3.6　系统的相似性与动态反馈举例

控制系统之间的可逆变换在控制设计中有非常重要的作用, 恰当的变换可能极大地降低控制器或观测器的设计难度. 例如偏微分方程的 backstepping 变换可以将系统的不稳定项变换到控制通道内, 从而可以直接将不稳定因素消除. 通过等价变换将系统化繁为简是控制设计的主要思想之一, 而这正和本节介绍的系统相似性有关. 反馈是达到控制目标最有力的途径, 几乎所有的实际控制系统都离不开反馈. 反馈的过程是信息提取和信息利用的综合过程. 理论上, 输出反馈控制器的设计应该包括两个方面: 第一, 如何挖掘隐含在输出信号中的系统状态信息;

第二, 如何利用系统状态信息设计反馈法则. 前者主要和控制系统的可观性以及观测器设计有关, 而后者主要与系统的可控性以及能稳性有关.

3.6.1 线性系统的相似性

定义 3.6.18 设 A_1 和 A_2 是 Hilbert 空间 X 上的稠定算子, 且 $\rho(A_j) \neq \varnothing$, $j = 1, 2$. 如果存在可逆算子 $P \in \mathcal{L}(X)$ 使得

$$PA_1P^{-1} = A_2 \quad \text{且} \quad PD(A_1) = D(A_2). \tag{3.6.1}$$

则称算子 A_1 与 A_2 相似, 算子 P 称为相似变换. 记作: $A_1 \sim A_2$ 或 $A_1 \sim_P A_2$.

命题 3.6.8 设算子 A_1 与 A_2 相似, 相似变换为 P, 则 A_1^* 和 A_2^* 也相似, 即

$$P^{-1*}A_1^*P^* = A_2^* \quad \text{且} \quad P^*D(A_2^*) = D(A_1^*). \tag{3.6.2}$$

证明 注意到 $P^{*-1} = P^{-1*}$ ([135, p.54, Proposition 2.8.4]), 只需证明 $D(A_1^*) = P^*D(A_2^*)$ 即可.

对任意的 $x_1 \in D(A_1)$, $y_2 \in D(A_2^*)$, 有

$$\begin{aligned}
\langle A_1x_1, P^*y_2 \rangle_X &= \langle A_1P^{-1}Px_1, P^*y_2 \rangle_X = \langle P^{**}A_1P^{-1}Px_1, y_2 \rangle_X \\
&= \langle A_2Px_1, y_2 \rangle_X = \langle Px_1, A_2^*y_2 \rangle_X.
\end{aligned} \tag{3.6.3}$$

于是

$$|\langle A_1x_1, P^*y_2 \rangle_X| = |\langle Px_1, A_2^*y_2 \rangle_X| \leqslant \|A_2^*y_2\|_X \|P\| \|x_1\|_X.$$

由定义 3.1.2, $P^*y_2 \in D(A_1^*)$, 从而有 $P^*D(A_2^*) \subset D(A_1^*)$. 另一方面, 对任意的 $y_1 \in D(A_1^*)$, 有 $y_1 = (P^*)(P^*)^{-1}y_1$. 由于 $D(A_2) = PD(A_1)$, 对任意的 $x_2 \in D(A_2)$, 存在 $x_1 \in D(A_1)$ 使得 $x_2 = Px_1$. 因此,

$$\begin{aligned}
\langle A_2x_2, P^{*-1}y_1 \rangle_X &= \langle (P^{-1})^{**}A_2x_2, y_1 \rangle_X = \langle P^{-1}A_2Px_1, y_1 \rangle_X \\
&= \langle A_1x_1, y_1 \rangle_X = \langle x_1, A_1^*y_1 \rangle_X.
\end{aligned} \tag{3.6.4}$$

进而

$$|\langle A_2x_2, P^{*-1}y_1 \rangle_X| = |\langle x_1, A_1^*y_1 \rangle_X| \leqslant \|A_1^*y_1\|_X \|x_1\|_X \leqslant \|A_1^*y_1\|_X \|P^{-1}\| \|x_2\|_X.$$

由定义 3.1.2, $P^{*-1}y_1 \in D(A_2^*)$ 从而有 $D(A_1^*) \subset P^*D(A_2^*)$. □

命题 3.6.9 设算子 A_1 与 A_2 相似, 相似变换为 P. 若 A_1 生成 X 上的 C_0-半群 $T_{A_1}(t)$, 则 A_2 生成 X 上的 C_0-半群 $T_{A_2}(t)$, 且满足

$$T_{A_2}(t) = PT_{A_1}(t)P^{-1}. \tag{3.6.5}$$

证明　首先

$$PA_1P^{-1} = A_2, \quad P \in \mathcal{L}(X) \text{ 且 } D(A_2) = PD(A_1). \tag{3.6.6}$$

容易验证算子族 $PT_{A_1}(t)P^{-1}$ 是 X 上的强连续半群. 只需验证 A_2 是 $PT_{A_1}(t)P^{-1}$ 的生成元即可. 注意到

$$\lim_{t \to 0^+} \frac{T_{A_1}(t)P^{-1}h - P^{-1}h}{t} \text{ 存在当且仅当 } h \in D(A_2). \tag{3.6.7}$$

于是

$$
\begin{aligned}
A_2h = PA_1P^{-1}h &= P \lim_{t \to 0^+} \frac{T_{A_1}(t)P^{-1}h - P^{-1}h}{t} \\
&= \lim_{t \to 0^+} \frac{PT_{A_1}(t)P^{-1}h - h}{t}, \quad \forall\, h \in D(A_2)
\end{aligned} \tag{3.6.8}
$$

意味着 A_2 是半群 $PT_{A_1}(t)P^{-1}$ 的无穷小生成元. □

定理 3.6.19　令 X 和 U 是 Hilbert 空间. 设算子 $A_j : D(A_j) \subset X \to X$ 生成 X 上的 C_0-半群 e^{A_jt} 且 $B_j \in \mathcal{L}(U, [D(A_j^*)]')$, $j = 1, 2$. 若 $A_1 \sim_P A_2$ 且

$$\langle B_2u, x\rangle_{[D(A_2^*)]', D(A_2^*)} = \langle B_1u, P^*x\rangle_{[D(A_1^*)]', D(A_1^*)}, \quad \forall\, u \in U, x \in D(A_2^*), \tag{3.6.9}$$

则下面结论成立:

(i) B_1 关于半群 e^{A_1t} 允许当且仅当 B_2 关于半群 e^{A_2t} 允许;

(ii) (A_1, B_1) 精确 (近似) 可控当且仅当 (A_2, B_2) 精确 (近似) 可控.

证明　对任意的 $f \in L^2_{\text{loc}}([0, \infty); U)$ 和 $\phi \in D(A_2^*)$, 由 (3.6.9) 可得

$$
\begin{aligned}
&\left\langle e^{\tilde{A}_2(t-s)}B_2f(s), \phi \right\rangle_{[D(A_2^*)]', D(A_2^*)} \\
&= \left\langle B_2f(s), e^{A_2^*(t-s)}\phi \right\rangle_{[D(A_2^*)]', D(A_2^*)} \\
&= \left\langle B_1f(s), P^*e^{A_2^*(t-s)}\phi \right\rangle_{[D(A_1^*)]', D(A_1^*)} \\
&= \left\langle B_1f(s), P^*e^{A_2^*(t-s)}P^{*-1}P^*\phi \right\rangle_{[D(A_1^*)]', D(A_1^*)} \\
&= \left\langle B_1f(s), e^{A_1^*(t-s)}P^*\phi \right\rangle_{[D(A_1^*)]', D(A_1^*)} \\
&= \left\langle e^{\tilde{A}_1(t-s)}B_1f(s), P^*\phi \right\rangle_{[D(A_1^*)]', D(A_1^*)}, \quad \forall\, t > 0, 0 \leqslant s \leqslant t. \tag{3.6.10}
\end{aligned}
$$

对任意的 $t > 0$, 定义算子 $\Phi_j(t) \in \mathcal{L}(L^2_{\text{loc}}([0, \infty); U), [D(A_j^*)]')$ 如下

$$\Phi_j(t)f = \int_0^t e^{\tilde{A}_j(t-s)}B_jf(s)ds, \quad \forall\, f \in L^2_{\text{loc}}([0, \infty); U), \quad j = 1, 2. \tag{3.6.11}$$

由 (3.6.10) 可得

$$\langle \Phi_2(t)f, \phi \rangle_{[D(A_2^*)]',D(A_2^*)} = \int_0^t \left\langle e^{\tilde{A}_2(t-s)} B_2 f(s), \phi \right\rangle_{[D(A_2^*)]',D(A_2^*)} ds$$

$$= \int_0^t \left\langle e^{\tilde{A}_1(t-s)} B_1 f(s), P^*\phi \right\rangle_{[D(A_1^*)]',D(A_1^*)} ds$$

$$= \left\langle \int_0^t e^{\tilde{A}_1(t-s)} B_1 f(s) ds, P^*\phi \right\rangle_{[D(A_1^*)]',D(A_1^*)}$$

$$= \langle \Phi_1(t)f, P^*\phi \rangle_{[D(A_1^*)]',D(A_1^*)}. \qquad (3.6.12)$$

当 B_1 关于半群 $e^{A_1 t}$ 允许时, 我们有 $\Phi_1(t)f \in X$ 且

$$P\Phi_1(t)f \in X, \quad \forall\, t > 0. \qquad (3.6.13)$$

综合 (3.6.12) 和 (3.6.13) 可得

$$\langle \Phi_2(t)f, \phi \rangle_{[D(A_2^*)]',D(A_2^*)} = \langle \Phi_1(t)f, P^*\phi \rangle_X = \langle P\Phi_1(t)f, \phi \rangle_{[D(A_2^*)]',D(A_2^*)}. \qquad (3.6.14)$$

由 ϕ 的任意性, 有

$$\Phi_2(t)f = P\Phi_1(t)f \;\, 在\;\, [D(A_2^*)]', \quad \forall\, t > 0. \qquad (3.6.15)$$

(3.6.13) 和 (3.6.15) 意味着对任意的 $t > 0$, 有 $\Phi_2(t)f \in X$. 所以 B_2 关于 $e^{A_2 t}$ 允许.

当 B_2 关于 $e^{A_2 t}$ 允许时, $\Phi_2(t)f \in X$ 且

$$P^{-1}\Phi_2(t)f \in X, \quad \forall\, t > 0. \qquad (3.6.16)$$

综合 (3.6.12) 和 (3.6.16) 可得

$$\left\langle P^{-1}\Phi_2(t)f, P^*\phi \right\rangle_{[D(A_1^*)]',D(A_1^*)} = \langle \Phi_2(t)f, \phi \rangle_{[D(A_2^*)]',D(A_2^*)}$$

$$= \langle \Phi_1(t)f, P^*\phi \rangle_{[D(A_1^*)]',D(A_1^*)}. \qquad (3.6.17)$$

由 ϕ 的任意性, 有

$$P^{-1}\Phi_2(t)f = \Phi_1(t)f \;\, 在\;\, [D(A_1^*)]', \quad \forall\, t > 0. \qquad (3.6.18)$$

(3.6.16) 和 (3.6.18) 意味着对任意的 $t > 0$, 有 $\Phi_1(t)f \in X$. 所以 B_1 关于 $e^{A_1 t}$ 允许. 综上, 结论 (i) 成立.

现在证明结论 (ii). 由结论 (i) 的证明, 当 B_1 关于 $e^{A_1 t}$ 允许或 B_2 关于 $e^{A_2 t}$ 允许时, 对任意的 $f \in L^2_{\mathrm{loc}}([0, \infty); U)$, 下面等式总是成立的

$$\Phi_2(t)f = P\Phi_1(t)f \in X, \quad \forall\, t > 0. \tag{3.6.19}$$

由于 $P \in \mathcal{L}(X)$ 可逆, 因此 $\mathrm{Ran}(\Phi_1(t)) = X$ 当且仅当 $\mathrm{Ran}(\Phi_2(t)) = X$ (或 $\overline{\mathrm{Ran}(\Phi_1(t))} = X$ 当且仅当 $\overline{\mathrm{Ran}(\Phi_2(t))} = X$). □

注 3.6.7　当 B_1 和 B_2 是有界算子时, (3.6.9) 意味着 $B_2 = PB_1$. 此时, 系统 (A_1, B_1) 和系统 (PA_1P^{-1}, PB_1) 有相同的可控性. 这和有限维的情形完全一样.

定理 3.6.20　令 X 和 Y 是 Hilbert 空间. 设算子 $A_j : D(A_j) \subset X \to X$ 生成 X 上的 C_0-半群 $e^{A_j t}$ 且 $C_j \in \mathcal{L}(D(A_j), Y)$, $j = 1, 2$. 若存在算子 $P \in \mathcal{L}(X)$ 使得 $A_1 \sim_P A_2$ 且 $C_1 = C_2P$, 则如下结论成立:

(i)　C_1 关于 $e^{A_1 t}$ 允许当且仅当 C_2 关于 $e^{A_2 t}$ 允许;

(ii)　(A_1, C_1) 精确 (近似) 可观当且仅当 (A_2, C_2) 精确 (近似) 可观.

证明　由于 $A_1 \sim_P A_2$, 对任意的 $x_2 \in D(A_2)$, 存在 $x_1 \in D(A_1)$ 使得 $Px_1 = x_2$. 所以

$$C_2 e^{A_2 t} x_2 = C_2 P e^{A_1 t} P^{-1} P x_1 = C_1 e^{A_1 t} x_1. \tag{3.6.20}$$

注意到 $\|x_2\|_X \leqslant \|P\|\|x_1\|_X$ 且 $\|x_1\|_X \leqslant \|P^{-1}\|\|x_2\|_X$, 结论成立. □

和定义 1.1.6 类似, 我们可以定义无穷维系统的相似性.

定义 3.6.19　设系统 (A_i, B_i, C_i) 的状态空间、控制空间和输出空间分别为 X, U 和 Y, $i = 1, 2$. 设算子 $A_j : D(A_j) \subset X \to X$ 生成 X 上的 C_0-半群 $e^{A_j t}$, $B_j \in \mathcal{L}(U, [D(A_j^*)]')$ 且 $C_j \in \mathcal{L}(D(A_j), Y)$, $j = 1, 2$. 若存在可逆变换 $P \in \mathcal{L}(X)$ 使得 $A_1 \sim_P A_2$ 和 (3.6.9) 成立, 则称控制系统 (A_1, B_1) 和 (A_2, B_2) 相似, 记作: $(A_1, B_1) \sim (A_2, B_2)$; 若存在可逆变换 $P \in \mathcal{L}(X)$ 使得 $A_1 \sim_P A_2$, $C_2 = C_1 P^{-1}$, 则称观测系统 (A_1, C_1) 和 (A_2, C_2) 相似, 记作: $(A_1, C_1) \sim (A_2, C_2)$; 如果 $(A_1, B_1) \sim (A_2, B_2)$ 且 $(A_1, C_1) \sim (A_2, C_2)$, 则称系统 (A_1, B_1, C_1) 和 (A_2, B_2, C_2) 相似, 记作: $(A_1, B_1, C_1) \sim (A_2, B_2, C_2)$.

定理 3.6.19 和定理 3.6.20 表明: 相似系统具有相同的允许性、可控性和可观性. 此外, 容易证明相似系统还具有相同的能稳性、可检性、适定性和正则性 ([128]). 系统的相似性在控制器设计和观测器设计时有非常重要的作用. 例如: 无穷维系统的相似性可以使得偏微分方程 backstepping 方法的数学证明严格化.

3.6.2　系统相似与 backstepping 方法

如果开环系统在右半平面有谱点或者在虚轴上有非单的谱点, 则称该系统为不稳定系统 (unstable system); 如果开环系统的谱点全部都在右半平面, 则称该

系统为反稳定系统 (antistable system). 偏微分方程的 backstepping 方法是处理不稳定或反稳定无穷维系统的有效方法之一. 通过恰当地构造等价变换, 系统的不稳定项被变到了控制通道内, 从而可以直接将不稳定因素消除. backstepping 方法可以应用于热传导方程 ([93, 121, 122])、一阶双曲方程 ([120])、波动方程 ([8, 73, 124])、薛定谔方程 ([82]) 以及一些特殊的梁方程 ([125]) 等等.

下面我们以如下反稳定的波动方程为例来说明 backstepping 方法的核心思想及其局限性.

$$\begin{cases} w_{tt}(x,t) = w_{xx}(x,t), & x \in (0,1), t > 0, \\ w_x(0,t) = -qw_t(0,t), & 1 \neq q > 0, \quad t \geqslant 0, \\ w_x(1,t) = u(t), & t \geqslant 0, \end{cases} \tag{3.6.21}$$

其中 u 是控制. 直接计算可知开环系统 (3.6.21) 的特征值为

$$\lambda_k = \begin{cases} \dfrac{1}{2}\ln\dfrac{1+q}{1-q} + k\pi i, & 0 < q < 1, \\ \dfrac{1}{2}\ln\dfrac{q+1}{q-1} + \left(k+\dfrac{1}{2}\right)\pi i, & q > 1, \end{cases} \quad k = 0, \pm 1, \pm 2, \cdots. \tag{3.6.22}$$

由 (3.6.22), 开环系统 (3.6.21) 的谱点全部在右半平面, 因此是反稳定 (anti stable) 的. 当 $q \to 1$ 时, 开环系统 (3.6.21) 的谱点趋于正无穷远处. 直观上来看, 我们无法用有限的反馈增益来移动位于无穷远处的无穷多个谱点. 因此我们在系统 (3.6.21) 中要求 $q \neq 1$. 物理上, $x = 0$ 处的边界条件表示 "反阻尼器 (anti-damper)", 它对系统的稳定起破坏作用. 有关系统 (3.6.22) 的更详细的物理解释可查阅 [83] 和 [8].

文献 [124] 考虑了系统 (3.6.21) 的镇定和观测问题, 引入了如下 backstepping 变换:

$$\tilde{w}(x,t) = w(x,t) - \frac{q+c}{q^2-1}\int_0^x w_t(s,t)ds - \frac{q(q+c)}{q^2-1}\int_0^x w_x(s,t)ds, \quad c > 0. \tag{3.6.23}$$

通过形式上的计算, 新的状态变量 $\tilde{w}(\cdot,t)$ 满足

$$\begin{cases} \tilde{w}_{tt}(x,t) = \tilde{w}_{xx}(x,t), & x \in (0,1), \\ \tilde{w}_x(0,t) = c\tilde{w}_t(0,t), & c > 0, \\ \tilde{w}_x(1,t) = -\dfrac{c^2-1}{qc+1}u(t) + \dfrac{q+c}{qc+1}\tilde{w}_t(1,t). \end{cases} \tag{3.6.24}$$

显然系统 (3.6.24) 的左端已经稳定, 不稳定项 $\dfrac{q+c}{qc+1}\tilde{w}_t(1,t)$ 和控制都在方程的右

端 $x = 1$ 处. 系统 (3.6.24) 的镇定问题是显然的. 然而我们必须强调的是: 上述从系统 (3.6.21) 到系统 (3.6.24) 的变换的表述是粗糙的. 为了数学上的严谨, 使用 backstepping 变换 (3.6.23) 时必须强调: 可逆变换 (3.6.23) 是针对系统 (3.6.21) 的古典解进行的. 这是因为无穷维系统在状态空间中的解通常指的是一种弱解. 系统 (3.6.21) 的状态空间为 $X = H^1(0,1) \times L^2(0,1)$. 对任意的 $(f_1, g_1), (f_2, g_2) \in X$, 其内积定义为

$$\langle (f_1, g_1), (f_2, g_2) \rangle_X = \int_0^1 [f_1'(x) f_2'(x) + g_1(x) g_2(x)] dx + f_1(0) f_2(0). \quad (3.6.25)$$

对任意的初始状态 $(w(\cdot, 0), w_t(\cdot, 0)) \in X$ 和控制 $u \in L^2_{\mathrm{loc}}[0, +\infty)$, 系统 (3.6.21) 存在唯一的弱解 $(w(\cdot, t), w_t(\cdot, t)) \in C([0, \infty); X)$. 对于该弱解, $w_{tt}(\cdot, t)$, $w_{xx}(\cdot, t)$, $w_t(1, t)$, $w_t(0, t)$, $w_x(1, t)$, $w_x(0, t)$ 可能无意义, 因此, backstepping 变换 (3.6.23) 需建立在系统 (3.6.21) 的古典解的基础之上.

对于线性系统, 古典解的存在性是显然的, 只要系统的初始状态满足足够的正则性即可. 然而古典解的存在性对于非线性系统或者带有外部干扰的系统却并不显然. 因此, 对这些系统使用 backstepping 方法必须讨论古典解的存在性. 上述问题非常容易被忽略, 目前仍然有不少文献在使用 backstepping 方法时忽略了这一要点, 在数学上缺乏严谨性. 特别是在变结构控制中, 系统的解是 Filippov 意义下的解. 此时, backstepping 方法在数学上的严格表述仍然需要进一步讨论.

为了解决上述问题, 我们在系统相似的框架下讨论 backstepping 方法. 系统 (3.6.21) 的系统算子 $A : D(A) \subset X \to X$ 为

$$\begin{cases} A(f, g)^\top = (g, f'')^\top, \quad \forall (f, g) \in D(A), \\ D(A) = \{(f, g) \in H^2(0,1) \times H^1(0,1) \mid f'(0) = -qg(0), f'(1) = 0\}. \end{cases} \tag{3.6.26}$$

直接计算可得

$$\begin{cases} A^*(\phi, \psi)^\top = -(\psi - \psi(0), \phi'')^\top, \quad \forall (\phi, \psi) \in D(A^*), \\ D(A^*) = \left\{ (\phi, \psi) \in H^2(0,1) \times H^1(0,1) \;\middle|\; \begin{array}{l} \phi'(0) = q\psi(0) + \phi(0) \\ \phi'(1) = 0 \end{array} \right\}. \end{cases} \tag{3.6.27}$$

按照 3.1.3 节的结果, 系统 (3.6.21) 可以写成抽象形式

$$\frac{d}{dt}(w(\cdot, t), w_t(\cdot, t))^\top = \tilde{A}(w(\cdot, t), w_t(\cdot, t))^\top + Bu(t), \tag{3.6.28}$$

其中控制算子 $B \in \mathcal{L}(\mathbb{R}, [D(A^*)]')$ 为

$$Bs = s(0, \delta(\cdot - 1))^\top, \quad \forall s \in \mathbb{R}. \tag{3.6.29}$$

由系统 (3.6.21) 和变换 (3.6.23), 形式上计算可得

$$\tilde{w}_t(x,t) = -\frac{1+qc}{q^2-1}w_t(x,t) - \frac{q+c}{q^2-1}w_x(x,t). \qquad (3.6.30)$$

注意到 (3.6.23) 和 (3.6.30), 可定义算子 $P \in \mathcal{L}(X)$ 如下: 对任意的 $(f,g) \in X$,

$$P\begin{pmatrix} f \\ g \end{pmatrix} = \begin{pmatrix} f - \dfrac{q+c}{q^2-1}\displaystyle\int_0^\cdot g(s)ds - \dfrac{q(q+c)}{q^2-1}\displaystyle\int_0^\cdot f'(s)ds \\ -\dfrac{1+qc}{q^2-1}g - \dfrac{q+c}{q^2-1}f' \end{pmatrix}. \qquad (3.6.31)$$

直接计算可得 $P = P^*$,

$$P^{-1}\begin{pmatrix} f \\ g \end{pmatrix} = \begin{pmatrix} f + \dfrac{q+c}{c^2-1}\displaystyle\int_0^\cdot g(s)ds - \dfrac{c^2+qc}{c^2-1}\displaystyle\int_0^\cdot f'(s)ds \\ \dfrac{1+qc}{1-c^2}g - \dfrac{q+c}{1-c^2}f' \end{pmatrix} \qquad (3.6.32)$$

且

$$PD(A) = \left\{ (f,g) \in H^2(0,1) \times H^1(0,1) \left| \begin{array}{l} f'(0) = cg(0) \\ f'(1) = \dfrac{q+c}{qc+1}g(1) \end{array} \right. \right\}. \qquad (3.6.33)$$

进而有

$$A \sim_P A_1, \qquad (3.6.34)$$

其中

$$A_1(f,g)^\top = (g, f'')^\top, \quad \forall\, (f,g) \in D(A_1) = PD(A). \qquad (3.6.35)$$

注意到

$$\begin{cases} A_1^*(\phi,\psi)^\top = -(\psi - \psi(0), \phi'')^\top, \quad \forall\, (\phi,\psi) \in D(A_1^*), \\ D(A_1^*) = \left\{ (\phi,\psi) \in H^2(0,1) \times H^1(0,1) \left| \begin{array}{l} \phi'(0) = \phi(0) - c\psi(0) \\ \phi'(1) = -\dfrac{q+c}{qc+1}\psi(1) \end{array} \right. \right\}, \end{cases} \qquad (3.6.36)$$

如果我们定义

$$B_1 s = -s\frac{c^2-1}{qc+1}(0, \delta(\cdot - 1))^\top, \quad \forall\, s \in \mathbb{R}, \qquad (3.6.37)$$

则对任意的 $u \in \mathbb{R}$ 和 $(\phi,\psi) \in D(A_1^*)$, 有

$$\left\langle B_1 u, \begin{pmatrix} \phi \\ \psi \end{pmatrix} \right\rangle_{[D(A_1^*)]', D(A_1^*)} = \left\langle Bu, P^*\begin{pmatrix} \phi \\ \psi \end{pmatrix} \right\rangle_{[D(A^*)]', D(A^*)}. \qquad (3.6.38)$$

注意: 上式的计算中用到了如下事实

$$\phi'(1) = -\frac{q+c}{qc+1}\psi(1) \tag{3.6.39}$$

和

$$\left\langle \begin{pmatrix} 0 \\ \delta(\cdot - 1) \end{pmatrix}, P^* \begin{pmatrix} \phi \\ \psi \end{pmatrix} \right\rangle_{[D(A^*)]',D(A^*)} = -\frac{c^2-1}{qc+1}\psi(1). \tag{3.6.40}$$

注意到 (3.6.34) 和 (3.6.38), 利用定理 3.6.19 可得如下系统之间的相似性

$$(A, B) \sim (A_1, B_1), \tag{3.6.41}$$

因此只需镇定系统 (A_1, B_1) 即可. 由于不稳定项和控制此时在同一通道, 系统 (A_1, B_1) 的镇定是容易的. 事实上, 若定义算子 $C_1 \in \mathcal{L}(D(A_1), \mathbb{R})$ 如下

$$C_1(f,g)^\top = \frac{q+c}{c^2-1}g(1) + \frac{qc+1}{c^2-1}c_0 f(1), \quad \forall\, (f,g) \in D(A_1), \tag{3.6.42}$$

其中 $c_0 > 0$, 则容易验证 $A_1 + B_1 C_1$ 在 X 上生成指数稳定的 C_0-半群. 事实上, 算子 $A_1 + B_1 C_1$ 对应如下指数稳定的系统

$$\begin{cases} \tilde{w}_{tt}(x,t) = \tilde{w}_{xx}(x,t), & x \in (0,1), \\ \tilde{w}_x(0,t) = c\tilde{w}_t(0,t), & c > 0, \\ \tilde{w}_x(1,t) = -c_0\tilde{w}(1,t), & c_0 > 0. \end{cases} \tag{3.6.43}$$

利用系统相似性 $(A, B) \sim (A_1, B_1)$, 系统 (3.6.21) 的控制器可以设计如下:

$$u(t) = C_1 P(w(\cdot, t), w_t(\cdot, t))^\top, \tag{3.6.44}$$

其中 C_1 和 P 分别由 (3.6.42) 和 (3.6.31) 给出. 计算可知 (3.6.44) 中的右边也含有 $w_x(1, t)$ 或 $u(t)$, 直接解 (3.6.44) 可得

$$\begin{aligned} u(t) = &-\frac{q+c}{1+cq}w_t(1,t) - c_0 w(1,t) + \frac{c_0 q(q+c)}{1+cq}w(0,t) \\ &-\frac{c_0(q+c)}{1+cq}\int_0^1 w_t(x,t)dx. \end{aligned} \tag{3.6.45}$$

这和 [124] 中的控制器完全一样.

　　上述分析可以看出, 系统相似的引入摆脱了传统的偏微分方程 backstepping 变换对系统古典解的要求. 它不但使得 backstepping 方法在数学上严格化, 而且能够拓展其使用范围. 此外, 系统相似和动态补偿观念的引入还将丰富 backstepping 变换的种类, 从而可以解决一些传统 backstepping 方法难以解决的问题. 例如: 我们将在 4.3 节讨论一般区域上不稳定热方程的镇定和观测问题. 众所周知, 传统 backstepping 方法很难应用于一般区域上的高维偏微分方程.

3.6.3 动态反馈的优越性

动态反馈本质上是一种积分反馈, 是一个利用系统历史信息的反馈机制. 当动态反馈系统是无穷维系统时, 系统的无穷维特性会增加动态反馈的多样性和复杂性. 这些特性在扩大动态反馈控制器的选择范围的同时, 也增加了控制器设计的难度. 因此, 只有足够深入地理解动态反馈的性质, 才有可能设计出性能更佳的控制器. 动态反馈控制器的设计离不开实际问题的客观条件. 如果控制对象需要加热来实现控制目标, 那么相应的控制器往往是一个包含热传导方程的动态反馈控制器; 如果控制对象通过机械臂来实现控制目标, 那么相应的反馈控制器往往会包含一个梁方程决定的动态.

动态反馈下的闭环系统通常是耦合系统, 由控制对象与其动态反馈耦合而成. 由于控制设计是人为的, 动态反馈下的闭环耦合系统具有鲜明的人为特征. 另一方面, 自然界也存在着很多耦合系统, 这些耦合系统有着具体的物理含义, 例如: 声学结构模型 ([86,138]) 和流体结构模型 ([136,161]) 等. 它们在偏微分方程理论中有着深入的研究. 这些关于耦合系统的研究将给动态反馈设计提供新的思路.

与有限维的情形类似, 无穷维系统的动态反馈主要有两个优势. 第一, 动态反馈可能完成静态反馈不可能或者难以完成的控制任务; 第二, 可以补偿干扰. 本节通过如下一维波动方程来说明动态反馈的这两个优势:

$$\begin{cases} w_{tt}(x,t) = w_{xx}(x,t), & x \in (0,1), t > 0, \\ w(0,t) = 0, & w_x(1,t) = u(t), & t \geqslant 0, \end{cases} \tag{3.6.46}$$

其中 u 是控制. 如果系统 (3.6.46) 的输出为

$$y(t) = w_t(1,t), \quad t \geqslant 0, \tag{3.6.47}$$

由例 3.4.5, 直接的静态反馈

$$u(t) = -ky(t) = -kw_t(1,t), \quad k > 0, \tag{3.6.48}$$

就可以指数镇定系统 (3.6.46). 如果系统 (3.6.46) 的输出为

$$y(t) = w(1,t), \quad t \geqslant 0, \tag{3.6.49}$$

如何设计系统 (3.6.46) 的输出反馈控制器呢? 虽然边界位移 (3.6.49) 相对更容易测量, 但是很难找到恰当的静态反馈来镇定系统 (3.6.46). 然而, 动态反馈却可以较容易地解决基于位移的输出反馈镇定问题. 事实上, 控制器可以设计为

$$\begin{cases} u(t) = v(t) - y(t) = v(t) - w(1,t), \\ \dot{v}(t) = -v(t) + w(1,t). \end{cases} \tag{3.6.50}$$

于是有闭环系统

$$
\begin{cases}
w_{tt}(x,t) = w_{xx}(x,t), \\
w(0,t) = 0, \ w_x(1,t) = v(t) - w(1,t), \\
\dot{v}(t) = -v(t) + w(1,t).
\end{cases}
\tag{3.6.51}
$$

系统 (3.6.51) 的状态空间选为 $X \times \mathbb{R}$, 其中 X 由 (3.1.26) 给出. 利用参考文献 ([39, 143]) 可以证明: 对任意初始状态 $(w(\cdot,0), w_t(\cdot,0), v(0)) \in X \times \mathbb{R}$, 系统 (3.6.51) 存在唯一解 $(w(\cdot,t), w_t(\cdot,t), v(t)) \in C([0,\infty); X \times \mathbb{R})$ 满足

$$
\|(w(\cdot,t), w_t(\cdot,t), v(t))\|_{X \times \mathbb{R}} \to 0 \ \ \text{当} \ \ t \to +\infty.
\tag{3.6.52}
$$

控制器 (3.6.50) 的设计思想来源于带有声学边界的波动方程模型 ([2, 143]). 动态反馈控制器 (3.6.50) 不但可以镇定系统 (3.6.46), 而且对常数的输出干扰具有鲁棒性. 事实上, 如果输出带有常数干扰 d, 即: $y(t) = w(1,t) + d$, 在反馈 (3.6.50) 下, 闭环系统 (3.6.51) 变为

$$
\begin{cases}
w_{tt}(x,t) = w_{xx}(x,t), \\
w(0,t) = 0, \ w_x(1,t) = v(t) - w(1,t) - d, \\
\dot{v}(t) = -v(t) + w(1,t) + d.
\end{cases}
\tag{3.6.53}
$$

若令 $z(t) = v(t) - d$, 则系统 (3.6.53) 变为

$$
\begin{cases}
w_{tt}(x,t) = w_{xx}(x,t), \\
w(0,t) = 0, \ w_x(1,t) = z(t) - w(1,t), \\
\dot{z}(t) = -z(t) + w(1,t).
\end{cases}
\tag{3.6.54}
$$

系统 (3.6.54) 恰好和系统 (3.6.51) 完全一样, 于是有

$$
\|(w(\cdot,t), w_t(\cdot,t), v(t) - d)\|_{X \times \mathbb{R}} \to 0 \ \ \text{当} \ \ t \to +\infty.
\tag{3.6.55}
$$

3.6.4　基于观测器的动态反馈举例

在实际控制问题中, 由于实际物理条件的限制, 并不是所有的系统状态都可以测量, 因此需要恰当地选择系统的部分状态作为输出, 并通过设计状态观测器来估计系统状态. 这样状态反馈就可以通过状态观测器变成了输出反馈. 和有限维的情形类似, 无穷维系统也可以设计 Luenberger 观测器. 然而抽象无穷维系统

的 Luenberger 观测器的适定性证明需要很多数学工具, 特别地, 需要 3.5 节的适定正则理论. 简单起见, 本节考虑系统

$$\begin{cases} w_{tt}(x,t) = w_{xx}(x,t), & x \in (0,1), t > 0, \\ w_x(0,t) = cw(0,t), \quad w_x(1,t) = u(t), & t \geqslant 0, \ c > 0 \end{cases} \tag{3.6.56}$$

的观测器设计问题. 为了避免控制器和传感器之间的互相影响, 系统的输出选为

$$y(t) = w_t(0,t), \quad t \geqslant 0. \tag{3.6.57}$$

系统 (3.6.56) 的状态观测器可以设计为

$$\begin{cases} \hat{w}_{tt}(x,t) = \hat{w}_{xx}(x,t), \\ \hat{w}_x(0,t) = c\hat{w}(0,t) - c_1[w_t(0,t) - \hat{w}_t(0,t)], \\ \hat{w}_x(1,t) = u(t), \end{cases} \tag{3.6.58}$$

其中 $c_1 > 0$ 为调节参数. 若令 $\tilde{w}(x,t) = w(x,t) - \hat{w}(x,t)$, 则误差 $\tilde{w}$ 满足:

$$\begin{cases} \tilde{w}_{tt}(x,t) = \tilde{w}_{xx}(x,t), \\ \tilde{w}_x(0,t) = c\tilde{w}(0,t) + c_1\tilde{w}_t(0,t), \\ \tilde{w}_x(1,t) = 0. \end{cases} \tag{3.6.59}$$

系统 (3.6.59) 是指数稳定的 ([35]), 观测器 (3.6.58) 正是以系统 (3.6.59) 为目标系统来设计的. 我们得到

$$\|(w(\cdot,t), w_t(\cdot,t)) - (\hat{w}(\cdot,t), \hat{w}_t(\cdot,t))\|_{H^1(0,1) \times L^2(0,1)} \to 0 \ \text{当} \ t \to +\infty. \tag{3.6.60}$$

注意到下面系统是指数稳定的 ([73])

$$\begin{cases} w_{tt}(x,t) = w_{xx}(x,t), \\ w_x(0,t) = cw(0,t), \quad w_x(1,t) = -kw_t(1,t), \ k > 0, \end{cases} \tag{3.6.61}$$

直接的比例反馈

$$u(t) = -kw_t(1,t), \quad k > 0 \tag{3.6.62}$$

能够指数镇定系统 (3.6.56). 因此在 (3.6.62) 中, 用观测状态 $\hat{w}$ 代替实际状态 w, 可得输出反馈控制器

$$u(t) = -k\hat{w}_t(1,t), \quad k > 0. \tag{3.6.63}$$

于是有闭环系统:

$$
\begin{cases}
w_{tt}(x,t) = w_{xx}(x,t), \\
w_x(0,t) = cw(0,t), \ w_x(1,t) = -k\hat{w}_t(1,t), \\
\hat{w}_{tt}(x,t) = \hat{w}_{xx}(x,t), \\
\hat{w}_x(0,t) = c\hat{w}(0,t) - c_1[w_t(0,t) - \hat{w}_t(0,t)], \\
\hat{w}_x(1,t) = -k\hat{w}_t(1,t).
\end{cases}
\tag{3.6.64}
$$

由半群理论容易得到系统 (3.6.64) 解的适定性. 如果令 $\tilde{w}(x,t) = w(x,t) - \hat{w}(x,t)$, 则 $(w, \tilde{w})$ 满足:

$$
\begin{cases}
w_{tt}(x,t) = w_{xx}(x,t), \\
w_x(0,t) = cw(0,t), \quad w_x(1,t) = -kw_t(1,t) + k\tilde{w}_t(1,t), \\
\tilde{w}_{tt}(x,t) = \tilde{w}_{xx}(x,t), \\
\tilde{w}_x(0,t) = c\tilde{w}(0,t) + c_1\tilde{w}_t(0,t), \quad \tilde{w}_x(1,t) = 0.
\end{cases}
\tag{3.6.65}
$$

该系统是两个指数稳定系统的串联系统. 容易证明系统 (3.6.65) 是指数稳定的.

与有限维的情形类似, 基于观测器的输出反馈仍然满足 "分离性原理". 反馈设计可以分为两部分: (i) 设计状态观测器; (ii) 设计状态反馈. 这两个过程可以独立进行. 闭环系统 (3.6.64) 的收敛速率由系统 (3.6.61) 和系统 (3.6.59) 共同决定.

3.6.5　静态反馈与动态反馈的等价性

本节将 1.2.3 节的结果推广到无穷维. 设 A 是 Hilbert 空间 H 上的正算子, 则 $A^{1/2}$ 有意义, 并且有 Gelfand 三嵌入

$$
D(A^{1/2}) \hookrightarrow H \hookrightarrow [D(A^{1/2})]',
\tag{3.6.66}
$$

其中 $[D(A^{1/2})]'$ 是以 H 为枢纽空间的 $D(A^{1/2})$ 的对偶空间. 与 (3.1.21) 类似, 算子 A 可以延拓为 $\tilde{A} \in \mathcal{L}(D(A^{1/2}), [D(A^{1/2})]')$:

$$
\langle \tilde{A}x, z\rangle_{[D(A^{1/2})]', D(A^{1/2})} = \langle A^{1/2}x, A^{1/2}z\rangle_H, \quad \forall\, x, z \in D(A^{1/2}).
\tag{3.6.67}
$$

我们在状态空间 $X = D(A^{1/2}) \times H$, 控制空间 U 和输出空间 $Y = U$ 中考虑如下二阶系统:

$$
\begin{cases}
\ddot{x}(t) + Ax(t) + Bu(t) = 0, \\
y(t) = B^*\dot{x}(t),
\end{cases}
\tag{3.6.68}
$$

其中 U 和 Y 是 Hilbert 空间, $B \in \mathcal{L}(U, [D(A^{1/2})]')$, $B^* \in \mathcal{L}(D(A^{1/2}), U)$ 是 B 的共轭算子, 定义如下

$$\langle B^* z, u \rangle_U = \langle z, Bu \rangle_{D(A^{1/2}), [D(A^{1/2})]'}, \quad \forall\, z \in D(A^{1/2}), u \in U. \tag{3.6.69}$$

在直接的比例反馈 $u(t) = y(t)$ 下, 我们得到如下闭环系统:

$$\ddot{x}(t) + \tilde{A}x(t) + BB^* \dot{x}(t) = 0. \tag{3.6.70}$$

系统 (3.6.70) 可以写成一阶抽象形式:

$$\frac{d}{dt}\left(x(t), \dot{x}(t)\right)^\top = \mathcal{A}_s \left(x(t), \dot{x}(t)\right)^\top, \tag{3.6.71}$$

其中

$$\begin{cases} \mathcal{A}_s(f, g)^\top = (g, -\tilde{A}f - BB^* g)^\top, \forall\, (f, g) \in D(\mathcal{A}_s), \\ D(\mathcal{A}_s) = \{(f, g)\mid f, g \in D(A^{1/2}), -\tilde{A}f - BB^* g \in H\}. \end{cases} \tag{3.6.72}$$

容易证明: $\mathcal{A}_s$ 生成 X 上的 C_0-压缩半群 ([47]), 且 $\mathcal{A}_s^{-1} \in \mathcal{L}(X)$ 满足

$$\mathcal{A}_s^{-1}(\phi, \psi)^\top = \left(-\tilde{A}^{-1}(BB^* \phi + \psi), \phi\right)^\top, \quad \forall\, (\phi, \psi) \in X. \tag{3.6.73}$$

设 G 是 U 上的正算子, 则可以设计动态反馈

$$u(t) = -z(t), \tag{3.6.74}$$

其中 z 满足

$$\dot{z}(t) + Gz(t) + y(t) = 0, \tag{3.6.75}$$

于是得到如下闭环系统:

$$\begin{cases} \ddot{x}(t) + \tilde{A}x(t) - Bz(t) = 0, \\ \dot{z}(t) + Gz(t) + B^* \dot{x}(t) = 0. \end{cases} \tag{3.6.76}$$

系统 (3.6.76) 的状态空间选为 $\mathcal{X} = D(A^{1/2}) \times H \times U$. 定义 $\mathcal{A}_d : D(\mathcal{A}_d)(\subset \mathcal{X}) \to \mathcal{X}$ 如下:

$$\begin{cases} \mathcal{A}_d(f, g, z)^\top = (g, -\tilde{A}f + Bz, -Gz - B^* g)^\top, \forall\, (f, g, z) \in D(\mathcal{A}_d), \\ D(\mathcal{A}_d) = \{(f, g, z) \in \mathcal{X}\mid \mathcal{A}_d(f, g, z)^\top \in \mathcal{X}\}. \end{cases} \tag{3.6.77}$$

闭环系统 (3.6.76) 可以写成抽象形式

$$\frac{d}{dt}(x(t), \dot{x}(t), z(t))^\top = \mathcal{A}_d(x(t), \dot{x}(t), z(t))^\top. \tag{3.6.78}$$

对任意的 $(f, g, z) \in D(\mathcal{A}_d)$, 直接计算可得

$$\mathrm{Re}\langle\mathcal{A}_d(f, g, z)^\top, (f, g, z)^\top\rangle_{\mathcal{X}} = \mathrm{Re}\langle(g, -\tilde{A}f + Bz, -Gz - B^*g), (f, g, z)\rangle_{\mathcal{X}}$$

$$= \mathrm{Re}\big[\langle A^{1/2}g, A^{1/2}f\rangle_H - \langle\tilde{A}f, g\rangle_{[D(A^{1/2})]', D(A^{1/2})} + \langle Bz, g\rangle_{[D(A^{1/2})]', D(A^{1/2})}$$

$$- \langle Gz, z\rangle_U - \langle B^*g, z\rangle_U\big]$$

$$= \mathrm{Re}\big[\langle\tilde{A}g, f\rangle_{[D(A^{1/2})]', D(A^{1/2})} - \langle\tilde{A}f, g\rangle_{[D(A^{1/2})]', D(A^{1/2})} + \langle z, B^*g\rangle_U$$

$$- \langle Gz, z\rangle_U - \langle B^*g, z\rangle_U\big] = -\langle Gz, z\rangle_U \leqslant 0.$$

这说明 $\mathcal{A}_d$ 在 $\mathcal{X}$ 中是耗散的. 因为 $\tilde{A}$ 是从 $D(A^{1/2})$ 到 $[D(A^{1/2})]'$ 的同构, 所以对任意的 $(\phi, \varphi, \psi) \in \mathcal{X}$, 解算子方程 $\mathcal{A}_d(f, g, z) = (\phi, \varphi, \psi)$ 得

$$\mathcal{A}_d^{-1}(\phi, \varphi, \psi)^\top = \left(-\tilde{A}^{-1}\left[BG^{-1}(B^*\phi + \psi) + \varphi\right], \phi, -G^{-1}(B^*\phi + \psi)\right)^\top. \tag{3.6.79}$$

若 $\mathcal{A}_d^{-1} \in \mathcal{L}(\mathcal{X})$ 是紧的, 由 Lumer-Phillips 定理, (3.6.77) 定义的算子 $\mathcal{A}_d$ 生成 $\mathcal{X}$ 上的 C_0-压缩半群.

下面定理表明, 闭环系统 (3.6.76) 和 (3.6.70) 的稳定性与开环系统 (3.6.68) 的可观性之间有密切的联系.

定理 3.6.21 设 A 是 Hilbert 空间 H 上的正算子, G 是 U 上的正算子, $\mathcal{A}_s$ 和 $\mathcal{A}_d$ 分别由 (3.6.72) 和 (3.6.77) 定义. 设 $B \in \mathcal{L}(U, [D(A^{1/2})]')$ 或 $\tilde{A}^{-1}B \in \mathcal{L}(U, D(A^{1/2}))$ 是紧的, 且 $G^{-1} \in \mathcal{L}(U)$ 是紧的, 则下列条件等价:

$$\begin{cases} \text{(i)} \ \text{半群 } e^{\mathcal{A}_s t} \text{是渐近稳定的;} \\ \text{(ii)} \ \mathrm{Ker}(B^*) \cap \mathrm{Ker}(\lambda - A) = \{0\}, \ \forall\, \lambda > 0; \\ \text{(iii)} \ \text{半群 } e^{\mathcal{A}_d t} \text{是渐近稳定的.} \end{cases} \tag{3.6.80}$$

证明 (i) $\Rightarrow$ (ii) 若 $f \in \mathrm{Ker}(\lambda - A) \cap \mathrm{Ker}(B^*)$, $\lambda > 0$, $B^*f = 0$ 且 $Af = \lambda f$, 则

$$\mathcal{A}_s(f, i\sqrt{\lambda}f) = (i\sqrt{\lambda}f, -\tilde{A}f) = (i\sqrt{\lambda}f, -\lambda f) = i\sqrt{\lambda}(f, i\sqrt{\lambda}f). \tag{3.6.81}$$

由假设和 (3.6.73), $\mathcal{A}_s^{-1} \in \mathcal{L}(X)$ 是紧算子. 因为 $e^{\mathcal{A}_s t}$ 渐近稳定, 由定理 3.4.13 可知 $\mathcal{A}_s$ 的谱点不在虚轴上, 所以 $f = 0$, 从而 (ii) 成立.

(ii) ⇒ (iii) 由定理假设和 (3.6.79) 可知 $\mathcal{A}_d^{-1}$ 是 $\mathcal{X}$ 上的紧算子. 由定理 3.4.13 以及算子 $\mathcal{A}_d$ 的耗散性, 只需证明 $\mathcal{A}_d$ 的谱点不在虚轴上即可. 假设 $\mathcal{A}_d(f, g, z) = i\omega(f, g, z)$ 其中 $(f, g, z) \in D(\mathcal{A}_d)$ 且 $0 \neq \omega \in \mathbb{R}$, 则

$$\begin{cases} g = i\omega f, \\ -\tilde{A}f + Bz = i\omega g, \\ -Gz - B^*g = i\omega z. \end{cases} \tag{3.6.82}$$

上式等价于

$$\begin{cases} -\tilde{A}f + Bz = -\omega^2 f, \\ -Gz - i\omega B^*f = i\omega z. \end{cases} \tag{3.6.83}$$

在 (3.6.83) 的第一个方程两端关于 f 做内积, 第二个方程两端关于 $i\omega z$ 做内积可得

$$\begin{cases} \langle -\tilde{A}f + Bz, f \rangle_H = -\langle \tilde{A}f, f \rangle_{[D(A^{1/2})]', D(A^{1/2})} + \langle Bz, f \rangle_{[D(A^{1/2})]', D(A^{1/2})} \\ \qquad = -\omega^2 \|f\|_H^2, \\ -\langle Gz + i\omega B^*f, i\omega z \rangle_U = i\omega \langle Gz, z \rangle_U - \omega^2 \langle B^*f, z \rangle_U = \omega^2 \|z\|_U^2. \end{cases}$$

上式中第一个方程乘以 $-\omega^2$ 再加到第二个方程可得

$$\omega^2 \|A^{1/2}f\|_H^2 + i\omega \langle Gz, z \rangle_U - 2\omega^2 \mathrm{Re}\langle B^*f, z \rangle_U = \omega^4 \|f\|_H^2 + \omega^2 \|z\|_U^2. \tag{3.6.84}$$

比较 (3.6.84) 的虚部可得 $z = 0$. 所以 (3.6.83) 简化为 $\tilde{A}f = \omega^2 f$ 和 $B^*f = 0$, 即: $f \in \mathrm{Ker}(\omega^2 - A) \cap \mathrm{Ker}(B^*)$. 由条件 (ii) 可得 $f = 0$, 从而 $(f, g, z) = 0$. 所以 $\mathcal{A}_d$ 的谱点不在虚轴上, 这说明 $e^{\mathcal{A}_d t}$ 是渐近稳定的.

(iii) ⇒ (i) 如果 $f \in \mathrm{Ker}(\lambda - A) \cap \mathrm{Ker}(B^*)$, $\lambda > 0$, $B^*f = 0$ 且 $Af = \lambda f$, 则

$$\begin{aligned} \mathcal{A}_d(f, i\sqrt{\lambda}f, 0) &= (i\sqrt{\lambda}f, -\tilde{A}f, 0) = (i\sqrt{\lambda}f, -\lambda f, 0) \\ &= i\sqrt{\lambda}(f, i\sqrt{\lambda}f, 0). \end{aligned} \tag{3.6.85}$$

由于 $e^{\mathcal{A}_d t}$ 在 $\mathcal{X}$ 中渐近稳定且 $\mathcal{A}_d^{-1} \in \mathcal{L}(\mathcal{X})$ 是紧算子, $\mathcal{A}_d$ 的谱点不在虚轴上, 所以 $f = 0$. 这说明 (3.6.80)-(ii) 成立. 由假设和 (3.6.73) 可知 $\mathcal{A}_s^{-1}$ 是 X 上的紧算子. 由定理 3.4.13以及算子 $\mathcal{A}_s$ 的耗散性, 只需证明 $\mathcal{A}_s$ 的谱点不在虚轴上即可. 事实上, 若 $\mathcal{A}_s(f, g) = i\omega(f, g)$ 其中 $(f, g) \in D(\mathcal{A}_s)$ 且 $\omega \in \mathbb{R}, \omega \neq 0$, 则 $g = i\omega f$ 且

$$(-\tilde{A} - i\omega BB^*)f = -\tilde{A}f - BB^*g = i\omega g = -\omega^2 f. \tag{3.6.86}$$

等式 (3.6.86) 两边关于 f 做内积可得

$$\langle (-\tilde{A} - i\omega BB^*)f, f \rangle_H$$
$$= -\langle \tilde{A}f, f \rangle_{[D(A^{1/2})]', D(A^{1/2})} - i\omega \langle BB^*f, f \rangle_{[D(A^{1/2})]', D(A^{1/2})}$$
$$= -\|A^{1/2}f\|_H^2 - i\omega \langle B^*f, B^*f \rangle_U = -\omega^2 \|f\|_H^2. \tag{3.6.87}$$

比较 (3.6.87) 的虚部可得 $B^*f = 0$. 于是 (3.6.86) 简化为 $\tilde{A}f = \omega^2 f$. 由 (3.6.80)-(ii) 可知 $f = 0$, 从而 $(f, g) = 0$. 所以 $\mathcal{A}_s$ 的谱点不在虚轴上, 这说明 $e^{\mathcal{A}_s t}$ 是渐近稳定的. $\hfill\square$

如果令系统 (3.6.76) 的 Lyapunov 函数为 $V(t) = \|(x(t), \dot{x}(t), z(t))\|_{\mathcal{X}}^2$. 对 V 沿着系统 (3.6.76) 的解求导得

$$\dot{V}(t) = -2\langle Gz(t), z(t) \rangle_U \leqslant 0. \tag{3.6.88}$$

由于 $\dot{V}(t)$ 中没有 A 系统的信息, 因此很难用 Lyapunov 函数的方法来证明闭环系统 (3.6.76) 的稳定性. 从控制的角度来看, 闭环系统 (3.6.76) 可以看作被控系统及其动态反馈组成的耦合系统. 被控系统 A 和动态系统 G 通过控制算子 B 及其共轭 B^* 联系起来. 这种耦合将 $-G$ 的耗散性传递到被控系统, 从而使得整个耦合系统稳定. 不同的 G 意味着不同的动态反馈. 这一结果给我们设计控制器提供了新的思路.

例 3.6.6 设 $\Omega \subset \mathbb{R}^n(n \geqslant 2)$ 是带有 C^2-边界 Γ 的有界区域, Γ_1 是 Γ 中的非空连通开集, 并且 $\Gamma_0 = \Gamma \setminus \overline{\Gamma_1}$, $\Gamma_0 \neq \varnothing$. 令 ν 是 Γ_1 上的单位外法向量. 考虑如下波动方程:

$$\begin{cases} w_{tt}(x,t) - \Delta w(x,t) = 0, & (x,t) \in \Omega \times (0, +\infty), \\ w(x,t) = 0, & (x,t) \in \Gamma_0 \times [0, +\infty), \\ \dfrac{\partial w(x,t)}{\partial \nu} = u(x,t), & (x,t) \in \Gamma_1 \times [0, +\infty), \\ y(x,t) = -w_t(x,t), & (x,t) \in \Gamma_1 \times [0, +\infty), \end{cases} \tag{3.6.89}$$

其中 u 是控制, y 是输出. 系统 (3.6.89) 的控制空间和输出空间都为 $L^2(\Gamma_1)$, 状态空间为 $X = H_{\Gamma_0}^1(\Omega) \times L^2(\Omega)$, 其中 $H_{\Gamma_0}^1(\Omega) = \{f \in H^1(\Omega) | f(x) = 0, x \in \Gamma_0\}$. X 上的内积为 (3.1.40).

由 3.1.3 节内容, 系统 (3.6.89) 可以写成抽象形式

$$\begin{cases} \ddot{w}(\cdot, t) + \tilde{A}w(\cdot, t) + Bu(t) = 0, \\ y(t) = B^*\dot{w}(\cdot, t), \end{cases} \tag{3.6.90}$$

其中 A, B 和 B^* 分别由 (3.1.41),(3.1.48) 和 (3.1.49) 定义. 由于 $H^{3/2}(\Omega)$ 在 $H_{\Gamma_0}^1(\Omega)$ 中紧, 因此 $\tilde{A}^{-1}B \in \mathcal{L}(U, D(A^{1/2}))$ 也是紧的. 在直接的比例反馈 $u(x,t) =$

$B^*w_t(x,t) = -w_t(x,t)|_{\Gamma_1}$ 下, 系统 (3.6.89) 的闭环系统为

$$\begin{cases} w_{tt}(x,t) - \Delta w(x,t) = 0, & (x,t) \in \Omega \times (0,+\infty), \\ w(x,t) = 0, & (x,t) \in \Gamma_0 \times [0,+\infty), \\ \dfrac{\partial w(x,t)}{\partial \nu} = -w_t(x,t), & (x,t) \in \Gamma_1 \times [0,+\infty). \end{cases} \qquad (3.6.91)$$

现在我们通过边界 Γ_1 上的热方程来镇定系统 (3.6.89). 考虑输出 $y(x,t) = -w_t(x,t)$ 驱动的动态系统

$$\begin{cases} v_t(x,t) - \Delta_{\Gamma_1} v(x,t) - w_t(x,t) = 0, & (x,t) \in \Gamma_1 \times [0,+\infty), \\ v(x,t) = 0, & (x,t) \in \partial\Gamma_1 \times [0,+\infty), \end{cases} \qquad (3.6.92)$$

其中 Δ_{Γ_1} 是 Γ_1 上的 Laplace 算子. 令 $G : D(G)(\subset L^2(\Gamma_1)) \to L^2(\Gamma_1)$ 为

$$Gu = -\Delta_{\Gamma_1} u, \ \forall \, u \in D(G) = H^2(\Gamma_1) \cap H_0^1(\Gamma_1). \qquad (3.6.93)$$

易知: G 是 $L^2(\Gamma_1)$ 上的正算子, 并且 $G^{-1} \in \mathcal{L}(L^2(\Gamma_1))$ 是紧的. 利用算子 (3.6.93), 系统 (3.6.92) 可以写成 $L^2(\Gamma_1)$ 中的抽象形式:

$$v_t(\cdot,t) + Gv(\cdot,t) + B^*w_t(\cdot,t) = 0. \qquad (3.6.94)$$

注意到动态反馈 (3.6.74)-(3.6.75), 我们可以利用动态系统 (3.6.94) 设计动态反馈

$$u(t) = -v(t). \qquad (3.6.95)$$

于是得到系统 (3.6.89) 的闭环系统

$$\begin{cases} w_{tt}(x,t) - \Delta w(x,t) = 0, & (x,t) \in \Omega \times (0,+\infty), \\ v_t(x,t) = \Delta_{\Gamma_1} v(x,t) + w_t(x,t), & (x,t) \in \Gamma_1 \times [0,+\infty), \\ \dfrac{\partial w(x,t)}{\partial \nu} = -v(x,t), & (x,t) \in \Gamma_1 \times [0,+\infty), \\ v(x,t) = 0, & (x,t) \in \partial\Gamma_1 \times [0,+\infty), \\ w(x,t) = 0, & (x,t) \in \Gamma_0 \times [0,+\infty). \end{cases} \qquad (3.6.96)$$

利用定理 3.6.21 容易证明系统 (3.6.96) 是稳定的. 详细证明请参见 [39].

注 3.6.8 定理 3.6.21 中的结果不能推广到指数稳定的情况, 即: 半群 $e^{A_s t}$ 和 $e^{A_d t}$ 的指数稳定性不一定是等价的, 下面我们给出一个反例. 考虑如下一维波

动方程

$$\begin{cases} w_{tt}(x,t) - w_{xx}(x,t) = 0, \ t > 0, x \in (0,1), \\ w(0,t) = 0, \ \ w_x(1,t) = u(t), \ t \geqslant 0, \\ y(t) = -w_t(1,t), \ t \geqslant 0. \end{cases} \tag{3.6.97}$$

令 $H_L^1(0,1) = \{f \in H^1(0,1)|f(0) = 0\}$. 系统 (3.6.97) 对应的算子 A 为

$$Af = -f'', \ \forall f \in D(A) = \{f \in H^2(0,1) \cap H_L^1(0,1)| \ f'(1) = 0\}. \tag{3.6.98}$$

对任意的 $q \in \mathbb{C}$, 定义 B 为 $Bq = -q\delta(x-1)$, 其中 $\delta(\cdot)$ 是 Dirac 分布. B 的共轭算子为 $B^*f = -f(1), \forall f \in H_L^1(0,1)$. 在直接的反馈 $u(t) = y(t)$ 下, 系统 (3.6.97) 的闭环系统为

$$\begin{cases} w_{tt}(x,t) - w_{xx}(x,t) = 0, \ x \in (0,1), t > 0, \\ w(0,t) = 0, \ \ w_x(1,t) = -w_t(1,t), \ t \geqslant 0. \end{cases} \tag{3.6.99}$$

显然, 该系统是指数稳定的 ([13,139]).

下面考虑动态反馈, 令 $G = 1$. 设计动态反馈为 $u(t) = -v(t)$, 其中 v 满足

$$\dot{v}(t) + v(t) + y(t) = 0. \tag{3.6.100}$$

动态反馈下 $u = -v$ 下, 系统 (3.6.97) 的闭环系统为

$$\begin{cases} w_{tt}(x,t) - w_{xx}(x,t) = 0, \ t > 0, x \in (0,1), \\ \dot{v}(t) + v(t) = w_t(1,t), \ t \geqslant 0, \\ w_x(1,t) = -v(t), \ \ w(0,t) = 0, \ t \geqslant 0. \end{cases} \tag{3.6.101}$$

由 [143], 系统 (3.6.101) 最多是多项式稳定的.

定理 3.6.21中, 系统的输出空间恰巧是动态反馈系统的状态空间. 下面我们考虑更一般的情况. 令动态反馈系统的状态空间为 Hilbert 空间 Z, $G : D(G)(\subset Z) \to Z$ 是正算子, 则有 Gelfand 嵌入

$$D(G^{1/2}) \hookrightarrow Z \hookrightarrow [D(G^{1/2})]'. \tag{3.6.102}$$

G 的扩张 $\tilde{G} : D(G^{1/2}) \to [D(G^{1/2})]'$ 定义为

$$\langle \tilde{G}x, z \rangle_{[D(G^{1/2})]', D(G^{1/2})} = \langle G^{1/2}x, G^{1/2}z \rangle_Z, \quad \forall x, z \in D(G^{1/2}). \tag{3.6.103}$$

显然 $\tilde{G} \in \mathcal{L}(D(G^{1/2}), [D(G^{1/2})]')$ 从 $D(G^{1/2})$ 到 $[D(G^{1/2})]'$ 的同构. 我们引入算子 $F \in \mathcal{L}(D(G^{1/2}), U)$ 来联系动态空间 Z 和控制空间 U. F 的共轭算子 $F^* \in \mathcal{L}(U, [D(G^{1/2})]')$ 为

$$\langle F^* u, z \rangle_{[D(G^{1/2})]', D(G^{1/2})} = \langle u, Fz \rangle_U, \quad \forall z \in D(G^{1/2}), \ u \in U. \tag{3.6.104}$$

系统 (3.6.68) 的动态反馈可以设计为

$$u(t) = -Fz(t), \tag{3.6.105}$$

其中 z 满足

$$\dot{z}(t) + \tilde{G}z(t) + F^* y(t) = 0. \tag{3.6.106}$$

于是得到系统 (3.6.68) 的闭环系统:

$$\begin{cases} \ddot{x}(t) + \tilde{A}x(t) - Cz(t) = 0, \\ \dot{z}(t) + \tilde{G}z(t) + C^* \dot{x}(t) = 0, \end{cases} \tag{3.6.107}$$

其中 $C = BF \in \mathcal{L}(D(G^{1/2}), [D(A^{1/2})]')$, $C^* \in \mathcal{L}(D(A^{1/2}), [D(G^{1/2})]')$ 定义为

$$\langle C^* g, z \rangle_{[D(G^{1/2})]', D(G^{1/2})} = \langle F^* B^* g, z \rangle_{[D(G^{1/2})]', D(G^{1/2})}$$

$$= \langle B^* g, Fz \rangle_U = \langle g, Cz \rangle_{D(A^{1/2}), [D(A^{1/2})]'}, \ \forall g \in D(A^{1/2}), z \in D(G^{1/2}). \tag{3.6.108}$$

我们在状态空间 $\mathcal{H} = D(A^{1/2}) \times H \times Z$ 中考虑系统 (3.6.107). 定义算子 $\widehat{\mathcal{A}}_d : D(\widehat{\mathcal{A}}_d)(\subset \mathcal{H}) \to \mathcal{H}$ 为

$$\begin{cases} \widehat{\mathcal{A}}_d(f, g, z)^\top = \left(g, -\tilde{A}f + Cz, -\tilde{G}z - C^* g \right)^\top, \ \forall (f, g, z) \in D(\widehat{\mathcal{A}}_d), \\ D(\widehat{\mathcal{A}}_d) = \left\{ (f, g, z) \in \mathcal{H} \mid \widehat{\mathcal{A}}_d(f, g, z)^\top \in \mathcal{H} \right\}. \end{cases} \tag{3.6.109}$$

利用算子 $\widehat{\mathcal{A}}_d$, 系统 (3.6.107) 可以写成抽象形式:

$$\frac{d}{dt}(x(t), \dot{x}(t), z(t))^\top = \widehat{\mathcal{A}}_d(x(t), \dot{x}(t), z(t))^\top. \tag{3.6.110}$$

定理 3.6.22 设 A 是 Hilbert 空间 H 上的正算子, G 是 U 上的正算子, $\mathcal{A}_s$ 和 $\widehat{\mathcal{A}}_d$ 分别由 (3.6.72) 和 (3.6.109) 定义. 设算子 $B \in \mathcal{L}(U, [D(A^{1/2})]')$, $\tilde{A}^{-1}B \in \mathcal{L}(U, D(A^{1/2}))$ 和 $\tilde{G}^{-1}F^* \in \mathcal{L}(U, D(G^{1/2}))$ 至少有一个是紧的, 且 $\text{Ker}(F^*) = \{0\}$, 则下列条件等价:

$$\begin{cases} \text{(i)} \quad \text{半群 } e^{\mathcal{A}_s t} \text{渐近稳定}; \\ \text{(ii)} \quad \text{半群 } e^{\widehat{\mathcal{A}}_d t} \text{渐近稳定}; \\ \text{(iii)} \quad \text{Ker}(B^*) \cap \text{Ker}(\lambda - A) = \{0\}, \quad \forall \lambda > 0. \end{cases} \tag{3.6.111}$$

证明　本定理证明与定理 3.6.21 类似, 我们把它留给读者.　　　　　□

例 3.6.7　设 Ω_1 和 Ω_2 是 $\mathbb{R}^n (n \geqslant 2)$ 中的两个有界开区域, Γ_0 是它们的公共边界, 且满足 Γ_0 测度大于零, $\Omega_1 \cap \Omega_2 = \varnothing$. Ω_j 的其他边界记为 $\Gamma_j = \partial \Omega_j \backslash \overline{\Gamma_0} \neq \varnothing$. 设 ν_j 是 Ω_j 的在 Γ_0 上的单位外法向量. 假设区域边界 $\partial \Omega_j$ 是 C^2-光滑的, $j = 1, 2$.

考虑 Ω_1 上的波动方程:

$$
\begin{cases}
w_{tt}(x,t) - \Delta w(x,t) = 0, & (x,t) \in \Omega_1 \times (0,+\infty), \\
w(x,t) = 0, & (x,t) \in \Gamma_1 \times [0,+\infty), \\
\dfrac{\partial w(x,t)}{\partial \nu_1} = u(x,t), & (x,t) \in \Gamma_0 \times [0,+\infty), \\
y(x,t) = -w_t(x,t), & (x,t) \in \Gamma_0 \times [0,+\infty),
\end{cases}
\tag{3.6.112}
$$

其中 u 是控制, y 是输出. 系统 (3.6.112) 的控制空间 U 和输出空间 Y 都为 $L^2(\Gamma_0)$, 状态空间为 $X = H_{\Gamma_1}^1(\Omega_1) \times L^2(\Omega_1)$, 其中 $H_{\Gamma_1}^1(\Omega_1) = \{f \in H^1(\Omega_1) | \ f(x) = 0, x \in \Gamma_1\}$. 由于系统 (3.6.112) 和系统 (3.6.89) 形式完全一样, 因此可以写成抽象形式 (3.6.68). 此时对应的系统算子、输出算子及其共轭算子分别为

$$
Af = -\Delta f, \quad \forall f \in D(A) = \left\{ f \in H^2(\Omega_1) \cap H_{\Gamma_1}^1(\Omega_1) \ \middle| \ \frac{\partial f}{\partial \nu_1}\big|_{\Gamma_0} = 0 \right\}
\tag{3.6.113}
$$

和

$$
Bu = -\tilde{A} \Upsilon_1 u, \ \forall u \in U, \quad B^* f = -f|_{\Gamma_0}, \forall f \in D(A^{1/2}),
\tag{3.6.114}
$$

其中 $\Upsilon_1 \in \mathcal{L}(L^2(\Gamma_0), H^{3/2}(\Omega_1))$ 是 Neumann 映射定义如下 ([85, p.668]): 对任意的 $u \in L^2(\Gamma_0)$, $\Upsilon_1 u = \phi$, 其中

$$
\begin{cases}
\Delta \phi = 0 \ \ \text{在} \ \ \Omega_1 \ \ \text{上}, \\
\phi|_{\Gamma_1} = 0, \ \dfrac{\partial \phi}{\partial \nu}\big|_{\Gamma_0} = u.
\end{cases}
\tag{3.6.115}
$$

在如下直接的比例反馈下

$$
u(x,t) = y(x,t) = B^* w_t(x,t) = -w_t(x,t)|_{\Gamma_0}, \quad t \geqslant 0,
\tag{3.6.116}
$$

系统 (3.6.112) 的闭环系统为

$$
\begin{cases}
w_{tt}(x,t) - \Delta w(x,t) = 0, & (x,t) \in \Omega_1 \times (0,+\infty), \\
w(x,t) = 0, & (x,t) \in \Gamma_1 \times [0,+\infty), \\
\dfrac{\partial w(x,t)}{\partial \nu_1} = -w_t(x,t), & (x,t) \in \Gamma_0 \times [0,+\infty).
\end{cases}
\tag{3.6.117}
$$

该系统和系统 (3.6.91) 的形式完全一样.

接下来考虑 Ω_2 上的热动态系统:

$$
\begin{cases}
v_t(x,t) - \Delta v(x,t) = 0, & (x,t) \in \Omega_2 \times (0,+\infty), \\
v(x,t) = 0, & (x,t) \in \Gamma_2 \times [0,+\infty), \\
\dfrac{\partial v(x,t)}{\partial \nu_2} = -w_t(x,t), & (x,t) \in \Gamma_0 \times [0,+\infty).
\end{cases}
\tag{3.6.118}
$$

在 Hilbert 空间 $Z = L^2(\Omega_2)$ 上考虑系统 (3.6.118). 算子 $G : D(G)(\subset Z) \to Z$ 定义为

$$
Gu = -\Delta u, \quad \forall\, u \in D(G) = \left\{ u \in H^2(\Omega_2) \cap H^1_{\Gamma_2}(\Omega_2) \;\middle|\; \left.\frac{\partial u}{\partial \nu_2}\right|_{\Gamma_0} = 0 \right\},
\tag{3.6.119}
$$

则

$$
D(G^{1/2}) = H^1_{\Gamma_2}(\Omega_2) = \left\{ u \in H^1(\Omega_2) \mid u(x) = 0,\ x \in \Gamma_2 \right\}.
\tag{3.6.120}
$$

算子 $F : D(G^{1/2})(\subset Z) \to L^2(\Gamma_0)$ 定义为

$$
Fg = -g|_{\Gamma_0}, \quad \forall\, g \in D(G^{1/2}).
\tag{3.6.121}
$$

按照 (3.6.104), $F^* : U \to D(G^{1/2})'$ 满足

$$
F^* u = -\tilde{G} \Upsilon_2 u, \quad \forall\, u \in L^2(\Gamma_0),
\tag{3.6.122}
$$

其中 $\Upsilon_2 \in \mathcal{L}(L^2(\Gamma_0), H^{3/2}(\Omega_2))$ 是相应的 Neumann 映射 (与 (3.6.115) 类似). 这说明 $\tilde{G}^{-1} F^* \in \mathcal{L}(U, Z)$ 是紧的. 由于 G 可逆, 因此

$$
\mathrm{Ker}(F^*) = \{0\}.
\tag{3.6.123}
$$

利用上面定义的算子, 系统 (3.6.118) 可以写成抽象形式:

$$
\dot{v}(\cdot,t) + Gv(\cdot,t) + F^* y(\cdot,t) = 0.
\tag{3.6.124}
$$

考虑动态反馈

$$
u(x,t) = -Fv(x,t),
\tag{3.6.125}
$$

则系统 (3.6.112) 的闭环系统为

$$
\begin{cases}
w_{tt}(x,t) - \Delta w(x,t) = 0, & (x,t) \in \Omega_1 \times [0,+\infty), \\
v_t(x,t) = \Delta v(x,t), & (x,t) \in \Omega_2 \times [0,+\infty), \\
w(x,t) = 0, & (x,t) \in \Gamma_1 \times [0,+\infty), \\
v(x,t) = 0, & (x,t) \in \Gamma_2 \times [0,+\infty), \\
\dfrac{\partial w(x,t)}{\partial \nu_1} = v(x,t),\ \dfrac{\partial v(x,t)}{\partial \nu_2} = -w_t(x,t), & (x,t) \in \Gamma_0 \times [0,+\infty).
\end{cases}
\tag{3.6.126}
$$

利用定理 3.6.22 容易证明闭环系统 (3.6.126) 是渐近稳定的. 详细证明请参见 [39].

注 3.6.9　系统 (3.6.126) 称为简化的流体结构模型, 其中 v 表示流体的速度, w 和 w_t 分别表示结构体边界的位移和速度. Γ_0 上的边界条件 $\partial_{\nu_1}v(x,t) = -w_t(x,t)$ 称为动能相容性条件 (kinematic compatibility condition). 关于流体结构相互作用的研究有很多, 例如 [12] 和 [161] 等. 流体结构模型通常是耦合的偏微分方程, 它们有具体的物理背景. 从控制设计的角度来看, 这些物理背景对控制设计极具启发性. 本节的动态反馈设计思想正是来源于此物理背景.

3.6.6　动态反馈的多样性

动态反馈的引入极大地扩展了无穷维系统的控制设计思路. 除了基于观测器的输出反馈控制器之外, 我们还可以设计出无穷多种各式各样的动态反馈控制器. 方便起见, 本节再次以波动方程 (3.6.56) 为例来说明动态反馈的多样性. 考虑如下动态反馈控制器:

$$\begin{cases} u(t) = -kw_t(1,t) - Qz(t), \\ \dot{z}(t) = Gz(t) + Q^\top w_t(1,t), \end{cases} \quad k > 0, \tag{3.6.127}$$

其中 $G \in \mathbb{R}^{n \times n}$, $Q \in \mathbb{R}^{1 \times n}$, (G, Q) 可观. 相应的闭环系统为

$$\begin{cases} w_{tt}(x,t) = w_{xx}(x,t), \\ w_x(0,t) = cw(0,t), \quad w_x(1,t) = -Qz(t) - kw_t(1,t), \\ \dot{z}(t) = Gz(t) + Q^\top w_t(1,t). \end{cases} \tag{3.6.128}$$

该系统的状态空间选为 $\mathcal{X} = H^1(0,1) \times L^2(0,1) \times \mathbb{C}^n$, 其上的内积定义为

$$\langle (f_1, g_1, h_1), (f_2, g_2, h_2) \rangle_{\mathcal{X}}$$
$$= \int_0^1 [f_1'(x)\overline{f_2'(x)} + g_1(x)\overline{g_2(x)}]dx$$
$$+ cf_1(0)\overline{f_2(0)} + \langle h_1, h_2 \rangle_{\mathbb{C}^n}, \quad \forall (f_i, g_i, h_i) \in \mathcal{X}, i = 1, 2. \tag{3.6.129}$$

(3.6.128) 的系统算子 $\mathcal{A} : D(\mathcal{A}) \subset \mathcal{X} \to \mathcal{X}$ 定义如下

$$\begin{cases} \mathcal{A}(f, g, h) = (g, f'', Gh + Q^\top g(1)), \ \forall (f, g, h) \in D(\mathcal{A}), \\ D(\mathcal{A}) = \{(f, g, h) \in H^2(0,1) \times H^1(0,1) \times \mathbb{C}^n \mid f'(0) \\ \quad = cf(0), f'(1) = -Qh - kg(1)\}. \end{cases} \tag{3.6.130}$$

由于 $\mathcal{A}$ 有紧的预解式, 因此其只有点谱. 当 $G^\top = -G$ 时, 对任意的 $h \in \mathbb{C}^n$, 直接计算可得 $\mathrm{Re}\langle Gh, h \rangle_{\mathbb{C}^n} = 0$. 于是

$$\mathrm{Re}\langle \mathcal{A}(f, g, h), (f, g, h) \rangle_{\mathbb{C}^n} = -k|g(1)|^2 \leqslant 0, \quad \forall (f, g, h) \in \mathcal{X}. \tag{3.6.131}$$

简单分析可知 $\mathcal{A}$ 的谱点都在左半开平面. 由定理 3.4.13, $\mathcal{A}$ 生成 $\mathcal{X}$ 上的渐近稳定的 C_0-半群 $e^{\mathcal{A}t}$. 所以当 $G^\top = -G$ 时, 系统 (3.6.128) 存在唯一解 $(w(\cdot,t), w_t(\cdot,t), z(t)) \in C([0,\infty); \mathcal{X})$ 满足:

$$\|(w(\cdot,t), w_t(\cdot,t), z(t))\|_{\mathcal{X}} \to 0 \quad \text{当} \quad t \to +\infty. \tag{3.6.132}$$

(3.6.127) 说明不同的 G 意味着不同的动态反馈. 这在一定程度上说明动态反馈的多样性. G 的选择影响着动态反馈的控制性能. 下面我们举例说明 G 决定了控制器 (3.6.127) 对干扰的鲁棒性. 当系统 (3.6.56) 带有干扰时, 闭环系统 (3.6.128) 变为

$$\begin{cases} w_{tt}(x,t) = w_{xx}(x,t), \\ w_x(0,t) = cw(0,t), \quad w_x(1,t) = d(t) - Qz(t) - kw_t(1,t), \\ \dot{z}(t) = Gz(t) + Q^\top w_t(1,t). \end{cases} \tag{3.6.133}$$

可以证明, 只要 $d \in \Omega(G)$ 且 (G,Q) 可观, 系统 (3.6.133) 的解满足

$$\|(w(\cdot,t), w_t(\cdot,t))\|_{H^1(0,1) \times L^2(0,1)} \to 0 \quad \text{当} \quad t \to +\infty. \tag{3.6.134}$$

事实上, 如果 $d \in \Omega(G)$ 且 (G,Q) 可观, 干扰 d 可以动态地表示为

$$\dot{v}(t) = Gv(t), \quad d(t) = Qv(t). \tag{3.6.135}$$

令 $\tilde{z}(t) = z(t) - v(t)$, 则系统 (3.6.133) 变为

$$\begin{cases} w_{tt}(x,t) = w_{xx}(x,t), \\ w_x(0,t) = cw(0,t), \quad w_x(1,t) = -Q\tilde{z}(t) - kw_t(1,t), \\ \dot{\tilde{z}}(t) = G\tilde{z}(t) + Q^\top w_t(1,t). \end{cases} \tag{3.6.136}$$

该系统恰好和系统 (3.6.128) 完全一样, 因此有

$$\|(w(\cdot,t), w_t(\cdot,t), \tilde{z}(t))\|_{\mathcal{X}} \to 0 \quad \text{当} \quad t \to +\infty. \tag{3.6.137}$$

从而 (3.6.134) 成立. 这再次说明了动态反馈对干扰的鲁棒性.

特别地, 如果 d 是谐波干扰, 即

$$d(t) = a_0 + \sum_{j=1}^{m} (a_j \cos \omega_j t + b_j \sin \omega_j t), \quad m \in \mathbb{N}, \tag{3.6.138}$$

其中频率 $\omega_j > 0$ 已知, 振幅 $a_0, a_j, b_j \in \mathbb{R}$ 未知, $j = 1, 2, \cdots, m$, 可以选择 (G,Q) 为 $G = \mathrm{diag}(0, G_1, G_2, \cdots, G_m)$ 和 $Q = (1, Q_1, Q_2, \cdots, Q_m)$, 其中

$$G_j = \begin{pmatrix} 0 & \omega_j \\ -\omega_j & 0 \end{pmatrix}, \quad Q_j = (1,0), \quad j = 1, 2, \cdots, m. \tag{3.6.139}$$

由定义 2.2.1, 此时 (3.6.138) 中的谐波干扰 d 满足 $d \in \Omega(G)$. 所以, 通过 (G, Q) 的选择 (3.6.139), 动态反馈 (3.6.127) 可以处理系统 (3.6.56) 控制通道内的任意谐波干扰.

闭环系统 (3.6.128) 称为带有声学边界的波动方程, 有具体的物理背景. 该方程在偏微分方程领域有着深入的研究, 本节的动态反馈控制设计正是来源于偏微分方程理论的分析结果. 本节讨论的仅仅是动态反馈设计的一个例子而已, 动态反馈的多样性远远超出了控制器 (3.6.127) 的形式. 文献 [39] 给出了系统 (3.6.56) 的另外一种动态反馈形式:

$$
\begin{cases}
u(t) = -\langle z(t), B_0 \rangle_{D(G^{1/2}), [D(G^{1/2})]'}, \\
\dot{z}(t) + Gz(t) + B_0 w_t(1, t) = 0,
\end{cases} \tag{3.6.140}
$$

其中 G 是 Hilbert 空间 Z 中的正定算子, $0 \neq B_0 \in [D(G^{1/2})]'$. 由于算子 G 的无穷维特性, 动态反馈 (3.6.140) 种类比 (3.6.127) 更加丰富, 因此控制器的挑选范围更加广阔. 事实上, 当 G 是 $n \times n$ 正定矩阵时, 系统 (3.6.56)-(3.6.140) 是带有声学边界的波动方程; 当 $G = \partial_x^2$, 其中 $D(G) = \{g \in H^2(0, 1) \mid g(0) = g'(1) = 0\}$ 时, 系统 (3.6.56)-(3.6.140) 变为波动方程和热方程组成的耦合系统. 特别地, 如果选 $B_0 \in L^2(0, 1)$, 则闭环系统变为

$$
\begin{cases}
w_{tt}(x, t) = w_{xx}(x, t), \ x \in (0, 1), t > 0, \\
z_t(x, t) = z_{xx}(x, t) - B_0 w_t(1, t), \ x \in (0, 1), t > 0, \\
w_x(0, t) = cw(0, t), \ t \geqslant 0, \\
w_x(1, t) = \displaystyle\int_0^1 z(x, t) B_0(x) dx, \ t \geqslant 0, \\
z(0, t) = z_x(1, t) = 0, t \geqslant 0.
\end{cases} \tag{3.6.141}
$$

物理上看, B_0 表示波-热的耦合方式, 通过选择 B_0 可以有无穷多种耦合. 从控制设计的角度来看, 不同的 B_0 表示不同的控制器. 特别地, 若 $B_0 = \delta(\cdot - 1)$, 则系统 (3.6.141) 变为

$$
\begin{cases}
w_{tt}(x, t) = w_{xx}(x, t), \ x \in (0, 1), t > 0, \\
z_t(x, t) = z_{xx}(x, t), \ x \in (0, 1), t > 0, \\
w_x(0, t) = cw(0, t), \ t \geqslant 0, \\
w_x(1, t) = z(1, t), \ t \geqslant 0, \\
z(0, t) = 0, z_x(1, t) = -w_t(1, t), \ t \geqslant 0.
\end{cases} \tag{3.6.142}
$$

系统 (3.6.141) 是波-热的内部耦合系统, 而系统 (3.6.142) 变为边界波-热系统. 文献 [39] 只考虑了守恒系统的一类特殊的动态反馈, 更为一般的动态反馈需要借助动态补偿理论来设计, 这正是第 4 章要讨论的内容.

练 习 题

1. 什么是闭算子, 什么是算子的可闭化?

2. 对任意的 $\tau > 0$, 设 $\mathcal{C}_\tau$ 是系统 (A, C) 的观测映射. 证明: 如果对某个 $t_1 > 0$, 有 $\mathcal{C}_{t_1} \in \mathcal{L}(H, L^2([0, t_1]; Y))$, 则对任意的 $t > 0$, 有 $\mathcal{C}_t \in \mathcal{L}(H, L^2([0, t]; Y))$.

3. 证明: 对任意的 $(\tilde{w}(\cdot, 0), \tilde{w}_t(\cdot, 0)) \in H^1(0, 1) \times L^2(0, 1)$, 系统 (3.6.59) 和系统 (3.6.43) 存在唯一解满足:

$$\|(\tilde{w}(\cdot, t), \tilde{w}_t(\cdot, t))\|_{H^1(0,1) \times L^2(0,1)} \leqslant L e^{-\omega t} \|(\tilde{w}(\cdot, 0), \tilde{w}_t(\cdot, 0))\|_{H^1(0,1) \times L^2(0,1)}, t \geqslant 0,$$

其中 L 和 ω 是与时间 t 无关的正常数.

4. 如果算子 $A : D(A) \to X$ 耗散, 且 $\mathrm{Ran}(I - A) = X$, 则 A 的共轭算子 A^* 也耗散, 且 $\mathrm{Ran}(I - A^*) = X$.

5. 设 A 是 Hilbert 空间 X 上稠定算子, 任取 $\beta \in \rho(A)$, 在 X 上定义范数:

$$\|x\|_{-1} = \|(\beta - A)^{-1} x\|_X, \quad \forall x \in X. \tag{3.6.143}$$

记 X_{-1} 为 X 在范数 $\|\cdot\|_{-1}$ 下的完备化空间, 证明: $X_{-1} = [D(A^*)]'$.

6. 设 X 是 Hilbert 空间, $A : D(A) \subset X \to X$ 是稠定的线性算子, 证明: A^* 稠定的充要条件是 A 可闭化.

7. 证明: 线性系统 $\dot{x}(t) = Ax(t)$ 弱稳定的必要条件为 $\sigma(A) \subset \mathbb{C}_-$.

8. 设 X 是 Hilbert 空间, $P \in \mathcal{L}(X)$, 线性算子 $A : D(A) \subset X \to X$ 生成 C_0-半群 e^{At}. 若 P 是对称的非负算子, 且满足

$$\langle Ax, Px \rangle_X + \langle Px, Ax \rangle_X = -\|x\|_X^2, \quad \forall x \in D(A),$$

则 $\sigma_p(P) \subset \mathbb{C}_0$.

9. 设观测系统 (A, C) 关于时间 $[0, \tau]$ 精确可观, 观测映射 $\mathcal{C}_\tau$ 由 (3.2.9) 定义. 证明: $\mathrm{Ran}\mathcal{C}_\tau$ 是 Hilbert 空间 $L^2([0, \tau]; Y)$ 的闭线性子空间.

10. 设 X 是 Hilbert 空间, 若算子 $A : D(A) \to X$ 在 X 上生成指数稳定的 C_0-半群, 则存在对称非负算子 $P \in \mathcal{L}(X)$, 使得 PA 在 X 中的耗散.

11. 设算子 $A : D(A) \to X$ 是耗散, 则下列表述等价:

(1) 存在 $s_0 \in \mathbb{C}_0$, 使得 $\mathrm{Ran}(s_0 I - A) = X$;

(2) $\mathrm{Ran}(sI - A) = X$, $\forall s \in \mathbb{C}_0$.

(这意味着耗散算子没有连续谱和剩余谱, 即: 若算子 A 耗散, 则 $\sigma(A) = \sigma_p(A)$.)

12. 请用系统相似的方法设计状态反馈镇定如下波动方程系统:

$$\begin{cases} w_{tt}(x,t) = w_{xx}(x,t), & x \in (0,1), t > 0, \\ w_x(0,t) = -qw(0,t), & q > 0, \quad t \geqslant 0, \\ w_x(1,t) = u(t), & t \geqslant 0, \end{cases} \tag{3.6.144}$$

其中 u 是控制.

13. 请用系统相似的方法设计状态反馈镇定如下热方程系统:

$$\begin{cases} w_t(x,t) = w_{xx}(x,t), & x \in (0,1), t > 0, \\ w_x(0,t) = -qw(0,t), & q > 0, \quad t \geqslant 0, \\ w_x(1,t) = u(t), & t \geqslant 0, \end{cases} \tag{3.6.145}$$

其中 u 是控制.

14. 证明定理 3.3.11 中由 (3.3.54) 定义的算子 $\mathbb{P}_T$ 恰好是系统 $(-A, B)$ 的 Gram 算子, 即

$$\mathbb{P}_T = \int_0^T e^{-As} BB^* e^{-A^*s} ds. \tag{3.6.146}$$

15. 系统 (3.6.96) 的稳定性证明需要下面结论, 请证明之. 设 $\Omega \subset \mathbb{R}^n (n \geqslant 2)$ 带有 C^2-边界 Γ 的有界区域, Γ_1 是 Γ 中的非空连通开集, 并且 $\Gamma_0 = \Gamma \setminus \overline{\Gamma_1}$, $\Gamma_0 \neq \varnothing$. 令 ν 是 Γ_1 上的单位外法向量. 证明如下特征方程只有零解:

$$\begin{cases} \lambda \varphi(x) + \Delta \varphi(x) = 0, & x \in \Omega, \\ \varphi(x) = 0, & x \in \Gamma_0, \\ \dfrac{\partial \varphi(x)}{\partial \nu} = \varphi(x) = 0, & x \in \Gamma_1. \end{cases} \tag{3.6.147}$$

16. 在定理 3.4.14 中, 如果 $f \in L_{\mathrm{loc}}^p([0,\infty); U), 2 \leqslant p < \infty$, 且 $\lim_{t \to +\infty} \|f(t)\|_U = 0$, 那么收敛 (3.4.18) 仍然成立.

17. 对任意初始状态 $(w(\cdot, 0), w_t(\cdot, 0), v(0)) \in X \times \mathbb{R}$, 证明系统 (3.6.51) 存在唯一解 $(w(\cdot, t), w_t(\cdot, t), v(t)) \in C([0,\infty); X \times \mathbb{R})$ 满足 (3.6.52), 其中 X 由 (3.1.26) 给出.

(提示: 令 $\eta = -v(t) + w(1,t)$, 则系统 (3.6.51) 变为

$$\begin{cases} w_{tt}(x,t) = w_{xx}(x,t), \\ w(0,t) = 0, \quad w_x(1,t) = -\eta(t), \\ \dot{\eta}(t) = -\eta(t) + w_t(1,t). \end{cases} \tag{3.6.148}$$

由 [39, Remark 2.2], 系统 (3.6.148) 稳定.)

18. 定理 3.4.12 中的 (3.4.8) 是否可以写成 (1.1.68) 的形式, 为什么?

19. 设系统 (3.6.21) 的状态空间为 $X = H^1(0,1) \times L^2(0,1)$. 将其内积 (3.6.25) 改为: 对任意的 $(f_1, g_1), (f_2, g_2) \in X$,

$$\langle (f_1, g_1), (f_2, g_2) \rangle_X = \int_0^1 [f_1'(x) f_2'(x) + g_1(x) g_2(x)] dx + f_1(1) f_2(1). \quad (3.6.149)$$

在上述内积下, 请将系统 (3.6.21) 写成抽象形式, 并比较系统 (3.6.21) 在不同内积下抽象形式的异同.

20. 设 X 是自反 Banach 空间, 且存在 $\lambda > 0$ 使得 $\mathrm{Ran}\,(\lambda - A) = X$. 证明: A 是稠定的.

第 4 章　无穷维线性系统动态补偿

控制问题中有很多动态补偿问题涉及无穷维系统. 例如: 机器人通过机械臂来抓取物体对应的控制问题可以看作由梁方程决定的执行动态补偿问题 ([151]), 通过热施加控制就产生了热方程决定的执行动态补偿问题 ([79]), 带输入时滞 (输出时滞) 的控制问题 (观测问题) 可以看作由传播方程决定的执行 (观测) 动态补偿问题 ([75]), 以及波动方程动态补偿问题 ([78]) 等等. 本章考虑无穷维系统的执行动态和观测动态的补偿问题, 主要将第 2 章的内容推广到无穷维. 虽然动态补偿理念和有限维一样, 但是由于算子的无穷维特性和无界性, 有限维到无穷维的推广并不是显然的, 仍然需要系统性讨论才能确保数学上的严密性.

4.1　执行动态补偿

带有无穷维系统的执行动态补偿问题本质上是带有偏微分方程的串联系统的控制问题, 主要包括 ODE-PDE, PDE-ODE 和 PDE-PDE 三种串联类型. 由 2.1 节内容或文献 [111], 串联系统的解耦和 Sylvester 方程有密切的关系. 因此在讨论执行动态补偿问题之前, 我们首先考虑串联系统解的性质和相应的 Sylvester 算子方程的可解性问题.

4.1.1　串联系统的稳定性

在 1.2.2 节中, 闭环系统 (1.2.20) 和串联系统 (1.2.21) 之间差一个可逆变换. 与此类似, 3.6.4 节中的闭环系统 (3.6.64) 和串联系统 (3.6.65) 之间也差一个可逆变换. 这说明线性系统的分离性原理往往导致了串联系统. 此外, 具有执行动态的控制系统通常可以表述成串联系统的控制问题, 具有观测动态的观测系统通常可以表述成串联系统的观测问题. 因此, 串联结构在动态反馈中有非常重要的作用. 本节讨论一般串联系统解的适定性和稳定性, 为执行动态补偿设计和观测动态补偿设计做好前期数学准备.

引理 4.1.1　X_1, X_2 和 U_1 是 Hilbert 空间. 设算子 $A_j : D(A_j) \subset X_j \to X_j$ 在 X_j 上生成 C_0-半群 $e^{A_j t}$, $j = 1, 2$, $B_1 \in \mathcal{L}(U_1, [D(A_1^*)]')$ 关于 $e^{A_1 t}$ 允许, $C_2 \in \mathcal{L}([D(A_2)], U_1)$ 关于 $e^{A_2 t}$ 也允许. 定义算子

$$\begin{cases} \mathcal{A} = \begin{pmatrix} \tilde{A}_1 & B_1 C_{2\Lambda} \\ 0 & \tilde{A}_2 \end{pmatrix}, \\ D(\mathcal{A}) = \left\{ (x_1, x_2) \in X_1 \times D(A_2) \mid \tilde{A}_1 x_1 + B_1 C_{2\Lambda} x_2 \in X_1 \right\}, \end{cases} \quad (4.1.1)$$

其中 $C_{2\Lambda}$ 是算子 C_2 关于 A_2 的 Λ-延拓, 由 (3.2.11) 定义, $\tilde{A}_j$ 是 A_j 的延拓, 由 (3.1.21) 定义, $j = 1, 2$, 则算子 $\mathcal{A}$ 在 $X_1 \times X_2$ 上生成 C_0-半群 $e^{\mathcal{A}t}$. 若半群 $e^{A_j t}$ 在 X_j 上是指数稳定的, $j = 1, 2$, 则半群 $e^{\mathcal{A}t}$ 在 $X_1 \times X_2$ 上也是指数稳定的.

证明 算子 $\mathcal{A}$ 对应如下系统

$$\begin{cases} \dot{x}_1(t) = A_1 x_1(t) + B_1 C_{2\Lambda} x_2(t), \\ \dot{x}_2(t) = A_2 x_2(t). \end{cases} \quad (4.1.2)$$

任取 $(x_1(0), x_2(0))^\top \in D(\mathcal{A})$, 则有 $x_2(0) \in D(A_2)$ 且 $\tilde{A}_1 x_1(0) + B_1 C_{2\Lambda} x_2(0) \in X_1$. 由于 x_2-子系统和 x_1-子系统无关, 解系统 (4.1.2) 可得古典解 $x_2(t) = e^{A_2 t} x_2(0)$. 此外, 由 [135, Proposition 2.3.5, p.30], [135, Proposition 4.3.4, p.124] 以及 C_2 关于 $e^{A_2 t}$ 的允许性可得: $x_2 \in C^1([0, \infty); X_2)$ 且

$$C_{2\Lambda} x_2(\cdot) = C_{2\Lambda} e^{A_2 \cdot} x_2(0) \in H^1_{\text{loc}}([0, \infty); U_1). \quad (4.1.3)$$

注意到 $\tilde{A}_1 x_1(0) + B_1 C_2 x_2(0) \in X_1$, 由 B_1 关于 $e^{A_1 t}$ 的允许性, [135, Proposition 4.2.10, p.120] 以及 (4.1.3) 可知 x_1-子系统的解满足 $x_1 \in C^1([0, \infty); X_1)$. 因此, 对任意的初始状态 $(x_1(0), x_2(0))^\top \in D(\mathcal{A})$, 系统 (4.1.2) 有唯一的连续可微的解

$$(x_1, x_2)^\top \in C^1([0, \infty); X_1 \times X_2) \cap C([0, \infty); D(\mathcal{A})).$$

利用定理 A.2.28, 算子 $\mathcal{A}$ 生成 $X_1 \times X_2$ 上的 C_0-半群 $e^{\mathcal{A}t}$.

现在我们证明指数稳定性. 设 $(x_1, x_2)^\top \in C^1([0, \infty); X_1 \times X_2)$ 是系统 (4.1.2) 的古典解. 由于半群 $e^{A_j t}$ 在 X_j 上是指数稳定的, 存在正常数 ω_j 和 L_j 使得

$$\left\| e^{A_j t} \right\| \leqslant L_j e^{-\omega_j t}, \quad \forall t \geqslant 0, \quad j = 1, 2. \quad (4.1.4)$$

于是

$$\| x_2(t) \|_{X_2} \leqslant L_2 e^{-\omega_2 t} \| x_2(0) \|_{X_2}, \quad \forall t \geqslant 0. \quad (4.1.5)$$

由 C_2 关于 $e^{A_2 t}$ 的允许性和 [135, Proposition 4.3.6, p.124],

$$v_\omega \in L^2([0, \infty); U_1), \quad v_\omega(t) = e^{\omega t} C_2 x_2(t), \quad 0 < \omega < \omega_2. \quad (4.1.6)$$

综合 [145, Remark 2.6], (4.1.4), (4.1.6) 以及 B_1 关于 $e^{A_1 t}$ 的允许性可得

$$\left\| \int_0^t e^{A_1(t-s)} B_1 v_\omega(s) ds \right\|_{X_1} \leqslant M \| v_\omega \|_{L^2([0, \infty); U_1)}, \quad \forall t > 0, \quad (4.1.7)$$

其中 $M > 0$ 是与 t 无关的正常数. 另一方面, x_1-子系统的解满足:

$$x_1(t) = e^{A_1 t} x_1(0) + \int_0^t e^{A_1(t-s)} B_1 C_2 x_2(s) ds \in X_1. \tag{4.1.8}$$

对任意的 $0 < \theta < 1$, 综合 (4.1.4), (4.1.6) 和 (4.1.7) 可得

$$\left\| \int_0^t e^{A_1(t-s)} B_1 C_2 x_2(s) ds \right\|_{X_1}$$

$$\leqslant \left\| \int_0^{\theta t} e^{A_1(t-s)} B_1 C_2 x_2(s) ds \right\|_{X_1} + \left\| \int_{\theta t}^t e^{A_1(t-s)} B_1 C_2 x_2(s) ds \right\|_{X_1}$$

$$\leqslant \left\| e^{A_1(1-\theta)t} \int_0^{\theta t} e^{A_1(\theta t - s)} B_1 C_2 x_2(s) ds \right\|_{X_1} + e^{-\omega \theta t} \left\| \int_{\theta t}^t e^{A_1(t-s)} B_1 v_\omega(s) ds \right\|_{X_1}$$

$$\leqslant L_1 e^{-\omega_1(1-\theta)t} M \| C_2 x_2 \|_{L^2([0,\infty);U_1)} + e^{-\omega \theta t} M \| v_\omega \|_{L^2([0,\infty);U_1)}.$$

上式结合 (4.1.5), (4.1.8) 以及 (4.1.4) 可推出古典解 $(x_1(t), x_2(t))$ 在 $X_1 \times X_2$ 中的指数稳定性, 从而 e^{At} 在 $X_1 \times X_2$ 中是指数稳定的. □

利用引理 4.1.1, 我们立即得到:

引理 4.1.2 X_1, X_2 和 U_2 是 Hilbert 空间. 设算子 $A_j : D(A_j) \subset X_j \to X_j$ 在 X_j 上生成 C_0-半群 $e^{A_j t}$, $j = 1, 2$, $B_2 \in \mathcal{L}(U_2, [D(A_2^*)]')$ 关于 $e^{A_2 t}$ 允许, $C_1 \in \mathcal{L}(D(A_1), U_2)$ 关于 $e^{A_1 t}$ 允许. 定义算子

$$\begin{cases} \mathcal{A}_1 = \begin{pmatrix} \tilde{A}_1 & 0 \\ B_2 C_{1\Lambda} & \tilde{A}_2 \end{pmatrix}, \\ D(\mathcal{A}_1) = \left\{ (x_1, x_2)^\top \in D(A_1) \times X_2 \mid \tilde{A}_2 x_2 + B_2 C_{1\Lambda} x_1 \in X_2 \right\}, \end{cases} \tag{4.1.9}$$

其中 $C_{1\Lambda}$ 是算子 C_1 关于 A_1 的 Λ-延拓, 由 (3.2.11) 定义, $\tilde{A}_j$ 是 A_j 的延拓, 由 (3.1.21) 定义, $j = 1, 2$, 则算子 $\mathcal{A}_1$ 生成 $X_1 \times X_2$ 上的 C_0-半群 $e^{\mathcal{A}_1 t}$. 若半群 $e^{A_j t}$ 在 X_j 上是指数稳定的, $j = 1, 2$, 则半群 $e^{\mathcal{A}_1 t}$ 在 $X_1 \times X_2$ 中也是指数稳定的.

4.1.2 算子 Sylvester 方程

回顾 2.1 节内容, 有限维系统的动态补偿和 Sylvester 矩阵方程密切相关, Sylvester 方程可解意味着串联系统可以解耦. Sylvester 矩阵方程的研究起源于 1884 年 Sylvester 的研究, 该方程的解相对容易求得, 请参见 [6,7] 以及如下引理.

引理 4.1.3 ([114])　设 X_1 和 X_2 是欧氏空间, 令 $A_j \in \mathcal{L}(X_j)$, $Q \in \mathcal{L}(X_2, X_1)$, $j = 1, 2$. 如果

$$\sigma(A_1) \cap \sigma(A_2) = \varnothing. \tag{4.1.10}$$

那么, 矩阵 Sylvester 方程 $A_1 S - S A_2 = Q$ 有唯一解 $S \in \mathcal{L}(X_2, X_1)$ 使得

$$S = \frac{1}{2\pi i} \int_\Gamma (A_1 - \lambda)^{-1} Q (A_2 - \lambda)^{-1} d\lambda, \tag{4.1.11}$$

其中 Γ 是分离 $\sigma(A_1)$ 和 $\sigma(A_2)$ 且包含 $\sigma(A_1)$ 的带有正定向的光滑曲线.

无穷维系统的动态补偿通常需要求解 Sylvester 算子方程. 由于算子的无界性, 求解一般的 Sylvester 算子方程并不容易. 本节主要研究带有无界算子的 Sylvester 算子方程. 首先给出 Sylvester 算子方程解的定义.

定义 4.1.1 X_1, X_2 和 U_1 是 Hilbert 空间. 设 $A_j : D(A_j) \subset X_j \to X_j$ 是稠定算子且满足 $\rho(A_j) \neq \varnothing$, $j = 1, 2$. 设 $B_1 \in \mathcal{L}(U_1, [D(A_1^*)]')$, $C_2 \in \mathcal{L}(D(A_2), U_1)$. 如果 $S \in \mathcal{L}(X_2, X_1)$ 满足

$$\tilde{A}_1 S x_2 - S A_2 x_2 = B_1 C_2 x_2, \quad \forall\, x_2 \in D(A_2), \tag{4.1.12}$$

其中 $\tilde{A}_1$ 是 A_1 的延拓, 由 (3.1.21) 定义, 则称 S 是 Sylvester 方程

$$A_1 S - S A_2 = B_1 C_2 \tag{4.1.13}$$

在 $D(A_2)$ 上的解.

引理 4.1.4 X_1, X_2 和 U_1 是 Hilbert 空间. 设 $A_j : D(A_j) \subset X_j \to X_j$ 是稠定算子且满足 $\rho(A_j) \neq \varnothing$, $j = 1, 2$. 设 $B_1 \in \mathcal{L}(U_1, [D(A_1^*)]')$, $C_2 \in \mathcal{L}(D(A_2), U_1)$ 且

$$\sigma(A_1) \cap \sigma(A_2) = \varnothing. \tag{4.1.14}$$

若 $A_2 \in \mathcal{L}(X_2)$ (或 $A_1 \in \mathcal{L}(X_1)$), 则 Sylvester 方程 (4.1.13) 在 X_2(或 $D(A_2)$) 上有解 $S \in \mathcal{L}(X_2, X_1)$.

证明 当 $A_2 \in \mathcal{L}(X_2)$ 时, 有 $C_2 \in \mathcal{L}(X_2, U_1)$. 因为 $\tilde{A}_1 \in \mathcal{L}(X_1, [D(A_1^*)]')$ 和 $B_1 C_2 \in \mathcal{L}(X_2, [D(A_1^*)]')$, 由 [111, Lemma 22] 和 (4.1.14), 存在 $S \in \mathcal{L}(X_2, [D(A_1^*)]')$ 使得 $S(X_2) = S(D(A_2)) \subset D(\tilde{A}_1) = X_1$ 且

$$\tilde{A}_1 S x_2 - S A_2 x_2 = B_1 C_2 x_2, \quad \forall\, x_2 \in X_2. \tag{4.1.15}$$

直接计算可得

$$S = (\alpha - \tilde{A}_1)^{-1} S (\alpha - A_2) - (\alpha - \tilde{A}_1)^{-1} B_1 C_2, \quad \alpha \in \rho(A_1). \tag{4.1.16}$$

注意到 $(\alpha - \tilde{A}_1)^{-1} \in \mathcal{L}([D(A_1^*)]', X_1)$, (4.1.16) 意味着 $S \in \mathcal{L}(X_2, X_1)$. 这说明 S 是方程 (4.1.13) 在 X_2 上的一个解.

当 $A_1 \in \mathcal{L}(X_1)$ 时, 有 $B_1 \in \mathcal{L}(U_1, X_1)$. 注意到 A_2 稠定且 $\rho(A_2) \neq \varnothing$, 由定理 3.1.2 可知 A_2 是闭算子. 由 [135, Proposition 2.8.1, p.53], $A_2^{**} = A_2$, 于是有

$\widetilde{A_2^*} \in \mathcal{L}(X_2, [D(A_2)]')$, 其中 $\widetilde{A_2^*}$ 是 A_2^* 的延拓, 由 (3.1.21) 定义. 由 [144, Theorem 5.12, p.99] 和 (4.1.14) 可得 $\sigma(A_1^*) \cap \sigma(A_2^*) = \varnothing$. 利用已证明的结果, Sylvester 方程 $\Pi A_1^* - A_2^* \Pi = C_2^* B_1^*$ 存在 X_1 上的解 $\Pi \in \mathcal{L}(X_1, X_2)$. 特别地, 对任意 $x_2 \in D(A_2)$ 和 $x_1 \in X_1$, 有

$$\langle \widetilde{A_2^*}\Pi x_1, x_2 \rangle_{[D(A_2)]', D(A_2)} - \langle \Pi A_1^* x_1, x_2 \rangle_{X_2} = -\langle C_2^* B_1^* x_1, x_2 \rangle_{[D(A_2)]', D(A_2)},$$

即

$$\langle x_1, \Pi^* A_2 x_2 \rangle_{X_1} - \langle x_1, A_1 \Pi^* x_2 \rangle_{X_1} = -\langle x_1, B_1 C_2 x_2 \rangle_{X_1}. \tag{4.1.17}$$

由 x_1 的任意性, 对任意的 $x_2 \in D(A_2)$, 方程 $\Pi^* A_2 x_2 - A_1 \Pi^* x_2 = -B_1 C_2 x_2$ 在 X_1 中成立. 因此, $S = \Pi^* \in \mathcal{L}(X_2, X_1)$ 是方程 (4.1.13) 在 $D(A_2)$ 中的解. □

下面给出 Sylvester 方程解的几个性质.

引理 4.1.5　设 X_j, U_j 和 Y_j 是 Hilbert 空间, $A_j : D(A_j) \subset X_j \to X_j$ 是稠定算子且满足 $\rho(A_j) \neq \varnothing$. 设 $B_j \in \mathcal{L}(U_j, [D(A_j^*)]')$, $C_j \in \mathcal{L}(D(A_j), Y_j)$, $j = 1, 2$. 令

$$X_{jB_j} = D(A_j) + (\lambda_j - \tilde{A}_j)^{-1} B_j U_j, \quad \lambda_j \in \rho(A_j), \quad j = 1, 2, \tag{4.1.18}$$

则 X_{jB_j} 不依赖 λ_j 且可以表示为

$$X_{jB_j} = \left\{ x_j \in X_j \mid \tilde{A}_j x_j + B_j u_j \in X_j, \ u_j \in U_j \right\}, \quad j = 1, 2. \tag{4.1.19}$$

进一步假设 $Y_2 = U_1$ 且 $S \in \mathcal{L}(X_2, X_1)$ 是 Sylvester 方程 (4.1.13) 在 $D(A_2)$ 上的解, 则下面结论成立:

(i) 若 (A_1, B_1, C_1) 是正则系统, 则 $C_{1\Lambda} S \in \mathcal{L}(D(A_2), Y_1)$;

(ii) 若 (A_2, B_2, C_2) 是正则系统, 则 S 可以延拓使得 $SB_2 \in \mathcal{L}(U_2, [D(A_1^*)]')$ 并且满足

$$\tilde{A}_1 S x_2 - S \tilde{A}_2 x_2 = B_1 C_{2\Lambda} x_2, \quad \forall x_2 \in X_{2B_2}. \tag{4.1.20}$$

证明　空间 X_{jB_j} 及其表示 (4.1.19) 请参见 [116, Section 2.2] 和 [146, Remark 7.3]. 只需证明 (i) 和 (ii) 即可.

(i) 由于 S 是 Sylvester 方程 (4.1.13) 在 $D(A_2)$ 上的解, 对任意的 $x_2 \in D(A_2)$, 有

$$\alpha S x_2 - \tilde{A}_1 S x_2 + S A_2 x_2 = \alpha S x_2 - B_1 C_2 x_2, \quad \alpha \in \rho(A_1),$$

也就是说

$$S x_2 = (\alpha - \tilde{A}_1)^{-1} S(\alpha - A_2) x_2 - (\alpha - \tilde{A}_1)^{-1} B_1 C_2 x_2, \quad \forall x_2 \in D(A_2). \tag{4.1.21}$$

由于 (A_1, B_1, C_1) 是正则线性系统且 $S \in \mathcal{L}(X_2, X_1)$, 因此 (4.1.21) 意味着 $C_{1\Lambda}S \in \mathcal{L}(D(A_2), Y_1)$.

(ii) 利用 Sylvester 方程 (4.1.13) 的解 $S \in \mathcal{L}(X_2, X_1)$, 定义算子 $\tilde{S}$ 如下

$$\tilde{S} = B_1 C_{2\Lambda}(\beta - \tilde{A}_2)^{-1} + (\beta - \tilde{A}_1)S(\beta - \tilde{A}_2)^{-1}, \quad \beta \in \rho(A_2). \tag{4.1.22}$$

对任意的 $x_2 \in X_2$, 注意到 $(\beta - \tilde{A}_2)^{-1}x_2 \in D(A_2)$, 由 (4.1.12) 可得

$$\begin{aligned}
\tilde{S}x_2 &= B_1 C_{2\Lambda}(\beta - \tilde{A}_2)^{-1}x_2 - \tilde{A}_1 S(\beta - \tilde{A}_2)^{-1}x_2 + \beta S(\beta - \tilde{A}_2)^{-1}x_2 \\
&= -S\tilde{A}_2(\beta - \tilde{A}_2)^{-1}x_2 + S\beta(\beta - \tilde{A}_2)^{-1}x_2 \\
&= S(\beta - \tilde{A}_2)(\beta - \tilde{A}_2)^{-1}x_2 = Sx_2.
\end{aligned} \tag{4.1.23}$$

这说明 $\tilde{S}$ 是 S 的延拓. 另一方面, 利用系统 (A_2, B_2, C_2) 的正则性和定义 (4.1.22), 可以推出 $(\beta - \tilde{A}_2)^{-1}B_2 \in \mathcal{L}(U_2, D(C_{2\Lambda}))$ 且

$$\tilde{S}B_2 = B_1 C_{2\Lambda}(\beta - \tilde{A}_2)^{-1}B_2 + \beta S(\beta - \tilde{A}_2)^{-1}B_2 - \tilde{A}_1 S(\beta - \tilde{A}_2)^{-1}B_2. \tag{4.1.24}$$

于是有 $\tilde{S}B_2 \in \mathcal{L}(U_2, [D(A_1^*)]')$. 此外, 对任意的 $u_2 \in U_2$, 由 (4.1.23) 和 (4.1.24) 可得

$$\begin{aligned}
\tilde{A}_1 \tilde{S}[(\beta - \tilde{A}_2)^{-1}B_2 u_2] &- B_1 C_{2\Lambda}[(\beta - \tilde{A}_2)^{-1}B_2 u_2] \\
&= \tilde{S}\beta(\beta - \tilde{A}_2)^{-1}B_2 u_2 - \tilde{S}B_2 u_2 \\
&= \tilde{S}\beta(\beta - \tilde{A}_2)^{-1}B_2 u_2 - \tilde{S}(\beta - \tilde{A}_2)(\beta - \tilde{A}_2)^{-1}B_2 u_2 \\
&= \tilde{S}\tilde{A}_2[(\beta - \tilde{A}_2)^{-1}B_2 u_2].
\end{aligned} \tag{4.1.25}$$

由于 u_2 的任意性, (4.1.25) 意味着 $\tilde{S}$ 是 Sylvester 方程 (4.1.13) 在 $(\beta - \tilde{A}_2)^{-1}B_2 U_2$ 上的解. 因为 $\tilde{S}|_{X_2} = S$, (4.1.12) 以及 (4.1.18), 将 $\tilde{S}$ 替换为 S 容易得到 (4.1.20).

$\square$

在控制器的设计中, 最好能求得对应 Sylvester 算子方程解的解析表达式. 当 X_1 和 X_2 中有一个是有限维空间时, 可以将算子 Sylvester 方程转化成向量值算子方程来求解. 事实上, 当 X_1 是 n 维欧氏空间时, 可假设

$$Sx = \begin{pmatrix} \langle x, \Phi_1 \rangle_{X_2} \\ \langle x, \Phi_2 \rangle_{X_2} \\ \vdots \\ \langle x, \Phi_n \rangle_{X_2} \end{pmatrix} := \langle x, \Phi \rangle_{X_2}, \quad \forall\, x \in X_2, \tag{4.1.26}$$

其中 $\Phi = (\Phi_1, \Phi_2, \cdots, \Phi_n)^\top$ 满足 $\Phi_j \in X_2$, $j = 1, 2, \cdots, n$. 将 (4.1.26) 代入到 Sylvester 方程可得关于 Φ 的向量值方程. 当 X_2 是 m 维欧氏空间时, 可假设

$$Sv = \sum_{j=1}^{m} \Psi_j v_j := \langle \Psi, v \rangle_{X_2}, \quad \forall\, v = (v_1, v_2, \cdots, v_m)^\top \in X_2, \tag{4.1.27}$$

其中 $\Psi = (\Psi_1, \Psi_2, \cdots, \Psi_m)^\top$ 满足 $\Psi_j \in X_1$, $j = 1, 2, \cdots, m$. 将 (4.1.27) 代入到 Sylvester 方程可以得到关于 Ψ 的向量值方程. 我们将在 4.1.4 节和 4.2.4 节中利用上述方法求解相应的 Sylvester 方程.

4.1.3　抽象系统执行动态补偿

当控制器无法直接作用在控制系统上时, 就产生了执行动态的补偿问题. 近年来, 系统的无穷维执行动态补偿问题得到了深入的研究. 最早的无穷维执行动态补偿来源于输入时滞的补偿 ([3, 98, 119]). 文献 [158] 首先用传播方程表述输入时滞动态, 这使得偏微分方程理论在时滞补偿中有了用武之地. 传播方程可以自然地推广为一般的一阶双曲方程、热传导方程、波动方程以及薛定谔方程等, 于是 ODE 系统的无穷维执行动态补偿的研究成了顺理成章的事情. 偏微分方程 backstepping 方法是无穷维执行动态补偿的主要方法之一. 它成功地解决了一大类无穷维执行动态补偿问题, 例如: 一阶双曲方程决定的执行动态补偿 ([75])、热方程执行动态补偿 ([79, 130, 131, 141])、波动方程执行动态补偿 ([78, 130]) 以及薛定谔方程执行动态补偿 ([112]) 等.

然而偏微分方程 backstepping 方法也存在弱点, 它强烈地依赖于目标系统的选取. 如果目标系统选择不恰当, backstepping 方法可能无法发挥作用. 目前, 如何选取 backstepping 变换的目标系统仍然没有严格的理论标准, 大多依赖于经验和直觉. 此外, backstepping 变换的核函数通常需要求解一个 PDE 来得到, 然而有时这些 PDE 是很难求解的. 这意味着 backstepping 方法并不是对所有的系统都可行, 例如: 时至今日, Euler-Bernoulli 梁方程和一般区域上的高维 PDE 对应的 backstepping 变换仍然是未知的.

受 2.1.1 节的启发, 本节提出一般性的执行动态补偿方法, 可以一定程度上弥补 backstepping 方法的不足. 考虑如下抽象系统:

$$\begin{cases} \dot{x}_1(t) = A_1 x_1(t) + B_1 C_2 x_2(t), & t > 0, \\ \dot{x}_2(t) = A_2 x_2(t) + B_2 u(t), & t > 0, \end{cases} \tag{4.1.28}$$

其中 $A_1 : X_1 \to X_1$ 是系统算子, $A_2 : X_2 \to X_2$ 是执行动态对应的算子, $B_1 C_2 : X_2 \to X_1$ 表示控制系统和执行动态之间的连接方式, $B_2 : U_2 \to X_2$ 是控制算子, $u(t)$ 是控制. 系统的状态空间和输入空间分别为 $X_1 \times X_2$ 和 U_2. 现在我们设计状

态反馈来镇定抽象系统 (4.1.28). 系统 (4.1.28) 的观测器设计将在 4.2.2 节考虑, 由于分离性原理, 如果能设计出状态反馈控制器和状态观测器, 系统 (4.1.28) 的输出反馈法则是显然的. 方便起见, 我们假设

假设 4.1.1 X_1, X_2, U_1 和 U_2 是 Hilbert 空间. 算子 A_j 生成 X_j 上的 C_0-半群 $e^{A_j t}$, $B_j \in \mathcal{L}(U_j, [D(A_j^*)]')$ 关于 $e^{A_j t}$ 允许, $C_2 \in \mathcal{L}(D(A_2), U_1)$ 关于 $e^{A_2 t}$ 允许, $j = 1, 2$. 此外, 设 $\sigma(A_1) \cap \sigma(A_2) = \varnothing$, 半群 $e^{A_2 t}$ 在 X_2 中是指数稳定的.

为了更清晰地表述执行动态补偿问题, 我们假设 $e^{A_2 t}$ 是指数稳定的. 因为我们只考虑状态反馈, 当 $e^{A_2 t}$ 不指数稳定时, 只需先设计反馈使其指数稳定即可. 由于 $e^{A_2 t}$ 已经指数稳定, 参照 (2.1.15) 可设计系统 (4.1.28) 的状态反馈控制器如下:

$$u(t) = K_{1\Lambda} x_1(t) + K_{1\Lambda} S x_2(t), \tag{4.1.29}$$

其中 $S \in \mathcal{L}(X_2, X_1)$ 是 Sylvester 方程

$$A_1 S - S A_2 = B_1 C_2 \tag{4.1.30}$$

的解, $K_1 \in \mathcal{L}(D(A_1), U_2)$ 使得 $A_1 + S B_2 K_{1\Lambda}$ 生成 X_1 上的 C_0-半群. 利用控制器 (4.1.29) 可得闭环系统

$$\begin{cases} \dot{x}_1(t) = A_1 x_1(t) + B_1 C_{2\Lambda} x_2(t), \\ \dot{x}_2(t) = (A_2 + B_2 K_{1\Lambda} S) x_2(t) + B_2 K_{1\Lambda} x_1(t). \end{cases} \tag{4.1.31}$$

定义

$$\mathscr{A} = \begin{pmatrix} \tilde{A}_1 & B_1 C_{2\Lambda} \\ B_2 K_{1\Lambda} & \tilde{A}_2 + B_2 K_{1\Lambda} S \end{pmatrix}, \tag{4.1.32}$$

其中

$$D(\mathscr{A}) = \left\{ \begin{pmatrix} x_1 \\ x_2 \end{pmatrix} \in X_1 \times X_2 \,\middle|\, \begin{array}{l} \tilde{A}_1 x_1 + B_1 C_{2\Lambda} x_2 \in X_1 \\ B_2 K_{1\Lambda} x_1 + (\tilde{A}_2 + B_2 K_{1\Lambda} S) x_2 \in X_2 \end{array} \right\}, \tag{4.1.33}$$

则闭环系统 (4.1.31) 可以写成抽象形式

$$\frac{d}{dt} (x_1(t), x_2(t))^\top = \mathscr{A} (x_1(t), x_2(t))^\top. \tag{4.1.34}$$

我们定义

$$\mathscr{A}_S = \begin{pmatrix} \tilde{A}_1 + S B_2 K_{1\Lambda} & 0 \\ B_2 K_{1\Lambda} & \tilde{A}_2 \end{pmatrix}, \tag{4.1.35}$$

其中

$$D(\mathscr{A}_S) = \left\{ (x_1, x_2)^\top \in X_1 \times X_2 \,\middle|\, \begin{array}{l} (\tilde{A}_1 + S B_2 K_{1\Lambda}) x_1 \in X_1 \\ \tilde{A}_2 x_2 + B_2 K_{1\Lambda} x_1 \in X_2 \end{array} \right\}. \tag{4.1.36}$$

定理 4.1.1　除了假设 4.1.1, 设 $A_1 \in \mathcal{L}(X_1)$, (A_2, B_2, C_2) 是正则线性系统. 那么, Sylvester 方程 (4.1.30) 存在解 $S \in \mathcal{L}(X_2, X_1)$ 使得 $SB_2 \in \mathcal{L}(U_2, X_1)$. 如果进一步假设存在 $K_1 \in \mathcal{L}(X_1, U_2)$ 使得 $A_1 + SB_2K_1$ 在 X_1 上生成指数稳定的 C_0-半群 $e^{(A_1+SB_2K_1)t}$, 则 (4.1.32) 定义的算子 $\mathscr{A}$ 在 $X_1 \times X_2$ 上生成指数稳定的 C_0-半群 $e^{\mathscr{A}t}$.

证明　由于 $A_1 \in \mathcal{L}(X_1)$ 是有界算子, 因此 $B_1 \in \mathcal{L}(U_1, X_1)$ 且 $K_1 = K_{1\Lambda} \in \mathcal{L}(X_1, U_2)$. 由引理 4.1.5 和引理 4.1.4, Sylvester 方程 (4.1.30) 存在解 $S \in \mathcal{L}(X_2, X_1)$ 使得 $SB_2 \in \mathcal{L}(U_2, X_1)$ 且

$$A_1 S x_2 - S \tilde{A}_2 x_2 = B_1 C_{2\Lambda} x_2, \quad \forall\, x_2 \in X_{2B_2}, \tag{4.1.37}$$

其中 X_{2B_2} 由 (4.1.18) 或 (4.1.19) 定义. 此外, $SB_2K_1 \in \mathcal{L}(X_1)$ 并且

$$D(\mathscr{A}_S) = \left\{ (x_1, x_2)^\top \in X_1 \times X_2 \mid \tilde{A}_2 x_2 + B_2 K_1 x_1 \in X_2 \right\}. \tag{4.1.38}$$

我们断言 $\mathscr{A} \sim_{\mathbb{S}} \mathscr{A}_S$, 即

$$\mathbb{S}\mathscr{A}\mathbb{S}^{-1} = \mathscr{A}_S \quad \text{和} \quad D(\mathscr{A}_S) = \mathbb{S}D(\mathscr{A}), \tag{4.1.39}$$

其中变换 $\mathbb{S}$ 定义为

$$\mathbb{S}\,(x_1, x_2)^\top = (x_1 + Sx_2,\ x_2)^\top, \quad \forall\, (x_1, x_2)^\top \in X_1 \times X_2. \tag{4.1.40}$$

显然, $\mathbb{S} \in \mathcal{L}(X_1 \times X_2)$ 是可逆的, 并且其逆为

$$\mathbb{S}^{-1}\,(x_1, x_2)^\top = (x_1 - Sx_2, x_2)^\top, \quad \forall\, (x_1, x_2)^\top \in X_1 \times X_2. \tag{4.1.41}$$

对任意的 $(x_1, x_2)^\top \in D(\mathscr{A}_S)$, 有 $\tilde{A}_2 x_2 + B_2 K_1 x_1 \in X_2$ 且 $K_1 x_1 \in U_2$. 由 (4.1.19) 和系统 (A_2, B_2, C_2) 的正则性可得 $x_2 \in X_{2B_2} \subset D(C_{2\Lambda})$. 于是有 $B_1 C_{2\Lambda} x_2 \in X_1$, 从而

$$A_1(x_1 - Sx_2) + B_1 C_{2\Lambda} x_2 \in X_1. \tag{4.1.42}$$

注意到

$$B_2 K_1 (x_1 - Sx_2) + \tilde{A}_2 x_2 + B_2 K_1 Sx_2 = \tilde{A}_2 x_2 + B_2 K_1 x_1 \in X_2, \tag{4.1.43}$$

综合 (4.1.41), (4.1.42), (4.1.43) 和 (4.1.32) 可得 $\mathbb{S}^{-1}(x_1, x_2)^\top \in D(\mathscr{A})$. 由 $(x_1, x_2)^\top \in D(\mathscr{A}_S)$ 的任意性, $D(\mathscr{A}_S) \subset \mathbb{S}D(\mathscr{A})$.

另一方面, 对任意的 $(x_1, x_2)^\top \in D(\mathscr{A})$, 由 (4.1.38), (4.1.40) 和 $\tilde{A}_2 x_2 + B_2 K_1(x_1 + Sx_2) \in X_2$ 可得 $\mathbb{S}(x_1, x_2)^\top \in D(\mathscr{A}_S)$, 于是 $\mathbb{S}D(\mathscr{A}) \subset D(\mathscr{A}_S)$. 所以有 $D(\mathscr{A}_S) = \mathbb{S}D(\mathscr{A})$.

对任意的 $(x_1, x_2)^\top \in D(\mathscr{A}_S)$, 由 (4.1.38), (4.1.19) 和系统 (A_2, B_2, C_2) 的正则性可知 $x_2 \in X_{2B_2}$. 直接计算可得: $\mathbb{S}\mathscr{A}\mathbb{S}^{-1}(x_1, x_2)^\top = \mathscr{A}_S(x_1, x_2)^\top$ 对任意的 $(x_1, x_2)^\top \in D(\mathscr{A}_S)$ 成立. 所以, $\mathscr{A}$ 和 $\mathscr{A}_S$ 相似.

由于 C_0-半群 $e^{(A_1+SB_2K_1)t}$ 和 $e^{A_2 t}$ 分别在 X_1 和 X_2 上指数稳定, 且 $K_1 \in \mathcal{L}(X_1, U_2)$ 和 B_2 关于 $e^{A_2 t}$ 允许, 由引理 4.1.2, 算子 $\mathscr{A}_S$ 在 $X_1 \times X_2$ 上生成指数稳定的 C_0-半群 $e^{\mathscr{A}_S t}$. 由算子 $\mathscr{A}_S$ 和 $\mathscr{A}$ 的相似性, 算子 $\mathscr{A}$ 也在 $X_1 \times X_2$ 上生成指数稳定的 C_0-半群 $e^{\mathscr{A}t}$. $\qquad\square$

当 X_1 是有限维时, 我们可以用系统 (4.1.28) 本身来刻画算子 K_1 的存在性.

推论 4.1.1 除假设 4.1.1 之外, 设 X_1 是有限维空间, (A_2, B_2, C_2) 是正则线性系统且系统 (4.1.28) 近似可观, 则存在 $S \in \mathcal{L}(X_2, X_1)$ 和 $K_1 \in \mathcal{L}(X_1, U_2)$ 使得由 (4.1.32) 定义的算子 $\mathscr{A}$ 在 $X_1 \times X_2$ 上生成指数稳定的 C_0-半群 $e^{\mathscr{A}t}$.

证明 由引理 4.1.5 和引理 4.1.4, Sylvester 方程 (4.1.30) 有解 $S \in \mathcal{L}(X_2, X_1)$ 使得 $SB_2 \in \mathcal{L}(U_2, X_1)$ 和 (4.1.37) 成立. 定义

$$\mathcal{A}_S = \begin{pmatrix} A_1 & 0 \\ 0 & \tilde{A}_2 \end{pmatrix}, \quad D(\mathcal{A}_S) = X_1 \times D(A_2) \tag{4.1.44}$$

和

$$\mathcal{B}_2 = \begin{pmatrix} 0 \\ B_2 \end{pmatrix}, \quad \mathcal{B}_S = \begin{pmatrix} SB_2 \\ B_2 \end{pmatrix}. \tag{4.1.45}$$

简单计算可知 $\mathcal{A} \sim_\mathbb{S} \mathcal{A}_S$, 即: $\mathbb{S}\mathcal{A}\mathbb{S}^{-1} = \mathcal{A}_S$ 且 $D(\mathcal{A}_S) = \mathbb{S}D(\mathcal{A})$, 其中算子 $\mathcal{A}$ 由 (4.1.1) 定义, 算子 $\mathbb{S}$ 由 (4.1.40) 给出. 此外, 对任意的 $u \in U_2$ 和 $(x_1, x_2)^\top \in D(\mathcal{A}_S^*)$, $\mathcal{B}_S = \mathbb{S}\mathcal{B}_2$ 满足

$$\left\langle \mathcal{B}_S u, \begin{pmatrix} x_1 \\ x_2 \end{pmatrix} \right\rangle_{[D(\mathcal{A}_S^*)]', D(\mathcal{A}_S^*)} = \left\langle \mathcal{B}_2 u, \mathbb{S}^* \begin{pmatrix} x_1 \\ x_2 \end{pmatrix} \right\rangle_{[D(\mathcal{A}^*)]', D(\mathcal{A}^*)}, \tag{4.1.46}$$

利用定理 3.6.19, 系统 $(\mathcal{A}, \mathcal{B}_2)$ 近似可控性意味着系统 $(\mathcal{A}_S, \mathcal{B}_S)$ 也近似可控. 注意到算子 $\mathcal{A}_S$ 的对角结构, 有限维系统 (A_1, SB_2) 可控. 由极点配置定理 1.1.14, 存在 $K_1 \in \mathcal{L}(X_1, U_2)$ 能够指数镇定系统 (A_1, SB_2). 由定理 4.1.1, $\mathcal{A}$ 在 $X_1 \times X_2$ 上生成指数稳定的 C_0-半群 $e^{\mathcal{A}t}$. $\qquad\square$

定理 4.1.2 除假设 4.1.1 之外, 设 $A_2 \in \mathcal{L}(X_2)$, $K_1 \in \mathcal{L}(D(A_1), U_2)$ 且 (A_1, B_1, K_1) 是正则线性系统, 则 Sylvester 方程 (4.1.30) 存在解 $S \in \mathcal{L}(X_2, X_1)$ 使得 $SB_2 \in \mathcal{L}(U_2, X_1)$. 如果进一步假设 K_1 能够指数镇定系统 (A_1, SB_2), 则 (4.1.32) 定义的算子 $\mathscr{A}$ 在 $X_1 \times X_2$ 上生成指数稳定的 C_0-半群 $e^{\mathscr{A}t}$.

证明　由于 (A_1, B_1, K_1) 是正则线性系统, 由引理 4.1.5 和引理 4.1.4, Sylvester 方程 (4.1.13) 有解 $S \in \mathcal{L}(X_2, X_1)$ 使得 $K_{1\Lambda} S \in \mathcal{L}(X_2, U_2)$ 且

$$\tilde{A}_1 S x_2 - S A_2 x_2 = B_1 C_2 x_2, \quad \forall \ x_2 \in X_2. \tag{4.1.47}$$

由于 $A_2 \in \mathcal{L}(X_2)$ 和 $B_2 \in \mathcal{L}(U_2, X_2)$, 我们有 $S B_2 \in \mathcal{L}(U_2, X_1)$ 且 (4.1.36) 中 $D(\mathscr{A}_S)$ 变为

$$D(\mathscr{A}_S) = \left\{ (x_1, x_2)^\top \in X_1 \times X_2 \ \middle| \ \begin{matrix} \tilde{A}_1 x_1 + S B_2 K_{1\Lambda} x_1 \in X_1 \\ B_2 K_{1\Lambda} x_1 \in X_2 \end{matrix} \right\}. \tag{4.1.48}$$

与 (4.1.39) 类似, 我们断言 $\mathscr{A} \sim_{\mathbb{S}} \mathscr{A}_S$, 即: $\mathbb{S} \mathscr{A} \mathbb{S}^{-1} = \mathscr{A}_S$ 且 $D(\mathscr{A}_S) = \mathbb{S} D(\mathscr{A})$, 其中变换 $\mathbb{S} \in \mathcal{L}(X_1 \times X_2)$ 由 (4.1.40) 给出. 事实上, 对任意的 $(x_1, x_2)^\top \in D(\mathscr{A}_S)$, 由 (4.1.47) 可得

$$\begin{aligned} \tilde{A}_1(x_1 - S x_2) + B_1 C_2 x_2 &= \tilde{A}_1 x_1 - S A_2 x_2 \\ &= (\tilde{A}_1 x_1 + S B_2 K_{1\Lambda} x_1) - S(B_2 K_{1\Lambda} x_1 + A_2 x_2), \end{aligned} \tag{4.1.49}$$

上式结合 $S \in \mathcal{L}(X_2, X_1)$, $A_2 \in \mathcal{L}(X_2)$ 和 (4.1.48), 可推出 $\tilde{A}_1(x_1 - S x_2) + B_1 C_2 x_2 \in X_1$. 因为 $K_{1\Lambda} S \in \mathcal{L}(X_2, U_2)$, $B_2 \in \mathcal{L}(U_2, X_2)$ 且 $B_2 K_{1\Lambda} x_1 \in X_2$, 所以

$$B_2 K_{1\Lambda}(x_1 - S x_2) + A_2 x_2 + B_2 K_{1\Lambda} S x_2 = A_2 x_2 + B_2 K_{1\Lambda} x_1 \in X_2. \tag{4.1.50}$$

注意到 (4.1.32) 和 $\mathbb{S}^{-1}(x_1, x_2)^\top = (x_1 - S x_2, x_2)^\top$, 我们可推出 $\mathbb{S}^{-1}(x_1, x_2)^\top \in D(\mathscr{A})$. 由 $(x_1, x_2)^\top \in D(\mathscr{A}_S)$ 的任意性, $D(\mathscr{A}_S) \subset \mathbb{S} D(\mathscr{A})$.

另一方面, 对任意的 $(x_1, x_2)^\top \in D(\mathscr{A})$, 因为 $K_{1\Lambda} S \in \mathcal{L}(X_2, U_2)$, $S \in \mathcal{L}(X_2, X_1)$, $B_2 \in \mathcal{L}(U_2, X_2)$ 和 $A_2 \in \mathcal{L}(X_2)$, (4.1.32) 意味着 $B_2 K_{1\Lambda} x_1 \in X_2$ 且 $B_2 K_{1\Lambda} S x_2 \in X_2$. 于是有

$$B_2 K_{1\Lambda}(x_1 + S x_2) \in X_2 \ \text{且} \ S B_2 K_{1\Lambda}(x_1 + S x_2) \in X_1. \tag{4.1.51}$$

由 (4.1.47) 和 (4.1.32) 可得

$$\tilde{A}_1(x_1 + S x_2) = (\tilde{A}_1 x_1 + B_1 C_2 x_2) + S A_2 x_2 \in X_1. \tag{4.1.52}$$

综合 (4.1.51), (4.1.52) 和 (4.1.48) 可得 $\mathbb{S}(x_1, x_2)^\top = (x_1 + S x_2, x_2)^\top \in D(\mathscr{A}_S)$, 于是 $\mathbb{S} D(\mathscr{A}) \subset D(\mathscr{A}_S)$. 所以我们得到 $D(\mathscr{A}_S) = \mathbb{S} D(\mathscr{A})$. 直接计算可得 $\mathbb{S} \mathscr{A} \mathbb{S}^{-1}(x_1, x_2)^\top = \mathscr{A}_S(x_1, x_2)^\top$ 对任意的 $(x_1, x_2)^\top \in D(\mathscr{A}_S)$ 成立. 所以算子 $\mathscr{A}$ 和 $\mathscr{A}_S$ 相似.

由于 $K_1 \in \mathcal{L}(D(A_1), U_2)$ 指数镇定系统 (A_1, SB_2), 因此算子 $\tilde{A}_1 + SB_2K_{1\Lambda}$ 在 X_1 上生成指数稳定的 C_0-半群 $e^{(\tilde{A}_1 + SB_2K_{1\Lambda})t}$ 且 K_1 关于半群 $e^{(\tilde{A}_1 + SB_2K_{1\Lambda})t}$ 允许. 由于 e^{A_2t} 指数稳定且 $B_2 \in \mathcal{L}(U_2, X_2)$, 利用引理 4.1.2 可知算子 $\mathscr{A}_S$ 在 $X_1 \times X_2$ 上生成指数稳定的 C_0-半群 $e^{\mathscr{A}_S t}$. 由算子 $\mathscr{A}_S$ 和 $\mathscr{A}$ 的相似性, 算子 $\mathscr{A}$ 在 $X_1 \times X_2$ 上生成指数稳定的 C_0-半群 $e^{\mathscr{A}t}$. □

从控制的角度来看, 控制器的设计和其数学证明是同等重要的. 在本节的最后, 我们总结一下执行动态补偿器的设计步骤. 给定执行动态补偿问题, 控制器可以按照如下步骤设计:

- 将控制系统写成抽象形式 (4.1.28);
- 设计 K_2 指数镇定系统 (A_2, B_2);
- 求解 Sylvester 方程 $A_1S - S(A_2 + B_2K_2) = B_1C_2$;
- 设计 K_1 指数镇定系统 (A_1, SB_2);
- 利用 K_1, K_2 和 S, 给出控制器

$$u(t) = K_{2\Lambda}x_2(t) + K_{1\Lambda}x_1(t) + K_{1\Lambda}Sx_2(t). \tag{4.1.53}$$

4.1.4 应用举例

上一节给出的执行动态补偿方法是一种新的一般性的方法. 用 backstepping 方法可以解决的执行动态补偿问题几乎都可以用这一新方法解决, 例如一阶双曲方程决定的执行动态补偿 ([75])、热方程执行动态补偿 ([79, 130, 131, 141])、波动方程执行动态补偿 ([78, 130]) 以及薛定谔方程执行动态补偿 ([112]) 等. 此外, 新方法还突破了 backstepping 方法的应用范围, 例如: 文献 [151] 成功地利用这一新的执行动态补偿方法解决了带有 Euler-Bernoulli 梁执行动态的 ODE 系统的镇定问题. 本节讨论带有 ODE 执行动态的不稳定 PDE 系统的镇定问题, 相对于带有 PDE 动态的 ODE 系统的研究, 目前对这一问题的研究还非常少, 这也说明我们新提出的执行动态补偿方法有强大的威力.

考虑如下不稳定热传导方程的镇定问题:

$$\begin{cases} w_t(x,t) = w_{xx}(x,t) + \mu w(x,t), & x \in (0,1), \\ w(0,t) = 0, \ w_x(1,t) = C_2x_2(t), \\ \dot{x}_2(t) = A_2x_2(t) + B_2u(t), \end{cases} \tag{4.1.54}$$

其中 $w(\cdot, t)$ 是系统状态, $\mu > 0$, $A_2 \in \mathbb{R}^{m \times m}$ 执行动态矩阵, $C_2 \in \mathbb{R}^{1 \times m}$ 表示系统和执行动态之间的连接方式, $B_2 = (b_{21}, b_{22}, \cdots, b_{2m})^\top \in \mathbb{R}^m$ 是控制向量, $u(t)$ 是控制. 执行动态补偿的控制目标是: 设计控制器 u 指数镇定系统 (4.1.54). 不失一般性, 我们假设 A_2 是 Hurwitz 阵.

令

$$\begin{cases} \phi_n(x) = \sqrt{2}\sin\sqrt{\lambda_n}x, \\ \lambda_n = \left(n - \dfrac{1}{2}\right)^2\pi^2, \end{cases} \quad x \in [0,1], \quad n \geqslant 1. \qquad (4.1.55)$$

易知 $\{\phi_n(\cdot)\}_{n=1}^{\infty}$ 构成 $L^2[0,1]$ 中的标准正交基, 并且满足

$$\begin{cases} \phi_n''(x) = -\lambda_n\phi_n(x), \\ \phi_n(0) = \phi_n'(1) = 0, \end{cases} \quad n = 1,2,\cdots. \qquad (4.1.56)$$

令 $A_1 = A$, 其中 A 由 (3.1.36) 定义, 则 ϕ_n 恰好是算子 A_1 的属于本征值 $-\lambda_n + \mu$ 的特征函数.

给定 $\gamma \in L^2[0,1]$, 定义算子 $\Upsilon \in \mathcal{L}(L^2[0,1], \mathbb{R})$ 为

$$\Upsilon f = \langle \gamma, f \rangle_{L^2[0,1]}, \quad \forall f \in L^2[0,1]. \qquad (4.1.57)$$

对任意的正整数 N, 令

$$\begin{cases} \Lambda_N = \operatorname{diag}(-\lambda_1 + \mu, \cdots, -\lambda_N + \mu), \\ \Upsilon_N = (\gamma_1, \gamma_2, \cdots, \gamma_N)^{\top}, \end{cases} \qquad (4.1.58)$$

其中

$$\gamma_n = \langle \gamma, \phi_n \rangle_{L^2[0,1]}, \quad n = 1,2,\cdots,N. \qquad (4.1.59)$$

设向量

$$L_N = (l_1, l_2, \cdots, l_N) \in \mathbb{R}^{1 \times N} \qquad (4.1.60)$$

使得 $\Lambda_N + \Upsilon_N L_N$ 是 Hurwitz 阵. 定义 $\Phi_N \in \mathcal{L}(L^2[0,1], \mathbb{R})$ 为

$$\Phi_N f = \int_0^1 f(x)\left[\sum_{k=1}^{N} l_k\phi_k(x)\right]dx, \quad \forall f \in L^2[0,1]. \qquad (4.1.61)$$

引理 4.1.6　设 $\gamma \in L^2[0,1]$, 且 $(\phi_n(\cdot), \lambda_n)$, Υ, Λ_N, Υ_N, L_N, Φ_N 和算子 A 分别由 (4.1.55), (4.1.57), (4.1.58), (4.1.60), (4.1.61) 和 (3.1.36) 给出, 其中 N 是正整数, 使得

$$(-\lambda_n + \mu) < 0, \quad \forall n > N. \qquad (4.1.62)$$

设 $\Lambda_N + \Upsilon_N L_N$ 是 Hurwitz 阵, 则算子 $A + \Upsilon^*\Phi_N$ 在 $L^2[0,1]$ 上生成指数稳定的 C_0-半群, 其中 $\Upsilon^* \in \mathcal{L}(\mathbb{R}, L^2[0,1])$ 是 Υ 共轭算子, 满足

$$\Upsilon^*s = s\gamma, \quad \forall s \in \mathbb{R}. \qquad (4.1.63)$$

证明 由于算子 A 生成 $L^2[0,1]$ 上的解析半群 e^{At} 且 $\Upsilon^*\Phi_N$ 是有界算子, 由 [103, Corollary 2.2, p.81] 可知算子 $A+\Upsilon^*\Phi_N$ 也生成 $L^2[0,1]$ 上的解析半群. 由于 [103, Theorem 4.3, p.118] 且 $A+\Upsilon^*\Phi_N$ 有紧的预解式, 只需证明 $\sigma_p(A+\Upsilon^*\Phi_N) \subset \{s \in \mathbb{C} \mid \operatorname{Re}s < 0\}$ 即可完成定理证明. 对任意的 $\lambda \in \sigma_p(A+\Upsilon^*\Phi_N)$, 考虑特征方程 $(A+\Upsilon^*\Phi_N)f = \lambda f$ 其中 $f \neq 0$. 由于

$$\Phi_N\phi_j = \begin{cases} \displaystyle\int_0^1 \phi_j(x)\left[\sum_{k=1}^N l_k\phi_k(x)\right]dx = l_j, & j = 1,2,\cdots,N, \\ 0, & j = N+1, N+2, \cdots. \end{cases} \tag{4.1.64}$$

若令 $f = \sum_{j=1}^\infty f_j\phi_j$, 则有 $f_j = \langle f, \phi_j\rangle_{L^2[0,1]}$ 且

$$\Upsilon^*\Phi_N f = \gamma\sum_{j=1}^\infty f_j\Phi_N\phi_j = \gamma\sum_{j=1}^N f_j l_j. \tag{4.1.65}$$

注意到 $A\phi_j = (-\lambda_j + \mu)\phi_j$, 特征方程 $(A+\Upsilon^*\Phi_N)f = \lambda f$ 变为

$$\sum_{j=1}^\infty f_j(-\lambda_j + \mu)\phi_j + \gamma\sum_{j=1}^N f_j l_j = \sum_{j=1}^\infty \lambda f_j\phi_j. \tag{4.1.66}$$

等式 (4.1.66) 两边关于 ϕ_n 做内积可得

$$f_n(-\lambda_n + \mu) + \gamma_n\sum_{j=1}^N f_j l_j = \lambda f_n, \quad n = 1,2,\cdots,N, \tag{4.1.67}$$

上式结合 (4.1.58) 可推出

$$(\lambda - \Lambda_N - \Upsilon_N L_N)(f_1, f_2, \cdots, f_N)^\top = 0. \tag{4.1.68}$$

当 $(f_1, f_2, \cdots, f_N) \neq 0$ 时, (4.1.68) 意味着

$$\operatorname{Det}(\lambda - \Lambda_N - \Upsilon_N L_N) = 0. \tag{4.1.69}$$

注意到 $\Lambda_N + \Upsilon_N L_N$ 是 Hurwitz 阵, 我们有

$$\lambda \in \sigma(\Lambda_N + \Upsilon_N L_N) \subset \{s \in \mathbb{C} \mid \operatorname{Re}s < 0\}.$$

当 $(f_1, f_2, \cdots, f_N) = 0$ 时, 由于 $f \neq 0$, 于是存在 $j_0 > N$ 使得 $\langle f, \phi_{j_0}\rangle_{L^2[0,1]} \neq 0$. 此外, (4.1.66) 简化为

$$\sum_{j=1}^\infty f_j(-\lambda_j + \mu)\phi_j = \sum_{j=1}^\infty \lambda f_j\phi_j. \tag{4.1.70}$$

在 (4.1.70) 两边关于 ϕ_{j_0} 做内积可得

$$(-\lambda_{j_0} + \mu)\langle f, \phi_{j_0}\rangle_{L^2[0,1]} = \lambda\langle f, \phi_{j_0}\rangle_{L^2[0,1]}, \tag{4.1.71}$$

这说明 $\lambda = -\lambda_{j_0} + \mu < 0$. 所以 $\lambda \in \{s \in \mathbb{C} \mid \mathrm{Re}\, s < 0\}$.

综上可得 $\sigma_p(A + \Upsilon^*\Phi_N) \subset \{s \in \mathbb{C} \mid \mathrm{Re}\, s < 0\}$. $\qquad\qquad\qquad\square$

现在我们按照控制器 (4.1.53) 的设计步骤为系统 (4.1.54) 设计控制器. 首先将系统 (4.1.54) 写成抽象形式

$$\begin{cases} w_t(\cdot, t) = A_1 w(\cdot, t) + B_1 C_2 x_2(t), \\ \dot{x}_2(t) = A_2 x_2(t) + B_2 u(t), \end{cases} \tag{4.1.72}$$

其中 $A_1 = A$, $B_1 = B$, 且 A 和 B 分别由例 3.1.1 给出. 按照控制器设计步骤, 接下来我们需要求解 Sylvester 方程

$$A_1 S - S A_2 = B_1 C_2. \tag{4.1.73}$$

设 $\Psi(\cdot) = (\Psi_1(\cdot), \Psi_2(\cdot), \cdots, \Psi_m(\cdot))^\top$ 是 $[0,1]$ 上的向量值函数. 代入方程 (4.1.73) 可得

$$\Psi''(x) = (A_2^* - \mu)\Psi(x), \quad \Psi(0) = 0, \quad \Psi'(1) = -C_2^\top. \tag{4.1.74}$$

解向量值 ODE 系统 (4.1.74) 可得

$$\begin{cases} \Psi(x) = -\sinh Gx (G \cosh G)^{-1} C_2^\top, \\ G^2 = A_2^* - \mu, \ x \in [0,1]. \end{cases} \tag{4.1.75}$$

令

$$Sh = \langle h, \Psi(\cdot)\rangle_{\mathbb{R}^m} = \sum_{i=1}^m \Psi_i(\cdot) h_i, \quad \forall\, h = (h_1, h_2, \cdots, h_m)^\top \in \mathbb{R}^m. \tag{4.1.76}$$

简单计算可得

$$\tilde{A}_1 Sh - S A_2 h = B_1 C_2 h, \quad \forall\, h \in \mathbb{R}^m.$$

这说明 (4.1.76) 定义的 S 是 Sylvester 方程 (4.1.73) 的解. 定义

$$\gamma(\cdot) = \sum_{i=1}^m \Psi_i(\cdot) b_{2i}, \tag{4.1.77}$$

则有 $SB_2 = \Upsilon^*$, 其中 Υ^* 是 Υ 的共轭算子, 由 (4.1.63) 定义. 按照控制器设计步骤, 接下来需要镇定系统 (A_1, SB_2), 或者等价地镇定系统

$$\begin{cases} z_t(x,t) = z_{xx}(x,t) + \mu z(x,t) + \gamma(x)u(t), \\ z(0,t) = z_x(1,t) = 0, \end{cases} \tag{4.1.78}$$

其中 $\mu > 0$, $z(\cdot, t)$ 是新的状态, $u(t)$ 是控制.

我们利用引理 4.1.6 来镇定系统 (4.1.78). 注意到 (4.1.55) 定义的 $\{\phi_n(\cdot)\}_{n=1}^{\infty}$ 构成 $L^2[0,1]$ 中的标准正交基, 函数 $\gamma(\cdot)$ 和系统 (4.1.78) 的解 $z(\cdot, t)$ 可以表示为

$$\gamma(\cdot) = \sum_{n=1}^{\infty} \gamma_n \phi_n(\cdot), \quad \gamma_n = \langle \gamma, \phi_n \rangle_{L^2[0,1]} \tag{4.1.79}$$

和

$$z(\cdot, t) = \sum_{n=1}^{\infty} z_n(t) \phi_n(\cdot), \quad z_n(t) = \langle z(\cdot, t), \phi_n \rangle_{L^2[0,1]}, \quad n = 1, 2, \cdots. \tag{4.1.80}$$

由 (4.1.78), (4.1.55) 和 (4.1.56) 可得

$$\begin{aligned} \dot{z}_n(t) &= \langle z_t(\cdot, t), \phi_n \rangle_{L^2[0,1]} \\ &= \int_0^1 [z_{xx}(x,t) + \mu z(x,t) + \gamma(x)u(t)] \phi_n(x) dx \\ &= (-\lambda_n + \mu) z_n(t) + \gamma_n u(t). \end{aligned} \tag{4.1.81}$$

如果选择 N 充分大使得 (4.1.62) 成立, 则 $z_n(t)$ 对所有的 $n > N$ 是稳定的. 因此只需考虑 $n \leqslant N$ 对应的 $z_n(t)$, 即如下有限维系统:

$$\dot{Z}_N(t) = \Lambda_N Z_N(t) + \Upsilon_N u(t), \quad Z_N(t) = (z_1(t), \cdots, z_N(t))^{\top}, \tag{4.1.82}$$

其中 Λ_N, Υ_N 由 (4.1.58) 给出. 这样镇定无穷维系统 (4.1.78) 就归结为镇定有限维系统 (4.1.82). 如果存在 $L_N = (l_1, l_2, \cdots, l_N) \in \mathbb{R}^{1 \times N}$ 使得 $\Lambda_N + \Upsilon_N L_N$ 是 Hurwitz 阵, 则由引理 4.1.6 可得算子 $A_1 + SB_2\Phi_N = A + \Upsilon^*\Phi_N$ 在 $L^2[0,1]$ 上生成指数稳定的 C_0-半群, 其中 $\Phi_N \in \mathcal{L}(L^2[0,1], \mathbb{R})$ 由 (4.1.61) 给出.

综合 (4.1.53) 和 (4.1.76), 可得系统 (4.1.54) 的控制器

$$u(t) = \Phi_N[Sx_2(t) + w(\cdot, t)] = \Phi_N [\langle \Psi(\cdot), x_2(t) \rangle_{\mathbb{R}^m} + w(\cdot, t)], \tag{4.1.83}$$

于是得到闭环系统

$$\begin{cases} w_t(x,t) = w_{xx}(x,t) + \mu w(x,t), \quad x \in (0,1), \\ w(0,t) = 0, \; w_x(1,t) = C_2 x_2(t), \\ \dot{x}_2(t) = A_2 x_2(t) + B_2 \Phi_N[\langle \Psi(\cdot), x_2(t) \rangle_{\mathbb{R}^m} + w(\cdot, t)], \end{cases} \tag{4.1.84}$$

其中 $\Psi(\cdot)$ 和 Φ_N 分别由 (4.1.75) 和 (4.1.61) 给出.

定理 4.1.3 设系统 (4.1.54) 近似可控, A_2 是 Hurwitz 阵, $\sigma(A_1) \cap \sigma(A_2) = \varnothing$ 且常数 μ 和 N 满足 (4.1.62). 那么, 存在 $L_N = (l_1, l_2, \cdots, l_N) \in \mathbb{R}^{1 \times N}$ 使得, 对任意初始状态 $(w(\cdot, 0), x_2(0)) \in L^2[0,1] \times \mathbb{R}^m$, 系统 (4.1.84) 有唯一解 $(w, x_2) \in C([0, \infty); L^2[0,1] \times \mathbb{R}^m)$. 此外, 当 $t \to +\infty$ 时, 该解在 $L^2[0,1] \times \mathbb{R}^m$ 中指数趋于零.

证明   (4.1.75) 可以写成

$$\Psi(x) = -x\mathcal{G}(xG)(\cosh G)^{-1}C_2^\top, \quad x \in [0,1], \tag{4.1.85}$$

其中

$$\mathcal{G}(s) = \begin{cases} \dfrac{\sinh s}{s}, & s \neq 0, s \in \mathbb{C}, \\ 1, & s = 0. \end{cases} \tag{4.1.86}$$

直接计算可得

$$\mathcal{G}(z) = \sum_{n=0}^\infty \frac{z^{2n}}{(2n+1)!}, \quad \forall z \in \mathbb{C}, \tag{4.1.87}$$

且

$$\left| \sum_{n=0}^\infty \frac{z^{2n}}{(2n+1)!} \right| \leqslant \sum_{n=0}^\infty \frac{|z|^{2n}}{(2n)!} = \cosh|z|, \quad \forall z \in \mathbb{C}, \tag{4.1.88}$$

所以 $\mathcal{G}(\cdot)$ 和 $\cosh$ 都是在 $\mathbb{C}$ 中解析的复变函数, 因此相应的矩阵函数 $\mathcal{G}(xG)$ 和 $\cosh G$ 可以由 [66, Definition 1.2, p.3] 定义. 由于 $\sigma(A_1) \cap \sigma(A_2) = \varnothing$ 且 $A_1 = A_1^*$, 直接计算可得

$$\sigma(G^2) \cap \sigma(A_1^* - \mu) = \varnothing, \quad G^2 = A_2^* - \mu \tag{4.1.89}$$

且

$$\sigma(A_1^* - \mu) = \left\{ -(n-1/2)^2 \pi^2 \mid n \in \mathbb{N} \right\}. \tag{4.1.90}$$

对任意 $\lambda \in \sigma(G)$, 由 $\lambda^2 \in \sigma(G^2)$ 得, $\lambda^2 \notin \sigma(A_1^* - \mu)$. 于是 $\lambda \notin \left\{ \left(n - \dfrac{1}{2}\right)\pi i \mid n \in \mathbb{Z} \right\}$ 且 $\cosh\lambda \neq 0$. 所以 $\cosh G$ 可逆. 从而 (4.1.75) 或 (4.1.85) 定义的 $\Psi(\cdot)$ 有意义.

简单计算可知由 (4.1.76) 和 (4.1.75) 定义的算子 S 是 Sylvester 方程 (4.1.30) 的解并且有 $SB_2 = \Upsilon^* \in \mathcal{L}(\mathbb{R}, L^2[0,1])$. 令

$$\mathcal{A} = \begin{pmatrix} \tilde{A}_1 & B_1C_2 \\ 0 & A_2 \end{pmatrix}, \quad \mathcal{B}_2 = \begin{pmatrix} 0 \\ B_2 \end{pmatrix} \in \mathcal{L}(\mathbb{R}, L^2[0,1] \times \mathbb{R}^m),$$

则系统 $(\mathcal{A}, \mathcal{B}_2)$ 近似可控. 由定理 3.6.19 可知系统

$$(\mathbb{S}\mathcal{A}\mathbb{S}^{-1}, \mathbb{S}\mathcal{B}_2) = \left(\begin{pmatrix} \tilde{A}_1 & 0 \\ 0 & A_2 \end{pmatrix}, \begin{pmatrix} SB_2 \\ B_2 \end{pmatrix} \right)$$

也是近似可控的, 其中可逆变换 $\mathbb{S}$ 为

$$\mathbb{S}(f, x_2)^\top = (f + Sx_2, \ x_2)^\top, \quad \forall (f, x_2)^\top \in L^2[0,1] \times \mathbb{R}^m. \tag{4.1.91}$$

由于 $\mathbb{S}\mathcal{A}\mathbb{S}^{-1}$ 的对角结构, 系统 (A_1, SB_2) 近似可控. 注意到 $\{\phi_n(\cdot), \lambda_n\}_{n=1}^{\infty}$ 恰好是算子 A_1 的特征函数, 系统 $(A_1^*, (SB_2)^*) = (A_1^*, \Upsilon)$ 的近似可观性意味着

$$\gamma_n = \Upsilon\phi_n = \langle\gamma, \phi_n\rangle_{L^2[0,1]} \neq 0, \quad n = 1, \cdots, N, \tag{4.1.92}$$

上式结合 (4.1.58) 说明有限维系统 (Λ_N, Υ_N) 可控. 所以存在 $L_N = (l_1, l_2, \cdots, l_N) \in \mathbb{R}^{1 \times N}$ 使得 $\Lambda_N + \Upsilon_N L_N$ 是 Hurwitz 阵. 由引理 4.1.6, 算子 $A_1 + SB_2\Phi_N$ 在 $L^2[0,1]$ 上生成指数稳定的 C_0-半群. 最后, 利用定理 4.1.2 可以完成本定理的证明. □

注 4.1.1 引理 4.1.6 采用的方法称为有限谱截断技术 (finite-dimensional spectral truncation technique), 该技术一般适用于只有有限个不稳定谱点的无穷维系统. 关于该技术的其他应用可参见 [20, 108, 115] 等.

在本节的最后, 我们对系统 (4.1.84) 进行数值模拟来更直观地验证抽象理论结果. 我们选择

$$A_2 = \begin{pmatrix} -1 & 0 \\ 0 & -2 \end{pmatrix}, \quad B_2 = \begin{pmatrix} 1 \\ 1 \end{pmatrix}, \quad C_2 = (1, 1), \quad \mu = 10. \tag{4.1.93}$$

容易验证定理 4.1.3 的假设条件全部满足, 其中 $N = 1$. 系统 (4.1.84) 的初始状态选为 $x_2(0) = (1, 1)^{\top}$ 和 $w(x, 0) = \sin\pi x, x \in [0, 1]$. 我们采用有限差分格式来离散系统, 时间离散步长和空间离散步长分别选为 4×10^{-5} 和 10^{-2}. 利用 Matlab 做极点配置有 $\Lambda_N = 7.5326, B_N = 0.3130, L_N = -30.4541$, 此时 $\sigma(\Lambda_N + B_N L_N) = \{-2\}$.

当 $u = 0$ 时, 系统 (4.1.54) 的解见图 4.1. 该图说明不施加控制的系统是不

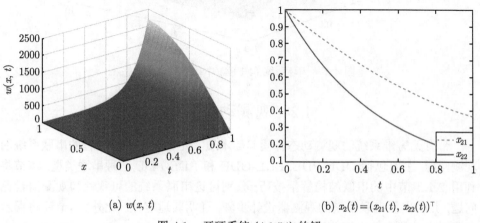

(a) $w(x, t)$ (b) $x_2(t) = (x_{21}(t), x_{22}(t))^{\top}$

图 4.1 开环系统 (4.1.54) 的解

稳定的. 闭环系统 (4.1.84) 中的执行动态和控制器的轨迹见图 4.2, 热方程状态见图 4.3. 计算机程序用 Matlab 编写. 从数值模拟可以看出, 控制器轨迹非常光滑, 我们的控制策略是有效的.

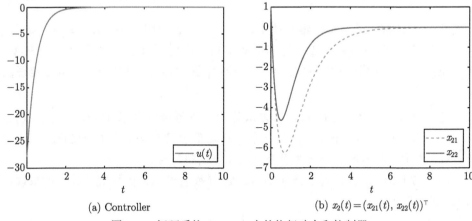

(a) Controller
　　　　　　　　　　　　　　　　(b) $x_2(t) = (x_{21}(t),\ x_{22}(t))^\top$

图 4.2　闭环系统 (4.1.84) 中的执行动态和控制器

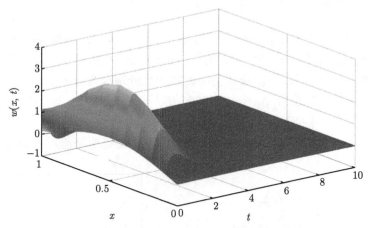

图 4.3　闭环系统 (4.1.84) 中被控对象的状态

4.2　观测动态补偿

　　带有无穷维系统的观测动态补偿问题本质上是带有偏微分方程的串联系统的观测问题, 主要包括 ODE-PDE, PDE-ODE 和 PDE-PDE 三种串联类型. 本节将利用 2.1.2 节中的串联结构解耦技巧, 分别讨论串联系统的可观性和观测器设计问题, 并给出了串联系统的观测器设计步骤, 证明其适定性. 此外, 本节还将揭示观测动态补偿和输出调节问题之间的关系.

4.2.1 串联观测系统的适定性与可观性

设 X_j, U_j 和 Y_j 是 Hilbert 空间, $A_j : X_j \to X_j$, $B_j : U_j \to X_j$, $C_1 : X_1 \to Y_1$ 和 $C_2 : X_2 \to U_1$ 是相关的算子, 它们可能是无界的, $j = 1, 2$. 考虑如下串联系统的观测问题:

$$\begin{cases} \dot{x}_1(t) = A_1 x_1(t) + B_1 C_2 x_2(t), \\ \dot{x}_2(t) = A_2 x_2(t) + B_2 u(t), \\ y(t) = C_1 x_1(t), \end{cases} \tag{4.2.1}$$

其中 $y(t)$ 是测量输出, $u(t)$ 控制, $B_1 C_2 : X_2 \to X_1$ 表示两个系统之间的连接方式. 系统 (4.2.1) 中, x_2-子系统表示控制系统, x_1-子系统表示观测动态. 首先考虑开环系统 (4.2.1) 的适定性, 即: 给出从初始状态和控制到系统状态和输出之间的某种连续依赖性. 系统 (4.2.1) 可以简记为 $(\mathcal{A}, \mathcal{B}, \mathcal{C})$, 其中

$$\begin{cases} \mathcal{A} = \begin{pmatrix} \tilde{A}_1 & B_1 C_{2\Lambda} \\ 0 & \tilde{A}_2 \end{pmatrix}, \\ D(\mathcal{A}) = \left\{ \begin{pmatrix} x_1 \\ x_2 \end{pmatrix} \in X_1 \times X_2 \,\middle|\, \begin{array}{l} \tilde{A}_1 x_1 + B_1 C_{2\Lambda} x_2 \in X_1 \\ \tilde{A}_2 x_2 \in X_2 \end{array} \right\}, \end{cases} \tag{4.2.2}$$

且

$$\mathcal{B} = \begin{pmatrix} 0 \\ B_2 \end{pmatrix}, \quad \mathcal{C} = (C_{1\Lambda}, 0), \quad D(\mathcal{C}) = D(C_{1\Lambda}) \times X_2. \tag{4.2.3}$$

在 (4.2.2) 和 (4.2.3) 中, $C_{j\Lambda}$ 是算子 C_j 关于 A_j 的 Λ-延拓, 由 (3.2.11) 定义, $\tilde{A}_j$ 是 A_j 的扩张, 由 (3.1.21) 延拓, $j = 1, 2$.

引理 4.2.7 设算子 A_j 在 X_j 上生成 C_0-半群 $e^{A_j t}$, $B_j \in \mathcal{L}(U_j, [D(A_j^*)]')$ 关于 $e^{A_j t}$ 允许, $C_j \in \mathcal{L}(D(A_j), Y_j)$ 关于 $e^{A_j t}$ 允许且 $Y_2 = U_1$, $j = 1, 2$. 那么, 由 (4.2.2) 定义的算子 $\mathcal{A}$ 在 $X_1 \times X_2$ 上生成 C_0-半群 $e^{\mathcal{A} t}$. 此外, 下面结论成立:

(i) 若 (A_1, B_1, C_1) 是正则线性系统, 则 $\mathcal{C}$ 关于 $e^{\mathcal{A} t}$ 允许;

(ii) 若 (A_2, B_2, C_2) 是正则线性系统, 则 $\mathcal{B}$ 关于 $e^{\mathcal{A} t}$ 允许;

(iii) 若 (A_1, B_1, C_1) 和 (A_2, B_2, C_2) 都是正则线性系统, 则系统 $(\mathcal{A}, \mathcal{B}, \mathcal{C})$ 也是正则线性系统.

证明 由引理 4.1.1, 算子 $\mathcal{A}$ 在 $X_1 \times X_2$ 上生成 C_0-半群 $e^{\mathcal{A} t}$. 因此只需证明 (i), (ii) 和 (iii).

(i) 由于 C_2 关于 $e^{A_2 t}$ 允许, 对任意的 $\tau > 0$, 存在常数 $c_\tau > 0$ 使得

$$\int_0^\tau \left\| C_2 e^{A_2 s} x_2 \right\|_{Y_2}^2 ds \leqslant c_\tau \left\| x_2 \right\|_{X_2}^2, \quad \forall \, x_2 \in D(A_2). \tag{4.2.4}$$

由于 (A_1, B_1, C_1) 是正则线性系统, 存在常数 $M_\tau > 0$ 使得, 对任意的 $u_1 \in L^2([0, \tau]; Y_2)$, 有

$$\int_0^\tau \left\| C_{1\Lambda} \int_0^t e^{A_1(t-s)} B_1 u_1(s) ds \right\|_{Y_1}^2 dt \leqslant M_\tau \int_0^\tau \|u_1(s)\|_{Y_2}^2 ds. \qquad (4.2.5)$$

综合 (4.2.4) 和 (4.2.5) 可得

$$\int_0^\tau \left\| C_{1\Lambda} \int_0^t e^{A_1(t-s)} B_1 C_{2\Lambda} e^{A_2 s} x_2 ds \right\|_{Y_1}^2 dt \leqslant M_\tau c_\tau \|x_2\|_{X_2}^2, \quad \forall\, x_2 \in D(A_2). \qquad (4.2.6)$$

对任意的 $(x_1, x_2)^\top \in D(\mathcal{A})$, 直接计算可得

$$\mathcal{C} e^{\mathcal{A} t} (x_1, x_2)^\top = C_{1\Lambda} e^{A_1 t} x_1 + C_{1\Lambda} \int_0^t e^{A_1(t-s)} B_1 C_{2\Lambda} e^{A_2 s} x_2 ds, \qquad (4.2.7)$$

该式结合 (4.2.6) 和 C_1 关于 $e^{A_1 t}$ 的允许性可推出

$$\int_0^\tau \left\| \mathcal{C} e^{\mathcal{A} t} (x_1, x_2)^\top ds \right\|_{Y_1}^2 dt \leqslant L_\tau \|(x_1, x_2)^\top\|_{X_1 \times X_2}^2, \quad \forall\, (x_1, x_2)^\top \in D(\mathcal{A}), \qquad (4.2.8)$$

其中 L_τ 是正常数. 所以 $\mathcal{C}$ 关于 $e^{\mathcal{A} t}$ 允许.

(ii) 当 (A_2, B_2, C_2) 是正则线性系统时, 对任意的 $u_2 \in L_{\text{loc}}^2([0, \infty); U_2)$ 和 $t \geqslant 0$, 有

$$\int_0^t e^{A_2(t-s)} B_2 u_2(s) ds \in X_2 \qquad (4.2.9)$$

和

$$C_{2\Lambda} \int_0^t e^{A_2(t-s)} B_2 u_2(s) ds \in L_{\text{loc}}^2([0, \infty); U_1). \qquad (4.2.10)$$

由 (4.2.9), (4.2.10) 以及 B_1 关于 $e^{A_1 t}$ 的允许性可推出

$$\int_0^t e^{\mathcal{A}(t-s)} \mathcal{B} u_2(s) ds = \begin{pmatrix} \displaystyle\int_0^t e^{A_1(t-\alpha)} B_1 \left[C_{2\Lambda} \int_0^\alpha e^{A_2(\alpha-s)} B_2 u_2(s) ds \right] d\alpha \\[4mm] \displaystyle\int_0^t e^{A_2(t-s)} B_2 u_2(s) ds \end{pmatrix}$$

在 $X_1 \times X_2$ 中. 所以 $\mathcal{B}$ 关于 $e^{\mathcal{A} t}$ 允许.

(iii) 由于 (A_1, B_1, C_1) 和 (A_2, B_2, C_2) 都是正则线性系统, 对任意的 $\lambda \in \rho(A_1) \cap \rho(A_2) \subset \rho(\mathcal{A})$, 我们有 $C_{j\Lambda}(\lambda - \tilde{A}_j)^{-1} B_j \in \mathcal{L}(U_j, Y_j)$ 且 $\lambda \to \|C_{j\Lambda}(\lambda -$

$\tilde{A}_j)^{-1}B_j\|$ 在某个右半复平面一致有界, $j=1,2$. 此外, 直接计算可得

$$\mathcal{C}(\lambda-\mathcal{A})^{-1}\mathcal{B} = \mathcal{C}\left[\lambda-\begin{pmatrix}\tilde{A}_1 & B_1C_{2\Lambda}\\ 0 & \tilde{A}_2\end{pmatrix}\right]^{-1}\mathcal{B}$$
$$= (C_{1\Lambda},0)\begin{pmatrix}(\lambda-\tilde{A}_1)^{-1} & (\lambda-\tilde{A}_1)^{-1}B_1C_{2\Lambda}(\lambda-\tilde{A}_2)^{-1}\\ 0 & (\lambda-\tilde{A}_2)^{-1}\end{pmatrix}\begin{pmatrix}0\\ B_2\end{pmatrix}$$
$$= C_{1\Lambda}(\lambda-\tilde{A}_1)^{-1}B_1C_{2\Lambda}(\lambda-\tilde{A}_2)^{-1}B_2. \tag{4.2.11}$$

所以 $\mathcal{C}(\lambda-\mathcal{A})^{-1}\mathcal{B} \in \mathcal{L}(U_2,Y_1)$ 且 $\lambda\to\|\mathcal{C}(\lambda-\tilde{\mathcal{A}})^{-1}\mathcal{B}\|$ 在某个右半复平面一致有界. 由定理 3.5.18, $(\mathcal{A},\mathcal{B},\mathcal{C})$ 是正则线性系统. □

利用引理 4.2.7, 立即可得如下定理:

定理 4.2.4 设 (A_1,B_1,C_1) 和 (A_2,B_2,C_2) 都是正则线性系统, 则系统 (4.2.1) 是适定的: 对任意的 $(x_1(0),x_2(0))^\top \in X_1\times X_2$ 和 $u\in L^2_{loc}([0,\infty);U_2)$, 系统 (4.2.1) 存在唯一解 $(x_1,x_2)^\top \in C([0,+\infty);X_1\times X_2)$ 使得

$$\|(x_1(t),x_2(t))^\top\|_{X_1\times X_2} + \int_0^t\|y(s)\|^2_{Y_1}ds$$
$$\leqslant C_t\left[\|(x_1(0),x_2(0))^\top\|_{X_1\times X_2} + \int_0^t\|u(s)\|^2_{U_2}ds\right],\quad \forall\, t>0, \tag{4.2.12}$$

其中 $C_t>0$ 是不依赖 $(x_1(0),x_2(0))$ 和 u 的常数.

下面考虑系统 (4.2.1) 的可观性. 对于算子 A_1, 记 $\rho_\infty(A_1)$ 是 $\rho(A_1)$ 的包含在某个右半复平面的连通分支. 易知该分支是唯一的, 并且当 $\sigma(A_1)$ 可数时, 有 $\rho_\infty(A_1)=\rho(A_1)$ [135, Proposition 2.4.3, p.34].

定理 4.2.5 设 X_2 和 Y_1 是有限维 Hilbert 空间, (A_1,B_1,C_1) 是正则线性系统, 其状态空间、输入空间和输出空间分别为 X_1, U_1 和 Y_1. 设 $A_2\in\mathcal{L}(X_2)$, $C_2\in\mathcal{L}(X_2,U_1)$ 且

$$\sigma(A_2)\subset\rho_\infty(A_1), \tag{4.2.13}$$

则系统 $(\mathcal{A},\mathcal{C})$ 精确 (近似) 可观当且仅当系统 (A_1,C_1) 精确 (近似) 可观, 并且

$$\mathrm{Ker}\left[C_{1\Lambda}(\lambda-\tilde{A}_1)^{-1}B_1C_2\right]\cap\mathrm{Ker}(\lambda-A_2)=\{0\},\quad \forall\,\lambda\in\sigma(A_2), \tag{4.2.14}$$

其中算子 $\mathcal{A}$ 和 $\mathcal{C}$ 分别由 (4.2.2) 和 (4.2.3) 给出.

证明 假设条件 (4.2.13) 说明 $\sigma(A_1)\cap\sigma(A_2)=\varnothing$. 由引理 4.1.4可知 Sylvester 方程 $A_1P-PA_2=B_1C_2$ 存在解 $P\in\mathcal{L}(X_2,X_1)$ 使得 $C_{1\Lambda}P\in\mathcal{L}(X_2,Y_1)$ 且

$$\tilde{A}_1Px_2-PA_2x_2=B_1C_2x_2,\quad \forall\,x_2\in X_2. \tag{4.2.15}$$

利用算子 P, 我们定义可逆变换 $\mathbb{P} \in \mathcal{L}(X_1 \times X_2)$ 为

$$\mathbb{P}(x_1, x_2)^\top = (x_1 + Px_2, \ x_2)^\top, \quad \forall \ (x_1, x_2)^\top \in X_1 \times X_2. \tag{4.2.16}$$

简单计算可知, 其逆为

$$\mathbb{P}^{-1}(x_1, x_2)^\top = (x_1 - Px_2, x_2)^\top, \quad \forall \ (x_1, x_2)^\top \in X_1 \times X_2. \tag{4.2.17}$$

定义 $\mathcal{A}_{\mathbb{P}} = \mathrm{diag}(A_1, A_2)$ 其中 $D(\mathcal{A}_{\mathbb{P}}) = D(A_1) \times X_2$. 由于 X_2 是有限维空间, 因此

$$D(\mathcal{A}) = \left\{ (x_1, x_2)^\top \in X_1 \times X_2 \ \Big| \ \tilde{A}_1 x_1 + B_1 C_2 x_2 \in X_1 \right\}. \tag{4.2.18}$$

对任意的 $(x_1, x_2)^\top \in D(\mathcal{A}_{\mathbb{P}})$, 由 (4.2.15) 和 $P \in \mathcal{L}(X_2, X_1)$ 可得

$$\tilde{A}_1(x_1 - Px_2) + B_1 C_2 x_2 = \tilde{A}_1 x_1 - PA_2 x_2 \in X_1, \tag{4.2.19}$$

该式结合 (4.2.18) 和 (4.2.17) 可推出 $\mathbb{P}^{-1}(x_1, x_2)^\top \in D(\mathcal{A})$. 由 (x_1, x_2) 的任意性, 有 $D(\mathcal{A}_{\mathbb{P}}) \subset \mathbb{P}D(\mathcal{A})$. 另一方面, 对任意的 $(x_1, x_2)^\top \in D(\mathcal{A})$, 由 (4.2.15), (4.2.18) 和 $P \in \mathcal{L}(X_2, X_1)$ 可得

$$\begin{aligned} \tilde{A}_1(x_1 + Px_2) &= \tilde{A}_1 x_1 + B_1 C_2 x_2 + \tilde{A}_1 Px_2 - B_1 C_2 x_2 \\ &= [\tilde{A}_1 x_1 + B_1 C_2 x_2] + PA_2 x_2 \in X_1, \end{aligned} \tag{4.2.20}$$

这说明 $\mathbb{P}(x_1, x_2)^\top \in D(\mathcal{A}_{\mathbb{P}})$. 所以有 $\mathbb{P}D(\mathcal{A}) \subset D(\mathcal{A}_{\mathbb{P}})$. 综上, 我们得到 $\mathbb{P}D(\mathcal{A}) = D(\mathcal{A}_{\mathbb{P}})$. 此外, 简单计算还可得到

$$\mathcal{A} \sim_{\mathbb{P}} \mathcal{A}_{\mathbb{P}} \quad \text{且} \quad \mathcal{C}\mathbb{P}^{-1} = (C_{1\Lambda}, -C_{1\Lambda}P). \tag{4.2.21}$$

由定理 3.6.20, 系统 $(\mathcal{A}, \mathcal{C})$ 精确 (近似) 可观当且仅当系统 $(\mathcal{A}_{\mathbb{P}}, \mathcal{C}\mathbb{P}^{-1})$ 精确 (近似) 可观. 所以只要证明如下结果即可: 系统 $(\mathcal{A}_{\mathbb{P}}, \mathcal{C}\mathbb{P}^{-1})$ 精确 (近似) 可观当且仅当系统 (A_1, C_1) 精确 (近似) 可观且 (4.2.14) 成立.

事实上, 对任意的 $\lambda \in \sigma(A_2)$, 因为 $\lambda \notin \sigma(A_1)$, 由 (4.2.15) 可知

$$P = (\lambda - \tilde{A}_1)^{-1} P(\lambda - A_2) - (\lambda - \tilde{A}_1)^{-1} B_1 C_2. \tag{4.2.22}$$

设 $A_2 x_2 = \lambda x_2$, $x_2 \in X_2$, 则 (4.2.22) 意味着

$$-C_{1\Lambda} Px_2 = C_{1\Lambda}(\lambda - \tilde{A}_1)^{-1} B_1 C_2 x_2. \tag{4.2.23}$$

由 [135, Remark 1.5.2, p.15], $(A_2, -C_{1\Lambda}P)$ 可观当且仅当

$$\mathrm{Ker}\,(C_{1\Lambda}P) \cap \mathrm{Ker}(\lambda - A_2) = \{0\}, \quad \forall \ \lambda \in \sigma(A_2). \tag{4.2.24}$$

综合 (4.2.23) 和 (4.2.24), 可推出 $(A_2, -C_{1\Lambda}P)$ 可观当且仅当 (4.2.14) 成立.

当 $(\tilde{A}_1, C_{1\Lambda})$ 精确 (近似) 可观且 (4.2.14) 成立时, 系统 $(A_2, -C_{1\Lambda}P)$ 可观. 由 (4.2.13) 和 [135, Theorem 6.4.2, p.190] ([135, Proposition 6.4.5, p.192]) 可得系统 $(A_{\mathbb{P}}, C\mathbb{P}^{-1})$ 精确 (近似) 可观. 反过来, 如果 $(A_{\mathbb{P}}, C\mathbb{P}^{-1})$ 精确 (近似) 可观, 由系统 $A_{\mathbb{P}}$ 的对角结构和 (4.2.13) 容易推出 (A_1, C_1) 精确 (近似) 可观且 $(A_2, -C_{1\Lambda}P)$ 可观. 特别地, (4.2.14) 成立. □

注 4.2.2 当系统 (A_1, B_1, C_1) 是单输入单输出系统且系统 (A_2, C_2) 可观时, 定理 4.2.5的假设 (4.2.14) 可以替换为

$$C_{1\Lambda}(\lambda - \tilde{A}_1)^{-1}B_1 \neq 0, \quad \lambda \in \sigma(A_2). \tag{4.2.25}$$

事实上, 若 $x_2 \in \text{Ker}\left[C_{1\Lambda}(\lambda - \tilde{A}_1)^{-1}B_1 C_2\right] \cap \text{Ker}(\lambda - A_2)$ 对某些 $\lambda \in \sigma(A_2)$ 成立, 由 (4.2.25) 和系统 (A_2, C_2) 的可观性可得 $C_2 x_2 = 0$, 于是 $x_2 = 0$. 这说明 (4.2.14) 成立. 条件 (4.2.25) 意味着 $\sigma(A_2)$ 中的每一个点都不是系统 (A_1, B_1, C_1) 的传输零点.

4.2.2 抽象系统观测动态补偿

当传感器无法直接安装在观测系统上时, 系统的观测就会产生观测动态的补偿问题. 具有观测动态的观测系统通常可以表述成串联系统的观测问题. 观测动态补偿问题在一定程度上是执行动态补偿问题的 "对偶问题". 近年来, 这一问题也得到了深入的研究. 偏微分方程 backstepping 方法是观测动态补偿问题的主要方法之一. 它成功地解决了一大类无穷维观测动态补偿问题, 例如: 一阶双曲方程决定的观测动态补偿 ([75])、热方程观测动态补偿 ([79,131]) 以及波动方程观测动态补偿 ([78]) 等. 和执行动态补偿问题中的 backstepping 方法类似, 偏微分方程 backstepping 方法在处理观测动态补偿问题时也存在弱点. 时至今日, Euler-Bernoulli 梁方程对应的 backstepping 变换仍然是未知的.

受 2.1.2 节的启发, 本节我们提出一般的观测动态补偿方法, 可以弥补 backstepping 方法的不足. 接下来我们为抽象系统 (4.2.1) 设计观测器. 参照有限维系统观测器 (2.1.27), 我们为系统 (4.2.1) 设计 Luenberger 观测器如下

$$\begin{cases} \dot{\hat{x}}_1(t) = A_1\hat{x}_1(t) + B_1 C_2 \hat{x}_2(t) - F_1[y(t) - C_1\hat{x}_1(t)], \\ \dot{\hat{x}}_2(t) = A_2\hat{x}_2(t) + F_2[y(t) - C_1\hat{x}_1(t)] + B_2 u(t), \end{cases} \tag{4.2.26}$$

其中 F_1 和 F_2 是调节参数, 按照如下步骤选取 ([30]):

- 设计 $F_0 \in \mathcal{L}(Y_1, [D(A_1^*)]')$ 指数检测系统 (A_1, C_1);
- 求解 Sylvester 方程

$$(A_1 + F_0 C_{1\Lambda})S - SA_2 = B_1 C_2; \tag{4.2.27}$$

- 设计 $F_2 \in \mathcal{L}(Y_1, [D(A_2^*)]')$ 指数检测系统 $(A_2, C_{1\Lambda}S)$;
- 令 $F_1 = F_0 + SF_2$.

为了证明上述观测器的适定性, 我们需要如下引理:

引理 4.2.8　设 X_1, X_2, U_1, Y_1 是 Hilbert 空间, $A_j : D(A_j) \subset X_j \to X_j$ 是稠定算子且 $\rho(A_j) \neq \varnothing$, $j = 1, 2$. 设 $B_1 \in \mathcal{L}(U_1, [D(A_1^*)]')$, $C_1 \in \mathcal{L}(D(A_1), Y_1)$, $C_2 \in \mathcal{L}(D(A_2), U_1)$, $F_0 \in \mathcal{L}(Y_1, [D(A_1^*)]')$, $F_2 \in \mathcal{L}(Y_1, [D(A_2^*)]')$ 且 $S \in \mathcal{L}(X_2, X_1)$ 是 Sylvester 方程 (4.2.27) 的解, 即:

$$(\tilde{A}_1 + F_0 C_{1\Lambda})S x_2 - S A_2 x_2 = B_1 C_2 x_2, \quad \forall\, x_2 \in D(A_2). \tag{4.2.28}$$

那么, 如下结论是成立的:

(i) 如果 (A_1, B_1, C_1) 是正则线性系统, 则 $C_{1\Lambda}S \in \mathcal{L}(D(A_2), Y_1)$;

(ii) 如果 (A_2, F_2, C_2) 和 $(A_2, F_2, C_{1\Lambda}S)$ 都是正则线性系统, 则 S 存在延拓, 仍然记为 S, 使得 $SF_2 \in \mathcal{L}(Y_1, [D(A_1^*)]')$ 且

$$(\tilde{A}_1 + F_0 C_{1\Lambda})S x_2 - S \tilde{A}_2 x_2 = B_1 C_{2\Lambda} x_2, \quad \forall\, x_2 \in X_{2F_2}, \tag{4.2.29}$$

其中

$$X_{2F_2} = D(A_2) + (\beta - \tilde{A}_2)^{-1} F_2 Y_1, \quad \beta \in \rho(A_2). \tag{4.2.30}$$

证明　(i) 令 $C_{1F\Lambda}$ 是算子 C_1 关于 $A_1 + F_0 C_1$ 的 Λ-延拓. 由 [128, Theorem 7.5.3] 可知 $C_{1\Lambda} = C_{1F\Lambda}$, 其中 $C_{1\Lambda}$ 是 C_1 关于 A_1 的 Λ-延拓. 由引理 4.1.5, $C_{1F\Lambda}S \in \mathcal{L}(D(A_2), Y_1)$. 所以, $C_{1\Lambda}S \in \mathcal{L}(D(A_2), Y_1)$.

(ii) 利用 (4.2.28) 的解 $S \in \mathcal{L}(X_2, X_1)$, 定义算子 $\tilde{S}$ 为

$$\begin{aligned}\tilde{S} =& B_1 C_{2\Lambda}(\beta - \tilde{A}_2)^{-1} + (\beta - \tilde{A}_1)S(\beta - \tilde{A}_2)^{-1} \\ & - F_0 C_{1\Lambda}S(\beta - \tilde{A}_2)^{-1}, \quad \beta \in \rho(A_2). \end{aligned} \tag{4.2.31}$$

对任意的 $x_2 \in X_2$, 注意到 $(\beta - \tilde{A}_2)^{-1}x_2 \in D(A_2)$, 由 (4.2.31) 和 (4.2.28) 可得

$$\begin{aligned}\tilde{S}x_2 =& B_1 C_{2\Lambda}(\beta - \tilde{A}_2)^{-1}x_2 + (\beta - \tilde{A}_1)S(\beta - \tilde{A}_2)^{-1}x_2 \\ & - F_0 C_{1\Lambda}S(\beta - \tilde{A}_2)^{-1}x_2 \\ =& -S\tilde{A}_2(\beta - \tilde{A}_2)^{-1}x_2 + S\beta(\beta - \tilde{A}_2)^{-1}x_2 \\ =& S(\beta - \tilde{A}_2)(\beta - \tilde{A}_2)^{-1}x_2 = S x_2, \end{aligned} \tag{4.2.32}$$

这说明 $\tilde{S}$ 是 S 的一个延拓. 另一方面, 由 (4.2.31) 以及系统 (A_2, F_2, C_2) 和 $(A_2, F_2, C_{1\Lambda}S)$ 的正则性可知

$$\begin{aligned}\tilde{S}F_2 =& B_1 C_{2\Lambda}(\beta - \tilde{A}_2)^{-1}F_2 + (\beta - \tilde{A}_1)S(\beta - \tilde{A}_2)^{-1}F_2 \\ & - F_0 C_{1\Lambda}S(\beta - \tilde{A}_2)^{-1}F_2, \end{aligned} \tag{4.2.33}$$

这说明 $\tilde{S}F_2 \in \mathcal{L}(Y_1, [D(A_1^*)]')$. 进一步, 对任意的 $y_1 \in Y_1$, 若令 $x_\beta = (\beta - \tilde{A}_2)^{-1}F_2y_1$, 由 (4.2.33) 和 (4.2.32) 可得

$$(\tilde{A}_1 + F_0C_{1\Lambda})\tilde{S}x_\beta - B_1C_{2\Lambda}x_\beta = \beta\tilde{S}x_\beta - \tilde{S}F_2y_1$$
$$= \beta\tilde{S}x_\beta - \tilde{S}(\beta - \tilde{A}_2)x_\beta = \tilde{S}\tilde{A}_2x_\beta, \qquad (4.2.34)$$

这说明算子 $\tilde{S}$ 是 Sylvester 方程 (4.2.27) 在 $(\beta - \tilde{A}_2)^{-1}F_2Y_1$ 上的解. 由于 $\tilde{S}|_{X_2} = S$, (4.2.28) 和 (4.2.30), 将 S 换为 $\tilde{S}$ 可得 (4.2.29). □

定理 4.2.6 设 (A_j, B_j, C_j) 是正则线性系统, 其状态空间、控制空间和输出空间分别为 X_j, U_j 和 Y_j, $j = 1, 2$. 设 $U_1 = Y_2$, $F_0 \in \mathcal{L}(Y_1, [D(A_1^*)]')$ 指数检测系统 (A_1, C_1), $F_2 \in \mathcal{L}(Y_1, [D(A_2^*)]')$ 指数检测系统 $(A_2, C_{1\Lambda}S)$, (A_2, F_2, C_2) 是正则线性系统且 $F_1 = F_0 + SF_2$, 其中 $S \in \mathcal{L}(X_2, X_1)$ 是 Sylvester 方程 (4.2.27) 的解. 那么, 系统 (4.2.1) 的观测器 (4.2.26) 是适定的: 对任意的 $(\hat{x}_1(0), \hat{x}_2(0))^\top \in X_1 \times X_2$ 和 $u \in L^2_{\text{loc}}([0, \infty); U_2)$, 观测器 (4.2.26) 存在唯一解 $(\hat{x}_1, \hat{x}_2)^\top \in C([0, \infty); X_1 \times X_2)$ 使得

$$e^{\omega t}\|(x_1(t) - \hat{x}_1(t), x_2(t) - \hat{x}_2(t))^\top\|_{X_1 \times X_2} \to 0 \quad \text{当} \quad t \to \infty, \qquad (4.2.35)$$

其中 ω 是不依赖于 t 的正常数.

证明 由定理 4.2.4, 对任意的 $(x_1(0), x_2(0))^\top \in X_1 \times X_2$ 和 $u \in L^2_{\text{loc}}([0, \infty); U_2)$, 系统 (4.2.1) 存在唯一解 $(x_1, x_2)^\top \in C([0, \infty); X_1 \times X_2)$ 使得 $y = C_{1\Lambda}x_1 \in L^2_{\text{loc}}([0, \infty); Y_1)$. 令

$$\tilde{x}_i(t) = x_i(t) - \hat{x}_i(t), \quad i = 1, 2, \qquad (4.2.36)$$

则有

$$\begin{cases} \dot{\tilde{x}}_1(t) = (A_1 + F_1C_1)\tilde{x}_1(t) + B_1C_2\tilde{x}_2(t), \\ \dot{\tilde{x}}_2(t) = A_2\tilde{x}_2(t) - F_2C_1\tilde{x}_1(t). \end{cases} \qquad (4.2.37)$$

系统 (4.2.37) 可以写成

$$\frac{d}{dt}(\tilde{x}_1(t), \tilde{x}_2(t))^\top = \mathscr{A}(\tilde{x}_1(t), \tilde{x}_2(t))^\top, \qquad (4.2.38)$$

其中

$$\begin{cases} \mathscr{A} = \begin{pmatrix} \tilde{A}_1 + F_1C_{1\Lambda} & B_1C_{2\Lambda} \\ -F_2C_{1\Lambda} & \tilde{A}_2 \end{pmatrix}, \\ D(\mathscr{A}) = \left\{ \begin{pmatrix} x_1 \\ x_2 \end{pmatrix} \in X_1 \times X_2 \middle| \begin{array}{l} (\tilde{A}_1 + F_1C_{1\Lambda})x_1 + B_1C_{2\Lambda}x_2 \in X_1 \\ \tilde{A}_2x_2 - F_2C_{1\Lambda}x_1 \in X_2 \end{array} \right\}. \end{cases} \qquad (4.2.39)$$

利用 Sylvester 方程 (4.2.27) 的解 S, 我们引入可逆变换 $\mathbb{S} \in \mathcal{L}(X_1 \times X_2)$

$$\mathbb{S}(x_1, x_2)^\top = (x_1 + Sx_2, \ x_2)^\top, \quad \forall (x_1, x_2)^\top \in X_1 \times X_2, \tag{4.2.40}$$

简单计算可知, 其逆为

$$\mathbb{S}^{-1}(x_1, x_2)^\top = (x_1 - Sx_2, x_2)^\top, \quad \forall (x_1, x_2)^\top \in X_1 \times X_2. \tag{4.2.41}$$

由引理 4.2.8 可得 $C_{1\Lambda}S \in \mathcal{L}(D(A_2), Y_1)$, $SF_2 \in \mathcal{L}(Y_1, [D(A_1^*)]')$ 且 (4.2.29) 成立. 注意到 $(A_2, F_2, C_{1\Lambda}S)$ 是正则系统, $C_{1\Lambda}S(\beta - \tilde{A}_2)^{-1}F_2 \in \mathcal{L}(Y_1)$ 对任意的 $\beta \in \rho(A_2)$ 成立. 进而综合 (4.2.30) 和 $C_{1\Lambda}S \in \mathcal{L}(D(A_2), Y_1)$ 可得 $C_{1\Lambda}S(X_{2F_2}) \subset Y_1$.
令

$$\mathscr{A}_{\mathbb{S}} = \begin{pmatrix} \tilde{A}_1 + F_0 C_{1\Lambda} & 0 \\ -F_2 C_{1\Lambda} & \tilde{A}_2 + F_2 C_{1\Lambda}S \end{pmatrix}, \tag{4.2.42}$$

其中

$$D(\mathscr{A}_{\mathbb{S}}) = \left\{ \begin{pmatrix} x_1 \\ x_2 \end{pmatrix} \in X_1 \times X_2 \ \middle| \ \begin{matrix} (\tilde{A}_1 + F_0 C_{1\Lambda})x_1 \in X_1 \\ (\tilde{A}_2 + F_2 C_{1\Lambda}S)x_2 - F_2 C_{1\Lambda}x_1 \in X_2 \end{matrix} \right\}. \tag{4.2.43}$$

我们断言 $\mathscr{A} \sim_{\mathbb{S}} \mathscr{A}_{\mathbb{S}}$. 事实上, 对任意的 $(x_1, x_2)^\top \in D(\mathscr{A})$, 由于 (4.2.30) 定义的 X_{2F_2} 满足 ([146, Remark 7.3]):

$$X_{2F_2} = \left\{ x_2 \in X_2 \ \middle| \ \tilde{A}_2 x_2 + F_2 y_1 \in X_2, \ y_1 \in Y_1 \right\}, \tag{4.2.44}$$

因此 $(x_1, x_2)^\top \in D(\mathscr{A})$ 意味着 $x_2 \in X_{2F_2}$, 于是 $C_{1\Lambda}Sx_2 \in Y_1$. 由 (4.2.39) 可得

$$(\tilde{A}_2 + F_2 C_{1\Lambda}S)x_2 - F_2 C_{1\Lambda}(x_1 + Sx_2) = \tilde{A}_2 x_2 - F_2 C_{1\Lambda}x_1 \in X_2. \tag{4.2.45}$$

注意到 $F_1 = F_0 + SF_2$, 由 (4.2.39) 可得

$$(\tilde{A}_1 + F_0 C_{1\Lambda})x_1 + SF_2 C_{1\Lambda}x_1 + B_1 C_{2\Lambda}x_2$$
$$= (\tilde{A}_1 + F_1 C_{1\Lambda})x_1 + B_1 C_{2\Lambda}x_2 \in X_1, \tag{4.2.46}$$

该式结合 (4.2.29), (4.2.45), (4.2.46) 和 $S \in \mathcal{L}(X_2, X_1)$ 可推出

$$(\tilde{A}_1 + F_0 C_{1\Lambda})(x_1 + Sx_2) = (\tilde{A}_1 + F_0 C_{1\Lambda})x_1 + B_1 C_{2\Lambda}x_2 + S\tilde{A}_2 x_2$$
$$= [(\tilde{A}_1 + F_0 C_{1\Lambda})x_1 + SF_2 C_{1\Lambda}x_1 + B_1 C_{2\Lambda}x_2]$$
$$+ S(\tilde{A}_2 x_2 - F_2 C_{1\Lambda}x_1) \in X_1. \tag{4.2.47}$$

由 (4.2.43), (4.2.45) 和 (4.2.47) 可推出 $\mathbb{S}(x_1, x_2)^\top \in D(\mathscr{A}_\mathbb{S})$, 于是 $\mathbb{S}(D(\mathscr{A})) \subset D(\mathscr{A}_\mathbb{S})$.

另一方面, 对任意的 $(x_1, x_2)^\top \in D(\mathscr{A}_\mathbb{S})$,

$$\tilde{A}_2 x_2 - F_2 C_{1\Lambda}(x_1 - S x_2) \in X_2, \tag{4.2.48}$$

这说明 $x_2 \in X_{2F_2}$. 由 $F_1 = F_0 + S F_2$, (4.2.29), (4.2.43) 和 $S \in \mathcal{L}(X_2, X_1)$,

$$
\begin{aligned}
&(\tilde{A}_1 + F_1 C_{1\Lambda})(x_1 - S x_2) + B_1 C_{2\Lambda} x_2 \\
&= (\tilde{A}_1 + F_0 C_{1\Lambda}) x_1 - S[\tilde{A}_2 x_2 - F_2 C_{1\Lambda}(x_1 - S x_2)] \in X_1.
\end{aligned} \tag{4.2.49}
$$

由 (4.2.48) 和 (4.2.49) 可得 $\mathbb{S}^{-1}(x_1, x_2)^\top \in D(\mathscr{A})$, 因此 $D(\mathscr{A}_\mathbb{S}) \subset \mathbb{S}(D(\mathscr{A}))$. 所以我们得到 $D(\mathscr{A}_\mathbb{S}) = \mathbb{S}(D(\mathscr{A}))$. 利用 (4.2.29), 直接计算可得 $\mathbb{S}\mathscr{A}\mathbb{S}^{-1}(x_1, x_2)^\top = \mathscr{A}_\mathbb{S}(x_1, x_2)^\top$ 对任意的 $(x_1, x_2)^\top \in D(\mathscr{A}_\mathbb{S})$ 成立. 这就证明了 $\mathscr{A}_\mathbb{S}$ 和 $\mathscr{A}$ 的相似性.

由于 F_0 和 F_2 分别指数检测系统 (A_1, C_1) 和 $(A_2, C_{1\Lambda}S)$, 因此, 半群 $e^{(\tilde{A}_1 + F_0 C_{1\Lambda})t}$ 和 $e^{(\tilde{A}_2 + F_2 C_{1\Lambda}S)t}$ 分别在 X_1 和 X_2 上指数稳定. 此外, C_1 关于 $e^{(\tilde{A}_1 + F_0 C_{1\Lambda})t}$ 允许, F_2 关于 $e^{(\tilde{A}_2 + F_2 C_{1\Lambda}S)t}$ 允许. 由引理 4.1.2或 [149, Lemma 5.1], $\mathscr{A}_\mathbb{S}$ 在 $X_1 \times X_2$ 上生成指数稳定的 C_0-半群 $e^{\mathscr{A}_\mathbb{S}t}$. 由算子 $\mathscr{A}_\mathbb{S}$ 和 $\mathscr{A}$ 的相似性, 算子 $\mathscr{A}$ 在 $X_1 \times X_2$ 上生成指数稳定的 C_0-半群 $e^{\mathscr{A}t}$. 所以, 带有初始状态 $(\tilde{x}_1(0), \tilde{x}_2(0)) = (x_1(0) - \hat{x}_1(0), x_2(0) - \hat{x}_2(0))$ 的系统 (4.2.37) 存在唯一解 $(\tilde{x}_1, \tilde{x}_2)^\top \in C([0, \infty); X_1 \times X_2)$. 令 $(\hat{x}_1(t), \hat{x}_2(t)) = (x_1(t) - \tilde{x}_1(t), x_2(t) - \tilde{x}_2(t))$. 直接计算可得如此定义的函数 $(\hat{x}_1(t), \hat{x}_2(t))$ 是观测器 (4.2.26) 的解且满足 (4.2.35). 解的唯一性可由观测器的线性性质获得. $\square$

当 X_2 是有限维空间时, 我们可以通过系统 (4.2.1) 本身来刻画调节参数 F_1 和 F_2 的存在性.

推论 4.2.2 设矩阵 $A_2 \in \mathcal{L}(X_2)$ 满足 $\sigma(A_2) \subset \{s \in \mathbb{C} \mid \mathrm{Re}\, s \geqslant 0\}$, (A_1, B_1, C_1) 是正则线性系统, 系统 (A_1, C_1) 指数可检, 系统 $(\mathcal{A}, \mathcal{C})$ 近似可观, 其中 $\mathcal{A}$ 和 $\mathcal{C}$ 分别由 (4.2.2) 和 (4.2.3) 给出, 则存在 $F_1 \in \mathcal{L}(Y_1, [D(A_1^*)]')$ 和 $F_2 \in \mathcal{L}(Y_1, X_2)$ 使得系统 (4.2.1) 的观测器 (4.2.26) 是适定的: 对任意的 $(\hat{x}_1(0), \hat{x}_2(0))^\top \in X_1 \times X_2$ 和 $u \in L^2_{\mathrm{loc}}([0, \infty); U_2)$, 观测器 (4.2.26) 存在唯一解 $(\hat{x}_1, \hat{x}_2)^\top \in C([0, \infty); X_1 \times X_2)$ 使得 (4.2.35) 对某些正常数 ω 成立.

证明 由于系统 (A_1, C_1) 指数可检, 存在 $F_0 \in \mathcal{L}(Y_1, [D(A_1^*)]')$ 指数检测系统 (A_1, C_1). 特别地, $A_1 + F_0 C_{1\Lambda}$ 在 X_1 上生成指数稳定的 C_0-半群 $e^{(A_1 + F_0 C_{1\Lambda})t}$. 注意到矩阵 A_2 满足 $\sigma(A_2) \subset \{s \in \mathbb{C} \mid \mathrm{Re}\, s \geqslant 0\}$, 我们有 $\sigma(A_1 + F_0 C_{1\Lambda}) \cap \sigma(A_2) = \varnothing$. 由引理 4.1.4 或 [102], Sylvester 方程 (4.2.27) 存在解 $S \in \mathcal{L}(X_2, X_1)$, 即

$$(\tilde{A}_1 + F_0 C_{1\Lambda}) S x_2 - S A_2 x_2 = B_1 C_2 x_2, \quad x_2 \in X_2. \tag{4.2.50}$$

由引理 4.2.8, $C_{1\Lambda}S \in \mathcal{L}(X_2, Y_1)$. 定义

$$\mathcal{A}_{F_0} = \begin{pmatrix} \tilde{A}_1 + F_0 C_{1\Lambda} & B_1 C_{2\Lambda} \\ 0 & A_2 \end{pmatrix} \tag{4.2.51}$$

其中

$$D(\mathcal{A}_{F_0}) = \left\{ \begin{pmatrix} x_1 \\ x_2 \end{pmatrix} \in X_1 \times X_2 \ \middle| \ \begin{array}{l} (\tilde{A}_1 + F_0 C_{1\Lambda})x_1 + B_1 C_{2\Lambda}x_2 \in X_1 \\ A_2 x_2 \in X_2 \end{array} \right\}. \tag{4.2.52}$$

与定理 4.2.5 的证明类似, 利用 (4.2.50) 可推出

$$\mathcal{A}_{F_0} \sim_{\mathbb{S}} \mathcal{A}_{\mathbb{S}} \quad \text{且} \quad \mathcal{C}_{\mathbb{S}} = \mathcal{C}\mathbb{S}^{-1} = (C_{1\Lambda}, -C_{1\Lambda}S), \tag{4.2.53}$$

其中算子 $\mathbb{S}$ 由 (4.2.40) 给出, $\mathcal{A}_{\mathbb{S}} = \mathrm{diag}(\tilde{A}_1 + F_0 C_{1\Lambda}, A_2)$ 且

$$D(\mathcal{A}_{\mathbb{S}}) = \left\{ (x_1, x_2)^\top \in X_1 \times X_2 \ \middle| \ (\tilde{A}_1 + F_0 C_{1\Lambda})x_1 \in X_1, \ A_2 x_2 \in X_2 \right\}. \tag{4.2.54}$$

简单计算可知, 算子 $\mathcal{A}_{F_0}$ 可以写成 $\mathcal{A}_{F_0} = \mathcal{A} + \mathcal{F}_0 \mathcal{C}$, 其中 $\mathcal{F}_0 = (F_0, 0)^\top$. 此外, 对任意的 $u \in L^2_{\mathrm{loc}}([0, \infty); Y_1)$, 有

$$\int_0^t e^{\mathcal{A}(t-s)} \mathcal{F}_0 u(s) ds = \left(\begin{array}{c} \displaystyle\int_0^t e^{A_1(t-s)} F_0 u(s) ds \\ 0 \end{array} \right) \in X_1 \times X_2, \tag{4.2.55}$$

这说明 $\mathcal{F}_0$ 关于 $e^{\mathcal{A}t}$ 允许. 由引理 4.2.7, $\mathcal{C}$ 关于 $e^{\mathcal{A}t}$ 也允许. 注意到 $F_0 \in \mathcal{L}(Y_1, [D(A_1^*)]')$ 指数检测系统 (A_1, C_1) 且

$$\mathcal{C}(s - \mathcal{A})^{-1} \mathcal{F}_0 = C_{1\Lambda}(s - \tilde{A}_1)^{-1} F_0, \quad \forall\, s \in \rho(\mathcal{A}), \tag{4.2.56}$$

我们可推出 $(\mathcal{A}, \mathcal{F}_0, \mathcal{C})$ 是正则线性系统并且 I 是关于 $\mathcal{C}(s - \mathcal{A})^{-1} \mathcal{F}_0$ 的允许反馈算子. 由于 $(\mathcal{A}, \mathcal{C})$ 是近似可观的, [146, Remark 6.5] 意味着系统 $(\mathcal{A} + \mathcal{F}_0 \mathcal{C}, \mathcal{C}) = (\mathcal{A}_{F_0}, \mathcal{C})$ 也是近似可观的. 利用定理 3.6.20 和相似性 (4.2.53), 系统 $(\mathcal{A}_{\mathbb{S}}, \mathcal{C}_{\mathbb{S}})$ 近似可观. 由于 [135, Remark 6.1.8, p.175], 因此

$$\mathrm{Ker}(\lambda - \mathcal{A}_{\mathbb{S}}) \cap \mathrm{Ker}\left(\mathcal{C}\mathbb{S}^{-1}\right) = \{0\}, \quad \forall\, \lambda \in \sigma(\mathcal{A}_{\mathbb{S}}) \subset \sigma(\tilde{A}_1 + F_0 C_{1\Lambda}) \cup \sigma(A_2). \tag{4.2.57}$$

对任意的 $h_2 \in \mathrm{Ker}(\lambda - A_2) \cap \mathrm{Ker}(C_{1\Lambda}S)$, 有

$$(0, h_2)^\top \in \mathrm{Ker}(\lambda - \mathcal{A}_{\mathbb{S}}) \cap \mathrm{Ker}\left(\mathcal{C}\mathbb{S}^{-1}\right), \quad \lambda \in \sigma(A_2), \tag{4.2.58}$$

该式结合 (4.2.57) 说明 $\mathrm{Ker}(\lambda - A_2) \cap \mathrm{Ker}(C_{1\Lambda}S) = \{0\}$. 进而利用 [135, Remark 1.5.2, p.15] 可得系统 $(A_2, -C_{1\Lambda}S)$ 可观. 利用极点配置定理 1.1.14, 存在 $F_2 \in \mathcal{L}(Y_1, X_2)$ 使得 $A_2 + F_2C_{1\Lambda}S$ 是 Hurwitz 阵. 令 $F_1 = F_0 + SF_2$. 利用定理 4.2.6 可完成本定理的证明. □

给定观测系统, 我们需要求解 Sylvester 方程 (4.2.27) 来得到观测器 (4.2.26) 的调节参数 F_1 和 F_2. 一般情况下, 求解 Sylvester 方程并不是一件容易的事情. 特别是当 A_1 和 A_2 都是无界算子时, 求解 Sylvester 方程会变得更加复杂. 所以, 定理 4.2.6 并不意味着我们可以为任意给定的系统设计观测器. 然而幸运的是, 当 A_1 和 A_2 至少有一个是有界算子时, Sylvester 方程 (4.2.27) 的求解会变得相对容易. 特别是推论 4.2.2 可以覆盖一大类带有无穷维观测动态的 ODE 系统的观测器设计问题, 例如: 输出时滞动态 ([77])、一阶双曲方程动态 ([75])、一维热方程动态 ([79, 131]) 以及一维波动方程动态 ([78]) 等.

4.2.3 输出调节问题与观测动态补偿

仔细观察抽象系统 (4.2.1), 我们会发现观测动态补偿和输出调节问题中干扰和状态的估计有密切的关系. 如果令 $u = 0$ 且将 x_2-子系统看作生成干扰的外部系统, 系统 (4.2.1) 就可以描述带干扰系统 (x_1-子系统) 的观测问题. 对 x_1-子系统和 x_2-子系统的不同看待使得抽象系统 (4.2.1) 可以描述不同的控制问题. 观测动态补偿和输出调节是两个完全不同的控制问题, 从现有文献来看, 它们通常被分别独立地研究. 有关观测动态补偿问题的研究请参见 [75, 77–79], 有关输出调节问题的研究请参见 [102, 104–107].

在状态空间 X_1、控制空间 U_1 和输出空间 Y_1 中考虑输出调节问题:

$$\begin{cases} \dot{z}_1(t) = A_1 z_1(t) + B_d d(t) + B_1 u(t), \\ y(t) = C_1 z_1(t) + r(t), \end{cases} \tag{4.2.59}$$

其中 $A_1 : X_1 \to X_1$, $B_1 : U_1 \to X_1$, $C_1 : X_1 \to Y_1$ 分别是系统算子、控制算子和观测算子, $u(t)$ 是控制, $d(t)$ 是 Hilbert 空间 U_d 中的干扰, $B_d : U_d \to X_1$, $y(t)$ 是调节误差, $r(t)$ 是参考信号.

与通常的输出调节研究一样, 我们假设干扰和参考信号由 Hilbert 空间 X_2 中的如下外系统生成:

$$\dot{z}_2(t) = A_2 z_2(t), \quad d(t) = C_d z_2(t), \quad r(t) = C_2 z_2(t), \tag{4.2.60}$$

其中 $A_2 \in \mathcal{L}(X_2)$, $C_d : X_2 \to U_d$ 且 $C_2 : X_2 \to Y_1$. 方便起见, 本节我们总假设

$$X_2 = \mathbb{C}^n, \quad C_d \in \mathcal{L}(X_2, U_d), \quad C_2 \in \mathcal{L}(X_2, Y_1), \quad \sigma(A_2) \subset \{\lambda \in \mathbb{C} \mid \mathrm{Re}\lambda \geqslant 0\} \tag{4.2.61}$$

且 A_1 在 X_1 上生成指数稳定的 C_0-半群 $e^{A_1 t}$. 综合 (4.2.59) 和外系统 (4.2.60) 可得

$$\begin{cases} \dot{z}_1(t) = A_1 z_1(t) + B_d C_d z_2(t) + B_1 u(t), \\ \dot{z}_2(t) = A_2 z_2(t), \\ y(t) = C_1 z_1(t) + C_2 z_2(t). \end{cases} \tag{4.2.62}$$

输出调节的控制目标是: 设计控制器使得调节误差 $y(t) \to 0$ 当 $t \to \infty$. 由 [102], 状态反馈 $u(t) = -Q z_2(t)$ 可以解决调节问题 (4.2.62) 当且仅当如下调节方程组

$$\begin{cases} A_1 \Pi - \Pi A_2 = -B_d C_d + B_1 Q, \\ C_{1\Lambda} \Pi + C_2 = 0 \end{cases} \tag{4.2.63}$$

有解 $\Pi \in \mathcal{L}(X_2, X_1)$ 和 $Q \in \mathcal{L}(X_2, U_1)$. 由线性系统的分离性原理, 只要可以设计系统 (4.2.62) 的观测器, 我们即可得到基于误差的输出调节. 现在我们利用观测动态补偿的方法为系统 (4.2.62) 设计观测器. 事实上, 由于系统 (4.2.62) 是控制系统和干扰外系统的串联系统, 系统 (4.2.62) 的观测器设计和观测动态补偿问题有如下联系:

设 $(z_1, z_2)^\top \in C([0, +\infty); X_1 \times X_2)$ 是系统 (4.2.62) 的解. 利用调节方程组 (4.2.63), 可以定义可逆变换

$$\begin{pmatrix} x_1(t) \\ x_2(t) \end{pmatrix} = \begin{pmatrix} I_1 & -\Pi \\ 0 & I_2 \end{pmatrix} \begin{pmatrix} z_1(t) \\ z_2(t) \end{pmatrix}. \tag{4.2.64}$$

直接计算可得, 变换 (4.2.64) 可将系统 (4.2.62) 变为

$$\begin{cases} \dot{x}_1(t) = A_1 x_1(t) + B_1 Q x_2(t) + B_1 u(t), \\ \dot{x}_2(t) = A_2 x_2(t), \\ y(t) = C_1 x_1(t). \end{cases} \tag{4.2.65}$$

显然, 该系统和系统 (4.2.1) 的形式完全一样. 利用上述联系, 综合变换 (4.2.64) 和定理 4.2.6 可得系统 (4.2.62) 的观测器:

$$\begin{cases} \dot{\hat{z}}_1(t) = A_1 \hat{z}_1(t) + B_d C_d \hat{z}_2(t) - K_1[y(t) - C_1 \hat{z}_1(t) - C_2 \hat{z}_2(t)] + B_1 u(t), \\ \dot{\hat{z}}_2(t) = A_2 \hat{z}_2(t) + K_2[y(t) - C_1 \hat{z}_1(t) - C_2 \hat{z}_2(t)], \end{cases}$$

$$\tag{4.2.66}$$

其中调节参数 $K_1 \in \mathcal{L}(Y_1, X_1)$ 和 $K_2 \in \mathcal{L}(Y_1, X_2)$ 可以按照如下步骤选取:

- 在 X_2 上求解如下 Sylvester 方程求得 $\Gamma \in \mathcal{L}(X_2, X_1)$:

$$A_1\Gamma - \Gamma A_2 = B_d C_d; \tag{4.2.67}$$

- 设计 $K_2 \in \mathcal{L}(Y_1, X_2)$ 指数检测系统 $(A_2, C_{1\Lambda}\Gamma - C_2)$;
- 令 $K_1 = \Gamma K_2 \in \mathcal{L}(Y_1, X_1)$.

定理 4.2.7 设 (A_1, B_1, C_1) 是正则线性系统, 其状态空间、控制空间和输出空间分别是 X_1、U_1 和 Y_1. 设外系统满足 (4.2.61), 系统 (4.2.62) 近似可观, $B_d \in \mathcal{L}(U_d, [D(A_1^*)]')$ 且 A_1 在 X_1 上生成指数稳定的 C_0-半群 $e^{A_1 t}$. 若调节问题 (4.2.62) 可解, 即调节方程组 (4.2.63) 存在解 $\Pi \in \mathcal{L}(X_2, X_1)$ 和 $Q \in \mathcal{L}(X_2, U_1)$ ([102]), 则存在 $K_1 \in \mathcal{L}(Y_1, X_1)$ 和 $K_2 \in \mathcal{L}(Y_1, X_2)$ 使得系统 (4.2.62) 的观测器 (4.2.66) 是适定的: 对任意的 $(\hat{z}_1(0), \hat{z}_2(0))^\top \in X_1 \times X_2$ 和 $u \in L_{\text{loc}}^2([0, \infty); U_1)$, 观测器 (4.2.66) 存在唯一解 $(\hat{z}_1, \hat{z}_2)^\top \in C([0, \infty); X_1 \times X_2)$ 使得

$$e^{\omega t}\|(z_1(t) - \hat{z}_1(t), z_2(t) - \hat{z}_2(t))^\top\|_{X_1 \times X_2} \to 0 \quad \text{当} \quad t \to \infty, \tag{4.2.68}$$

其中 ω 是不依赖于 t 的正常数.

证明 由于半群 $e^{A_1 t}$ 在 X_1 中是指数稳定的且 $\sigma(A_2) \subset \{\lambda \in \mathbb{C} \mid \text{Re } \lambda \geqslant 0\}$, 因此 $\sigma(A_1) \cap \sigma(A_2) = \varnothing$. 由引理 4.1.4, Sylvester 方程 (4.2.67) 存在唯一解 $\Gamma \in \mathcal{L}(X_2, X_1)$. 利用调节方程组 (4.2.63) 的解 $\Pi \in \mathcal{L}(X_2, X_1)$ 和 $Q \in \mathcal{L}(X_2, U_1)$, 可以定义变换 (4.2.64) 将系统 (4.2.62) 变为系统 (4.2.65). 此外, 简单计算可知

$$\tilde{A}_1 S x_2 - S A_2 x_2 = B_1 Q x_2, \quad S = \Gamma + \Pi \in \mathcal{L}(X_2, X_1), \quad \forall x_2 \in X_2. \tag{4.2.69}$$

注意到观测器 (4.2.26), 系统 (4.2.65) 的观测器为

$$\begin{cases} \dot{\hat{x}}_1(t) = A_1\hat{x}_1(t) + B_1 Q\hat{x}_2(t) - F_1[y(t) - C_1\hat{x}_1(t)] + B_1 u(t), \\ \dot{\hat{x}}_2(t) = A_2\hat{x}_2(t) + F_2[y(t) - C_1\hat{x}_1(t)], \end{cases} \tag{4.2.70}$$

其中调节参数 F_1 和 F_2 满足: $F_2 \in \mathcal{L}(Y_1, X_2)$ 指数检测系统 $(A_2, C_{1\Lambda}S)$ 且 $F_1 = SF_2 \in \mathcal{L}(Y_1, X_1)$. 利用推论 4.2.2, 对任意的初始状态 $(\hat{x}_1(0), \hat{x}_2(0))^\top \in X_1 \times X_2$, 观测器 (4.2.70) 存在唯一解 $(\hat{x}_1, \hat{x}_2)^\top \in C([0, \infty); X_1 \times X_2)$ 使得 (4.2.35) 对某些正常数 ω 成立. 令

$$\begin{pmatrix} \hat{z}_1(t) \\ \hat{z}_2(t) \end{pmatrix} = \begin{pmatrix} I_1 & \Pi \\ 0 & I_2 \end{pmatrix} \begin{pmatrix} \hat{x}_1(t) \\ \hat{x}_2(t) \end{pmatrix}, \quad K_2 = F_2, \quad K_1 = \Gamma K_2. \tag{4.2.71}$$

容易验证 $(\hat{z}_1, \hat{z}_2)^\top \in C([0, \infty); X_1 \times X_2)$ 是观测器 (4.2.66) 的解, 此外收敛 (4.2.68) 成立.

最后, 我们说明 K_1 和 K_2 总是有界的. 事实上, $K_2 \in \mathcal{L}(Y_1, X_2)$ 是显然的. 由于 $\Gamma \in \mathcal{L}(X_2, X_1)$ 和 $K_1 = \Gamma K_2$, 因此 $K_1 \in \mathcal{L}(Y_1, X_1)$. 这样就完成了定理的证明. $\qquad\square$

由 (4.2.66), 定理 4.2.7 以及 [102], 系统 (4.2.62) 的基于观测器的误差反馈控制可以自然地设计为

$$u(t) = -Q\hat{z}_2(t), \tag{4.2.72}$$

其中 $\hat{z}_2(t)$ 来自观测器 (4.2.66). 利用线性系统的分离性原理, 由状态反馈的闭环系统的指数稳定性 ([102]) 和观测器的指数收敛性可得出输出反馈 (4.2.72) 下闭环系统的指数稳定性.

注 4.2.3　尽管在观测器的设计过程中用到了调节方程组 (4.2.63), 然而一个非常有趣的事实是观测器 (4.2.66) 本身却和调节方程组 (4.2.63) 无关, 换句话说, 即使不解调节方程组 (4.2.63), 我们也可以为系统 (4.2.62) 设计观测器 (4.2.66).

注 4.2.4　对于输出调节问题, 通常还应该讨论反馈 (4.2.72) 的 "鲁棒性". 这就是鲁棒输出调节问题. 利用内模原理, 该问题得到了深入的研究 ([106]). 当 $Y_1 = \mathbb{C}$ 时, 简单计算可知反馈 (4.2.72) 包含外系统的 "1-copy" 内模 (1-copy internal model of exosystem), 因此该反馈是条件鲁棒的 (conditionally robust) ([105,107]). 所以, 当 $Y_1 = \mathbb{C}$ 时, 反馈 (4.2.72) 对所有未知的 C_2 和 C_d 具有鲁棒性. 也就是说, 对某个 C_2 和 C_d 设计的反馈 (4.2.72) 将对所有的 C_2 和 C_d 都成立, 这正是 [61] 中的 "冻结系数" 方法.

4.2.4　应用举例

定理 4.2.7 给出的观测动态补偿方法是一种新的一般性的方法. 本节将这一方法应用于带有 ODE 观测动态的不稳定 PDE 系统的观测问题, 相对于带有 PDE 观测动态的 ODE 系统的观测问题, 目前对这一问题的研究还非常少, 这也说明新提出的观测动态补偿方法有强大的威力. 考虑如下不稳定热传导方程的观测问题:

$$\begin{cases} \dot{v}(t) = A_1 v(t) + B_1 w(1,t), \\ w_t(x,t) = w_{xx}(x,t) + \mu w(x,t), \ x \in (0,1), \\ w(0,t) = 0, \quad w_x(1,t) = u(t), \\ y(t) = C_1 v(t), \end{cases} \tag{4.2.73}$$

其中 $\mu > 0$, $A_1 \in \mathbb{R}^{m \times m}$, $B_1 \in \mathcal{L}(\mathbb{R}, \mathbb{R}^m)$, $C_1 \in \mathcal{L}(\mathbb{R}^m, \mathbb{R})$, $u(t)$ 是控制, $y(t)$ 是输出. 系统 (4.2.73) 中, 热方程是观测对象而 ODE 系统是观测动态. 这说明我们考虑的问题与 [79] 和 [77] 等文献中的问题完全不同.

令 $A_2 = A$, $B_2 = B$ 和 $C_2 = C$, 其中 A, B 和 C 由例 3.1.1 定义. 容易知道, 系统 (A_2, B_2, C_2) 是正则线性系统 [10]. 我们在状态空间为 $\mathbb{R}^m \times L^2[0,1]$ 中考虑系统 (4.2.73). 利用算子 A_2, B_2 和 C_2, 系统 (4.2.73) 可以写成

$$
\begin{cases}
\dot{v}(t) = A_1 v(t) + B_1 C_2 w(\cdot, t), \\
w_t(\cdot, t) = A_2 w(\cdot, t) + B_2 u(t), \\
y(t) = C_1 v(t).
\end{cases}
\tag{4.2.74}
$$

按照观测器 (4.2.26) 的设计步骤, 为了设计系统 (4.2.74) 的观测器, 我们首先需要设计 $F_0 \in \mathbb{R}^m$ 使得 $A_1 + F_0 C_1$ 是 Hurwitz 阵, 然后在 $D(A_2)$ 上求解 Sylvester 方程

$$
(A_1 + F_0 C_1)S - S A_2 = B_1 C_2.
\tag{4.2.75}
$$

简单计算可知, Sylvester 方程 (4.2.75) 的解 $S \in \mathcal{L}(L^2[0,1], \mathbb{R}^m)$ 为

$$
S f = \langle f, s \rangle_{L^2[0,1]}, \quad \forall \, f \in L^2[0,1],
\tag{4.2.76}
$$

其中 s 是如下关于 x 的向量值 ODE 的解

$$
\begin{cases}
s''(x) + \mu s(x) = (A_1 + F_0 C_1)s(x), \\
s(0) = 0, \; s'(1) = B_1.
\end{cases}
\tag{4.2.77}
$$

直接求解 (4.2.77) 可得

$$
s(x) = x \mathcal{G}(xG)(\cosh G)^{-1} B_1, \quad G^2 = A_1 + F_0 C_1 - \mu,
\tag{4.2.78}
$$

其中 $\mathcal{G}(s)$ 由 (4.1.86) 给出. 令 $\gamma = C_1 s \in L^2[0,1]$, 则 $C_1 S = \Upsilon \in \mathcal{L}(L^2[0,1], \mathbb{R})$, 其中 Υ 由 (4.1.57) 给出.

按照观测器 (4.2.26) 的设计步骤, 接下来需要设计 $F_2 \in \mathcal{L}(\mathbb{R}, [D(A_2^*)]')$ 指数检测系统 $(A_2, C_1 S)$, 即: 设计 F_2 使得如下系统是指数稳定的

$$
\begin{cases}
z_t(x,t) = z_{xx}(x,t) + \mu z(x,t) + F_2 \langle \gamma, z(\cdot, t) \rangle_{L^2[0,1]}, \\
z(0,t) = z_x(1,t) = 0.
\end{cases}
\tag{4.2.79}
$$

系统 (4.2.79) 可以写成抽象形式

$$
z_t(\cdot, t) = (A_2 + F_2 C_1 S) z(\cdot, t).
\tag{4.2.80}
$$

注意到 (4.1.55) 定义的 $\{\phi_n(\cdot)\}_{n=1}^{\infty}$ 构成 $L^2[0,1]$ 中的标准正交基, 我们将系统 (4.2.79) 的解 z 和函数 γ 分别表示为 (4.1.80) 和 (4.1.79). 对 $z_n(t)$ 沿着系统

(4.2.79) 求导可得

$$\dot{z}_n(t) = \langle z_t(\cdot, t), \phi_n \rangle_{L^2[0,1]}$$

$$= \int_0^1 \left[z_{xx}(x,t) + \mu z(x,t) + F_2 \int_0^1 \gamma(x) z(x,t) dx \right] \phi_n(x) dx$$

$$= (-\lambda_n + \mu) z_n(t) + \left\langle F_2 \sum_{j=1}^\infty \gamma_j z_j(t), \phi_n \right\rangle_{[D(A_2)]', D(A_2)}$$

$$= (-\lambda_n + \mu) z_n(t) + \left[\sum_{j=1}^\infty \gamma_j z_j(t) \right] F_2^* \phi_n. \tag{4.2.81}$$

由于 (4.1.55) 定义的 $\lambda_n \to +\infty (n \to \infty)$, 存在正整数 N 使得 (4.1.62) 成立.

假设存在 $L_N = [l_1, l_2, \cdots, l_N] \in \mathbb{R}^N$ 使得 $\Lambda_N + L_N^\top \Upsilon_N^\top$ 是 Hurwitz 阵, 其中 Λ_N 和 Υ_N 由 (4.1.58) 给出. 令 $F_2 = \Phi_N^* \in \mathcal{L}(\mathbb{R}, L^2[0,1])$ 且 $F_1 = F_0 + SF_2$, 其中 Φ_N 由 (4.1.61) 给出. 由 (4.1.61) 和 (4.2.76) 可得

$$F_1 c = F_0 c + \langle s, \Phi_N^* c \rangle_{L^2[0,1]}, \quad \forall c \in \mathbb{R}, \tag{4.2.82}$$

其中 s 由 (4.2.78) 给出. 注意到 (4.2.26) 和 (4.2.82), 系统 (4.2.73) 的观测器可以设计如下

$$\begin{cases} \dot{\hat{v}}(t) = A_1 \hat{v}(t) + B_1 \hat{w}(1,t) - F_0 [C_1 v(t) - C_1 \hat{v}(t)] \\ \qquad - \langle s, \Phi_N^* [C_1 v(t) - C_1 \hat{v}(t)] \rangle_{L^2[0,1]}, \\ \hat{w}_t(x,t) = \hat{w}_{xx}(x,t) + \mu \hat{w}(x,t) + \Phi_N^* [C_1 v(t) - C_1 \hat{v}(t)], \\ \hat{w}(0,t) = 0, \ \hat{w}_x(1,t) = u(t), \end{cases} \tag{4.2.83}$$

其中 Φ_N 由 (4.1.61) 给出.

定理 4.2.8　设 $\phi_n(\cdot)$ 和 λ_n 由 (4.1.55) 给出, $s(\cdot)$ 由 (4.2.78) 给出. 设系统 (4.2.73) 近似可观且常数 μ, N 满足 (4.1.62), 则存在 $F_0 \in \mathbb{R}^m$ 和 $L_N = [l_1, l_2, \cdots, l_N]^\top \in \mathbb{R}^N$ 使得系统 (4.2.73) 的观测器 (4.2.83) 是适定的: 对任意的 $(\hat{v}(0), \hat{w}(\cdot, 0))^\top \in \mathbb{R}^m \times L^2[0,1]$ 和 $u \in L^2_{\text{loc}}[0,\infty)$, 观测器 (4.2.83) 存在唯一解 $(\hat{v}, \hat{w})^\top \in C([0,\infty); \mathbb{R}^m \times L^2[0,1])$ 使得

$$e^{\omega t} \| (v(t) - \hat{v}(t), w(\cdot, t) - \hat{w}(\cdot, t))^\top \|_{\mathbb{R}^m \times L^2[0,1]} \to 0 \quad \text{当} \quad t \to \infty, \tag{4.2.84}$$

其中 ω 是不依赖于 t 的正常数.

证明　和定理 4.1.3 的证明类似, 可以证明矩阵值函数 $\mathcal{G}(xG)$ 和 $\cosh G$ 有意义. 由于系统 (4.2.73) 近似可观, 由 [135, Remark 6.1.8, p.175] 和系统 (4.2.73) 的

串联结构可知系统 (A_1, C_1) 是可观的. 于是存在 $F_0 \in \mathcal{L}(Y_1, X_1)$ 使得 $A_1 + F_0 C_1$ 是 Hurwtiz 阵, 与此同时, $\sigma(A_1 + F_0 C_1) \cap \sigma(A_2) = \varnothing$ 成立. 简单计算可知

$$\sigma(A_2 - \mu) = \left\{ -\left(n - \frac{1}{2}\right)^2 \pi^2 \;\middle|\; n \in \mathbb{N} \right\}, \tag{4.2.85}$$

该式结合 (4.2.78) 可推出

$$\sigma(G^2) \cap \left\{ -\left(n - \frac{1}{2}\right)^2 \pi^2 \;\middle|\; n \in \mathbb{N} \right\} = \varnothing.$$

所以, 对任意的 $\lambda \in \sigma(G)$, 有 $\lambda^2 \notin \left\{ -\left(n - \frac{1}{2}\right)^2 \pi^2 \;\middle|\; n \in \mathbb{N} \right\}$, 这说明

$$\lambda \notin \left\{ i\left(n - \frac{1}{2}\right)\pi \;\middle|\; n \in \mathbb{Z} \right\} \quad \text{且} \quad \cosh \lambda \neq 0.$$

所以 $\cosh G$ 可逆, 从而 (4.2.78) 有意义.

简单计算可知 (4.2.76) 和 (4.2.78) 定义的算子 S 是 Sylvester 方程 (4.2.75) 的解, 且有 $C_1 S = \Upsilon \in \mathcal{L}(L^2[0,1], \mathbb{R})$, 其中 Υ 由 (4.1.57) 给出. 定义

$$\mathcal{A}_{F_0} = \begin{pmatrix} A_1 + F_0 C_1 & B_1 C_{2\Lambda} \\ 0 & \tilde{A}_2 \end{pmatrix} \quad \text{和} \quad \mathcal{C}_1 = (C_1, 0) \in \mathcal{L}(\mathbb{R}^m \times L^2[0,1], \mathbb{R}).$$

与推论 4.2.2 的证明一样, 由 [146, Remark 6.5] 可知系统 $(\mathcal{A}_{F_0}, \mathcal{C}_1)$ 是近似可观的. 利用定理 3.6.20, 系统

$$(\mathbb{S}\mathcal{A}_{F_0}\mathbb{S}^{-1}, \mathcal{C}_1\mathbb{S}^{-1}) = \left(\begin{pmatrix} A_1 + F_0 C_1 & 0 \\ 0 & \tilde{A}_2 \end{pmatrix}, (C_1, -C_1 S) \right)$$

也是近似可观的, 其中可逆变换 $\mathbb{S}$ 为

$$\mathbb{S}\begin{pmatrix} v \\ f \end{pmatrix} = \begin{pmatrix} v + Sf \\ f \end{pmatrix}, \quad \forall \begin{pmatrix} v \\ f \end{pmatrix} \in \mathbb{R}^m \times L^2[0,1]. \tag{4.2.86}$$

由于系统 $\mathbb{S}\mathcal{A}_{F_0}\mathbb{S}^{-1}$ 的对角结构, 系统 $(A_2, C_1 S) = (A_2, \Upsilon)$ 近似可观. 注意到 (4.1.55) 定义的 $\{\phi_n(\cdot), \lambda_n\}_{n=1}^{\infty}$ 恰好是算子 A_2 的特征函数和特征值, 系统 (A_2, Υ) 的近似可观性意味着

$$\gamma_n = \Upsilon \phi_n \neq 0, \quad n = 1, 2, \cdots. \tag{4.2.87}$$

所以, 有限维系统 (Λ_N, Υ_N) 可观, 其中 Λ_N 和 Υ_N 由 (4.1.58) 给出. 从而存在 $L_N = [l_1, l_2, \cdots, l_N] \in \mathbb{R}^N$ 使得 $\Lambda_N + L_N^\top \Upsilon_N^\top$ 是 Hurwitz 阵. 由引理 4.1.6, 算子 $A_2^* + (C_1 S)^* F_2^* = A_2 + \Upsilon^* \Phi_N$ 在 $L^2[0,1]$ 上生成指数稳定的 C_0-半群 $e^{(A_2 + F_2 C_1 S)^* t}$. 于是 $A_2 + F_2 C_1 S$ 也在 $L^2[0,1]$ 上生成指数稳定的 C_0-半群 $e^{(A_2 + F_2 C_1 S)t}$, 从而 $F_2 \in \mathcal{L}(\mathbb{R}, L^2[0,1])$ 指数检测系统 $(A_2, C_1 S)$. 注意到 $F_1 = F_0 + S F_2$ 满足 (4.2.82), 利用定理 4.2.6 可获得观测器 (4.2.83) 的适定性.　　　　　　　　　　□

在本节的最后, 我们对观测器 (4.2.83) 做数值模拟来更加直观地验证理论结果. 我们采用有限差分格式来离散系统, 时间离散步长和空间离散步长分别选为 4×10^{-5} 和 10^{-2}. 计算机程序用 Matlab 编写. 我们选择

$$A_1 = \begin{pmatrix} 0 & -1 \\ 1 & 0 \end{pmatrix}, \quad B_1 = \begin{pmatrix} 1 \\ 1 \end{pmatrix}, \quad C_1 = (1, \ 1), \ \mu = 4. \tag{4.2.88}$$

容易验证定理 4.2.8 的假设条件全部满足, 其中 $N = 1$. 系统 (4.2.73) 和 (4.2.83) 的初始状态选为

$$v(0) = (1,1)^\top, \quad w(x,0) = \sin \pi x, \quad \hat{w}(x,0) \equiv 0, \quad \hat{v}(0) = 0, \quad x \in [0,1].$$

利用 Matlab 做极点配置有

$$F_0 = \begin{pmatrix} -1 \\ -1 \end{pmatrix}, \quad F_1 = \begin{pmatrix} -1.5847 \\ -3.9479 \end{pmatrix}, \quad F_2 = 5.0978 \times \sqrt{2} \sin \frac{\pi}{2} x. \tag{4.2.89}$$

此时, $\sigma(\Lambda_N + L_N^\top \Upsilon_N^\top) = \{-2\}$. $w(\cdot, t)$ 和 $\hat{w}(\cdot, t)$ 之间的观测误差在图 4.4(a) 中给出, $v(t) = (v_1(t), v_2(t))^\top$ 和 $\hat{v}(t) = (\hat{v}_1(t), \hat{v}_2(t))^\top$ 之间的观测误差在图 4.4(b) 中给出. 数值仿真可以看出, 观测器收敛是有效和光滑的, 从而说明我们的观测器设计方法是可行的.

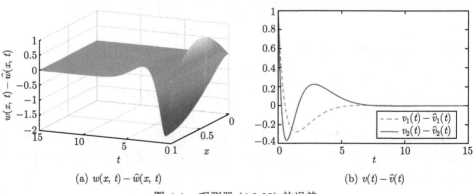

(a) $w(x, t) - \hat{w}(x, t)$　　　　　　　　　　(b) $v(t) - \hat{v}(t)$

图 4.4　观测器 (4.2.83) 的误差

4.3 高维不稳定热方程的镇定

众所周知, backstepping 方法很难应用于一般区域上的高维不稳定无穷维系统. 本章提出的动态补偿方法可以在一定程度上弥补这一缺陷. 为了说明这一事实, 本节将考虑一般区域上不稳定热方程的镇定与观测问题. 主要给出两个结果: 设计状态反馈控制器指数镇定系统和利用边界输出设计状态观测器估计系统状态. 由于线性系统的分离性原理, 我们事实上给出了边界输出反馈控制器, 可以指数镇定一般区域上的不稳定热方程.

4.3.1 问题描述

设 $\Omega \subset \mathbb{R}^n (n \geqslant 2)$ 是带有 C^2-边界 Γ 的有界区域. 设 Γ 由两部分组成: Γ_0 和 Γ_1, $\Gamma_0 \cup \Gamma_1 = \Gamma$, 其中 Γ_0 是 Γ 中的非空连通开子集. 记 ν 是 Γ_1 上单位外法向量, Δ 是通常的 Laplace 算子, 即

$$\Delta f = \sum_{i=1}^{n} \frac{\partial^2 f}{\partial x_i^2}, \quad \forall\, f \in H^2(\Omega). \tag{4.3.1}$$

考虑如下热方程:

$$\begin{cases} w_t(x,t) = \Delta w(x,t) + \mu w(x,t), & x \in \Omega,\ t > 0, \\ w(x,t) = 0, & x \in \Gamma_0,\ t \geqslant 0, \\ \dfrac{\partial w(x,t)}{\partial \nu} = u(x,t), & x \in \Gamma_1,\ t \geqslant 0, \\ y(x,t) = w(x,t), & x \in \Gamma_1,\ t \geqslant 0, \end{cases} \tag{4.3.2}$$

其中 $w(\cdot,t)$ 是系统状态, $\mu > 0$, u 是控制, y 是输出. 系统 (4.3.2) 是带有内部对流项的热传导方程, 在物理和工业应用中, 它可以描述均质和各向同性介质中的热流, 其中 $w(x,t)$ 表示在 t 时刻 x 点处的温度. 更多的有关热传导方程的物理解释, 请参见 [63].

简单计算可知, 当 μ 充分大时, 在右半复平面有开环系统 (4.3.2)($u(\cdot,t) \equiv 0$) 的特征值. 这说明开环系统 (4.3.2) 对充分大的 μ 是不稳定的. 在偏微分方程中, (4.3.2) 中的低阶项 $\mu w(\cdot,t)$ 通常称为系统的源项. 带有源项的不稳定热方程近年来得到了广泛而深入的研究, 主要研究方法是偏微分方程的 backstepping 方法, 相关内容可参见文献 [4, 72, 74, 101, 122] 等. backstepping 方法还可以应用于一维波动方程 ([83])、一阶双曲方程 [75] 以及一些特殊的 Euler-Bernoulli 梁方程 ([125]). 尽管 backstepping 方法威力强大, 然而直到目前为止, 它仍然很难应用于一般区域上的高维偏微分方程.

本节主要用 4.1 节和 4.2 节的方法来处理系统 (4.3.2). 我们的控制目标是: 设计输出反馈指数镇定系统 (4.3.2). 根据线性系统的分离性原理, 可以分解为两个问题来实现这一控制目标: (i) 设计状态反馈指数镇定系统 (4.3.2); (ii) 为系统 (4.3.2) 设计状态观测器.

我们在状态空间 $L^2(\Omega)$ 中考虑系统 (4.3.2). 令

$$\left\{\begin{array}{l} Af = \Delta f, \quad \forall\, f \in D(A), \\ D(A) = \left\{ f\,|\, f \in H^2(\Omega) \cap H^1_{\Gamma_0}(\Omega),\, \dfrac{\partial f}{\partial \nu}\Big|_{\Gamma_1} = 0 \right\}, \end{array}\right. \tag{4.3.3}$$

其中 $H^1_{\Gamma_0}(\Omega) = \{ f \in H^1(\Omega) \,|\, f(x) = 0, x \in \Gamma_0 \}$. 易知算子 A 在 $L^2(\Omega)$ 生成指数稳定的解析半群. 由 [85, p.668], $D((-A)^{1/2}) = H^1_{\Gamma_0}(\Omega)$ 且 $(-A)^{1/2}$ 是从 $H^1_{\Gamma_0}(\Omega)$ 到 $L^2(\Omega)$ 的同构. 此外, 我们还有如下 Gelfand 三嵌入:

$$D((-A)^{1/2}) \hookrightarrow L^2(\Omega) = [L^2(\Omega)]' \hookrightarrow [D((-A)^{1/2})]', \tag{4.3.4}$$

其中 $[D((-A)^{1/2})]' = H^{-1}_{\Gamma_0}(\Omega)$ 是以 $L^2(\Omega)$ 为枢纽空间的 $H^1_{\Gamma_0}(\Omega)$ 的对偶空间. 由 (3.1.21) 可以定义 A 的延拓 $\tilde{A} \in \mathcal{L}(H^1_{\Gamma_0}(\Omega), H^{-1}_{\Gamma_0}(\Omega))$ 如下:

$$\langle \tilde{A}x, z \rangle_{H^{-1}_{\Gamma_0}(\Omega), H^1_{\Gamma_0}(\Omega)} = -\langle (-A)^{1/2}x, (-A)^{1/2}z \rangle_{L^2(\Omega)}, \quad \forall\, x, z \in H^1_{\Gamma_0}(\Omega). \tag{4.3.5}$$

按照 [85, p.668], 定义 Neumann 映射 $\Upsilon \in \mathcal{L}(L^2(\Gamma_1), H^{3/2}(\Omega))$ 如下: 对任意的 $u \in L^2(\Gamma_1)$, $\Upsilon u = \psi$, 其中

$$\left\{\begin{array}{l} \Delta \psi = 0 \quad \text{在 } \Omega \text{ 上}, \\ \psi|_{\Gamma_0} = 0, \quad \dfrac{\partial \psi}{\partial \nu}\Big|_{\Gamma_1} = u. \end{array}\right. \tag{4.3.6}$$

注意到 $(w(\cdot, t) - \psi) \in D(A)$ 和 $\Delta \psi = 0$, 我们可以将系统 (4.3.2) 的主方程写成 $H^{-1}_{\Gamma_0}(\Omega)$ 中的抽象形式

$$\begin{aligned} w_t(\cdot, t) &= \Delta w(\cdot, t) - \Delta \psi + \mu w(\cdot, t) = \Delta(w(\cdot, t) - \psi) + \mu w(\cdot, t) \\ &= \tilde{A}(w(\cdot, t) - \psi) + \mu w(\cdot, t) = (\tilde{A} + \mu)w(\cdot, t) - \tilde{A}\Upsilon u(\cdot, t). \end{aligned}$$

如果定义 $B \in \mathcal{L}(L^2(\Gamma_1), H^{-1}_{\Gamma_0}(\Omega))$ 为

$$Bu = -\tilde{A}\Upsilon u, \quad \forall\, u \in L^2(\Gamma_1), \tag{4.3.7}$$

那么

$$w_t(\cdot, t) = (\tilde{A} + \mu)w(\cdot, t) + Bu(\cdot, t) \quad \text{在} \quad H^{-1}_{\Gamma_0}(\Omega) \text{ 中}. \tag{4.3.8}$$

对任意的 $f \in D(A) = D(A^*)$ 和 $u \in L^2(\Gamma_1)$, 由 (4.3.5), (4.3.3) 和 (4.3.6) 可得 B 的共轭算子满足

$$\langle B^*f, u \rangle_{L^2(\Gamma_1)} = \langle f, -\tilde{A}\Upsilon u \rangle_{H^1_{\Gamma_0}(\Omega), H^{-1}_{\Gamma_0}(\Omega)} = \langle A^*f, -\Upsilon u \rangle_{L^2(\Omega)}$$

$$= \langle \Delta f, -\psi \rangle_{L^2(\Omega)} = \langle \nabla f, \nabla \psi \rangle_{L^2(\Omega)} = \langle f, u \rangle_{L^2(\Gamma_1)}. \tag{4.3.9}$$

利用 $D(A)$ 在 $H^1_{\Gamma_0}(\Omega)$ 中的稠密性, (4.3.9) 意味着

$$B^*f = f|_{\Gamma_1}, \quad \forall\, f \in H^1_{\Gamma_0}(\Omega). \tag{4.3.10}$$

利用算子 A, B 和 B^*, 系统 (4.3.2) 可以写成抽象形式

$$\begin{cases} w_t(\cdot, t) = (\tilde{A} + \mu)w(\cdot, t) + Bu(\cdot, t), & t > 0, \\ y(\cdot, t) = B^*w(\cdot, t), & t \geqslant 0. \end{cases} \tag{4.3.11}$$

假设 4.3.2 设 (4.3.3) 定义的算子 A 的特征值和特征函数为 (λ_j, ϕ_j), $j = 1, 2, \cdots$. 设存在正整数 N 使得

$$0 > \lambda_1 > \cdots > \lambda_N > \lambda_{N+1} \geqslant \lambda_{N+2} \geqslant \cdots \to -\infty \tag{4.3.12}$$

并且

$$\begin{cases} \Delta \phi_j = \lambda_j \phi_j, \quad \|\phi_j\|_{L^2(\Omega)} = 1, \\ \phi_j(x) = 0, \quad x \in \Gamma_0; \quad \dfrac{\partial \phi_j(x)}{\partial \nu} = 0, \quad x \in \Gamma_1 \end{cases} \tag{4.3.13}$$

给出的特征函数构成 $L^2(\Omega)$ 的标准正交基. 给定 $\mu > 0$, 设

$$\lambda_k + \mu < 0, \quad \forall\, k > N. \tag{4.3.14}$$

由于 $A = \Delta$ 是具有紧预解式的负定算子, 由 [135, p.76, Proposition 3.2.12] 可知特征值 $\{\lambda_j\}_{j=1}^{\infty}$ 是实数且可以按照有限的代数重数排列为

$$0 > \lambda_1 \geqslant \lambda_2 \geqslant \cdots \geqslant \lambda_k \geqslant \cdots \to -\infty. \tag{4.3.15}$$

由主特征值的变分原理 [27, p.336, Theorem 2], A 的第一个特征值 λ_1 总是单的 ([117] 或 [95]). 所以, 若 $N = 1$, (4.3.12) 对一般区域 Ω 成立. 进而假设 4.3.2 对满足 $N = 1$ 和 $\lambda_1 \geqslant -\mu > \lambda_2$ 的所有区域 Ω 都成立.

4.3.2 预备知识

本节介绍一些初等的结果, 为控制器和观测器的设计做准备.

引理 4.3.9　对任意的正整数 N, 存在函数 $p \in L^2(\Gamma_1)$ 使得

$$\langle p, \phi_j \rangle_{L^2(\Gamma_1)} \neq 0, \quad j = 1, 2, \cdots, N, \tag{4.3.16}$$

其中 ϕ_j 由 (4.3.13) 给出.

证明　我们首先断言 $\phi_1|_{\Gamma_1} \neq 0$, 否则, 由 (4.3.13) 可得

$$\begin{cases} \Delta\phi_1 = \lambda_1\phi_1, \quad \|\phi_1\|_{L^2(\Omega)} = 1, \\ \phi_1(x) = 0, \quad x \in \Gamma_0, \quad \dfrac{\partial\phi_1(x)}{\partial\nu} = \phi_1(x) = 0, \quad x \in \Gamma_1. \end{cases} \tag{4.3.17}$$

令 $\zeta(x,t) = e^{\lambda_1 t}\phi_1(x)$, 则 ζ 满足:

$$\begin{cases} \zeta_t(x,t) = \Delta\zeta(x,t), \quad (x,t) \in \Omega \times \mathbb{R}^+, \\ \zeta(x,t) = 0, \quad\quad\quad (x,t) \in \Gamma \times \overline{\mathbb{R}^+}. \end{cases} \tag{4.3.18}$$

注意到

$$\frac{\partial\zeta(x,t)}{\partial\nu} = e^{\lambda_1 t}\frac{\partial\phi_1(x)}{\partial\nu} = 0, \quad \forall\,(x,t) \in \Gamma_1 \times \overline{\mathbb{R}^+}, \tag{4.3.19}$$

由 [135, p. 378, Remark 11.5.5], 存在常数 $C > 0$ 使得

$$\|\zeta(\cdot,\tau)\|^2_{L^2(\Omega)} \leqslant C \int_0^\tau \int_{\Gamma_1} \left|\frac{\partial\zeta(x,t)}{\partial\nu}\right|^2 dx dt = 0, \quad \forall\,\tau > 0. \tag{4.3.20}$$

于是 $\zeta(\cdot,\tau) = e^{\lambda_1\tau}\phi_1 = 0$, 这与 (4.3.17) 中 $\|\phi_1\|_{L^2(\Omega)} = 1$ 矛盾. 所以, $\phi_1|_{\Gamma_1} \neq 0$.

对任意的 $x \in \Gamma_1$, 令 $p_1(x) = \phi_1(x)$, 则有 $\langle p_1, \phi_1 \rangle_{L^2(\Gamma_1)} = \|p_1\|^2_{L^2(\Gamma_1)} \neq 0$. 若 $\langle\phi_2, p_1\rangle_{L^2(\Gamma_1)} \neq 0$, 则令 $p_2 = p_1$. 否则, 令

$$p_2(x) = p_1(x) + \phi_2(x). \tag{4.3.21}$$

此时总有 $\langle p_2, \phi_1 \rangle_{L^2(\Gamma_1)} \neq 0$ 且 $\langle p_2, \phi_2 \rangle_{L^2(\Gamma_1)} \neq 0$. 假设我们已经得到 p_{N-1} 使得

$$\langle p_{N-1}, \phi_j \rangle_{L^2(\Gamma_1)} \neq 0, \quad j = 1, 2, 3, \cdots, N - 1. \tag{4.3.22}$$

如果 $\langle p_{N-1}, \phi_N \rangle_{L^2(\Gamma_1)} \neq 0$, 可令 $p_N = p_{N-1}$. 否则, 令

$$p_N(x) = p_{N-1}(x) + \gamma\phi_N(x), \tag{4.3.23}$$

其中 γ 充分小使得

$$\langle p_{N-1}, \phi_j \rangle_{L^2(\Gamma_1)} + \gamma\langle\phi_N, \phi_j\rangle_{L^2(\Gamma_1)} \neq 0, \quad j = 1, 2, \cdots, N. \tag{4.3.24}$$

由数学归纳法, 结论得证. □

对任意的正整数 N, 设函数 $p \in L^2(\Gamma_1)$ 满足 (4.3.16). 定义映射 $P_p : \mathbb{R} \to L^2(\Omega)$ 为

$$P_p\theta = \zeta_p, \quad \forall \ \theta \in \mathbb{R}, \tag{4.3.25}$$

其中 ζ_p 是如下系统的解:

$$\begin{cases} \Delta\zeta_p = \theta\zeta_p \ \text{在} \ \Omega \ \text{上}, \\ \zeta_p(x) = 0, \ x \in \Gamma_0, \quad \dfrac{\partial\zeta_p(x)}{\partial\nu} = p(x), \ x \in \Gamma_1. \end{cases} \tag{4.3.26}$$

引理 4.3.10 除了假设 4.3.2之外, 设函数 $p \in L^2(\Gamma_1)$ 满足 (4.3.16). 设 $\theta \in \mathbb{R}$ 满足

$$\theta \neq \lambda_j, \quad j = 1, 2, \cdots, N. \tag{4.3.27}$$

那么, 由 (4.3.25) 定义的映射 P_p 满足:

$$\langle P_p\theta, \phi_j \rangle_{L^2(\Omega)} \neq 0, \quad j = 1, 2, \cdots, N. \tag{4.3.28}$$

证明 由 (4.3.13), (4.3.25) 和 (4.3.26) 可得

$$\theta \int_\Omega \zeta_p(x)\phi_j(x)dx = \int_\Omega \Delta\zeta_p(x)\phi_j(x)dx$$

$$= \int_{\Gamma_1} p(x)\phi_j(x)dx + \lambda_j \int_\Omega \zeta_p(x)\phi_j(x)dx. \tag{4.3.29}$$

这说明

$$\int_\Omega \zeta_p(x)\phi_j(x)dx = \frac{\langle p, \phi_j \rangle_{L^2(\Gamma_1)}}{\theta - \lambda_j} \neq 0, \quad j = 1, \cdots, N. \tag{4.3.30}$$

由 (4.3.16) 可得结论. $\qquad\qquad\square$

对任意的正整数 N, 设函数 $q \in L^2(\Gamma_1)$ 满足

$$\int_{\Gamma_1} q(x)\phi_j(x)dx \neq 0, \quad j = 1, 2, \cdots, N, \tag{4.3.31}$$

其中 ϕ_j 由 (4.3.13) 给出. 对任意的 $\gamma \in \mathbb{R}$, 定义映射 $J_q^\gamma : L^2(\Omega) \to \mathbb{R}$ 为

$$J_q^\gamma(g) = -\int_{\Gamma_1} q(x)\xi_g(x)dx, \quad \forall \ g \in L^2(\Omega), \tag{4.3.32}$$

其中 ξ_g 是如下系统的解:

$$\begin{cases} \Delta\xi_g = \gamma\xi_g + g \ \text{在} \ \Omega \ \text{上}, \\ \xi_g(x) = 0, \ x \in \Gamma_0, \quad \dfrac{\partial\xi_g(x)}{\partial\nu} = 0, \ x \in \Gamma_1. \end{cases} \tag{4.3.33}$$

引理 4.3.11　除了假设 4.3.2之外, 设函数 $q \in L^2(\Gamma_1)$ 满足 (4.3.31). 设 $\gamma \in \mathbb{R}$ 满足

$$\gamma \neq \lambda_j, \quad j = 1, 2, \cdots, N. \tag{4.3.34}$$

那么, 由 (4.3.32) 定义的映射 J_q^γ 满足:

$$J_q^\gamma(\phi_j) \neq 0, \quad j = 1, 2, \cdots, N. \tag{4.3.35}$$

证明　设 η_q 是如下系统的解

$$\begin{cases} \Delta \eta_q = \gamma \eta_q \text{ 在 } \Omega \text{ 上,} \\ \eta_q(x) = 0, \ x \in \Gamma_0, \quad \dfrac{\partial \eta_q(x)}{\partial \nu} = q(x), \ x \in \Gamma_1, \end{cases} \tag{4.3.36}$$

则对任意的 $g \in L^2(\Omega)$, 由 (4.3.33) 和 (4.3.36) 可得

$$\begin{aligned} \gamma \langle \eta_q, \xi_g \rangle_{L^2(\Omega)} &= \langle \Delta \eta_q, \xi_g \rangle_{L^2(\Omega)} \\ &= \int_{\Gamma_1} \frac{\partial \eta_q(x)}{\partial \nu} \xi_g(x) dx - \langle \nabla \eta_q, \nabla \xi_g \rangle_{L^2(\Omega)} \\ &= \int_{\Gamma_1} q(x) \xi_g(x) dx + \gamma \langle \eta_q, \xi_g \rangle_{L^2(\Omega)} + \langle g, \eta_q \rangle_{L^2(\Omega)}, \end{aligned} \tag{4.3.37}$$

这就说明

$$J_q^\gamma(\phi_j) = \langle \phi_j, \eta_q \rangle_{L^2(\Omega)}, \quad j = 1, 2, \cdots, N. \tag{4.3.38}$$

另一方面,

$$\begin{aligned} \lambda_j \langle \phi_j, \eta_q \rangle_{L^2(\Omega)} &= \langle \Delta \phi_j, \eta_q \rangle_{L^2(\Omega)} = -\langle \nabla \phi_j, \nabla \eta_q \rangle_{L^2(\Omega)} \\ &= -\int_{\Gamma_1} \frac{\partial \eta_q(x)}{\partial \nu} \phi_j(x) dx + \langle \Delta \eta_q, \phi_j \rangle_{L^2(\Omega)}, \\ &= -\int_{\Gamma_1} q(x) \phi_j(x) dx + \gamma \langle \eta_q, \phi_j \rangle_{L^2(\Omega)}, \end{aligned} \tag{4.3.39}$$

$j = 1, 2, \cdots, N.$ 从而

$$\int_{\Gamma_1} q(x) \phi_j(x) dx = (\gamma - \lambda_j) \langle \eta_q, \phi_j \rangle_{L^2(\Omega)}, \quad j = 1, 2, \cdots, N. \tag{4.3.40}$$

综合 (4.3.38), (4.3.40) 和 (4.3.31), 容易得到 (4.3.35). □

引理 4.3.12　对任意的正整数 N, 定义

$$\Lambda_N = \mathrm{diag}(\lambda_1, \lambda_2, \cdots, \lambda_N) \tag{4.3.41}$$

和

$$B_N = (b_1, b_2, \cdots, b_N)^\top, \tag{4.3.42}$$

其中 $b_k \neq 0$, $k = 1, 2, \cdots, N$ 且

$$\lambda_i \neq \lambda_j, \quad i \neq j, \quad i, j = 1, 2, \cdots, N. \tag{4.3.43}$$

那么, 系统 (Λ_N, B_N) 可控.

证明 直接计算可知

$$P_c := (B_N, \Lambda_N B_N, \Lambda_N^2 B_N, \cdots, \Lambda_N^{N-1} B_N)$$

$$= \begin{pmatrix} b_1 & \lambda_1 b_1 & \cdots & \lambda_1^{N-1} b_1 \\ b_2 & \lambda_2 b_2 & \cdots & \lambda_2^{N-1} b_2 \\ \vdots & \vdots & \cdots & \vdots \\ b_N & \lambda_N b_N & \cdots & \lambda_N^{N-1} b_N \end{pmatrix}. \tag{4.3.44}$$

于是

$$|P_c| = b_1 b_2 \cdots b_N \begin{vmatrix} 1 & \lambda_1 & \cdots & \lambda_1^{N-1} \\ 1 & \lambda_2 & \cdots & \lambda_2^{N-1} \\ \vdots & \vdots & & \vdots \\ 1 & \lambda_N & \cdots & \lambda_N^{N-1} \end{vmatrix} = b_1 b_2 \cdots b_N \prod_{1 \leqslant i < j \leqslant N} (\lambda_j - \lambda_i) \neq 0.$$

由 Kalman 判据定理 1.1.7, 系统 (Λ_N, B_N) 可控. $\qquad\square$

4.3.3 状态反馈设计

我们用 4.1.3 节中执行动态补偿的方法来为系统 (4.3.2) 设计状态反馈控制器. 对任意的 $\theta \in \mathbb{R}$, 首先考虑系统 $(A + \mu, P_p \theta)$ 的镇定问题, 其中映射 P_p 由 (4.3.25) 定义. 系统 $(A + \mu, P_p \theta)$ 对应的具体系统为

$$\begin{cases} z_t(x,t) = \Delta z(x,t) + \mu z(x,t) + (P_p\theta)(x)u(t), & x \in \Omega, \ t > 0, \\ z(x,t) = 0, \quad x \in \Gamma_0, \quad \dfrac{\partial z(x,t)}{\partial \nu} = 0, \quad x \in \Gamma_1, \end{cases} \tag{4.3.45}$$

其中 $p \in L^2(\Gamma_1)$ 满足 (4.3.16)(正整数 N 满足 (4.3.14)), u 是一个标量控制. 与 4.1.4 节中一维不稳定热方程的情形类似, 我们仍然利用有限维谱截断技术来镇定系统 (4.3.45). 注意到 (4.3.13) 定义的 $\{\phi_j(\cdot)\}_{j=1}^\infty$ 构成 $L^2(\Omega)$ 的标准正交基, 函数 $P_p\theta$ 和系统 (4.3.45) 的解 $z(\cdot, t)$ 可以表示为

$$P_p\theta = \sum_{k=1}^\infty f_k \phi_k, \quad f_k = \int_\Omega (P_p\theta)(x)\phi_k(x)dx \tag{4.3.46}$$

和

$$z(\cdot, t) = \sum_{k=1}^{\infty} z_k(t)\phi_k(\cdot), \quad z_k(t) = \int_{\Omega} z(x, t)\phi_k(x)dx. \tag{4.3.47}$$

直接计算可得

$$\begin{aligned}
\dot{z}_k(t) &= \int_{\Omega} z_t(x, t)\phi_k(x)dx \\
&= \int_{\Omega} \left[\Delta z(x, t) + \mu z(x, t) + (P_p\theta)(x)u(t)\right]\phi_k(x)dx \\
&= (\lambda_k + \mu)z_k(t) + f_k u(t).
\end{aligned} \tag{4.3.48}$$

由于 (4.3.14), $z_k(t)$ 对任意的 $k > N$ 都是稳定的, 所以只要考虑 $k \leqslant N$ 的情况即可, 即只需考虑如下有限维系统

$$\dot{Z}_N(t) = \Lambda_N Z_N(t) + F_N u(t), \quad Z_N(t) = (z_1(t), \cdots, z_N(t))^\top, \tag{4.3.49}$$

其中 Λ_N 和 F_N 定义为

$$\begin{cases} \Lambda_N = \mathrm{diag}(\lambda_1 + \mu, \cdots, \lambda_N + \mu), \\ F_N = (f_1, f_2, \cdots, f_N)^\top. \end{cases} \tag{4.3.50}$$

无穷维系统 (4.3.45) 的镇定问题归结为有限维系统 (4.3.49) 的镇定问题.

引理 4.3.13 除了假设 4.3.2 之外, 设函数 $p \in L^2(\Gamma_1)$ 满足 (4.3.16), $\theta \in \mathbb{R}$ 满足 (4.3.27), 则存在行向量 $L_N = (l_1, l_2, \cdots, l_N)$ 使得 $\Lambda_N + F_N L_N$ 是 Hurwitz 阵, 其中 Λ_N 和 F_N 由 (4.3.50) 定义. 此外, 算子 $A + \mu + (P_p\theta)K$ 在 $L^2(\Omega)$ 上生成指数稳定的 C_0-半群, 其中 $P_p\theta$ 由 (4.3.25) 定义, K 定义为

$$K : g \to \int_{\Omega} g(x)\left[\sum_{k=1}^{N} l_k\phi_k(x)\right]dx, \quad \forall\, g \in L^2(\Omega). \tag{4.3.51}$$

证明 由 (4.3.16) 和引理 4.3.10 可知 (4.3.28) 成立. 由引理 4.3.12, 系统 (Λ_N, F_N) 可观, 于是存在 $L_N = (l_1, l_2, \cdots, l_N)$ 使得 $\Lambda_N + F_N L_N$ 是 Hurwitz 阵.

注意到 $A + \mu$ 生成 $L^2(\Omega)$ 上的解析半群 $e^{(A+\mu)t}$ 且 $(P_p\theta)K \in \mathcal{L}(L^2(\Omega))$, 由 [103, Corollary 2.2, p.81], $A + \mu + (P_p\theta)K$ 也生成 $L^2(\Omega)$ 上的解析半群. 由于 [103, Theorem 4.3, p.118] 且 $A + \mu + (P_p\theta)K$ 有紧的预解式, 只需证明算子 $A + \mu + (P_p\theta)K$ 的谱满足

$$\sigma_p(A + \mu + (P_p\theta)K) \subset \{s \mid \mathrm{Re}(s) < 0\} \tag{4.3.52}$$

即可完成证明.

对任意的 $\lambda \in \sigma_p(A + \mu + (P_p\theta)K)$, 考虑特征方程

$$(A + \mu + (P_p\theta)K)g = \lambda g, \quad g \neq 0. \tag{4.3.53}$$

不妨设

$$g = \sum_{j=1}^{\infty} g_j \phi_j, \quad g_j \in \mathbb{R}, \quad j = 1, 2, \cdots, \tag{4.3.54}$$

则特征方程 (4.3.53) 变为

$$\sum_{j=1}^{\infty} g_j(A + \mu)\phi_j + (P_p\theta)\sum_{j=1}^{\infty} g_j K\phi_j = \sum_{j=1}^{\infty} \lambda g_j \phi_j. \tag{4.3.55}$$

注意到 $(A + \mu)\phi_j = (\lambda_j + \mu)\phi_j$ 且

$$K\phi_j = \begin{cases} \displaystyle\int_{\Omega} \phi_j(x) \left[\sum_{k=1}^{N} l_k \phi_k(x) \right] dx = l_j, & j = 1, 2, \cdots, N, \\ 0, & j = N + 1, N + 2, \cdots, \end{cases} \tag{4.3.56}$$

方程 (4.3.55) 变为

$$\sum_{j=1}^{\infty} g_j(\lambda_j + \mu)\phi_j + (P_p\theta)\sum_{j=1}^{N} g_j l_j = \sum_{j=1}^{\infty} \lambda g_j \phi_j. \tag{4.3.57}$$

利用 (4.3.46), 等式 (4.3.57) 两边关于 $\phi_k, k = 1, 2, \cdots, N$ 做内积可得

$$g_k(\lambda_k + \mu) + f_k \sum_{j=1}^{N} g_j l_j = \lambda g_k, \quad k = 1, 2, \cdots, N. \tag{4.3.58}$$

利用 (4.3.50), 上式可以写成

$$(\lambda - \Lambda_N - F_N L_N)(g_1, g_2, \cdots, g_N)^{\top} = 0. \tag{4.3.59}$$

当 $(g_1, g_2, \cdots, g_N) \neq 0$ 时, (4.3.59) 说明

$$\mathrm{Det}(\lambda - \Lambda_N - F_N L_N) = 0. \tag{4.3.60}$$

由于 $\Lambda_N + F_N L_N$ 是 Hurwitz 矩阵, 因此 $\lambda \in \sigma(\Lambda_N + F_N L_N) \subset \{s \in \mathbb{C} \mid \mathrm{Re}\, s < 0\}$.

当 $(g_1, g_2, \cdots, g_N) = 0$ 时, 存在 $j_0 > N$ 使得 $g_{j_0} \neq 0$. 此时, 等式 (4.3.57) 简化为

$$\sum_{j=1}^{\infty} g_j(\lambda_j + \mu)\phi_j = \sum_{j=1}^{\infty} \lambda g_j \phi_j. \tag{4.3.61}$$

上式两端关于 ϕ_{j_0} 做内积可得

$$(\lambda_{j_0} + \mu)g_{j_0} = \lambda g_{j_0}, \tag{4.3.62}$$

由 (4.3.14), (4.3.62) 说明 $\lambda = \lambda_{j_0} + \mu < 0$. 所以

$$\lambda \in \sigma_p(A + \mu + (P_p\theta)K) \subset \{s \in \mathbb{C} \mid \mathrm{Re}\, s < 0\}.$$

综上, (4.3.52) 成立. □

现在我们设计控制器镇定系统 (4.3.2). 受 4.1.4 节的启发, 考虑如下动态反馈:

$$\begin{cases} u(x,t) = v(x,t), & x \in \Gamma_1, \\ v_t(\cdot,t) = -\alpha v(\cdot,t) + B_v u_v(t) & \text{在 } L^2(\Gamma_1), \end{cases} \tag{4.3.63}$$

其中 $\alpha > 0$ 是调节参数, $u_v(t) \in \mathbb{R}$ 是新的标量控制且算子 $B_v \in \mathcal{L}(\mathbb{R}, L^2(\Gamma_1))$ 定义为

$$B_v c = cp(\cdot), \quad \forall \ c \in \mathbb{R}. \tag{4.3.64}$$

这里 $p \in L^2(\Gamma_1)$ 满足 (4.3.16). 在控制器 (4.3.63) 下, 控制系统 (4.3.11) 或 (4.3.2) 变为

$$\begin{cases} w_t(\cdot,t) = (\tilde{A} + \mu)w(\cdot,t) + Bv(\cdot,t) & \text{在 } H_{\Gamma_0}^{-1}(\Omega), \\ v_t(\cdot,t) = -\alpha v(\cdot,t) + B_v u_v(t) & \text{在 } L^2(\Gamma_1). \end{cases} \tag{4.3.65}$$

注意到系统 (4.3.65) 具有串联结构, "v-子系统" 可以当作 " w-子系统" 的执行动态. 所以, 我们可以利用 4.1.3 节中执行动态补偿的方法来镇定系统 (4.3.65). 按照控制器 (4.1.53) 的设计步骤, 系统 (4.3.65) 的控制器可以设计为

$$u_v(t) = K_1 w(\cdot,t) + K_1 Sv(t), \tag{4.3.66}$$

其中 $S \in \mathcal{L}(L^2(\Gamma_1), L^2(\Omega))$ 是如下 Sylvester 方程的解

$$(\tilde{A} + \mu)S + \alpha S = B, \tag{4.3.67}$$

算子 $K_1 \in \mathcal{L}(L^2(\Omega), \mathbb{R})$ 指数镇定系统 $(A + \mu, SB_v)$.

引理 4.3.14　除假设 4.3.2之外, 设 A 和 B 分别由 (4.3.3) 和 (4.3.7) 定义, $B_v \in \mathcal{L}(\mathbb{R}, L^2(\Gamma_1))$ 由 (4.3.64) 给出, 其中 $p \in L^2(\Gamma_1)$ 满足 (4.3.16). 设

$$\alpha + \mu \in \rho(-A), \tag{4.3.68}$$

则 Sylvester 方程 (4.3.67) 的解满足

$$Sg = -\varphi_g \in L^2(\Omega), \quad \forall \ g \in L^2(\Gamma_1), \tag{4.3.69}$$

其中 φ_g 满足

$$\begin{cases} \Delta\varphi_g = (-\alpha - \mu)\varphi_g, \\ \varphi_g(x) = 0, \ x \in \Gamma_0, \quad \dfrac{\partial\varphi_g(x)}{\partial\nu} = g(x), \ x \in \Gamma_1. \end{cases} \tag{4.3.70}$$

此外, 对任意的 $c \in \mathbb{R}$, 有

$$SB_v c = -cP_p\theta, \quad \theta = -\alpha - \mu, \tag{4.3.71}$$

其中算子 $P_p : \mathbb{R} \to L^2(\Omega)$ 由 (4.3.25) 给出.

证明   因为 (4.3.68), 解 (4.3.67) 可得

$$S = (\alpha + \mu + \tilde{A})^{-1}B. \tag{4.3.72}$$

直接计算可得

$$\begin{aligned} (\alpha + \mu + \tilde{A})\varphi_g &= (\alpha + \mu + \tilde{A})\varphi_g - \tilde{A}\Upsilon g + \tilde{A}\Upsilon g \\ &= (\alpha + \mu)\varphi_g + \tilde{A}(\varphi_g - \Upsilon g) + \tilde{A}\Upsilon g \\ &= (\alpha + \mu)\varphi_g + \Delta(\varphi_g - \Upsilon g) + \tilde{A}\Upsilon g \\ &= \tilde{A}\Upsilon g = -Bg. \end{aligned} \tag{4.3.73}$$

上式结合 (4.3.72) 容易推出 (4.3.69). 由 (4.3.64) 和 (4.3.69) 可得 $SB_v c = -c\vartheta$, 其中

$$\begin{cases} \Delta\vartheta = (-\alpha - \mu)\vartheta, \\ \vartheta(x) = 0, \ x \in \Gamma_0, \quad \dfrac{\partial\vartheta(x)}{\partial\nu} = p(x), \ x \in \Gamma_1. \end{cases} \tag{4.3.74}$$

利用 (4.3.26) 且令 $\theta = -\alpha - \mu$, 容易得到 (4.3.71).   □

由引理 4.3.13 和引理 4.3.14, (4.3.51) 定义的算子 $-K \in \mathcal{L}(L^2(\Omega), \mathbb{R})$ 可以指数镇定系统 $(A + \mu, SB_v)$. 令 $K_1 = -K$, 控制器 (4.3.66) 变为

$$u_v(t) = -\int_\Omega [w(x,t) - \varphi_v(x,t)]\left[\sum_{k=1}^N l_k\phi_k(x)\right]dx, \tag{4.3.75}$$

其中

$$\begin{cases} \Delta\varphi_v(\cdot, t) = (-\alpha - \mu)\varphi_v(\cdot, t), \\ \varphi_v(x,t) = 0, \ x \in \Gamma_0, \quad \dfrac{\partial\varphi_v(x,t)}{\partial\nu} = v(x,t), \ x \in \Gamma_1. \end{cases} \tag{4.3.76}$$

由 (4.3.75) 和 (4.3.65), 我们得到闭环系统

$$\begin{cases} w_t(\cdot,t) = (\tilde{A} + \mu)w(\cdot,t) + Bv(\cdot,t), \\ v_t(\cdot,t) = -\alpha v(\cdot,t) - B_v \int_\Omega [w(x,t) - \varphi_v(x,t)] \left[\sum_{k=1}^N l_k \phi_k(x) \right] dx \quad \text{在 } \Gamma_1 \text{ 上}, \\ \Delta\varphi_v(\cdot,t) = (-\alpha - \mu)\varphi_v(\cdot,t), \\ \varphi_v(x,t) = 0, \quad x \in \Gamma_0, \quad \dfrac{\partial\varphi_v(x,t)}{\partial\nu} = v(x,t), \quad x \in \Gamma_1. \end{cases}$$
(4.3.77)

综合 (4.3.64), (4.3.7) 和 (4.3.3), 系统 (4.3.77) 变为

$$\begin{cases} w_t(x,t) = \Delta w(x,t) + \mu w(x,t), \quad x \in \Omega, \\ w(x,t) = 0, \quad x \in \Gamma_0, \quad \dfrac{\partial w(x,t)}{\partial\nu} = v(x,t), \quad x \in \Gamma_1, \\ v_t(\cdot,t) = -\alpha v(\cdot,t) - p \int_\Omega [w(x,t) - \varphi_v(x,t)] \left[\sum_{k=1}^N l_k \phi_k(x) \right] dx \quad \text{在 } \Gamma_1 \text{ 上}, \\ \Delta\varphi_v(\cdot,t) = (-\alpha - \mu)\varphi_v(\cdot,t), \\ \varphi_v(x,t) = 0, \quad x \in \Gamma_0, \quad \dfrac{\partial\varphi_v(x,t)}{\partial\nu} = v(x,t), \quad x \in \Gamma_1. \end{cases}$$
(4.3.78)

定理 4.3.9 除了假设 4.3.2之外, 设 $p \in L^2(\Gamma_1)$ 满足 (4.3.16) 且

$$\alpha + \mu + \lambda_j \neq 0, \quad j = 1, 2, \cdots, N, \tag{4.3.79}$$

则存在行向量 $L_N = (l_1, l_2, \cdots, l_N)$ 使得 $\Lambda_N + F_N L_N$ 是 Hurwitz 矩阵, 其中 Λ_N 和 F_N 由 (4.3.50) 给出. 此外, 对任意的 $(w(\cdot,0), v(\cdot,0))^\top \in L^2(\Omega) \times L^2(\Gamma_1)$, 系统 (4.3.78) 存在唯一解 $(w,v)^\top \in C([0,\infty); L^2(\Omega) \times L^2(\Gamma_1))$ 使得

$$e^{\omega t}\|(w(\cdot,t), v(\cdot,t))\|_{L^2(\Omega) \times L^2(\Gamma_1)} \to 0 \quad \text{当} \quad t \to \infty, \tag{4.3.80}$$

其中 ω 是不依赖于 t 的正常数. 进一步, 如果初始状态满足 $(w(\cdot,0), v(\cdot,0))^\top \in D(A) \times L^2(\Gamma_1)$, 则 $(w,v)^\top \in C^1([0,\infty); L^2(\Omega) \times L^2(\Gamma_1))$ 是古典解.

证明 注意到 (4.3.51), 闭环系统 (4.3.77) 可以写成抽象形式

$$\frac{d}{dt}(w(\cdot,t), v(\cdot,t))^\top = \mathcal{A}(w(\cdot,t), v(\cdot,t))^\top, \tag{4.3.81}$$

其中算子 $\mathcal{A}: D(\mathcal{A}) \subset L^2(\Omega) \times L^2(\Gamma_1) \to L^2(\Omega) \times L^2(\Gamma_1)$ 定义为

$$\mathcal{A} = \begin{pmatrix} A + \mu & B \\ -B_v K & -B_v K S - \alpha \end{pmatrix}, \quad D(\mathcal{A}) = D(A) \times L^2(\Gamma_1). \tag{4.3.82}$$

只需证明算子 $\mathcal{A}$ 在 $L^2(\Omega) \times L^2(\Gamma_1)$ 上生成指数稳定的 C_0-半群即可.

和定理 4.1.1 的证明类似, 我们引入如下变换:

$$\mathbb{S}(f,g)^\top = (f + Sg, g)^\top, \quad (f,g)^\top \in L^2(\Omega) \times L^2(\Gamma_1), \tag{4.3.83}$$

其中 $S \in \mathcal{L}(L^2(\Gamma_1), L^2(\Omega))$ 是 Sylvester 方程 (4.3.67) 的解. 简单计算可知 $\mathbb{S} \in \mathcal{L}(L^2(\Omega) \times L^2(\Gamma_1))$ 可逆且

$$\mathbb{S}^{-1}(f,g)^\top = (f - Sg, g)^\top, \quad (f,g)^\top \in L^2(\Omega) \times L^2(\Gamma_1). \tag{4.3.84}$$

此外, 仿照定理 4.1.1 的证明可得

$$\mathbb{S}\mathcal{A}\mathbb{S}^{-1} = \mathcal{A}_{\mathbb{S}}, \quad D(\mathcal{A}_{\mathbb{S}}) = \mathbb{S}D(\mathcal{A}), \tag{4.3.85}$$

其中

$$\mathcal{A}_{\mathbb{S}} = \begin{pmatrix} A + \mu - SB_v K & 0 \\ -B_v K & -\alpha \end{pmatrix}, \tag{4.3.86}$$

SB_v 由 (4.3.71) 给出, K 由 (4.3.51) 给出. 注意到 $SB_v = -P_p\theta$ 其中 $\theta = -\alpha - \mu$, 由引理 4.3.13 可知算子 $A + \mu + (P_p\theta)K = A + \mu - SB_v K$ 生成 $L^2(\Omega)$ 上的指数稳定的 C_0-半群. 由算子 $\mathcal{A}_{\mathbb{S}}$ 的下三角结构以及引理 4.1.2, $\mathcal{A}_{\mathbb{S}}$ 在 $L^2(\Omega) \times L^2(\Gamma_1)$ 上生成指数稳定的 C_0-半群 $e^{\mathcal{A}_{\mathbb{S}}t}$. 最后, 利用算子的相似性 (4.3.85), 算子 $\mathcal{A}$ 也在 $L^2(\Omega) \times L^2(\Gamma_1)$ 上生成指数稳定的 C_0-半群. $\qquad\square$

4.3.4 观测器设计

本节我们利用 4.2.2 节中观测动态补偿的方法为系统 (4.3.2) 设计状态观测器. 对任意的 $\theta \in \mathbb{R}$, 设 $q \in L^2(\Gamma_1)$ 满足 (4.3.31), 首先考虑系统 $(A + \mu, J_q^\gamma)$ 的观测问题, 其中映射 J_q^γ 由 (4.3.32) 定义. 为了设计算子 K 使得 $A + \mu + KJ_q^\gamma$ 生成 $L^2(\Omega)$ 上指数稳定的 C_0-半群, 令

$$J_N = (J_q^\gamma(\phi_1), J_q^\gamma(\phi_2), \cdots, J_q^\gamma(\phi_N)), \tag{4.3.87}$$

其中 ϕ_j, $j = 1, 2, \cdots, N$ 由 (4.3.13) 给出, N 是满足 (4.3.14) 的正整数. 如下引理可以帮助我们选择 K.

引理 4.3.15 除了假设 4.3.2 之外, 设 $q \in L^2(\Gamma_1)$ 满足 (4.3.31). 对任意满足 (4.3.34) 的 $\gamma \in \mathbb{R}$, 设 $J_q^\gamma : L^2(\Omega) \to \mathbb{R}$ 由 (4.3.32) 给出, J_N 由 (4.3.87) 给出, 则存在向量 $K_N = (k_1, k_2, \cdots, k_N)^\top$ 使得 $\Lambda_N + K_N J_N$ 是 Hurwitz 阵, 其中 Λ_N 由 (4.3.50) 给出. 此外, 算子 $A + \mu + KJ_q^\gamma$ 生成 $L^2(\Omega)$ 上指数稳定的 C_0-半群, 其中算子 $K : \mathbb{R} \to L^2(\Omega)$ 定义如下

$$Kc = c\sum_{j=1}^{N} k_j \phi_j(\cdot), \quad \forall\, c \in \mathbb{R}. \tag{4.3.88}$$

证明　首先由 (4.3.31) 和引理 4.3.11 可知 (4.3.35) 成立. 由引理 4.3.12, 系统 (Λ_N, J_N) 可观, 于是存在向量 $K_N = (k_1, k_2, \cdots, k_n)^\top$ 使得 $\Lambda_N + K_N J_N$ 是 Hurwitz 矩阵.

因为 $A + \mu$ 生成 $L^2(\Omega)$ 上的解析半群 $e^{(A+\mu)t}$ 且 KJ_q^γ 是有界算子, 由 [103, Corollary 2.2, p.81] 可知 $A + \mu + KJ_q^\gamma$ 也生成 $L^2(\Omega)$ 上的解析半群. 由于 [103, Theorem 4.3, p.118] 且 $A + \mu + KJ_q^\gamma$ 有紧的预解式, 定理证明归结为证明 $A + \mu + KJ_q^\gamma$ 的点谱满足

$$\sigma_p(A + \mu + KJ_q^\gamma) \subset \{s \in \mathbb{C} \mid \mathrm{Re}s < 0\}.$$

或者等价地, 只需证明:

$$\sigma_p\left(A + \mu + J_q^{\gamma*}K^*\right) = \sigma_p\left((A + \mu + KJ_q^\gamma)^*\right) \subset \{s \in \mathbb{C} \mid \mathrm{Re}s < 0\}, \quad (4.3.89)$$

其中 $J_q^{\gamma*}$ 和 K^* 分别是算子 J_q^γ 和 K 的共轭算子.

由 (4.3.88) 直接计算可得 $K^* \in \mathcal{L}(L^2(\Omega), \mathbb{R})$ 满足

$$K^*f = \sum_{j=1}^N k_j \langle \phi_j, f \rangle_{L^2(\Omega)}, \quad \forall \ f \in L^2(\Omega). \quad (4.3.90)$$

对任意的 $\lambda \in \sigma_p(A + \mu + J_q^{\gamma*}K^*)$, 考虑特征方程 $(A + \mu + J_q^{\gamma*}K^*)g = \lambda g$ 其中 $g \neq 0$. 不妨设

$$g = \sum_{j=1}^\infty g_j \phi_j, \quad g_j \in \mathbb{R}, \quad j = 1, 2, \cdots. \quad (4.3.91)$$

由于

$$K^*\phi_j = \begin{cases} k_j, & j = 1, 2, \cdots, N, \\ 0, & j = N+1, N+2, \cdots, \end{cases} \quad (4.3.92)$$

综合 (4.3.91), (4.3.92) 以及特征方程 $(A^* + \mu + J_q^{\gamma*}K^*)g = \lambda g$ 可得

$$\sum_{j=1}^\infty g_j(\lambda_j + \mu)\phi_j + J_q^{\gamma*}\left(\sum_{j=1}^N g_j k_j\right) = \sum_{j=1}^\infty \lambda g_j \phi_j, \quad (4.3.93)$$

其中我们用到了 $(A + \mu)\phi_j = (\lambda_j + \mu)\phi_j$. 等式 (4.3.93) 两边关于 ϕ_n, $n = 1, 2, \cdots, N$ 做内积可得

$$g_n(\lambda_n + \mu) + J_q^\gamma(\phi_n)\left(\sum_{j=1}^N g_j k_j\right) = \lambda g_n, \quad n = 1, 2, \cdots, N. \quad (4.3.94)$$

利用 (4.3.50) 和 (4.3.87), 上式可以写成

$$(\lambda - \Lambda_N - K_N J_N)(g_1, g_2, \cdots, g_N)^\top = 0. \tag{4.3.95}$$

当 $(g_1, g_2, \cdots, g_N) \neq 0$ 时, (4.3.95) 说明

$$\mathrm{Det}(\lambda - \Lambda_N - K_N J_N) = 0. \tag{4.3.96}$$

由于 $\Lambda_N + K_N J_N$ 是 Hurwitz 矩阵, 因此 $\lambda \in \sigma(\Lambda_N + K_N J_N) \subset \{s \in \mathbb{C} \mid \mathrm{Re}\, s < 0\}$.

当 $(g_1, g_2, \cdots, g_N) = 0$ 时, 存在 $j_0 > N$ 使得 $g_{j_0} \neq 0$. 此时, 等式 (4.3.93) 简化为

$$\sum_{j=1}^{\infty} g_j(\lambda_j + \mu)\phi_j = \sum_{j=1}^{\infty} \lambda g_j \phi_j. \tag{4.3.97}$$

上式两端关于 ϕ_{j_0} 做内积可得

$$(\lambda_{j_0} + \mu)g_{j_0} = \lambda g_{j_0}, \tag{4.3.98}$$

由 (4.3.14), (4.3.98) 说明 $\lambda = \lambda_{j_0} + \mu < 0$. 所以 $\lambda \in \{s \in \mathbb{C} \mid \mathrm{Re}\, s < 0\}$. 综上可得

$$\lambda \in \sigma_p(A + \mu + J_q^{\gamma*}K^*) \subset \{s \in \mathbb{C} \mid \mathrm{Re}\, s < 0\}. \qquad \square$$

现在我们采用 4.2.2 节中观测动态补偿的方法为系统 (4.3.2) 设计状态观测器. 首先我们人为地引入观测动态

$$\begin{cases} w_t(x,t) = \Delta w(x,t) + \mu w(x,t), & x \in \Omega, \\ w(x,t) = 0, & x \in \Gamma_0, \\ \dfrac{\partial w(x,t)}{\partial \nu} = u(x,t), & x \in \Gamma_1, \\ v_t(x,t) = -\beta v(x,t) + QB^*w(x,t), & x \in \Gamma_1, \\ y_v(t) = \displaystyle\int_{\Gamma_1} v(x,t)dx, \end{cases} \tag{4.3.99}$$

其中 $\beta > 0$ 是调节参数, $v(\cdot, t)$ 是新引入的观测动态, y_v 是新的输出, B^* 由 (4.3.10) 给出, $Q \in \mathcal{L}(L^2(\Gamma_1))$ 定义为

$$(Qg)(x) = q(x)g(x), \quad x \in \Gamma_1, \ \forall \ g \in L^2(\Gamma_1). \tag{4.3.100}$$

这里函数 $q \in L^2(\Gamma_1)$ 满足 (4.3.31).

系统 (4.3.99) 的观测问题恰好是观测动态补偿问题, 因此, 其观测器设计可以按照 4.2.2 节观测器 (4.2.26) 的设计步骤完成. 首先需要将系统 (4.3.2) 写成抽象形式. 利用 (4.3.3) 和 (4.3.7), 系统 (4.3.99) 可以写成

$$
\begin{cases}
w_t(\cdot,t) = (\tilde{A}+\mu)w(\cdot,t) + Bu(\cdot,t), \\
v_t(\cdot,t) = -\beta v(\cdot,t) + QB^*w(\cdot,t), \\
y_v(t) = C_v v(\cdot,t),
\end{cases}
\tag{4.3.101}
$$

其中 $C_v : L^2(\Gamma_1) \to \mathbb{R}$ 定义为

$$
C_v h = \int_{\Gamma_1} h(x)dx, \quad \forall\, h \in L^2(\Gamma_1).
\tag{4.3.102}
$$

按照观测器 (4.2.26) 的设计步骤, 系统 (4.3.101) 的状态观测器可以设计为

$$
\begin{cases}
\hat{w}_t(x,t) = \Delta\hat{w}(x,t) + \mu\hat{w}(x,t) + K[C_v v(\cdot,t) - C_v\hat{v}(\cdot,t)], \quad x \in \Omega, \\
\hat{w}(x,t) = 0,\ x \in \Gamma_0, \quad \dfrac{\partial\hat{w}(x,t)}{\partial\nu} = u(x,t), x \in \Gamma_1, \\
\hat{v}_t(\cdot,t) = -\beta\hat{v}(\cdot,t) + QB^*\hat{w}(\cdot,t) - L[C_v v(\cdot,t) - C_v\hat{v}(\cdot,t)]\ \text{在}\ \Gamma_1,
\end{cases}
\tag{4.3.103}
$$

其中调节增益 K 和 L 按照如下步骤选取:

- 求解 Sylvester 方程

$$
\beta P + P(A+\mu) + QB^* = 0
\tag{4.3.104}
$$

求得 $P \in \mathcal{L}(L^2(\Omega), L^2(\Gamma_1))$;
- 设计 K 指数检测系统 $(A+\mu, C_v P)$;
- 令 $L = PK$.

直接求解方程 (4.3.104) 可得

$$
P = -QB^*(\beta+\mu+A)^{-1} \in \mathcal{L}(L^2(\Omega), L^2(\Gamma_1)).
\tag{4.3.105}
$$

综合 (3.1.51), (4.3.102), (4.3.100) 和 (4.3.32) 可得

$$
C_v P = J_q^\gamma \in \mathcal{L}(L^2(\Omega), \mathbb{R}), \quad \text{其中}\ \gamma = -\beta-\mu.
\tag{4.3.106}
$$

利用引理 4.3.15, (4.3.87) 和 (4.3.50), 调节增益算子 K 可以按照 (4.3.88) 设计, 其中列向量 $(k_1,k_2,\cdots,k_N)^\top$ 使得 $\Lambda_N + (k_1,k_2,\cdots,k_N)^\top J_N$ 是 Hurwitz 阵. 综合 (4.3.88), (4.3.100) 和 (4.3.105), 有

$$L = PK = \sum_{j=1}^{N} k_j P\phi_j$$

$$= -\sum_{j=1}^{N} k_j QB^*(\beta + \mu + A)^{-1}\phi_j = -\sum_{j=1}^{N} k_j q\xi_j|_{\Gamma_1}, \qquad (4.3.107)$$

其中

$$\begin{cases} (\beta + \mu + \Delta)\xi_j = \phi_j \quad \text{在 } \Omega \text{ 上,} \\ \xi_j(x) = 0, \quad x \in \Gamma_0, \qquad\qquad j = 1, 2, \cdots, N. \\ \dfrac{\partial \xi_j(x)}{\partial \nu} = 0, \quad x \in \Gamma_1, \end{cases} \qquad (4.3.108)$$

利用 (4.3.88) 和 (4.3.107), 观测器 (4.3.103) 变为

$$\begin{cases} \hat{w}_t(x,t) = \Delta\hat{w}(x,t) + \mu\hat{w}(x,t) \\ \qquad\qquad + [C_v v(\cdot,t) - C_v\hat{v}(\cdot,t)]\sum_{j=1}^{N} k_j\phi_j(x), \quad x \in \Omega, \\ \hat{w}(x,t) = 0, \quad x \in \Gamma_0, \qquad \dfrac{\partial\hat{w}(x,t)}{\partial\nu} = u(x,t), \quad x \in \Gamma_1, \\ \hat{v}_t(x,t) = -\beta\hat{v}(x,t) + QB^*\hat{w}(x,t) \\ \qquad\qquad + [C_v v(\cdot,t) - C_v\hat{v}(\cdot,t)]\sum_{j=1}^{N} k_j q(x)\xi_j(x), x \in \Gamma_1, \end{cases} \qquad (4.3.109)$$

其中 ξ_j 由 (4.3.108) 给出, $j = 1, 2, \cdots, N$. 由 (4.3.88) 和 (4.3.107), 观测器 (4.3.109) 可以写成抽象形式:

$$\frac{d}{dt}(\hat{w}(\cdot,t), \hat{v}(\cdot,t))^{\top} = \mathcal{A}(\hat{w}(\cdot,t), \hat{v}(\cdot,t))^{\top} + (K, -L)^{\top}C_v v(\cdot,t), \qquad (4.3.110)$$

其中算子 $\mathcal{A}: D(\mathcal{A}) \subset L^2(\Omega) \times L^2(\Gamma_1) \to L^2(\Omega) \times L^2(\Gamma_1)$ 定义为

$$\mathcal{A} = \begin{pmatrix} A + \mu & -KC_v \\ QB^* & LC_v - \beta \end{pmatrix}, \quad D(\mathcal{A}) = D(A) \times L^2(\Gamma_1). \qquad (4.3.111)$$

定理 4.3.10 除了假设 4.3.2 之外, 设 B^* 由 (4.3.10) 给出, Q 由 (4.3.100) 给出, 其中 $q \in L^2(\Gamma_1)$ 满足 (4.3.31). 令 $\beta > 0$ 满足

$$-\beta - \mu \neq \lambda_j, \quad j = 1, 2, \cdots, N, \qquad (4.3.112)$$

则对任意的初始状态和控制

$$(w(\cdot,0),v(\cdot,0),\hat{w}(\cdot,0),\hat{v}(\cdot,0))^\top \in [L^2(\Omega) \times L^2(\Gamma_1)]^2, \quad u \in L^2_{\mathrm{loc}}([0,\infty); L^2(\Gamma_1)),$$

系统 (4.3.99) 的状态观测器 (4.3.109) 存在唯一解 $(\hat{w},\hat{v})^\top \in C([0,\infty); L^2(\Omega) \times L^2(\Gamma_1))$ 使得

$$e^{\omega t}\|(w(\cdot,t) - \hat{w}(\cdot,t), v(\cdot,t) - \hat{v}(\cdot,t))\|_{L^2(\Omega)\times L^2(\Gamma_1)} \to 0 \quad \text{当}\ t \to \infty, \quad (4.3.113)$$

其中 ω 是不依赖于 t 的正常数.

  证明 对任意的 $(w(\cdot,0),v(\cdot,0))^\top \in L^2(\Omega) \times L^2(\Gamma_1)$ 和 $u \in L^2_{\mathrm{loc}}([0,\infty);$ $L^2(\Gamma_1))$, 易知系统 (4.3.99) 存在唯一解 $(w,v)^\top \in C([0,\infty); L^2(\Omega) \times L^2(\Gamma_1))$ 使得 $y_v \in L^2_{\mathrm{loc}}[0,\infty)$. 令观测误差

$$\begin{cases} \tilde{w}(x,t) = w(x,t) - \hat{w}(x,t), & x \in \Omega, \\ \tilde{v}(s,t) = v(s,t) - \hat{v}(s,t), & s \in \Gamma_1, \end{cases} \quad t \geqslant 0, \qquad (4.3.114)$$

则

$$\begin{cases} \tilde{w}_t(x,t) = \Delta\tilde{w}(x,t) + \mu\tilde{w}(x,t) - C_v\tilde{v}(\cdot,t)\sum_{j=1}^{N} k_j\phi_j(x), & x \in \Omega, \\[2mm] \tilde{w}(x,t) = 0, \quad x \in \Gamma_0, \quad \dfrac{\partial\tilde{w}(x,t)}{\partial\nu} = 0, \quad x \in \Gamma_1, \\[2mm] \tilde{v}_t(x,t) = -\beta\tilde{v}(x,t) + QB^*\tilde{w}(x,t) - C_v\tilde{v}(\cdot,t)\sum_{j=1}^{N} k_j q(x)\xi_j(x), & x \in \Gamma_1. \end{cases}$$
$$(4.3.115)$$

综合 (4.3.111), (4.3.107) 和 (4.3.88), 上述系统可以写成抽象形式

$$\frac{d}{dt}(\tilde{w}(\cdot,t),\tilde{v}(\cdot,t))^\top = \mathcal{A}(\tilde{w}(\cdot,t),\tilde{v}(\cdot,t))^\top. \qquad (4.3.116)$$

与定理 4.2.6类似, 我们引入变换

$$\mathbb{P}(f,g)^\top = (f, g + Pf)^\top, \ (f,g)^\top \in L^2(\Omega) \times L^2(\Gamma_1), \qquad (4.3.117)$$

其中 $P \in \mathcal{L}(L^2(\Omega), L^2(\Gamma_1))$ 是 Sylvester 方程 (4.3.104) 的解. 易知 $\mathbb{P}$ 可逆且

$$\mathbb{P}^{-1}(f,g)^\top = (f, g - Pf)^\top, \ (f,g)^\top \in L^2(\Omega) \times L^2(\Gamma_1). \qquad (4.3.118)$$

此外, 与定理 4.2.6 类似, 直接计算可得

$$\mathbb{P}\mathcal{A}\mathbb{P}^{-1} = \mathcal{A}_\mathbb{P}, \quad D(\mathcal{A}_\mathbb{P}) = \mathbb{P}D(\mathcal{A}), \qquad (4.3.119)$$

其中

$$\mathcal{A}_\mathbb{P} = \begin{pmatrix} A + \mu + KC_vP & -KC_v \\ 0 & -\beta \end{pmatrix}, \quad D(\mathcal{A}_\mathbb{P}) = D(A) \times L^2(\Gamma_1). \qquad (4.3.120)$$

由引理 4.3.15 和 (4.3.106), 算子 $A + \mu + KC_v P$ 在 $L^2(\Omega)$ 上生成指数稳定的 C_0-半群. 利用算子 $\mathcal{A}_{\mathbb{P}}$ 的上三角结构和引理 4.1.1, 算子 $\mathcal{A}_{\mathbb{P}}$ 在 $L^2(\Omega) \times L^2(\Gamma_1)$ 上生成指数稳定的 C_0-半群 $e^{\mathcal{A}_{\mathbb{P}} t}$. 由算子的相似性 (4.3.119), 算子 $\mathcal{A}$ 在 $L^2(\Omega) \times L^2(\Gamma_1)$ 上生成指数稳定的 C_0-半群 $e^{\mathcal{A}t}$. 于是带有初始状态

$$(\tilde{w}(\cdot, 0), \tilde{v}(\cdot, 0))^\top = (w(\cdot, 0) - \hat{w}(\cdot, 0), v(\cdot, 0) - \hat{v}(\cdot, 0))^\top \in L^2(\Omega) \times L^2(\Gamma_1)$$

的误差系统有唯一解 $(\tilde{w}, \tilde{v})^\top \in C([0, \infty); L^2(\Omega) \times L^2(\Gamma_1))$ 满足

$$e^{\omega t} \|(\tilde{w}(\cdot, t), \tilde{v}(\cdot, t))\|_{L^2(\Omega) \times L^2(\Gamma_1)} \to 0 \ \text{当} \ t \to \infty, \tag{4.3.121}$$

其中 ω 是不依赖于 t 的正常数. 令

$$(\hat{w}(\cdot, t), \hat{v}(\cdot, t)) = (w(\cdot, t) - \tilde{w}(\cdot, t), v(\cdot, t) - \tilde{v}(\cdot, t)). \tag{4.3.122}$$

直接计算可得这样定义的 $(\hat{w}, \hat{v})^\top \in C([0, \infty); L^2(\Omega) \times L^2(\Gamma_1))$ 是系统 (4.3.110) 或者等价地, 是系统 (4.3.109) 的解. 由 (4.3.121) 和 (4.3.114), (4.3.113) 成立. 利用系统 (4.3.109) 的线性性质, 上述观测器解是唯一的. □

4.3.5 数值仿真

本节将用数值模拟的方法来更加直观地验证理论结果. 由于高维系统的动态行为至少需要四维空间才能完全展示, 二维图片仅能表达很有限的动态信息, 因此我们仅对闭环系统 (4.3.78) 做数值模拟. 为了避免数值离散带来的困难, 我们考虑正方形区域 $\Omega = \{(x, y) \in \mathbb{R}^2 \mid 0 < x < 1, 0 < y < 1\}$. 控制器安装在边界

$$\Gamma_1 = \{(x, y) \in \mathbb{R}^2 \mid x = 1, 0 \leqslant y \leqslant 1\} \cup \{(x, y) \in \mathbb{R}^2 \mid y = 1, 0 \leqslant x \leqslant 1\}$$

上, 其余的边界 $\Gamma_0 = \Gamma \setminus \Gamma_1$ 为固定边界. 我们采用有限差分来直接离散系统 (4.3.78). 计算机程序用 Matlab 编写. 空间离散步长 h 和时间离散步长 τ 选为 $h = \tau = 0.05$. 系统初值和调节参数选为

$$\begin{cases} w(x, y, 0) = x \sin 2\pi y, \ v(x, y, 0) = 0, \\ p(x, y) = \sin x \sin y, \ \mu = 6, \ \alpha = 3, \ N = 1, \ l_1 = 15. \end{cases} \tag{4.3.123}$$

直接计算可得 $\lambda_1 = -\dfrac{\pi^2}{2}$ 且 $\lambda_2 = -\dfrac{5\pi^2}{2}$. 由于 $\lambda_1 \geqslant -\mu > \lambda_2$, 因此假设 4.3.2 成立. 此外, 特征值表明开环系统 (4.3.2) 是不稳定的.

系统 (4.3.78) 的初始状态和终止状态见图 4.5. 为了展示系统的动态行为, 状态轨迹 $w(x, 0.5, t)$ 在图 4.6(a) 中给出. 为了便于比较, 没有控制的状态轨迹 $w(x, 0.5, t)$ 在图 4.6(b) 中给出. 控制轨迹 $v(x, y, t)$ 由图 4.7 给出. 为了表示收敛率, 范数 $\|w(\cdot, t)\|_{L^2(\Omega)}$ 及其对数曲线分别在图 4.8(a) 和图 4.8(b) 中给出. 从

图 4.5 ~ 图 4.8 可以很明显地看出, 虽然存在不稳定源项 $\mu w(x, y, t)$, 我们的控制器仍然非常有效. 特别地, 图 4.8 说明系统衰减速度非常快.

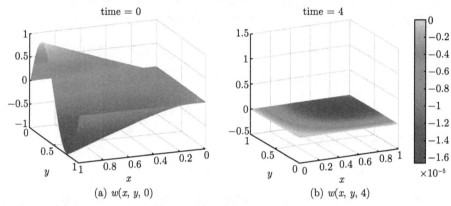

(a) $w(x, y, 0)$ (b) $w(x, y, 4)$

图 4.5 初始状态和终止状态

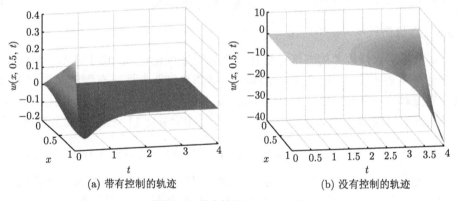

(a) 带有控制的轨迹   (b) 没有控制的轨迹

图 4.6 状态轨迹 $w(x, 0.5, t)$

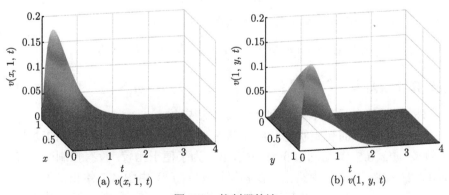

(a) $v(x, 1, t)$ (b) $v(1, y, t)$

图 4.7 控制器轨迹

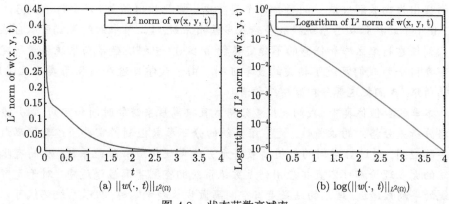

(a) $\|w(\cdot,t)\|_{L^2(\Omega)}$ (b) $\log(\|w(\cdot,t)\|_{L^2(\Omega)})$

图 4.8　状态范数衰减率

本 章 小 结

本章 4.1 节和 4.2 节内容分别是 2.1.1 节和 2.1.2 节在无穷维的推广. 算子的无穷维特性为有限维结论的推广带来了巨大的数学困难. 当系统 (4.1.28) 和系统 (4.2.1) 中的算子 A_1 和 A_2 都是无穷维算子, 并且 B_1 和 C_2 是无界算子时, 相应的 Sylvester 方程的可解性问题非常复杂. 这种情况下的执行动态和观测动态的补偿问题仍然没有解决. 也就是说, 一般性的 PDE-PDE 串联系统的镇定与观测仍然是公开问题. 系统的串联结构是一类特殊的系统耦合, 2.1.3 节和 2.1.4 节中耦合系统的镇定和观测也可以推广到无穷维. 然而由于时间紧迫, 非常遗憾本书没有整理这部分内容. 有兴趣的读者可以直接仿照 2.1.3 节和 2.1.4 节的方法来研究 PDE-ODE 和 ODE-PDE 耦合系统. PDE-PDE 耦合系统的镇定和观测在数学上非常复杂, 有些数学问题我们还没有解决.

2.2 节中的干扰补偿内容本质上其实是内模原理, 它们都可以平行地推广到无穷维系统, 见 [104–107] 等. 但 2.3 节中的扩张动态观测器很难推广到无穷维. 这是因为无穷维系统很难极点配置, 从而无法使用高增益工具. 然而扩张动态观测器中的扩张动态 G 可以推广为一般的算子, 这样无穷维的数学工具就在有限维系统的观测器设计中有了用武之地. 在掌握了本章和第 2 章的内容之后, 这一推广是自然而容易的, 所以本书没有专门整理这部分内容. 带干扰的无穷维系统的观测问题可以用无穷维自抗扰控制方法来解决. 这一问题将在第 6 章讨论.

由于不能极点配置, 高维不稳定 PDE 系统的镇定和观测可能遇到极大的设计困难. 虽然 backstepping 方法可以处理一维不稳定 PDE 的问题, 但是对一般区域的高维不稳定 PDE 却无能为力. 4.3 节创新性地用动态补偿的方法处理高维不稳定热方程, 为处理一般高维 PDE 系统开辟了道路. 至今, 不稳定 Euler-Bernoulli 梁方程的控制问题仍然是 backstepping 方法的遗留问题, 动态补偿方法的提出为彻底解决这一问题打开了突破口. 需要指出的是, 只要将 (4.3.63) 和 (4.3.99) 中的扩张动态系统换成多输入多输出系统, 4.3 节中的结果就可以自然地推广到任意高维区域和任意的不稳定参数 $\mu > 0$. 中科院数学与系统科学研究院孟宇森博士为我们完成了相关的数学证明. 由于数学处理和 4.3 节类似且时间、篇幅所限, 我们把这部分内容留给读者.

　　本章的数值仿真中, 我们采用差分格式直接离散系统的时间和空间, 但并没有严格分析差分格式的收敛性. 无穷维系统的分布参数控制器需要通过数值离散才能实际应用, 通过对空间的数值离散将无穷维系统化成有限维系统, 从而有限维系统的大多理论都可以直接应用到无穷维系统的空间半离散逼近中. 对于无穷维系统的半离散逼近, 理想的结果是当空间离散步长趋于零时, 极限系统仍然可以保持原无穷维系统的某些控制性质, 如可控性、可观性以及指数稳定性等. 然而事实并非如此, 对于传统的有限差分或有限元空间半离散格式, 高频伪数值解 ([168]) 可能破坏半离散系统的一致可控性、一致可观性以及一致指数稳定性 ([5]). 有很多方法能够消除伪高频解, 从而能够弥补这些空间半离散格式的缺陷. 例如: 混合有限元法 ([11]), Tychonoff 正则化方法 ([70]), 双重网格方法 ([94]), 数值粘性方法 ([19, 70, 167]) 等. 最近, 山西大学刘建康和郭宝珠老师提出了基于降阶法的有限差分格式来离散波动方程. 该方法不需要滤波、不需要数值粘性项, 不但离散格式简单, 又可以保持半离散系统的一致指数稳定性, 有非常高的推广价值. 由于时间和篇幅所限, 本书没有整理这部分内容, 有兴趣的读者可参阅 [89, 90] 等.

练 习 题

1. 假设 X 和 Y 是 Hilbert 空间. 对于矩阵 $A = (a_{ij})_{m \times n} \in \mathbb{R}^{m \times n}$ 和算子 $B: X \to Y$, A 和 B 的 Kronecker 积是一个算子 $A \otimes B: [D(B)]^n \subset X^n \to Y^m$, 定义为

$$(A \otimes B)b = \begin{pmatrix} \sum\limits_{j=1}^n a_{1j} B b_j \\ \sum\limits_{j=1}^n a_{2j} B b_j \\ \vdots \\ \sum\limits_{j=1}^n a_{mj} B b_j \end{pmatrix}, \quad \forall\, b = \begin{pmatrix} b_1 \\ b_2 \\ \vdots \\ b_n \end{pmatrix} \in [D(B)]^n. \tag{4.3.124}$$

设 $X_1 = \mathbb{R}^n$, $A_1 = (a_{ij})_{n \times n} \in \mathbb{R}^{n \times n}$, $A_2: D(A_2) \subset X_2 \to X_2$ 是 X_2 上的稠定算子满足 $\rho(A_2) \neq \varnothing$, 且 $Q: D(A_2) \subset X_2 \to X_1$. 进一步假设 $\Phi = (\Phi_1, \Phi_2, \cdots, \Phi_n)^\top \in$

X_2^n 且 $q = (q_1, q_2, \cdots, q_n)^\top \in ([D(A_2)]')^n$ 满足如下定义在 $([D(A_2)]')^n$ 上的方程

$$(A_1 \otimes I_2 - I_1 \otimes \tilde{A}_2^*)\Phi = q, \tag{4.3.125}$$

则 (4.1.26) 定义的算子 S 是如下 Sylvester 方程的一个解.

$$A_1 S - S A_2 = Q, \tag{4.3.126}$$

其中

$$Qx = \begin{pmatrix} \langle x, q_1 \rangle_{D(A_2),[D(A_2)]'} \\ \langle x, q_2 \rangle_{D(A_2),[D(A_2)]'} \\ \vdots \\ \langle x, q_n \rangle_{D(A_2),[D(A_2)]'} \end{pmatrix} := \langle x, q \rangle_{D(A_2),[D(A_2)]'}, \quad \forall\, x \in D(A_2). \tag{4.3.127}$$

2. 设 $X_2 = \mathbb{R}^m$, $A_2 = (a_{ij})_{m \times m} \in \mathbb{R}^{m \times m}$, $A_1 : D(A_1) \subset X_1 \to X_1$ 是 X_1 上的稠定算子满足 $\rho(A_1) \neq \varnothing$, 且 $Q : X_2 \to [D(A_1^*)]'$. 假设 $\Psi = (\Psi_1, \Psi_2, \cdots, \Psi_m)^\top \in X_1^m$, $q = (q_1, q_2, \cdots, q_m)^\top \in ([D(A_1^*)]')^m$ 在 $([D(A_1^*)]')^m$ 上满足如下方程:

$$[I_2 \otimes \tilde{A}_1 - A_2^* \otimes I_1]\Psi = q, \tag{4.3.128}$$

则 (4.1.27) 定义的算子 S 是 Sylvester 方程 (4.3.126) 的一个解, 其中

$$Qv = \sum_{j=1}^m q_j v_j := \langle q, v \rangle_{X_2}, \quad \forall\, v = (v_1, v_2, \cdots, v_m)^\top \in X_2. \tag{4.3.129}$$

3. 设 A_j 在 X_j 上生成 C_0-半群 $e^{A_j t}$, U 是输入空间, 且 $B_j \in \mathcal{L}(U, [D(A_j^*)]')$ 关于半群 $e^{A_j t}$ 允许, $j = 1, 2$. 设 $\sigma(A_1) \cap \sigma(A_2) = \varnothing$ 且系统 $\left(\mathrm{diag}(A_1, A_2), \begin{pmatrix} B_1 \\ B_2 \end{pmatrix} \right)$ 近似可控, 则系统 (A_1, B_1) 和 (A_2, B_2) 都近似可控.

4. 定理 4.3.10中, 证明相似性 (4.3.119).

5. 引理 4.1.5中, 证明 (4.1.18) 定义的 X_{jB_j} 不依赖 λ_j 且可以表示为 (4.1.19).

6. 设 $A \in \mathbb{R}^{n \times n}$, $B = [B_1\ B_2] \in \mathbb{R}^{n \times 2}$. 考虑如下 ODE-beam 控制问题:

$$\begin{cases} \dot{X}(t) = A X(t) + B(w_x(0,t), w(0,t))^\top, \\ w_{tt}(x,t) + w_{xxxx}(x,t) = 0, \quad x \in (0,1) \\ w_{xxx}(0,t) = 0, \ w_{xx}(0,t) = 0, \\ w_{xx}(1,t) = u_1(t), \ w_{xxx}(1,t) = u_2(t), \end{cases} \tag{4.3.130}$$

其中 $X(t) \in \mathbb{R}^n$ 是 ODE 的状态, (w, w_t) 是梁方程状态, u_1 和 u_2 是两个标量的控制. 请利用第 4.1.3节的方法设计状态反馈控制器指数镇定系统 (4.3.130).

第 5 章　时滞动态补偿

时滞问题是控制理论研究的重点问题和难点问题之一. 1959 年, Smith 在文献 [119] 中提出了 Smith 预测器, 可以补偿任意大的输入时滞, 然而该预测器无法适用于不稳定的控制系统. 文献 [3] 和 [84] 推广了 Smith 预测器, 可以处理不稳定系统的输入时滞补偿问题. 偏微分方程的 backstepping 变换也是处理时滞补偿的有力工具之一, 文献 [75] 将输入时滞问题转化为 ODE 和一阶双曲系统组成的串联系统的边界镇定问题, 并且利用偏微分方程的 backstepping 变换解决了任意大时滞的补偿问题. backstepping 方法还可以用来处理不稳定无穷维系统的镇定问题 ([53, 57, 74, 83]) ODE-PDE 串联系统的镇定问题 ([141]), 以及非线性无穷维系统镇定问题 ([38]).

与带时滞的有限维系统相比, 带时滞的无穷维系统更加复杂. 例如: 任意小的时滞都可能使得原本指数稳定的系统不稳定 ([22]). 时滞的复杂性还体现在它具有两面性上, 一方面时滞可能破坏系统稳定性, 另一方面, 恰当地利用时滞还可能有助于系统的镇定. 当输出时滞恰好等于传播速度时, 波动方程可以被非同位的边界位移反馈镇定 ([34]). 当输出时滞恰好等于偶数倍传播速度时, 直接的边界速度反馈可以指数镇定波动方程 ([140]), 甚至带有非线性边界的波动方程也可以利用时滞的正面效应来镇定 ([38]).

由于时滞的无穷维特性, 带时滞的无穷维系统的控制本质上是 PDE-PDE 串联系统的控制, 它的研究远比 PDE-ODE 或 ODE-PDE 串联系统更具有挑战性, 相应的结果也相对较少. 文献 [80], [109] 和 [142] 用 backstepping 方法研究了带有输入时滞的反应扩散方程的时滞补偿问题. 带有任意时滞的波动方程和梁方程的镇定曾在文献 [55] 和 [51] 中讨论, 它们采用了状态预测和观测同时进行的方法. 最近, 该方法还被用于抽象系统的时滞补偿 ([60, 100]), 其他无穷维系统的时滞补偿结果可见专著 [77].

本章提出一般性的方法来处理无穷维抽象系统的时滞补偿问题, 分别讨论输入时滞补偿和输出时滞补偿. 它们本质上是执行动态补偿和观测动态补偿的特殊应用. 虽然文献 [60] 也考虑了抽象系统的时滞补偿问题, 但是它的结论仅限于守恒系统. 尽管文献 [100] 可以处理不稳定系统, 然而又必须假设控制算子是有界的. 与 [60] 和 [100] 不同, 本章将处理一般正则系统的时滞补偿问题. 本章的最后还对 backstepping 方法做了推广, 用动态系统来代替 backstepping 变换中的

Volterra 积分, 新的 backstepping 方法可以处理一类波动方程的时滞补偿问题和输出调节问题.

5.1 有限维系统时滞补偿

本节将应用第 4 章中动态补偿的思想来解决有限维系统的时滞补偿问题. 尽管该问题可以由 Smith 预测器或偏微分方程的 backstepping 方法来解决, 但新的方法更简单且易于推广. 本节内容将有助于我们理解随后讨论的无穷维系统的时滞补偿问题.

5.1.1 有限维系统输入时滞补偿

在状态空间 $\mathbb{R}^n$ 中考虑如下控制系统:

$$\dot{X}(t) = AX(t) + Bu(t - \tau), \tag{5.1.1}$$

其中 $X(t)$ 是系统状态, $A \in \mathbb{R}^{n \times n}$ 是系统矩阵, $B \in \mathbb{R}^n$ 是控制矩阵, $u(t)$ 控制输入, $\tau > 0$ 是时滞. 按照文献 [158], 时滞本质上是由传播方程决定的无穷维动态. 事实上, 若令

$$w(x,t) = u(t - x), \quad x \in [0, \tau], \ t \geqslant 0, \tag{5.1.2}$$

则输入时滞控制系统 (5.1.1) 可以表示为如下边界控制系统

$$\begin{cases} \dot{X}(t) = AX(t) + Bw(\tau, t), \\ w_t(x,t) + w_x(x,t) = 0, \quad x \in [0, \tau], \\ w(0,t) = u(t). \end{cases} \tag{5.1.3}$$

因此, 输入时滞补偿问题就变成了由传播方程决定的执行动态补偿问题, 只需镇定边界控制系统 (5.1.3) 即可. 令

$$G_\tau f = -f', \quad \forall \, f \in D(G_\tau) = \{f \in H^1(0, \tau) \mid f(0) = 0\}, \tag{5.1.4}$$

则系统 (5.1.3) 变为

$$\begin{cases} \dot{X}(t) = AX(t) + BC_\tau w(\cdot, t), \\ \dot{w}(\cdot, t) = G_\tau w(\cdot, t) + B_\tau u(t), \end{cases} \tag{5.1.5}$$

其中 B_τ 是 Dirac 分布 $\delta(\cdot)$, $C_\tau \in \mathcal{L}(D(G_\tau), \mathbb{R})$ 定义为

$$C_\tau f = f(\tau), \quad \forall \, f \in D(G_\tau). \tag{5.1.6}$$

按照控制器 (4.1.53) 的设计步骤, 系统 (5.1.5) 的状态反馈控制器可以设计为

$$u(t) = KX(t) + KS_\tau w(\cdot, t), \quad t \geqslant 0, \tag{5.1.7}$$

其中 $K \in \mathbb{R}^{1 \times n}$ 使得 $A + S_\tau B_\tau K$ 是 Hurwitz 阵, $S_\tau \in \mathcal{L}(L^2(0,\tau), \mathbb{R}^n)$ 是如下 Sylvester 方程的解

$$AS_\tau - S_\tau G_\tau = BC_\tau. \tag{5.1.8}$$

直接解方程 (5.1.8) 可得

$$S_\tau g = \int_0^\tau e^{A(x-\tau)} Bg(x)dx, \quad \forall\, g \in L^2(0,\tau). \tag{5.1.9}$$

于是有

$$S_\tau B_\tau = e^{-A\tau} B \in \mathbb{R}^n. \tag{5.1.10}$$

设 $F \in \mathbb{R}^{1 \times n}$ 使得 $A + BF$ 是 Hurwitz 阵且令 $K = Fe^{A\tau}$, 易知 $A + S_\tau B_\tau K$ 是 Hurwitz 阵. 所以综合 (5.1.10) 和 (5.1.7) 可得

$$u(t) = Fe^{A\tau} X(t) + F \int_0^\tau e^{Ax} Bw(x,t)dx. \tag{5.1.11}$$

于是得到闭环系统

$$\begin{cases} \dot{X}(t) = AX(t) + Bw(\tau, t), \\ w_t(x,t) + w_x(x,t) = 0, \quad x \in [0,\tau], \\ w(0,t) = Fe^{A\tau} X(t) + F \int_0^\tau e^{Ax} Bw(x,t)dx, \end{cases} \tag{5.1.12}$$

其中 $F \in \mathbb{R}^{1 \times n}$ 使得 $A + BF$ 是 Hurwitz 阵. 由定理 4.1.1 可得如下结论:

定理 5.1.1　设 $A \in \mathbb{R}^{n \times n}$, $B \in \mathbb{R}^n$, $F \in \mathbb{R}^{1 \times n}$ 使得 $A + BF$ 是 Hurwitz 阵, 系统 (A, B) 可控, 则对任意的初始状态 $(X(0), w(\cdot, 0)) \in \mathbb{R}^n \times L^2(0,\tau)$, 闭环系统 (5.1.12) 存在唯一解 $(X(t), w(\cdot, t)) \in C([0,\infty); \mathbb{R}^n \times L^2(0,\tau))$ 且满足

$$\lim_{t \to +\infty} e^{\omega t} \|(X(t), w(\cdot, t))\|_{\mathbb{R}^n \times L^2(0,\tau)} = 0, \tag{5.1.13}$$

其中 ω 是与初值和时间无关的正常数.

注意到 $K = Fe^{A\tau}$, 控制器 (5.1.11) 可以写为

$$u(t) = KX(t) + K \int_0^\tau e^{A(x-\tau)} Bw(x,t)dx$$

$$= F\left[e^{A\tau}X(t) + F\int_{t-\tau}^t e^{A(t-s)}Bu(s)ds\right]. \tag{5.1.14}$$

虽然这一控制器也可以用 backstepping 方法 ([75]), spectrum assignment 方法 ([81]) 以及降阶法 ([3]) 得到, 但是 spectrum assignment 方法 ([81]) 和降阶法 ([3]) 很难处理其他无穷维输入动态. 虽然 backstepping 方法可以处理由一维热方程、波动方程以及薛定谔方程决定的输入动态, 然而 backstepping 方法在处理有限维系统的无穷维执行动态补偿问题时通常要解一个偏微分方程来获得核函数 ([78, 79]). 有些情况下, 核函数的求解是非常困难的. 定理 4.1.1 给出的执行动态补偿方法和 backstepping 方法殊途同归, 但是却避免了求解核函数的困难, 因而它在一定程度上弥补了 backstepping 方法的缺点. Backstepping 方法很难处理的 Euler-Bernoulli 梁方程决定的执行动态补偿问题可以用定理 4.1.1 的方法轻松解决 ([151]).

考虑系统 (5.1.3), 引入变换

$$\tilde{X}(t) = X(t) + Sw(\cdot, t), \tag{5.1.15}$$

则 $\tilde{X}$ 满足:

$$\dot{\tilde{X}}(t) = A\tilde{X}(t) + e^{-A\tau}Bu(t). \tag{5.1.16}$$

变换 (5.1.15) 与 [3, 变换 (3.7)] 在形式上非常相似, 它们都能将一个输入时滞镇定问题转化为一个无时滞系统的镇定问题. 与 [3] 中变换相比, 变换 (5.1.15) 利用了偏微分方程工具, 这有利于将动态补偿问题中的时滞动态推广到一般的无穷维动态.

为了更直观地说明理论结果, 我们对闭环系统 (5.1.12) 进行了数值模拟. 我们采用有限差分的方法离散系统. 时间、空间离散步长分别为 0.001 和 0.01. 控制系统 (A, B) 和反馈增益 F 选为

$$A = \begin{bmatrix} 0 & 1 \\ 2 & 0 \end{bmatrix}, \quad B = \begin{bmatrix} 0 \\ 1 \end{bmatrix}, \quad F = [102 \ 20].$$

时滞参数选为 $\tau = 0.15$. 为了使系统 (5.1.12) 的边界条件相容, 系统初值选为 $w(x, 0) = 0$ 和 $X(0) = (1, -5.1)^\top$. 闭环系统 (5.1.12) 的仿真结果见图 5.1. 从仿真结果可以看出时滞动态 w 和系统状态 X 都非常光滑地收敛到零, 这说明我们的控制器是有效的.

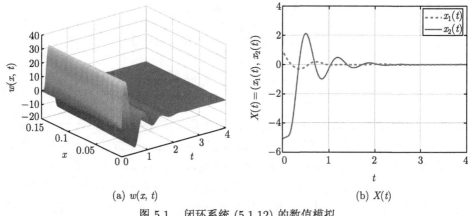

(a) $w(x, t)$ (b) $X(t)$

图 5.1　闭环系统 (5.1.12) 的数值模拟

5.1.2　有限维系统输出时滞补偿

在状态空间 $\mathbb{R}^n$ 和输出空间 $\mathbb{R}$ 中考虑如下观测系统:

$$\dot{X}(t) = AX(t) + Bu(t), \quad y(t) = CX(t - \mu), \tag{5.1.17}$$

其中 $X(t)$ 是系统状态, $A \in \mathbb{R}^{n \times n}$ 是系统算子, $B \in \mathbb{R}^n$ 是控制算子, $C \in \mathbb{R}^{1 \times n}$ 是观测算子, $y(t)$ 是输出测量, $u(t)$ 是控制输入, $\mu > 0$ 是时滞. 若令

$$w(x, t) = CX(t - x), \quad x \in [0, \mu], \ t \geqslant 0, \tag{5.1.18}$$

则输出时滞观测系统 (5.1.17) 可以表示为如下边界观测系统

$$\begin{cases} \dot{X}(t) = AX(t) + Bu(t), \\ w_t(x, t) + w_x(x, t) = 0, \quad x \in [0, \mu], \\ w(0, t) = CX(t), \\ y(t) = w(\mu, t). \end{cases} \tag{5.1.19}$$

利用算子 (5.1.4) 和 (5.1.6), 系统 (5.1.19) 可以写成抽象形式

$$\begin{cases} \dot{X}(t) = AX(t) + Bu(t), \\ \dot{w}(\cdot, t) = G_\mu w(\cdot, t) + B_\mu CX(t), \\ y(t) = C_\mu w(\cdot, t), \end{cases} \tag{5.1.20}$$

其中 B_μ 是 Dirac 分布 $\delta(\cdot)$. 解 Sylvester 方程

$$G_\mu S_\mu - S_\mu A = B_\mu C \tag{5.1.21}$$

得 $S_\mu \in \mathcal{L}(\mathbb{R}^n, L^2(0,\mu))$ 满足

$$(S_\mu v)(x) = -Ce^{-Ax}v, \quad \forall\, v \in \mathbb{R}^n,\ x \in [0,\mu]. \tag{5.1.22}$$

于是有 $C_\mu S_\mu v = -Ce^{-A\mu}v,\ \forall\, v \in \mathbb{R}^n$. 根据定理 4.2.6 以及观测器 (4.2.26) 的参数选择方案, 如果 $K \in \mathbb{R}^{1\times n}$ 使得矩阵 $A + C_\mu S_\mu K = A - Ce^{-A\mu}K$ 是 Hurwitz 阵, 系统 (5.1.20) 的状态观测器可以设计为

$$\begin{cases} \dot{\hat{X}}(t) = A\hat{X}(t) + K[y(t) - C_\mu \hat{w}(\cdot,t)] + Bu(t), \\ \dot{\hat{w}}(\cdot,t) = G_\mu \hat{w}(\cdot,t) + B_\mu C\hat{X}(t) + Ce^{-A\cdot}K[y(t) - C_\mu \hat{w}(\cdot,t)]. \end{cases} \tag{5.1.23}$$

设 $F \in \mathbb{R}^{1\times n}$ 使得矩阵 $A + FC$ 是 Hurwitz 阵, 则由 $e^{A\mu}$ 的可逆性可知 $A + e^{A\mu}FCe^{-A\mu} = A - e^{A\mu}FC_\mu S_\mu$ 也是 Hurwitz 阵. 取 $K = -e^{A\mu}F$ 并注意到 $y(t) = w(\mu,t)$, 观测器 (5.1.23) 变为

$$\begin{cases} \dot{\hat{X}}(t) = A\hat{X}(t) - e^{A\mu}F[w(\mu,t) - C_\mu \hat{w}(\cdot,t)] + Bu(t), \\ \dot{\hat{w}}(\cdot,t) = G_\mu \hat{w}(\cdot,t) + B_\mu C\hat{X}(t) - Ce^{A(\mu-\cdot)}F[w(\mu,t) - C_\mu \hat{w}(\cdot,t)] \end{cases} \tag{5.1.24}$$

或者等价地

$$\begin{cases} \dot{\hat{X}}(t) = A\hat{X}(t) - e^{A\mu}F[w(\mu,t) - \hat{w}(\mu,t)] + Bu(t), \\ \hat{w}_t(x,t) + \hat{w}_x(x,t) = -Ce^{A(\mu-x)}F[w(\mu,t) - \hat{w}(\mu,t)], \quad x \in (0,\mu), \\ \hat{w}(0,t) = C\hat{X}(t), \end{cases} \tag{5.1.25}$$

其中 $F \in \mathbb{R}^{1\times n}$ 使得矩阵 $A + FC$ 是 Hurwitz 阵. 由定理 4.2.6, 该观测器是适定的. 观测器 (5.1.25) 和文献 [75,77] 中的观测器在本质上是一样的, 但本节的观测器设计过程更加自然易懂. 定理 4.1.1 和定理 4.2.6 的方法还可以应用到无穷维系统的时滞补偿中, 这正是下一节要考虑的内容.

为了更直观地说明理论结果, 我们对系统 (5.1.19) 的观测器 (5.1.25) 进行了数值模拟. 我们采用有限差分的方法离散系统. 时间、空间离散步长分别为 0.001 和 0.01. 观测系统 (5.1.19) 对应的矩阵为

$$A = \begin{bmatrix} 0 & 1 \\ 2 & 0 \end{bmatrix}, \quad B = \begin{bmatrix} 0 \\ 0 \end{bmatrix}, \quad C = [1\ 0].$$

观测器增益为 $F = [-20\quad -102]^\top$, 简单计算可知 $\sigma(A+FC) = \{-10\}$. 时滞参数选为 $\mu = 0.5$. 系统 (5.1.19) 的初值选为 $w(x,0) = 0$ 和 $X(0) = (0,2)^\top$. 观测

器 (5.1.25) 的初值选为 $\hat{w}(x,0)=0$ 和 $\hat{X}(0)=(0,0)^{\top}$. 观测误差的仿真结果见图 5.2. 从仿真结果可以看出时滞动态 $w(x,t)$ 和系统状态 $X(t)=(x_1(t),x_2(t))^{\top}$ 都得到了有效的估计, 这说明观测器是有效的.

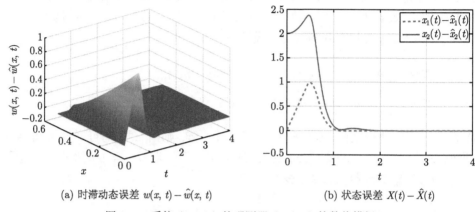

(a) 时滞动态误差 $w(x,t)-\hat{w}(x,t)$　　　　　　(b) 状态误差 $X(t)-\hat{X}(t)$

图 5.2　系统 (5.1.19) 的观测器 (5.1.25) 的数值模拟

5.2　无穷维系统输入时滞补偿

有限维系统的输入时滞补偿问题本质上是 ODE-PDE 串联系统的控制问题, 它可以用 4.1 节的方法解决. 本节考虑无穷维系统的输入时滞补偿问题, 它本质上是 PDE-PDE 串联系统的控制问题. 它无法用 4.1 节的结论直接解决, 还需要较为复杂的数学分析.

5.2.1　平移半群

众所周知, 时滞动态可以由传播方程来描述 ([158]), 而传播方程对应的半群正是本节要讨论的平移半群 (shift semigroup). 设 U 是 Hilbert 空间, 其范数由 $\|\cdot\|_U$ 表示. 对任意的 $\alpha>0$, 我们用 $L^2([0,\alpha];U)$ 表示从 $[0,\alpha]$ 到 U 的可测且平方可积函数的全体. 显然, $L^2([0,\alpha];U)$ 是 Hilbert 空间, 其内积定义如下

$$\langle\phi_1,\phi_2\rangle_{L^2([0,\alpha];U)}=\int_0^\alpha\langle\phi_1(x),\phi_2(x)\rangle_U dx,\quad\forall\,\phi_1,\phi_2\in L^2([0,\alpha];U).\quad(5.2.1)$$

定义算子 $G_\alpha:D(G_\alpha)\subset L^2([0,\alpha];U)\to L^2([0,\alpha];U)$ 如下

$$(G_\alpha f)(x)=-\frac{d}{dx}f(x),\quad\forall\,f\in D(G_\alpha)=\left\{f\in H^1([0,\alpha];U)\mid f(0)=0\right\},\quad(5.2.2)$$

则 G_α 生成 $L^2([0,\alpha];U)$ 上的右平移半群 $e^{G_\alpha t}$, 即

$$\left(e^{G_\alpha t}f\right)(x) = \begin{cases} f(x-t), & x-t \geqslant 0, \\ 0, & x-t < 0, \end{cases} \quad \forall\, f \in L^2([0,\alpha];U). \tag{5.2.3}$$

算子 G_α 的共轭算子为

$$(G_\alpha^* f)(x) = \frac{d}{dx}f(x), \quad \forall\, f \in D(G_\alpha^*) = \left\{ f \in H^1([0,\alpha];U) \mid f(\alpha) = 0 \right\}, \tag{5.2.4}$$

该算子生成 $L^2([0,\alpha];U)$ 上的左平移半群 $e^{G_\alpha^* t}$,

$$\left(e^{G_\alpha^* t}f\right)(x) = \begin{cases} f(x+t), & x+t \leqslant \alpha, \\ 0, & x+t > \alpha, \end{cases} \quad \forall\, f \in L^2([0,\alpha];U). \tag{5.2.5}$$

显然, 半群 $e^{G_\alpha t}$ 和 $e^{G_\alpha^* t}$ 在 $L^2([0,\alpha];U)$ 上是指数稳定的 (有限时间稳定的). 由 (3.1.21), G_α 的扩张 $\tilde{G}_\alpha \in \mathcal{L}(L^2([0,\alpha];U), [D(G_\alpha^*)]')$ 满足:

$$\langle \tilde{G}_\alpha f, g \rangle_{[D(G_\alpha^*)]',D(G_\alpha^*)} = \langle f, G_\alpha^* g \rangle_{L^2([0,\alpha];U)}, \quad \forall\, f \in L^2([0,\alpha];U),\ g \in D(G_\alpha^*). \tag{5.2.6}$$

记 $[H^1([0,\alpha];U)]'$ 是 $H^1([0,\alpha];U)$ 关于枢纽空间 $L^2([0,\alpha];U)$ 的对偶空间. 定义算子 $B_\alpha : U \to [H^1([0,\alpha];U)]'$ 为

$$\langle B_\alpha u, f \rangle_{[H^1([0,\alpha];U)]',H^1([0,\alpha];U)} = \langle u, f(0) \rangle_U, \quad \forall\, f \in H^1([0,\alpha];U),\ \forall\, u \in U, \tag{5.2.7}$$

且定义 $C_\alpha : D(C_\alpha) \subset L^2([0,\alpha];U) \to U$ 为

$$C_\alpha f = f(\alpha), \quad \forall\, f \in D(C_\alpha) = H^1([0,\alpha];U). \tag{5.2.8}$$

引理 5.2.1 对任意的 $\alpha > 0$, 令 G_α, B_α 和 C_α 分别由 (5.2.2), (5.2.7) 和 (5.2.8) 定义, 则 $B_\alpha \in \mathcal{L}(U, [D(G_\alpha^*)]')$ 和 $C_\alpha \in \mathcal{L}(D(G_\alpha), U)$ 关于右平移半群 $e^{G_\alpha t}$ 允许并且

$$(\lambda - \tilde{G}_\alpha)^{-1} B_\alpha = E_\lambda, \quad \lambda \in \mathbb{C}, \tag{5.2.9}$$

其中 $\tilde{G}_\alpha$ 由 (5.2.6) 给出, $E_\lambda \in \mathcal{L}(U, D(C_\alpha))$ 定义为

$$E_\lambda u = e^{-\lambda x}u, \quad x \in [0,\alpha],\ \forall\, u \in U. \tag{5.2.10}$$

此外, 系统 $(G_\alpha, B_\alpha, C_\alpha)$ 是正则线性系统.

证明　由 (5.2.7) 可得 B_α 的共轭算子满足 $B_\alpha^* \in \mathcal{L}(D(G_\alpha^*), U)$ 且

$$B_\alpha^* f = f(0), \quad \forall\, f \in D(G_\alpha^*).$$

利用 (5.2.5) 可推出

$$\int_0^\alpha \|B_\alpha^* e^{G_\alpha^* t} f\|_U^2 dt = \int_0^\alpha \|f(t)\|_U^2 dt = \|f\|_{L^2([0,\alpha];U)}^2, \quad f \in D(G_\alpha^*). \quad (5.2.11)$$

这说明 B_α^* 关于半群 $e^{G_\alpha^* t}$ 允许, 从而 B_α 关于半群 $e^{G_\alpha t}$ 允许. 同理, 由 (5.2.3) 和 (5.2.8) 可推出 $C_\alpha \in \mathcal{L}(D(G_\alpha), U)$ 关于半群 $e^{G_\alpha t}$ 允许.

直接计算可得 $\rho(G_\alpha) = \rho(G_\alpha^*) = \mathbb{C}$ 且

$$\left\langle (\lambda - \tilde{G}_\alpha) E_\lambda u, \phi \right\rangle_{[D(G_\alpha^*)]', D(G_\alpha^*)} = \left\langle E_\lambda u, \left(\overline{\lambda} - G_\alpha^*\right) \phi \right\rangle_{L^2([0,\alpha];U)}$$

$$= \int_0^\alpha \langle e^{-\lambda x} u, \overline{\lambda}\phi(x) \rangle_U dx - \int_0^\alpha \left\langle e^{-\lambda x} u, \frac{d}{dx}\phi(x) \right\rangle_U dx$$

$$= \lambda \int_0^\alpha \langle e^{-\lambda x} u, \phi(x) \rangle_U dx + \langle u, \phi(0) \rangle_U - \lambda \int_0^\alpha \langle e^{-\lambda x} u, \phi(x) \rangle_U dx$$

$$= \langle u, \phi(0) \rangle_U, \quad \forall\, u \in U,\ \phi \in D(G_\alpha^*),\ \lambda \in \mathbb{C}. \quad (5.2.12)$$

综合 (5.2.12) 和 (5.2.7) 可得 $(\lambda - \tilde{G}_\alpha)E_\lambda = B_\alpha$. 于是 (5.2.9) 成立. 由 (5.2.8), (5.2.9) 和 (5.2.10), 我们得到 $C_\alpha(\lambda - \tilde{G}_\alpha)^{-1}B_\alpha u = C_\alpha E_\lambda u = e^{-\lambda \alpha} u$, $\forall\, u \in U$. 这意味着 $C_\alpha(\lambda - \tilde{G}_\alpha)^{-1}B_\alpha \in \mathcal{L}(U)$ 且 $\lambda \to \|C_\alpha(\lambda - \tilde{G}_\alpha)^{-1}B_\alpha\|$ 在某个右半复平面有界. 因此, $(G_\alpha, B_\alpha, C_\alpha)$ 是正则线性系统. $\qquad\square$

与 [116, Section 2.2] 一样, 我们定义 $L^2([0,\alpha]; U)$ 的子空间如下:

$$G_{B_\alpha} = \left\{ f \in L^2([0,\alpha]; U) \mid \tilde{G}_\alpha f + B_\alpha u \in L^2([0,\alpha]; U), u \in U \right\}. \quad (5.2.13)$$

对任意的 $f \in G_{B_\alpha}$, 存在 $u_f \in U$ 使得 $\tilde{G}_\alpha f + B_\alpha u_f \in L^2([0,\alpha]; U)$. 这就说明 $\tilde{G}_\alpha^{-1}(\tilde{G}_\alpha f + B_\alpha u_f) = f + \tilde{G}_\alpha^{-1} B_\alpha u_f \in D(G_\alpha)$, 从而有 $f \in D(G_\alpha) + \tilde{G}_\alpha^{-1} B_\alpha U$. 所以我们得到 $G_{B_\alpha} \subset D(G_\alpha) + \tilde{G}_\alpha^{-1} B_\alpha U$. 对任意的 $g = g_1 + \tilde{G}_\alpha^{-1} B_\alpha u_g \in D(G_\alpha) + \tilde{G}_\alpha^{-1} B_\alpha U$, 其中 $g_1 \in D(G_\alpha)$ 且 $u_g \in U$, 简单计算可知 $\tilde{G}_\alpha g + B_\alpha(-u_g) = \tilde{G}_\alpha g_1 \in L^2([0,\alpha]; U)$, 这说明 $g \in G_{B_\alpha}$ 从而 $D(G_\alpha) + \tilde{G}_\alpha^{-1} B_\alpha U \subset G_{B_\alpha}$. 因此

$$G_{B_\alpha} = D(G_\alpha) + \tilde{G}_\alpha^{-1} B_\alpha U. \quad (5.2.14)$$

由 [116, Section 2.2], G_{B_α} 关于内积

$$\|f\|_{G_{B_\alpha}}^2 = \|f\|_{L^2([0,\alpha];U)}^2 + \|u_f\|_U^2 + \|\tilde{G}_\alpha f + B_\alpha u_f\|_{L^2([0,\alpha];U)}^2 \quad (5.2.15)$$

构成 Hilbert 空间, 其中 $u_f \in U$ 使得 $\tilde{G}_\alpha f + B_\alpha u_f \in L^2([0,\alpha];U)$. 由引理 5.2.1 可知 $-\tilde{G}_\alpha^{-1} B_\alpha U = \{c_u \mid c_u(x) \equiv u, \ x \in [0,\alpha], u \in U\}$, 所以综合 (5.2.2), (5.2.14) 和 (5.2.8) 可得

$$G_{B_\alpha} = H^1([0,\alpha];U) = D(C_\alpha). \tag{5.2.16}$$

5.2.2 输入时滞对应的 Sylvester 方程

将时滞动态写成一阶双曲方程, 带有输入时滞的无穷维系统控制问题本质上就是 PDE-PDE 串联系统的控制问题, 如 4.1.3 节的分析, 这一问题的解耦需要求解带有无界算子的 Sylvester 方程. 然而求解一般的带有无界算子的 Sylvester 方程并不是一件容易的事情. 本节将指出, 如果一个算子恰好是平移半群的生成元, 那么对应的 Sylvester 方程是可解的.

设 A 是 Hilbert 空间 Z 上的一个 C_0-群 e^{At} 的生成元, $B \in \mathcal{L}(U, [D(A^*)]')$ 关于半群 e^{-At} 允许, 则 $B^* \in \mathcal{L}(D(A^*), U)$ 关于半群 e^{-A^*t} 允许. 由 [135, Proposition 4.3.4, p.124], 对任意的 $h \in D(A^*)$ 和 $\tau > 0$, $B^* e^{A^*(\cdot - \tau)} h = B^* e^{-A^*(\tau - \cdot)} h \in H^1([0,\tau];U)$. 于是可以定义算子 $S_\tau : [H^1([0,\tau];U)]' \to [D(A^*)]'$ 如下: 对任意的 $z \in D(A^*)$ 和 $f \in [H^1([0,\tau];U)]'$,

$$\langle S_\tau f, z \rangle_{[D(A^*)]', D(A^*)} = \left\langle f, B^* e^{A^*(\cdot - \tau)} z \right\rangle_{[H^1([0,\tau];U)]', H^1([0,\tau];U)}. \tag{5.2.17}$$

设 $g \in L^2([0,\tau];U)$, 则

$$
\begin{aligned}
\langle S_\tau g, z \rangle_{[D(A^*)]', D(A^*)} &= \left\langle g, B^* e^{A^*(\cdot - \tau)} z \right\rangle_{L^2([0,\tau];U)} \\
&= \int_0^\tau \left\langle g(x), B^* e^{A^*(x - \tau)} z \right\rangle_U dx \\
&= \left\langle \int_0^\tau e^{\tilde{A}(x - \tau)} B g(x) dx, z \right\rangle_{[D(A^*)]', D(A^*)}, \quad \forall z \in D(A^*) \subset Z. \tag{5.2.18}
\end{aligned}
$$

由于 B 关于 e^{-At} 允许, 我们有 $\int_0^\tau e^{\tilde{A}(x-\tau)} Bg(x) dx \in Z$, 从而由 (5.2.18) 可得 $S_\tau \in \mathcal{L}(L^2([0,\tau];U), Z)$ 且

$$S_\tau g = \int_0^\tau e^{\tilde{A}(x - \tau)} B g(x) dx, \quad \forall g \in L^2([0,\tau];U). \tag{5.2.19}$$

这就说明 S_τ 是系统 $(-A, B)$ 的控制映射的延拓, 见控制映射的定义 1.1.2 或 [21, p.143, Definition 4.1.3].

引理 5.2.2   设 Z, U 和 U 分别是状态空间、控制空间和输出空间, (A, B, K) 是正则线性系统. 设算子 A 在 Z 上生成 C_0-群 e^{At}, G_τ, B_τ 和 C_τ 分别由 (5.2.2), (5.2.7) 和 (5.2.8) 定义, 其中 $\alpha = \tau$. 那么, (5.2.17) 定义的算子 $S_\tau \in \mathcal{L}(L^2([0,\tau];U), Z)$ 满足

$$S_\tau B_\tau = e^{-\tilde{A}\tau} B \in \mathcal{L}(U, [D(A^*)]') \tag{5.2.20}$$

且

$$\begin{cases} \tilde{A}S_\tau f - S_\tau \tilde{G}_\tau f = BC_\tau f, \\ K_\Lambda e^{A\tau} S_\tau f \in U, \end{cases} \quad \forall\ f \in G_{B_\tau}, \tag{5.2.21}$$

其中 G_{B_τ} 由 (5.2.13)($\alpha = \tau$) 定义.

证明   由 (5.2.17) 和 (5.2.7) 可得

$$\langle S_\tau B_\tau u, h \rangle_{[D(A^*)]', D(A^*)} = \left\langle B_\tau u, B^* e^{A^*(\cdot - \tau)} h \right\rangle_{[H^1([0,\tau];U)]', H^1([0,\tau];U)}$$

$$= \left\langle u, B^* e^{-A^*\tau} h \right\rangle_U = \left\langle e^{-\tilde{A}\tau} Bu, h \right\rangle_{[D(A^*)]', D(A^*)}, \quad \forall\ u \in U, h \in D(A^*), \tag{5.2.22}$$

于是 (5.2.20) 成立. 由 (5.2.2), (5.2.8) 和 (5.2.19) 的

$$S_\tau G_\tau g = -\int_0^\tau e^{\tilde{A}(x-\tau)} Bg'(x) dx = -Bg(\tau) + \tilde{A}\int_0^\tau e^{\tilde{A}(x-\tau)} Bg(x) dx$$

$$= -BC_\tau g + \tilde{A}S_\tau g, \quad \forall\ g \in D(G_\tau), \tag{5.2.23}$$

这说明 Sylvester 方程 $\tilde{A}S_\tau - S_\tau G_\tau = BC_\tau$ 在 $D(G_\tau)$ 上成立. 对任意的 $f \in G_{B_\tau}$, 由 (5.2.14), f 可以分为两部分 $f = g_f + \tilde{G}_\alpha^{-1} B_\alpha u_f$, 其中 $g_f \in D(G_\tau)$, $u_f \in U$. 由 引理 5.2.1, $\tilde{G}_\tau^{-1} B_\tau u_f = -E_0 u_f \equiv -u_f$. 注意到 (5.2.14), (5.2.23) 和 $g_f \in D(G_\tau)$, 如果能够证明

$$\tilde{A}S_\tau E_0 u_f - S_\tau \tilde{G}_\tau E_0 u_f = BC_\tau E_0 u_f, \tag{5.2.24}$$

那么 (5.2.21) 中的第一个方程成立. 事实上, 由 (5.2.20) 可得

$$-S_\tau \tilde{G}_\tau E_0 u_f = S_\tau \tilde{G}_\tau (\tilde{G}_\tau^{-1} B_\tau u_f) = S_\tau B_\tau u_f = e^{-\tilde{A}\tau} B u_f. \tag{5.2.25}$$

由 (5.2.8) 和 (5.2.19),

$$BC_\tau E_0 u_f - \tilde{A}S_\tau E_0 u_f = B u_f - \tilde{A}\int_0^\tau e^{\tilde{A}(x-\tau)} B u_f dx = e^{-\tilde{A}\tau} B u_f, \tag{5.2.26}$$

上式结合 (5.2.25) 可推出 (5.2.24). 所以, (5.2.21) 第一个式子成立.

现在证明 (5.2.21) 剩余部分. 因为 (A, B, K) 是正则系统, 我们有

$$K_\Lambda \int_0^{\cdot} e^{\tilde{A}(\cdot-s)} Bg(s)ds \in H^1_{\text{loc}}([0, +\infty); U), \quad \forall\, g \in H^1_{\text{loc}}([0, \infty); U). \quad (5.2.27)$$

特别地,

$$K_\Lambda \int_0^\tau e^{\tilde{A}(\tau-s)} Bg(s)ds \in U, \quad \forall\, g \in H^1([0, \tau]; U). \quad (5.2.28)$$

对任意的 $f \in G_{B_\tau}$, 由 (5.2.16) 可得 $f(\tau - \cdot) \in H^1([0, \tau]; U)$. 由于 B 关于 e^{-At} 允许, 因此

$$e^{A\tau} S_\tau f = e^{A\tau} \int_0^\tau e^{\tilde{A}(x-\tau)} Bf(x)dx$$

$$= \int_0^\tau e^{\tilde{A}x} Bf(x)dx = \int_0^\tau e^{\tilde{A}(\tau-x)} Bf(\tau-x)dx, \quad (5.2.29)$$

上式结合 (5.2.28) 可得出 $K_\Lambda e^{A\tau} S_\tau f \in U$. □

引理 5.2.3 设算子 A 是 Z 上 C_0-群 e^{At} 的生成元, $B \in \mathcal{L}(U, [D(A^*)]')$ 关于 e^{At} 允许, $K \in \mathcal{L}(D(A), U)$ 关于 e^{At} 允许. 那么, 对任意的 $\tau > 0$, $K \in \mathcal{L}(D(A), U)$ 能指数镇定系统 (A, B) 当且仅当 $Ke^{A\tau} \in \mathcal{L}(D(A), U)$ 能指数镇定系统 $(A, e^{-\tilde{A}\tau} B)$.

证明 容易证明 $e^{-\tilde{A}\tau} B$ 和 $Ke^{A\tau}$ 关于 e^{At} 都允许. 对任意的 $\lambda \in \rho(A)$, 简单计算可知

$$K_\Lambda (\lambda - \tilde{A})^{-1} B = K_\Lambda \left[e^{A\tau} (\lambda - \tilde{A})^{-1} e^{-\tilde{A}\tau} \right] B = (Ke^{A\tau})_\Lambda (\lambda - \tilde{A})^{-1} e^{-\tilde{A}\tau} B,$$

$$(5.2.30)$$

其中 $(Ke^{A\tau})_\Lambda$ 是 $Ke^{A\tau}$ 的关于 A 的 Λ-扩张, 由 (3.2.11) 定义. 由定理 3.5.18, (A, B, K) 是正则线性系统当且仅当 $(A, e^{-\tilde{A}\tau} B, Ke^{A\tau})$ 是正则线性系统. 此外, I 是关于 $K_\Lambda (\lambda - \tilde{A})^{-1} B$ 的允许反馈等价于 I 是关于 $(Ke^{A\tau})_\Lambda (\lambda - \tilde{A})^{-1} e^{-\tilde{A}\tau} B$ 的允许反馈. 由于 $e^{\tilde{A}\tau} \in \mathcal{L}(Z)$ 且对任意的 $z \in Z$,

$$\left(A + e^{-\tilde{A}\tau} B K_\Lambda e^{A\tau} \right) z = \left(A + e^{-\tilde{A}\tau} B K_\Lambda e^{\tilde{A}\tau} \right) z = e^{-\tilde{A}\tau}(A + BK_\Lambda)e^{\tilde{A}\tau}z,$$

$$(5.2.31)$$

因此 $A + e^{-\tilde{A}\tau} B K_\Lambda e^{A\tau}$ 在 Z 中指数稳定当且仅当 $A + BK_\Lambda$ 在 Z 中指数稳定. 最后, 由定义 3.5.16, 定理证毕. □

5.2.3   输入时滞补偿

有了 5.2.1 节和 5.2.2 节的准备工作, 现在我们可以讨论无穷维系统的输入时滞补偿了. 设 Z 和 U Hilbert 空间, 算子 $A : D(A) \subset Z \to Z$ 生成 Z 上的 C_0-群 e^{At}, 且 $B \in \mathcal{L}(U, [D(A^*)]')$ 关于 e^{At} 允许. 考虑如下线性系统的输入时滞补偿问题:

$$\dot{z}(t) = Az(t) + Bu(t - \tau), \quad \tau > 0, \tag{5.2.32}$$

其中 $z(t)$ 是系统状态, $u : [-\tau, \infty) \to U$ 是控制, τ 是时滞. 若令

$$\phi(x, t) = u(t - x), \quad x \in [0, \tau], \ t \geqslant 0, \tag{5.2.33}$$

则系统 (5.2.32) 可以写成

$$\begin{cases} \dot{z}(t) = Az(t) + B\phi(\tau, t), \\ \phi_t(x, t) + \phi_x(x, t) = 0 \ \ \text{在} \ \ U, \ x \in (0, \tau), \\ \phi(0, t) = u(t). \end{cases} \tag{5.2.34}$$

我们将在状态空间 $\mathcal{Z}_\tau(U) = Z \times L^2([0, \tau]; U)$ 中考虑系统 (5.2.34). $\mathcal{Z}_\tau(U)$ 上的内积为: 对任意的 $(z_j, f_j) \in \mathcal{Z}_\tau(U)$, $j = 1, 2$,

$$\langle (z_1, f_1), (z_2, f_2) \rangle_{\mathcal{Z}_\tau(U)} = \langle z_1, z_2 \rangle_Z + \langle f_1, f_2 \rangle_{L^2([0, \tau]; U)}, \tag{5.2.35}$$

其中 $\langle \cdot, \cdot \rangle_{L^2([0, \tau]; U)}$ 由 (5.2.1)($\alpha = \tau$) 给出. 借助于分别由 (5.2.2), (5.2.7) 和 (5.2.8)($\alpha = \tau$) 定义的算子 G_τ, B_τ 和 C_τ, 系统 (5.2.34) 可以写成抽象形式

$$\begin{cases} \dot{z}(t) = \tilde{A}z(t) + BC_{\tau\Lambda}\phi(\cdot, t), \\ \phi_t(\cdot, t) = \tilde{G}_\tau \phi(\cdot, t) + B_\tau u(t). \end{cases} \tag{5.2.36}$$

定义

$$\mathbb{S}(z, f)^\top = (z + S_\tau f, \ f)^\top, \quad \forall \, (z, f)^\top \in \mathcal{Z}_\tau(U), \tag{5.2.37}$$

其中 $S_\tau : [H^1([0, \tau]; U)]' \to [D(A^*)]'$ 由 (5.2.17) 定义. 由引理 5.2.2, $\mathbb{S} \in \mathcal{L}(\mathcal{Z}_\tau(U))$ 可逆且它的逆可以表示为

$$\mathbb{S}^{-1}(z, f)^\top = (z - S_\tau f, f)^\top, \quad \forall \, (z, f)^\top \in \mathcal{Z}_\tau(U). \tag{5.2.38}$$

设 $(z, \phi) \in C([0, \infty); \mathcal{Z}_\tau(U))$ 是系统 (5.2.36) 的解. 受定理 4.1.1 的启发, 我们引入如下变换

$$(\tilde{z}(t), \tilde{\phi}(\cdot, t))^\top = \mathbb{S}(z(t), \phi(\cdot, t))^\top. \tag{5.2.39}$$

利用 (5.2.20) 和 (5.2.21), 当 $\phi(\cdot, t) \in G_{B_\tau}$ 和 $e^{-\tilde{A}\tau}$ 有意义时, 变换 (5.2.39) 将系统 (5.2.36) 转化为

$$\begin{cases} \dot{\tilde{z}}(t) = \tilde{A}\tilde{z}(t) + e^{-\tilde{A}\tau}Bu(t), \\ \tilde{\phi}_t(\cdot, t) = \tilde{G}_\tau\tilde{\phi}(\cdot, t) + B_\tau u(t), \end{cases} \tag{5.2.40}$$

由于 G_τ 已经稳定, 系统 (5.2.40) 的镇定归结为系统 $(A, e^{-\tilde{A}\tau}B)$ 的镇定. 由引理 5.2.3, 下面控制器可将系统 (5.2.40) 镇定

$$u(t) = K_\Lambda e^{A\tau}\tilde{z}(t), \quad t \geqslant 0, \tag{5.2.41}$$

其中 $K \in \mathcal{L}(D(A), U)$ 指数镇定系统 (A, B). 在反馈 (5.2.41) 下, 我们得到系统 (5.2.40) 的闭环系统

$$\begin{cases} \dot{\tilde{z}}(t) = \tilde{A}\tilde{z}(t) + e^{-\tilde{A}\tau}BK_\Lambda e^{A\tau}\tilde{z}(t), \\ \tilde{\phi}_t(\cdot, t) = \tilde{G}_\tau\tilde{\phi}(\cdot, t) + B_\tau K_\Lambda e^{A\tau}\tilde{z}(t). \end{cases} \tag{5.2.42}$$

该系统可以写成抽象形式

$$\frac{d}{dt}(\tilde{z}(t), \tilde{\phi}(\cdot, t))^\top = \mathscr{A}_\mathbb{S}(\tilde{z}(t), \tilde{\phi}(\cdot, t))^\top, \tag{5.2.43}$$

其中

$$\mathscr{A}_\mathbb{S} = \begin{pmatrix} \tilde{A} + e^{-\tilde{A}\tau}BK_\Lambda e^{A\tau} & 0 \\ B_\tau K_\Lambda e^{A\tau} & \tilde{G}_\tau \end{pmatrix}, \tag{5.2.44}$$

$$D(\mathscr{A}_\mathbb{S}) = \left\{ \begin{pmatrix} z \\ f \end{pmatrix} \in \mathcal{Z}_\tau(U) \;\middle|\; \begin{array}{l} \tilde{A}z + e^{-\tilde{A}\tau}BK_\Lambda e^{A\tau}z \in Z \\ \tilde{G}_\tau f + B_\tau K_\Lambda e^{A\tau}z \in L^2([0, \tau]; U) \end{array} \right\}. \tag{5.2.45}$$

综合 (5.2.39), (5.2.41) 和 (5.2.19), 原始系统 (5.2.36) 的控制器为

$$u(t) = \left(K_\Lambda e^{A\tau}, 0\right)(\tilde{z}(t), \tilde{\phi}(\cdot, t))^\top = \left(K_\Lambda e^{A\tau}, 0\right)\mathbb{S}(z(t), \phi(\cdot, t))^\top$$

$$= K_\Lambda e^{A\tau}\left[z(t) + S_\tau\phi(\cdot, t)\right] = K_\Lambda e^{A\tau}z(t) + K_\Lambda \int_0^\tau e^{\tilde{A}x}B\phi(x, t)dx. \tag{5.2.46}$$

于是得到系统 (5.2.34) 的闭环系统:

$$\begin{cases} \dot{z}(t) = Az(t) + B\phi(\tau, t), \\ \phi_t(x, t) + \phi_x(x, t) = 0 \;\; 在 \;\; U, \; x \in (0, \tau), \\ \phi(0, t) = K_\Lambda \int_0^\tau e^{\tilde{A}x}B\phi(x, t)dx + K_\Lambda e^{A\tau}z(t). \end{cases} \tag{5.2.47}$$

定义

$$\mathscr{A} = \begin{pmatrix} \tilde{A} & BC_{\tau\Lambda} \\ B_\tau K_\Lambda e^{A\tau} & \tilde{G}_\tau + B_\tau K_\Lambda e^{A\tau} S_\tau \end{pmatrix}, \tag{5.2.48}$$

其中

$$D(\mathscr{A}) = \left\{ \begin{pmatrix} z \\ f \end{pmatrix} \in \mathcal{Z}_\tau(U) \,\middle|\, \begin{array}{l} \tilde{A}z + BC_{\tau\Lambda}f \in Z \\ \tilde{G}_\tau f + B_\tau K_\Lambda e^{A\tau}(S_\tau f + z) \in L^2([0,\tau];U) \end{array} \right\}. \tag{5.2.49}$$

那么, 闭环系统 (5.2.47) 可以写成抽象形式

$$\frac{d}{dt}(z(t), \phi(\cdot,t))^\top = \mathscr{A}(z(t), \phi(\cdot,t))^\top, \quad t \geqslant 0. \tag{5.2.50}$$

定理 5.2.2 设 A 是 Hilbert 空间 Z 上 C_0-群 e^{At} 的无穷小生成元, 算子 G_τ, B_τ 和 C_τ 分别由 (5.2.2), (5.2.7) 和 (5.2.8)($\alpha = \tau > 0$) 定义. 设 S_τ 由 (5.2.17) 给出且 $K \in \mathcal{L}(D(A), U)$ 指数镇定系统 (A, B). 那么, (5.2.48) 定义的算子 $\mathscr{A}$ 生成 $\mathcal{Z}_\tau(U)$ 上指数稳定的 C_0- 半群 $e^{\mathscr{A}t}$. 于是, 对任意的 $(z(0), \phi(\cdot, 0)) \in \mathcal{Z}_\tau(U)$, 系统 (5.2.47) 存在唯一解 $(z, \phi) \in C([0, \infty); \mathcal{Z}_\tau(U))$ 使得, 当 $t \to +\infty$ 时, 该解在 $\mathcal{Z}_\tau(U)$ 内指数趋于零.

证明 由引理 5.2.2, 算子 S_τ 满足 (5.2.19), (5.2.20) 和 (5.2.21). 我们首先证明算子 $\mathscr{A}$ 和 $\mathscr{A}_\mathbb{S}$ 是相似的, 即

$$\mathbb{S}\mathscr{A}\mathbb{S}^{-1} = \mathscr{A}_\mathbb{S} \quad \text{且} \quad D(\mathscr{A}_\mathbb{S}) = \mathbb{S}D(\mathscr{A}), \tag{5.2.51}$$

其中 $\mathbb{S}$ 由 (5.2.37) 给出.

对任意的 $(z, f) \in D(\mathscr{A}_\mathbb{S})$, (5.2.45) 和 (5.2.13) 意味着 $f \in G_{B_\tau}$. 进而, 由引理 5.2.2可知 $K_\Lambda e^{A\tau} S_\tau f \in U$. 由 (5.2.38) 和 (5.2.45) 可得

$$(\tilde{G}_\tau + B_\tau K_\Lambda e^{A\tau} S_\tau)f + B_\tau K_\Lambda e^{A\tau}(z - S_\tau f)$$
$$= \tilde{G}_\tau f + B_\tau K_\Lambda e^{A\tau} z \in L^2([0,\tau];U). \tag{5.2.52}$$

注意到 $S_\tau \in \mathcal{L}(L^2([0,\tau];U), Z)$, 综合 (5.2.21), (5.2.20) 和 (5.2.45) 可得

$$\tilde{A}(z - S_\tau f) + BC_\tau f = \tilde{A}z - S_\tau \tilde{G}_\tau f$$
$$= \tilde{A}z + e^{-\tilde{A}\tau} BK_\Lambda e^{A\tau} z - S_\tau B_\tau K_\Lambda e^{A\tau} z - S_\tau \tilde{G}_\tau f$$
$$= (\tilde{A}z + e^{-\tilde{A}\tau} BK_\Lambda e^{A\tau} z) - S_\tau(\tilde{G}_\tau f + B_\tau K_\Lambda e^{A\tau} z) \in Z, \tag{5.2.53}$$

该式结合 (5.2.52), (5.2.49) 和 (5.2.38) 可推出 $\mathbb{S}^{-1}(z,f)^\top \in D(\mathscr{A})$. 利用 $(f,z) \in D(\mathscr{A}_\mathbb{S})$ 的任意性, $D(\mathscr{A}_\mathbb{S}) \subset \mathbb{S}D(\mathscr{A})$.

另一方面, 对任意的 $(z,f) \in D(\mathscr{A})$, (5.2.49) 和 (5.2.13) 意味着 $f \in G_{B_\tau}$ 和

$$\tilde{G}_\tau f + B_\tau K_\Lambda e^{A\tau}(S_\tau f + z) \in L^2([0,\tau];U). \tag{5.2.54}$$

注意到 $S_\tau \in \mathcal{L}(L^2([0,\tau];U),Z)$, 由 (5.2.20), (5.2.21) 和 (5.2.54) 可得

$$\tilde{A}(z + S_\tau f) + e^{-\tilde{A}\tau}BK_\Lambda e^{A\tau}(z + S_\tau f)$$

$$= \tilde{A}z + S_\tau \tilde{G}_\tau f + BC_\tau f + S_\tau B_\tau K_\Lambda e^{A\tau}(z + S_\tau f)$$

$$= (\tilde{A}z + BC_\tau f) + S_\tau \left[\tilde{G}_\tau f + B_\tau K_\Lambda e^{A\tau}(S_\tau f + z)\right] \in Z. \tag{5.2.55}$$

综合 (5.2.54), (5.2.55), (5.2.37) 以及 (5.2.45) 可以推出 $\mathbb{S}(z,f)^\top \subset D(\mathscr{A}_\mathbb{S})$, 从而有 $\mathbb{S}D(\mathscr{A}) \subset D(\mathscr{A}_\mathbb{S})$. 综上, 我们得到 $\mathbb{S}D(\mathscr{A}) = D(\mathscr{A}_\mathbb{S})$. 此外, 对任意的 $(z,f) \in D(\mathscr{A}_\mathbb{S})$, 由 (5.2.45) 和 (5.2.13) 可得 $f \in G_{B_\tau}$. 借助于 (5.2.21), 简单计算可知 $\mathbb{S}\mathscr{A}\mathbb{S}^{-1}(z,f)^\top = \mathscr{A}_\mathbb{S}(z,f)^\top, \forall (z,f) \in D(\mathscr{A}_\mathbb{S})$. 所以, 相似性 (5.2.51) 成立.

因为 $K \in \mathcal{L}(D(A),U)$ 指数镇定系统 (A,B), 所以由引理 5.2.3 可推出: $Ke^{A\tau} \in \mathcal{L}(D(A),U)$ 指数镇定系统 $(A,e^{-\tilde{A}\tau}B)$. 特别地, $A + e^{-\tilde{A}\tau}BK_\Lambda e^{A\tau}$ 生成 Z 上指数稳定的 C_0-半群 $e^{(A+e^{-\tilde{A}\tau}BK_\Lambda e^{A\tau})t}$ 且 $Ke^{A\tau}$ 关于半群 $e^{(A+e^{-\tilde{A}\tau}BK_\Lambda e^{A\tau})t}$ 允许. 由引理 4.1.1, 算子 $\mathscr{A}_\mathbb{S}$ 生成 $Z_\tau(U)$ 上指数稳定的 C_0-半群 $e^{\mathscr{A}_\mathbb{S}t}$. 利用 $\mathscr{A}_\mathbb{S}$ 和 $\mathscr{A}$ 的相似性, 算子 $\mathscr{A}$ 生成 $Z_\tau(U)$ 上指数稳定的 C_0-半群 $e^{\mathscr{A}t}$. □

当 A 是一个矩阵时, 利用 (5.2.33) 可将控制器 (5.2.46) 可以写成

$$u(t) = K \int_{t-\tau}^t e^{A(t-s)}Bu(s)ds + Ke^{A\tau}z(t), \quad t \geqslant \tau, \tag{5.2.56}$$

这和 5.1.1 节中 (5.1.14) 完全一致.

5.2.4 应用举例

为了验证抽象结果的有效性, 我们把 5.2.3 节的结果应用于如下一维波动方程的输入时滞补偿中:

$$\begin{cases} z_{tt}(\sigma,t) = z_{\sigma\sigma}(\sigma,t), & \sigma \in (0,1), \\ z(0,t) = 0, \ z_\sigma(1,t) = u(t-\tau), \end{cases} \tag{5.2.57}$$

其中 $u(t)$ 是控制输入, $\tau > 0$ 是时滞. 系统 (5.2.57) 的控制空间为 $\mathbb{R}$, 状态空间为 $Z = \{(f,g) \in H^1(0,1) \times L^2(0,1) \mid f(0) = 0\}$. Z 上内积定义如下

$$\langle (f_1,g_1),(f_2,g_2)\rangle_Z = \int_0^1 f_1'(x)f_2'(x) + g_1(x)g_2(x)dx, \quad \forall (f_i,g_i) \in Z, \ i = 1,2.$$

定义算子 $A: D(A) \subset Z \to Z$ 为

$$\begin{cases} A(f,g)^\top = (g, f'')^\top, \quad \forall\, (f,g)^\top \in D(A), \\ D(A) = \{(f,g) \in H^2(0,1) \times H^1(0,1) \mid f(0) = g(0) = 0, f'(1) = 0\}. \end{cases}$$
$$(5.2.58)$$

注意到 (5.2.33), 系统 (5.2.57) 可以写成

$$\begin{cases} \dfrac{d}{dt}(z(\cdot,t), z_t(\cdot,t))^\top = A(z(\cdot,t), z_t(\cdot,t))^\top + B\phi(\tau,t), \\ \phi_t(x,t) + \phi_x(x,t) = 0, \quad x \in (0,\tau), \\ \phi(0,t) = u(t), \end{cases}$$
$$(5.2.59)$$

其中 $B = (0, \delta(\cdot - 1))^\top$, $\delta(\cdot)$ 是 Dirac 分布. 令

$$K(f,g)^\top = -k_1 g(1), \quad \forall\, (f,g)^\top \in D(A), \quad k_1 > 0. \tag{5.2.60}$$

那么, $K = -k_1 B^*$ 且 K 能够指数镇定系统 (A,B). 注意到 (5.2.47), 我们得到反馈

$$u(t) = K_\Lambda \int_0^\tau e^{\tilde{A}x} B\phi(x,t)dx + K_\Lambda e^{A\tau}(z(\cdot,t), z_t(\cdot,t))^\top. \tag{5.2.61}$$

为了将反馈 (5.2.61) 写成解析形式, 令 $z_\delta = (\sigma, 0)^\top$ 其中 $\sigma \in [0,1]$. 直接计算可知 $\tilde{A}z_\delta = B$ 且

$$e^{Ax} z_\delta = 2\left(\sum_{n=0}^\infty (-1)^n \frac{\cos \omega_n x \sin \omega_n \sigma}{\omega_n^2}, \; \sum_{n=0}^\infty (-1)^{n+1} \frac{\sin \omega_n x \sin \omega_n \sigma}{\omega_n} \right)^\top, \tag{5.2.62}$$

其中

$$\omega_n = \frac{(2n+1)\pi}{2}, \quad \sigma \in [0,1], \; x \in [0,\tau], \; n = 0,1,2,\cdots. \tag{5.2.63}$$

此外, 由 (5.2.62) 可得

$$\int_0^\tau e^{Ax} z_\delta \phi(x,t)dx$$
$$= \left(\sum_{n=0}^\infty (-1)^n \frac{2\alpha_n(t)}{\omega_n^2} \sin \omega_n \sigma, \; \sum_{n=0}^\infty (-1)^{n+1} \frac{2\beta_n(t)}{\omega_n} \sin \omega_n \sigma \right)^\top, \tag{5.2.64}$$

其中

$$\alpha_n(t) = \int_0^\tau \cos\omega_n x \phi(x,t)dx, \quad \beta_n(t) = \int_0^\tau \sin\omega_n x \phi(x,t)dx. \quad (5.2.65)$$

由于 B 关于半群 e^{At} 允许, 并且 $\phi(\cdot,t) \in L^2(0,\tau)$, 因此

$$\int_0^\tau e^{\tilde{A}x} B\phi(x,t)dx = \int_0^\tau e^{\tilde{A}x} \tilde{A}\tilde{A}^{-1} B\phi(x,t)dx = \int_0^\tau e^{\tilde{A}x} \tilde{A} z_\delta \phi(x,t)dx$$

$$= \int_0^\tau \tilde{A} e^{Ax} z_\delta \phi(x,t)dx = \tilde{A} \int_0^\tau e^{Ax} z_\delta \phi(x,t)dx \in Z, \quad (5.2.66)$$

于是

$$\int_0^\tau e^{Ax} z_\delta \phi(x,t)dx \in D(A). \quad (5.2.67)$$

综合 (5.2.58), (5.2.60), (5.2.67), (5.2.66), (5.2.64) 和 (5.2.65) 可得

$$K_\Lambda \int_0^\tau e^{\tilde{A}x} B\phi(x,t)dx$$

$$= K_\Lambda A \int_0^\tau e^{Ax} z_\delta \phi(x,t)dx = -2k_1 \sum_{n=0}^\infty \alpha_n(t). \quad (5.2.68)$$

直接计算可得

$$K_\Lambda e^{A\tau}(z(\cdot,t), z_t(\cdot,t))^\top$$

$$= -k_1 \sum_{n=0}^\infty (-1)^n \omega_n \left[\zeta_n(t)\cos\omega_n\tau - \gamma_n(t)\sin\omega_n\tau\right], \quad (5.2.69)$$

其中

$$\gamma_n(t) = 2\int_0^1 z(\sigma,t)\sin\omega_n\sigma d\sigma, \quad \zeta_n(t) = \frac{2}{\omega_n}\int_0^1 z_t(\sigma,t)\sin\omega_n\sigma d\sigma. \quad (5.2.70)$$

利用 (5.2.61), (5.2.68) 和 (5.2.69), 我们得到闭环系统

$$\begin{cases} z_{tt}(\sigma,t) = z_{\sigma\sigma}(\sigma,t), \quad \sigma \in (0,1), \\ z(0,t) = 0, \ z_\sigma(1,t) = \phi(\tau,t), \\ \phi_t(x,t) + \phi_x(x,t) = 0, \quad x \in (0,\tau), \\ \phi(0,t) = -2k_1 \sum_{n=0}^\infty \alpha_n(t) - k_1 \sum_{n=0}^\infty (-1)^n \omega_n \left[\zeta_n(t)\cos\omega_n\tau - \gamma_n(t)\sin\omega_n\tau\right], \end{cases}$$

$$(5.2.71)$$

其中 $k_1 > 0$, $\alpha_n(t)$ 由 (5.2.65) 给出, $\zeta_n(t), \gamma_n(t)$ 由 (5.2.70) 给出. 利用定理 5.2.2, 闭环系统 (5.2.71) 的解是适定的, 且当 $t \to +\infty$ 时, 该解指数收敛于零.

注 5.2.1 闭环系统 (5.2.71) 中的无穷级数还可以写成动态形式. 事实上, 简单计算可知

$$v_1(\cdot, \tau; t) = \int_0^\tau e^{\tilde{A}s} B\phi(s, t)ds, \tag{5.2.72}$$

其中

$$\begin{cases} v_{1xx}(\sigma, x; t) = v_{1\sigma\sigma}(\sigma, x; t), \quad \sigma \in (0, 1), \ 0 < x \leqslant \tau, \\ v_1(0, x; t) = 0, \ v_{1\sigma}(1, x; t) = \phi(\tau - x, t), \\ (v_1(\sigma, 0; t), v_{1x}(\sigma, 0; t)) \equiv (0, 0), \quad \sigma \in [0, 1]. \end{cases} \tag{5.2.73}$$

这里 $v_1(\cdot, \cdot; t)$ 表示函数 v_1 依赖于时间 t. 若令

$$v_2(\cdot, x; t) = e^{\tilde{A}x}(z(\cdot, t), z_t(\cdot, t))^\top, \tag{5.2.74}$$

则

$$\begin{cases} v_{2xx}(\sigma, x; t) = v_{2\sigma\sigma}(\sigma, x; t), \quad \sigma \in (0, 1), \ x > 0, \\ v_2(0, x; t) = v_{2\sigma}(1, x; t) = 0, \\ (v_2(\sigma, 0; t), v_{2x}(\sigma, 0; t)) = (z(\sigma, t), z_t(\sigma, t)), \quad \sigma \in [0, 1]. \end{cases} \tag{5.2.75}$$

综合 (5.2.72), (5.2.73), (5.2.75), (5.2.61) 和 (5.2.60), 我们得到闭环系统:

$$\begin{cases} z_{tt}(\sigma, t) = z_{\sigma\sigma}(\sigma, t), \quad \sigma \in (0, 1), \\ z(0, t) = 0, \ z_\sigma(1, t) = \phi(\tau, t), \\ \phi_t(x, t) + \phi_x(x, t) = 0, \quad x \in (0, \tau), \\ \phi(0, t) = -k_1 v_{1x}(1, \tau; t) - k_1 v_{2x}(1, \tau; t), \quad k_1 > 0, \\ v_{1xx}(\sigma, x; t) = v_{1\sigma\sigma}(\sigma, x; t), \quad \sigma \in (0, 1), \ 0 < x \leqslant \tau, \\ v_1(0, x; t) = 0, \ v_{1\sigma}(1, x; t) = \phi(\tau - x, t), \\ v_1(\sigma, 0; t) = v_{1x}(\sigma, 0; t) = 0, \quad \sigma \in [0, 1], \\ v_{2xx}(\sigma, x; t) = v_{2\sigma\sigma}(\sigma, x; t), \quad \sigma \in (0, 1), \ 0 < x \leqslant \tau, \\ v_2(0, x; t) = v_{2\sigma}(1, x; t) = 0, \\ (v_2(\sigma, 0; t), v_{2x}(\sigma, 0; t)) = (z(\sigma, t), z_t(\sigma, t)), \quad \sigma \in [0, 1]. \end{cases} \tag{5.2.76}$$

5.3 无穷维系统输出时滞补偿

5.3.1 输出时滞系统的适定性

将时滞动态写成一阶双曲方程, 带有输出时滞的无穷维系统的观测问题本质上就是 PDE-PDE 串联系统的观测问题. 我们首先讨论这类 PDE-PDE 串联观测系统的适定性. 设 Z, U 和 Y 分别是状态空间, 控制空间和输出空间. 考虑

$$\dot{z}(t) = Az(t) + Bu(t), \quad y(t) = C_\Lambda z(t - \mu), \quad \mu > 0, \tag{5.3.1}$$

其中 $A : D(A) \subset Z \to Z$ 是系统算子, $B \in \mathcal{L}(U, [D(A^*)]')$ 是控制算子, $C \in \mathcal{L}(D(A), Y)$ 是观测算子, $u(t)$ 是控制输入, $y(t)$ 是观测输出, μ 是输出时滞. 令

$$\psi(x, t) = C_\Lambda z(t - x), \quad x \in [0, \mu], \ t \geqslant \mu. \tag{5.3.2}$$

系统 (5.3.1) 可以写成

$$\begin{cases} \dot{z}(t) = Az(t) + Bu(t), \\ \psi_t(x, t) + \psi_x(x, t) = 0 \ \text{在 } Y \text{ 中, } \ x \in [0, \mu], \\ \psi(0, t) = C_\Lambda z(t), \\ y(t) = \psi(\mu, t). \end{cases} \tag{5.3.3}$$

在状态空间 $\mathcal{Z}_\mu(Y) = Z \times L^2([0, \mu]; Y)$ 中考虑系统 (5.3.3). $\mathcal{Z}_\mu(Y)$ 上的内积由 (5.2.35) 给出, 其中 $\tau = \mu$ 且 $U = Y$. 若令算子 G_μ, B_μ 和 C_μ 分别为 (5.2.2), (5.2.7) 和 (5.2.8), 其中 $\alpha = \mu$ 且 $U = Y$, 则系统 (5.3.3) 可以写成抽象形式

$$\begin{cases} \dot{z}(t) = \tilde{A}z(t) + Bu(t), \\ \psi_t(\cdot, t) = \tilde{G}_\mu \psi(\cdot, t) + B_\mu C_\Lambda z(t), \\ y(t) = C_{\mu\Lambda} \psi(\cdot, t). \end{cases} \tag{5.3.4}$$

定理 5.3.3 令 G_μ, B_μ 和 C_μ 分别为 (5.2.2), (5.2.7) 和 (5.2.8), 其中 $\alpha = \mu$ 且 $U = Y$. 设系统 (A, B, C) 是适定线性系统, 则系统 (5.3.4) 也是适定的, 即: 对任意的 $(z(0), \psi(\cdot, 0))^\top \in \mathcal{Z}_\mu(Y)$ 和 $u \in L^2_{\text{loc}}([0, \infty); U)$, 系统 (5.3.4) 存在唯一解 $(z, \psi)^\top \in C([0, \infty); \mathcal{Z}_\mu(Y))$ 满足: 对任意的 $T > 0$, 存在正常数 C_T 使得

$$\int_0^T \|y(s)\|_Y^2 ds + \|(z(T), \psi(\cdot, T))^\top\|_{\mathcal{Z}_\mu(Y)}^2$$

$$\leqslant C_T \left[\int_0^T \|u(s)\|_U^2 ds + \|(z(0), \psi(\cdot, 0))^\top\|_{\mathcal{Z}_\mu(Y)}^2 \right]. \tag{5.3.5}$$

证明 由于 z-子系统不依赖 ψ-子系统, 可得系统 (5.3.4) 的显式解:

$$z(t) = e^{At}z(0) + \int_0^t e^{A(t-s)}Bu(s)ds \tag{5.3.6}$$

和

$$\psi(x,t) = \begin{cases} C_\Lambda z(t-x), & t-x \geqslant 0, \\ \psi(x-t,0), & t-x < 0, \end{cases} \quad x \in [0,\mu]. \tag{5.3.7}$$

此外

$$y(t) = C_{\mu\Lambda}\psi(\cdot,t) = \psi(\mu,t) = \begin{cases} C_\Lambda z(t-\mu), & t-\mu \geqslant 0, \\ \psi(\mu-t,0), & t-\mu < 0 \end{cases} \tag{5.3.8}$$

且

$$\|\psi(\cdot,t)\|^2_{L^2([0,\mu];Y)}$$

$$= \begin{cases} \int_0^t \|C_\Lambda z(t-x)\|^2_Y dx + \int_t^\mu \|\psi(x-t,0)\|^2_Y dx, & 0 \leqslant t < \mu \\ \int_0^\mu \|C_\Lambda z(t-x)\|^2_Y dx, & t \geqslant \mu \end{cases}$$

$$= \begin{cases} \int_0^t \|C_\Lambda z(x)\|^2_Y dx + \int_0^{\mu-t} \|\psi(x,0)\|^2_Y dx, & 0 \leqslant t < \mu \\ \int_{t-\mu}^t \|C_\Lambda z(x)\|^2_Y dx, & t \geqslant \mu. \end{cases} \tag{5.3.9}$$

由于系统 (A,B,C) 适定, 对任意的 $t>0$, 存在常数 $C_t > 0$ 使得

$$\int_0^t \|C_\Lambda z(s)\|^2_Y ds + \|z(t)\|^2_Z \leqslant C_t \left[\|z(0)\|^2_Z + \int_0^t \|u(s)\|^2_U ds\right]. \tag{5.3.10}$$

上式结合 (5.3.7), (5.3.8) 和 (5.3.9) 可推出 (5.3.5). □

5.3.2 输出时滞对应的 Sylvester 方程

与 4.2 节的讨论类似, PDE-PDE 串联系统的观测器设计也需要求解算子 Sylvester 方程, 然而求解一般的带有无界算子的 Sylvester 方程并不是一件容易的事情. 本节将指出, 输出时滞对应的算子 Sylvester 方程总是可解的, 从而输出时滞对应的 PDE-PDE 串联观测系统总是可以解耦的. 令观测系统 (A,C) 的状态空间为 Z, 输出空间为 Y. 设算子 A 生成 Z 上的 C_0-半群 e^{At} 且 $C \in \mathcal{L}(D(A),Y)$

关于半群 e^{At} 允许. 与定义 1.1.1 或 [21, Definition 4.1.12, p.154] 类似, 对任意的 $\mu > 0$, 系统 $(-A, -C)$ 的观测映射为

$$\Psi_\mu : Z \to L^2([0, \mu]; Y)$$
$$z \to -C_\Lambda e^{-Ax} z, \quad x \in [0, \mu], \quad \forall z \in Z. \tag{5.3.11}$$

若 C 关于 C_0-半群 e^{-At} 允许, 则 $\Psi_\mu \in \mathcal{L}(Z, L^2([0,\mu];Y))$. 对任意的 $f \in D(G_\mu^*) \subset H^1([0,\mu];Y)$, 注意到 $[H^1([0,\mu];Y)]' \subset [D(G_\mu^*)]'$, 由 (5.2.6), (5.2.4), (5.2.7) 和 (5.3.11) 可得

$$\left\langle \tilde{G}_\mu \Psi_\mu z, f \right\rangle_{[D(G_\mu^*)]', D(G_\mu^*)} = \left\langle -C_\Lambda e^{-A\cdot} z, G_\mu^* f \right\rangle_{L^2([0,\mu];Y)}$$

$$= -\int_0^\mu \left\langle C_\Lambda e^{-A\sigma} z, \frac{d}{d\sigma} f(\sigma) \right\rangle_Y d\sigma$$

$$= \langle Cz, f(0) \rangle_Y - \int_0^\mu \langle C_\Lambda e^{-A\sigma} Az, f(\sigma) \rangle_Y d\sigma$$

$$= \langle B_\mu Cz, f \rangle_{[D(G_\mu^*)]', D(G_\mu^*)} + \langle \Psi_\mu Az, f \rangle_{L^2([0,\mu];Y)}, \quad \forall z \in D(A). \tag{5.3.12}$$

由 $f \in D(G_\mu^*)$ 的任意性, (5.3.12) 表明如下 Sylvester 方程在 $[D(G_\mu^*)]'$ 中成立:

$$\tilde{G}_\mu \Psi_\mu z - \Psi_\mu Az = B_\mu C_\Lambda z, \quad \forall z \in D(A). \tag{5.3.13}$$

设 (A, F_1, C) 是正则线性系统, 其状态空间、输入空间和输出空间分别为 Z, Y 和 Y. 定义 Z 的子空间

$$Z_{F_1} = \left\{ z \in Z \mid \tilde{A}z + F_1 y \in Z, y \in Y \right\}. \tag{5.3.14}$$

正如 [116, Section 2.2], Z_{F_1} 关于内积

$$\|z\|_{Z_{F_1}}^2 = \|z\|_Z^2 + \|y_z\|_Y^2 + \|\tilde{A}z + F_1 y_z\|_Z^2 \tag{5.3.15}$$

是一个 Hilbert 空间, 其中 $y_z \in Y$ 使得 $\tilde{A}z + F_1 y_z \in Z$.

引理 5.3.4 令 Z 和 Y 是 Hilbert 空间. 设 A 生成 Z 上的 C_0-群 e^{At}, $C \in \mathcal{L}(D(A), Y)$ 关于 e^{At} 允许且 $F_1 \in \mathcal{L}(Y, [D(A^*)]')$. 那么, (5.3.14) 定义的 Z_{F_1} 满足

$$Z_{F_1} = D(A) + (\lambda - \tilde{A})^{-1} F_1 Y, \quad \lambda \in \rho(A). \tag{5.3.16}$$

设 $Z_{F_1} \subset D(C_\Lambda)$ 且 G_μ, B_μ 和 C_μ 分别由 (5.2.2), (5.2.7) 和 (5.2.8) 定义, 其中 $\alpha = \mu$, $U = Y$. 定义算子 $P_\mu : (Z + F_1 Y) \subset [D(A^*)]' \to [D(G_\mu^*)]'$ 如下

$$P_\mu z = \left[B_\mu C_\Lambda + (\lambda - \tilde{G}_\mu) \Psi_\mu \right] (\lambda - \tilde{A})^{-1} z, \quad \forall z \in (Z + F_1 Y), \tag{5.3.17}$$

其中 $\lambda \in \rho(A)$. 那么, 如下结论成立:

(i) P_μ 不依赖于 λ 且它是 Ψ_μ 的延拓, 即

$$P_\mu z = \Psi_\mu z, \quad \forall z \in Z; \tag{5.3.18}$$

(ii) P_μ 满足如下 Z_{F_1} 上的 Sylvester 方程:

$$\tilde{G}_\mu P_\mu z - P_\mu \tilde{A} z = B_\mu C_\Lambda z, \quad \forall z \in Z_{F_1}; \tag{5.3.19}$$

(iii) P_μ 和 $C_{\mu\Lambda}$ 满足:

$$C_{\mu\Lambda} P_\mu = -C_\Lambda e^{-A\mu} \in \mathcal{L}(D(A), Y). \tag{5.3.20}$$

证明　对任意的 $z \in Z_{F_1} \subset Z$, 存在 $y \in Y$ 使得 $\tilde{A} z + F_1 y \in Z$, 于是对任意的 $\lambda \in \rho(A)$, 有 $(\lambda - \tilde{A}) z - F_1 y \in Z$, 从而有 $z - (\lambda - \tilde{A})^{-1} F_1 y \in D(A)$ 和 $z \in D(A) + (\lambda - \tilde{A})^{-1} F_1 Y$. 所以 $Z_{F_1} \subset D(A) + (\lambda - \tilde{A})^{-1} F_1 Y$. 对任意的 $z = z_1 + (\lambda - \tilde{A})^{-1} F_1 y_z \in D(A) + (\lambda - \tilde{A})^{-1} F_1 Y$, 其中 $z_1 \in D(A)$ 且 $y_z \in Y$, 简单计算可得 $(\lambda - \tilde{A}) z + F_1 (-y_z) = (\lambda - \tilde{A}) z_1 \in Z$ 从而 $\tilde{A} z + F_1 y_z \in Z$. 由 (5.3.14), $z \in Z_{F_1}$ 从而 $D(A) + (\lambda - \tilde{A})^{-1} F_1 Y \subset Z_{F_1}$. 所以, (5.3.16) 成立.

(i) 由于对任意的 $z \in Z$, 有 $(\lambda - \tilde{A})^{-1} z = (\lambda - A)^{-1} z \in D(A)$, 因此利用 (5.3.13) 可得

$$\begin{aligned} P_\mu z &= \left[B_\mu C_\Lambda + (\lambda - \tilde{G}_\mu) \Psi_\mu \right] (\lambda - A)^{-1} z \\ &= -\Psi_\mu A (\lambda - A)^{-1} z + \lambda \Psi_\mu (\lambda - A)^{-1} z \\ &= \Psi_\mu (\lambda - A)(\lambda - A)^{-1} z = \Psi_\mu z, \quad \forall z \in Z. \end{aligned} \tag{5.3.21}$$

所以 P_μ 是 Ψ_μ 的延拓.

(ii) 对任意的 $z_{F_1} \in Z_{F_1}$, 由 (5.3.16), 存在 $z \in D(A)$ 和 $y \in Y$ 使得 $z_{F_1} = z + (\lambda - \tilde{A})^{-1} F_1 y$ 对某些 $\lambda \in \rho(A)$ 成立. 注意到 (5.3.13) 和 (5.3.18), 只需证明

$$\tilde{G}_\mu P_\mu [(\lambda - \tilde{A})^{-1} F_1 y] - B_\mu C_\Lambda [(\lambda - \tilde{A})^{-1} F_1 y] = P_\mu \tilde{A} [(\lambda - \tilde{A})^{-1} F_1 y] \tag{5.3.22}$$

即可. 由 (5.3.17) 和 (5.3.18) 可得

$$P_\mu F_1 y = B_\mu C_\Lambda (\lambda - \tilde{A})^{-1} F_1 y + \lambda P_\mu (\lambda - \tilde{A})^{-1} F_1 y - \tilde{G}_\mu P_\mu (\lambda - \tilde{A})^{-1} F_1 y, \tag{5.3.23}$$

上式说明

$$\tilde{G}_\mu P_\mu[(\lambda - \tilde{A})^{-1}F_1 y] - B_\mu C_\Lambda[(\lambda - \tilde{A})^{-1}F_1 y]$$

$$= -P_\mu F_1 y + \lambda P_\mu(\lambda - \tilde{A})^{-1}F_1 y$$

$$= -P_\mu(\lambda - \tilde{A})(\lambda - \tilde{A})^{-1}F_1 y + \lambda P_\mu(\lambda - \tilde{A})^{-1}F_1 y$$

$$= P_\mu \tilde{A}[(\lambda - \tilde{A})^{-1}F_1 y]. \tag{5.3.24}$$

所以, (5.3.19) 可由 (5.3.13), (5.3.24) 以及 $z_{F_1} = z + (\lambda - \tilde{A})^{-1}F_1 y$ 得到.

(iii) 由 (5.3.13) 可得

$$\tilde{G}_\mu \Psi_\mu z - B_\mu C_\Lambda z = \Psi_\mu A z \in L^2([0,\mu]; Y), \quad \forall\, z \in D(A), \tag{5.3.25}$$

上式结合 (5.2.13), (5.2.16) 和 (5.3.18) 得出 $P_\mu z = \Psi_\mu z \in G_{B_\mu} = H^1([0,\mu]; Y) = D(C_\mu)$, 其中 G_{B_μ} 由 (5.2.13)($\alpha = \mu$) 定义. 因为 (5.3.11) 和 (5.2.8), 所以 $C_{\mu\Lambda}P_\mu z = C_{\mu\Lambda}\Psi_\mu z = -C_\Lambda e^{-A\mu}z \in Y$. 于是 (5.3.20) 成立. □

注 5.3.2 P_μ 的定义不依赖于 λ 的选取. 所以 P_μ 中没有 λ 的信息也不会产生混淆. 事实上, 对任意的 $\lambda_1, \lambda_2 \in \rho(A)$ 和 $\lambda_1 \neq \lambda_2$, 简单计算可得

$$B_\mu C_\Lambda \left[(\lambda_1 - \tilde{A})^{-1} - (\lambda_2 - \tilde{A})^{-1} \right]$$

$$= (\lambda_2 - \lambda_1)B_\mu C_\Lambda(\lambda_1 - \tilde{A})^{-1}(\lambda_2 - \tilde{A})^{-1} \tag{5.3.26}$$

且

$$-\tilde{G}_\mu \Psi_\mu \left[(\lambda_1 - \tilde{A})^{-1} - (\lambda_2 - \tilde{A})^{-1} \right]$$

$$= -(\lambda_2 - \lambda_1)\tilde{G}_\mu \Psi_\mu(\lambda_1 - \tilde{A})^{-1}(\lambda_2 - \tilde{A})^{-1}. \tag{5.3.27}$$

注意到对任意的 $z \in Z + F_1 Y \subset [D(A^*)]'$, 有 $(\lambda_1 - \tilde{A})^{-1}(\lambda_2 - \tilde{A})^{-1}z \in D(A)$, 由 (5.3.13) 可得

$$\tilde{G}_\mu \Psi_\mu \hat{z} - \Psi_\mu A \hat{z} = B_\mu C_\Lambda \hat{z}, \quad \hat{z} = (\lambda_1 - \tilde{A})^{-1}(\lambda_2 - \tilde{A})^{-1}z \in D(A). \tag{5.3.28}$$

综合 (5.3.13), (5.3.18), (5.3.26), (5.3.27) 和 (5.3.28), 对任意的 $z \in Z + F_1 Y$, 有

$$\left[B_\mu C_\Lambda + (\lambda_1 - \tilde{G}_\mu)\Psi_\mu \right](\lambda_1 - \tilde{A})^{-1}z - \left[B_\mu C_\Lambda + (\lambda_2 - \tilde{G}_\mu)\Psi_\mu \right](\lambda_2 - \tilde{A})^{-1}z$$

$$= (\lambda_2 - \lambda_1)\left[B_\mu C_\Lambda \hat{z} - \tilde{G}_\mu \Psi_\mu \hat{z} \right] + \lambda_1 \Psi_\mu(\lambda_1 - \tilde{A})^{-1}z - \lambda_2 \Psi_\mu(\lambda_2 - \tilde{A})^{-1}z$$

$$= -(\lambda_2 - \lambda_1)\Psi_\mu A\hat{z} + \lambda_1 \Psi_\mu(\lambda_1 - \tilde{A})^{-1}z - \lambda_2 \Psi_\mu(\lambda_2 - \tilde{A})^{-1}z$$

$$= -P_\mu \tilde{A} \left[(\lambda_1 - \tilde{A})^{-1} z - (\lambda_2 - \tilde{A})^{-1} z \right] + \lambda_1 P_\mu (\lambda_1 - \tilde{A})^{-1} z - \lambda_2 P_\mu (\lambda_2 - \tilde{A})^{-1} z$$

$$= P_\mu (\lambda_1 - \tilde{A})(\lambda_1 - \tilde{A})^{-1} z - P_\mu (\lambda_2 - \tilde{A})(\lambda_2 - \tilde{A})^{-1} z = P_\mu z - P_\mu z = 0.$$

所以, P_μ 不依赖 λ 的选取.

引理 5.3.5   设算子 A 在 Hilbert 空间 Z 上生成 C_0-群 e^{At}, 且 $C \in \mathcal{L}(D(A),$ $Y)$ 关于 e^{At} 允许. 那么, 对任意的 $\mu > 0$, $F \in \mathcal{L}(Y, [D(A^*)]')$ 指数检测系统 (A, C) 当且仅当 $e^{\tilde{A}\mu} F$ 指数检测系统 $(A, C_\Lambda e^{-A\mu})$.

证明   首先容易知道 $C_\Lambda e^{-A\mu}$ 和 $e^{\tilde{A}\mu} F$ 都关于 e^{At} 允许. 与 (5.2.30) 类似, 直接计算可得

$$C_\Lambda e^{-A\mu} (\lambda - \tilde{A})^{-1} e^{\tilde{A}\mu} F = C_\Lambda (\lambda - \tilde{A})^{-1} F, \quad \forall \, \lambda \in \rho(A), \qquad (5.3.29)$$

该式说明 (A, F, C) 是正则系统当且仅当 $(A, e^{\tilde{A}\mu} F, C_\Lambda e^{-A\mu})$ 是正则系统. 由定义 3.5.15, I 是关于 $C_\Lambda (s - \tilde{A})^{-1} F$ 的允许反馈算子等价于 I 是关于 $C_\Lambda e^{-A\mu}(\lambda - \tilde{A})^{-1} e^{\tilde{A}\mu} F$ 的允许反馈算子. 由于 $e^{\tilde{A}\mu} \in \mathcal{L}(Z)$ 和

$$A + e^{\tilde{A}\mu} F C_\Lambda e^{-A\mu} = A + e^{\tilde{A}\mu} F C_\Lambda e^{-\tilde{A}\mu} = e^{\tilde{A}\mu} (A + F C_\Lambda) e^{-\tilde{A}\mu}, \qquad (5.3.30)$$

$A + F C_\Lambda$ 指数稳定当且仅当 $A + e^{-\tilde{A}\mu} F C_\Lambda e^{A\mu}$ 指数稳定. 由定义 3.5.17, 定理得证. □

5.3.3   输出时滞补偿

本节将设计系统 (5.3.4) 的状态观测器并证明其适定性. 首先考虑如下 Luenberger 观测器:

$$\begin{cases} \dot{\hat{z}}(t) = A\hat{z}(t) - F_1[y(t) - C_{\mu\Lambda}\hat{\psi}(\cdot, t)] + Bu(t), \\ \hat{\psi}_t(\cdot, t) = G_\mu \hat{\psi}(\cdot, t) + B_\mu C_\Lambda \hat{z}(t) - F_2[y(t) - C_{\mu\Lambda}\hat{\psi}(\cdot, t)], \end{cases} \qquad (5.3.31)$$

其中 $F_1 \in \mathcal{L}(Y, [D(A^*)]')$ 和 $F_2 \in \mathcal{L}(Y, [D(G_\mu^*)]')$ 待定的调节算子. 如果令状态误差为

$$\tilde{z}(t) = z(t) - \hat{z}(t), \quad \tilde{\psi}(\cdot, t) = \psi(\cdot, t) - \hat{\psi}(\cdot, t), \qquad (5.3.32)$$

则有

$$\begin{cases} \dot{\tilde{z}}(t) = A\tilde{z}(t) + F_1 C_{\mu\Lambda} \tilde{\psi}(\cdot, t), \\ \tilde{\psi}_t(\cdot, t) = (G_\mu + F_2 C_{\mu\Lambda}) \tilde{\psi}(\cdot, t) + B_\mu C_\Lambda \tilde{z}(t). \end{cases} \qquad (5.3.33)$$

与 (5.2.37) 和 (5.2.38) 类似, 如果 $Z_{F_1} \subset D(C_\Lambda)$, 我们可以定义变换

$$\mathbb{P}(z, f)^\top = (z, \, f + P_\mu z)^\top, \quad \forall \, (z, f)^\top \in \mathcal{Z}_\mu(Y), \qquad (5.3.34)$$

其中算子 P_μ 由 (5.3.17) 给出. 易知 $\mathbb{P} \in \mathcal{L}(\mathcal{Z}_\mu(Y))$ 可逆并且

$$\mathbb{P}^{-1}(z,f)^\top = (z, f - P_\mu z)^\top, \quad \forall\ (z,f)^\top \in \mathcal{Z}_\mu(Y). \tag{5.3.35}$$

令

$$\left(\check{z}(t), \check{\psi}(\cdot,t)\right)^\top = \mathbb{P}\left(\tilde{z}(t), \tilde{\psi}(\cdot,t)\right)^\top, \quad t \geqslant 0. \tag{5.3.36}$$

注意到 (5.3.19), 若 $\tilde{z}(t) \in Z_{F_1}$, 可逆变换 (5.3.36) 可将系统 (5.3.33) 变为

$$\begin{cases} \dot{\check{z}}(t) = (A - F_1 C_{\mu\Lambda} P_\mu)\check{z}(t) + F_1 C_{\mu\Lambda}\check{\psi}(\cdot,t), \\ \check{\psi}_t(\cdot,t) = (G_\mu + F_2 C_{\mu\Lambda} + P_\mu F_1 C_{\mu\Lambda})\check{\psi}(\cdot,t) \\ \qquad\qquad - (P_\mu F_1 C_{\mu\Lambda} P_\mu + F_2 C_{\mu\Lambda} P_\mu)\check{z}(t). \end{cases} \tag{5.3.37}$$

如果选 $F_2 = -P_\mu F_1$, 则系统 (5.3.37) 简化为

$$\begin{cases} \dot{\check{z}}(t) = (A - F_1 C_{\mu\Lambda} P_\mu)\check{z}(t) + F_1 C_{\mu\Lambda}\check{\psi}(\cdot,t), \\ \check{\psi}_t(\cdot,t) = \tilde{G}_\mu\check{\psi}(\cdot,t), \end{cases} \tag{5.3.38}$$

该系统是简单的串联系统并且可以写成抽象形式

$$\frac{d}{dt}(\check{z}(t), \check{\psi}(\cdot,t))^\top = \mathscr{A}_{\mathbb{P}}(\check{z}(t), \check{\psi}(\cdot,t))^\top, \tag{5.3.39}$$

其中

$$\begin{cases} \mathscr{A}_{\mathbb{P}} = \begin{pmatrix} \tilde{A} - F_1 C_{\mu\Lambda} P_\mu & F_1 C_{\mu\Lambda} \\ 0 & \tilde{G}_\mu \end{pmatrix}, \\ D(\mathscr{A}_{\mathbb{P}}) = \left\{ \begin{pmatrix} z \\ \psi \end{pmatrix} \in \mathcal{Z}_\mu(Y) \ \middle|\ \begin{array}{l} (\tilde{A} - F_1 C_{\mu\Lambda} P_\mu)z + F_1 C_{\mu\Lambda}\psi \in Z \\ \tilde{G}_\mu\psi \in L^2([0,\mu];Y) \end{array} \right\}. \end{cases} \tag{5.3.40}$$

注意到 $F_2 = -P_\mu F_1$, 观测器 (5.3.31) 变为

$$\begin{cases} \dot{\hat{z}}(t) = \tilde{A}\hat{z}(t) - F_1[y(t) - C_{\mu\Lambda}\hat{\psi}(\cdot,t)] + Bu(t), \\ \hat{\psi}_t(\cdot,t) = \tilde{G}_\mu\hat{\psi}(\cdot,t) + B_\mu C_\Lambda\hat{z}(t) + P_\mu F_1[y(t) - C_{\mu\Lambda}\hat{\psi}(\cdot,t)]. \end{cases} \tag{5.3.41}$$

将系统 (5.3.41) 写成抽象形式

$$\frac{d}{dt}(\hat{z}(t), \hat{\psi}(\cdot,t))^\top = \mathscr{A}(\hat{z}(t), \hat{\psi}(\cdot,t))^\top + \mathscr{F}y(t) + (B,0)^\top u(t), \tag{5.3.42}$$

其中

$$\mathscr{A} = \begin{pmatrix} \tilde{A} & F_1 C_{\mu\Lambda} \\ B_\mu C_\Lambda & \tilde{G}_\mu - P_\mu F_1 C_{\mu\Lambda} \end{pmatrix}, \quad \mathscr{F} = \begin{pmatrix} -F_1 \\ P_\mu F_1 \end{pmatrix} \tag{5.3.43}$$

且算子 $\mathscr{A}$ 的定义域 $D(\mathscr{A})$ 为

$$\left\{ \begin{pmatrix} z \\ \psi \end{pmatrix} \in \mathcal{Z}_\mu(Y) \;\middle|\; \begin{array}{l} \tilde{A}z + F_1 C_{\mu\Lambda}\psi \in Z \\ B_\mu C_\Lambda z + (\tilde{G}_\mu - P_\mu F_1 C_{\mu\Lambda})\psi \in L^2([0,\mu];Y) \end{array} \right\}. \tag{5.3.44}$$

引理 5.3.6　Z 和 Y 是 Hilbert 空间. 设算子 A 在 Z 上生成 C_0- 群 e^{At}, $C \in \mathcal{L}(D(A), Y)$ 关于 e^{At} 允许, $F_1 \in \mathcal{L}(Y, [D(A^*)]')$ 且由 (5.3.14) 定义的 Z_{F_1} 满足 $Z_{F_1} \subset D(C_\Lambda)$. 设 G_μ, B_μ 和 C_μ 分别由 (5.2.2), (5.2.7) 和 (5.2.8) 定义, 其中 $\alpha = \mu$. 令 $\mathscr{A}$ 和 $\mathscr{A}_\mathbb{P}$ 分别由 (5.3.43) 和 (5.3.40) 给出, 那么

$$\mathbb{P}\mathscr{A}\mathbb{P}^{-1} = \mathscr{A}_\mathbb{P} \quad \text{且} \quad D(\mathscr{A}_\mathbb{P}) = \mathbb{P}D(\mathscr{A}), \tag{5.3.45}$$

其中 $\mathbb{P}$ 由 (5.3.34) 给出.

证明　利用引理 5.3.4, 可通过 (5.3.17) 定义算子 P_μ. 对任意的 $(z, \psi)^\top \in D(\mathscr{A}_\mathbb{P})$, 由 (5.3.40) 和 (5.3.14) 可知 $z \in Z_{F_1}$ 且

$$\tilde{A}z + F_1 C_{\mu\Lambda}(\psi - P_\mu z) \in Z. \tag{5.3.46}$$

综合 (5.3.40), (5.3.18), (5.3.19) 和 (5.3.11) 可得

$$\begin{aligned} & B_\mu C_\Lambda z + (\tilde{G}_\mu - P_\mu F_1 C_{\mu\Lambda})(\psi - P_\mu z) \\ &= -P_\mu \tilde{A}z + \tilde{G}_\mu \psi - P_\mu F_1 C_{\mu\Lambda}(\psi - P_\mu z) \\ &= \tilde{G}_\mu \psi - P_\mu \left[\tilde{A}z + F_1 C_{\mu\Lambda}(\psi - P_\mu z) \right] \\ &= \tilde{G}_\mu \psi - \Psi_\mu \left[\tilde{A}z + F_1 C_{\mu\Lambda}(\psi - P_\mu z) \right] \in L^2([0,\mu];Y). \end{aligned} \tag{5.3.47}$$

综合 (5.3.44), (5.3.46) 和 (5.3.47) 可知 $\mathbb{P}^{-1}(z, \psi)^\top \in D(\mathscr{A})$. 由 $(z, \psi)^\top \in D(\mathscr{A}_\mathbb{P})$ 的任意性, $D(\mathscr{A}_\mathbb{P}) \subset \mathbb{P}D(\mathscr{A})$.

另一方面, 对任意的 $(z, \psi)^\top \in D(\mathscr{A})$, (5.3.44) 和 (5.3.14) 意味着 $z \in Z_{F_1}$. 此外, 由 (5.3.19) 可得

$$\begin{aligned} \tilde{G}_\mu(\psi + P_\mu z) &= \tilde{G}_\mu \psi + P_\mu \tilde{A}z + B_\mu C_\Lambda z \\ &= \tilde{G}_\mu \psi - P_\mu F_1 C_{\mu\Lambda}\psi + B_\mu C_\Lambda z + P_\mu(\tilde{A}z + F_1 C_{\mu\Lambda}\psi), \end{aligned} \tag{5.3.48}$$

上式结合 (5.3.44), (5.3.11) 和 (5.3.18) 可推出

$$\tilde{G}_\mu(\psi + P_\mu z) \in L^2([0,\mu]; Y). \tag{5.3.49}$$

这意味着 $(\psi + P_\mu z) \in D(C_{\mu\Lambda})$. 因为 $\psi \in D(C_{\mu\Lambda})$, 我们有 $P_\mu z \in D(C_{\mu\Lambda})$. 于是由 (5.3.44) 可得

$$(\tilde{A} - F_1 C_{\mu\Lambda} P_\mu)z + F_1 C_{\mu\Lambda}(\psi + P_\mu z) = \tilde{A}z + F_1 C_{\mu\Lambda}\psi \in Z. \tag{5.3.50}$$

综合 (5.3.40), (5.3.49) 和 (5.3.50), 我们得到 $\mathbb{P}(z, \psi)^\top \in D(\mathscr{A}_{\mathbb{P}})$ 从而 $\mathbb{P}D(\mathscr{A}) \subset D(\mathscr{A}_{\mathbb{P}})$.

综上我们得到 $\mathbb{P}D(\mathscr{A}) = D(\mathscr{A}_{\mathbb{P}})$. 对任意的 $(z, \psi)^\top \in D(\mathscr{A}_{\mathbb{P}})$, 由 (5.3.40) 和 (5.3.14) 可知 $z \in Z_{F_1}$. 利用 (5.3.19), 对任意的 $(z, \psi)^\top \in D(\mathscr{A}_{\mathbb{P}})$, 简单计算可得 $\mathbb{P}\mathscr{A}\mathbb{P}^{-1}(z, \psi)^\top = \mathscr{A}_{\mathbb{P}}(z, \psi)^\top$. 所以, 相似性 (5.3.45) 成立. $\qquad\square$

由引理 5.3.6, 如果算子 $\mathscr{A}_{\mathbb{P}}$ 稳定, 观测器 (5.3.41) 就是收敛的. 由于算子 $\tilde{G}_\mu$ 已经稳定, 算子 $\mathscr{A}_{\mathbb{P}}$ 的上三角结构说明我们只要恰当选择 F_1 使得算子 $\tilde{A} - F_1 C_{\mu\Lambda} P_\mu$ 稳定即可. 由引理 5.3.5 和 (5.3.20), 我们可以按照如下规则选择 $F_1 \in \mathcal{L}(Y, [D(A^*)]')$:

(i) 选择 $F \in \mathcal{L}(Y, [D(A^*)]')$ 指数检测系统 (A, C);

(ii) 令 $F_1 = e^{\tilde{A}\mu}F$. $\tag{5.3.51}$

利用 (5.3.51), 观测器 (5.3.41) 变为

$$\begin{cases} \dot{\hat{z}}(t) = \tilde{A}\hat{z}(t) - e^{\tilde{A}\mu}F[y(t) - C_{\mu\Lambda}\hat{\psi}(\cdot, t)] + Bu(t), \\ \hat{\psi}_t(\cdot, t) = \tilde{G}_\mu\hat{\psi}(\cdot, t) + B_\mu C_\Lambda \hat{z}(t) + P_\mu e^{\tilde{A}\mu}F[y(t) - C_{\mu\Lambda}\hat{\psi}(\cdot, t)], \end{cases} \tag{5.3.52}$$

或者等价地,

$$\begin{cases} \dot{\hat{z}}(t) = A\hat{z}(t) - e^{\tilde{A}\mu}F[y(t) - \hat{\psi}(\mu, t)] + Bu(t), \\ \hat{\psi}_t(x, t) + \hat{\psi}_x(x, t) = P_\mu e^{\tilde{A}\mu}F[y(t) - \hat{\psi}(\mu, t)], \\ \hat{\psi}(0, t) = C_\Lambda \hat{z}(t), \end{cases} \tag{5.3.53}$$

其中 P_μ 由 (5.3.17) 给出, G_μ, B_μ 和 C_μ 分别由 (5.2.2), (5.2.7) 和 (5.2.8) 定义 ($\alpha = \mu$).

定理 5.3.4 设算子 A 在 Hilbert 空间 Z 上生成 C_0-群 e^{At}. 设 (A, B, C) 是正则线性系统, 其状态空间为 Z, 输入空间为 U, 输出空间为 Y. 设 $\mu > 0$, $F \in \mathcal{L}(Y, [D(A^*)]')$ 指数检测系统 (A, C) 并且

$$(s - \tilde{A})^{-1}e^{\tilde{A}\mu}FY \subset D(C_\Lambda) \quad \text{对某些 } s \in \rho(A). \tag{5.3.54}$$

那么, 系统 (5.3.3) 的观测器 (5.3.53) 是适定的: 对任意的 $(\hat{z}(0), \hat{\psi}(\cdot, 0))^\top \in \mathcal{Z}_\mu(Y)$ 和 $u \in L^2_{\mathrm{loc}}([0, \infty); U)$, 观测器 (5.3.53) 有唯一解 $(\hat{z}, \hat{\psi})^\top \in C([0, \infty); \mathcal{Z}_\mu(Y))$ 使得

$$e^{\omega t} \|(z(t) - \hat{z}(t), \psi(\cdot, t) - \hat{\psi}(\cdot, t))^\top\|_{\mathcal{Z}_\mu(Y)} \to 0 \quad \text{当} \quad t \to \infty, \tag{5.3.55}$$

其中 ω 是不依赖于 t 的正常数.

证明 令 $F_1 = e^{\tilde{A}\mu} F$, 则 (5.3.54) 意味着 $Z_{F_1} \subset D(C_\Lambda)$, 其中 Z_{F_1} 由 (5.3.14) 定义. 由引理 5.3.4, (5.3.53) 中的算子 P_μ 有意义.

由于 F 指数检测系统 (A, C), 由引理 5.3.5, 算子 $e^{\tilde{A}\mu} F$ 指数检测系统 $(A, C_\Lambda e^{-A\mu})$. 所以, 算子 $\tilde{A} - F_1 C_{\mu\Lambda} P_\mu$ 生成 Z 上指数稳定的 C_0-半群 $e^{(\tilde{A} - F_1 C_{\mu\Lambda} P_\mu) t}$, 进一步, F_1 关于 $e^{(\tilde{A} - F_1 C_{\mu\Lambda} P_\mu) t}$ 允许. 由于 $\tilde{G}_\mu$ 已经指数稳定且 C_μ 关于 $e^{\tilde{G}_\mu t}$ 允许, 由引理 4.1.1 可知 (5.3.40) 定义的算子 $\mathscr{A}_\mathbb{P}$ 在 $\mathcal{Z}_\mu(Y)$ 上生成指数稳定的 C_0-半群 $e^{\mathscr{A}_\mathbb{P} t}$. 由引理 5.3.6, 算子 $\mathscr{A}$ 和 $\mathscr{A}_\mathbb{P}$ 相似. 因此, (5.3.43) 定义的算子 $\mathscr{A}$ 在 $\mathcal{Z}_\mu(Y)$ 上生成指数稳定的 C_0-半群 $e^{\mathscr{A} t}$. 于是下面系统

$$\begin{cases} \dot{\tilde{z}}(t) = A\tilde{z}(t) + e^{\tilde{A}\mu} F C_{\mu\Lambda} \tilde{\psi}(\cdot, t), \\ \tilde{\psi}_t(\cdot, t) = (G_\mu - P_\mu e^{\tilde{A}\mu} F C_{\mu\Lambda}) \tilde{\psi}(\cdot, t) + B_\mu C_\Lambda \tilde{z}(t) \end{cases} \tag{5.3.56}$$

关于初始条件

$$\tilde{z}(0) = z(0) - \hat{z}(0), \quad \tilde{\psi}(\cdot, 0) = \psi(\cdot, 0) - \hat{\psi}(\cdot, 0) \tag{5.3.57}$$

有唯一解 $(\tilde{z}, \tilde{\psi})^\top \in C([0, \infty); \mathcal{Z}_\mu(Y))$ 使得, 当 $t \to +\infty$ 时, 该解在 $\mathcal{Z}_\mu(Y)$ 中指数收敛于零.

由定理 5.3.3, 对任意的 $(z(0), \psi(\cdot, 0))^\top \in \mathcal{Z}_\mu(Y)$ 和 $u \in L^2_{\mathrm{loc}}([0, \infty); U)$, 系统 (5.3.4) 存在唯一解 $(z, \psi)^\top \in C([0, \infty); \mathcal{Z}_\mu(Y))$. 令 $\hat{z}(t) = z(t) - \tilde{z}(t)$ 和 $\hat{\psi}(t) = \psi(t) - \tilde{\psi}(t)$, 则容易验证 $(\hat{z}(t), \hat{\psi}(t))^\top$ 是观测器 (5.3.53) 的解. 由 (5.3.53) 是线性系统, 该解是唯一的. 由于系统 (5.3.56) 恰好是系统 (5.3.3) 及其观测器 (5.3.53) 之间的误差系统, 于是 (5.3.55) 成立. □

定理 5.3.4 中的假设 (5.3.54) 有点不太直观. 当 F 或 C 是有界算子时, 假设 (5.3.54) 隐含在条件 "$F \in \mathcal{L}(Y, [D(A^*)]')$ 指数检测系统 (A, C)" 中. 当 F 和 C 都无界时, 我们有如下推论:

推论 5.3.1 设算子 A 在 Hilbert 空间 Z 上生成 C_0-群 e^{At}. 设 (A, B, C) 是正则线性系统, 其状态空间为 Z, 输入空间为 U, 输出空间为 Y. 设 $F \in \mathcal{L}(Y, [D(A^*)]')$ 指数检测系统 (A, C). 那么. 系统 (5.3.3) 的观测器 (5.3.53) 对几乎

所有的 $\mu > 0$ 适定, 即: 对任意的 $(\hat{z}(0), \hat{\psi}(\cdot, 0))^\top \in \mathcal{Z}_\mu(Y)$ 和 $u \in L^2_{\mathrm{loc}}([0,\infty); U)$, 观测器 (5.3.53) 有唯一解 $(\hat{z}, \hat{\psi})^\top \in C([0,\infty); \mathcal{Z}_\mu(Y))$ 使得 (5.3.55) 对某些正常数 ω 成立.

证明 由于 (A, F, C) 是正则线性系统, 故 C 关于 e^{At} 允许. 这说明对几乎所有的 $\mu > 0$, 有 $e^{A\mu}Z \subset D(C_\Lambda)$. 所以

$$(s-\tilde{A})^{-1}e^{\tilde{A}\mu}FY = e^{A\mu}(s-\tilde{A})^{-1}FY \subset e^{A\mu}Z \subset D(C_\Lambda), \quad \forall\, s \in \rho(A). \quad (5.3.58)$$

由定理 5.3.4 可得结论. □

注 5.3.3 当 A 是一个矩阵时, 由 (5.3.11) 和 (5.3.18) 可将观测器 (5.3.53) 化为

$$\begin{cases} \dot{\hat{z}}(t) = A\hat{z}(t) - e^{A\mu}F[y(t) - \hat{\psi}(\mu, t)] + Bu(t), \\ \hat{\psi}_t(x,t) + \hat{\psi}_x(x,t) = -Ce^{A(\mu-x)}F[y(t) - \hat{\psi}(\mu, t)], \\ \hat{\psi}(0,t) = C\hat{z}(t), \end{cases} \quad (5.3.59)$$

这和 [75] 中的观测器完全一样. 与 [75] 中 PDE backstepping 方法不同, 我们的时滞补偿方法不需要目标系统. 此外, 我们也不需要 Lyapunov 函数来证明观测器误差系统的收敛性. 构造 Lyapunov 函数来证明带有时滞的 PDE 系统的稳定性通常是很困难的, 而我们的方法有效地避免了这一困难.

5.3.4 应用举例

我们将抽象观测器的结果应用于波动方程 (5.2.57). 假设我们可以测量 $\sigma_0 \in (0,1)$ 周围的平均速度, 即: 系统输出为

$$y(t) = \int_0^1 m(\sigma)z_t(\sigma, t-\mu)d\sigma, \quad \mu > 0, \quad (5.3.60)$$

其中 $m \in L^2(0,1)$ 是测量点 σ_0 周围的形状函数 (shape function). 带有输出 (5.3.60) 的系统 (5.2.57) 可以表示为

$$\begin{cases} z_{tt}(\sigma, t) = z_{\sigma\sigma}(\sigma, t), \quad \sigma \in (0,1), \\ z(0,t) = 0, \ z_\sigma(1,t) = u(t-\tau), \quad \tau \geqslant 0, \\ \psi_t(x,t) + \psi_x(x,t) = 0 \quad x \in [0,\mu], \quad \mu > 0, \\ \psi(0,t) = \int_0^1 m(s)z_t(s,t)ds, \\ y(t) = \psi(\mu, t). \end{cases} \quad (5.3.61)$$

观测算子 C 为

$$C : (f, g)^\top \to \int_0^1 m(\sigma)g(\sigma)d\sigma, \quad \forall \ (f, g)^\top \in Z. \tag{5.3.62}$$

显然 C 是有界算子. 我们需要选择 m 使得系统 (A, C) 精确可观, 其中 A 由 (5.2.58) 定义. 若令 $F = -k_2 C^*$, $k_2 > 0$, 则 $F \in \mathcal{L}(\mathbb{R}, Z)$ 表示为: $Fq = -k_2 q(0, m(\cdot))^\top$ 对任意的 $q \in \mathbb{R}$. 由于 F 指数检测系统 (A, C) [91], 由 (5.3.53), 系统 (5.3.61) 的观测器可以设计为

$$\begin{cases} \dfrac{d}{dt}(\hat{z}(\cdot, t), \hat{z}_t(\cdot, t))^\top = A(\hat{z}(\cdot, t), \hat{z}_t(\cdot, t))^\top - e^{A\mu}F[y(t) - \hat{\psi}(\mu, t)] \\ \qquad\qquad\qquad + Bu(t - \tau), \\ \hat{\psi}_t(x, t) + \hat{\psi}_x(x, t) = P_\mu e^{A\mu}F[y(t) - \hat{\psi}(\mu, t)], \\ \hat{\psi}(0, t) = \displaystyle\int_0^1 m(\sigma)\hat{z}_t(\sigma, t)d\sigma. \end{cases} \tag{5.3.63}$$

由于

$$\begin{aligned} e^{\tilde{A}x}F &= e^{Ax}F \\ &= -k_2\left(\sum_{n=0}^\infty f_n \sin\omega_n x \sin\omega_n\sigma, \sum_{n=0}^\infty f_n\omega_n \cos\omega_n x \sin\omega_n\sigma\right)^\top, \end{aligned} \tag{5.3.64}$$

其中 $0 \leqslant x \leqslant \mu$, $0 \leqslant \sigma \leqslant 1$, ω_n 由 (5.2.63) 给出, 且

$$f_n = \frac{2}{\omega_n}\int_0^1 m(\sigma)\sin\omega_n\sigma d\sigma, \quad n = 0, 1, 2, \cdots. \tag{5.3.65}$$

由 (5.3.18) 和 (5.3.11) 可得

$$\begin{aligned} P_\mu e^{\tilde{A}\mu}F &= -Ce^{A(\mu-x)}F \\ &= k_2\int_0^1 \left(\sum_{n=0}^\infty f_n\omega_n \cos\omega_n(\mu - x)\sin\omega_n\sigma\right)m(\sigma)d\sigma \\ &= k_2\sum_{n=0}^\infty \frac{f_n^2\omega_n^2}{2}\cos\omega_n(\mu - x). \end{aligned} \tag{5.3.66}$$

由于

$$\sum_{n=0}^\infty \frac{f_n^2\omega_n^2}{2} = 2\sum_{n=0}^\infty \left|\int_0^1 m(\sigma)\sin\omega_n\sigma d\sigma\right|^2 < +\infty, \tag{5.3.67}$$

(5.3.66) 的无穷级数是收敛的. 综合 (5.3.64) 和 (5.3.66), 观测器 (5.3.63) 变为

$$
\begin{cases}
\hat{z}_{1t}(\sigma,t) = \hat{z}_2(\sigma,t) + k_2 \left(\sum_{n=0}^{\infty} f_n \sin \omega_n \mu \sin \omega_n \sigma \right) [y(t) - \hat{\psi}(\mu,t)], \\[2mm]
\hat{z}_{2t}(\sigma,t) = \hat{z}_{1\sigma\sigma}(\sigma,t) \\[1mm]
\qquad\qquad + k_2 \left(\sum_{n=0}^{\infty} f_n \omega_n \cos \omega_n \mu \sin \omega_n \sigma \right) [y(t) - \hat{\psi}(\mu,t)] + u(t-\tau), \\[3mm]
\hat{\psi}_t(x,t) + \hat{\psi}_x(x,t) = k_2 \left[\sum_{n=0}^{\infty} \frac{f_n^2 \omega_n^2}{2} \cos \omega_n (\mu - x) \right] [y(t) - \hat{\psi}(\mu,t)], \\[3mm]
\hat{\psi}(0,t) = \displaystyle\int_0^1 m(\sigma) \hat{z}_t(\sigma,t) d\sigma,
\end{cases}
$$

$$(5.3.68)$$

其中 $k_2 > 0$, 且

$$
\hat{z}_1(\sigma,t) = \hat{z}(\sigma,t), \quad \hat{z}_2(\sigma,t) = \hat{z}_t(\sigma,t), \quad \sigma \in [0,1], \ t \geqslant 0.
$$

由定理 5.3.4, 当 $t \to +\infty$ 时, 观测器状态 $(\hat{z}_1(\cdot,t), \hat{z}_2(\cdot,t))$ 在 Z 中指数收敛到系统状态 $(z(\cdot,t), z_t(\cdot,t))$.

注 5.3.4 定理 5.3.4的方法对边界输出时滞 $y(t) = z(1, t - \mu)$ 仍然是有效的. 此时, 我们可以选择 $F = -k_2(0, \delta(\cdot - 1))^\top$, 其中 $k_2 > 0$. 然而, 由于 F 此时是无界的, 我们很难获得算子 $e^{\tilde{A}\mu} F$ 和 $P_\mu e^{\tilde{A}\mu} F$ 的解析表达式. 因此, 无穷维系统的无界输出时滞补偿问题还需要进一步研究.

5.4 波动方程时滞与动态 backstepping 变换

无穷维系统的时滞问题非常复杂, 一方面它可能破坏系统的稳定性, 另一方面, 如果利用恰当, 它也可能对系统镇定产生正面效果. 本节主要利用动态的 backstepping 变换方法来利用时滞的正面作用. 简单起见, 本节只考虑状态反馈, 由于分离性原理, 只要能设计系统的状态观测器, 输出反馈几乎是显然的.

5.4.1 不稳定波动方程的动态 backstepping 变换

本节主要考虑不稳定或反稳定波方程的镇定问题. 首先考虑如下不稳定系统:

$$
\begin{cases}
w_{tt}(x,t) = w_{xx}(x,t), \ x \in (0,1), \ t > 0, \\
w_x(0,t) = -q w(0,t), \ t \geqslant 0, \\
w_x(1,t) = u(t), \ t \geqslant 0,
\end{cases}
\tag{5.4.1}
$$

其中 $q \in \mathbb{R}$, $u(t)$ 是控制输入. 当 $q > 1$ 时, 开环系统 (5.4.1) 在右半平面至少有一谱点; 当 $q = 1$ 时, $\lambda = 0$ 是一个二重谱点, $w(x,t) = t(x-1)$ 是系统 (5.4.1) 的一个不稳定解; 当 $q < 1$ 时, 开环系统 (5.4.1) 是保守系统.

由专著 [76] 可知, backstepping 方法可将系统 (5.4.1) 中的不稳定项 $-qw(0,t)$ 变到控制通道中, 从而便于镇定系统. 但是 [76] 中的 backstepping 变换通常要用到 Volterra 积分, 通过设定目标系统来求解 Volterra 积分的核函数. 那么如何选择目标系统呢? 目前仍然缺乏严格的理论依据, 现有的结果大多还是依赖于直觉和经验. 本节我们将通过镇定系统 (5.4.1) 来改进 backstepping 方法, 用一个微分方程系统来代替 backstepping 变换中的 Volterra 积分. 这一做法大大简化了计算量, 更易于发现新的结果.

简单起见, 我们只考虑状态反馈. 利用系统 (5.4.1) 的古典解, 我们设计如下 backstepping 变换:

$$\tilde{w}(x,t) = [(I + \mathbb{P})w](x,t) = w(x,t) + W(x,t), \tag{5.4.2}$$

其中 $W(x,t)$ 满足如下关于变量 x 的常微分方程:

$$\begin{cases} W_x(x,t) = qW(x,t) + qw(x,t), \\ W(0,t) = 0. \end{cases} \tag{5.4.3}$$

由 (5.4.3) 和边界条件 (5.4.1),

$$W_{xx}(0,t) = q^2 w(0,t) + qw_x(0,t) = 0. \tag{5.4.4}$$

注意到 $W_x(x,t) = qW(x,t) + qw(x,t) = q\tilde{w}(x,t)$, (5.4.2) 定义的变换 $I + \mathbb{P}$ 是可逆的, 其逆为

$$w(x,t) = [(I + \mathbb{P})^{-1}\tilde{w}](x,t) = \tilde{w}(x,t) - W(x,t), \tag{5.4.5}$$

其中 $W(x,t)$ 由 $\tilde{w}(x,t)$ 决定:

$$\begin{cases} W_x(x,t) = q\tilde{w}(x,t), \\ W(0,t) = 0. \end{cases} \tag{5.4.6}$$

利用 (5.4.4), 系统 (5.4.3) 两边关于 x 求导两次可得

$$\begin{cases} \partial_x W_{xx}(x,t) = qW_{xx}(x,t) + qw_{xx}(x,t), \\ W_{xx}(0,t) = 0. \end{cases} \tag{5.4.7}$$

系统 (5.4.3) 两边关于 t 求导两次可得

$$\begin{cases} \partial_x W_{tt}(x,t) = q W_{tt}(x,t) + q w_{tt}(x,t), \\ W_{tt}(0,t) = 0. \end{cases} \tag{5.4.8}$$

综合 (5.4.7) 和 (5.4.8) 可得

$$\begin{cases} \partial_x [W_{tt} - W_{xx}](x,t) = q[W_{tt} - W_{xx}](x,t), \\ [W_{tt} - W_{xx}](0,t) = 0. \end{cases} \tag{5.4.9}$$

所以,

$$\begin{cases} W_{tt}(x,t) = W_{xx}(x,t), \quad x \in (0,1), \ t > 0, \\ W(0,t) = 0, \ W_x(0,t) = q w(0,t). \end{cases} \tag{5.4.10}$$

比较 (5.4.1) 和 (5.4.10) 并结合 (5.4.3), 变换 (5.4.2) 定义的 $\tilde{w}(x,t)$ 满足如下系统:

$$\begin{cases} \tilde{w}_{tt}(x,t) = \tilde{w}_{xx}(x,t), \\ \tilde{w}_x(0,t) = 0, \\ \tilde{w}_x(1,t) = u(t) + W_x(1,t) = u(t) + qW(1,t) + qw(1,t). \end{cases} \tag{5.4.11}$$

系统 (5.4.1) 左端的 "不稳定边界 $w_x(0,t) = -q w(0,t)$" 在 (5.4.11) 中已经变为 "稳定边界 $\tilde{w}_x(0,t) = 0$". 于是控制器可以自然地设计为

$$\begin{aligned} u(t) &= -qW(1,t) - q w(1,t) - c_1 \tilde{w}(1,t) - c_2 \tilde{w}_t(1,t), \\ &= -(q + c_1)[W(1,t) + w(1,t)] - c_2 [w_t(1,t) + W_t(1,t)], \end{aligned} \tag{5.4.12}$$

其中 $c_1, c_2 > 0$ 是调节参数. 在控制 (5.4.12) 下, 系统 (5.4.11) 变为

$$\begin{cases} \tilde{w}_{tt}(x,t) = \tilde{w}_{xx}(x,t), \\ \tilde{w}_x(0,t) = 0, \\ \tilde{w}_x(1,t) = -c_1 \tilde{w}(1,t) - c_2 \tilde{w}_t(1,t). \end{cases} \tag{5.4.13}$$

显然该系统在相应的状态空间中是指数稳定的 ([50]). 利用 (5.4.12) 和 (5.4.3) 可

得系统 (5.4.1) 的闭环系统:

$$
\begin{cases}
w_{tt}(x,t) = w_{xx}(x,t), \ x \in (0,1), \\
w_x(0,t) = -qw(0,t), \\
w_x(1,t) = -(q+c_1)[W(1,t)+w(1,t)] - c_2[w_t(1,t)+W_t(1,t)], \\
W_x(x,t) = qW(x,t) + qw(x,t), \quad W(0,t) = 0.
\end{cases}
\tag{5.4.14}
$$

由于

$$
W(1,t) = q \int_0^1 e^{q(1-s)} w(s,t)ds, \quad W_t(1,t) = q \int_0^1 e^{q(1-s)} w_t(s,t)ds, \tag{5.4.15}
$$

闭环系统 (5.4.14) 化为

$$
\begin{cases}
w_{tt}(x,t) = w_{xx}(x,t), \ x \in (0,1), \\
w_x(0,t) = -qw(0,t), \\
w_x(1,t) = -(q+c_1)\left[q \int_0^1 e^{q(1-s)} w(s,t)ds + w(1,t) \right] \\
\qquad\qquad -c_2 \left[w_t(1,t) + q \int_0^1 e^{q(1-s)} w_t(s,t)ds \right].
\end{cases}
\tag{5.4.16}
$$

系统 (5.4.14)(或 (5.4.16)) 和系统 (5.4.13) 之间相差一个可逆变换 (5.4.2). 容易证明系统 (5.4.16) 在相应的状态空间中是指数稳定的. 与通常的 backstepping 方法相比, 控制器 (5.4.12) 的设计更加自然, 但变换 (5.4.2) 的设计需要一定的技巧性.

注 5.4.5 系统 (5.4.14)(或 (5.4.16)) 中的控制器相对复杂, 这是由控制问题本身的复杂性决定的, backstepping 方法并没有引入额外的复杂性 [76, p. 170, 14.5.4]. 用 3.6.2 节中算子相似的方法也可以描述 backstepping 变换 (5.4.2). 算子形式的表述虽然数学上严密, 但是却牺牲了变换设计上的直观性. 这里我们仍然采用传统的变换形式主要是为了便于设计. 下一节我们将设计新的 backstepping 变换, 用时滞动态的正面作用来镇定不稳定波动方程.

5.4.2 动态 backstepping 方法与时滞补偿

5.4.1 节中, 我们将 backstepping 变换 (5.4.2) 中的 Volterra 积分写成常微分方程的形式 (5.4.3). 这种表示方法在简化计算的同时, 也有利于进一步推广 backstepping 变换. 直观上看, backstepping 变换 (5.4.2) 中常微分方程可以自然地推广为偏微分方程.

考虑如下波动方程的镇定问题:

$$\begin{cases} w_{tt}(x,t) = w_{xx}(x,t), \ x \in (0,1), \ t > 0, \\ w_x(0,t) = -qw_t(0,t), \ t \geqslant 0, \ q \neq 1, \\ w(1,t) = u(t), \ t \geqslant 0, \end{cases} \tag{5.4.17}$$

其中 $u(t)$ 是控制输入. 简单计算可知, 开环系统 (5.4.17) 的所有谱点都在右半平面, 因此该系统是反稳定 (anti-stable) 的. 当 $q \to 1$ 时, 开环系统 (5.4.17) 的谱点趋于正无穷远处, 因此无法用有限的反馈增益控制这样的系统, 所以我们假设系统 (5.4.17) 中 $q \neq 1$.

受 (5.4.2) 启发, 我们利用系统 (5.4.17) 的古典解设计如下 backstepping 变换:

$$\tilde{w}(x,t) = w(x,t) + W(x,t), \tag{5.4.18}$$

其中 $W(x,t)$ 满足

$$\begin{cases} W_t(x,t) + W_x(x,t) = 0, \\ W(0,t) = -cw(0,t), \qquad c > 0. \\ W(x,0) = W_0(x), \end{cases} \tag{5.4.19}$$

这里 $W_0(x)$ 是任意给定的初始状态. 显然, 变换 (5.4.18) 是可逆的, 其逆为

$$w(x,t) = \tilde{w}(x,t) - W(x,t), \tag{5.4.20}$$

其中 $W(x,t)$ 满足

$$\begin{cases} W_t(x,t) + W_x(x,t) = 0, \\ W(0,t) = -\dfrac{c}{1-c}w(0,t), \\ W(x,0) = W_0(x). \end{cases} \tag{5.4.21}$$

比较 (5.4.17) 和 (5.4.19), $\tilde{w}(x,t)$ 满足:

$$\begin{cases} \tilde{w}_{tt}(x,t) = \tilde{w}_{xx}(x,t), \\ \tilde{w}_x(0,t) = \dfrac{c-q}{1-c}\tilde{w}_t(0,t), \quad \tilde{w}(1,t) = u(t) + W(1,t). \end{cases} \tag{5.4.22}$$

当 $(c-q)/(1-c) > 0$ 时, 系统 (5.4.22) 的左端已经变为 "阻尼项", 而系统的右端可以利用控制设计来改变:

$$u(t) = -W(1,t), \quad t \geqslant 0. \tag{5.4.23}$$

于是我们得到闭环系统

$$\begin{cases} \tilde{w}_{tt}(x,t) = \tilde{w}_{xx}(x,t), \\ \tilde{w}_x(0,t) = \dfrac{c-q}{1-c}\tilde{w}_t(0,t), \quad \tilde{w}(1,t) = 0. \end{cases} \tag{5.4.24}$$

当 $(c-q)/(1-c) > 0$ 时, 显然该系统是指数稳定的. 综合 (5.4.23) 和 (5.4.19), 系统 (5.4.17) 的闭环系统为

$$\begin{cases} w_{tt}(x,t) = w_{xx}(x,t), \\ w_x(0,t) = -qw_t(0,t), \quad w(1,t) = -W(1,t), \\ W_t(x,t) + W_x(x,t) = 0, \\ W(0,t) = -cw(0,t), \quad c > 0. \end{cases} \tag{5.4.25}$$

系统 (5.4.25) 的状态空间选为

$$\mathcal{X} = \Big\{ (f,g,h) \in H^1(0,1) \times L^2(0,1) \times H^1(0,1) \\ \Big| \, f(1) = -h(1), h(0) = -cf(0) \Big\}. \tag{5.4.26}$$

$\mathcal{X}$ 上的内积定义为: 对任意的 $(f_i, g_i, h_i) \in \mathcal{X}, i = 1, 2,$

$$\langle (f_1, g_1, h_1), (f_2, g_2, h_2) \rangle_{\mathcal{X}} = \int_0^1 f_1'(x)\overline{f_2'(x)}dx + \int_0^1 g_1(x)\overline{g_2(x)}dx \\ + \int_0^1 h_1'(x)\overline{h_2'(x)}dx + f_1(0)\overline{f_2(0)} + h_1(0)\overline{h_2(0)}. \tag{5.4.27}$$

利用可逆变换 (5.4.18), 系统 (5.4.24) 指数稳定当且仅当系统 (5.4.25) 指数稳定. 这正是如下定理:

定理 5.4.5　设 $(c-q)/(1-c) > 0$, 则对任意的 $(w(\cdot,0), w_t(\cdot,0), W(\cdot,0)) \in \mathcal{X}$, 系统 (5.4.25) 存在唯一解 $(w, w_t, W) \in C([0,\infty); \mathcal{X})$ 使得

$$\lim_{t \to +\infty} e^{\omega t} \|(w(\cdot,t), w_t(\cdot,t), W(\cdot,t))\|_{\mathcal{X}} = 0, \tag{5.4.28}$$

其中 ω 是与 t 无关的正常数.

证明　考虑系统 (5.4.24), 其初始状态选为

$$(\tilde{w}(\cdot,0), \tilde{w}_t(\cdot,0)) = (w(\cdot,0) + W(\cdot,0), w_t(\cdot,0) - W_x(\cdot,0)). \tag{5.4.29}$$

由于 $(w(\cdot,0),w_t(\cdot,0),W(\cdot,0)) \in \mathcal{X}$, 因此 $(\tilde{w}(\cdot,0),\tilde{w}_t(\cdot,0)) \in \mathcal{H}$, 其中

$$\mathcal{H} = H_R^1(0,1) \times L^2(0,1), \quad H_R^1(0,1) = \{f \in H^1(0,1) \mid f(1) = 0\}. \qquad (5.4.30)$$

$\mathcal{H}$ 上内积定义如下: 对任意的 $(f_i,g_i) \in \mathcal{H}$, $i = 1,2$,

$$\langle (f_1,g_1),(f_2,g_2) \rangle_{\mathcal{H}} = \int_0^1 [f_1'(x)\overline{f_2'(x)} + g_1(x)\overline{g_2(x)}]dx. \qquad (5.4.31)$$

注意到 $(c-q)/(1-c) > 0$, 系统 (5.4.24) 存在唯一解 $(\tilde{w}(\cdot,t),\tilde{w}_t(\cdot,t)) \in C([0,+\infty);$ $\mathcal{H})$ 使得

$$\|(\tilde{w}(\cdot,t),\tilde{w}_t(\cdot,t))\|_{\mathcal{H}} \leqslant L_1 e^{-\omega_1 t}, \quad \forall\, t \geqslant 0, \qquad (5.4.32)$$

其中 L_1 和 ω_1 是与 t 无关的正常数. 令

$$\psi(t) = 2\int_0^1 (x-1)\tilde{w}_t(x,t)\tilde{w}_x(x,t)dx, \qquad (5.4.33)$$

则

$$|\psi(t)| \leqslant \|(\tilde{w}(\cdot,t),\tilde{w}_t(\cdot,t))\|_{\mathcal{H}}^2. \qquad (5.4.34)$$

沿着系统 (5.4.24) 的解对 $\psi(t)$ 求导可得

$$\dot{\psi}(t) = |\tilde{w}_t(0,t)|^2 + |\tilde{w}_x(0,t)|^2 - \int_0^1 |\tilde{w}_t(x,t)|^2 + |\tilde{w}_x(x,t)|^2 dx$$

$$\geqslant |\tilde{w}_t(0,t)|^2 - \|(\tilde{w}(\cdot,t),\tilde{w}_t(\cdot,t))\|_{\mathcal{H}}^2. \qquad (5.4.35)$$

该式和 (5.4.32) 意味着

$$\int_{t-1}^t |\tilde{w}_t(0,\tau)|^2 d\tau \leqslant \int_{t-1}^t \|(\tilde{w}(\cdot,\tau),\tilde{w}_t(\cdot,\tau))\|_{\mathcal{H}}^2 d\tau + \psi(t) - \psi(t-1)$$

$$\leqslant L_1^2 \int_{t-1}^t e^{-2\omega_1 \tau} d\tau + \|(\tilde{w}(\cdot,t),\tilde{w}_t(\cdot,t))\|_{\mathcal{H}}^2$$

$$+ \|(\tilde{w}(\cdot,t-1),\tilde{w}_t(\cdot,t-1))\|_{\mathcal{H}}^2$$

$$\leqslant \left[\frac{e^{2\omega_1}}{2\omega_1} + e^{2\omega_1} + 1\right] L_1^2 e^{-2\omega_1 t}.$$

因此

$$\int_0^1 \tilde{w}_t^2(0,t-x)dx = \int_{t-1}^t |\tilde{w}_t(0,\tau)|^2 d\tau \leqslant L_2 e^{-\omega_2 t}, \quad t \geqslant 1. \qquad (5.4.36)$$

其中

$$L_2 = \left(\frac{e^{2\omega_1}}{2\omega_1} + e^{2\omega_1} + 1 \right) L_1^2 \quad \text{且} \quad \omega_2 = 2\omega_1. \tag{5.4.37}$$

这说明系统 (5.4.24) 的解满足隐正则性 $\tilde{w}(0,t) \in H^1_{\text{loc}}(0,\infty)$.

分别定义 $W(x,t)$ 和 $w(x,t)$ 为

$$W(x,t) = \begin{cases} -\dfrac{c}{1-c}\tilde{w}(0,t-x), & t \geqslant x, \\ W(0,x-t), & x > t, \end{cases} \tag{5.4.38}$$

和

$$w(x,t) = \tilde{w}(x,t) - W(x,t), \quad x \in [0,1], \ t \geqslant 0, \tag{5.4.39}$$

则容易验证 $(w(\cdot,t), w(\cdot,t), W(\cdot,t)) \in C([0,\infty); \mathcal{X})$ 是系统 (5.4.24) 的解.

现在证明收敛性 (5.4.28). 由 (5.4.38) 可得

$$\int_0^1 |W_t(x,t)|^2 dx + \int_0^1 |W_x(x,t)|^2 dx \leqslant \frac{4c^2}{(1-c)^2} \int_0^1 |\tilde{w}(0,t-x)|^2 dx, \tag{5.4.40}$$

因此 (5.4.36) 和 (5.4.38) 意味着

$$\int_0^1 |W_x(x,t)|^2 + |W_t(x,t)|^2 dx \leqslant M e^{-\omega_2 t}, \quad t \geqslant 0, \tag{5.4.41}$$

其中 M 是与 t 无关的正常数. 注意到

$$\tilde{w}(0,t) = w(0,t) + W(0,t) = (1-c)w(0,t), \quad x \in [0,1], \ t \geqslant 1, \tag{5.4.42}$$

由 Agmon 不等式 (A.3.21) 和 Cauchy 不等式可得

$$|W(0,t)| = |\beta w(0,t)| = \left| \frac{\beta}{1-c} \right| |\tilde{w}(0,t)| \leqslant \left| \frac{c}{1-c} \right| \|(\tilde{w}(\cdot,t), \tilde{w}_t(\cdot,t))\|_{\mathcal{H}}. \tag{5.4.43}$$

所以, 由 (5.4.27), (5.4.41), (5.4.39), (5.4.38), (5.4.43) 和 (5.4.32) 可得 (5.4.28). □

解系统 (5.4.25) 中的双曲方程可得

$$W(x,t) = \begin{cases} W(x-t,0), & x \geqslant t, \\ -cw(0,t-x), & t > x. \end{cases} \tag{5.4.44}$$

于是 (5.4.25) 简化为

$$\begin{cases} w_{tt}(x,t) = w_{xx}(x,t), \\ w_x(0,t) = -qw_t(0,t), \quad w(1,t) = cw(0,t-1), \quad t \geqslant 1. \end{cases} \tag{5.4.45}$$

定理 5.4.5 告诉我们: 当 $(c-q)/(1-c) > 0$ 时, 该系统是指数稳定的. (5.4.45) 给出了系统 (5.4.17) 的控制器 $u(t) = cw(0, t-1)$. 与 [124] 中镇定反稳定系统的控制器相比, 该控制器形式上非常简单. 这是因为控制器中利用了非同位结构和时滞动态的缘故. 时滞动态的复杂性发挥了正面作用. 关于本节给出的 backstepping 方法的其他应用, 可参见 [34, 35, 38, 132] 等.

5.4.3 时滞动态和非线性系统

时滞动态具有两面性, 一方面, 即使是很小的时滞也可能破坏系统的稳定性 ([23]). 另一方面, 正如系统 (5.4.45) 一样, 恰当地利用时滞对系统的稳定性是有利的. 此外, 当系统输出带有的时滞恰好等于偶数倍的传播速度时, 直接反馈即可指数镇定波动方程 ([140]). 本节将利用时滞动态来镇定带有非线性边界的波动方程:

$$\begin{cases} w_{tt}(x,t) = w_{xx}(x,t), \ x \in (0,1), \ t > 0, \\ w_x(0,t) = -qw_t(0,t) + pw_t^3(0,t), \ t \geqslant 0, \\ w(1,t) = u(t), \ t \geqslant 0, \\ y(t) = w(0,t), \ t \geqslant 0, \end{cases} \tag{5.4.46}$$

其中 p 和 q 是常数, u 是控制, y 是输出. 当没有控制, 即: $u \equiv 0$ 时, 系统 (5.4.46) 可以表示一个谐波震荡器, 方程右端 $x = 1$ 处固定, 左端 $x = 0$ 处会产生 "self-excited oscillation" ([14]). 当 $p = q = 0$ 时, 系统 (5.4.46) 是保守的, 可以表示弦的振动. 当 $p = 0$ 且 $q > 0$ 时, 系统 (5.4.46) 正是 3.6.2 节中考虑的反稳定系统. 当 $p > 0$ 且 $q > 0$ 时, 系统 (5.4.46) $x = 0$ 处的边界条件称为范德蒙型 (van der Pol type) 边界, 该边界可以使得系统产生非常复杂的动态行为, 例如: 混沌 (chaotic), 分岔 (bifurcation), 方波 (square wave) 等等 (见 [14–16, 92]).

与 5.4.2 节类似, 我们考虑变换

$$\tilde{w}(x,t) = w(x,t) + W(x,t), \quad x \in [0,1], \ t \geqslant 0, \tag{5.4.47}$$

其中

$$\begin{cases} W_t(x,t) + W_x(x,t) = 0, \ x \in (0,1), \ t > 0, \\ W(0,t) = -\beta w(0,t), \ t \geqslant 0, \\ W(x,0) = W_0(x), \ x \in [0,1], \end{cases} \tag{5.4.48}$$

W_0 是任意的初始状态, β 是待定的调节参数. 直接计算可得

$$\tilde{w}(0,t) = w(0,t) + W(0,t) = (1-\beta)w(0,t), \quad x \in [0,1], \ t \geqslant 1, \tag{5.4.49}$$

于是变换 (5.4.47) 的逆为

$$w(x,t) = \tilde{w}(x,t) - W(x,t), \quad x \in [0,1], \ t \geqslant 0, \tag{5.4.50}$$

其中

$$W(x,t) = \begin{cases} -\dfrac{\beta}{1-\beta}\tilde{w}(0,t-x), & t \geqslant x, \\[3mm] W_0(x-t), & x > t. \end{cases} \tag{5.4.51}$$

综合 (5.4.46), (5.4.49) 和 (5.4.48) 可得

$$\begin{cases} \tilde{w}_{tt}(x,t) = \tilde{w}_{xx}(x,t), & x \in (0,1), \ t > 0, \\[2mm] \tilde{w}_x(0,t) = \dfrac{\beta-q}{1-\beta}\tilde{w}_t(0,t) + \dfrac{p}{(1-\beta)^3}\tilde{w}_t^3(0,t), & t \geqslant 0, \\[2mm] \tilde{w}(1,t) = u(t) + W(1,t), \ t \geqslant 0, \\[2mm] (\tilde{w}(x,0), \tilde{w}_t(x,0)) = (\tilde{w}_0(x), \tilde{w}_1(x)), & x \in [0,1], \end{cases} \tag{5.4.52}$$

其中

$$(\tilde{w}_0(x), \tilde{w}_1(x)) = (w_0(x) + W_0(x), w_1(x) - W_{0x}(x)). \tag{5.4.53}$$

如果我们选择

$$\frac{\beta-q}{1-\beta} > 0 \quad \text{且} \quad \frac{p}{(1-\beta)^3} > 0, \tag{5.4.54}$$

则系统 (5.4.46) 中的 "不稳定项 $-qw_t(0,t)$" 在系统 (5.4.52) 中已经变成了稳定项了. 于是系统 (5.4.52) 的控制器可设计为

$$\begin{cases} u(t) = -W(1,t), \\[2mm] W_t(x,t) + W_x(x,t) = 0, & x \in (0,1), \ t > 0, \\[2mm] W(0,t) = -\beta w(0,t), \ t \geqslant 0, \end{cases} \tag{5.4.55}$$

其中 β 满足 (5.4.54). 在控制器 (5.4.55) 下, 我们得到

$$\begin{cases} \tilde{w}_{tt}(x,t) = \tilde{w}_{xx}(x,t), & x \in (0,1), \ t > 0, \\[2mm] \tilde{w}_x(0,t) = \dfrac{\beta-q}{1-\beta}\tilde{w}_t(0,t) + \dfrac{p}{(1-\beta)^3}\tilde{w}_t^3(0,t), & t \geqslant 0, \\[2mm] \tilde{w}(1,t) = 0, \ t \geqslant 0, \\[2mm] (\tilde{w}(x,0), \tilde{w}_t(x,0)) = (\tilde{w}_0(x), \tilde{w}_1(x)), & x \in [0,1]. \end{cases} \tag{5.4.56}$$

我们在实数域上的 Hilbert 空间 $\mathcal{H}$ 中考虑系统 (5.4.56), 其中 $\mathcal{H}$ 由 (5.4.30) 给出.

引理 5.4.7 设 p, q, β 满足 (5.4.54), 则对任意的 $(\tilde{w}_0, \tilde{w}_1) \in \mathcal{H}$, 系统 (5.4.56) 存在唯一解 $(\tilde{w}(\cdot, t), \tilde{w}_t(\cdot, t)) \in C([0, \infty); \mathcal{H})$.

证明 首先将系统 (5.4.56) 写成抽象形式

$$\frac{d}{dt}(\tilde{w}(\cdot, t), \tilde{w}_t(\cdot, t)) = \mathcal{A}_{\tilde{w}}(\tilde{w}(\cdot, t), \tilde{w}_t(\cdot, t)), \tag{5.4.57}$$

其中算子 $\mathcal{A}_{\tilde{w}} : D(\mathcal{A}_{\tilde{w}}) \subset \mathcal{H} \to \mathcal{H}$ 定义为

$$\begin{cases} \mathcal{A}_{\tilde{w}}(f, g) = (g, f''), \quad \forall\, (f, g) \in D(\mathcal{A}_{\tilde{w}}), \\[2mm] D(\mathcal{A}_{\tilde{w}}) = \left\{ (f, g) \in H^2(0,1) \times H^1(0,1) \middle| f(1) = g(1) = 0, \right. \\[2mm] \left. f'(0) = \dfrac{\beta - q}{1 - \beta} g(0) + \dfrac{p}{(1-\beta)^3} g^3(0) \right\}. \end{cases} \tag{5.4.58}$$

对任意的 $(f_i, g_i) \in D(\mathcal{A}_{\tilde{w}})$, $i = 1, 2$, 直接计算可得

$$\begin{aligned} &\langle \mathcal{A}_{\tilde{w}}(f_1, g_1) - \mathcal{A}_{\tilde{w}}(f_2, g_2), (f_1, g_1) - (f_2, g_2) \rangle_{\mathcal{H}} \\ &= -(f_1'(0) - f_2'(0))(g_1(0) - g_2(0)) \\ &= -\frac{\beta - q}{1 - \beta} |g_1(0) - g_2(0)|^2 - \frac{p}{(1-\beta)^3} [g_1(0) - g_2(0)] \left[g_1^3(0) - g_2^3(0) \right] \\ &\leqslant 0. \end{aligned} \tag{5.4.59}$$

这说明 $\mathcal{A}_{\tilde{w}}$ 在 $\mathcal{H}$ 中是耗散的. 接下来我们将证明

$$\mathrm{Ran}(\lambda I - \mathcal{A}_{\tilde{w}}) = \mathcal{H}, \quad \forall\, \lambda > 0. \tag{5.4.60}$$

对任意的 $(\phi, \psi) \in \mathcal{H}$, $(\lambda I - \mathcal{A}_{\tilde{w}})(f, g) = (\phi, \psi)$ 意味着

$$g = \lambda f - \phi \tag{5.4.61}$$

且

$$\begin{cases} f'' = \lambda^2 f - \lambda\phi - \psi, \\[2mm] f(1) = 0, \\[2mm] f'(0) = \dfrac{\beta - q}{1 - \beta} [\lambda f(0) - \phi(0)] + \dfrac{p}{(1-\beta)^3} [\lambda f(0) - \phi(0)]^3. \end{cases} \tag{5.4.62}$$

令

$$\hat{f}(x) = f(x) - xf'(0) - f(0), \tag{5.4.63}$$

则

$$\begin{cases} \hat{f}''(x) = \lambda^2 \hat{f} + \lambda^2 x f'(0) + \lambda^2 f(0) - \lambda\phi(x) - \psi(x), \\ \hat{f}(0) = \hat{f}'(0) = 0. \end{cases} \quad (5.4.64)$$

系统 (5.4.64) 是二阶常系数齐次线性微分方程, 直接求解可得

$$\hat{f}(x) = -\int_0^x \phi(\tau)\sinh\lambda(x-\tau)d\tau - \frac{1}{\lambda}\int_0^x \psi(\tau)\sinh\lambda(x-\tau)d\tau$$
$$+ \frac{f'(0)}{\lambda}\sinh(\lambda x) - f'(0)x + f(0)[\cosh(\lambda x) - 1]. \quad (5.4.65)$$

由 (5.4.63) 可得

$$f(x) = -\int_0^x \phi(\tau)\sinh\lambda(x-\tau)d\tau - \frac{1}{\lambda}\int_0^x \psi(\tau)\sinh\lambda(x-\tau)d\tau$$
$$+ \frac{f'(0)}{\lambda}\sinh(\lambda x) + f(0)\cosh(\lambda x), \quad (5.4.66)$$

注意到 $f(1) = 0$, (5.4.66) 说明

$$f(0) = \frac{\int_0^1 \phi(\tau)\sinh\lambda(1-\tau)d\tau + \frac{1}{\lambda}\int_0^1 \psi(\tau)\sinh\lambda(1-\tau)d\tau - \frac{f'(0)}{\lambda}\sinh(\lambda)}{\cosh(\lambda)}. \quad (5.4.67)$$

由 (5.4.67) 和 (5.4.62) 的第三个方程可得

$$A\left[\lambda f(0) - \phi(0)\right]^3 + B\left[\lambda f(0) - \phi(0)\right] + 2D = 0, \quad (5.4.68)$$

其中

$$\begin{cases} A = \dfrac{p}{(1-\beta)^3}\tanh(\lambda), \\ B = \dfrac{\beta - q}{1-\beta}\tanh(\lambda) + 1, \\ D = \dfrac{1}{2}\phi(0) - \dfrac{\lambda\displaystyle\int_0^1 \phi(\tau)\sinh\lambda(1-\tau)d\tau + \displaystyle\int_0^1 \psi(\tau)\sinh\lambda(1-\tau)d\tau}{2\cosh(\lambda)}. \end{cases} \quad (5.4.69)$$

注意到 p, q 和 β 满足 (5.4.54), 我们有

$$\frac{B^3}{27A^3} + \frac{D^2}{A^2} > 0. \quad (5.4.70)$$

利用常微分方程中的 Cardan 公式,

$$f(0) = \frac{\phi(0)}{\lambda} + \frac{1}{\lambda}\sqrt[3]{-\frac{D}{A} + \sqrt{\frac{B^3}{27A^3} + \frac{D^2}{A^2}}} + \frac{1}{\lambda}\sqrt[3]{-\frac{D}{A} - \sqrt{\frac{B^3}{27A^3} + \frac{D^2}{A^2}}}. \quad (5.4.71)$$

综合 (5.4.62) 中的第三个方程, (5.4.71), (5.4.66) 和 (5.4.61), 可得方程 $(\lambda I - \mathcal{A}_{\tilde{w}})(f, g) = (\phi, \psi)$ 的解. 于是我们推得 (5.4.60).

最后我们证明 $\overline{D(\mathcal{A}_{\tilde{w}})} = \mathcal{H}$. 事实上, 给定 $h \in \mathcal{H}$, 设对任意的 $a \in D(\mathcal{A}_{\tilde{w}})$, 有 $\langle a, h \rangle_{\mathcal{H}} = 0$. 由于 $R(\lambda I - \mathcal{A}_{\tilde{w}}) = \mathcal{H}$, $\forall \ \lambda > 0$, 因此存在 $a_h \in D(\mathcal{A}_{\tilde{w}})$ 使得 $(\lambda I - \mathcal{A}_{\tilde{w}})a_h = h$. 这说明 $\langle (\lambda I - \mathcal{A}_{\tilde{w}})a_h, a \rangle_{\mathcal{H}} = 0$. 特别地, 取 $a = a_h$ 可得到 $\langle \mathcal{A}_{\tilde{w}}a_h, a_h \rangle_{\mathcal{H}} = \lambda \|a_h\|_{\mathcal{H}}^2$. 由于 $\mathcal{A}_{\tilde{w}}$ 是耗散的且 $\mathcal{A}_{\tilde{w}}0 = 0$, 因此有 $a_h = 0$, 从而 $\overline{D(A)} = \mathcal{H}$. 利用非线性半群理论 ([97, Theorem 2.115, p.102]), $\mathcal{A}_{\tilde{w}}$ 生成 $\mathcal{H}$ 上的压缩非线性半群 $e^{\mathcal{A}_{\tilde{w}}t}$. $\qquad\square$

引理 5.4.8 设参数 p, q, β 满足 (5.4.54), 则对任意的 $(\tilde{w}_0, \tilde{w}_1) \in \mathcal{H}$, 存在常数 L_2 和 ω_2 使得系统 (5.4.56) 的解满足

$$\|(\tilde{w}(\cdot, t), \tilde{w}_t(\cdot, t))\|_{\mathcal{H}} \leqslant L_2 e^{-\omega_2 t}, \quad \forall t \geqslant 0. \quad (5.4.72)$$

此外, 该解满足隐正则性 $\tilde{w}(0, t) \in H_{\text{loc}}^1(0, \infty)$ 且

$$\int_0^1 \tilde{w}_t^2(0, t - x)dx \leqslant L_3 e^{-\omega_3 t}, \quad t \geqslant 1, \quad (5.4.73)$$

其中 L_3 和 ω_3 是与时间无关的常数.

证明 由于 $\frac{\beta - q}{1 - \beta}\tilde{w}_t(0, t)$ 和 $\frac{p}{(1 - \beta)^3}\tilde{w}_t^3(0, t)$ 都是系统 (5.4.56) 的阻尼项, 不等式 (5.4.72) 可以用乘子法得到. 我们只证明 (5.4.73). 令

$$\psi(t) = 2\int_0^1 (x - 1)\tilde{w}_t(x, t)\tilde{w}_x(x, t)dx, \quad (5.4.74)$$

则

$$|\psi(t)| \leqslant \|(\tilde{w}(\cdot, t), \tilde{w}_t(\cdot, t))\|_{\mathcal{H}}^2. \quad (5.4.75)$$

对 $\psi(t)$ 求导可得

$$\dot{\psi}(t) = |\tilde{w}_t(0, t)|^2 + |\tilde{w}_x(0, t)|^2 - \int_0^1 |\tilde{w}_t(x, t)|^2 + |\tilde{w}_x(x, t)|^2 dx$$

$$\geqslant |\tilde{w}_t(0, t)|^2 - \|(\tilde{w}(\cdot, t), \tilde{w}_t(\cdot, t))\|_{\mathcal{H}}^2. \quad (5.4.76)$$

综合 (5.4.76) 和 (5.4.72) 可得

$$\int_{t-1}^{t} |\tilde{w}_t(0,\tau)|^2 d\tau \leqslant \int_{t-1}^{t} \|(\tilde{w}(\cdot,\tau),\tilde{w}_t(\cdot,\tau))\|_{\mathcal{H}}^2 \, d\tau + \psi(t) - \psi(t-1)$$

$$\leqslant L_2^2 \int_{t-1}^{t} e^{-2\omega_2\tau} d\tau + \|(\tilde{w}(\cdot,t),\tilde{w}_t(\cdot,t))\|_{\mathcal{H}}^2 + \|(\tilde{w}(\cdot,t-1),\tilde{w}_t(\cdot,t-1))\|_{\mathcal{H}}^2$$

$$\leqslant \left[\frac{e^{2\omega_2}}{2\omega_2} + e^{2\omega_2} + 1 \right] L_2^2 e^{-2\omega_2 t}. \tag{5.4.77}$$

注意到

$$\int_0^1 \tilde{w}_t^2(0,t-x)dx = \int_{t-1}^{t} |\tilde{w}_t(0,\tau)|^2 d\tau, \tag{5.4.78}$$

(5.4.77) 意味着 (5.4.73) 成立, 其中

$$L_3 = \left(\frac{e^{2\omega_2}}{2\omega_2} + e^{2\omega_2} + 1 \right) L_2^2, \quad \omega_3 = 2\omega_2. \tag{5.4.79}$$

引理得证.   □

在控制 (5.4.55) 下, 我们得到系统 (5.4.46) 的闭环系统:

$$\begin{cases} w_{tt}(x,t) = w_{xx}(x,t), \quad x \in (0,1), \ t > 0, \\ w_x(0,t) = -qw_t(0,t) + pw_t^3(0,t), \ t \geqslant 0, \\ w(1,t) = -W(1,t), \quad t \geqslant 1, \\ W_t(x,t) + W_x(x,t) = 0, \quad x \in (0,1), \ t > 0, \\ W(0,t) = -\beta w(0,t), \quad t \geqslant 0, \\ w(x,0) = w_0(x), \ w_t(x,0) = w_1(x), \ W(x,0) = W_0(x), \quad x \in [0,1]. \end{cases} \tag{5.4.80}$$

该系统的状态空间为

$$\mathcal{X}_1 = \Big\{ (f,g,h) \in H^1(0,1) \times L^2(0,1) \times H^1(0,1)$$
$$\Big| \ f(1) = -h(1), h(0) = -\beta f(0) \Big\}, \tag{5.4.81}$$

其内积定义为

$$\langle (f_1, g_1, h_1), (f_2, g_2, h_2) \rangle_{\mathcal{X}_1}$$

$$= \int_0^1 f_1'(x)\overline{f_2'(x)}dx + \int_0^1 g_1(x)\overline{g_2(x)}dx$$

$$+ \int_0^1 h_1'(x)\overline{h_2'(x)}dx + f_1(0)\overline{f_2(0)} + h_1(0)\overline{h_2(0)}, \quad \forall (f_i, g_i, h_i) \in \mathcal{X}_1, i = 1, 2. (5.4.82)$$

定理 5.4.6 设参数 p, q, β 满足 (5.4.54), 则对任意的 $(w_0, w_1, W_0) \in \mathcal{X}_1$, 系统 (5.4.80) 存在唯一解 $(w(\cdot, t), w_t(\cdot, t), W(\cdot, t)) \in C([0, \infty); \mathcal{X}_1)$ 满足

$$\lim_{t\to\infty} e^{\omega t} \|(w(\cdot, t), w_t(\cdot, t), W(\cdot, t))\|_{\mathcal{X}_1} = 0, \quad \forall\, t \geqslant 0, \tag{5.4.83}$$

其中 ω 是与 t 无关的常数.

证明 由于 $(w_0, w_1, W_0) \in \mathcal{X}_1$, (5.4.53) 定义的初始状态满足 $(\tilde{w}_0, \tilde{w}_1) \in \mathcal{H}$. 利用引理 5.4.7 和引理 5.4.8, 系统 (5.4.56) 的解 $(\tilde{w}(\cdot, t), \tilde{w}_t(\cdot, t)) \in C([0, \infty); \mathcal{H})$ 满足隐正则性 $\tilde{w}(0, t) \in H^1_{\text{loc}}(0, \infty)$, (5.4.72) 和 (5.4.73). 设 $W(x, t)$ 和 $w(x, t)$ 分别由 (5.4.51) 和 (5.4.50) 定义, 则直接计算可得 $(w(\cdot, t), w_t(\cdot, t), W(\cdot, t)) \in C([0, \infty); \mathcal{X}_1)$ 是闭环系统 (5.4.80) 的解.

现在证明稳定性 (5.4.83). 由 (5.4.51) 可得

$$\int_0^1 |W_t(x, t)|^2 dx + \int_0^1 |W_x(x, t)|^2 dx \leqslant \frac{4\beta^2}{(1-\beta)^2} \int_0^1 |\tilde{w}(0, t-x)|^2 dx, \quad t \geqslant 1, \tag{5.4.84}$$

该式结合 (5.4.73) 和 (5.4.51) 说明

$$\int_0^1 |W_x(x, t)|^2 + |W_t(x, t)|^2 dx \leqslant M_1 e^{\omega_3 t}, \quad t \geqslant 0, \tag{5.4.85}$$

其中 M_1 是与时间无关的常数. 由 Sobolev 嵌入定理和 (5.4.49), 有

$$|W(0, t)| = |\beta w(0, t)| = \left|\frac{\beta}{1-\beta}\right| |\tilde{w}(0, t)| \leqslant \left|\frac{\beta}{1-\beta}\right| \|(\tilde{w}(\cdot, t), \tilde{w}_t(\cdot, t))\|_{\mathcal{H}}. \tag{5.4.86}$$

因此, 综合 (5.4.82), (5.4.85), (5.4.50), (5.4.51), (5.4.86), 和 (5.4.72) 可得 (5.4.83). $\qquad\square$

解闭环系统 (5.4.80) 中的 W-系统可得

$$W(x, t) = \begin{cases} -\beta w(0, t-x), & t \geqslant x, \\ W_0(x-t), & x > t, \end{cases} \tag{5.4.87}$$

于是闭环系统 (5.4.80) 可化为

$$\begin{cases} w_{tt}(x,t) = w_{xx}(x,t), & x \in (0,1),\ t \geqslant 0, \\ w_x(0,t) = -qw_t(0,t) + pw_t^3(0,t),\ t \geqslant 0, \\ w(1,t) = \beta w(0, t-1), & t \geqslant 1. \end{cases} \qquad (5.4.88)$$

控制器 $u(t) = \beta w(0, t-1)$ 只用到了边界位移, 我们用带有时滞的非同位反馈指数镇定了非线性系统 (5.4.46). 这再次说明了时滞动态的正面作用.

在本小节的最后, 我们对闭环系统 (5.4.80) 进行数值模拟来观察收敛情况. 我们采用有限差分格式离散系统, 对 "w-子系统" 采用中心差分离散, 对 "W-子系统" 采用 "迎风格式" 离散. 时间和空间离散步长都选为 0.01. 系统参数和初值选为 $\beta = 0.625$, $q = 0.25$, $p = 0.02$, $w_0(x) = \cos(2\pi x) - 1$ 和 $w_1(x) = W_0(x) = 0$. 闭环系统 (5.4.80) 的解 $w(x,t)$ 和 $W(x,t)$ 分别在图 5.3(a) 和 (b) 中给出. 闭

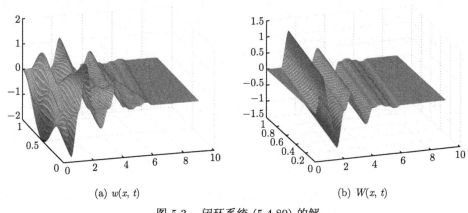

(a) $w(x,t)$ (b) $W(x,t)$

图 5.3　闭环系统 (5.4.80) 的解

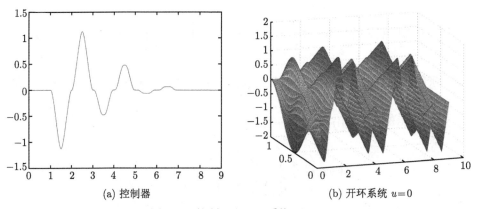

(a) 控制器   (b) 开环系统 $u = 0$

图 5.4　控制器和开环系统 $u = 0$

环系统 (5.4.80) 中的控制器和开环系统 (5.4.46) 分别在图 5.4(a) 和 5.4(b) 中给出. 可以看出, 没有施加控制的系统产生了震荡, 而施加控制以后, 系统的解收敛到零.

5.4.4 轨道设计与非同位问题

本节考虑 backstepping 变换的另一个推广, 用来处理输出跟踪中的非同位问题. 非同位问题主要是指由控制、性能输出、干扰和观测器之间的位置不同而产生的问题, 它往往会给控制器和观测器的设计带来非常大的困难, 甚至可能导致非极小相位系统 ([17]). 有关非同位问题的研究可参阅 [33, 50, 52, 162] 等. 研究发现, 恰当地构造将变换 (5.4.2) 中的函数 $W(x,t)$ 可以将非同位问题化为同位问题, 这正是 "轨道规划" 的方法 ([33]).

考虑如下波动方程的输出跟踪问题

$$\begin{cases} w_{tt}(x,t) = w_{xx}(x,t), \ x \in (0,1), \ t > 0, \\ w_x(0,t) = d(t), \ \ w_x(1,t) = u(t), \ \ t \geqslant 0, \end{cases} \tag{5.4.89}$$

其中 $u(t)$ 是控制, $d(t)$ 是干扰. 给定参考信号 $y_{\mathrm{ref}}(t)$, 输出追踪的控制目标是: 设计控制器使得

$$w(0,t) \to y_{\mathrm{ref}}(t) \quad \text{当} \quad t \to \infty. \tag{5.4.90}$$

控制器设计只能利用性能输出 $w(0,t)$ 和参考信号 $y_{\mathrm{ref}}(t)$ 之间的误差:

$$y_{\mathrm{e}}(t) = y_{\mathrm{ref}}(t) - w(0,t). \tag{5.4.91}$$

一般的输出调节理论总假定参考信号 $y_{\mathrm{ref}}(t)$ 和干扰 $d(t)$ 由如下外部系统生成

$$\begin{cases} \dot{v}(t) = Gv(t), \\ d(t) = Qv(t), \ \ y_{\mathrm{ref}}(t) = Fv(t), \end{cases} \tag{5.4.92}$$

其中 $G \in \mathbb{C}^{n \times n}$, $Q \in \mathbb{C}^{1 \times n}$, $F \in \mathbb{C}^{1 \times n}$ 已知, 但系统初始状态 $v(0)$ 未知. 这说明参考信号和干扰的动态信息是已知的. 内模原理是处理 PDE 系统输出跟踪的主要数学工具, 系统 (5.4.89) 的输出跟踪问题也可以用内模原理来解决. 我们将给出新的方法解决输出跟踪问题. 综合 (5.4.89) 和 (5.4.92) 可得

$$\begin{cases} w_{tt}(x,t) = w_{xx}(x,t), \\ w_x(0,t) = Qv(t), \ \ w_x(1,t) = u(t), \\ \dot{v}(t) = Gv(t), \\ y_{\mathrm{e}}(t) = Fv(t) - w(0,t). \end{cases} \tag{5.4.93}$$

控制器设计的主要难点在于: ① 干扰和控制不在一个通道上; ② 性能输出和控制不在一个通道上. 这使得控制器只能间接地对干扰抑制和性能输出产生影响. 为了克服这些非同位问题, 与 backstepping 变换 (5.4.2) 和 (5.4.18) 类似, 我们引入变换

$$e(x,t) = w(x,t) - \Sigma(x)v(t), \tag{5.4.94}$$

其中 $\Sigma(x) \in \mathbb{C}^{1 \times n}$ 是待定的向量值函数. 简单计算可得

$$\begin{cases} e_{tt}(x,t) + \Sigma(x)G^2 v(t) = e_{xx}(x,t) + \Sigma''(x)v(t), \\ e_x(0,t) = Qv(t) - \Sigma'(0)v(t), \ e_x(1,t) = -\Sigma'(1)v(t) + u(t), \\ y_e(t) = Fv(t) - [e(0,t) + \Sigma(0)v(t)]. \end{cases} \tag{5.4.95}$$

如果选择 $\Sigma(x)$ 使得

$$\begin{cases} \Sigma''(x) = \Sigma(x)G^2, \\ \Sigma'(0) = Q, \ \Sigma(0) = F, \end{cases} \tag{5.4.96}$$

则系统 (5.4.95) 简化为

$$\begin{cases} \dot{v}(t) = Gv(t), \\ e_{tt}(x,t) = e_{xx}(x,t), \\ e_x(0,t) = 0, \ e_x(1,t) = -\Sigma'(1)v(t) + u(t), \\ y_e(t) = -e(0,t). \end{cases} \tag{5.4.97}$$

通过变换 (5.4.94), 输出跟踪的问题变为系统 (5.4.97) 的镇定问题, 与此同时, 干扰和控制的非同位问题也得到了解决.

解系统 (5.4.96) 可得

$$\Sigma(x) = F \cosh(xG) + xQ\mathcal{G}(xG), \tag{5.4.98}$$

其中 $\mathcal{G}$ 由 (4.1.86) 定义. 因此 $\Sigma'(1)$ 是已知的. 由于干扰和控制已经在同一通道, 按照估计/消除策略, 系统 (5.4.97) 的状态反馈镇定是显然的. 由于可逆变换 (5.4.94), 原始系统 (5.4.93) 的状态反馈调节器设计也是显然的. 由线性系统分离性原理, 只要能够设计系统 (5.4.93) 的状态观测器, 我们就能得到该系统的误差反馈调节器.

在设计系统 (5.4.93) 的观测器之前, 一般会先讨论该系统的可观性. 由于可逆变换 (5.4.94), 系统 (5.4.93) 的可观性等价于系统 (5.4.97) 的可观性. 而系统

(5.4.97) 的可观性可由定理 4.2.5 得到. 事实上, 若令

$$
\begin{cases}
A(f,g)^\top = (g, f'')^\top, \quad \forall\, (f,g) \in D(A), \\
D(A) = \{(f,g) \in H^2(0,1) \times H^1(0,1) \mid f'(0) = f'(1) = 0\},
\end{cases}
\tag{5.4.99}
$$

则系统 (5.4.97) 可以写成抽象形式

$$
\begin{cases}
\dot{v}(t) = Gv(t), \\
\dot{\eta}(t) = A\eta(t) - B\Sigma'(1)v(t), \quad \eta(t) = (e(\cdot,t), e_t(\cdot,t))^\top, \\
y_e(t) = C\eta(t),
\end{cases}
\tag{5.4.100}
$$

其中

$$
B = (0, \delta(\cdot - 1))^\top \in \mathcal{L}(\mathbb{R}, [D(A^*)]')
\tag{5.4.101}
$$

且 $C \in \mathcal{L}(H^1(0,1) \times L^2(0,1), \mathbb{R})$

$$
C(f,g)^\top = -f(0), \quad \forall\, (f,g) \in H^1(0,1) \times L^2(0,1).
\tag{5.4.102}
$$

由定理 4.2.5 和注记 4.2.2, 当 $\sigma(A) \cap \sigma(G) = \varnothing$ 且 $(G, \Sigma'(1))$ 可观时, 系统 (5.4.97) 近似可观当且仅当 $\sigma(G)$ 中的点不是系统 (A, B, C) 的传输零点, 即

$$
C(\lambda - \tilde{A})^{-1}B \neq 0, \quad \lambda \in \sigma(G).
\tag{5.4.103}
$$

直接计算可得

$$
\Sigma'(1) = FG \sinh G + Q \cosh G
\tag{5.4.104}
$$

且

$$
C(\lambda - \tilde{A})^{-1}B = \frac{2}{\lambda(e^\lambda - e^{-\lambda})} \neq 0, \quad \lambda \in \sigma(G).
\tag{5.4.105}
$$

于是, 当 $\sigma(A) \cap \sigma(G) = \varnothing$ 时, 系统 (5.4.97) 近似可观当且仅当 $(G, FG \sinh G + Q \cosh G)$ 可观.

注意到系统 (5.4.97) 的串联结构, 其观测器设计是标准的观测动态补偿问题, 因此可以用 4.2.2 节中的观测动态补偿方法来解决. 系统 (5.4.93) 也有与定理 2.3.11 类似的结果. 事实上, 由 [102], 系统 (5.4.93) 可以实现基于状态反馈的输出跟踪当且仅当传输零点条件 (5.4.103) 成立. 另一方面, 前面分析可知, 传输零点条件 (5.4.103) 又等价于系统 (5.4.97) 近似可观. 因此, 只要系统 (5.4.93) 近似可观, 基于误差反馈的输出调节总是可以实现的. "轨道规划" 的方法可以看作 backstepping 变换的另一个推广, 它可以有效处理系统中的非同位问题. 有关该方法的其他应用, 可参见 [33, 150, 152] 以及 [76, Chapter 12] 等.

本 章 小 结

本章讨论了抽象线性系统的时滞补偿问题, 包括输入时滞补偿和输出时滞补偿. 时滞补偿本质上是串联系统的控制和观测问题. ODE 时滞补偿对应 ODE-PDE 的控制和观测, PDE 时滞补偿对应 PDE-PDE 的控制和观测. 有限维系统时滞补偿相对简单, 相关问题基本得以解决. 然而无穷维系统时滞补偿是极其复杂的, 在数学上可能面临巨大的挑战 ([42]). 本章并没有完全解决无穷维系统的时滞补偿问题, 主要表现在两个方面: (i) 当输出算子无界时, 如何将输出时滞补偿中的抽象系统具体化; (ii) 对于时间不可逆系统如何补偿时滞, 换句话说, 如何去掉定理 5.2.2 和定理 5.3.4 中的假设: A 生成 C_0-群.

本章没有讨论时滞补偿策略对测量干扰和系统模型的鲁棒性. 目前我们并没有这方面的结果, 然而这些问题是非常重要的, 需要进一步研究. 此外, 在数值仿真中我们发现, 无穷维系统时滞补偿对应闭环系统的离散, 以及离散系统收敛性的证明也是非常复杂的问题. 由于无穷维系统的实际应用离不开数值离散, 因此, 该问题既有理论价值又有很高的实用价值, 将是我们今后的研究内容之一.

练 习 题

1. 设 Z, U 和 Y 分别是状态空间, 输入空间和输出空间, (A, B, C) 是线性系统. 对任意的 $0 \neq q \in \mathbb{R}$, 证明下面结论成立: ([31])

(i) 若 $C \in \mathcal{L}(D(A), Y)$ 关于 e^{At} 允许, 则 $Ce^{Aq} \in \mathcal{L}(D(A), Y)$ 关于 e^{At} 也允许;

(ii) 若 $B \in \mathcal{L}(U, [D(A^*)]')$ 关于 e^{At} 允许, 则 $e^{\tilde{A}q}B \in \mathcal{L}(U, [D(A^*)]')$ 关于 e^{At} 也允许, 其中 $\tilde{A}$ 是 A 的延拓.

2. 考虑波动方程:

$$\begin{cases} w_{tt}(x,t) = w_{xx}(x,t), \ x \in (0,1), \ t > 0, \\ w_x(0,t) = -qw_t(0,t), \quad w_x(1,t) = -pw_t(1,t), \ t \geqslant 0, \end{cases} \quad p, q > 0. \quad (5.4.106)$$

讨论 p 和 q 的关系对系统收敛性的影响. (提示: 当 $p < q$ 时, 系统不稳定; 当 $p > q$ 时, 系统收敛到平衡态 ([92]).)

3. 为系统 (5.4.89) 设计基于误差的输出调节控制, 并证明闭环系统解的适定性和稳定性.

4. 利用 5.4 节的 backstepping 方法, 设计输出反馈镇定如下系统

$$
\begin{cases}
w_{tt}(x,t) = w_{xx}(x,t), \ x \in (0,1), \ t > 0, \\
w(0,t) = 0, \quad w(1,t) = u(t), \ t \geqslant 0, \\
y(t) = w_x(0,t), \quad t \geqslant 0,
\end{cases}
\tag{5.4.107}
$$

其中 u 是控制, y 是输出.

第 6 章　无穷维系统自抗扰控制

和有限维系统自抗扰控制一样, 无穷维系统自抗扰控制也假定干扰和控制在同一通道内, 从而可以使用估计/消除策略来消除干扰的负面影响. 自抗扰控制的核心问题是干扰的估计问题. 如果传感器可以任意安装, 甚至可以直接测量干扰, 那么干扰估计的问题几乎是不存在的. 干扰估计总是在测量相对较少的前提下进行的. 测量输出和干扰之间通过系统本身间接相连, 因此干扰估计问题本质上是观测动态补偿问题. 与 4.2 节的观测动态补偿问题不同, 此时的观测动态是指控制系统本身决定的动态. 我们自然要假定测量输出能够包含干扰的信息, 这就引出了带干扰无穷维系统可观性的概念.

本章主要介绍无穷维系统自抗扰控制的基本思想及其一些特有的现象, 给出输入干扰和输出干扰的估计器设计方法, 并证明其适定性.

6.1　估计/消除策略与干扰系统可观性

本节将在半群的意义下解释自抗扰控制的基本思想, 主要包括无穷维系统的估计/消除策略、干扰估计的精度以及带干扰无穷维系统的可观性.

6.1.1　估计/消除策略

设算子 A 在 Hilbert 空间 X 上生成指数稳定的 C_0-半群 e^{At}, Hilbert 空间 U 是控制空间. 考虑如下系统

$$\dot{x}(t) = Ax(t) + B[d(t) + u(t)], \quad t > 0, \tag{6.1.1}$$

其中 $B : U \to X$ 是控制算子, $u : [0, \infty) \to U$ 是控制, $d : [0, \infty) \to U$ 是干扰, 可以表示未知动态, 复杂非线性动态或外部干扰等. 由于控制和干扰在同一个通道, 如果存在连续函数 $\hat{d} : [0, \infty) \to U$ 使得

$$\|d(t) - \hat{d}(t)\|_U \to 0 \quad 当 \ t \to +\infty, \tag{6.1.2}$$

或者

$$(d - \hat{d}) \in L^2([0, +\infty); U), \tag{6.1.3}$$

由于 A 生成指数稳定的 C_0-半群, 控制器可以自然设计为

$$u(t) = -\hat{d}(t). \tag{6.1.4}$$

在控制法则 (6.1.4) 下, 我们得到闭环系统

$$\dot{x}(t) = Ax(t) + B[d(t) - \hat{d}(t)], \quad t > 0. \tag{6.1.5}$$

由定理 3.4.14, 如果 B 关于半群 e^{At} 允许, 则系统 (6.1.5) 的解满足:

$$\lim_{t \to +\infty} \|x(t)\|_X = 0. \tag{6.1.6}$$

注意到 (6.1.3) 可以使得收敛 (6.1.6) 成立, 即使 $\|\tilde{d}(t)\|_U \nrightarrow 0$, 系统

$$\dot{x}(t) = Ax(t) + B\tilde{d}(t), \quad t \geq 0 \tag{6.1.7}$$

的解仍然可能趋于零. 事实上, 满足 $\tilde{d} \in L^2([0, +\infty); U)$ 的非其次项在某种意义下不会改变系统 (6.1.7) 的收敛性, 也就是说, 当 B 关于指数稳定的 C_0-半群 e^{At} 允许且 d 的逼近 $\hat{d}$ 满足 (6.1.3) 时, 干扰 d 对系统 (6.1.5) 稳定性的负面作用几乎完全被估计/消除策略取消. 这一事实可以帮助我们设计观测器来估计干扰.

考虑系统

$$\dot{e}(t) = Ae(t), \quad t \geq 0, \tag{6.1.8}$$

由于 e^{At} 指数稳定, 因此

$$\lim_{t \to +\infty} \|e(t)\|_X = 0. \tag{6.1.9}$$

如果设 (6.1.5) 中的干扰估计误差满足

$$d(t) - \hat{d}(t) = Ce(t), \tag{6.1.10}$$

其中算子 $C \in \mathcal{L}(D(A), U)$ 关于半群 e^{At} 允许, 则容易推出

$$\int_0^\infty \|Ce^{tA}e(0)\|_U^2 dt < \infty, \quad \forall e(0) \in X. \tag{6.1.11}$$

所以, 我们可以利用误差系统 (6.1.8) 设计观测器估计干扰 d 使得 (6.1.10) 成立. 由定理 3.4.14, 此时的反馈 (6.1.4) 可镇定系统 (6.1.1). 这正是估计/消除策略在无穷维系统自抗扰控制中的基本思想.

6.1.2 干扰估计的精度

设算子 A 在 Hilbert 空间 X 上生成指数稳定的 C_0-半群 e^{At}, U 是 Hilbert 空间, $d : [0, +\infty) \to U$ 是干扰. 设存在函数 $\hat{d} : [0, +\infty) \to U$ 使得 (6.1.3) 成立. 由定理 3.4.14, 当控制算子 B 关于半群 e^{At} 允许时, 系统 (6.1.5) 是稳定的. 这就是说, 干扰 d 在 (6.1.3) 意义下的估计 $\hat{d}$ 可以消除 d 对系统 (6.1.1) 稳定性的负面

影响. 此外, 容易证明: 当 (6.1.2) 成立且 B 关于半群 e^{At} 允许时, $\hat{d}$ 也可以使得系统 (6.1.5) 稳定.

然而满足 (6.1.3) 或 (6.1.2) 的 $\hat{d}$ 毕竟和 d 不是完全一样的, $\hat{d}$ 不可能完全抵消 d 对系统 (6.1.1) 的所有影响. 事实上, d 及其估计 $\hat{d}$ 对系统的影响和算子 B 有密切的关系. 下面例子表明: 当算子 B 关于半群 e^{At} 不允许时, 使得 (6.1.2) 成立的干扰估计 $\hat{d}$ 并没有完全抵消 d 对系统 (6.1.1) 稳定性的负面影响, 系统 (6.1.5) 仍然可能不稳定.

例 6.1.1   考虑如下波动方程:

$$
\begin{cases}
\psi_{tt}(x,t) = \psi_{xx}(x,t), \\
\psi_x(0,t) = \psi_t(0,t), \quad \psi(1,t) = d_\psi(t),
\end{cases}
\tag{6.1.12}
$$

其中 $d_\psi \in H^1_{\mathrm{loc}}(0,\infty)$. 显然, 当 $d_\psi(t) \equiv 0$ 时, 系统 (6.1.12) 的解在相应的状态空间中指数趋于零. 然而我们将证明: 即使有 $d_\psi(t) \to 0$ 当 $t \to +\infty$, 系统 (6.1.12) 仍然不是稳定的. 事实上, 如果令

$$
\psi(x,t) = \mathcal{F}(x+t), \quad x \in [0,1], t \geqslant 0,
\tag{6.1.13}
$$

其中

$$
\mathcal{F}(s) = \frac{\sin(1+s)^2}{1+s}, \quad s \geqslant 0.
\tag{6.1.14}
$$

直接计算可知 $\psi(x,t)$ 是系统 (6.1.12) 的解, 且

$$
\begin{aligned}
d_\psi(t) = \psi(1,t) &= \mathcal{F}(1+t) \\
&= \frac{\sin(t+2)^2}{t+2} \to 0 \quad \text{当} \ t \to +\infty.
\end{aligned}
\tag{6.1.15}
$$

然而,

$$
\int_0^1 [\psi_t^2(x,t) + \psi_x^2(x,t)]dx = 2\int_0^1 |\dot{\mathcal{F}}(x+t)|^2 dx
$$

$$
= 2\int_0^1 \left| 2\cos(1+x+t)^2 - \frac{\sin(1+x+t)^2}{(1+x+t)^2} \right|^2 dx.
\tag{6.1.16}
$$

由 Lebesgue 控制收敛定理,

$$
\lim_{t \to +\infty} \int_0^1 \frac{\sin^2(1+x+t)^2}{(1+x+t)^4} + \frac{\sin(1+x+t)^2}{(1+x+t)^2} dx = 0.
$$

容易验证

$$\lim_{t \to +\infty} \int_0^1 \cos^2(1 + x + t)^2 dx \neq 0. \tag{6.1.17}$$

所以, 综合 (6.1.17) 和 (6.1.16) 可推出

$$\lim_{t \to +\infty} \int_0^1 [\psi_t^2(x,t) + \psi_x^2(x,t)] dx \neq 0. \tag{6.1.18}$$

比较 (6.1.15) 和 (6.1.18) 可知: 即使有 $|d(t) - \hat{d}(t)| \to 0$, 如下干扰消除策略仍然无法满足镇定系统的要求

$$\begin{cases} w_{tt}(x,t) = w_{xx}(x,t), \\ w_x(0,t) = w_t(0,t), \ w(1,t) = d(t) - \hat{d}(t). \end{cases} \tag{6.1.19}$$

上述例子说明: 无穷维系统的干扰估计精度不能够仅仅停留在 (6.1.3) 或 (6.1.2) 的精度上, 否则可能无法完全消除干扰对系统稳定性的负面影响. 这是无穷维系统特有的问题. 当控制算子不允许时, 我们可能需要更高的干扰估计精度. 事实上, 如果我们有

$$|d(t) - \hat{d}(t)| + |\dot{d}(t) - \dot{\hat{d}}(t)| \to 0 \ \text{当} \ t \to +\infty, \tag{6.1.20}$$

则系统 (6.1.19) 的解是稳定的:

$$\lim_{t \to +\infty} \int_0^1 [w_t^2(x,t) + w_x^2(x,t)] dx = 0. \tag{6.1.21}$$

进一步, 我们有如下引理:

引理 6.1.1 设 $\tilde{d} \in H^1(0,\infty)$ 且 $\tilde{d} \in L^\infty(0,\infty)$ (或者 $\tilde{d} \in L^\infty(0,\infty)$ 且 $\dot{\tilde{d}} \in L^\infty(0,\infty)$). 记 $X = H^1(0,1) \times L^2(0,1)$, 设系统 (6.1.19) 中的 $d(t) - \hat{d}(t) = \tilde{d}(t)$, 则对任意的初始状态 $(w(\cdot,0), w_t(\cdot,0)) \in X$, 系统 (6.1.19) 存在唯一解 $(w, w_t) \in C([0,\infty); X)$ 使得

$$\sup_{t \in [0,\infty)} \|(w(\cdot,t), w_t(\cdot,t))\|_X < +\infty. \tag{6.1.22}$$

如果进一步假设 $\tilde{d} \in H^1(0,\infty)$ 满足 $|\tilde{d}(t)| \to 0$ 当 $t \to +\infty$, 则

$$\|(w(\cdot,t), w_t(\cdot,t))\|_X \to 0 \quad \text{当} \ t \to +\infty. \tag{6.1.23}$$

证明　首先考虑如下辅助系统:

$$
\begin{cases}
z_{tt}(x,t) = z_{xx}(x,t), \\
z_x(0,t) = z_t(0,t) - \dot{\tilde{d}}_e(t-1) + \tilde{d}_e(t-1), \quad z(1,t) = 0, \\
z(x,0) = w(x,0) - \tilde{d}(0), \quad z_t(x,0) = w_t(x,0),
\end{cases}
\tag{6.1.24}
$$

其中 $\tilde{d}_e(t)$ 是 $\tilde{d}(t)$ 的延拓

$$
\tilde{d}_e(t) = \begin{cases}
\tilde{d}(0), & -1 \leqslant t \leqslant 0, \\
\tilde{d}(t), & t \geqslant 0.
\end{cases}
\tag{6.1.25}
$$

我们在状态空间

$$
X_0 = H_R^1(0,1) \times L^2(0,1), \quad H_R^1(0,1) = \{f \in H^1(0,1) \mid f(1) = 0\}
\tag{6.1.26}
$$

中考虑系统 (6.1.24), X_0 上内积定义如下: 对任意的 $(f_i, g_i) \in X_0, i = 1,2,$

$$
\langle (f_1, g_1), (f_2, g_2) \rangle_{X_0} = \int_0^1 [f_1'(x)\overline{f_2'(x)} + g_1(x)\overline{g_2(x)}]dx.
\tag{6.1.27}
$$

定义算子 $A : D(A) \subset X_0 \to X_0$ 为

$$
\begin{cases}
A(f,g) = (g, f''), \ \forall \ (f,g) \in D(A), \\
D(A) = \{(f,g) \in H^2(0,1) \times H^1(0,1) | f(1) = g(1) = 0, f'(0) = g(0)\},
\end{cases}
$$

则系统 (6.1.24) 可以写成抽象形式:

$$
\frac{d}{dt}(z(\cdot,t), z_t(\cdot,t)) = A(z(\cdot,t), z_t(\cdot,t)) + Bg(t),
\tag{6.1.28}
$$

其中 $g(t) = (\alpha-1)\dot{\tilde{d}}_e(t-1)$, B 由 (5.4.101) 给出. 由于 A 在 X_0 上生成指数稳定的 C_0-半群, 且 B 关于半群 e^{At} 允许, 因此对任意的初始状态 $(z(\cdot,0), z_t(\cdot,0)) \in X_0$, 系统 (6.1.24) 存在唯一解 $(z, z_t) \in C([0,\infty); X_0)$ 满足

$$
(z(\cdot,t), z_t(\cdot,t))^\top = e^{At}(z(\cdot,0), z_t(\cdot,0))^\top + \int_0^t e^{A(t-s)}Bg(s)ds, \quad \forall \ t \geqslant 0.
\tag{6.1.29}
$$

由假设条件有 $g \in L^2(0,\infty)$ 或 $g \in L^\infty(0,\infty)$. 若 $g \in L^2(0,\infty)$, 由 [145, Remark 2.6] 和 B 的允许性知, 存在常数 $M_1 > 0$ 使得

$$
\left\| \int_0^t e^{A(t-s)}Bg(s)ds \right\|_{X_0} \leqslant M_1 \|g\|_{L^2(0,\infty)}.
\tag{6.1.30}
$$

若 $d \in L^\infty(0, \infty)$, 由 [145, Remark 4.7] 和 B 的允许性知, 存在常数 $M_2 > 0$ 使得

$$\left\| \int_0^t e^{A(t-s)} Bg(s) ds \right\|_{X_0} \leqslant M_2 \|g\|_{L^\infty(0,\infty)}. \tag{6.1.31}$$

所以, B 的允许性和 (6.1.29) 意味着

$$\sup_{t \in [0,\infty)} \|(z(\cdot, t), z_t(\cdot, t))\|_{X_0} < +\infty. \tag{6.1.32}$$

令

$$w(x, t) = z(x, t) + \tilde{d}_e(t - 1 + x), \quad x \in [0, 1], \ t \geqslant 0. \tag{6.1.33}$$

直接计算可得: 这样定义的 $(w, w_t) \in C([0, \infty); X)$ 是系统 (6.1.19) 的弱解. 由于

$$\sup_{t \in [0,\infty)} |w(1, t)| = \sup_{t \in [0,\infty)} |\tilde{d}(t)| < +\infty. \tag{6.1.34}$$

因此

$$\frac{1}{2} \int_0^1 \left[|w_x(x, t)|^2 + |w_t(x, t)|^2 \right] dx$$

$$\leqslant \|(z(\cdot, t), z_t(\cdot, t))\|_{X_0}^2 + 2 \int_0^1 |\dot{\tilde{d}}_e(t - 1 + x)|^2 dx$$

$$= \|(z(\cdot, t), z_t(\cdot, t))\|_{X_0}^2 + 2 \int_{t-1}^t |\dot{\tilde{d}}(s)|^2 ds. \tag{6.1.35}$$

于是

$$\frac{1}{2} \int_0^1 \left[|w_x(x, t)|^2 + |w_t(x, t)|^2 \right] dx \leqslant \|(z(\cdot, t), z_t(\cdot, t))\|_{X_0}^2 + 2 \|\dot{\tilde{d}}\|_{L^2(0,\infty)}^2. \tag{6.1.36}$$

所以, (6.1.22) 可由 (6.1.34), (6.1.36) 和 (6.1.32) 得到.

当 $\tilde{d} \in H^1(0, \infty)$ 且 $|\tilde{d}(t)| \to 0$ 时, 有 $g \in L^2(0, \infty)$, 于是由 (6.1.33) 可得

$$\lim_{t \to +\infty} |w(1, t)| = \lim_{t \to +\infty} |\tilde{d}(t)| = 0. \tag{6.1.37}$$

由定理 3.4.14, (6.1.29) 意味着

$$\lim_{t \to +\infty} \|(z(\cdot, t), z_t(\cdot, t))\|_{X_0} = 0. \tag{6.1.38}$$

另一方面, $\int_0^\infty |\dot{\tilde{d}}(t)|^2 dt < +\infty$ 说明

$$\lim_{t \to +\infty} \int_{t-1}^t |\dot{\tilde{d}}(s)|^2 ds = 0. \tag{6.1.39}$$

所以, 收敛性 (6.1.23) 可由 (6.1.37), (6.1.38), (6.1.35) 和 (6.1.39) 得到. □

6.1.3　干扰系统可观性

设计系统的观测器之前, 首先应该考虑系统的可观性. 在状态空间 X, 控制空间 U 和观测空间 Y 中考虑观测系统

$$\begin{cases} \dot{x}(t) = Ax(t) + Bd(t), & t > 0, \\ y(t) = Cx(t), & t \geqslant 0, \end{cases} \tag{6.1.40}$$

其中 A 是系统算子, B 控制算子, u 是控制, d 是干扰. 干扰系统 (6.1.40) 的可观性要求输出信号中含有干扰的信息, 不但需要 "辨识" 出干扰 d, 而且需要保证无干扰系统是可观的, 即当干扰为零时, 系统状态连续依赖于系统输出.

定义 6.1.1　无穷维系统 (6.1.40) 称为在 X 中精确可观, 如果满足:

(i)　当 $d(t) = 0$ 且 $u(t) = 0$ 时, 存在 $T > 0$ 和 $c_T > 0$ 使得

$$\int_0^T \|y(t)\|_Y^2 dt \geqslant c_T \|x(0)\|_X^2, \quad \forall\ x(0) \in X; \tag{6.1.41}$$

(ii)　输出可以渐近地辨识干扰

$$y(t) = 0, \forall\, t \in [0, \infty) \Rightarrow d \in L^p([0, \infty); U) \ \text{且}\ x(0) = 0, \tag{6.1.42}$$

其中 $2 \leqslant p < \infty$.

不等式 (6.1.41) 不但说明输出可以确定初值, 而且还指出了初值对输出的连续依赖性, 这种依赖性是用状态空间 X 上的拓扑来衡量的. 系统的可观性和状态空间有关, 对于给定的输出, 状态空间 X 范数越弱, 越容易可观 ([34]).

例 6.1.2　考虑如下带干扰 d 的反稳定波动方程:

$$\begin{cases} w_{tt}(x,t) = w_{xx}(x,t), & 0 < x < 1,\ t > 0, \\ w_x(0,t) = -qw_t(0,t), & t \geqslant 0, \\ w_x(1,t) = d(t) + u(t), & t \geqslant 0, \\ y(t) = (w(0,t), w_t(0,t), w(1,t)), & t \geqslant 0, \end{cases} \tag{6.1.43}$$

其中 $y(t)$ 是输出, $u(t)$ 是控制, $q \neq 1$, $d \in L^\infty(0,\infty)$ 或 $d \in L^2(0,\infty)$. 设系统 (6.1.43) 的状态空间为 $X = H^1(0,1) \times L^2(0,1)$. 当 $d(t) = 0$ 且 $u(t) = 0$ 时, 简单

计算可知: 存在 $T > 0$ 和 $c_T > 0$ 使得观测不等式

$$\int_0^T \|y(t)\|_{\mathbb{R}^3}^2 dt \geqslant c_T \|(w(\cdot, 0), w_t(\cdot, 0))\|_X^2, \quad \forall \, (w(\cdot, 0), w_t(\cdot, 0)) \in X. \quad (6.1.44)$$

考虑输出对干扰的辨识问题. 设对任意的 $t \in [0, \infty)$, 有 $y(t) = 0$, 则 $w(x, t)$ 满足

$$\begin{cases} w_{tt}(x, t) = w_{xx}(x, t), \\ w(0, t) = w(1, t) = 0, \end{cases} \quad (6.1.45)$$

且

$$\begin{cases} w_{tt}(x, t) = w_{xx}(x, t), \\ w_x(0, t) = w(0, t) + w_t(0, t), \quad w(1, t) = 0. \end{cases} \quad (6.1.46)$$

显然系统 (6.1.45) 是保守的, 即

$$\|(w(\cdot, t), w_t(\cdot, t))\|_X = \|(w_0, w_1)\|_X, \quad \forall \, t \geqslant 0,$$

并且系统 (6.1.46) 的解满足: $\|(w(\cdot, t), w_t(\cdot, t))\| \to 0$ 当 $t \to +\infty$. 所以, 对任意的 $t \geqslant 0$, 有 $\|(w(\cdot, t), w_t(\cdot, t))\|_X \equiv 0$. 这说明 $d(t) = w_x(1, t) = 0$. 综上, 系统 (6.1.43) 是精确可观的.

一维波动方程一般有两个边界条件作为定解条件. 因此, 无论系统边界是否有干扰, 只要系统左右两端都有恰当的测量, 系统状态总是容易估计的. 例如: 系统 (6.1.43) 的状态观测器可以设计为

$$\begin{cases} \hat{w}_{tt}(x, t) = \hat{w}_{xx}(x, t), \, 0 < x < 1, \\ \hat{w}_x(0, t) = -qw_t(0, t) - c[w_t(0, t) - \hat{w}_t(0, t)], \quad c > 0, \\ \hat{w}(1, t) = w(1, t). \end{cases} \quad (6.1.47)$$

若令 $\varepsilon(x, t) = w(x, t) - \hat{w}(x, t)$, 则有

$$\begin{cases} \varepsilon_{tt}(x, t) = \varepsilon_{xx}(x, t), \, 0 < x < 1, \, t > 0, \\ \varepsilon_x(0, t) = c\varepsilon_t(0, t), \quad \varepsilon(1, t) = 0, \quad t \geqslant 0. \end{cases} \quad (6.1.48)$$

显然这是一个指数稳定的系统, 从而 $(\hat{w}, \hat{w}_t)$ 是 (w, w_t) 的一个估计.

6.2　输入干扰及其估计

如果系统中的干扰可以直接测量, 带有输入干扰的控制问题就是一个平凡的问题. 因此, 本节总假定干扰无法直接测量. 实际应用中, 系统输出的选择由多种因素来决定. 本章不研究输出的选择, 只考虑在系统输出给定并且可观的前提下, 系统状态和干扰的估计问题. 显然, 问题的核心在于干扰的估计. 系统的输入干扰估计问题本质上是一个由于干扰的间接测量而引起的观测动态补偿问题. 由于观测动态恰好由控制系统本身决定, 因此, 干扰估计器的设计必须建立在对控制系统动态足够了解的基础之上. 本节通过一维波动方程和高维的热传导方程来说明输入干扰的估计问题. 干扰估计是未知输入系统 (unknown input system) 控制的关键, 只要干扰能够在线估计, 输入带干扰的系统控制问题几乎可以迎刃而解. 本节的干扰估计器设计方法首先由文献 [35] 给出, 随后被应用于其他系统 ([36, 162, 165, 166]) 等.

6.2.1　波动方程的输入干扰估计

考虑系统 (6.1.43) 的干扰估计器设计问题. 受 6.1.1 节内容的启发, 干扰估计器的设计可分为两步: (i) 将干扰 "引入" 一个指数稳定的系统; (ii) 参照 (6.1.8) 和 (6.1.10), 设计估计器使得干扰的估计误差恰好是某个指数稳定系统的输出.

首先设计如下辅助系统将系统 (6.1.43) 中的干扰 d 和控制 u 分离, 并将干扰 "引入" 一个指数稳定的系统.

$$\begin{cases} \hat{w}_{tt}(x,t) = \hat{w}_{xx}(x,t), \\ \hat{w}_x(0,t) = -qw_t(0,t) - c_0[w(0,t) - \hat{w}(0,t)] - c_1[w_t(0,t) - \hat{w}_t(0,t)], \\ \hat{w}_x(1,t) = u(t), \end{cases} \quad (6.2.1)$$

其中 c_0 和 c_1 是正的调节参数. 由于系统初值可以任意选取, 系统 (6.2.1) 由控制 $u(t)$ 和系统 (6.1.43) 的输出完全决定. 令

$$\varepsilon(x,t) = w(x,t) - \hat{w}(x,t). \quad (6.2.2)$$

由 (6.1.43) 和 (6.2.1), 误差 $\varepsilon(x,t)$ 满足

$$\begin{cases} \varepsilon_{tt}(x,t) = \varepsilon_{xx}(x,t), \\ \varepsilon_x(0,t) = c_0\varepsilon(0,t) + c_1\varepsilon_t(0,t), \ \varepsilon_x(1,t) = d(t). \end{cases} \quad (6.2.3)$$

在状态空间 $X = H^1(0,1) \times L^2(0,1)$ 中考虑系统 (6.2.3). 如果令

$$
\begin{cases}
A_\varepsilon(f,g)^\top = (g, f'')^\top, \quad \forall\, (f,g) \in D(A_\varepsilon), \\[2mm]
D(A_\varepsilon) = \left\{ (f,g) \in H^2(0,1) \times H^1(0,1) \,\middle|\, \begin{array}{l} f'(0) = c_0 f(0) + c_1 g(0) \\ f'(1) = 0 \end{array} \right\}.
\end{cases}
\tag{6.2.4}
$$

系统 (6.2.3) 可以表示成 $[D(A_\varepsilon^*)]'$ 中的抽象形式

$$
\frac{d}{dt}(\varepsilon(\cdot,t), \varepsilon_t(\cdot,t))^\top = A_\varepsilon(\varepsilon(\cdot,t), \varepsilon_t(\cdot,t))^\top + Bd(t),
\tag{6.2.5}
$$

其中

$$
B = (0, \delta(\cdot - 1))^\top \in \mathcal{L}(\mathbb{R}, [D(A_\varepsilon^*)]').
\tag{6.2.6}
$$

由 [35], 算子 A_ε 在 X 上生成指数稳定的 C_0-半群. 按照 6.1.1 节的干扰估计思路, 系统 (6.2.3) 的干扰估计器设计为

$$
\begin{cases}
\hat{d}_{tt}(x,t) = \hat{d}_{xx}(x,t), \\[1mm]
\hat{d}_x(0,t) = c_0 \hat{d}(0,t) + c_1 \hat{d}_t(0,t), \\[1mm]
\hat{d}(1,t) = w(1,t) - \hat{w}(1,t), \\[1mm]
\hat{w}_{tt}(x,t) = \hat{w}_{xx}(x,t), \\[1mm]
\hat{w}_x(0,t) = -qw_t(0,t) - c_0[w(0,t) - \hat{w}(0,t)] - c_1[w_t(0,t) - \hat{w}_t(0,t)], \\[1mm]
\hat{w}_x(1,t) = u(t),
\end{cases}
\tag{6.2.7}
$$

其中 $\hat{d}_x(1,t)$ 是 $d(t)$ 的估计.

定理 6.2.1 设 $d \in L^\infty(0,\infty)$ 或 $d \in L^2(0,\infty)$, 则对任意满足相容性条件 $w(1,0) - \hat{w}(1,0) = \hat{d}(1,0)$ 的初始状态 $(w(\cdot,0), w_t(\cdot,0), \hat{d}(\cdot,0), \hat{d}_t(\cdot,0), \hat{w}(\cdot,0), \hat{w}_t(\cdot,0)) \in X^3$, 干扰估计器 (6.2.7) 存在唯一解 $(\hat{d}, \hat{d}_t, \hat{w}, \hat{w}_t) \in C([0,\infty); X^2)$ 使得

$$
[\hat{d}_x(1,\cdot) - d(\cdot)] \in L^2(0,\infty).
\tag{6.2.8}
$$

证明 对任意的 $(w(\cdot,0), w_t(\cdot,0)) \in X$, 系统 (6.1.43) 存在唯一解 $(w, w_t) \in C([0,\infty); X)$. 利用 (6.2.2), 系统 (6.2.7) 变为

$$\begin{cases} \hat{d}_{tt}(x,t) = \hat{d}_{xx}(x,t), \\ \hat{d}_x(0,t) = c_0\hat{d}(0,t) + c_1\hat{d}_t(0,t), \hat{d}(1,t) = \varepsilon(1,t), \\ \varepsilon_{tt}(x,t) = \varepsilon_{xx}(x,t), \\ \varepsilon_x(0,t) = c_0\varepsilon(0,t) + c_1\varepsilon_t(0,t), \ \varepsilon_x(1,t) = d(t). \end{cases} \quad (6.2.9)$$

系统 (6.2.9) 中 ε-子系统独立于 $\hat{d}$-子系统, 于是存在唯一解 $(\varepsilon, \varepsilon_t) \in C([0,\infty); X)$. 令

$$v(x,t) = \hat{d}(x,t) - \varepsilon(x,t), \quad (6.2.10)$$

则

$$\begin{cases} v_{tt}(x,t) = v_{xx}(x,t), \\ v_x(0,t) = c_0v(0,t) + c_1v_t(0,t), \quad v(1,t) = 0. \end{cases} \quad (6.2.11)$$

由 [35, Lemma 2.2], 系统 (6.2.11) 存在唯一解 $(v, v_t) \in C([0,\infty); X)$ 使得

$$v_x(1, \cdot) \in L^2(0, \infty) \quad (6.2.12)$$

由于 $\hat{d}_x(1,t) - d(t) = v_x(1,t)$, 因此 (6.2.8) 成立. 令

$$\hat{w}(x,t) = w(x,t) - \varepsilon(x,t). \quad (6.2.13)$$

容易验证 $(\hat{d}(x,t), \hat{d}_t(x,t), \hat{w}(x,t), \hat{w}_t(x,t))$ 是干扰估计器 (6.2.7) 的解. 唯一性可由系统的线性性质得到, 所以定理得证. □

　　和有限维自抗扰控制相比, 定理 6.2.1 并没有要求干扰 d 的导数有界. 在理论上, 干扰估计器 (6.2.7) 甚至可以估计导数无界的干扰. 然而在实际应用中, 这显然是不可能的, 除非我们能够做到连续的无损失采样. 事实上, 定理 6.2.1 中的干扰估计对系统的输出测量有极高的要求, 除了满足传统的香农采样定理之外还必须考虑采样对干扰系统可观性的影响. 为了直观地观察干扰估计效果, 我们采用显式差分格式对干扰估计器 (6.2.7) 进行了数值模拟. 空间和时间离散步长都取为0.0005, 系统初值和参数选为

$$\begin{cases} w(x,0) = 1 - \cos 2\pi x, \ w_t(x,0) = \hat{w}(x,0) = 0, \\ \hat{w}_t(x,0) = \hat{d}(x,0) = \hat{d}_t(x,0) = 0, \quad q = 6, \ c_0 = 0.01, \ c_1 = 1. \end{cases}$$

考虑两种输入干扰 $d_1(t) = 10(\cos(10\pi t) - 1)$ 和 $d_2(t) = 10(\cos(2\pi t^2) - 1)$. 两种情况的仿真情况分别见图 6.1(a) 和 (b). 从数值模拟可以看出, 这两种情况的干扰估计都是有效的.

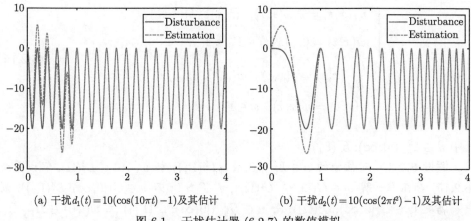

(a) 干扰 $d_1(t) = 10(\cos(10\pi t) - 1)$ 及其估计 (b) 干扰 $d_2(t) = 10(\cos(2\pi t^2) - 1)$ 及其估计

图 6.1 干扰估计器 (6.2.7) 的数值模拟

6.2.2 高维热方程的输入干扰估计

本节讨论带有输入干扰的高维热方程的干扰估计问题. 设 Ω 是 $\mathbb{R}^n$ 中带有 C^2 边界 Γ 的有界连通开子集, $\Gamma = \overline{\Gamma_0} \cup \overline{\Gamma_1}$, 其中 $\Gamma_0 \neq \varnothing$ 和 $\Gamma_1 \neq \varnothing$ 是 Γ 中的开集且满足 $\Gamma_0 \cap \Gamma_1 = \varnothing$. 令 ν 是 Γ 上的单位外法向量场, $\mathbb{R}_+ = (0, \infty)$. 考虑如下热系统:

$$\begin{cases} w_t(x,t) = \Delta w(x,t), \ \ (x,t) \in \Omega \times \mathbb{R}_+, \\ w(x,t) = 0, \ \ (x,t) \in \Gamma_0 \times \mathbb{R}_+, \\ \dfrac{\partial w}{\partial \nu}(x,t) = F(w(x,t),t) + u(x,t), \ (x,t) \in \Gamma_1 \times \mathbb{R}_+, \\ y(x,t) = w(x,t), \ \ x \in \Gamma_1 \times \mathbb{R}_+, \end{cases} \tag{6.2.14}$$

其中 $w(\cdot, t) : \Omega \to \mathbb{R}$ 表示 t 时刻系统状态, u 是控制输入, y 测量输出, $F :$ $L^2(\Omega) \times \mathbb{R} \to L^2(\Gamma_1)$ 是未知的非线性映射, 用来表示热方程的未建模动态和外部干扰. 由于干扰估计不涉及 F 决定的未知动态, 我们不妨假设 $F(w(x,t),t)$ 是外部干扰, 记为 $d(x,t)$. 从控制的角度来看, 这样的假设是合理的. 除了数学上 PDE 系统解的适定性之外, 带有内部动态 $F(w(x,t),t)$ 和带有外部干扰 $d(x,t)$ 的干扰估计问题几乎完全一样. 我们只考虑系统 (6.2.14) 的干扰估计问题. 当干扰可以在线估计之后, 系统的输出反馈镇定几乎是显然的. 对系统 (6.2.14) 的控制设计感兴趣的读者可参阅文献 [41].

为了避免不必要的数学困难 (带有非线性边界的 PDE 解的适定性困难), 控制上不失一般性, 接下来我们只考虑如下系统

$$
\begin{cases}
w_t(x,t) = \Delta w(x,t), \ \ (x,t) \in \Omega \times \mathbb{R}_+, \\[2mm]
w(x,t) = 0, \ \ (x,t) \in \Gamma_0 \times \mathbb{R}_+, \\[2mm]
\dfrac{\partial w}{\partial \nu}(x,t) = d(x,t) + u(x,t), \ (x,t) \in \Gamma_1 \times \mathbb{R}_+, \\[2mm]
y(x,t) = w(x,t), \ \ x \in \Gamma_1 \times \mathbb{R}_+,
\end{cases}
\tag{6.2.15}
$$

其中 $d \in L^2_{\mathrm{loc}}([0,\infty); L^2(\Gamma_1))$.

假设 6.2.1　对任意的 $u \in L^2_{\mathrm{loc}}([0,\infty); L^2(\Gamma_1))$ 和 $w(\cdot,0) \in L^2(\Omega)$, 假设系统 (6.2.15) 存在唯一解 $w \in C([0,T]; L^2(\Omega))$, $\forall\ T > 0$; 若 $u \in C([0,\infty); L^2(\Gamma_1))$, 则该解满足 $w \in C([0,\infty); L^2(\Omega))$; 若 $u \in H^1_{\mathrm{loc}}([0,\infty); L^2(\Gamma_1))$ 且 $w(\cdot,0) \in H^1_{\Gamma_0}(\Omega)$, 则系统 (6.2.15) 的解是定义在 $(0,\infty)$ 的古典解.

现在我们为系统 (6.2.15) 设计干扰估计器来估计干扰 d. 首先我们将干扰和控制分离, 并将干扰引入一个指数稳定的系统.

$$
\begin{cases}
v_t(x,t) = \Delta v(x,t), \ \ x \in \Omega, \ t > 0, \\[2mm]
v(x,t)|_{\Gamma_0} = 0, \ \ \left.\dfrac{\partial v(x,t)}{\partial \nu}\right|_{\Gamma_1} = u(x,t), \ \ t > 0.
\end{cases}
\tag{6.2.16}
$$

令

$$
p(x,t) = w(x,t) - v(x,t),
\tag{6.2.17}
$$

则 p 满足

$$
\begin{cases}
p_t(x,t) = \Delta p(x,t), \ \ x \in \Omega, \ t > 0, \\[2mm]
p(x,t)|_{\Gamma_0} = 0, \ \ \left.\dfrac{\partial p(x,t)}{\partial \nu}\right|_{\Gamma_1} = d(x,t), \ \ t > 0.
\end{cases}
\tag{6.2.18}
$$

设计系统 (6.2.18) 的干扰估计器为

$$
\begin{cases}
\tilde{p}_t(x,t) = \Delta \tilde{p}(x,t), \ \ x \in \Omega, \ t > 0, \\[2mm]
\tilde{p}(x,t)|_{\Gamma_0} = 0, \ \ \tilde{p}(x,t)|_{\Gamma_1} = y(x,t) - v(x,t)|_{\Gamma_1}, \ \ t > 0,
\end{cases}
\tag{6.2.19}
$$

其中 $\left.\dfrac{\partial \tilde{p}(x,t)}{\partial \nu}\right|_{\Gamma_1}$ 是干扰 d 的估计. 系统 (6.2.16) 和 (6.2.19) 的初值可以在 $L^2(\Omega)$ 内任意选取, 因此它们可由输出 $y(x,t) = w(x,t)|_{\Gamma_1}$ 和控制 $u(x,t)$ 完全决定. 利

用干扰 d 的估计 $\left.\dfrac{\partial \tilde{p}(x,t)}{\partial \nu}\right|_{\Gamma_1}$，系统 (6.2.15) 的状态观测器设计为

$$\begin{cases} \hat{w}_t(x,t) = \Delta \hat{w}(x,t), \quad x \in \Omega,\ t > 0, \\[2mm] \hat{w}(x,t)|_{\Gamma_0} = 0, \ t > 0, \\[2mm] \left.\dfrac{\partial \hat{w}(x,t)}{\partial \nu}\right|_{\Gamma_1} = \left.\dfrac{\partial \tilde{p}(x,t)}{\partial \nu}\right|_{\Gamma_1} + u(x,t), \ t > 0, \end{cases} \tag{6.2.20}$$

其中 $\dfrac{\partial \tilde{p}(x,t)}{\partial \nu}$ 来自 (6.2.19)，$\hat{w}$ 是 w 的估计.

定理 6.2.2　设 $d, u \in L^2_{\mathrm{loc}}([0,\infty); L^2(\Gamma_1))$ 且假设 6.2.1 成立，则系统 (6.2.15) 的观测器 (6.2.16)-(6.2.19)-(6.2.20) 是适定的: 对任意的 $(w(\cdot,0), v(\cdot,0), \tilde{p}(\cdot,0),$ $\hat{w}(\cdot,0)) \in [L^2(\Omega)]^4$，系统及其观测器有唯一解 $(w, v, \tilde{p}, \hat{w}) \in C([0,\infty); [L^2(\Omega)]^4)$ 满足:

(i) 存在与时间无关的正常数 ω_1，使得

$$\lim_{t \to +\infty} e^{\omega_1 t} \|w(\cdot,t) - \hat{w}(\cdot,t)\|_{L^2(\Omega)} = 0; \tag{6.2.21}$$

(ii) 存在与时间无关的正常数 ω_2，使得

$$\lim_{t \to +\infty} e^{\omega_2 t} \left\| \frac{\partial \tilde{p}(\cdot,t)}{\partial \nu} - d(\cdot,t) \right\|_{L^2(\Gamma_1)} = 0. \tag{6.2.22}$$

证明定理 6.2.2 之前，我们首先研究如下系统:

$$\begin{cases} \varphi_t(x,t) = \Delta \varphi(x,t), \quad (x,t) \in \Omega \times (0,\infty), \\[2mm] \varphi(x,t) = 0, \quad (x,t) \in \Gamma \times (0,\infty), \\[2mm] \phi_t(x,t) = \Delta \phi(x,t), \quad (x,t) \in \Omega \times (0,\infty), \\[2mm] \phi(x,t) = 0, \quad (x,t) \in \Gamma_0 \times (0,\infty), \\[2mm] \dfrac{\partial \phi(x,t)}{\partial \nu} = \dfrac{\partial \varphi(x,t)}{\partial \nu}, \quad (x,t) \in \Gamma_1 \times (0,\infty). \end{cases} \tag{6.2.23}$$

系统 (6.2.23) 的状态空间选为 $\mathcal{X} = [L^2(\Omega)]^2$，其上内积定义为

$$\langle (p_1, q_1), (p_2, q_2) \rangle_{\mathcal{X}} = \int_{\Omega} [\alpha p_1(x)\overline{p_2(x)} + q_1(x)\overline{q_2(x)}$$
$$- p_1(x)\overline{q_2(x)} - q_1(x)\overline{p_2(x)}]dx, \quad \forall\ (p_i, q_i) \in \mathcal{X},\ i = 1, 2, \tag{6.2.24}$$

其中 $\alpha > 1$ 是实数. 给定实数 δ 使得 $1 < \delta < \alpha$, 由 Young 不等式可得

$$\|(p,q)\|_{\mathcal{X}}^2 \geqslant c_1 \left[\|p\|_{L^2(\Omega)}^2 + \|q\|_{L^2(\Omega)}^2 \right], \quad \forall \, (p,q) \in \mathcal{X}, \tag{6.2.25}$$

其中

$$c_1 = \min \left\{ \alpha - \delta, 1 - \delta^{-1} \right\} > 0. \tag{6.2.26}$$

不等式 (6.2.25) 表明内积 (6.2.24) 的合理性. 定义算子 $\mathcal{A}$ 为

$$\begin{cases} D(\mathcal{A}) = \left\{ (p,q) \in [H^2(\Omega)]^2 \;\middle|\; \begin{array}{l} p|_{\Gamma} = 0, \quad q|_{\Gamma_0} = 0, \\ \dfrac{\partial p}{\partial \nu}\bigg|_{\Gamma_1} = \dfrac{\partial q}{\partial \nu}\bigg|_{\Gamma_1} \end{array} \right\}, \\ \mathcal{A}(p,q) = (\Delta p, \Delta q), \quad \forall \, (p,q) \in D(\mathcal{A}), \end{cases} \tag{6.2.27}$$

则系统 (6.2.23) 可以写成

$$\frac{d}{dt}(\varphi(\cdot,t), \phi(\cdot,t)) = \mathcal{A}(\varphi(\cdot,t), \phi(\cdot,t)). \tag{6.2.28}$$

引理 6.2.2 由 (6.2.27) 定义的算子 $\mathcal{A}$ 在 $\mathcal{X}$ 上生成指数稳定的解析半群 $e^{\mathcal{A}t}$.

证明 由 [26, p.101,Theorem 4.6], 算子 $\mathcal{A}$ 在 $\mathcal{X}$ 上生成有界的解析半群当且仅当存在 $\vartheta \in \left(0, \dfrac{\pi}{2}\right)$ 使得算子 $e^{\pm i\vartheta}\mathcal{A}$ 在 $\mathcal{X}$ 上生成有界的 C_0-半群. 对任意的 $\vartheta \in \left(0, \dfrac{\pi}{2}\right)$, 令

$$\mathcal{A}_\vartheta = e^{\pm i\vartheta}\mathcal{A}. \tag{6.2.29}$$

我们断言: 存在某些 $\vartheta \in (0, \pi/2)$, 使得算子 $\mathcal{A}_\vartheta$ 在 $\mathcal{X}$ 上生成 C_0-压缩半群. 事实上, $D(\mathcal{A}_\vartheta) = D(\mathcal{A})$ 在 $\mathcal{X}$ 是中稠密的. 对任意 $(p,q) \in D(\mathcal{A}_\vartheta) = D(\mathcal{A})$, 由定理 A.3.42 可得

$$\begin{aligned}
\langle \mathcal{A}_\vartheta(p,q), (p,q) \rangle_{\mathcal{X}} &= e^{\pm i\vartheta} \langle (\Delta p, \Delta q), (p,q) \rangle_{\mathcal{X}} \\
&= e^{\pm i\vartheta} \left[\int_\Omega (\alpha \Delta p \bar{p} + \Delta q \bar{q} - \Delta p \bar{q} - \Delta q \bar{p}) \, dx \right] \\
&= e^{\pm i\vartheta} \left[\int_{\Gamma_1} \left(\frac{\partial q}{\partial \nu} - \frac{\partial p}{\partial \nu} \right) \bar{q} d\Gamma - \int_\Omega \left(\alpha |\nabla p|^2 + |\nabla q|^2 \right) dx \right. \\
&\qquad \left. + \int_\Omega (\nabla p \cdot \nabla \bar{q} + \nabla q \cdot \nabla \bar{p}) \, dx \right]
\end{aligned}$$

$$= e^{\pm i\vartheta} \left[-\alpha \|\nabla p\|^2_{L^2(\Omega)} - \|\nabla q\|^2_{L^2(\Omega)} + 2\mathrm{Re}\left(\int_\Omega \nabla p \nabla \bar{q} dx\right) \right]. \qquad (6.2.30)$$

由于

$$\mathrm{Re}\left[e^{\pm i\vartheta} 2\mathrm{Re}\left(\int_\Omega \nabla p \nabla \bar{q} dx\right)\right] \leqslant \cos\vartheta \left(\|\nabla p\|^2_{L^2(\Omega)} + \|\nabla q\|^2_{L^2(\Omega)}\right), \qquad (6.2.31)$$

由 (6.2.31) 和 (6.2.30) 可得

$$\mathrm{Re}\langle \mathcal{A}_\vartheta(p,q),(p,q)\rangle_{\mathcal{X}} \leqslant -(\alpha-1)\cos\vartheta \|\nabla p\|^2_{L^2(\Omega)} \leqslant 0. \qquad (6.2.32)$$

因此, 对任意的 $\vartheta \in (0, \pi/2)$, 算子 $\mathcal{A}_\vartheta$ 在 $\mathcal{X}$ 中耗散. 注意到 $0 \in \rho(\mathcal{A}_\vartheta)$ 当且仅当 $0 \in \rho(\mathcal{A})$. 如果 $0 \in \rho(\mathcal{A}_\vartheta)$, 由 Lumer-Phillips 定理 ([103, Theorem 1.4.3]) 知 $\mathcal{A}_\vartheta$ 在 $\mathcal{X}$ 上生成 C_0-压缩半群. 所以只需证明 $\mathcal{A}^{-1} \in \mathcal{L}(\mathcal{X})$.

对任意的 $(\hat{p}, \hat{q}) \in \mathcal{X}$, 考虑系统

$$\mathcal{A}(p,q) = (\hat{p}, \hat{q}) \qquad (6.2.33)$$

或者对应的 PDE 系统

$$\begin{cases} \Delta p(x) = \hat{p}(x), & x \in \Omega, \\ p(x)|_\Gamma = 0 \end{cases} \qquad (6.2.34)$$

和

$$\begin{cases} \Delta q(x) = \hat{q}(x), & x \in \Omega, \\ q(x)|_{\Gamma_0} = 0, & \left.\dfrac{\partial q(x)}{\partial \nu}\right|_{\Gamma_1} = \left.\dfrac{\partial p(x)}{\partial \nu}\right|_{\Gamma_1}. \end{cases} \qquad (6.2.35)$$

根据椭圆方程理论 ([9, p.181, Théorème IX.25]), 系统 (6.2.34) 有唯一解 $p \in H^2(\Omega) \cap H^1_0(\Omega)$ 使得 $\partial_\nu p \in H^{1/2}(\Gamma_1)$. 此外, 存在常数 $c_1, c_2 > 0$ 使得

$$\|p\|_{H^2(\Omega)} \leqslant c_1 \|\hat{p}\|_{L^2(\Omega)} \quad \text{且} \quad \left\|\frac{\partial p(x,t)}{\partial \nu}\right\|_{H^{1/2}(\Gamma_1)} \leqslant c_2 \|p\|_{H^2(\Omega)}.$$

由 [135, p.429, Proposition 13.6.16], 方程 (6.2.35) 有唯一解 $q \in H^2(\Omega) \cap H^1_{\Gamma_0}(\Omega)$ 使得对某些 $c_3 > 0$, 有

$$\|q\|_{H^2(\Omega)} \leqslant c_3 \left(\left\|\frac{\partial p}{\partial \nu}\right\|_{H^{1/2}(\Gamma_1)} + \|\hat{q}\|_{L^2(\Omega)}\right).$$

由于连续嵌入 $H^2(\Omega) \hookrightarrow L^2(\Omega)$, 存在常数 $c_4 > 0$ 使得

$$\|p\|_{L^2(\Omega)}^2 + \|q\|_{L^2(\Omega)}^2 \leqslant c_4 \left(\|\hat{p}\|_{L^2(\Omega)}^2 + \|\hat{q}\|_{L^2(\Omega)}^2 \right).$$

于是 $\mathcal{A}^{-1}$ 有界. 所以 $\mathcal{A}$ 是 $\mathcal{X}$ 上某个有界解析半群的生成元 ([26, p.101,Theorem 4.6]).

对任意的 $(p, q) \in D(\mathcal{A})$, 直接计算可得

$$\operatorname{Re} \langle \mathcal{A}(p, q), (p, q) \rangle_{\mathcal{X}} = \operatorname{Re} \langle (\Delta p, \Delta q), (p, q) \rangle_{\mathcal{X}}$$

$$= \operatorname{Re} \left[\int_{\Omega} (\alpha \Delta p \overline{p} + \Delta q \overline{q}) \, dx - \int_{\Omega} (\Delta p \overline{q} + \Delta q \overline{p}) \, dx \right]$$

$$= \operatorname{Re} \left[-\alpha \|\nabla p\|_{L^2(\Omega)}^2 - \|\nabla q\|_{L^2(\Omega)}^2 + \int_{\Omega} \left(\nabla p \overline{\nabla q} + \nabla p \overline{\nabla q} \right) dx \right]. \tag{6.2.36}$$

由 Young 不等式, 对任意的 $1 < \delta < \alpha$, 有

$$2 \int_{\Omega} |\nabla q| |\nabla p| dx \leqslant \left[\delta \|\nabla p\|_{L^2(\Omega)}^2 + \frac{1}{\delta} \|\nabla q\|_{L^2(\Omega)}^2 \right]. \tag{6.2.37}$$

综合 (6.2.36) 和 (6.2.37) 可得

$$\operatorname{Re} \langle \mathcal{A}(p, q), (p, q) \rangle_{\mathcal{X}} \leqslant -c_1 \left[\|\nabla p\|_{L^2(\Omega)}^2 + \|\nabla q\|_{L^2(\Omega)}^2 \right] \leqslant 0. \tag{6.2.38}$$

由定理 A.1.13, 存在正常数 c_0 使得

$$\left[\|\nabla p\|_{L^2(\Omega)}^2 + \|\nabla q\|_{L^2(\Omega)}^2 \right] \geqslant c_0 \left[\|p\|_{L^2(\Omega)}^2 + \|q\|_{L^2(\Omega)}^2 \right]. \tag{6.2.39}$$

于是综合 (6.2.39), (6.2.25) 和 (6.2.38) 可得

$$\operatorname{Re} \langle \mathcal{A}(p, q), (p, q) \rangle_{\mathcal{X}} \leqslant -c_0 c_1 \|(p, q)\|_{\mathcal{X}}^2. \tag{6.2.40}$$

这说明算子 $\mathcal{A}$ 的谱在开的左半复平面, 所以解析半群 $e^{\mathcal{A}t}$ 是指数稳定的. □

定理 6.2.2 的证明　注意到可逆变换

$$\begin{pmatrix} w \\ v \\ e \\ \varepsilon \end{pmatrix} = \begin{pmatrix} I & 0 & 0 & 0 \\ 0 & I & 0 & 0 \\ I & -I & -I & 0 \\ I & 0 & 0 & -I \end{pmatrix} \begin{pmatrix} w \\ v \\ \tilde{p} \\ \hat{w} \end{pmatrix}, \tag{6.2.41}$$

只需考虑系统 (6.2.15)-(6.2.16) 和

$$\begin{cases} e_t(x,t) = \Delta e(x,t), \quad (x,t) \in \Omega \times (0,\infty), \\ e(x,t)|_\Gamma = 0, \ t > 0, \\ \varepsilon_t(x,t) = \Delta \varepsilon(x,t), \quad (x,t) \in \Omega \times (0,\infty), \\ \varepsilon(x,t)|_{\Gamma_0} = 0, \ t > 0, \\ \dfrac{\partial \varepsilon(x,t)}{\partial \nu}\Big|_{\Gamma_1} = \dfrac{\partial e(x,t)}{\partial \nu}\Big|_{\Gamma_1}, \ t > 0. \end{cases} \tag{6.2.42}$$

由假设 6.2.1 和引理 6.2.2, 容易获得观测器解的适定性. 只需证明观测器的收敛性 (6.2.21) 和 (6.2.22).

由于引理 6.2.2, 对任意的 $(e(\cdot,0), \varepsilon(\cdot,0)) \in \mathcal{X} = [L^2(\Omega)]^2$ 系统 (6.2.42) 对应一个解析半群解. 于是对任意 $t > 0$, 系统 (6.2.42) 的解满足 $e(\cdot,t), \varepsilon(\cdot,t) \in D(\mathcal{A})$. 所以存在 $\omega > 0$ 使得

$$\lim_{t \to +\infty} e^{\omega t} \left[\|(e(\cdot,t), \varepsilon(\cdot,t))\|_\mathcal{X} + \|(\dot{e}(\cdot,t), \dot{\varepsilon}(\cdot,t))\|_\mathcal{X} \right] = 0. \tag{6.2.43}$$

于是 (6.2.21) 可由 (6.2.41) 和 (6.2.43) 得到.

由 Sobolev 迹嵌入定理, 存在不依赖时间 t 的正常数 C 使得

$$\left\| \frac{\partial e(\cdot,t)}{\partial \nu} \right\|_{L^2(\Gamma_1)} \leqslant C \left[\|\nabla e(\cdot,t)\|_{L^2(\Omega)} + \|\Delta e(\cdot,t)\|_{L^2(\Omega)} \right]. \tag{6.2.44}$$

由 (6.2.15) 和 (6.2.16)-(6.2.19) 可得

$$\frac{\partial e(x,t)}{\partial \nu} = d(x,t) - \frac{\partial \tilde{p}(x,t)}{\partial \nu}, \quad x \in \Gamma_1, \ t \geqslant 0. \tag{6.2.45}$$

注意到

$$\|\nabla e(\cdot,t)\|_{L^2(\Omega)} = |\langle e(\cdot,t), e_t(\cdot,t) \rangle_{L^2(\Omega)}|, \tag{6.2.46}$$

综合 (6.2.41), (6.2.45) 和 (6.2.43) 可推出干扰估计 (6.2.22). □

现在我们对系统 (6.2.15) 的观测器 (6.2.16)-(6.2.19)-(6.2.20) 进行数值模拟来直观地观察干扰估计效果. 简单起见, 我们选择二维平环

$$\begin{cases} \Omega = \left\{ (x_1, x_2) \in \mathbb{R}^2 \,|\, 1 < x_1^2 + x_2^2 < 9 \right\}, \\ \Gamma_0 = \left\{ (x_1, x_2) \in \mathbb{R}^2 \,|\, x_1^2 + x_2^2 = 1 \right\}, \ \Gamma_1 = \left\{ (x_1, x_2) \in \mathbb{R}^2 \,|\, x_1^2 + x_2^2 = 9 \right\}. \end{cases} \tag{6.2.47}$$

系统初值和干扰选为

$$
\begin{cases}
w(x_1, x_2, 0) = 2\left(\sqrt{x_1^2 + x_2^2} - 3\right)\left(\sqrt{x_1^2 + x_2^2} - 1\right)\left(\dfrac{4x_2^3}{(x_1^2 + x_2^2)^{\frac{3}{2}}} - \dfrac{3x_2}{\sqrt{x_1^2 + x_2^2}}\right), \\[2mm]
v(x_1, x_2, 0) = 0, \ \tilde{p}(x_1, x_2, 0) = 0, \\[2mm]
d(x_1, x_2, t) = \sin \arctan \dfrac{x_1}{x_2} + \eta(t), \quad \eta(t) = \dfrac{2}{\pi}\sin^{-1}\left[\sin\left(10t - \dfrac{\pi}{2}\right)\right],
\end{cases}
$$

其中干扰的第二项 η 为锯齿波. 由于锯齿波在有些点不可导, 干扰 d 的导数可能无界. 为了便于数值离散, 我们首先用极坐标变换将平环 Ω 化成矩形区域. 在极坐标下, 观测器 (6.2.16)-(6.2.19)-(6.2.20) 变为

$$
\begin{cases}
w_t(\gamma, \theta, t) = \dfrac{\partial^2 w(\gamma, \theta, t)}{\partial \gamma^2} + \dfrac{1}{\gamma}\dfrac{\partial w(\gamma, \theta, t)}{\partial \gamma} + \dfrac{1}{\gamma^2}\dfrac{\partial^2 w(\gamma, \theta, t)}{\partial \theta^2}, \\
\qquad\qquad 1 < \gamma < 3, 0 < \theta < 2\pi, \ t > 0, \\[2mm]
w(1, \theta, t) = 0, \ 0 < \theta < 2\pi, t > 0, \\[2mm]
\dfrac{\partial w}{\partial \gamma}(3, \theta, t) = \sin\theta + \eta(t) - \dfrac{\partial \tilde{p}}{\partial \gamma}(3, \theta, t), \ t > 0, \\[2mm]
w(\gamma, \theta, 0) = 2(\gamma - 3)(\gamma - 1)\cos 3\theta, \ \ 0 \leqslant \theta \leqslant 2\pi, 1 \leqslant \gamma \leqslant 3,
\end{cases}
\tag{6.2.48}
$$

$$
\begin{cases}
v_t(\gamma, \theta, t) = \dfrac{\partial^2 v(\gamma, \theta, t)}{\partial \gamma^2} + \dfrac{1}{\gamma}\dfrac{\partial v(\gamma, \theta, t)}{\partial \gamma} + \dfrac{1}{\gamma^2}\dfrac{\partial^2 v(\gamma, \theta, t)}{\partial \theta^2}, \\
\qquad\qquad 1 < \gamma < 3, \ 0 < \theta < 2\pi, \ t > 0, \\[2mm]
v(1, \theta, t) = 0, \ 0 < \theta < 2\pi, \ t > 0, \\[2mm]
\dfrac{\partial v}{\partial \gamma}(3, \theta, t) = -\dfrac{\partial \tilde{p}}{\partial \gamma}(3, \theta, t), \ 0 < \theta < 2\pi, \ t > 0, \\[2mm]
v(\gamma, \theta, 0) = 0, \ \ 0 \leqslant \theta \leqslant 2\pi, 1 \leqslant \gamma \leqslant 3,
\end{cases}
\tag{6.2.49}
$$

$$
\begin{cases}
\tilde{p}_t(\gamma, \theta, t) = \dfrac{\partial^2 \tilde{p}(\gamma, \theta, t)}{\partial \gamma^2} + \dfrac{1}{\gamma}\dfrac{\partial \tilde{p}(\gamma, \theta, t)}{\partial \gamma} + \dfrac{1}{\gamma^2}\dfrac{\partial^2 \tilde{p}(\gamma, \theta, t)}{\partial \theta^2}, \\
\qquad\qquad 1 < \gamma < 3, \ 0 < \theta < 2\pi, \ t > 0, \\[2mm]
\tilde{p}(1, \theta, t) = 0, \ 0 < \theta < 2\pi, \ t > 0, \\[2mm]
\tilde{p}(3, \theta, t) = w(3, \theta, t) - v(3, \theta, t), \ 0 < \theta < 2\pi, \ t > 0, \\[2mm]
\tilde{p}(\gamma, \theta, 0) = 0, \ \ 0 \leqslant \theta \leqslant 2\pi, 1 \leqslant \gamma \leqslant 3.
\end{cases}
\tag{6.2.50}
$$

我们采用反向 Euler 格式离散时间变量, 用 Chebyshev 谱方法 ([133]) 离散空间变量. γ 变量的网格大小选为 $r_N = 21$, θ 变量的网格大小选为 $\theta_N = 40$, 时间步长选为 10^{-4}. 极坐标下干扰及其估计见图 6.2, 干扰估计误差见图 6.3(a). 为了便于观察干扰估计的动态行为, 图 6.3(b) 给出了 $(x_1, x_2) = (0, -3)$ 处的干扰估计轨迹. 从数值模拟可以看出, 干扰得到了有效的估计, 干扰估计器是可行的.

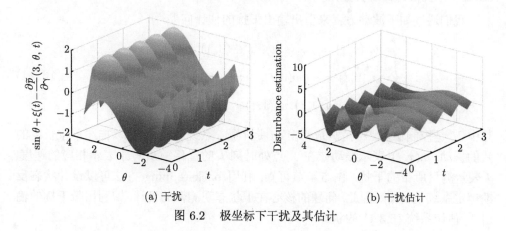

(a) 干扰 (b) 干扰估计

图 6.2 极坐标下干扰及其估计

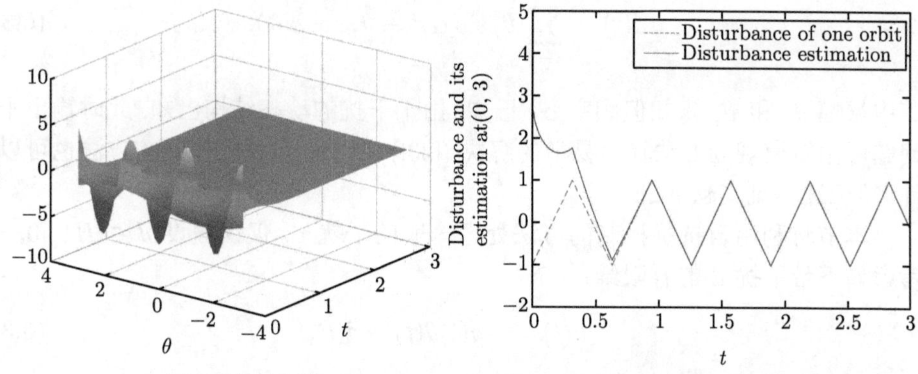

(a) 干扰估计误差 (b) (0, −3) 处于优估计轨迹

图 6.3 干扰估计的误差及在 (0, −3) 处的轨迹

6.3 输出干扰及其估计

由于输出可以在一定范围内人为选择, 因此输出干扰估计相对简单. 实际应用中, 测量不可避免地会带有误差. 除了随机误差之外, 具有动态结构的误差也常常会出现. 例如: 输出测量中会带有周期干扰, 而周期信息就是一种动态信息. 特

别地, 由于时滞是一种无穷维动态, 输出时滞也可以看作一种特殊的输出干扰. 输出时滞补偿这一部分内容我们已经在第 5 章详细讨论, 本节只考虑一般的输出干扰估计问题. 本节的干扰估计器设计方法首先由文献 [40] 给出, 随后被文献 [37] 推广到一般情况.

6.3.1　干扰估计器及其应用

我们通过如下波动方程来引出输出干扰的估计问题:

$$\begin{cases} w_{tt}(x,t) = w_{xx}(x,t),\ x \in (0,1), t > 0, \\ w_x(0,t) = -qw(0,t),\ \ w_x(1,t) = U(t),\ t \geqslant 0, \\ Y(t) = (w(1,t), w_t(1,t) + d(t)),\ t \geqslant 0, \end{cases} \tag{6.3.1}$$

其中 U 是控制输入, Y 是测量输出, d 是干扰. 系统 (6.3.1) 可以描述单位长度的弦的振动, $w(x,t)$ 表示振动弦在 x 点处时刻 t 的位移, $w_t(x,t)$ 表示相应的速度, d 表示测量所带的干扰. 由 5.4 节可知, 利用 backstepping 方法可以设计状态反馈镇定系统 (6.3.1). 因此, 问题的核心在于状态观测器的设计, 即利用带干扰的输出 Y 估计系统 (6.3.1) 的状态.

当干扰 d 为谐波干扰时, 即

$$d(t) = \sum_{j=1}^{m}(\theta_j \sin \alpha_j t + \vartheta_j \cos \alpha_j t), \tag{6.3.2}$$

其中振幅 θ_j 和 ϑ_j 未知但频率 α_j 已知, 由于干扰的动态结构已知, 此时输出干扰问题可由轨道规划方法轻而易举的解决 ([33]). 此外, 自适应控制的方法也可以估计谐波干扰, 见文献 [62].

本节将利用自抗扰控制的方法处理一般的干扰 d, 仅仅假设 $d \in H_{\text{loc}}^1[0,\infty)$. 考虑如下带干扰 d 的有限维系统:

$$\dot{\theta}(t) = -g(t)\theta(t) + d(t), \tag{6.3.3}$$

其中 $g \in C^1[0,\infty)$ 是时变增益函数满足

$$\begin{cases} g(t) > 0,\ \dot{g}(t) > 0,\ \forall\, t \geqslant 0, \\ g(t) \to \infty\ \ \text{当}\ t \to +\infty,\quad \sup_{t\in[0,\infty)}\left|\dfrac{\dot{g}(t)}{g(t)}\right| < +\infty. \end{cases} \tag{6.3.4}$$

本节中, 我们总假设 g 和 $d \in H_{\text{loc}}^1[0,\infty)$ 满足

$$\lim_{t\to+\infty}\frac{|\dot{d}(t)| + |d(t)|}{g(t)} = 0. \tag{6.3.5}$$

我们为系统 (6.3.3) 设计变增益扩张状态观测器来估计干扰 d:

$$\begin{cases} \dot{\hat{\theta}}(t) = \hat{d}(t) - g(t)\hat{\theta}(t), \\ \dot{\hat{d}}(t) = g^2(t)[\theta(t) - \hat{\theta}(t)]. \end{cases} \tag{6.3.6}$$

下面引理表明系统 (6.3.6) 可看作系统 (6.3.3) 的观测器, 用来估计系统状态 θ 和干扰 d.

引理 6.3.3 设干扰 $d \in H^1_{\mathrm{loc}}[0,\infty)$ 和时变增益 $g \in C^1[0,\infty)$ 满足 (6.3.4) 和 (6.3.5), 则系统 (6.3.3) 的观测器 (6.3.6) 的解满足

$$\lim_{t\to+\infty}\left[|\hat{\theta}(t) - \theta(t)| + |\hat{d}(t) - d(t)|\right] = 0. \tag{6.3.7}$$

证明 令

$$\tilde{y}_1(t) = g(t)[\hat{\theta}(t) - \theta(t)], \quad \tilde{y}_2(t) = d(t) - \hat{d}(t), \tag{6.3.8}$$

则

$$\begin{cases} \dot{\tilde{y}}_1(t) = -g(t)[\tilde{y}_1(t) + \tilde{y}_2(t)] + \dfrac{\dot{g}(t)}{g(t)}\tilde{y}_1(t), \\ \dot{\tilde{y}}_2(t) = g(t)\tilde{y}_1(t) + \dot{d}(t). \end{cases} \tag{6.3.9}$$

定义 Lyapunov 函数:

$$L(t) = \tilde{y}_1^2(t) + \frac{3}{2}\tilde{y}_2^2(t) + \tilde{y}_1(t)\tilde{y}_2(t). \tag{6.3.10}$$

显然有

$$\frac{1}{2}L(t) \leqslant \tilde{y}_1^2(t) + \tilde{y}_2^2(t) \leqslant 2L(t). \tag{6.3.11}$$

对 L 求导可得

$$\begin{aligned} \dot{L}(t) =\ & \left[-g(t) + \frac{2\dot{g}(t)}{g(t)}\right]\tilde{y}_1^2(t) - g(t)\tilde{y}_2^2(t) + \frac{\dot{g}(t)}{g(t)}\tilde{y}_1(t)\tilde{y}_2(t) \\ & + [\tilde{y}_1(t) + 3\tilde{y}_2(t)]\dot{d}(t) \\ \leqslant\ & -\kappa(t)\left[\tilde{y}_1^2(t) + \tilde{y}_2^2(t)\right] + 3|\dot{d}(t)|\left[|\tilde{y}_1(t)| + |\tilde{y}_2(t)|\right] \\ \leqslant\ & -\frac{\kappa(t)}{2}L(t) + 6|\dot{d}(t)|\sqrt{L(t)}, \quad \forall\, t \geqslant 0. \end{aligned} \tag{6.3.12}$$

利用 (6.3.4) 和 (6.3.5), 可得到

$$\kappa(t) = g(t) - \sup_{t \in [0,\infty)} \frac{5}{2} \left| \frac{\dot{g}(t)}{g(t)} \right| \to \infty \quad \text{当 } t \to +\infty. \tag{6.3.13}$$

于是存在 $t_0 > 0$ 使得

$$\kappa(t) > 0, \quad \forall\, t \geqslant t_0. \tag{6.3.14}$$

综合 (6.3.14) 和 (6.3.12) 可得

$$\frac{d\sqrt{L(t)}}{dt} \leqslant -\frac{\kappa(t)}{4}\sqrt{L(t)} + 3|\dot{d}(t)|, \quad \forall\, t \geqslant t_0. \tag{6.3.15}$$

从而有

$$\sqrt{L(t)} \leqslant \sqrt{L(t_0)}e^{-\frac{1}{4}\int_{t_0}^{t}\kappa(\tau)d\tau} + 3\frac{\displaystyle\int_{t_0}^{t}|\dot{d}(s)|e^{\frac{1}{4}\int_{t_0}^{s}\kappa(\tau)d\tau}ds}{e^{\frac{1}{4}\int_{t_0}^{t}\kappa(\tau)d\tau}}. \tag{6.3.16}$$

由 (6.3.13), (6.3.16) 右边的第一项显然收敛到零. 对 (6.3.16) 右边的第二项使用 L'Hospital 法则可得 $\lim_{t \to +\infty} \sqrt{L(t)} = 0$, 于是有

$$\lim_{t \to +\infty} \left[\tilde{y}_1^2(t) + \tilde{y}_2^2(t) \right] = 0. \tag{6.3.17}$$

注意到 (6.3.8) 和 (6.3.4), 我们得到 (6.3.7).　　　　　　　　　　　　　□

　　利用引理 6.3.3, 我们可以设计干扰估计器估计系统 (6.3.1) 的输出干扰. 事实上, 将 $\theta(t) = z(t) - w(1,t)$ 代入系统 (6.3.3) 和 (6.3.6), 并将 z 看作新的变量可得系统 (6.3.1) 的干扰估计器

$$\begin{cases} \dot{z}(t) = -g(t)z(t) + [w_t(1,t) + d(t) + g(t)w(1,t)], \\ \dot{\hat{\theta}}(t) = \hat{d}(t) - g(t)\hat{\theta}(t), \\ \dot{\hat{d}}(t) = g^2(t)[z(t) - w(1,t) - \hat{\theta}(t)]. \end{cases} \tag{6.3.18}$$

由引理 6.3.3, 当干扰 $d \in H^1_{\text{loc}}[0,\infty)$ 和时变增益 $g \in C^1[0,\infty)$ 满足 (6.3.4) 和 (6.3.5) 时, 系统 (6.3.1) 的干扰估计器 (6.3.18) 满足

$$\lim_{t \to +\infty} |\hat{d}(t) - d(t)| = 0. \tag{6.3.19}$$

为了更直观地观察干扰估计情况, 我们对系统 (6.3.1) 的干扰估计器 (6.3.18) 进行数值模拟. 系统初值和估计器参数选为

$$w(x,0) = w_t(x,0) = qx - 1, \quad \hat{\theta}(0) = \hat{d}(0) = z(0) = 0, \quad q = 0.2, \quad U(t) \equiv 0. \tag{6.3.20}$$

实际应用中, 时变增益 $g(t)$ 不可能任意大. 为此我们采用混合增益的策略

$$g(t) = \begin{cases} h(t), & t \leqslant t_0, \\ h(t_0), & t \geqslant t_0, \end{cases} \quad t_0 = 6.6, \tag{6.3.21}$$

其中 $h(t) = 1 + 30t$. 干扰选为 $d(t) = \sin t$ 和 $d(t) = \sin 5t$ 两种情况. 干扰及其估计情况见图 6.4. 由仿真可以看出, 干扰都得到了有效的估计.

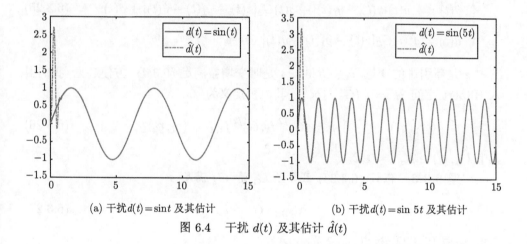

(a) 干扰 $d(t) = \sin t$ 及其估计   (b) 干扰 $d(t) = \sin 5t$ 及其估计

图 6.4 干扰 $d(t)$ 及其估计 $\hat{d}(t)$

值得注意的是, 干扰估计器 (6.3.18) 和系统 (6.3.1) 的内部动态无关. 这和文献 [62] 中自适应控制的干扰估计方法大不相同, 一定程度上显示出自抗扰控制的优势. 有了干扰的在线估计, 系统 (6.3.1) 的状态观测器设计和控制器设计会非常容易, 详细内容参见文献 [40].

6.3.2 分布信号干扰估计器

本节旨在将 6.3.1 节中讨论的干扰估计器推广到一般情况. 设 G_i 是 Hilbert 空间 U 上的严格正算子, 则 $G_i^{1/2}$ 有意义, $i = 1, 2$. 于是存在常数 $c_0 > 0$ 使得

$$\|g\|_U \leqslant c_0 \|G_1^{1/2} g\|_U, \quad \forall\, g \in D(G_1). \tag{6.3.22}$$

假设我们可以测得两个信号

$$
\begin{cases}
y_1(t) = v(t) \in H^1_{\text{loc}}([0,\infty); U), \\
y_2(t) = \dot{v}(t) + d(t) \in L^2_{\text{loc}}([0,\infty); U),
\end{cases}
\tag{6.3.23}
$$

其中 $y_2(t)$ 是被干扰 $d(t)$ 污染的微分信号. 我们将利用 y_1 和 y_2 设计干扰估计器来估计干扰 d, 从而可以恢复被污染的导数信息. 本节中, 我们总假设存在 $M_d > 0$ 使得干扰 d 满足

$$
\|d(t)\| + \|\dot{d}(t)\|_U \leqslant M_d, \quad \forall\, t \geqslant 0 \ \text{a.e.}
\tag{6.3.24}
$$

受干扰估计器 (6.3.18) 的启发, (6.3.23) 的干扰估计器可设计为

$$
\begin{cases}
\dot{z}(t) = -g(t)[z(t) - y_1(t)] + y_2(t), \\
\dot{\hat{\theta}}(t) = -g(t)[z(t) - y_1(t)] + g(t)G_1[z(t) - y_1(t) - \hat{\theta}(t)] + \hat{d}(t), \\
\dot{\hat{d}}(t) = g^2(t)G_2[z(t) - y_1(t) - \hat{\theta}(t)],
\end{cases}
\tag{6.3.25}
$$

其中 z 是新引进的变量, $g \in C^1[0,\infty)$ 是时变增益满足 (6.3.4). 方便起见, 我们引入 Hilbert 空间 $\mathcal{H} := D(G_2^{1/2}) \times U$, 其内积定义为

$$
\langle (f_1, g_1), (f_2, g_2) \rangle_{\mathcal{H}} = \langle G_2^{1/2} f_1, G_2^{1/2} f_2 \rangle_U + \langle g_1, g_2 \rangle_U,
\tag{6.3.26}
$$

其中 $(f_i, g_i) \in \mathcal{H}$, $i = 1, 2$.

定理 6.3.3　假设 (6.3.23) 且算子 G_1 和 G_2 满足

$$
\alpha G_2 = G_1 + I,
\tag{6.3.27}
$$

其中 c_0 由 (6.3.22) 给出, α 满足

$$
\alpha > \max\{c_0 + 1, 2\}.
\tag{6.3.28}
$$

设干扰 $d \in H^1_{\text{loc}}([0,\infty); U)$ 满足 (6.3.24), 则对任意的初值 $(z(0) - v(0) - \hat{\theta}(0), d(0) - \hat{d}(0)) \in \mathcal{H}$, 系统 (6.3.25) 存在唯一解 $(z, \hat{\theta}, \hat{d}) \in C([0,\infty); U^3)$ 满足

$$
\lim_{t \to +\infty} \left[\|z(t) - v(t)\|_U^2 + \|\hat{\theta}(t)\|_U^2 + \|\hat{d}(t) - d(t)\|_U^2 \right] = 0.
\tag{6.3.29}
$$

证明　直接解 (6.3.25) 的第一个方程可得

$$
z(t) = v(t) + [z(0) - v(0)]e^{-\int_0^t g(\tau)d\tau} + \frac{\displaystyle\int_0^t d(s)e^{\int_0^s g(\tau)d\tau}ds}{e^{\int_0^t g(\tau)d\tau}}.
\tag{6.3.30}
$$

因此 $z(t)$ 满足 $\lim_{t\to+\infty}\|z(t)-v(t)\|_U^2=0$. 令

$$
\begin{cases}
\varepsilon_1(t)=g(t)[z(t)-v(t)-\hat{\theta}(t)], \\
\varepsilon_2(t)=d(t)-\hat{d}(t),
\end{cases}
\tag{6.3.31}
$$

则 $(\varepsilon_1(t),\varepsilon_2(t))$ 满足

$$
\begin{cases}
\dot{\varepsilon}_1(t)=-g(t)[G_1\varepsilon_1(t)-\varepsilon_2(t)]+\dfrac{\dot{g}(t)}{g(t)}\varepsilon_1(t), \\
\dot{\varepsilon}_2(t)=-g(t)G_2\varepsilon_1(t)+\dot{d}(t).
\end{cases}
\tag{6.3.32}
$$

系统 (6.3.32) 可以写成抽象形式

$$
\frac{d}{dt}(\varepsilon_1(t),\varepsilon_2(t))=\mathcal{A}(t)(\varepsilon_1(t),\varepsilon_2(t))+(0,\dot{d}(t)),
\tag{6.3.33}
$$

其中 $\mathcal{A}(t):D(\mathcal{A}(t))(\subset\mathcal{H})\to\mathcal{H}$ 定义如下

$$
\begin{cases}
\mathcal{A}(t)(\phi,\psi)=\left(-g(t)G_1\phi+g(t)\psi+\dfrac{\dot{g}(t)}{g(t)}\phi,-g(t)G_2\phi\right),\forall(\phi,\psi)\in D(\mathcal{A}(t)), \\
D(\mathcal{A}(t))=\{(\phi,\psi)\mid\phi\in D(G_2),-G_1\phi+\psi\in D(G_2^{1/2})\}.
\end{cases}
$$

容易看出 $\mathcal{A}(t)$ 的定义域与时间 t 无关, 且 $\mathcal{A}(t)$ 可以分解为

$$
\mathcal{A}(t)=g(t)\mathcal{A}_0+\mathcal{B}_0(t),
\tag{6.3.34}
$$

其中 $\mathcal{A}_0$ 不依赖于时间 t, $\mathcal{B}_0(t)$ 定义为

$$
\begin{cases}
\mathcal{A}_0(\phi,\psi)=(-G_1\phi+\psi,-G_2\phi),\ \forall\,(\phi,\psi)\in D(\mathcal{A}_0)=D(\mathcal{A}(t)), \\
\mathcal{B}_0(t)(u,v)=\left(\dfrac{\dot{g}(t)}{g(t)}u,0\right),\ \ \forall\,(u,v)\in\mathcal{H}.
\end{cases}
\tag{6.3.35}
$$

直接验证可知: $\mathcal{A}_0$ 在 $\mathcal{H}$ 中是耗散的, 且 $\mathcal{A}_0^{-1}\in\mathcal{L}(\mathcal{H})$. 因此, $\mathcal{A}_0$ 在 $\mathcal{H}$ 上生成 C_0-压缩半群 $e^{\mathcal{A}_0 s}$. 另一方面, 对任意的 $t\geqslant 0$, 由 (6.3.4), $g(t)>0$, 于是算子 $g(t)\mathcal{A}_0$ 也在 $\mathcal{H}$ 中是耗散的并且 $[g(t)\mathcal{A}_0]^{-1}\in\mathcal{L}(\mathcal{H})$ 对任意的 $t\geqslant 0$ 成立. 所以, $g(t)\mathcal{A}_0$ 在 $\mathcal{H}$ 上生成 C_0-压缩半群 $e^{g(t)\mathcal{A}_0 s}$. 这就说明算子族 $\{g(t)\mathcal{A}_0\}_{t\geqslant 0}$ 作为压缩 C_0-半群的生成元在 $\mathcal{H}$ 中是稳定的 ([103, p.131]).

另一方面, 对任意的 $t\geqslant 0$, $\mathcal{B}_0(t)$ 是 $\mathcal{H}$ 上的有界线性算子. 由 (6.3.4), 存在不依赖时间 t 的正常数 K 使得 $\|\mathcal{B}_0(t)\|\leqslant K$. 由 [103, Theorem 2.3, p.132] 可知算子族 $\mathcal{A}(t)=g(t)\mathcal{A}_0+\mathcal{B}_0(t)$ 作为压缩 C_0-半群的生成元在 $\mathcal{H}$ 中也是稳定的.

此外, 由于 $g \in C^2[0, +\infty)$, 对任意的 $\vartheta \in D(\mathcal{A}_0)$, 易知 $g(t)\mathcal{A}_0\vartheta$ 和 $\mathcal{B}_0(t)\vartheta$ 在 $\mathcal{H}$ 中连续可微. 注意到 (6.3.34), $\mathcal{A}(t)\vartheta$ 也连续可微. 令 $(\varepsilon_{10}, \varepsilon_{20})$ 是系统 (6.3.32) 的初值, 则 (6.3.31) 意味着 $(\varepsilon_{10}, \varepsilon_{20}) \in \mathcal{H}$. 注意到 $(0, \dot{d}) \in C([0, \infty); \mathcal{H})$, 由 [103, Theorem 5.2, p.146] 可知系统 (6.3.33) 存在唯一解满足

$$(\varepsilon_1(t), \varepsilon_2(t)) = U(t, 0)(\varepsilon_{10}, \varepsilon_{20}) + \int_0^t U(t, s)(0, f(s))ds, \tag{6.3.36}$$

其中 $f(t) = \dot{d}(t)$, $U(t, s)$ 是由 [103, p.129, Definition 5.3] 定义的发展系统. 所以, 由 (6.3.30) 和 (6.3.31) 可以定义系统的解 $\hat{\theta}(t)$ 和 $\hat{d}(t)$.

由于 (6.3.29) 成立当且仅当

$$\|\varepsilon_1(t)\|_U^2 + \|\varepsilon_2(t)\|_U^2 \to 0 \quad 当 \ t \to +\infty, \tag{6.3.37}$$

只需证明 (6.3.37) 即可. 设 $\{(\varepsilon_{10}^n, \varepsilon_{20}^n)\} \in D(\mathcal{A}_0)$ 和 $\{f_n\} \in C^\infty([0, \infty); U)$ 使得 $\|f_n\|_U \leqslant M_d$ 对任意的 $n \in \mathbb{N}$, 且

$$\begin{cases} \|(\varepsilon_{10}^n, \varepsilon_{20}^n) - (\varepsilon_{10}, \varepsilon_{20})\|_{\mathcal{H}} \to 0 \quad 当 \ n \to \infty, \\ \|f_n - f\|_{L^1_{\mathrm{loc}}([0, \infty); U)} \to 0 \quad 当 \ n \to \infty. \end{cases} \tag{6.3.38}$$

设 $(\varepsilon_1^n(t), \varepsilon_2^n(t))$ 是系统 (6.3.32) 在初值 $(\varepsilon_{10}^n, \varepsilon_{20}^n)$ 和齐次项 $f_n(t)$ 下古典解, 则由 [103, Theorem 5.3, p.147] 可得

$$(\varepsilon_1^n(t), \varepsilon_2^n(t)) = U(t, 0)(\varepsilon_{10}^n, \varepsilon_{20}^n) + \int_0^t U(t, s)(0, f_n(s))ds. \tag{6.3.39}$$

定义 Lyapunov 函数:

$$Q_n(t) = \frac{1}{2}\|\varepsilon_1^n(t)\|_U^2 + \frac{\alpha}{2}\|\varepsilon_2^n(t)\|_U^2 - \mathrm{Re}\langle \varepsilon_1^n(t), \varepsilon_2^n(t)\rangle_U. \tag{6.3.40}$$

简单计算可知

$$\begin{cases} k_0 \left[\|\varepsilon_1^n(t)\|_U^2 + \|\varepsilon_2^n(t)\|_U^2\right] \leqslant Q_n(t), \\ Q_n(t) \leqslant \alpha \left[\|\varepsilon_1^n(t)\|_U^2 + \|\varepsilon_2^n(t)\|_U^2\right], \end{cases} \tag{6.3.41}$$

其中 $k_0 = \min\left\{\dfrac{1}{4}, \dfrac{\alpha}{2} - 1\right\} > 0$. 沿着系统 (6.3.32) 的解对 $Q_n(t)$ 求导可得

$$\dot{Q}_n(t) \leqslant \left[-\frac{\alpha - c_0 - 1}{\alpha c_0}g(t) + \frac{\dot{g}(t)}{g(t)}\right]\|\varepsilon_1^n(t)\|_U^2 - g(t)\|\varepsilon_2^n(t)\|_U^2$$

$$-\frac{\dot{g}(t)}{g(t)}\mathrm{Re}\langle\varepsilon_1^n(t),\varepsilon_2^n(t)\rangle_U + \mathrm{Re}\left\langle\alpha\varepsilon_2^n(t)-\varepsilon_1^n(t),\dot{d}(t)]\right\rangle_U$$

$$\leqslant\left[-\frac{\alpha-c_0-1}{\alpha c_0}g(t)+\frac{3}{2}\frac{\dot{g}(t)}{g(t)}\right]\|\varepsilon_1^n(t)\|_U^2+\left[-g(t)+\frac{\dot{g}(t)}{2g(t)}\right]\|\varepsilon_2^n(t)\|_U^2$$

$$+\alpha\|\dot{d}(t)\|_U\left[\|\varepsilon_1^n(t)\|_U+\|\varepsilon_2^n(t)\|_U\right],$$

即

$$\dot{Q}_n(t)\leqslant\left[-\rho g(t)+\frac{3}{2}\frac{\dot{g}(t)}{g(t)}\right]\left[\|\varepsilon_1^n(t)\|_U^2+\|\varepsilon_2^n(t)\|_U^2\right]$$

$$+\alpha\|\dot{d}(t)\|_U\left[\|\varepsilon_1^n(t)\|_U+\|\varepsilon_2^n(t)\|_U\right], \tag{6.3.42}$$

其中 $\rho=\min\left\{\dfrac{\alpha-c_0-1}{\alpha c_0},1\right\}>0$. 令 $\kappa(t)=\rho g(t)-\sup_{t\in[0,\infty)}\dfrac{3}{2}\left|\dfrac{\dot{g}(t)}{g(t)}\right|$, 则由 (6.3.4) 可知 $\kappa(t)\to+\infty$ 当 $t\to+\infty$. 所以存在 $t_0>0$ 使得 $\kappa(t)>0$, 对任意的 $t\geqslant t_0$ 成立. 从而综合 (6.3.42) 和 (6.3.41) 可得

$$\dot{Q}_n(t)\leqslant-\kappa(t)\left[\|\varepsilon_1^n(t)\|_U^2+\|\varepsilon_2^n(t)\|_U^2\right]+\alpha\sqrt{\frac{2}{k_0}}\|\dot{d}(t)\|_U\sqrt{Q_n(t)}$$

$$\leqslant-\frac{\kappa(t)}{\alpha}Q(t)+\alpha M_d\sqrt{\frac{2}{k_0}}\sqrt{Q_n(t)},\quad\forall\ t\geqslant t_0. \tag{6.3.43}$$

于是

$$\sqrt{Q_n(t)}\leqslant\sqrt{Q_n(t_0)}e^{-\frac{1}{2\alpha}\int_{t_0}^t\kappa(\tau)d\tau}+\frac{\alpha M_d}{\sqrt{2k_0}}\frac{\int_{t_0}^t e^{\frac{1}{2\alpha}\int_{t_0}^s\kappa(\tau)d\tau}ds}{e^{\frac{1}{2\alpha}\int_{t_0}^t\kappa(\tau)d\tau}}. \tag{6.3.44}$$

当 $t\to+\infty$ 时, (6.3.44) 右端第一项显然收敛到零. 对 (6.3.44) 右端第二项应用 L'Hospital 法则可得 $\lim_{t\to+\infty}\sqrt{Q_n(t)}=0$, 这就说明

$$\|\varepsilon_1^n(t)\|_U^2+\|\varepsilon_2^n(t)\|_U^2\to0\quad\text{当}\ t\to+\infty,\ \forall\ n\in\mathbb{N}. \tag{6.3.45}$$

由于压缩 C_0-半群的生成元族 $\mathcal{A}(t)$ 在 $\mathcal{H}$ 中是稳定的, 存在不依赖 t 和 n 的正常数 C_3 使得 $\sqrt{Q_n(t_0)}\leqslant C_3\|(\varepsilon_{10}^n,\varepsilon_{20}^n)\|_{\mathcal{H}}$. 因此, 当 $f_n(t)\equiv0$ 时, 不等式 (6.3.41) 和 (6.3.44) 意味着

$$\frac{\sqrt{k_0}}{2}\|(\varepsilon_1^n(t),\varepsilon_2^n(t))\|_{U\times U}\leqslant\sqrt{k_0}\sqrt{\|\varepsilon_1^n(t)\|_U^2+\|\varepsilon_2^n(t)\|_U^2}\leqslant\sqrt{Q_n(t)}$$

$$\leqslant C_3\|(\varepsilon_{10}^n, \varepsilon_{20}^n)\|_{\mathcal{H}} e^{-\frac{1}{2\alpha}\int_{t_0}^t \kappa(\tau)d\tau}, \quad \forall n \in \mathbb{N}. \quad (6.3.46)$$

于是有

$$\|U(t,0)(\varepsilon_{10}^n, \varepsilon_{20}^n)\|_{U \times U} \leqslant C_3\|(\varepsilon_{10}^n, \varepsilon_{20}^n)\|_{\mathcal{H}}. \quad (6.3.47)$$

在 (6.3.47) 中令 $n \to \infty$ 可得

$$\|U(t,0)(\varepsilon_{10}, \varepsilon_{20})\|_{U \times U} \leqslant C_3\|(\varepsilon_{10}, \varepsilon_{20})\|_{\mathcal{H}}. \quad (6.3.48)$$

另一方面, 由 (6.3.36) 和 (6.3.39) 可得

$$(\varepsilon_1^n(t), \varepsilon_2^n(t)) - (\varepsilon_1(t), \varepsilon_2(t)) = U(t,0)[(\varepsilon_{10}^n, \varepsilon_{20}^n) - (\varepsilon_{10}, \varepsilon_{20})]$$
$$+ \int_0^t U(t,s)[(0, f_n(s)) - (0, f(s))]ds, \quad (6.3.49)$$

综合 (6.3.47), (6.3.48) 和 (6.3.49), 存在正常数 C_4 使得

$$\|(\varepsilon_1^n(t), \varepsilon_2^n(t)) - (\varepsilon_1(t), \varepsilon_2(t))\|_{U^2}$$
$$\leqslant C_4\|(\varepsilon_{10}^n, \varepsilon_{20}^n) - (\varepsilon_{10}, \varepsilon_{20})\|_{\mathcal{H}} + C_4\int_0^t \|f_n(s) - f(s)\|_U ds, \quad (6.3.50)$$

于是

$$\|(\varepsilon_1(t), \varepsilon_2(t))\|_{U^2} \leqslant \|(\varepsilon_1^n(t), \varepsilon_2^n(t))\|_{U^2} + C_4\|(\varepsilon_{10}^n, \varepsilon_{20}^n) - (\varepsilon_{10}, \varepsilon_{20})\|_{\mathcal{H}}$$
$$+ C_4\int_0^t \|f_n(s) - f(s)\|_U ds. \quad (6.3.51)$$

最后, 综合 (6.3.38), (6.3.51), (6.3.45) 可得 (6.3.37). □

注 6.3.1　如果令 $g(t) \equiv R > 0$, 干扰估计器 (6.3.25) 将变为常增益干扰估计器, 即

$$\begin{cases} \dot{z}_R(t) = -Rz_R(t) + y_2(t) + Ry_1(t), \\ \dot{\hat{\theta}}_R(t) = -R[z_R(t) - y_1(t)] + RG_1[z_R(t) - y_1(t) - \hat{\theta}_R(t)] + \hat{d}_R(t), \quad (6.3.52) \\ \dot{\hat{d}}_R(t) = R^2G_2[z_R(t) - y_1(t) - \hat{\theta}_R(t)], \end{cases}$$

其中 $z_R(t)$ 是新的变量, R 是常数增益. 在定理 6.3.3 的假设条件下, 可以证明: 对任意的 $(z_R(0) - v(0) - \hat{\theta}_R(0), d(0) - \hat{d}_R(0)) \in \mathcal{H}$, 系统 (6.3.52) 存在唯一解 $(z_R, \hat{\theta}_R, \hat{d}_R) \in C([0, \infty); U^3)$ 满足

$$\lim_{R \to +\infty}\left[\|\hat{\theta}_R(t)\|_U^2 + \|z_R(t) - v(t)\|_U^2 + \|\hat{d}_R(t) - d(t)\|_U^2\right] = 0 \quad \text{一致收敛}$$

$$t \in [a, \infty), \quad \forall\, a > 0. \tag{6.3.53}$$

实际应用中, 时变增益 $g(t)$ 不可能任意大. 为此我们可以采用混合增益的策略 ([164]):

$$\hat{g}(t) = \begin{cases} g(t), & t \leqslant t_0, \\ g(t_0), & t \geqslant t_0, \end{cases} \quad t_0 > 0. \tag{6.3.54}$$

恰当地选择 t_0 可以有效地减少峰值现象, 与此同时可以保持常数增益所具有的良好性质. 此外, 实际应用中还应该考虑干扰估计器对测量噪声的敏感性, 有兴趣的读者可参阅 [37].

注 6.3.2 在常数增益干扰估计器 (6.3.52) 中, 若令 $y_2 = 0$, 则有

$$\begin{cases} \dot{z}_R(t) = -R z_R(t) + y_2(t) + R y_1(t), \\ \dot{\hat{\theta}}_R(t) = -R[z_R(t) - y_1(t)] + R G_1[z_R(t) - y_1(t) - \hat{\theta}_R(t)] + \hat{d}_R(t), \\ \dot{\hat{d}}_R(t) = R^2 G_2[z_R(t) - y_1(t) - \hat{\theta}_R(t)]. \end{cases} \tag{6.3.55}$$

一个非常有趣的事实是: 系统 (6.3.55) 可以看作分布式信号 $y_1 = v$ 的微分器. 事实上, 如果假设存在 $M_v > 0$ 使得信号 $v \in H^2_{\mathrm{loc}}([0, \infty); U)$ 满足:

$$\|\dot{v}(t)\|_U + \|\ddot{v}(t)\|_U \leqslant M_v, \quad \forall\, t \geqslant 0, \tag{6.3.56}$$

则在定理 6.3.3 的假设条件下, 微分器 (6.3.55) 满足

$$\lim_{R \to +\infty} \left[\|z_R(t) - v(t)\|_U + \|\hat{\theta}_R(t)\|_U + \|\hat{d}_R(t) + \dot{v}(t)\|_U \right] = 0 \quad \text{一致收敛}$$

$$t \in [a, \infty), \quad \forall\, a > 0. \tag{6.3.57}$$

本 章 小 结

本章研究了无穷维系统的自抗扰控制问题, 与有限维系统自抗扰控制不同, 无穷维系统的自抗扰控制表面上没有使用高增益工具, 但是这并不意味着无穷维系统自抗扰控制能够摆脱峰值现象 (peaking phenomenon) 等通常由高增益带来的负面影响. 这是因为无穷维自抗扰控制强烈地依赖于测得的输出信号, 并且这些测量信号对应输出算子可能是无界算子, 这使得干扰估计会给传感器带来非常大的 "压力". 由于没有充分地利用系统的动态信息, 无穷维系统的自抗扰控制缺乏和内模原理一样的数学美. 此外, 自抗扰控制只能解决很小一类带干扰无穷维系统的控制问题, 该方法离实际应用还有相当远的距离.

当干扰动态已知时, 2.2.2 节中控制器的干扰补偿方法和 2.2.3 节中观测器的干扰补偿方法可以平行推广到无穷维, 这正是无穷维系统的内模原理. 但是, 2.3 节中的扩张动态观测器却很难推广到无穷维, 这是因为无穷维系统很难极点配置, 从而无法使用高增益工具的缘故. 本章分别研究了输入干扰处理和输出干扰处理两大类问题, 其中输入干扰的估计和被控系统的动态结构有关, 而输出干扰的估计和被控系统的动态结构几乎没有任何关系, 输出干扰的处理问题本质上是测量信号的处理问题.

练 习 题

1. 设 $d_\psi(t) \to 0$ 当 $t \to +\infty$. 证明系统 (6.1.12) 的解满足

$$\|(\psi(\cdot,t), \psi_t(\cdot,t))\|_{L^2(0,1) \times H^{-1}(0,1)}^2 \to 0 \quad 当 \ t \to +\infty. \tag{6.3.58}$$

2. 设 $D(A_\varepsilon)$ 由 (6.2.4) 给出. 在定理 6.2.1 中, 进一步假设

$$(\hat{d}(\cdot,0) - w(\cdot,0) + \hat{w}(\cdot,0), \hat{d}_t(\cdot,0) - w_t(\cdot,0) + \hat{w}_t(\cdot,0)) \in D(A_\varepsilon).$$

证明: 存在正常数 L_2 和 ω_2 使得

$$|\hat{d}_x(1,t) - d(t)| \leqslant L_2 e^{-\omega_2 t}, \quad \forall \, t \geqslant 0. \tag{6.3.59}$$

3. 在定理 6.3.3 的假设下, 证明由 (6.3.35) 定义的算子 $\mathcal{A}_0$ 在 $\mathcal{H}$ 中是耗散的, 且 $\mathcal{A}_0^{-1} \in \mathcal{L}(\mathcal{H})$.

4. 在定理 6.3.3 的假设条件下, 证明: 对任意的 $(z_R(0) - v(0) - \hat{\theta}_R(0), d(0) - \hat{d}_R(0)) \in \mathcal{H}$, 系统 (6.3.52) 存在唯一解 $(z_R, \hat{\theta}_R, \hat{d}_R) \in C([0,\infty); U^3)$ 满足 (6.3.53).

5. 设存在 $M_v > 0$ 使得信号 $v \in H^2_{\text{loc}}([0,\infty); U)$ 满足 (6.3.56), 证明: 在定理 6.3.3 的假设条件下, 微分器 (6.3.55) 满足 (6.3.57).

6. 设 $U = L^2(\Gamma_1)$, 且系统 (3.1.39) 的输出为

$$Y(t) = (-w(x,t), -w_t(x,t) + d(x,t)), \quad x \in \Gamma_1, \ t \geqslant 0, \tag{6.3.60}$$

其中干扰 $d \in H^1_{\text{loc}}([0,\infty); U)$ 满足 (6.3.24). 请利用 (6.3.60) 设计输出反馈镇定系统 (3.1.39).

参 考 文 献

[1] Åström K J, Hägglund T. The future of PID control. Control Engineering Practice, 2001(9): 1163-1175.

[2] Abbas Z, Nicaise S. Polynomial decay rate for a wave equation with general acoustic boundary feedback laws. SeMA Journal, 2013, 61: 19-47.

[3] Artstein Z. Linear systems with delayed controls: a reduction. IEEE Transactions on Automatic Control, 1982, 27: 869-879.

[4] Baccoli A, Pisano A, Orlov Y. Boundary control of coupled reaction-diffusion processes with constant parameters. Automatica, 2015, 54: 80-90.

[5] Banks H T, Ito K, Wang C. Exponentially stable approximations of weakly damped wave equations // Estimation and Control of Distributed Parameter Systems. Basel: Birkhäuser, 1991: 1-33.

[6] Bartels R, Stewart G. Solution of the matrix equation $AX + XB = C$. Communications of the ACM, 1972, 15: 820-826.

[7] Bhatia R, Rosenthal P. How and why to solve the operator equation $AX - XB = Y$. Bulletin of the London Mathematical Society, 1997, 29(1): 1-21.

[8] Bresch-Pietri D, Krstic M. Output-feedback adaptive control of a wave PDE with boundary anti-damping. Automatica, 2014, 50: 1407-1415.

[9] Brezis H. Analyse fonctionnelle: Théorie et applications. Paris: Masson, 1993.

[10] Byrnes C I, Gilliam D S, Shubov V I, et al. Regular linear systems governed by a boundary controlled heat equation. Journal of Dynamical and Control Systems, 2002, 8: 341-370.

[11] Castro C, Micu S. Boundary controllability of a linear semi-discrete 1-D wave equation derived from a mixed finite element method. Numerische Mathematik, 2006, 102: 413-462.

[12] Causin P, Gerbeau J F, Nobile F. Added-mass effect in the design of partitioned algorithms for fluid-structure problems. Computer Methods in Applied Mechanics and Engineering, 2005, 194: 4506-4527.

[13] Chen G, Coleman, M, West H H. Pointwise stabilization in the middle of the span for second order systems, nonuniform and uniform exponential decay of solutions. SIAM Journal on Applied Mathematics, 1987, 47: 751-780.

[14] Chen G, Hsu S B, Zhou J. Chaotic vibrations of the one-dimensional wave equation due to a self-excitation boundary condition, Part I: Controlled hysteresis. Transactions of the American Mathematical Society, 1998, 350: 4265-4311.

[15] Chen G, Hsu S B, Zhou J. Chaotic vibrations of the one-dimensional wave equation due to a self-excitation boundary condition, Part II: Energy injection, period doubling and homoclinic orbits. International Journal of Bifurcation and Chaos in Applied Sciences and Engineering, 1998, 8: 423-445.

[16] Chen G, Hsu S B, Zhou J. Chaotic vibrations of the one-dimensional wave equation due to a self-excitation boundary condition, Part III: Natural hysteresis memory effects. International Journal of Bifurcation and Chaos in Applied Sciences and Engineering, 1998, 8: 447-470.

[17] Cheng A, Morris K. Accurate approximation of invariant zeros for a class of siso abstract boundary control systems. Proceedings of the 42nd IEEE Conference on Decision and Control, Hawaii USA, 2003: 1315-1320.

[18] Christensen O, Christensen K L. Approximation Theory From Taylor Polynomials to Wavelets. Basel: Birkhäuser, 2004.

[19] Cîndea N, Micu S, Rovenţa I. Uniform observability for a finite differences discretization of a clamped beam equation. IFAC PapersOnLine, 2016, 49: 315-320.

[20] Coron J M, Trélat E. Global steady-state controllability of one dimensional semilinear heat equations. SIAM Journal on Control and Optimization, 2004, 43: 549-569.

[21] Curtain R F, Zwart H. An introduction to infinite-dimensional linear systems theory. New York: Springer-Verlag, 1995.

[22] Datko R, Lagnese J, Polis M P. An example on the effect of time delays in boundary feedback stabilization of wave equations. SIAM Journal on Control and Optimization, 1986, 24: 152-156.

[23] Datko R. Not all feedback stabilized hyperbolic systems are robust with respect to small time delays in their feedbacks. SIAM Journal on Control and Optimization, 1988, 26: 697-713.

[24] Davila J, Fridman L, Levant A. Second-order sliding-modes observer for mechanical systems. IEEE Transactions on Automatic Control, 2005, 50: 1785-1789.

[25] 丁同仁, 李承治. 常微分方程教程. 北京: 高等教育出版社, 1991.

[26] Engel K J, Nagel R. One-Parameter Semigroups for Linear Evolution Equations. Graduate Texts in Mathematics. Berlin: Springer-Verlag, 2000.

[27] Evans L C. Partial Differential Equations. New York: American Mathematical Society, 1997.

[28] Filippov F. Differential equations with discontinuous right-hand sides. Dordrecht, The Netherlands: Kluwer Academic Publishers, 1988.

[29] Feng H, Wu X H, Guo B Z. Actuator dynamics compensation in stabilization of abstract linear systems. arXiv: 2008.11333, https://arxiv.org/abs/2008.11333.

[30] Feng H, Wu X H, Guo B Z. Dynamics compensation in observation of abstract linear systems. arXiv: 2009.01643, https://arxiv.org/abs/2009.01643.

[31] Feng H. Delay compensation for regular linear systems. Journal of Differential Equations, 2021, 302: 680-709.

[32] Feng H, Li S. A tracking differentiator based on Taylor expansion. Applied Mathematics Letters, 2013, 26: 735-740.

[33] Feng H, Guo B Z, Wu X H. Trajectory planning approach to output tracking for a 1-d wave equation. IEEE Transactions on Automatic Control, 2020, 65: 1841-1854.

[34] Feng H, Guo B Z. Observer design and exponential stabilization for wave equation in energy space by boundary displacement measurement only. IEEE Transactions on Automatic Control, 2017, 62: 1438-1444.

[35] Feng H, Guo B Z. A new active disturbance rejection control to output feedback stabilization for a one-dimensional anti-stable wave equation with disturbance. IEEE Transactions on Automatic Control, 2017, 62: 3774-3787.

[36] Feng H, Guo B Z. Active disturbance rejection control: new and old results. Annual Reviews in Control, 2017, 44: 238-248.

[37] Feng H, Guo B Z. Distributed disturbance estimator and application to stabilization for multi-dimensional wave equation with corrupted boundary observation. Automatica, 2016, 66: 25-33.

[38] Feng H. Stabilization of one-dimensional wave equation with Van Der Pol type boundary condition. SIAM Journal on Control and Optimization, 2016, 54: 2436-2449.

[39] Feng H, Guo B Z. On stability equivalence between dynamic output feedback and static output feedback for a class of second order infinite-dimensional systems. SIAM Journal on Control and Optimization, 2015, 53: 1934-1955.

[40] Feng H, Guo B Z. Output feedback stabilization for unstable wave equation with general corrupted boundary observation. Automatica, 2014, 50: 3164-3172.

[41] Feng H, Xu C Z, Yao P F. Observers and disturbance rejection control for a heat equation. IEEE Transactions on Automatic Control, 2020, 65: 4957-4964.

[42] Fleming H. Future Directions in Control Theory. Philadelphia, PA, USA: SIAM, 1988.

[43] Francis B A, Wonham W M. The internal model principle for linear multivariable regulators. Applied Mathematics and Optimization, 1975, 2: 170-194.

[44] Francis B A, Wonham W M. The internal model principle of control theory. Automatica, 1975, 12: 457-465.

[45] Freidovich L B, Khalil H K. Performance recovery of feedback linearization based designs. IEEE Transactions on Automatic Control, 2008, 53: 2324-2334.

[46] Gao Z. Scaling and bandwith-parameterization based controller tuning. American Control Conference, 2003: 4989-4996.

[47] Guo B Z, Luo Y H. Controllability and stability of a second order hyperbolic system with collocated sensor/actuator. Systems & Control Letters, 2002, 46: 45-65.

[48] Guo B Z, Han J Q, Xi F B. Linear tracking-differentiator and application to online estimation of the frequency of a sinusoidal signal with random noise perturbation. International Journal of Systems Science, 2002, 33: 351-358.

[49] Guo B Z, Shao Z C. Regularity of an Euler-Bernoulli equation with Neumann control and collocated observation. Journal of Dynamical and Control Systems, 2006, 12: 405-418.

[50] Guo B Z, Xu C Z. The stabilization of a one-dimensional wave equation by boundary feedback with noncollocated observation. IEEE Transactions on Automatic Control, 2007, 52: 371-377.

[51] Guo B Z, Yang K Y. Dynamic stabilization of an Euler-Bernoulli beam equation with time delay in boundary observation. Automatica, 2009, 45: 1468-1475.

[52] Guo B Z, Guo W. The strong stabilization of a one-dimensional wave equation by non-collocated dynamic boundary feedback control. Automatica, 2009, 45: 790-797.

[53] Guo B Z, Jin F F. Arbitrary decay rate for two connected strings with joint anti-damping by boundary output feedback. Automatica, 2010, 46: 1203-1209.

[54] Guo B Z, Zhao Z L. On convergence of nonlinear tracking differentiator. International Journal of Control, 2011, 84: 693-701.

[55] Guo B Z, Xu C Z, Hammouri H. Output feedback stabilization of a one-dimensional wave equation with an arbitrary time delay in boundary observation. ESAIM. Control, Optimisation and Calculus of Variations, 2012, 18: 22-35.

[56] Guo B Z, Zhao Z L. Weak convergence of nonlinear high-gain tracking differentiator. IEEE Transactions on Automatic Control, 2013, 58: 1074-1080.

[57] Guo B Z, Jin F F. Sliding mode and active disturbance rejection control to stabilization of one-dimensional anti-stable wave equations subject to disturbance in boundary input. IEEE Transactions on Automatic Control, 2013, 58: 1269-1274.

[58] Guo B Z, Zhao Z L. Active Disturbance Rejection Control for Nonlinear Systems: An Introduction. Singapore: Wiley & Sons, 2016.

[59] 郭宝珠, 柴树根. 无穷维线性系统控制理论. 2 版. 北京: 科学出版社, 2020.

[60] Guo B Z, Mei Z D. Output feedback stabilization for a class of first-order equation setting of collocated well-posed linear systems with time delay in observation. IEEE Transactions on Automatic Control, 2020, 65: 2612-2618.

[61] Guo B Z, Meng T T. Robust error based non-collocated output tracking control for a heat equation. Automatica, 2020, 114: 108818.

[62] Guo W, Guo B Z. Adaptive output feedback stabilization for one-dimensional wave equation with corrupted observation by harmonic disturbance. SIAM Journal on Control and Optimization, 2013, 51: 1679-1706.

[63] Hahn D W, Özisik M N. Heat Conduction. Hoboken, NJ: John Wiley & Sons, Inc., 2012.

[64] Han J Q. From PID to active disturbance rejection control. IEEE Transactions on Industrial Electronics, 2009, 56: 900-906.

[65] 韩京清. 自抗扰控制技术-估计补偿不确定因素的控制技术. 北京: 国防工业出版社, 2008.

[66] Higham N J. Functions of Matrices Theory and Computation. Philadelphia: SIAM, 2008.

[67] Huang J. Nonlinear Output Regulation: Theory and Applications. Philadelphia: SIAM, 2004.

[68] 黄琳. 为什么做, 做什么和发展战略: 控制科学学科发展战略研讨会约稿前言. 自动化学报, 2013, 39: 97-100.

[69] Ibrir S. Linear time-derivative trackers. Automatica, 2004, 40: 397-405.

[70] Infante J A, Zuazua E. Boundary observability for the space semi-discretizations of the 1-D wave equation. ESAIM. Mathematical Modelling and Numerical Analysis, 1999, 33: 407-438.

[71] Kalman R E. On the General Theory of Control Systems. The Proceedings of the First Congress of IFAC, Moscow 1960, Butterworth, London, 1961.

[72] Krstic M. Systematization of approaches to adaptive boundary stabilization of PDEs. International Journal of Robust and Nonlinear Control, 2006, 16: 801-818.

[73] Krstic M, Guo B Z, Balogh A, et al. Output-feedback stabilization of an unstable wave equation. Automatica, 2008, 44: 63-74.

[74] Krstic M, Smyshlyaev A. Adaptive boundary control for unstable parabolic PDEs-Part I: Lyapunov design. IEEE Transactions on Automatic Control, 2008, 53: 1575-1591.

[75] Krstic M, Smyshlyaev A. Backstepping boundary control for first order hyperbolic PDEs and application to systems with actuator and sensor delays. Systems & Control Letters, 2008, 57: 750-758.

[76] Krstic M, Smyshlyaev A. Boundary Control of PDEs: A Course on Backstepping Designs. Philadelphia: SIAM, 2008.

[77] Krstic M. Delay Compensation for Nonlinear, Adaptive and PDE Systems. Birkhäuser, 2009.

[78] Krstic M. Compensating a string PDE in the actuation or in sensing path of an unstable ODE. IEEE Transactions on Automatic Control, 2009, 54: 1362-1368.

[79] Krstic M. Compensating actuator and sensor dynamics governed by diffusion PDEs. Systems & Control Letters, 2009, 58: 372-377.

[80] Krstic M. Control of an unstable reaction-diffusion PDE with long input delay. Systems & Control Letters, 2009, 58: 773-782.

[81] Kwon W H, Pearson A E. Feedback stabilization of linear systems with delayed control. IEEE Transactions on Automatic Control, 1980, 25: 266-269.

[82] Krstic M, Guo B Z. Smyshlyaew A. Boundary controllers and observers for the linearized Schrödinger equation. Journal on Control and Optimization, 2011, 49: 1479-1407.

[83] Krstic M. Adaptive control of an anti-stable wave PDE. Dynamics of Continuous, Discrete & Impulsive Systems. Series A. Mathematical Analysis, 2010, 17: 853-882.

[84] Kwon W H, Pearson A E. Feedback stabilization of linear systems with delayed control. IEEE Transactions on Automatic Control, 1980, 25: 266-269.

[85] Lasiecka I, Triggiani R. Control Theory for Partial Differential Equations: Continuous and Approximation Theories. Vol. II. Cambridge: Cambridge University Press, 2000.

[86] Lasiecka I, Seidman T I. Strong stability of elastic control systems with dissipative saturating feedback. Systems & Control Letters, 2003, 48: 243-252.

[87] Levant A. Robust exact differentiation via sliding mode technique. Automatica, 1998, 34: 379-384.

[88] Levant A. High-order sliding modes, differentiation and output-feedback control. International Journal of Control, 2003, 76: 924-941.

[89] Liu J, Guo B Z. A novel semi-discrete scheme preserving uniformly exponential stability for an Euler-Bernoulli beam. Systems & Control Letters, 2019, 134: 104518.

[90] Liu J, Guo B Z. A new semi-discretized order reduction finite difference scheme for uniform approximation of 1-d wave equation. SIAM Journal on Control and Optimization, 2020, 58: 2256-2287.

[91] Liu K. Locally distributed control and damping for the conservative systems. SIAM Journal on Control and Optimization, 1997, 35: 1574-1590.

[92] Li L, Huang Y, Xiao M. Observer design for wave equations with van der pol type boundary conditions. SIAM Journal on Control and Optimization, 2012, 50: 1200-1219.

[93] Liu W. Boundary feedback stabilization of an unstable heat equation. SIAM Journal on Control and Optimization, 2003, 42: 1033-1043.

[94] Loreti P, Mehrenberger M. An Ingham type proof for a two-grid observability theorem. ESAIM. Control, Optimisation and Calculus of Variations, 2008, 14: 604-631.

[95] Lotoreichik V, Rohleder J. Eigenvalue inequalities for the Laplacian with mixed boundary conditions. Journal of Differential Equations, 2017, 263: 491-508.

[96] Luenberger D G. An introduction to observers. IEEE Transactions on Automatic Control, 1971, 16: 596-602.

[97] Luo Z H, Guo B Z, Morgul V. Stability and Stabilisation of Infinite Dimensional Systems with Applications. London: Springer-Verlag, 1998.

[98] Manitius A Z, Olbrot A W. Finite spectrum assignment problem for systems with delays. IEEE Transactions on Automatic Control, 1979, 24: 541-553.

[99] Medvedev A, Hillerström G. An external model control system. Control Theory Adv. Technol., 1995, 10: 1643-665.

[100] Mei Z D, Guo B Z. Stabilization for infinite-dimensional linear systems with bounded control and time delayed observation. Systems & Control Letters, 2019, 134: 104532.

[101] Meurer T. Control of Higher Dimensional PDEs: Flatness and Backstepping Designs. Berlin: Springer, 2012.

[102] Natarajan V, Gilliam D S, Weiss G. The state feedback regulator problem for regular linear systems. IEEE Transactions on Automatic Control, 2014, 59: 2708-2723.

[103] Pazy A. Semigroups of Linear Operators and Applications to Partial Differential Equations. New York: Springer-Verlag, 1983.

[104] Paunonen L. Output regulation theory for linear systems with infinite dimensioinal and peridoic exosystems. PHD Thesis, Tampere University of Technology, 2011.

[105] Paunonen L, Pohjolainen S. The internal model principle for systems with unbounded control and observation. SIAM Journal on Control and Optimization, 2014, 52: 3967-4000.

[106] Paunonen L, Pohjolainen S. Internal model theory for distributed parameter systems. SIAM Journal on Control and Optimization, 2010, 48: 4753-4775.

[107] Paunonen L. Robust controllers for regular linear systems with infinite-dimensional exosystems. SIAM Journal on Control and Optimization, 2017, 55: 1567-1597.

[108] Prieur C, Trélat E. Feedback stabilization of a 1-d linear reaction-diffusion equation with delay boundary control. IEEE Transactions on Automatic Control, 2019, 64: 1415-1425.

[109] Qi J, Krstic M, Wang S. Stabilization of reaction-diffusions PDE with delayed distributed actuation. Systems & Control Letters, 2019, 133: 104558.

[110] Qin Y, Ren J, Wei T. Global existence, asymptotic stability, and uniform attractors for non-autonomous thermoelastic systems with constant time delay. Journal of Mathematical Physics, 2012, 53: 063701.

[111] Vũ Quôc Phóng, The operator equation $AX - XB = C$ with unbounded operators A and B and related abstract Cauchy problems. Mathematische Zeitschrift, 1991: 208, 567-588.

[112] Ren B, Wang J M, Krstic M. Stabilization of an ODE-Schrödinger cascade. Systems & Control Letters, 2013, 62: 503-510.

[113] Rowlaind H A. A plea for pure science. Journal of the Franklin Institute, 1883, 116: 279-299.

[114] Rosenblum M. On the operator equation $BX - XA = Q$. Duke Mathematical Journal, 1956, 23: 263-270.

[115] Russell D L. Controllability and stabilizability theory for linear partial differential equations: recent progress and open questions. SIAM Review, 1978, 20: 639-739.

[116] Salamon D. Infinite-dimensional systems with unbounded control and observation: a functional analytic approach. Transactions of American Mathematical Society, 1987, 300: 383-431.

[117] Siudeja B. On mixed Dirichlet-Neumann eigenvalues of triangles. Proceedings of the American Mathematical Society, 2016, 144: 2479-2493.

[118] Sira-Ramírez H, Linares-Flores J, García-Rodríguez C, et al. On the control of the permanent magnet synchronous motor: an active disturbance rejection controlapproach. IEEE Transactions on Control Systems Technology, 2014, 22: 2056-2063.

[119] Smith O J M. A controller to overcome dead time. ISA J., 1959, 6: 28-33.

[120] Smyshlyaev A, Krstic M. Closed-form boundary state feedbacks for a class of 1-D partial integro-differential equations. IEEE Transactions on Automatic Control, 2004, 49: 2185-2202.

[121] Smyshlyaev A, Krstic M. Backstepping observers for a class of parabolic PDEs. Systems & Control Letters, 2005, 54: 613-625.

[122] Smyshlyaev A, Krstic M. Adaptive boundary control for unstable parabolic PDEs. II. Estimation-based designs. Automatica, 2007, 43: 1543-1556.

[123] Smyshlyaev A, Krstic M. Adaptive boundary control for unstable parabolic PDEs, III. Output feedback examples with swapping identifiers. Automatica, 2007, 43: 1557-1564.

[124] Smyshlyaev A, Krstic M. Boundary control of an anti-stable wave equation with anti-damping on the uncontrolled boundary. Systems & Control Letters, 2009, 58: 617-623.

[125] Smyshlyaev A, Guo B Z, Krstic M. Arbitrary decay rate for Euler-Bernoulli beam by backstepping boundary feedback. IEEE Transactions on Automatic Control, 2009, 54: 1134-1140.

[126] Smyshlyaev A, Cerpa E, Krstic M. Boundary stabilization of a 1-D wave equation with in-domain antidamping. SIAM Journal on Control and Optimization, 2010, 48: 4014-4031.

[127] Smyshlyaev A, Krstic M. Boundary control of an anti-stable wave equation with anti-damping on the uncontrolled boundary.Systems & Control Letters, 2009, 58: 617-623.

[128] Staffans O J. Well-Posed Linear Systems. Cambridge, UK: Cambridge University Press, 2005.

[129] Sun B, Gao Z. A DSP-based active disturbance rejection control design for a 1-kW H-bridge DC-DC power converter. IEEE Transactions on Industrial Electronics, 2005, 52: 1271-1277.

[130] Sustoa G A, Krstic M. Control of PDE-ODE cascades with Neumann interconnections. Journal of the Franklin Institute, 2010, 347: 284-314.

[131] Tang S, Xie C. State and output feedback boundary control for a coupled PDE-ODE system. Systems & Control Letters, 2011, 60: 540-545.

[132] Tian Z Q, Feng H. Stabilization of one-dimensional wave equation by non-collocated boundary feedback. European Journal of Control, 2016, 32: 39-42.

[133] Trefethen L N. Spectral methods in MATLAB. Philadelphia: SIAM, 2000.

[134] Tsien H S. Engineering Cybernetics. New York: McGraw-Hill, 1954.

[135] Tucsnak M, Weiss G. Observation and Control for Operator Semigroups. Basel: Birkhäuser, 2009.

[136] Tucsnak M, VanninathanM. Locally distributed control for a model of fluid-structure interaction. Systems & Control Letters, 2009, 58: 547-552.

[137] Utkin V I. Sliding Modes in Control Optimization. Berlin: Springer-Verlag, 1992.

[138] Vicente A, Frota C L. On a mixed problem with a nonlinear acoustic boundary condition for a non-locally reacting boundaries. Journal of Mathematical Analysis and Applications, 2013, 407: 328-338.

[139] Wang H K, Chen G. Asymptotic behavior of solutions of the one-dimensional wave equation with a nonlinear boundary stabilizer. SIAM Journal on Control and Optimization, 1989, 27: 758-775.

[140] Wang J M, Guo B Z, Krstic M. Wave equation stabilization by delays equal to even multiples of the wave propagation time. SIAM Journal on Control and Optimization, 2011, 49: 517-554.

[141] Wang J M, Liu J, Ren B, et al. Sliding mode control to stabilization of cascaded heat PDE-ODE systems subject to boundary control matched disturbance. Automatica, 2015, 52: 23-34.

[142] Wang J M, Gu J J. Output regulation of a reaction-diffusion PDE with long time delay using backstepping approach. IFAC-PapersOnLine, 2017, 50: 651-656.

[143] Wehbe A. Rational energy decay rate for a wave equation with dynamical control. Applied Mathematics Letters, 2003, 16: 357-364.

[144] Weidmann J. Linear Operators in Hilbert Spaces. New York: Springer-Verlag, 1980.

[145] Weiss G. Admissibility of unbounded control operators. SIAM Journal on Control and Optimization, 1989, 27: 527-545.

[146] Weiss G. Regular linear systems with feedback. Mathematics of Control, Signals, and Systems, 1994, 7: 23-57.

[147] Weiss G. Admissible observation operators for linear semigroups. Israel Journal of Mathematics, 1989, 65: 17-43.

[148] Weiss G. The representation of regular linear systems on Hilbert spaces // Kappel F, Kunisch K, Schappacher W. Control and Estimation of Distributed Parameter Systems. Basel: Birkhäuser Verlag, 1989: 401-416.

[149] Weiss G, Curtain R. Dynamic stabilization of regular linear systems. IEEE Transactions on Automatic Control, 1997, 42: 4-21.

[150] Wen R L, Feng H. Performance output tracking for cascaded heat PDE-ODE systems subject to unmatched disturbance. International Journal of Robust and Nonlinear Control, 2021, 1-22.

[151] Wu X H, Feng H. Exponential stabilization of an ODE system with Euler-Bernoulli beam actuator dynamics. Science China Information Sciences, 2022(65): 159202, 1-2.

[152] Wu X H, Feng H. Output tracking for a 1-D heat equation with non-collocated configurations. Journal of the Franklin Institute, 2020, 357: 3299-3315.

[153] Wu Z H, Zhou H C, Guo B Z, et al. Review and new theoretical perspectives on active disturbance rejection control for uncertain finite-dimensional and infinite-dimensional systems. Nonlinear Dynamics., 2020, 101: 935-959.

[154] Wu Z H, Guo B Z. Active disturbance rejection control to MIMO nonlinear systems with stochastic uncertainties: approximate decoupling and output-feedback stabilization. International Journal of Control, 2020, 93: 1408-1427.

[155] Wu Z H, Guo B Z. Extended state observer for MIMO nonlinear systems with stochastic uncertainties. International Journal of Control, 2020, 93: 424-436.

[156] Wu Z H, Guo B Z. On convergence of active disturbance rejection control for a class of uncertain stochastic nonlinear systems. International Journal of Control, 2019, 92: 1103-1116.

[157] Xia Y Q, Fu M Y. Compound Control Methodology for Flight Vehicles. Berlin: Springer-Verlag, 2013.

[158] Xu G Q, Yung S P, Li L K. Stabilization of wave systems with input delay in the boundary control. ESAIM. Control, Optimisation and Calculus of Variations, 2006, 12: 770-785.

[159] Xue W C, Bai W Y, Yang S, et al. ADRC with adaptive extended state observer and its application to air-fuel ratio control in gasoline engines. IEEE Transactions on Industrial Electronics, 2015, 62: 5847-5857.

[160] Zhang G N, Liu Z, Yao S, et al. Suppression of low-frequency oscillation in traction network of high-speed railway based on auto-disturbance rejection control. IEEE Transactions on Transportation Electrification, 2016, 2: 244-255.

[161] Zhang X, Zuazua E. Asymptotic behavior of a hyperbolic-parabolic coupled system arising in fluid-structure interaction. International Series of Numerical Mathematics, 2007, 154: 445-455.

[162] Zhang X, Feng H, Chai S G. Performance output exponential tracking for a wave equation with a general boundary disturbance. Systems & Control Letters, 2016, 98: 79-85.

[163] Zhao C, Guo L. PID controller design for second order nonlinear uncertain systems, Science China. Information Sciences, 2017, 60: 022201: 1-13.

[164] Zhao Z L, Guo B Z. On active disturbance rejection control for nonlinear systems using time-varying gain. European Journal of Control, 2015, 23: 62-70.

[165] Zhou H C, Guo B Z. Unknown input observer design and output feedback stabilization for multi-dimensional wave equation with boundary control matched uncertainty. Journal of Differential Equations, 2017(263): 2213-2246.

[166] Zhou H C, Guo B Z, Xiang S H. Performance output tracking for multi-dimensional heat equation subject to unmatched disturbance and non-collocated control. IEEE Transactions on Automatic Control, 2020, 65: 1940-1955.

[167] Zuazua E. Boundary observability for the finite-difference space semi-discretizations of the 2-D wave equation in the square. J. Math. Pures Appl., 1999, 78: 523-563.

[168] Zuazua E. Propagation, observation, and control of waves approximated by finite difference methods. SIAM Review, 2005, 47: 197-243.

[169] 张恭庆, 林源渠. 泛函分析讲义: 上册. 北京: 北京大学出版社, 1987.

附录 A

A.1　线性空间与线性算子

A.1.1　Hilbert 空间

定义 A.1.1　设 X 是数域 $\mathbb{C}$ 上的线性空间. 如果映射 $\|\cdot\| : X \to [0, +\infty)$ 满足:

(i) 对于任意的 $u, v \in X$, 有 $\|u + v\| \leqslant \|u\| + \|v\|$ (三角不等式);

(ii) 对于任意的 $u \in X, \lambda \in \mathbb{R}$, 有 $\|\lambda u\| = |\lambda| \|u\|$(齐次性);

(iii) 对于任意的 $u \in X$, 有 $\|u\| \geqslant 0$ 且 $\|u\| = 0$ 当且仅当 $u = 0$(非负性), 则映射 $\|\cdot\| : X \to [0, +\infty)$ 称为 X 上的一个范数, $(X, \|\cdot\|)$ 称为赋范线性空间.

定义 A.1.2　设 $\{u_k\}_{k=1}^\infty$ 是赋范线性空间 X 中的序列, $u \in X$. 如果

$$\lim_{k \to \infty} \|u_k - u\| = 0, \tag{A.1.1}$$

则称序列 $\{u_k\}_{k=1}^\infty$ 收敛到 $u \in X$, 记作: $u_k \to u$ 当 $k \to \infty$.

定义 A.1.3　设 $\{u_k\}_{k=1}^\infty$ 是赋范线性空间 X 中的序列, 如果任意的 $\varepsilon > 0$, 存在 $N > 0$, 使得

$$\|u_k - u_l\| < \varepsilon \quad \text{对于所有的 } k, l \geqslant N, \tag{A.1.2}$$

则称序列 $\{u_k\}_{k=1}^\infty$ 为 X 中的 Cauchy 列. 如果 X 中的每个 Cauchy 列都收敛, 则称 X 是完备的, 即: 当 $\{u_k\}_{k=1}^\infty$ 是 Cauchy 列时, 存在 $u \in X$, 使得 $\{u_k\}_{k=1}^\infty$ 收敛到 u. 若赋范线性空间 X 是完备的, 则称 X 是 Banach 空间.

定义 A.1.4　如果 X 包含一个可数稠密子集, 则称 X 是可分的.

定义 A.1.5　设 H 是数域 $\mathbb{C}$ 上的线性空间, 如果函数 $\langle \cdot, \cdot \rangle : H \times H \to \mathbb{R}$ 满足:

(i) 函数 $\langle \cdot, \cdot \rangle : H \times H \to \mathbb{R}$ 是共轭双线性的, 即

$$\langle x, a_1 y_1 + a_2 y_2 \rangle = \bar{a}_1 \langle x, y_1 \rangle + \bar{a}_2 \langle x, y_2 \rangle, \quad \forall\, x, y_1, y_2 \in H, a_1, a_2 \in \mathbb{C}$$

且

$$\langle a_1 x_1 + a_2 x_2, y \rangle = a_1 \langle x_1, y \rangle + a_2 \langle x_2, y \rangle, \quad \forall\, y, x_1, x_2 \in H, a_1, a_2 \in \mathbb{C}.$$

(ii) 对任意的 $u, v \in H$, 有 $\langle u, v \rangle = \overline{\langle v, u \rangle}$;

(iii) 对任意的 $u \in H$, 有 $\langle u, u \rangle \geqslant 0$;

(iv) $\langle u, u \rangle = 0$ 当且仅当 $u = 0$, 则称映射 $\langle \cdot, \cdot \rangle : H \times H \to \mathbb{R}$ 为 H 上的内积. 如果 $\langle \cdot, \cdot \rangle$ 是一个内积, 则它可以诱导范数

$$\|u\| := \langle u, u \rangle^{1/2}, \quad \forall\, u \in H. \tag{A.1.3}$$

容易证明 (A.1.3) 定义了 H 中的一个范数. 内积函数满足 Cauchy-Schwarz 不等式

$$|\langle u, v \rangle| \leqslant \|u\| \|v\|, \quad \forall\, u, v \in H. \tag{A.1.4}$$

定义 A.1.6 若 Banach 空间 H 的范数是由内积 $\langle \cdot, \cdot \rangle$ 诱导的范数, 则称 H 是 Hilbert 空间.

定义 A.1.7 设 $\{x_n\}$ 是 Hilbert 空间 H 中的序列, 若存在 $x_0 \in H$ 使得 $\|x_n - x_0\| \to 0$ 当 $n \to +\infty$, 则称 $\{x_n\}$ 强收敛到 x_0; 若存在 $x_0 \in H$ 使得

$$\lim_{n \to +\infty} \langle x_n, y \rangle = \langle x_0, y \rangle, \quad \forall\, y \in H,$$

则称 $\{x_n\}$ 弱收敛到 x_0, 记作: $x_n \rightharpoonup x_0$ 当 $n \to +\infty$.

定义 A.1.8 设 H 是 Hilbert 空间, $u, v \in H$. 如果 $\langle u, v \rangle = 0$, 则称元素 u 和 v 是正交的; 如果 H 中的序列 $\{\omega_k\}_{k=1}^{\infty}$ 满足

$$\begin{cases} \langle w_k, w_l \rangle = 0, & k, l = 1, 2, \cdots, k \neq l, \\ \|w_k\| = 1, & k = 1, 2, \cdots, \end{cases} \tag{A.1.5}$$

则称 $\{\omega_k\}_{k=1}^{\infty}$ 是 H 中的标准正交集; 若对任意的 $u \in H$, 标准正交集 $\{\omega_k\}_{k=1}^{\infty}$ 满足

$$u = \sum_{k=1}^{\infty} \langle u, w_k \rangle w_k, \tag{A.1.6}$$

则称 $\{\omega_k\}_{k=1}^{\infty}$ 为 H 中的标准正交基, 此时

$$\|u\|^2 = \sum_{k=1}^{\infty} \langle u, w_k \rangle^2. \tag{A.1.7}$$

定义 A.1.9 设 H 是 Hilbert 空间, 如果 S 是 H 的一个子空间, 那么

$$S^{\perp} = \{u \in H | \langle u, v \rangle = 0,\ \forall\, v \in S\}$$

称为 S 的正交补空间.

A.1.2 线性算子

定义 A.1.10 设 X, Y 为 Banach 空间, 线性算子 $A: X \to Y$ 称为有界的, 如果

$$\|A\| := \sup_{\|u\|_X \leqslant 1} \|Au\|_Y < \infty. \tag{A.1.8}$$

有界线性算子 $A: X \to Y$ 是连续的. 从 X 到 Y 的有界线性算子的全体记作 $\mathcal{L}(X, Y)$. 从 X 到自身的有界线性算子的全体记作 $\mathcal{L}(X)$.

定义 A.1.11 设 X 是 Banach 空间. 有界线性算子 $u^*: X \to \mathbb{R}$ 称为 X 上的有界线性泛函. 记 X^* 为 X 上的全体有界线性泛函, 则称 X^* 是 X 的对偶空间. 我们用符号 $< \cdot, \cdot >$ 表示 X^* 和 X 之间的共轭对. 设 $v \in X$, $u^* \in X^*$, $< u^*, v >$ 表示实数 $u^*(v)$. 如果 Banach 空间 X 满足 $(X^*)^* = X$, 则称 X 是自反的. 设 X 是自反的 Banach 空间, 则对任意的 $x^{**} \in (X^*)^*$, 存在 $x \in X$ 使得

$$< x^{**}, x^* >=< x^*, x > \quad \forall \ x^* \in X^*. \tag{A.1.9}$$

定理 A.1.1 (Riesz 表示定理) 设 H 是 Hilbert 空间, 对任意的 $u^* \in H^*$, 存在唯一的 $u \in H$ 使得

$$< u^*, v >= \langle u, v \rangle, \ \forall \ v \in H. \tag{A.1.10}$$

映射 $u^* \mapsto u$ 是 H^* 到 H 的线性同构, 在此同构的意义下有 $H^* = H$.

定义 A.1.12 令 X 和 Y 是 Banach 空间, $A: X \to Y$ 是线性算子. 如果对任意的有界序列 $\{u_k\}_{k=1}^{\infty} \subset X$, 存在子列 $\{u_{k_j}\}_{j=1}^{\infty}$ 使得 $\{Au_{k_j}\}_{j=1}^{\infty}$ 在 Y 中收敛, 则称 A 是从 X 到 Y 的紧算子. 从 X 到自身的紧算子称为 X 上的紧算子.

定理 A.1.2 设 X 和 Y 是 Hilbert 空间, 则下列结论成立:

(i) 若 A 是从 X 到 Y 的紧算子, 则 $A \in \mathcal{L}(X, Y)$;

(ii) A 是从 X 到 Y 的紧算子的充要条件为: 对任意 X 中的有界集 S, $\overline{A(S)}$ 是 Y 中的紧集;

(iii) 若 A 是从 X 到 Y 的紧算子, 则 A^* 是从 Y^* 到 X^* 的紧算子;

(iv) 若 A 是从 X 到 Y 的紧算子, 则 A 是全连续的, 即

$$x_k \rightharpoonup x(\text{弱收敛}) \quad \Rightarrow \quad Ax_k \to Ax(\text{强收敛}).$$

定理 A.1.3 设 X 是 Hilbert 空间, I 是 X 上的恒同算子, A 是 X 上的紧算子, 则

(i) $\mathrm{Ker}(I - A)$ 是有限维的;

(ii) $\mathrm{Ran}(I - A)$ 是闭的;

(iii) $\operatorname{Ran}(I - A) = \operatorname{Ker}(I - A^*)^\perp$;

(iv) $\operatorname{Ker}(I - A) = \{0\}$ 当且仅当 $\operatorname{Ran}(I - A) = X$.

定义 A.1.13　设 X 是 Banach 空间, $A \in \mathcal{L}(X)$. A 的预解集为

$$\rho(A) = \left\{\lambda \in \mathbb{C} | (\lambda - A)^{-1} \in \mathcal{L}(X)\right\}. \tag{A.1.11}$$

A 的谱集为

$$\sigma(A) = \mathbb{C} \backslash \rho(A). \tag{A.1.12}$$

算子值函数

$$R(\lambda, A) : \lambda \to (\lambda - A)^{-1}, \quad \forall \, \lambda \in \rho(A) \tag{A.1.13}$$

称为 A 的预解式.

$\rho(A)$ 是 $\mathbb{C}$ 中的开集. $R(\lambda, A)$ 是 $\rho(A)$ 内的算子值解析函数. 由于

$$R(\lambda, A) - R(\mu, A) = (\mu - \lambda) R(\lambda, A) R(\mu, A), \quad \forall \, \lambda, \mu \in \rho(A), \tag{A.1.14}$$

当存在 $\lambda_0 \in \rho(A)$ 使得 $R(\lambda_0, A)$ 在 X 中紧时, 对任意的 $\lambda \in \rho(A)$, $R(\lambda, A)$ 都在 X 中紧. 一般地, A 的谱集可分为三个部分:

$$\sigma(A) = \sigma_p(A) \cup \sigma_c(A) \cup \sigma_r(A),$$

其中 $\sigma_p(A)$, $\sigma_c(A)$ 和 $\sigma_r(A)$ 分别称为点谱、连续谱和剩余谱, 定义如下:

$$\begin{cases} \sigma_p(A) = \left\{\lambda \in \mathbb{C} \mid \text{存在 } x \in X \text{ 使得 } Ax = \lambda x\right\}, \\ \sigma_c(A) = \left\{\lambda \in \mathbb{C} \mid (\lambda - A) \text{ 可逆且 } \overline{\operatorname{Ran}(\lambda - A)} = X\right\}, \\ \sigma_r(A) = \left\{\lambda \in \mathbb{C} \mid (\lambda - A) \text{ 可逆但 } \overline{\operatorname{Ran}(\lambda - A)} \neq X\right\}. \end{cases} \tag{A.1.15}$$

当 $\lambda \in \sigma_p(A)$ 时, 满足 $Ax = \lambda x$ 的非零元 x 称为 A 的属于点谱 λ 的特征向量 (当 X 是函数空间时也称为特征函数).

定理 A.1.4　设 X 是 Hilbert 空间, $\dim X = \infty$, A 是 X 上的紧算子. 则

(i) $0 \in \sigma(A)$, 且当 $\lambda \neq 0$ 时, 有 $\lambda \in \sigma_p(A)$ 或者 $\lambda \in \rho(A)$;

(ii) $\sigma(A) \backslash \{0\} = \sigma_p(A) \backslash \{0\}$;

(iii) $\sigma(A) \backslash \{0\}$ 是有限集, 或者 $\sigma(A) \backslash \{0\}$ 是趋于零的点列;

(iv) $\lambda \in \sigma_p(A)$ 当且仅当 $\bar{\lambda} \in \sigma_p(A^*)$.

定理 A.1.5　设 X 是自反的 Banach 空间, 点列 $\{u_k\}_{k=1}^{\infty} \subset X$ 有界, 则存在一个子列 $\{u_{k_j}\}_{j=1}^{\infty} \subset \{u_k\}_{k=1}^{\infty}$ 和 $u \in X$ 使得

$$u_{k_j} \rightharpoonup u. \tag{A.1.16}$$

于是 Hilbert 空间中的有界点列必包含弱收敛子列.

定理 A.1.6 设 X 是 Banach 空间, $\{A_n\} \subset \mathcal{L}(X)$ 是 X 上的紧算子序列. 若

$$\|A_n - A\| \to 0 \quad \text{当} \quad n \to +\infty,$$

则 A 也是 X 上的紧算子.

设 X 是 Banach 空间, $A \in \mathcal{L}(X)$, A 的谱半径定义为

$$r(A) = \sup\{|\lambda| \mid \lambda \in \sigma(A)\}.$$

有界线性算子 A 的谱半径满足

$$r(A) = \lim_{n \to +\infty} \|A^n\|^{1/n}.$$

定义 A.1.14 设 H 是 Hilbert 空间, $A \in \mathcal{L}(H)$. A 的共轭算子 $A^* \in \mathcal{L}(H)$ 定义为

$$\langle A^*v, u \rangle = \langle v, Au \rangle, \quad \forall \ u, v \in H. \tag{A.1.17}$$

如果 $A^* = A$, 则称 A 是对称的.

引理 A.1.1 设 H 是 Hilbert 空间, $A \in \mathcal{L}(H)$ 是对称算子. 记

$$m = \inf_{u \in H, \|u\|=1} \langle Au, u \rangle, \quad M = \sup_{u \in H, \|u\|=1} \langle Au, u \rangle, \tag{A.1.18}$$

则 $\sigma(A) \subset [m, M]$ 且 $m, M \in \sigma(A)$.

定理 A.1.7 设 H 是可分的 Hilbert 空间, $A \in \mathcal{L}(H)$ 是一个紧的对称算子, 则 H 存在一个由 A 的特征向量组成的可数正交基.

A.1.3 Sobolev 空间

设 Ω 是 $\mathbb{R}^n$ 中的开子集且 $1 \leqslant p \leqslant +\infty$, 对任意 Ω 上的可测函数 f, 令

$$\|f\|_{L^p(\Omega)} = \begin{cases} \left(\displaystyle\int_\Omega |f(x)|^p dx \right)^{1/p}, & 1 \leqslant p < +\infty, \\ \operatorname*{ess\,sup}_{x \in \Omega} |f(x)|, & p = +\infty, \end{cases} \tag{A.1.19}$$

其中

$$\operatorname*{ess\,sup}_{x \in \Omega} |f(x)| = \inf_{E \text{是}\Omega\text{中的零测集}} \left\{ \sup_{x \in \Omega \setminus E} |f(x)| \right\}. \tag{A.1.20}$$

记 $L^p(\Omega)$ 为所有满足 $\|f\|_{L^p(\Omega)} < \infty$ 的可测函数组成的线性空间, 则 $(L^p(\Omega), \|\cdot\|_{L^p(\Omega)})$ 是 Banach 空间, $1 \leqslant p \leqslant +\infty$.

当 $p = 2$ 时, $L^p(\Omega) = L^2(\Omega)$ 是 Hilbert 空间, 其内积定义为

$$\langle f, g \rangle_{L^2(\Omega)} = \int_\Omega f(x)\overline{g(x)}dx, \quad \forall\, f, g \in L^2(\Omega). \tag{A.1.21}$$

设 U 和 V 是 $\mathbb{R}^n$ 中的开集. 若 $V \subset \bar{V} \subset U$ 且 $\bar{V}$ 是紧的, 则称 V 紧包含于 U, 记作: $V \subset\subset U$. $L^p_{\text{loc}}(\Omega)$ 表示 Ω 上 p 次局部可积的函数的全体, 即

$$L^p_{\text{loc}}(\Omega) = \{f : \Omega \to \mathbb{R} \mid f \in L^p(V),\ \forall\, V \subset\subset U\}. \tag{A.1.22}$$

设 Ω 是 $\mathbb{R}^n$ 中的开子集, 记 $C^\infty_c(\Omega)$ 为在 Ω 内具有紧支集的 Ω 上的光滑函数的全体. 令 $\alpha = (\alpha_1, \alpha_2, \cdots, \alpha_n) \in \mathbb{N}^n$ 且 $|\alpha| = \alpha_1 + \alpha_2 + \cdots + \alpha_n$. 我们称 α 为 $|\alpha|$ 阶多重指标 (multiindex). 任取 $\phi \in C^\infty_c(\Omega)$, 则 ϕ 是 n 元函数. 记

$$D^\alpha \phi = \frac{\partial^{\alpha_1}}{\partial x_1^{\alpha_1}} \frac{\partial^{\alpha_2}}{\partial x_2^{\alpha_2}} \cdots \frac{\partial^{\alpha_n}}{\partial x_n^{\alpha_n}}.$$

定义 A.1.15 设 $u, v \in L^1_{\text{loc}}(\Omega)$, $\alpha = (\alpha_1, \alpha_2, \cdots, \alpha_n)$ 为 $|\alpha|$ 阶多重指标. 若

$$\int_\Omega u D^\alpha \phi \, dx = (-1)^{|\alpha|} \int_\Omega v \phi \, dx, \quad \forall\, \phi \in C^\infty_c(\Omega), \tag{A.1.23}$$

则称 v 是 u 的 α 阶弱导数, 记作: $v = D^\alpha u$. 若函数 u 的弱导数存在, 则它在相差一个零测集的意义下是唯一的.

定义 A.1.16 设 Ω 是 $\mathbb{R}^n$ 中的开子集, k 是非负正数, $1 \leqslant p \leqslant \infty$. 记

$$W^{k,p}(\Omega) = \{f : \Omega \to \mathbb{R} \mid D^\alpha f \in L^p(\Omega),\ |\alpha| \leqslant k,\ \alpha \text{是多重指标}\}. \tag{A.1.24}$$

定义范数

$$\|f\|_{W^{k,p}(\Omega)} = \begin{cases} \left(\displaystyle\sum_{|\alpha| \leqslant k} \|D^\alpha f\|^p_{L^p(\Omega)} \right)^{1/p}, & 1 \leqslant p < \infty, \\[2ex] \displaystyle\sum_{|\alpha| \leqslant k} \operatorname*{ess\,sup}_\Omega |D^\alpha f|, & p = \infty. \end{cases} \tag{A.1.25}$$

集合 $W^{k,p}(\Omega)$ 在范数 (A.1.25) 下构成的空间称为 Sobolev 空间. $W^{k,2}(\Omega)$ 通常记为 $H^k(\Omega)$. 特别地, $H^0(\Omega) = L^2(\Omega)$. $C^\infty_c(\Omega)$ 在 $W^{k,p}(\Omega)$ 下的闭包记作 $W^{k,p}_0(\Omega)$, $W^{k,2}_0(\Omega)$ 通常记为 $H^k_0(\Omega)$.

对任意的非负整数 k 和 $1 \leqslant p \leqslant \infty$, Sobolev 空间 $W^{k,p}(\Omega)$ 是 Banach 空间. 特别地, 当 $p = 2$ 时, $W^{k,2}(\Omega) = H^k(\Omega)$ 是 Hilbert 空间. 当 Ω 是 $\mathbb{R}$ 中的开区间时,

$$W^{1,p}(\Omega) = \left\{ f : \Omega \to \mathbb{R} \mid f \text{ 绝对连续且} \dot{f} \in L^p(\Omega) \right\}.$$

与 (A.1.22) 类似, 我们定义

$$W_{\text{loc}}^{k,p}(\Omega) = \left\{ f : \Omega \to \mathbb{R} \mid f \in W^{k,p}(V), \ \forall \ V \subset\subset U \right\}. \tag{A.1.26}$$

定理 A.1.8 设 Ω 是 $\mathbb{R}^n$ 中具有 C^1 边界的有界开集, 则 (i) $f : \Omega \to \mathbb{R}$ 是 Lipschitz 连续的当且仅当 $f \in W^{1,\infty}(\Omega)$; (ii) $f : \Omega \to \mathbb{R}$ 是局部 Lipschitz 连续的当且仅当 $f \in W_{\text{loc}}^{1,\infty}(\Omega)$.

定理 A.1.9 设 Ω 是 $\mathbb{R}^n$ 中的开集, $n < p \leqslant \infty$. 若 $f \in W_{\text{loc}}^{1,p}(\Omega)$, 则 f 在 Ω 上几乎处处可微.

定义 A.1.17 设 Ω 是 $\mathbb{R}^n$ 中的开子集, k 是非负正数, $1 \leqslant p \leqslant \infty$. 对 $W^{k,p}(\Omega)$ 中的序列 $\{u_m\}_{m=1}^{\infty}$ 和 $u \in W^{k,p}(\Omega)$, 如果

$$\lim_{m \to \infty} \|u_m - u\|_{W^{k,p}(\Omega)} = 0,$$

则称 $\{u_m\}_{m=1}^{\infty}$ 在 $W^{k,p}(\Omega)$ 中收敛到 u. 如果

$$\lim_{m \to \infty} \|u_m - u\|_{W^{k,p}(V)} = 0, \quad \forall \ V \subset\subset \Omega,$$

则称 $\{u_m\}_{m=1}^{\infty}$ 在 $W_{\text{loc}}^{k,p}(\Omega)$ 中收敛到 u.

任取 $f \in W^{k,p}(\Omega)$, f 是定义在开集 Ω 上的函数, 由于 f 可能不连续, f 在 Ω 的边界 $\partial\Omega$ 上的限制可能没有意义. 如下迹定理可以帮助我们理解 f 在边界 $\partial\Omega$ 上的取值.

定理 A.1.10 设 Ω 是 $\mathbb{R}^n$ 中具有 C^1 边界的开集, $1 \leqslant p < \infty$, 则存在有界线性算子 $T : W^{1,p}(\Omega) \to L^p(\partial\Omega)$ 使得

(i) 对任意的 $f \in W^{1,p}(\Omega)$, 当 $f \in W^{1,p}(\Omega) \cap C(\bar{\Omega})$ 时, 有 $Tf = f|_{\partial\Omega}$;

(ii) 存在只依赖于 Ω 和 p 的常数 C 使得

$$\|Tf\|_{L^p(\partial\Omega)} \leqslant C\|f\|_{W^{1,p}(\Omega)}, \quad \forall \ f \in W^{1,p}(\Omega).$$

任取 $f \in W^{k,p}(\Omega)$, Tf 称为 f 在 $\partial\Omega$ 上的迹. 利用迹的概念, 对任意的正整数 k 和 $1 \leqslant p < \infty$, $W_0^{k,p}(\Omega)$ 可以表示为

$$W_0^{k,p}(\Omega) = \left\{ f \in W^{k,p}(\Omega) \mid T(D^\alpha f) = 0, \ |\alpha| \leqslant k - 1 \right\}.$$

特别地,

$$W_0^{1,p}(\Omega) = \left\{ f \in W^{1,p}(\Omega) \mid Tf = 0 \right\}.$$

定理 A.1.11 设 Ω 是 $\mathbb{R}^n$ 中具有 C^1 边界的开集, $1 \leqslant p \leqslant \infty$, V 是有界开集满足 $\Omega \subset\subset V$, 则存在有界线性算子 $E : W^{1,p}(\Omega) \to W^{1,p}(\mathbb{R}^n)$ 使得

(i) 对任意的 $f \in W^{1,p}(\Omega)$, Ef 在 Ω 上几乎处处等于 f;

(ii) E 的支撑集在 V 中, 即: $\overline{\{x \in \Omega \mid Ex \neq 0\}} \subset V$;

(iii) 存在只依赖于 Ω, p 和 V 的常数 C 使得

$$\|Ef\|_{W^{1,p}(\mathbb{R}^n)} \leqslant C\|f\|_{W^{1,p}(\Omega)}, \quad \forall\ f \in W^{1,p}(\Omega).$$

定义 A.1.18 设 $\Omega \subset \mathbb{R}^n$, $1 \leqslant p < n$. p 的 Sobolev 共轭数 p^* 定义为

$$p^* = \frac{np}{n-p}. \tag{A.1.27}$$

定理 A.1.12 设 Ω 是 $\mathbb{R}^n$ 中具有 C^1 边界的有界开集, $1 \leqslant p < n$, $f \in W^{1,p}(\Omega)$, 则 $f \in L^{p^*}(\Omega)$ 且存在只依赖于 Ω, p 和 n 的常数 C 使得

$$\|f\|_{L^{p^*}(\Omega)} \leqslant C\|f\|_{W^{1,p}(\Omega)}. \tag{A.1.28}$$

定理 A.1.13 (Poincaré 不等式) 设 Ω 是 $\mathbb{R}^n$ 中的有界开集, $1 \leqslant p < n$, $f \in W_0^{1,p}(\Omega)$, 则对任意的 $q \in [1, p^*]$, 存在只依赖于 Ω, p, q 和 n 的常数 C 使得

$$\|f\|_{L^q(\Omega)} \leqslant C\|Df\|_{L^p(\Omega)}. \tag{A.1.29}$$

直接计算可得: $p^* \to +\infty$ 当 $p \to n$. 于是我们希望当 $f \in W^{1,n}(\Omega)$ 时, 有 $f \in L^\infty(\Omega)$. 然而这一结论仅在 $n = 1$ 时才成立.

定义 A.1.19 设 X 和 Y 是 Banach 空间且满足 $X \subset Y$. 如果存在常数 $C > 0$ 使得

$$\|x\|_Y \leqslant C\|x\|_X, \quad \forall\ x \in X; \tag{A.1.30}$$

且 X 中的任意有界序列 $\{u_k\}_{k=1}^\infty$ 在 Y 中是预紧的, 即: 存在子列 $\{u_{k_j}\}_{j=1}^\infty$ 在 Y 中收敛, 则称 X 紧嵌入到 Y 中, 记作 $X \subset\subset Y$.

定理 A.1.14 设 Ω 是 $\mathbb{R}^n$ 中具有 C^1 边界的有界开集, $1 \leqslant p < n$, 则

$$W^{1,p}(\Omega) \subset\subset L^q(\Omega), \quad \forall\ q \in [1, p^*), \tag{A.1.31}$$

其中 q^* 是 p 的 Sobolev 共轭数, 由 (A.1.27) 定义.

注意到 $p^* > p$ 且 $p^* \to +\infty$ 当 $p \to n$, 因此在定理 A.1.14 的假设下,

$$W^{1,p}(\Omega) \subset\subset L^p(\Omega), \quad \forall\ 1 \leqslant p \leqslant +\infty. \tag{A.1.32}$$

此外, 设 Ω 是 $\mathbb{R}^n$ 中的有界开集 (可能不具有 C^1 边界), 则仍然有

$$W_0^{1,p}(\Omega) \subset\subset L^p(\Omega), \quad \forall\ 1 \leqslant p \leqslant +\infty. \tag{A.1.33}$$

设 Ω 是 $\mathbb{R}^n$ 中的开子集, $H_0^1(\Omega)$ 由定义 A.1.16 给出. 记 $H^{-1}(\Omega)$ 为 $H_0^1(\Omega)$ 的共轭空间, 即: $H^{-1}(\Omega)$ 是 $H_0^1(\Omega)$ 上有界线性泛函的全体组成的空间, 其范数定义为: 对任意的 $f \in H^{-1}(\Omega)$,

$$\|f\|_{H^{-1}(\Omega)} = \sup\left\{\langle f, u\rangle_{H^{-1}(\Omega), H_0^1(\Omega)} \big| u \in H_0^1(\Omega), \|u\|_{H_0^1(\Omega)} \leqslant 1\right\}. \qquad (A.1.34)$$

定理 A.1.15 设 Ω 是 $\mathbb{R}^n$ 中的开子集, $f \in H^{-1}(\Omega)$, 则存在函数 $f^0, f^1, \cdots,$ $f^n \in L^2(\Omega)$ 使得

$$\langle f, v\rangle_{H^{-1}(\Omega), H_0^1(\Omega)} = \int_\Omega f^0 v + \sum_{i=1}^n f^i v_{x_i} dx, \ v \in H_0^1(\Omega), \qquad (A.1.35)$$

此外

$$\|f\|_{H^{-1}(\Omega)} = \inf\left\{\left(\int_\Omega \sum_{i=0}^n |f^i|^2 dx\right)^{\frac{1}{2}} \bigg| f^0, \cdots, f^n \in L^2(\Omega) 满足 (A.1.35)\right\}. \qquad (A.1.36)$$

当 (A.1.35) 成立时, 我们记

$$f = f^0 - \sum_{i=1}^n f_{x_i}^i.$$

A.1.4 取值为 Banach 空间中元素的函数空间

定义 A.1.20 设 X 是 Banach 空间, 其范数为 $\|\cdot\|_X$. 记 $L^p((0,T); X)$ 为所有从 $(0,T)$ 到 X 的可测函数的全体. 对任意的 $u \in L^p((0,T); X)$, 定义范数

$$\|u\|_{L^p((0,T);X)} = \begin{cases} \left(\int_0^T \|u(t)\|_X^p dt\right)^{1/p} < \infty, & 1 \leqslant p < \infty, \\ \operatorname*{ess\,sup}_{0 \leqslant t \leqslant T} \|u(t)\|_X < \infty, & p = \infty. \end{cases} \qquad (A.1.37)$$

记 $C([0,T]; X)$ 为所有从 $[0,T]$ 到 X 的连续函数的全体. 对任意的 $u \in C([0,T]; X)$, 定义范数

$$\|u\|_{C([0,T];X)} = \max_{0 \leqslant t \leqslant T} \|u(t)\|_X < \infty. \qquad (A.1.38)$$

定义 A.1.21 设 $u, v \in L^1((0,T); X)$, 若对所有的标量测试函数 $\phi \in C_c^\infty(0, T)$, 有

$$\int_0^T \phi'(t) u(t) dt = -\int_0^T \phi(t) v(t) dt, \qquad (A.1.39)$$

则称 v 是 u 的弱导数, 记作: $u' = v$.

定义 A.1.22 设 X 是 Banach 空间, $1 \leqslant p \leqslant \infty$. 记

$$W^{1,p}((0,T);X) = \{f : (0,T) \to X \mid f, f' \in L^p((0,T);X)\}. \tag{A.1.40}$$

定义范数

$$\|u\|_{W^{1,p}((0,T);X)} = \begin{cases} \left(\displaystyle\int_0^T \|u(t)\|_X^p + \|u'(t)\|_X^p dt\right)^{1/p}, & 1 \leqslant p < \infty, \\ \text{ess} \sup_{0 \leqslant t \leqslant T} (\|u(t)\|_X + \|u'(t)\|_X), & p = \infty. \end{cases} \tag{A.1.41}$$

$W^{1,p}((0,T);X)$ 在范数 (A.1.41) 下构成的空间称为 Sobolev 空间. 特别地, 记

$$H^1((0,T);X) = W^{1,2}((0,T);X).$$

定理 A.1.16 设 X 是 Banach 空间, $1 \leqslant p \leqslant \infty$, 设 $u \in W^{1,p}((0,T);X)$, 则有

(i) $u \in C([0,T];X)$ (在相差一个零测集的意义下);

(ii) 对任意的 $0 \leqslant s \leqslant t \leqslant T$, 有

$$u(t) = u(s) + \int_s^t u'(\tau)d\tau; \tag{A.1.42}$$

(iii) 存在只依赖 T 的常数 C, 使得

$$\max_{0 \leqslant t \leqslant T} \|u(t)\|_X \leqslant C\|u\|_{W^{1,p}((0,T);X)}. \tag{A.1.43}$$

定理 A.1.17 设 Ω 是 $\mathbb{R}^n$ 中的开集, $u \in L^2((0,T);H_0^1(\Omega))$, $u' \in L^2((0,T); H^{-1}(\Omega))$, 则有

(i) $u \in C([0,T];L^2(\Omega))$ (在相差一个零测集的意义下);

(ii) 映射 $u \to \|u(t)\|_{L^2(\Omega)}^2$ 是绝对连续的, 且

$$\frac{d}{dt}\|u(t)\|_{L^2(\Omega)}^2 = 2\langle u'(t), u(t)\rangle_X, \quad \text{a.e.} \quad 0 \leqslant t \leqslant T; \tag{A.1.44}$$

(iii) 存在只依赖 T 的常数 C, 使得

$$\max_{0 \leqslant t \leqslant T} \|u(t)\|_{L^2(\Omega)} \leqslant C\left[\|u\|_{L^2((0,T);H_0^1(\Omega))} + \|u'\|_{L^2((0,T);H^{-1}(\Omega))}\right]. \tag{A.1.45}$$

定理 A.1.18 设 Ω 是 $\mathbb{R}^n$ 中具有光滑边界 $\partial\Omega$ 的有界开集, m 为非负整数. 如果函数 u 满足 $u \in L^2((0,T); H^{m+2}(\Omega))$, $u' \in L^2((0,T); H^m(\Omega))$, 则

(i) $u \in C((0,T); H^{m+1}(\Omega))$ (在相差一个零测集的意义下);

(ii) 存在只依赖 T, Ω 和 m 的常数 C, 使得

$$\max_{0 \leqslant t \leqslant T} \|u(t)\|_{H^{m+1}(\Omega)} \leqslant C \left[\|u\|_{L^2((0,T); H^{m+2}(\Omega))} + \|u'\|_{L^2((0,T); H^m(\Omega))}\right].$$

A.2 半 群 理 论

A.2.1 C_0-半群的定义和性质

半群理论是研究无穷维线性系统的有力工具, 主要研究 Banach 空间 X 中的线性发展方程:

$$\dot{x}(t) = Ax(t), \quad x(0) = x_0 \in X, \tag{A.2.1}$$

其中 $A: D(A)(\subset X) \to X$ 是线性算子. 当 A 是矩阵且 $X = \mathbb{R}^n$ 时, 对任意初值 $x_0 \in X$, 方程 (A.2.1) 存在唯一的连续依赖于初值 x_0 的解

$$x(t) = e^{At}x_0 \in C([0,\infty); X). \tag{A.2.2}$$

于是系统 (A.2.1) 的解 $x(t) = e^{At}x_0$ 对应一个单参数强连续有界线性算子族 e^{At}.

定义 A.2.23 设 X 为 Banach 空间. 对任意的 $t > 0$, 如果 X 上的单参数强连续有界线性算子族 $T(t)$ 满足:

(i) $T(0) = I$ (I 是 X 上的恒同算子);

(ii) $T(t+s) = T(t)T(s), \quad \forall\, t, s \geqslant 0$ (半群性质);

(iii) $\lim_{t \to 0^+} \|T(t)x - x\|_X = 0, \quad \forall x \in X$ (强连续性),

则称 $T(t)$ 为 X 上的强连续半群, 简称 C_0-半群. 如果 $T(t)$ 和 $T(-t)$ 都是 X 上的 C_0-半群, 则称 $T(t)$ 是 X 上的强连续群, 简称 C_0-群. C_0-半群 $T(t)$ 的 (无穷小) 生成元 A 定义为:

$$\begin{cases} Ax = \lim_{t \to 0^+} \dfrac{T(t)x - x}{t}, & \forall\ x \in D(A), \\ D(A) = \left\{x \in X \ \middle|\ \lim_{t \to 0^+} \dfrac{T(t)x - x}{t} \text{ 存在}\right\}. \end{cases} \tag{A.2.3}$$

此时, 半群 $T(t)$ 也称为由算子 A 生成的 C_0-半群, 记为 e^{At}.

定义 A.2.24 设 $T(t)$ 为 Banach 空间 X 上的 C_0-半群. 如果 $T(t)$ 以算子范数连续, 则称 $T(t)$ 为一致连续半群; 如果对任意的 $x \in X$, $T(t)x$ 关于 $t > 0$ 可

微, 则称 $T(t)$ 为可微半群; 如果对于任意 $t > 0$, $T(t)$ 是 X 上紧算子, 则称 $T(t)$ 为紧半群; 如果对任意的 $x \in X$, $T(t)x$ 关于 $t > 0$ 解析, 则称 $T(t)$ 为解析半群; 如果对任意的 $t \geqslant 0$, 有 $\|T(t)\| \leqslant 1$, 则称 $T(t)$ 为压缩半群.

定义 A.2.25 如果算子 A 是 Banach 空间 X 上 C_0-半群 $T(t)$ 的生成元, 算子 A 的谱界定义为

$$s(A) = \sup\{\mathrm{Re}\lambda \mid \lambda \in \sigma(A)\}. \tag{A.2.4}$$

A 的增长界定义为

$$\omega(A) = \inf\left\{w \in \mathbb{R} \mid 存在 M_w \leqslant 1 使得 \|T(t)\| \leqslant M_w e^{wt}, t \geqslant 0\right\}. \tag{A.2.5}$$

定理 A.2.19 如果算子 A 是 Banach 空间 X 上 C_0-半群 $T(t)$ 的生成元, 则如下结论成立

(i) A 是稠定的闭算子;

(ii) $\cap_{n=1}^{\infty} D(A^n)$ 在 X 中稠密;

(iii) 对任意的 $x \in D(A)$ 和 $t \geqslant 0$, 有 $T(t)x \in D(A)$;

(iv) 对任意的 $x \in D(A)$, 有

$$\frac{d}{dt}(T(t)x) = AT(t)x = T(t)Ax, \quad t \geqslant 0;$$

(v) 对任意的 $x \in D(A^n)$, 有

$$\frac{d^n}{dt^n}(T(t)x) = A^n T(t)x = T(t)A^n x, \quad t > 0;$$

(vi) 对任意的 $x \in X$, 有

$$\int_0^t T(s)x ds \in D(A) \quad 且 \quad T(t)x - x = A\int_0^t T(s)x ds, \quad \forall\, t \geqslant 0;$$

(vii) 对任意的 $x \in X$, A 的预解式满足: $\lim_{\lambda \to \infty} \lambda R(\lambda, A)x = x$;

(viii)

$$T(t)x = \lim_{n \to \infty}\left(I - \frac{t}{n}A\right)^{-n} x, \quad \forall\, x \in X, \, t \geqslant 0;$$

(ix) A 的谱界 $s(A)$ 和增长界 $\omega(A)$ 满足 $s(A) \leqslant \omega(A)$, 且

$$\omega(A) = \inf_{t \geqslant 0} \frac{1}{t} \log \|T(t)\| = \lim_{t \to \infty} \frac{1}{t} \log \|T(t)\|;$$

(x) 对任意的 $\varepsilon > 0$, 存在 $M_\varepsilon > 0$ 使得

$$\|T(t)\| \leqslant M_\varepsilon e^{(\omega(A)+\varepsilon)t}, \quad \forall\, t \geqslant 0. \tag{A.2.6}$$

A.2.2 C_0-半群的生成

定理 A.2.20　设算子 A 是 Banach 空间 X 上的 C_0-半群 $T(t)$ 的生成元, 且存在正常数 M, ω 使得

$$\|T(t)\| \leqslant Me^{\omega t}, \quad \forall \ t \geqslant 0, \tag{A.2.7}$$

则

$$\{\lambda \in \mathbb{C} | \operatorname{Re} \lambda > \omega\} \subset \rho(A) \tag{A.2.8}$$

并且当 $\operatorname{Re} \lambda > \omega$ 时,

$$R(\lambda, A)x = (\lambda - A)^{-1}x = \int_0^\infty e^{-\lambda t} T(t)x dt, \quad \forall \ x \in X. \tag{A.2.9}$$

定理 A.2.21 (Hille-Yosida)　设 A 是 Banach 空间 X 中的闭稠定线性算子, 则 A 生成 C_0-半群的充分必要条件是:

(i) 存在 $\omega > 0$, 使得 $\{\lambda \in \mathbb{C} | \operatorname{Re} \lambda > \omega\} \subset \rho(A)$;

(ii) 存在 $M \geqslant 1$ 使得

$$\left\| (\lambda - A)^{-n} \right\| \leqslant \frac{M}{(\operatorname{Re} \lambda - \omega)^n}, \quad \forall \ \operatorname{Re} \lambda > \omega, \ n \geqslant 1.$$

满足定理 A.2.21条件的 C_0-半群 $T(t)$ 必然满足

$$\|T(t)\| \leqslant Me^{\omega t}, \quad \forall \ t \geqslant 0. \tag{A.2.10}$$

此外定理 A.2.21的条件 (i) 和 (ii) 可以换为: (i) 存在 $\omega > 0$, 使得 $(\omega, \infty) \subset \rho(A)$; (ii) 存在 $M \geqslant 1$ 使得

$$\left\| (\lambda - A)^{-n} \right\| \leqslant \frac{M}{(\lambda - \omega)^n}, \quad \forall \ \lambda > \omega, \ n \geqslant 1.$$

定理 A.2.22 (Hille-Yosida)　设 A 是 Banach 空间 X 中的闭稠定线性算子, 则 A 生成压缩半群的充分必要条件是

$$(\omega, \infty) \subset \rho(A) \quad \text{且} \quad R(\lambda, A) \leqslant \frac{1}{\lambda}, \quad \forall \lambda > 0.$$

定理 A.2.23　设 X 是自反 Banach 空间, $T(t)$ 是 X 上由算子 A 生成的 C_0-半群, 那么 $T^*(t)$ 是 X^* 上由 A^* 生成的 C_0-半群.

定义 A.2.26 设 A 是 Hilbert 空间 X 上的耗散算子 (见定义 3.4.11), 如果对任意的 $\lambda > 0$, 有 $\mathrm{Ran}(\lambda - A) = X$, 则称 A 是 m-耗散的.

定理 A.2.24 (Lummer-Phillips) 设 X 是 Hilbert 空间, $A : D(A) \to X$ 是线性算子, 则 A 生成 X 上压缩半群的充分必要条件是 A 是 m-耗散算子.

定理 A.2.25 设 A 是 Banach 空间 X 中的闭稠定线性算子. 如果 A 和 A^* 都是耗散的, 则 A 生成 X 上的 C_0-压缩半群.

定理 A.2.26 如果 C_0-半群 $T(t)$ 满足 $\|T(t)\| = 1, \forall\, t \geqslant 0$, 则称 $T(t)$ 是等距 C_0-半群. 设 A 是 Hilbert 空间 X 中的闭稠定线性算子, 则 A 生成等距 C_0-半群的充分必要条件是 A 为反自伴的.

定理 A.2.27 设 A 是 Banach 空间 X 上 C_0-半群 $T(t)$ 的生成元, 且满足

$$\|T(t)\| \leqslant Me^{\omega t}, \quad \forall\, t \geqslant 0, \tag{A.2.11}$$

其中 M 和 ω 是正常数, 则对任意的 $B \in \mathcal{L}(X)$, 算子 $A + B$ 在 X 上生成 C_0-半群 $S(t)$, 且满足

$$\|S(t)\| \leqslant Me^{(\omega + \|B\|M)t}, \quad \forall\, t \geqslant 0. \tag{A.2.12}$$

此外, $S(t)$ 可以由下列积分方程唯一确定:

$$S(t)x = T(t)x + \int_0^t T(t-s)BS(s)x\,ds, \quad t \geqslant 0,\ x \in X. \tag{A.2.13}$$

定理 A.2.28 [103, Theorem 1.3, p.102] 设 A 是 Banach 空间 X 上的稠定算子且 $\rho(A) \neq \varnothing$. 对任意的 $x_0 \in D(A)$, 初值问题

$$\dot{x}(t) = Ax(t), \quad x(0) = x_0$$

有唯一的古典解 $x \in C([0,\infty); D(A)) \cap C^1([0,\infty); X)$ 的充要条件是 A 在 X 上生成 C_0-半群.

A.3 常用数学工具

A.3.1 常用不等式

1. Cauchy 不等式

$$ab \leqslant \frac{a^2}{2} + \frac{b^2}{2}, \quad \forall\, a, b \in \mathbb{R}. \tag{A.3.1}$$

2. 关于 ε 的 Cauchy 不等式

$$ab \leqslant \varepsilon a^2 + \frac{b^2}{4\varepsilon}, \quad \forall\, a, b \in \mathbb{R},\ \forall\, \varepsilon > 0. \tag{A.3.2}$$

3. Young 不等式

令 $1 < p, q < +\infty$ 且 $\dfrac{1}{p} + \dfrac{1}{q} = 1$, 则

$$ab \leqslant \frac{a^p}{p} + \frac{b^q}{q}, \quad \forall\, a, b > 0. \tag{A.3.3}$$

4. 关于 ε 的 Young 不等式

$$ab \leqslant \varepsilon a^p + C_\varepsilon b^q, \quad \forall\, a, b, \varepsilon > 0, \quad C_\varepsilon = \frac{(\varepsilon p)^{\frac{-q}{p}}}{q}. \tag{A.3.4}$$

5. Cauchy-Schwarz 不等式

$$|\langle x, y \rangle_{\mathbb{R}^n}| \leqslant \|x\|_{\mathbb{R}^n} \cdot \|y\|_{\mathbb{R}^n}, \quad \forall\, x, y \in \mathbb{R}^n. \tag{A.3.5}$$

6. Hölder 不等式

设 Ω 是 $\mathbb{R}^n$ 中的有界区域, $1 \leqslant p, q \leqslant \infty$ 且 $\dfrac{1}{p} + \dfrac{1}{q} = 1$, 则

$$\int_\Omega |u(x)v(x)|dx \leqslant \|u\|_{L^p(\Omega)} \|v\|_{L^q(\Omega)}, \quad \forall\, u \in L^p(\Omega),\ v \in L^q(\Omega). \tag{A.3.6}$$

7. 广义 Hölder 不等式

设 Ω 是 $\mathbb{R}^n$ 中的有界区域, $1 \leqslant p_1, \cdots, p_m \leqslant \infty$ 且 $\dfrac{1}{p_1} + \dfrac{1}{p_2} + \cdots + \dfrac{1}{p_m} = 1$, 则

$$\int_\Omega |u_1 \cdots u_m|dx \leqslant \prod_{k=1}^m \|u_i\|_{L^{p_k}(\Omega)}, \quad u_k \in L^{p_k}(\Omega), \quad k = 1, \cdots, m. \tag{A.3.7}$$

8. 离散 Hölder 不等式

设 $1 \leqslant p, q \leqslant \infty$ 且 $\dfrac{1}{p} + \dfrac{1}{q} = 1$, 则对任意的 $(a_1, a_2, \cdots, a_n) \in \mathbb{R}^n$ 和 $(b_1, b_2, \cdots, b_n) \in \mathbb{R}^n$, 有

$$\left| \sum_{k=1}^n a_k b_k \right| \leqslant \left(\sum_{k=1}^n |a_k|^p \right)^{1/p} \left(\sum_{k=1}^n |b_k|^q \right)^{1/q}. \tag{A.3.8}$$

9. Minkowski 不等式

设 Ω 是 $\mathbb{R}^n$ 中的有界区域, $1 \leqslant p \leqslant \infty$, 则

$$\|u+v\|_{L^p(\Omega)} \leqslant \|u\|_{L^p(\Omega)} + \|v\|_{L^p(\Omega)}, \quad \forall\, u,v \in L^p(\Omega). \tag{A.3.9}$$

10. 离散 Minkowski 不等式

设 $1 \leqslant p \leqslant \infty$, 则对任意的 $(a_1,a_2,\cdots,a_n) \in \mathbb{R}^n$ 和 $(b_1,b_2,\cdots,b_n) \in \mathbb{R}^n$, 有

$$\left(\sum_{k=1}^n |a_k+b_k|^p\right)^{1/p} \leqslant \left(\sum_{k=1}^n |a_k|^p\right)^{1/p} + \left(\sum_{k=1}^n |b_k|^p\right)^{1/p}. \tag{A.3.10}$$

11. L^p-范数的内插不等式

设 Ω 是 $\mathbb{R}^n$ 中的有界区域, $1 \leqslant s \leqslant r \leqslant t \leqslant \infty$ 且

$$\frac{1}{r} = \frac{\theta}{s} + \frac{1-\theta}{t}. \tag{A.3.11}$$

若 $u \in L^s(\Omega) \bigcap L^t(\Omega)$, 则有 $u \in L^r(\Omega)$ 并且

$$\|u\|_{L^r(\Omega)} \leqslant \|u\|_{L^s(\Omega)}^{\theta} \|u\|_{L^t(\Omega)}^{1-\theta}. \tag{A.3.12}$$

12. 微分形式 Gronwall 不等式

设 $\eta(\cdot)$ 是 $[0,T]$ 上的非负、绝对连续函数, 并且对几乎处处的 t 满足如下不等式:

$$\eta'(t) \leqslant \phi(t)\eta(t) + \psi(t), \tag{A.3.13}$$

其中 $\phi(t)$ 和 $\psi(t)$ 是 $[0,T]$ 上的非负可积函数. 那么

$$\eta(t) \leqslant e^{\int_0^t \phi(s)ds}\left[\eta(0) + \int_0^t \psi(s)ds\right], \quad 0 \leqslant t \leqslant T. \tag{A.3.14}$$

特别地, 如果

$$\eta'(t) \leqslant \phi(t)\eta(t), \quad t \in [0,T] \text{ 且 } \eta(0) = 0, \tag{A.3.15}$$

则

$$\eta \equiv 0, \quad t \in [0,T]. \tag{A.3.16}$$

13. 积分形式 Gronwall 不等式

设 $\xi(t)$ 是 $[0,T]$ 上的非负可积函数, 并且对几乎处处的 t 满足如下不等式:

$$\xi(t) \leqslant C_1 \int_0^t \xi(s)ds + C_2, \quad C_1,C_2 \geqslant 0, \tag{A.3.17}$$

则有

$$\xi(t) \leqslant C_2\left(1 + C_1 te^{C_1 t}\right), \quad \text{a.e. } 0 \leqslant t \leqslant T. \tag{A.3.18}$$

特别地, 如果

$$\xi(t) \leqslant C_1 \int_0^t \xi(s)ds, \quad \text{a.e. } 0 \leqslant t \leqslant T, \tag{A.3.19}$$

则有

$$\xi(t) = 0, \quad \text{a.e. } 0 \leqslant t \leqslant T. \tag{A.3.20}$$

14. Agmon 不等式

对任意的 $w \in H^1(0,1)$, 则下面不等式成立:

$$\begin{cases} \displaystyle\max_{x \in [0,1]} |w(x)| \leqslant |w(0)|^2 + 2\|w\|_{L^2(0,1)}\|w_x\|_{L^2(0,1)}, \\[2mm] \displaystyle\max_{x \in [0,1]} |w(x)| \leqslant |w(1)|^2 + 2\|w\|_{L^2(0,1)}\|w_x\|_{L^2(0,1)}. \end{cases} \tag{A.3.21}$$

A.3.2 Laplace 变换

对任意的 $u \in L^1_{\text{loc}}[0,\infty)$, 它的 Laplace 变换 $\mathcal{L}(u)$ 定义为

$$\mathcal{L}[u(t)] = \int_0^\infty e^{-st}u(t)dt, \tag{A.3.22}$$

其中 $s \in \mathbb{C}$ 使得如下积分收敛

$$\int_0^\infty e^{-t\text{Res}}|u(t)|dt. \tag{A.3.23}$$

函数 $u(t)$ 的 Laplace 变换通常记为 $\hat{u}(s)$, 即: $\mathcal{L}[u(t)] = \hat{u}(s)$. 如果 $u \in H^1_{\text{loc}}(0,\infty)$ 使得 $\dot{u}$ 的 Laplace 变换 $\hat{\dot{u}}$ 在某个右半平面 $\mathbb{C}_\alpha$ 内有意义, 其中 $\alpha \geqslant 0$, 那么 $\hat{u}$ 在右半平面 $\mathbb{C}_\alpha$ 内也有意义, 且

$$\hat{\dot{u}}(s) = s\hat{u}(s) - u(0). \tag{A.3.24}$$

设 $u \in L^1_{\text{loc}}[0,\infty)$ 使得 $\hat{u}$ 在某个右半平面 $\mathbb{C}_\alpha$ 内有意义, 其中 $\alpha \in \mathbb{R}$, 并且设 $y(t) = -tu(t)$, 则 $y \in L^1_{\text{loc}}[0,\infty)$ 且满足

$$\hat{y}(s) = \frac{d}{ds}\hat{u}(s), \quad s \in \mathbb{C}_\alpha. \tag{A.3.25}$$

定理 A.3.29 Laplace 变换 $\mathcal{L}$ 是从 $L^2[0,\infty)$ 到 $H^2(\mathbb{C}_0)$ 的等距同构, 即

$$\|\mathcal{L}[f(t)]\|_{H^2(\mathbb{C}_0)} = \|f\|_{L^2[0,\infty)}, \quad \forall\, f \in L^2[0,\infty). \tag{A.3.26}$$

设 $\mathcal{L}[f(t)] = \hat{f}(s)$, Laplace 逆变换为

$$\mathcal{L}^{-1}[\hat{f}(s)] = \frac{1}{2\pi i} \lim_{\omega \to +\infty} \lim_{T \to +\infty} \int_{\gamma - iT}^{\gamma + iT} e^{st} \hat{f}(s) ds, \quad t > 0, \qquad (A.3.27)$$

其中 γ 是实数使得积分收敛.

定理 A.3.30 如果 $u \in L_{\text{loc}}^1[0, \infty)$ 在 $\mathbb{C}_\alpha$ 内有 Laplace 变换 $\hat{u}$, 其中 $\alpha \in \mathbb{R}$, 则 u 由 $\hat{u}$ 唯一确定.

设 $f_1, f_2 \in L_{\text{loc}}^2[0, \infty)$, f_1 和 f_2 的卷积 $f_1(t) * f_2(t)$ 定义为

$$f_1(t) * f_2(t) = \int_0^t f_1(s) f_2(t - s) ds. \qquad (A.3.28)$$

定理 A.3.31 Laplace 变换有如下性质:

(i) 设 $\mathcal{L}[f_1(t)] = \hat{f}_1(s)$, $\mathcal{L}[f_2(t)] = \hat{f}_2(s)$, 则 $\hat{f}_1(s)\hat{f}_2(s) = \mathcal{L}[f_1(t) * f_2(t)]$;

(ii) 设 $\mathcal{L}[f(t)] = \hat{f}(s)$, 则

$$\mathcal{L}\left[\frac{d^n f(t)}{dt^n}\right] = s^n F(s) - \left[s^{n-1} f(0) + s^{n-2} \dot{f}(0) + \cdots + f^{(n-1)}(0)\right];$$

(iii) 设 $\mathcal{L}[f(t)] = \hat{f}(s)$, 则

$$\mathcal{L}[f(t - \tau)] = e^{-\tau s} \hat{f}(s) \ \ \text{且} \ \ \mathcal{L}[e^{at} f(t)] = \hat{f}(s - a);$$

(iv) 设 $\mathcal{L}[f(t)] = \hat{f}(s)$, 则

$$\mathcal{L}\left[f\left(\frac{t}{a}\right)\right] = a\hat{f}(as).$$

A.3.3 常用定理和公式

定理 A.3.32 设 X 和 Z 是 Hilbert 空间, $G \in \mathcal{L}(X, Z)$, 则下面条件等价:

(i) $\text{Ran} G = Z$;

(ii) 存在常数 $c > 0$, 使得

$$\|G^* z\|_X \geqslant c\|z\|_Z, \quad \forall z \in Z; \qquad (A.3.29)$$

(iii) GG^* 是严格正算子, 即: 存在常数 $c > 0$, 使得

$$\langle GG^* z, z \rangle_Z \geqslant c\|z\|_Z^2, \quad \forall z \in Z. \qquad (A.3.30)$$

定理 A.3.33 (Lax-Milgram)   设 $a(\cdot,\cdot)$ 是 Hilbert 空间 X 上的共轭双线性函数, 满足:

(i) 存在 $M > 0$, 使得 $|a(x,y)| \leqslant M\|x\|_X\|y\|_X$, $\forall\, x,y \in X$;

(ii) 存在 $\delta > 0$, 使得

$$|a(x,x)| \geqslant \delta\|x\|_X^2, \quad \forall\, x \in X, \tag{A.3.31}$$

那么必存在唯一的有连续逆的线性算子 $A \in \mathcal{L}(X)$ 满足

$$a(x,y) = \langle x, Ay\rangle_X, \quad \forall\, x,y \in X, \tag{A.3.32}$$

且 $\|A\|^{-1} \leqslant \dfrac{1}{\delta}$.

定理 A.3.34 (Banach 逆算子定理)   设 X 和 Y 是 Banach 空间. 如果 $A \in \mathcal{L}(X,Y)$ 既单又满, 则 $A^{-1} \in \mathcal{L}(Y,X)$.

定理 A.3.35 (Banach 开映射定理)   设 X 和 Y 是 Banach 空间, $A \in \mathcal{L}(X,Y)$. 若 $\mathrm{Ran}A = Y$, 则 A 把 X 中的开集映成 Y 中的开集.

定理 A.3.36 (等价范数定理)   若 $(X, \|\cdot\|_1)$ 和 $(X, \|\cdot\|_2)$ 均为 Banach 空间, 且 $\|\cdot\|_1$ 比 $\|\cdot\|_2$ 强, 则两者等价.

定理 A.3.37 (一致有界定理)   设 X 和 Y 是 Banach 空间, $\{A_n\} \subset \mathcal{L}(X,Y)$. 若

$$\sup_n \|A_n x\|_Y < +\infty, \quad \forall\, x \in X,$$

则

$$\sup_n \|A_n\| < +\infty.$$

定理 A.3.38 (Rademacher 定理)   设 Ω 是 $\mathbb{R}^n$ 中的开集, 若 f 在 Ω 上局部 Lipschitz 连续, 则 f 在 Ω 上几乎处处可微.

定理 A.3.39   设 X 是 Hilbert 空间, $A : D(A) \to X$ 是稠定算子, 若 $s \in \rho(A)$, 则 $\bar{s} \in \rho(A^*)$ 且

$$\left[(s - A)^{-1}\right]^* = (\bar{s} - A^*)^{-1}.$$

定理 A.3.40 (Lebesgue's Differentiation Theorem)   设函数 $f : \mathbb{R}^n \to \mathbb{R}$ 局部可积, 则对几乎处处的 $x_0 \in \mathbb{R}^n$, 有

$$\int_{B(x_0,r)} |f(x) - f(x_0)|dx \to 0 \ \text{当} \ r \to 0, \tag{A.3.33}$$

其中 $B(x_0,r)$ 是以 x_0 为球心 r 为半径的球体, 即: $B(x_0,r) = \{x \in \mathbb{R}^n \mid \|x-x_0\| \leqslant r\}$. 满足 (A.3.33) 的点 x_0 称为函数 f 的 Lebesgue 点.

定理 A.3.41 设 Ω 是 $\mathbb{R}^n$ 中具有 C^1 边界 $\partial\Omega$ 的有界开集, $\nu = (\nu^1, \nu^2, \cdots, \nu^n)$ 是 $\partial\Omega$ 上的单位外法向量场, 则

(i) 对任意的 $u \in C^1(\bar{\Omega})$, 有

$$\int_\Omega u_{x_i} dx = \int_{\partial\Omega} u\nu^i d\sigma, \quad i = 1, 2, \cdots, n; \qquad (A.3.34)$$

(ii) 对任意的向量场 $f \in C^1(\bar{\Omega}; \mathbb{R}^n)$, 有

$$\int_\Omega \mathrm{div} f dx = \int_{\partial\Omega} f \cdot \nu d\sigma. \qquad (A.3.35)$$

定理 A.3.42 (Green 公式) 设 Ω 是 $\mathbb{R}^n$ 中具有 C^1 边界 $\partial\Omega$ 的有界开集, ν 是 $\partial\Omega$ 上的单位外法向量场, 则对任意的 $u, v \in C^2(\bar{\Omega})$, 有

$$\begin{cases} \displaystyle\int_\Omega \Delta u dx = \int_{\partial\Omega} \frac{\partial u}{\partial \nu} d\sigma, \\ \displaystyle\int_\Omega \nabla u \nabla v dx = -\int_\Omega u \Delta v dx + \int_{\partial\Omega} \frac{\partial v}{\partial \nu} u d\sigma, \\ \displaystyle\int_\Omega u \Delta v - v \Delta u dx = \int_{\partial\Omega} u\frac{\partial v}{\partial \nu} - v\frac{\partial u}{\partial \nu} d\sigma. \end{cases} \qquad (A.3.36)$$